"十三五"普通高等教育规划教材

电 机 学

谢宝昌 编著

机 械 工 业 出 版 社

本书是根据电气工程及其自动化专业本科生培养计划大纲并结合现代电机技术发展而编写的，重点突出电机基本结构的磁路与电路耦合关系，强调基本原理的电磁耦合分析方法、基于动态系统坐标变换思想的稳态系统数学建模，并进一步表示为等效电路和时空统一相量图，通过端口模型测定电气参数和分析运行特性。全书共7章，主要内容包括电机基础、变压器、交流电机的共性问题、同步电机、异步电机、直流电机和特种电机。特别强调概念和原理的文字叙述、图形表示和数学描述，为动态系统建模和电机控制打下基础。

本书可作为高等院校电气工程及其自动化专业本科生电机学课程的教材和电机专业研究生参考书，也可供机电类相关专业技术人员参考。

本书配套授课电子课件，需要的教师可登录 www.cmpedu.com 免费注册，审核通过后下载，或联系编辑索取（QQ：308596956，电话：010-88379753）。

图书在版编目（CIP）数据

电机学/谢宝昌编著. —北京：机械工业出版社，2017.1（2025.1重印）
"十三五"普通高等教育规划教材
ISBN 978-7-111-55645-9

Ⅰ.①电…　Ⅱ.①谢…　Ⅲ.①电机学—高等学校—教材　Ⅳ.①TM3

中国版本图书馆 CIP 数据核字（2016）第 302699 号

机械工业出版社（北京市百万庄大街22号　邮政编码100037）
策划编辑：汤　枫　责任编辑：汤　枫
责任校对：陈延翔　责任印制：郜　敏
北京富资园科技发展有限公司印刷
2025 年 1 月第 1 版第 3 次印刷
184mm×260mm·21.5 印张·529 千字
标准书号：ISBN 978-7-111-55645-9
定价：55.00 元

前　言

电机学是电气工程及其自动化专业的基础课，主要分析基于电磁感应原理的变压器和交、直流电机的基本结构、工作原理和运行特性。电机是电力系统中发电、变电和用电的主要装置，也是自动化装置不可缺少的驱动元件，在工农业生产、机械、车辆、航空航天、交通运输和微机械加工系统等领域得到广泛应用。

本书吸收和借鉴了国内外优秀电机学教材的特点，形成了具有自身特色的内容体系：本书与相关课程内容承上启下，突出电机基础理论和共性问题，电机结构由简单到复杂，主磁路由简单静态到复杂动态，利用磁路模型等价变换将电磁耦合模型转换成等效电路模型，凸现电机内部电磁过程的电路参数表示，并通过外部端口测试获得等效电路参数和行为特性，文字描述详细，并附有大量插图，各章均有思考题和习题。本书各章内容编写相对独立，适合不同顺序电机类型的教学计划安排。本书主要内容包括：

绪论阐述电机的概念、电机在国民经济中的地位和作用，以及电机的种类和分析方法。

第1章电机基础，主要阐述电机中常用的导电、绝缘和导磁材料，磁性材料的磁化特性及其交流磁滞与涡流损耗，总结电磁基本定律和电路基本定律，给出了磁场、电流和电磁力正交情况下的各类电机结构形式，利用能量法确定两个磁场相互作用产生稳定电磁转矩的条件。重点介绍磁路基本定律以及典型磁路结构的电磁耦合关系，导出了等效磁路的磁动势-磁通模型、磁通-磁动势模型、磁链-电流模型和电动势-电流模型，并指出了三相对称耦合磁路能解耦的条件。将电磁耦合系统通过引入电气参数等效漏电感和主电感转换成集中参数电路模型，从而对典型电机主磁路的磁化特性进行等价表示，说明这些等价磁化特性描述的参数及其物理意义。最后介绍电机端口模型、机电能量转换中的各种损耗、能量守恒与功率平衡一般关系以及效率的概念。本章内容承上启下，为分析电机原理打下基础。

第2章介绍电力系统中静止的电气设备——变压器，主要阐述变压器的基本结构、用途和分类，在交流电压作用下的电磁耦合关系，详细分析了铁心磁滞与涡流的作用机理及其等价表示，通过引入漏电抗、磁化电抗和铁耗电阻等参数，以及绕组匝数折算，获得正弦稳态电路方程、"T"形等效电路和相量图。利用空载和短路试验测量等效电路参数，引入标幺值系统简化不同电压等级绕组之间的折算。利用端口模型分析变压器的外特性和效率特性，给出电压调整率的计算公式。分析变压器的并联运行、空载合闸暂态过程和不对称运行。最后介绍自耦变压器、仪用变压器、三绕组变压器和智能型电力电子变压器。

第3章交流电机的共性问题，主要阐述交流绕组的排列，通过引入线圈波形函数及其周期分解，逐一分析单个线圈、极相组线圈、一相绕组和多相绕组产生的磁动势，从而揭示磁动势的变化规律，通过引入短距系数、分布系数和绕组系数的概念，揭示如何将短距与分布绕组等效为集中整距绕组的规律；解释不同绕组和励磁电流形成的磁动势所产生的气隙磁场，揭示产生气隙磁场谐波的原因，分析削弱谐波的方法；介绍在正弦交变磁场下交流绕组的感应电动势计算方法，解释短距和分布对电动势的影响；详细分析了各种物理量的瞬时值、时空矢量及其正弦稳态时间相量的关系；最后给出了交流绕组基波主电感的不同计算方法。

第4章同步电机，根据定、转子磁场相互独立且空间保持相对静止的原理，确定直流励磁同步电机的转子转速必须是同步速，利用双反应理论分析凸极同步发电机电磁耦合关系，揭示电枢磁场对主极磁场产生作用的电枢反应机理，解释电枢反应的性质取决于励磁电动势和电枢电流相位差的原因，引入直轴和交轴电枢反应电抗的概念，建立直轴和交轴电磁耦合数学模型、等效电路和时空统一矢量图，并获得有功功率和无功功率的功角特性，分析了凸极同步发电机的静态稳定特性和功率调节特性，给出了比整步功率和过载能力的概念。隐极同步发电机作为凸极同步发电机的特例可以由直轴和交轴电枢反应电抗相同得到。利用端口模型分析同步发电机的空载、短路、零功率因数负载运行特性，外特性和调节特性，并给出短路比和电压调整率的概念、等效电路电抗参数的测定方法，最后简要分析不对称相序阻抗和各种稳态短路矩阵分析方法。

第5章异步电机，根据定、转子磁场相互独立且空间保持相对静止的原理，确定双边交流励磁异步电机的转子转速不等于同步速，但转子转速与定、转子电流频率和电机极对数仍保持严格一致关系，并给出转差率的概念。以绕线转子异步电机为例，利用电磁感应原理分析异步电机电磁耦合关系，详细阐述了转子短路或接无源负载情况下，异步电机的运行状态取决于转差率。通过转子频率折算和绕组折算，并引入铁耗电阻和磁化电抗的概念，建立电磁耦合数学模型、并联励磁支路的"T"形等效电路和时空统一矢量图。通过空载和堵转试验测定异步电机的等效电路参数，简要分析异步电动机定子电流、功率因数、转差率、效率和负载转矩随转子输出机械功率变化的工作特性，重点分析异步电动机的电磁转矩的表达式和机械特性，给出了过载能力的概念，并利用自然和人为机械特性分析异步电动机的起动、制动和调速过程。最后阐述了异步发电机，特别是转子接交流电源的双馈异步电机运行的时空统一矢量图，并揭示双馈异步电机的功率流模式和调节定子功率因数的机理。

第6章直流电机，分析电励磁直流电机的基本结构（换向器、封闭绕组、补偿绕组和换向极绕组）、励磁方式（他励和自励，并励、串励和复励）、电枢反应、机电模拟等效电路、换向过程、发电机运行特性、电动机工作特性和机械特性，利用自然和人为机械特性分析直流电动机的起动、制动和调速过程。

第7章介绍特殊材料、结构和原理的特种电机，主要涉及采用永磁材料的正弦波磁场永磁同步电机以及非正弦波磁场无刷直流电机，采用磁阻最小原理和功率变换器的开关磁阻电机，采用超导材料的超导电机，采用电场力实现机电能量转换的静电电机，以及采用压电陶瓷和逆压电效应的超声波电机。

由于篇幅有限，将大量例题安排在课程教学网站，有兴趣的读者可以登录如下网址：http：//cc. sjtu. edu. cn/G2S/OC/Site/main#/home？currentoc =7441 查阅。

本书由谢宝昌编写，在编写过程中得到上海交通大学教务处、电子信息与电气工程学院、电气工程系的支持，在此特别要感谢机械工业出版社的帮助，最后要感谢家人的默默奉献和关爱，使我能集中精力完成这项工作。

由于编者水平有限，编写过程中难免存在不足和缺陷，欢迎广大读者和专家学者批评指正。

编　者

主要符号说明

符　号	名　　称	单　位
A	电枢电流线负荷	A/m
B	磁感应强度	T
B_a	电枢磁感应强度	T
B_{ad}	电枢直轴磁感应强度	T
B_{aq}	电枢交轴磁感应强度	T
B_{av}	平均磁感应强度	T
B_f	励磁磁感应强度	T
B_m	主磁路磁感应强度	T
B_r	永磁体剩余磁感应强度	T
C_e	电动势常数	/
C_t	转矩常数	/
D_a	电枢直径	m
E	电动势有效值	V
E_a	电枢电动势	V
E_{ad}	直轴电枢反应电动势	V
E_{aq}	交轴电枢反应电动势	V
E_f	励磁电动势	V
E_m	主电动势，电动势最大值	V
F	磁动势	At
F_a	电枢磁动势	At
F_{ad}	直轴电枢反应磁动势	At
F_{aq}	交轴电枢反应磁动势	At
F_e	涡流等效磁动势	At
F_f	励磁磁动势	At
F_h	磁滞等效磁动势	At
F_m	主磁路磁动势	At
F_δ	气隙磁动势	At
F_μ	磁化磁动势	At
G	重量	kg

V

符　号	名　　称	单　位
H	磁场强度	A/m
H_c	永磁体矫顽力	A/m
I	电流有效值	A
I_a	电枢电流	A
I_{cr}	临界电流	A
I_d	直轴电枢反应电流	A
I_e	等效涡流	A
I_f	直流励磁电流	A
I_h	等效磁滞电流	A
I_k	短路电流	A
I_m	交流励磁电流	A
I_N	额定电流	A
I_q	交轴电枢反应电流	A
I_{st}	起动电流	A
I_μ	等效磁化电流	A
J	转动惯量	kg·m²
K_t	过载能力	/
L	自感	H
L_a	电枢电感	H
L_{ad}	直轴电枢反应电感	H
L_{aq}	交轴电枢反应电感	H
L_f	直流绕组励磁电感	H
L_{Fe}	铁心（有效）长度	m
L_m	主磁路励磁电感	H
L_μ	主磁路磁化电感	H
L_σ	漏电感	H
M	互感	H
N	导体数	/
P	有功功率	W
P_1	输入有功功率	W
P_2	输出有功功率	W
P_{mec}	机械功率	W
P_N	额定功率	W
Q	无功功率	var

符 号	名 称	单 位
R	电阻	Ω
R_a	电枢绕组电阻	Ω
R_{cr}	临界电阻	Ω
R_e	主磁路涡流等效电阻	Ω
R_f	直流励磁绕组电阻	Ω
R_h	主磁路磁滞等效电阻	Ω
R_k	短路电阻	Ω
R_m	磁阻	$1/H$
S_N	额定容量	$V \cdot A$
T	转矩	$N \cdot m$
T_{em}	电磁转矩	$N \cdot m$
T_L	负载转矩	$N \cdot m$
T_0	空载转矩	$N \cdot m$
U	电压有效值	V
U_d	直轴电枢电压	V
U_f	直流励磁电压	V
U_N	额定电压	V
U_q	交轴电枢电压	V
W	能量	J
W_1	绕组串联匝数	$/$
X	电抗	Ω
X_a	电枢反应电抗	Ω
X_{ad}	直轴电枢反应电抗	Ω
X_{aq}	交轴电枢反应电抗	Ω
X_k	短路电抗	Ω
X_m	主磁路励磁电抗	Ω
X_t	同步电抗	Ω
X_μ	主磁路磁化电抗	Ω
Y	导纳	S
Z	阻抗	Ω
	槽数	$/$
Z_m	主磁路励磁阻抗	Ω
a	绕组并联支路数	$/$
b	磁感应强度瞬时值	T

符 号	名 称	单 位
e	电动势瞬时值	V
e_m	主电动势瞬时值	V
e_σ	漏电动势瞬时值	V
f	频率	Hz
f_N	额定频率	Hz
g	气隙长度	m
h_{pm}	永磁体厚度	m
i	电流瞬时值	A
j	纯虚数	/
k	电压比	/
k_a	电枢磁动势折算系数	/
k_{ad}	直轴磁动势折算系数	/
k_{aq}	交轴磁动势折算系数	/
k_c	短路比	/
k_d	直轴电枢磁感应强度波形系数	/
k_e	异步电机电动势折算系数	/
k_i	异步电机电流折算系数	/
k_q	交轴电枢磁感应强度波形系数	/
k_{q1}	基波分布系数	/
k_{y1}	基波短距系数	/
k_{w1}	基波绕组系数	/
m	交流绕组相数	
n	机械转速	r/min
n_1	同步转速	r/min
n_N	额定转速	r/min
p	电机极对数	/
p_{Cu}	绕组损耗功率	W
p_f	励磁绕组损耗功率	W
p_{Fe}	铁心损耗功率	W
p_{mec}	机械损耗功率	W
p_{ad}	附加损耗功率	W
q	每极每相槽数	/
r	电阻	Ω
s	转差率	/

符　号	名　　称	单　位
s_m	最大电磁转矩临界转差率	/
t	时间	s
u	电压瞬时值	V
	虚槽数	/
u_k	阻抗电压，短路电压	/
v	速度	m/s
w_{pm}	永磁体宽度	m
x	电抗	Ω
y	线圈节距	/
α_e	槽间电角	rad
α_p	极弧系数	/
β	节距系数，负载系数	/
ε	介电常数	F/m
ϕ	磁通瞬时值	Wb
η	效率	/
φ	相位角	rad
μ	磁导率	H/m
v	谐波次数	/
θ	电角度	rad
ρ	电阻率	$\Omega \cdot m$
σ	电导率	S/m
τ	极距	m
ω	角频率	rad/s
ψ	磁链瞬时值	Wb
Φ	磁通	Wb
Φ_m	主磁路磁通最大值	Wb
Φ_σ	漏磁路磁通	Wb
Λ	磁导	H
Ω	机械角速度	rad/s
Ψ	磁链	Wb
Ψ_m	主磁链	Wb
Ψ_σ	漏磁链	Wb
*	右上角加星为标幺值或复数共轭	
'	右上角加撇为折算值	

目　　录

绪　　论

　　电机学是一门综合性很强的电气工程与自动化专业基础课程，主要涉及电学、磁学、力学等物理学知识，还需要微积分、状态空间变换等数学工具，用来分析这类机电能量转换装置的工作原理、行为特性和应用场合。对于特殊类型的电机，比如超声波电机、超导电机等，还需要其他相关方面的专门知识。本书主要阐述与国民经济息息相关的常用旋转电机和变压器的原理，对于特殊用途的电机将在第 7 章做简要介绍。绪论中先阐述电机的概念，再举例说明电机在国民经济中的地位和作用，然后介绍电机的分类，最后给出电机的分析方法，它是学习电机过程中需要把握的基本思想方法。

0.1　电机的概念

　　电能是国民经济的支柱。电能主要由火电站、水电站、核电站、风电场等分别将化石能源、水位能、核能、风能通过各种机械驱动发电机产生的。发电机发出的电能再经过升压变压器和输电线路传送到变电站与配电站，然后用降压变压器和配电变压器供给用户端的电动机和其他用电设备。

　　电机广义上是指发电、变电和用电的机械装备，包括电能变换类变压器、变流器、变频器和移相器，信号类控制电机，功率类电动机、发电机和调相机等。电机属于机械装备，但电气是灵魂，机械是骨架，两者融合一体无法分割。随着智能化、信息化和集成化技术的发展，电力电子、计算机和通信技术与传统电机技术的结合越来越紧密，自动控制、状态监测和故障诊断技术的应用，使得电机能更加安全、可靠而高效地运行。

　　电机较为狭义的概念是指具有运动部件的电信号与机械信号相互转换装置，包括功率类电动机、发电机和信号类控制电机。强电领域的电机是一种电能与机械能相互转换的机械设备，即电动机和发电机。电机的基本结构通常包括固定不动的定子，平面或旋转运动部分的动了或转子，两者之间传递电磁能量的空气隙，以及安装在定、转子上的轴承。图 0-1 表示旋转电机基本结构剖面示意图，空气隙两侧的定子铁心和转子铁心通常都采用高磁导率的磁性材料，将磁场约束在人为设计的有效空间范围内，如导体有效长度为铁心轴向长度，铁心表面加工成均匀分布的相同齿槽，用来安放电磁线圈或绕组，实现电能的输入或输出。

　　电机根据工作原理主要有以电磁感应原理和电磁力为基础的机电能量转换装置，也包括以静电感应和电场力为基础的机电能量转换装置，以霍尔效应为基础的磁流体发电装置，以及以压电材料逆压电效应为基础的超声波驱动装置等。

　　电机学是研究电机的基本结构、电磁原理、运行特性和控制规律的学科。电力系统中普遍采用的变压器是以电磁感应为基础的静止电气设备，它是电机学的基础。

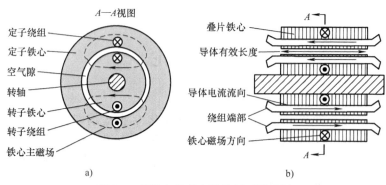

图 0-1 旋转电机基本结构剖面示意图

a) 径向剖面图　b) 轴向剖面图

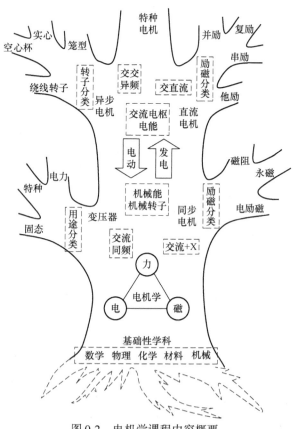

电机学这门课程的内容可以形象地用一棵树来表示，如图 0-2 所示，机械是树的躯干，电磁是树的循环系统，基础性学科是树的根系，各种电机是在这些学科基础上发展起来的不同树枝，同类电机是树干上的树枝及其分枝，其章节内容是更细的树枝，而知识点则是细树枝上的树叶。

以旋转电机为例，转子机械运动的机械能与交流电枢的电磁能相互转换实现电动机或发电机运行。异步电机中的两个交流电枢频率不同，称为交交异频，而没有旋转部件的变压器则是交流同频，两者本质上具有类似的电气关系。同步电机中除了交流电枢，还有不同的励磁方式，如电励磁（直流或交流整流）、永磁励磁或者凸极磁阻。直流电机外部都是直流，但转子电枢交流与外部直流是通过机械换向器实现整流和逆变的。理论上直流电流产生的磁场都可以用永磁体取代。永磁直流电机属于他励直流电机。

图 0-2 电机学课程内容概要

正如树的生长是通过根系吸收水分和无机营养，通过树叶的光合作用获取有机营养，电机原理和技术是随基础学科的发展而不断发展和完善的，电机的发展概况见表 0-1。

表 0-1 电机的发展概况

起止年代	主要原理和技术发展	解决难题	存在缺点和难题
~1833	提出了电磁力和电磁感应定律，电机可逆性原理，研制成直流发电机和单相交流发电机，发现旋转金属圆环使磁针偏转	解决了电动机和发电机原理，发现了多相感应电动机原理	需要廉价直流电源，缺乏交流电理论，尚未实现单相电动机驱动

起止年代	主要原理和技术发展	解决难题	存在缺点和难题
1834～1870	直流电机电励磁取代永磁体，直流发电采用自励，研制成环形绕组	改进了励磁方式，提高了绕组空间利用率	永磁体性能差，绕组固定和散热困难
1870～1890	研制成分布式鼓形绕组，铁心开槽与叠片结构，炭电刷取代金属电刷，设计了换向极和补偿绕组，发现磁路欧姆定律，实现低压直流输电、旋转磁场和三相制	解决了铜导体内部涡流、铁心涡流和电枢绕组温升问题，换向火花，完善交流电机旋转磁场理论，高效率发电和输电	低压直流输电距离短，尚未解决高压绝缘
1890～1900	完善了直流电枢绕组理论，实现了三相交流电力系统输电技术，提出了相量法、双旋转磁场理论、双反应理论	直流电机理论设计，交流电力传输，正弦稳态问题求解，凸极同步电机分析方法	交流电机性能不良，容量有限，振动和噪声严重
1900～1950	不对称分量法，坐标变换理论，谐波磁场，电机参数测定方法	非对称问题求解，电机数学模型，谐波及其附加转矩的削弱	只能求解简单线性问题
1950～1970	空间矢量法，频域求解动态问题，机电能量转换的机理和统一理论，水冷和氢冷技术	机电理论统一性，大容量发电机制造	数学基础要求高，冷却介质泄漏、沉积物堵塞和氢爆炸
1970～1990	矢量变换控制，直接转矩控制，永磁和高温超导材料，有限元法电磁场计算	高功率密度、高速、宽范围调速和高精度伺服电动机，提高了电机可控性和电网质量	数学模型的精确性要求高，需要高速芯片或计算机
1990～	场路结合有限元仿真，超临界发电机组，超导电机，高压电机，微特与纳米电机，高压直流输电，蒸发冷却与空冷	高性能电机设计，直接并网发电与驱动，远距离高压直流输电，解决缺水地区发电机冷却问题	高压绝缘，超导态制冷，材料工艺，接地变压器直流偏置，直流短路故障断路器

0.2 电机的用途

现代电机在国民经济中具有举足轻重的作用和十分重要的地位，电机的主要用途是发电和驱动，即作为发电机将其他机械能转换成电能，作为电动机驱动机械将电能转换成机械能，在电力系统中电机的用途如图 0-3 所示。

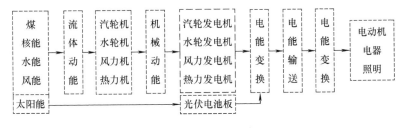

图 0-3　电机的用途

1. 发电机

发电机是将一次能源转换成的机械能作为输入转子，再通过内部电磁感应产生电能的机械装备。一次能源主要有矿物燃料煤和天然气，原子核能，可再生洁净能源水力、风能、地热能和太阳能等。世界上主要的电力由汽轮发电机和水轮发电机提供。

火力发电站主要依靠燃烧煤，其产生的热量使高压锅炉内的水沸腾形成高压蒸汽，高压蒸汽通过汽压调节推动汽轮机叶片带动转子旋转，再由汽轮机转子驱动大型汽轮发电机转子磁极形成旋转磁场，最后汽轮发电机定子绕组感应电动势产生电能。小型汽轮发电机利用高炉余热发电或者燃气轮机驱动发电。核电站利用核裂变产生热能，同样地用汽轮发电机发电。

水电站依靠大坝蓄水形成高位水压推动大坝底部另一侧的水轮机叶片并带动同轴连接的水轮发电机转子磁极，水轮发电机定子绕组感应电动势产生电能。

风电场利用大气环流风力驱动风轮叶片旋转，通过增速齿轮箱或直接驱动风力发电机发电。

在偏远地区或没有电网供电的情况下，可以采用内燃机或柴油发动机驱动同步发电机独立发电。太阳能发电则是利用光伏原理，不需要发电机。

2. 电动机

电动机是将电能转换成机械能驱动各种机构的机械装备，广泛用于工业、交通运输、航空航天、楼宇办公和家电电器等领域，电力能源主要是通过电动机消耗的。

例如，工业机械加工用的车、磨、刨、铣和镗等机床驱动需要电动机，集装箱码头装卸货物和起重机械用变频调速异步电动机，钢厂多辊连轧用同步电动机，矿山开采挖掘机和提升机驱动用直流电动机，天然气管道输送泵站和水处理厂泵类驱动用异步电动机。此外，常用的还有锅炉鼓风机异步电动机，石油化工用防爆电动机，油井潜油泵电动机，自动化流水线驱动电动机，各种纺织机械驱动电动机，纸张、钢板、电线和电缆等卷绕电动机，机械臂和机器人中关节运动控制用电动机。又比如：

轿车发动机起动，摇窗、风窗玻璃雨刮器、座椅和门锁等用小功率电动机。

航空航天器太阳能电池板驱动电动机，卫星姿态控制无刷直流电动机，太空遥测扫描镜驱动永磁同步电动机，导航陀螺驱动磁悬浮电动机。

楼宇电梯升降曳引电动机，办公自动化设备如激光打印机、计算机芯片冷却风扇和硬盘驱动用无刷直流电动机。家用电器中洗衣机、空调、冰箱压缩机、脱排油烟机应用异步电动机。

此外，电动工具、医疗器械、健身运动器械、人工心脏和微机电系统也要用到电动机。

3. 电动/发电机

电机既可作为电动机驱动也可作为发电机运行。典型案例是抽水蓄能电站的电机，蓄水阶段作为电动机将水抽到高处水库，发电阶段则利用水库水压驱动电机并网发电。随着电力电子功率变换器与电机的紧密结合，考虑到节能与经济运行，如船舶电力推进、电力机车牵引、磁悬浮列车驱动和电动车辆驱动等电机兼具电动与发电两种运行状态，实验室常用电动机和发电机组进行电机参数和特性测试。

0.3 电机的分类

电机的分类方法繁多，如按照功能或用途、工作原理、电源类型、动力类型、结构类型、材料类型、励磁方式、运动方式、磁场方向、功率大小、电压等级和转速高低等进行分类。

电机通常分为静止的变压器，运动的交流电机和直流电机，以及控制电机和特种电机。交流电机又分为异步电机和同步电机。变压器按用途分类有电力变压器、固态（电力电子）变压器和特种变压器等；异步电机按照转子结构分类有笼型、绕线转子、实心转子和空心杯转子等；而同步电机和直流电机则按照励磁方式分类。同步电机分为有刷或无刷电励磁同步电机、永磁同步电机和磁阻同步电机等。直流电机分为永磁直流电机和电励磁直流电机，电励磁直流电机根据励磁绕组和交流电枢外部分离或串、并联连接关系又分为他励、串励、并励和复励直流电机。

电机按照运动方式分为旋转电机、直线电机、平面电机和球面电机。旋转电机按照磁场方向又分为径向磁场电机、轴向磁场电机和横截磁场电机。交流电机按照电枢绕组相数不同分为单相、两相、三相和多相交流电机。电机按照励磁方式分为电励磁、永磁励磁、磁阻和混合励磁电机。电机按照工作原理分为电磁感应电机、静电电机、逆压电效应超声波电机和形状记忆合金电机等；按照导电材料分为常导电机和超导电机；按照功率分为大中型电机、中小型电机、小功率电机和微纳米电机等，功率范围在 $10^{-3} \sim 10^{9}$W，转速范围在每天一转到每分钟十万转以上。发电机按照动力源分为汽轮发电机、水轮发电机、风力发电机、柴油发电机和热力发电机等。汽轮发电机按照冷却方式分为空冷、水冷、双水内冷、氢冷和蒸发冷却等。水轮发电机按照安装结构又分为立式与卧式。

每一类具有运动部件的电机在原理上都可以作为电动机和发电机运行，即电动机和发电机是电机两种相互可逆的运行状态，但在具体设计时，电动机和发电机的技术要求和性能指标是不同的。比如，电动机要求运行转速范围宽广，起动转矩大，转矩过载能力强等；发电机要求输出电压稳定，有功功率和无功功率调节能力强，风力发电机需要具有低电压穿越能力等。

电机学课程主要分析变压器、旋转交流电机和直流电机，以及特种电机的基本结构、基本原理、基本特性和参数测定方法。

0.4 电机的分析方法

尽管电机的种类繁多，但绝大多数电机都是根据电磁感应和电磁力作用机理工作的。因此，从电磁场的角度来看，电机内的电磁场满足麦克斯韦方程组，是强电磁耦合非线性系统。另一方面，电机中电磁量的频率较低，通常工业电网的频率是50Hz和60Hz，一般电力电子变换器驱动频率不超过10kHz，因此可以采用集中参数描述电路，两大基本电路定律（基尔霍夫电压和电流定律）适用于电机电路模型的描述，而在线性化假设条件下的叠加原理更是分析电机的基本方法。交流电机正弦稳态行为分析采用时间相量法，基于坐标变换的时空统一法，无量纲的标幺值法，电机内部电场、磁场、温度场和流体场等有限元分析法，以及动态系统的场路耦合分析法等。下面分别从电和磁的角度来阐述电机的分析方法。

1. 电磁耦合系统分析

旋转电机内部电能与机械能转换是依靠气隙磁场中定、转子磁场之间磁场力的相互作用实现的，因此分析气隙中定、转子耦合主磁场十分必要，是电机分析的关键。

电磁耦合系统分析的基本思路是定、转子电流是空间分布的，因此利用安培环路定律将空间电流分布转换成气隙空间的定、转子磁动势分布，再利用磁动势与气隙磁位降的关系得到气隙空间的磁场分布，由气隙磁场强度与磁感应强度关系得到气隙磁感应强度分布，由此得到每极磁通量和绕组磁链幅值与时间交变频率，利用电磁感应定律得到空间分布绕组中产生的感应电动势。由此可见，电机分析必须将微观的电磁场耦合转换成宏观的电磁耦合关系，即电流与磁动势耦合、磁动势与磁通耦合、磁通与磁链耦合、磁链与电动势耦合。

2. 电路分析方法

电机的电气端口是电能输入与输出的端口，将电机看成黑匣子，利用电磁感应定律建立集中参数电路模型，端口电压等于传导电流的电阻压降与感应电动势的代数和。这里最重要的思想方法是，将线圈或绕组中耗能和储能统一的结构分离成耗能的电阻元件和纯储能的电感元件。对于纯储能结构再通过后续磁场能量分离方法，分解成不参与能量转换的漏磁场能量存储元件（漏电感）和参与能量转换的主磁场能量存储耦合元件（主电感）。

对于多相对称耦合系统可以通过电磁解耦分析单相系统。对于正弦稳态系统可以利用相量法分析，电气不对称正弦稳态系统通常采用对称分量法分析，即分解成正序、负序和零序三种相序的对称多相系统，然后分别加以分析，各相序结果叠加后得到最终结果。

电路方程利用基尔霍夫电压（KVL）和电流定律（KCL）列写，对于每个绕组来说KVL列写的方程具有类似形式，根据特勒根定理，电路方程同时满足电功率平衡关系。

3. 磁路分析方法

磁路是磁感应线经过的路径。电机磁路结构复杂，只是近似进行定性和定量分析，但对理解电机内部的耦合关系和建立模型十分有用。

磁路分析的基本思路是将定、转子耦合主磁场磁路与定、转子各自的漏磁场磁路分开。因为主磁场是实现机电能量转换的耦合磁场，而漏磁场不参与机电能量转换，仅仅是消耗无功的能量，两者的性质不同。另外，主磁路受铁心饱和、磁滞和涡流影响，是非线性的，而且主磁场由定、转子电流产生，因此主磁场和主磁路相对定子或转子空间可以是运动的。漏磁路主要经过非铁磁性磁路，是线性的，相对其空间电流分布是静止的。多相对称系统漏磁路也是耦合的，但具有对称性，因此可以解耦成单相系统。主磁路磁场对各相绕组的影响，利用时间与空间统一的时空矢量关系得到。

需要特别注意的是，定、转子之间空气隙的均匀程度对主磁路影响很大。均匀气隙利用定、转子合成磁动势分析主磁场，不均匀对称气隙利用定、转子磁动势在对称轴上的正交分解分析各对称轴上的主磁场，如同步电机双反应理论，然后利用叠加原理分析线圈或绕组中的磁通、磁链和感应电动势。

磁路方程可以利用电路类比关系的安培环路定律（磁路 KVL）和磁通连续性原理（磁路 KCL）列写，对于每个无电阻绕组的磁路来说，KVL 列写的方程具有类似形式，根据特勒根定理，磁路方程同时满足磁场能量守恒关系。

4. 耦合磁路与耦合电路的转换

从拓扑结构的角度，磁路中绕组磁动势产生磁通，磁通经过磁路磁阻产生磁位降，等效磁路中各支路磁动势、磁位降与磁通满足磁路基本定律。这里的磁动势或磁位降相当于电压，磁通相当于电流，这样的等效磁路称为磁动势-磁通模型。该等效磁路的对偶拓扑称为磁通-磁动势模型。两个拓扑结构相比较，节点与回路对偶，磁动势或磁位降与磁通对偶，磁阻与磁导对偶。对偶拓扑结构磁通-磁动势模型中，磁通相当于电压，满足磁路 KVL 方程；磁动势或磁位降相当于电流，满足磁路 KCL 方程。如果进一步将磁通变换为绕组磁链，而将磁动势变换为绕组电流，这样磁导参数就转换为电感参数，可以获得基于理想变压器耦合的磁链-电流模型。若引入不同绕组匝数的折算系数，则可以获得各绕组折算到相同匝数而保持电磁能量守恒的磁链-电流模型。由于磁链的时间导数等于负的感应电动势，因此，通过磁路磁动势-磁通模型的对偶模型和匝数变换可以得到无电阻绕组的耦合电路电动势-电流模型。将该电动势-电流模型与电路端口模型结合成为电机的等效电路模型。在正弦稳态条件下，瞬时值等效电路模型可以表示为时间相量等效电路，电感转换为电抗，绕组电阻和电抗合并为阻抗，时间相量形式的基本方程可以用相量图表示。等效电路、基本方程和相量图是电机分析和计算最基本的关系。

需要强调的是，交流电机主磁路是空间运动的，因此必须在相对气隙磁场静止的同步坐标系中观测多相交流电机对称电枢绕组中的时空矢量，建立磁动势平衡、电动势与电压平衡、功率与转矩平衡等关系。

思考题与习题

0-1 通过网络搜索下列电机的含义：（1）高温超导电机；（2）静电电机；（3）磁滞电动机；（4）超声波电动机；（5）开关磁阻电机；（6）无刷直流电机；（7）印制绕组电机；（8）非晶合金变压器；（9）交流永磁伺服电动机；（10）自起动永磁同步电机；（11）电磁弹射/悬浮直线电机；（12）直接驱动永磁风力发电机；（13）双馈异步风力发电机；（14）永磁感应发电机；（15）超临界汽轮发电机。

0-2 通过网络搜索下列概念：（1）核电站；（2）水电站；（3）火电站；（4）光伏电站；（5）风电场。

第1章 电机基础

本章主要介绍电机中常用的导电、绝缘和导磁材料，磁性材料的磁化特性及其交流磁滞与涡流损耗，回顾电磁理论基本定律和电路基本定律，给出了磁场、电流和电磁力正交情况下的各类电机结构，重点介绍磁路基本定律以及典型磁路结构的分析，推导出等效磁路的磁动势-磁通模型、磁通-磁动势模型、磁链-电流模型和电动势-电流模型，从而对典型电机主磁路的磁化特性进行等价表示，说明这些磁化特性描述的参数及其物理意义，最后介绍电机端口模型，机电能量转换中的各种损耗、能量守恒与功率平衡一般关系，以及效率的概念。

1.1 电机的常用材料

在电机中导电材料是必不可少的，而导电材料流过电流时其内外都存在电场和磁场，因此需要用绝缘材料将导体局部或整体隔开，以免发生短路或击穿的危险。电机中的机械结构有固定结构与运动结构两部分，两者之间存在传递电磁能量的空气隙。定转子相互作用的电磁力（力矩）与外部机械力（力矩）的平衡机制是实现机电能量转换的前提，而电磁力（力矩）是两个磁场相互作用的结果，它与磁场大小呈正比。为了产生足够强的磁场，在电流满足磁场大小和空间要求困难的情况下，需要采用高磁导率的软磁性材料或硬磁性材料，让磁场主要按照人为设计的路径流通并增强空气隙中的磁场。

1.1.1 导电材料

导电材料的导电性能用电导率或电阻率表征。无论是感应电荷还是传导电流都需要导体，金属在中低频应用场合是良导体，如铜和铝的导电和导热性能好，是电机最常用的导电材料。在20℃时铜和铝的电阻率分别为 $1.72 \times 10^{-8} \Omega \cdot m$ 和 $2.8 \times 10^{-8} \Omega \cdot m$，但铜的密度（$8900 kg/m^3$）较大，因此在需要重量轻而对损耗要求不高的场合常采用密度较小的铝（$2700 kg/m^3$）作为导体，铝的熔点低，易浇铸成型，但铝表面易氧化。为了减小良导体之间的接触电阻，常采用导电性能更好的银作为焊接材料。在特殊应用场合，如微纳米电机中，需要延展性好的金或纳米碳管作为导线。此外，用于制作电刷的石墨及其合金也是良导体。

电机中的导电材料主要用来传输电功率（如电枢绕组）或者产生磁场（如励磁绕组、换向极绕组和补偿绕组等）。此外，转子与外接电气联系的集电环、换向器和电刷也是导电材料。导电材料通常用铜或铝制成圆导线、扁导线或箔。在中高频应用场合采用金属薄膜或多股里兹（Litz）线，以减少趋肤效应与邻近效应引起的涡流损耗。在要求低惯量的转子中，常采用铸铝工艺，形成一体化的转子导条、端环和散热片，保证结构坚固，降低成本。在运动导电材料与静止导电材料相接触的场合，通常采用耐磨的金属合金与石墨电刷。在导电材料之间的连接点处的焊接材料除了采用锡以外，对焊点要求高的场合还会采用含有银或金等贵金属的导电材料。

上述导电材料的电导率随温度升高而降低，称为常导材料。超导材料在超导态（低于临界温度、临界磁场强度与临界电流密度的状态下）的电阻为零，如低温超导材料铌钛合金，高温超导材料铋系（BiSrCaCuO）和钇系（YBaCuO）、金属化合物（MgB_2）以及铁基超导（FeAs）材料等，超导电机是未来电机发展的重要方向之一。

1.1.2 绝缘材料

绝缘材料是指不导电或导电很微弱的材料，电阻率在 $10^7 \sim 10^{20} \Omega \cdot m$。绝缘材料必须具备一定的物理和化学特性，如电阻率高、相对介电常数大、化学稳定性好、耐腐蚀和老化等。绝缘材料的作用是避免导体间短路或被电场击穿形成局部放电，如电机绕组导体之间、线圈与槽壁、槽内线圈层间、绕组端部相间、引线之间等都需要绝缘。此外，还有直流电机换向器的换向片片间绝缘、电枢铁心叠装硅钢片的表面绝缘等。绝缘材料在外电场中被极化而存储电能是其另一个重要作用，如电容器中的绝缘材料。

绝缘材料的绝缘性能随温度升高老化速度加快、寿命缩短，对于温升高的高功率密度电机，需要采用绝缘等级高的绝缘材料。电机的绝缘等级分为 Y 级（90℃）、A 级（105℃）、E 级（120℃）、B 级（130℃）、F 级（155℃）、H 级（180℃）和 C 级（180℃以上）。

绝缘材料根据物理状态分为气体绝缘材料、液体绝缘材料和固体绝缘材料。如空气、氢气、六氟化硫（SF_6）气体，变压器油、绝缘漆，绝缘纸、云母、电工薄膜、环氧树脂、橡胶等。

1.1.3 铁磁性材料

从磁性能的角度可将材料分为抗磁性、无磁性、顺磁性、亚铁磁性和铁磁性等，它们是根据相对磁导率大小划分的。超导是完全抗磁性材料，一般抗磁性材料的相对磁导率小于1，如铜；顺磁性材料的相对磁导率稍大于1，如铝；强磁性材料的相对磁导率很大，如电工钢的相对磁导率约为 10^3，坡莫合金、铁基非晶合金、纳米磁性材料的相对磁导率高达 10^5。铁磁性材料是以铁、钴和镍为基础的合金材料，具有很强的导磁性能或磁性。铁磁性材料又分为软铁磁性（软磁）材料和硬铁磁性（硬磁）材料两类。常规电机都需要相对磁导率高的优良导磁材料，如起聚磁作用的软磁材料电工硅钢。特种电机也需要磁性能强的起励磁作用的硬磁材料钕铁硼，以缩小体积，减轻重量，增加功率密度。铁磁材料不仅是电机磁路的主要部分，也是机械支撑结构的重要组成部分。

1. 软磁材料的磁化特性

电机中常用的软磁材料包括电工硅钢、纯铁、铸铁、软磁合金等。电工硅钢采用热轧或冷轧工艺，加工成具有不同厚度和宽度的带材，其中冷轧硅钢又分为无取向和有取向两类。电工硅钢是电机定、转子冲片制造的主要材料，通过铁中掺杂一定量的硅，既增加电阻率又具有优良的导磁性能。软磁材料的磁性能用磁化曲线表示，如图1-1所示，磁化曲线的横坐标是磁场强度，纵坐标是磁感应强度，曲线是闭合的磁滞回线。磁滞回线与纵坐标交点对应的磁感应强度称为剩余磁感应强度，表示外部磁场为零时材料内部所具有的磁感应强度大小。磁滞回线与横坐标交点对应的磁场强度称为矫顽力，表示要使内部磁感应强度为零需要施加的反向磁场强度大小。

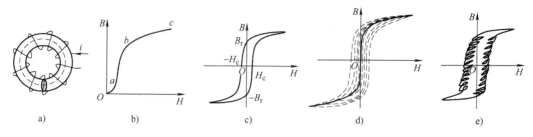

图 1-1　软铁磁环及其磁化特性

a）磁环线圈　b）初始磁化特性　c）磁滞回线　d）基本磁化特性　e）带小回线磁化特性

图 1-1a 为圆形磁环，图 1-1b 为初始磁化特性。初始磁化曲线是磁环原来没有磁场，电流从零开始增加，磁场强度开始增大，由于磁畴畴壁移动，磁感应强度增加缓慢，到磁化曲线的 a 点，之后畴壁移动结束，磁畴开始翻转，磁感应强度跳跃式增加，而电流或磁场强度几乎增加很少，到达 b 点，磁畴翻转结束，磁畴的磁化强度开始与外磁场对齐，这时磁场强度增加很多，但磁感应强度基本趋于饱和，达到 c 点。过饱和点后再增强磁场，磁感应强度与磁场强度的增量关系满足：$\Delta B = \mu_0 \Delta H$，其中 $\mu_0 = 4\pi \times 10^{-7} \mathrm{H/m}$ 是真空中的磁导率，与空气磁特性类似。

当磁环磁化饱和后，减小电流，磁化特性不再按照原来的初始磁化曲线返回，而是存在磁感应强度滞后磁场强度变化的情况，当电流减小到零时，磁感应强度不等于零，称为剩余磁感应强度，用 B_r 表示，如图 1-1c 所示。继续反向增大电流，磁感应强度才能回到零，这时的磁场强度 H_c 称为矫顽力。进一步增大电流，磁环将反向磁化，并随磁场增强而趋于反向饱和。类似地，反向电流减小，磁化曲线将沿另一条路径返回。如果是交流电流，将形成对称的磁滞回线。不同幅值交流电流的磁化特性形成的磁滞回线形状大小不同，它们的顶点连接成的曲线，称为平均磁化曲线或基本磁化曲线，如图 1-1d 中粗实线所示。B-H 磁化曲线的斜率反映增量磁导率的变化。磁化曲线中的磁感应强度和磁场强度理论上应该是空间任意一点的值，但磁性器件往往采用矢量大小的平均值，或简单地采用典型（几何平均）磁路上的场量来表示，即磁环磁通量与截面积之比作为磁感应强度 B，而电流与匝数乘积的磁动势与磁环平均周长之比作为磁场强度 H。B-H 磁化曲线的变化与历史状态有关，当磁化电流存在高次谐波时，如采用脉宽调制（PWM）控制，在磁滞回线上将叠加小磁滞回线，如图 1-1e 所示，磁滞回线是引起铁磁产生混沌效应的主要根源。

电机中的绝大部分铁磁性材料是软磁性材料，矫顽力很小，如电工钢，其饱和磁感应强度在 1.8~2.2T，纯铁最高，铸铁较低，剩余磁感应强度约为 0.8T。由于磁化特性的非线性，磁环的相对磁导率也是磁场强度的函数，最大相对磁导率发生在初始磁化曲线的 ab 段。

磁环没有气隙，内部不存在退磁场。当磁环开口后，气隙对磁化特性有很大的影响。因为没有气隙的磁环达到拐点（如初始磁化曲线的 b 点）时，需要的磁场强度较小，电工硅钢约 100A/m。当存在气隙时，磁化曲线将向横轴磁场强度增大方向剪切，即产生同样大小的磁感应强度，需要更大的电流或等效磁场强度，这是因为气隙的磁场强度与磁感应强度的关系为 $H = B/\mu_0$，以及磁化强度引起的内部退磁场的作用。

2. 软磁材料的交流损耗

（1）磁滞损耗

电机内部的铁磁性材料主要是硅钢、碳钢和铸铁。交流磁场磁化过程出现磁滞回线，说明内部存在能量损耗，这种磁滞回线包含的能量损耗称为磁滞损耗，单位质量磁滞损耗与频率成正比，与磁滞回线的面积成正比，通常表示为与磁感应强度幅值的 α 次方成正比（$1 < \alpha < 2$），α 的值由试验测定。

如图 1-1c 所示磁滞回线包围的面积表示一个磁化周期内铁磁材料单位体积消耗的能量，因此单位体积磁滞损耗功率与频率成正比，与磁滞回线面积成正比，即

$$p_{hys} = f\oint_l H \cdot dB = k_h f B_m^\alpha \tag{1-1}$$

式中，k_h 和 α 是与材料特性有关的系数；B_m 为磁滞回线中的磁感应强度幅值。

（2）涡流损耗

铁磁性材料在交变磁场中有旋涡电场，旋涡电场在铁磁材料内部形成的旋涡电流简称为涡流。如图 1-2 所示，电流密度分布趋向于导体表面，因此称为趋肤效应。单位体积内的涡流损耗与频率和磁感应强度幅值乘积的二次方成正比，还与材料的形状有关。对于无限大薄板，沿平行薄板磁场的单位体积涡流损耗功率表示为

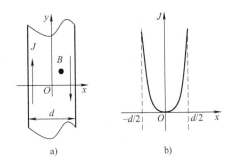

图 1-2　软铁磁薄板涡流及其涡流密度分布
a）涡流模型　b）涡流分布

$$p_{eddy} = \frac{\sigma d^2}{6}(fB_m)^2 = k_e (fB_m)^2 \tag{1-2}$$

式中，k_e 是与材料特性有关的系数；σ 是电导率；d 是薄板厚度。

由电磁理论可知，金属材料的趋肤深度与电导率、磁导率和频率有关，即 $\delta = (\pi f \sigma \mu)^{-1/2}$。由于铁磁材料是导体，尽管增加杂质（如电工钢掺硅、低碳钢掺碳）使得电导率大大降低，但是在交流磁场中存在交变电场，这样会使导体内部引起涡流，产生涡流损耗。涡流损耗与频率及磁感应强度幅值乘积的二次方成正比。设铁磁材料的电导率为 $10^6 S/m$，相对磁导率为 10^4，则频率为 50Hz 时的趋肤深度约为 0.7mm。减小涡流损耗的办法是减小交流磁场作用的截面积，因此电机中的铁心是采用 0.35mm 或更薄的硅钢片冲剪后叠压而成的，磁感应线沿冲片平面形成闭合回路。只有直流励磁磁极采用较厚的钢板叠压而成。对于中频或高频应用场合的铁磁材料，常采用铁氧体、非晶合金、磁粉合成材料以减小涡流与磁滞损耗。

工程上电机铁心冲片采用厚度为 0.5mm 或 0.35mm 等较薄的电工硅钢片、磁场平行冲片平面，其目的就是为了减小电机在交变磁场中的涡流损耗。

———————————

本书符号使用说明：

1. 瞬时值采用小写字母。

2. 恒定频率时间正弦量的相量采用大写字母，在字母上面增加点来表示；不加点为有效值；峰值通常用下标 m 区分。

3. 空间矢量或时空矢量采用黑体大写字母。

4. 加撇号表示折算值。

5. 加星号表示标幺值。

铁基非晶合金的厚度为 $25 \sim 30\mu m$，属于高磁导率软磁材料，矫顽力低于 $5A/m$，饱和磁感应强度约为 $1.56T$，目前广泛用于配电变压器，采用铁基非晶合金制造的工频变压器空载损耗可以降低 60% 以上。铁基非晶合金还广泛用于中频变压器，尤其是纳米非晶合金材料具有更低的单位质量磁滞与涡流损耗，但饱和磁感应强度也比铁基非晶合金小一些。

3. 硬磁材料

硬磁材料又称为永磁材料，主要有铝镍钴、钕铁硼、钐钴和铁氧体等。钕铁硼是目前最常用的永磁材料，具有矫顽力和剩余磁感应强度高的特点，烧结钕铁硼的工作温度通常有 $80℃$、$120℃$、$150℃$、$180℃$ 和 $300℃$ 等，但磁性能对温度比较敏感。硬磁材料铝镍钴和钕铁硼的磁化特性分别如图 1-3a 和 b 所示，通常工作在第二象限，即退磁曲线部分，且工作点尽可能利用最大磁能积（磁感应强度与磁场强度乘积最大）。电机中的硬磁材料主要是永磁体，如钕铁硼和钐钴，其特点是相对磁导率接近 1.05，剩余磁感应强度高达 $1.0 \sim 1.3T$，矫顽力可达 $10^5 A/m$ 以上。硬磁材料在外部交变磁场作用下会引起涡流和磁化动态损耗，尤其是永磁电机的永磁极位于内转子的情况，因损耗引起的过热不仅降低磁性材料的磁化性能，而且严重时会产生不可逆退磁。在电机设计时，可以采用分段与分块结构的永磁体构成磁极，以切断与改变涡流路径。

值得注意的是，导磁材料是电阻率相对较高的导电材料，导磁材料中的交变磁场会产生磁滞与涡流损耗。

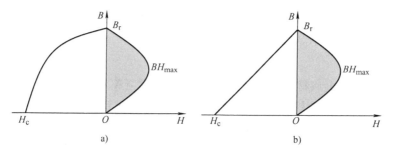

图 1-3　永磁体磁化曲线与磁能积

1.2　电机的基本电磁理论

1.2.1　电磁定律

1. 电磁感应定律

任意曲面上磁感应强度的通量称为穿过该曲面的磁通量，简称为磁通。由于线圈感应电动势的正方向与穿过该线圈的磁通正方向满足右手螺旋关系，根据法拉第电磁感应定律，静止线圈在时变磁场中产生的感应电动势总是要使感应电动势产生的电流阻碍磁场磁通量的变化。如图 1-4a 所示，匝数为 N 的静止线圈在随时间变化的磁场中产生的感应电动势

$$e = -\frac{\mathrm{d}\psi}{\mathrm{d}t} = -N\frac{\mathrm{d}\varPhi}{\mathrm{d}t} \tag{1-3}$$

式中，ψ 为线圈各匝磁通量之和或总磁链；$\varPhi$ 为每匝线圈的平均磁链，即总磁链 ψ 与匝数 N 之比。

式（1-3）也适用于相对磁场移动线圈的情况。

如图 1-4b 所示，导体在磁场中运动时，运动导体内部的电荷受到磁场力的作用，产生的电场强度由洛仑兹定律确定为 $\boldsymbol{E} = \boldsymbol{v} \times \boldsymbol{B}$，于是，沿线圈导体闭合路径内的感应电动势

$$e = \oint_l \boldsymbol{E} \cdot \mathrm{d}l = \oint_l (\boldsymbol{v} \times \boldsymbol{B}) \cdot \mathrm{d}l \tag{1-4a}$$

当只有一段长为 L 的直导线在均匀磁场 $\boldsymbol{B}$ 中以速度 $\boldsymbol{v}$ 匀速运动时，感应电动势简化为

$$e = (\boldsymbol{v} \times \boldsymbol{B}) \cdot \boldsymbol{L} \tag{1-4b}$$

特别地，导体速度、磁感应强度和导体方向三者相互垂直时，感应电动势大小 $e = BLv$，方向根据矢量运算关系确定。图 1-4c 和 d 所示的开口线圈电动势可以利用式（1-3）或式（1-4）计算得到。利用式（1-4a、b）计算电动势时要注意路径方向与规定电动势正方向的符号一致性。

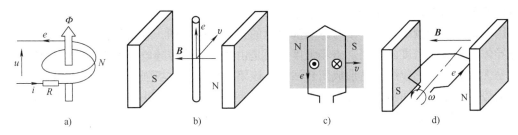

图 1-4 感应电动势

当线圈的磁链用电感和流过的电流表示时，线圈电流产生的感应电动势称为自感电动势。对于线性自感线圈，磁链 ψ 等于电流 i 与自感 L 的乘积，自感电动势不仅与电流随时间的变化率有关，而且与线圈自感随时间的变化率有关：

$$e_{\mathrm{L}} = -\frac{\mathrm{d}(Li)}{\mathrm{d}t} = -i\frac{\mathrm{d}L}{\mathrm{d}t} - L\frac{\mathrm{d}i}{\mathrm{d}t} \tag{1-5}$$

由后面将要介绍的磁路分析将会得出，电感与磁导有关，如果磁导随时间变化，那么电感也随时间变化，如定子线圈自感随凸极转子位置变化引起磁导变化而变化，即使定子线圈中的电流是直流电流，式（1-5）等式右边第二项感应电动势等于零，利用电感随时间变化项（即式（1-5）等式右边第一项）产生的感应电动势也可作为电动机驱动转子或者作为发电机发电，比如开关磁阻电机。

类似地，一个线圈在另一个电流为 i 的线圈产生的磁场中形成的互感电动势

$$e_{\mathrm{M}} = -\frac{\mathrm{d}(Mi)}{\mathrm{d}t} = -i\frac{\mathrm{d}M}{\mathrm{d}t} - M\frac{\mathrm{d}i}{\mathrm{d}t} \tag{1-6}$$

两线圈之间的互感 M 不仅与磁路的磁导率有关，而且与两线圈的空间相对位置有关，电机中定子绕组与转子绕组之间的互感是随转子位置变化而变化的，即使转子输入的是直流电流，如同步电机转子励磁绕组，式（1-6）等式右边第二项感应电动势等于零，在定子绕组开路的情况下利用第一项互感随时间的变化率同样可以产生感应电动势，这是同步发电机的基本原理。

更一般的情况是一个线圈既有自感又与其他线圈存在互感（电机通常是多绕组强耦合的系统，如异步电机的定子与转子），若利用其所有线圈的自感和互感分析电机就会十分复

杂。而电动势与磁链是线性时间微分关系，因此电机学通常从磁场的角度分析各线圈或绕组中的磁链，避免复杂的电感关系。但在电机动态分析时，特别是动态故障分析时，必须考虑电感模型。

需要强调的是，电机中实现机电能量转换主要是依靠定、转子绕组之间随转子位置变化的互感，或者随转子位置变化的定、转子绕组自感。

2. 全电流定律

在电磁系统中，全电流定律表明磁场强度的闭合回路积分等于以闭合回路为边界曲面上的电流密度曲面积分，即

$$\oint_l \boldsymbol{H} \cdot \mathrm{d}\boldsymbol{l} = \int_S \left(\boldsymbol{J} + \frac{\partial \boldsymbol{D}}{\partial t} \right) \cdot \mathrm{d}\boldsymbol{S} \tag{1-7}$$

其中，闭合回路正方向与曲面正方向满足右手螺旋关系，电流密度包含传导电流密度 $\boldsymbol{J}$ 和位移电流密度，即电位移矢量 $\boldsymbol{D}$ 的时间变化率。

因电机运行的频率较低，不考虑局部放电的自由电荷移动，忽略位移电流密度，因此只考虑导体内部电流密度的作用。磁场强度主要是由绕组导体传导电流产生的，而磁感应强度矢量是无散的，磁感应线总是形成闭合回路，该闭合回路上磁场强度的环量称为该闭合回路的磁动势。任意闭合回路包含的电流总量称为该回路的磁动势，用 F_{m} 表示，磁动势也称为安匝数，用 NI 表示。于是，设闭合回路正方向与电流正方向满足右手螺旋关系，全电流定律就简化为安培环路定律：

$$\oint_l \boldsymbol{H} \cdot \mathrm{d}\boldsymbol{l} = F_{\mathrm{m}} = NI \tag{1-8}$$

3. 磁通连续性原理

磁通连续性原理表述为任何闭合曲面上磁感应强度的通量为零，或者磁路节点中各支路磁通量代数和为零

$$\oint_S \boldsymbol{B} \cdot \mathrm{d}\boldsymbol{S} = \sum \boldsymbol{\Phi} = 0 \tag{1-9}$$

4. 电磁力定律

（1）载流导体在外磁场中受力

如图 1-5a 所示，长为 L、电流为 I 的导体在外磁场 $\boldsymbol{B}$ 中受到的洛仑兹力 $\boldsymbol{F}$ 为

$$\boldsymbol{F} = I\boldsymbol{L} \times \boldsymbol{B} = \boldsymbol{a}_{\mathrm{n}} BIL\sin\theta \tag{1-10a}$$

式中，θ 为电流流向与磁场方向的夹角；$\boldsymbol{a}_{\mathrm{n}}$ 为单位法矢量；$\boldsymbol{L}$ 的方向为电流流向。因导体电流连续，产生外磁场的磁极也受到与载流导体大小相同而方向相反的电磁力。

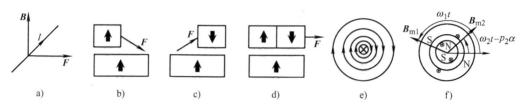

图 1-5　电磁力与电磁转矩

a）载流导体磁场力　b）同向磁化吸引　c）反向磁化排斥　d）图 b 和 c 组合　e）电流周围磁场　f）正弦波磁场电磁转矩

当电流和磁场正交时，产生的单位导体长度电磁力最大，因此，电流流向、磁场方向和

电磁力方向三者形成右手螺旋关系且相互正交是设计机电能量转换装置的基础。

由式（1-10a）可知，同时改变电流流向和磁场方向并不会改变电磁力的方向。导体电流是连续的，磁感应线是封闭的，因此实际情况如图 1-4c 和 d 所示，平面内构成闭合回路的平行载流导体分别处在垂直平面的相反外磁场下产生平行平面的同向电磁力，如直线电机。若平面内构成闭合回路的平行载流导体分别处在平行平面的相同外磁场下产生一对垂直平面的电磁力或者力偶，则载流闭合回路受到电磁转矩，如旋转电机。

载流导体绕制成线圈并在空间排列，磁极必定是 N 与 S 极成对出现。而磁场仅仅对有效的载流导体部分起作用，因此电机需要高导磁材料形成的磁路结构将磁场约束在特定的区域，通过设置空间磁场的激励源（电流，即线圈内的传导电流，或者被磁化的永磁磁极，永磁体可以等效成恒定磁化电流）获得磁场的空间运动规律。从磁场相对于产生磁场的媒质的运动状态来说，无论是直流电流还是永磁体产生的磁场，相对媒质都是静止的恒定磁场；交流电流流过串联线圈或绕组产生的磁场相对媒质也是静止的，但随时间变化；只有空间和时间具有不同相位的交流线圈系统或多相绕组才能产生相对媒质运动的磁场，这是理解电机运行原理的基础。下面从磁场与产生磁场的媒质空间相对运动关系的角度列举电机的主要部件：

1）磁场与媒质静止，如直流电机定子磁极、旋转电枢式同步电机定子磁极。

2）磁场运动但媒质静止，如异步电机和旋转磁极式同步电机的定子电枢。

3）磁场和媒质同步运动，如旋转磁极式同步电机的旋转磁极。

4）磁场静止但媒质运动，如直流电机和旋转电枢式同步电机的转子电枢。

5）磁场和媒质运动但非同步，如异步电机的转子电枢。

6）磁场和媒质静止但磁场时变，如变压器中流过交流电流的静止线圈。

（2）磁极磁场相互作用力

两个磁极磁场的相互作用力与载流导体在外磁场中的作用力有本质联系，如图 1-5 所示。磁极磁化方向是指内部磁感应线由 S 极到 N 极，两个磁极之间不仅存在法向引力或斥力，而且存在切向力，遵循磁化方向相同的异极性相吸（图 1-5b）、磁化方向相反的同极性相斥（图 1-5c）的原理。载流导体可以看成是两个磁化方向相反的磁极靠在一起（图 1-5d 和 e），并在外磁场中受到电磁力的作用，结果与图 1-5a 一致。

如果将电流流向、磁场方向和电磁力方向三者安放在不同正交坐标系的坐标轴方向，并且反向电流处在反极性外磁场下，则可以设计出不同结构类型的电机，见表 1-1。

表 1-1 不同正交坐标系中的电机结构

坐标系 物理量	直角 (x, y, z)	圆柱 (r, φ, z)	圆柱 (r, φ, z)	圆柱 (r, φ, z)	圆球 (r, θ, φ)	圆球 (r, θ, φ)
电流 I	x	z	r	φ	θ	φ
磁场 B	y	r	z	r	r	r
电磁力 F	z	φ	φ	z	φ	θ
电机结构	平面直线	圆柱旋转	圆盘旋转	圆筒直线	圆球旋转	圆球旋转

（3）电磁转矩

旋转电机气隙具有周期性，假设电枢直径为 D_a，轴向长度为 L_{Fe}，气隙长度 g 很小，铁心相对磁导率无穷大，如图 1-5f 所示。现在利用磁场能量和虚位移原理分析两个定、转子正弦波径向磁场的相互作用产生的电磁转矩，气隙中有两个正弦波径向磁场：

$$b_1(t, \theta) = B_{m1}\cos(\omega_1 t - p_1\theta), \quad b_2(t, \theta) = B_{m2}\cos(\omega_2 t - p_2\alpha - p_2\theta)$$

式中，磁感应强度的幅值分别为 B_{m1} 和 B_{m2}；极对数分别为 p_1 和 p_2；角频率分别为 ω_1 和 ω_2；空间机械角度为 θ；下标 1 代表定子磁场；2 代表转子磁场；转子磁场滞后机械角 α。

铁心磁场能量密度趋于零可忽略不计，磁场能量集中在气隙中，利用空间周期积分得到

$$W_m = \int_0^{2\pi} \frac{1}{2\mu_0}(b_1 + b_2)^2 \frac{D_a}{2}L_{Fe}g\, d\theta$$

$$= \frac{\pi D_a}{4\mu_0}L_{Fe}g\{B_{m1}^2 + B_{m2}^2 + 2B_{m1}B_{m2}[1 - \mathrm{sgn}(|p_1 - p_2|)]\cos[(\omega_1 - \omega_2)t + p_2\alpha]\}$$

式中，$\mathrm{sgn}(\cdot)$ 为符号函数；$|\cdot|$ 为绝对值函数。

利用虚位移原理计算转子受到的电磁转矩，定、转子磁场幅值不变相当于各自的电流不变，相互之间的相位角 α 有一个虚位移，于是，转子磁场受到逆时针的电磁转矩为

$$T_{em} = -\frac{\partial W_m}{\partial \alpha} = p_2\frac{\pi D_a}{2\mu_0}L_{Fe}gB_{m1}B_{m2}[1 - \mathrm{sgn}(|p_1 - p_2|)]\sin[(\omega_1 - \omega_2)t + p_2\alpha] \quad (1\text{-}10\mathrm{b})$$

由此可见，要产生恒定的电磁转矩，两个正弦波径向磁场需要满足两个条件：

1）定、转子极对数必须相同，即 $p_1 = p_2 = p$。

2）产生两个磁场的时间交变频率必须相同，即 $\omega_1 = \omega_2$。

在满足上述两个条件的情况下，两个正弦波径向气隙磁场产生的电磁转矩为

$$T_{em} = p\frac{\pi D_a}{2\mu_0}L_{Fe}gB_{m1}B_{m2}\sin(p\alpha) \quad (1\text{-}10\mathrm{c})$$

式（1-10c）表明电磁转矩与两个正弦波磁场的磁感应强度幅值成正比，与气隙体积成正比，与电机极对数 p 成正比，与两个磁场波形相位差 $p\alpha$ 的正弦成正比。进一步可以发现，不论两个磁场的场源是什么，只要两个磁场满足极对数相同、空间保持相对静止且相位差正弦不等于零，就可以产生平均电磁转矩，电磁转矩的作用力图使两个磁场趋于一致。由此可见，电动机中沿转子转向定子磁场超前转子磁场，发电机中沿转子转向定子磁场滞后转子磁场，即主动力侧磁场超前于被动力侧磁场。

在旋转电机中电磁转矩由两个磁场产生：一个是电磁能量转换的电枢中导体交流电流产生的磁场，另一个磁场可以是导体电流产生的磁场，即双边电励磁产生电磁转矩；若另一个是永磁体产生的磁场，则为永磁转矩；如另一个是软铁磁性材料被磁化产生的磁场，则称为磁阻转矩。永磁电机中，一边永磁磁场与另一边软铁磁性材料（齿槽结构）被磁化产生的磁场相互作用形成的转矩称为齿槽转矩（本质上也是磁阻转矩）。

1.2.2　电路基本定律

1. 基尔霍夫定律

基尔霍夫电流定律（KCL）描述为电路中任意节点处各支路电流 i 的代数和为零，即 $\sum i = 0$。

基尔霍夫电压定律（KVL）描述为电路中任意闭合回路上各支路电压 u 的代数和为零，即 $\sum u = 0$。需要注意的是，电路中电压的正方向表示电位降落，电动势的正方向表示电位

升高，因此代数和中的符号通常为：与电路中规定回路电流方向一致的电压取正号，而与规定回路电流方向相反的电压取负号。

特别地，电阻支路上的电压 u 和电流 i 的关系与电阻 R 满足电路欧姆定律：$u = Ri$，这里电流与电压的正方向一致。

对于图 1-4a 中的电路，根据 KVL 得到

$$u = Ri - e \tag{1-11}$$

式（1-11）表明，按照图 1-4a 规定的正方向，任何载流线圈的电压、电流和电动势满足线性关系，它是电机各绕组电压方程的基础。

2. 功率平衡

电路中各支路电压 u 和电流 i 正方向一致，根据特勒根定理，电路中各支路电压与电流乘积 ui 的代数和为零，即电路中瞬时电功率是平衡的：

$$\sum ui = 0 \tag{1-12}$$

3. 正弦稳态电路的时间相量分析方法

线性定常参数正弦稳态电路中，各支路电压、电动势和电流都是同一角频率 ω 的正弦函数。于是，对于任意支路的电压、电动势或电流，可以定义一个与时间无关的物理量，即时间相量，如有效值、角频率和初相位分别为 U、ω 和 φ 的电压瞬时值 $u(t) = \sqrt{2}U\cos(\omega t + \varphi)$，其时间相量定义为

$$\dot{U} = \frac{\sqrt{2}}{2}\left(u + \frac{\mathrm{d}u}{\mathrm{j}\omega \mathrm{d}t}\right)\mathrm{e}^{-\mathrm{j}\omega t} = U\mathrm{e}^{\mathrm{j}\varphi} \tag{1-13}$$

式（1-13）表明，时间相量为复数，复数的模为瞬时值的有效值，复角为初相位。该复数相对时间参考轴以电角速度 ω 逆时针旋转，但这一信息在时间相量中不再显示。

利用时间相量很快可以得到瞬时值，如电压瞬时值 $u(t) = \mathrm{Re}\{\sqrt{2}\dot{U}\mathrm{e}^{\mathrm{j}\omega t}\}$。其他正弦稳态时变量的时间相量定义与式（1-13）一样，这里不再赘述。

由于电路参数为常数，KVL 与 KCL 方程对时间求导数也是成立的，而且结果仍然是频率不变的正弦量，因此基尔霍夫定律可以变为时间相量形式：$\sum \dot{I} = 0$ 和 $\sum \dot{U} = 0$。需要注意的是，尽管时间相量方程包含实部和虚部两个方程，但两者不是独立的，因为时间相量定义式（1-13）的实部和虚部不是独立的，而是相互关联受约束的。

由式（1-3）和式（1-13）可以得到电动势与磁链的时间相量关系：

$$\dot{E} = -\mathrm{e}^{-\mathrm{j}\omega t}\frac{d}{\mathrm{d}t}(\dot{\psi}\mathrm{e}^{\mathrm{j}\omega t}) = -\mathrm{j}\omega\dot{\psi} \tag{1-14}$$

式（1-11）的时间瞬时值方程可以改写为形式相同的时间相量方程：

$$\dot{U} = R\dot{I} - \dot{E} \tag{1-15}$$

式（1-12）的平均有功功率平衡方程转换为时间相量形式的复功率平衡方程：

$$\sum \dot{U}\dot{I}^{*} = 0 \tag{1-16}$$

其中，电流时间相量的右上角标"$*$"表示复数的共轭，复功率的实部表示平均有功功率，复功率的虚部定义为无功功率。每条支路上的视在功率 UI、有功功率 $UI\cos\varphi$ 和无功功率

$UI\sin\varphi$ 构成功率直角三角形，电压与电流的相位差 φ 称为功率因数角，$\cos\varphi$ 称为功率因数。

1.2.3　磁路基本定律

1. 磁路

下面先阐述磁路的概念，然后分析具体磁路与相关参数。磁路是指磁场中磁感应线或磁通管经过的通路。磁路分为静态和动态两种。电机中无论是静态或动态磁路，磁感应线经过的路径通常有两类：一类是磁感应线经过的路径同时与气隙两侧的绕组匝链，这样的磁路称为主磁路；另一类是磁感应线经过的路径仅仅与自身绕组匝链而不与气隙另一侧绕组匝链，这种磁路称为漏磁路。

电机中的典型主磁路如图 1-6 所示，图 1-6a 表示气隙均匀的转子绕组产生的主磁场，图 1-6b 为气隙不均匀但对称的转子绕组产生的主磁场，图 1-6c 是气隙不均匀的定、转子双凸极结构定子绕组产生的主磁场，图 1-6d 是没有气隙的简单磁路双绕组励磁产生的主磁场。图 1-6a、b 和 c 的主磁路随转子旋转而变化，因此是动态磁路，图 1-6d 的主磁路是固定的静态磁路。

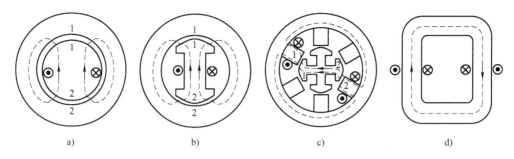

a)　　　　　　　b)　　　　　　　c)　　　　　　　d)

图 1-6　电机中的典型主磁路

2. 磁路基尔霍夫定律

利用磁路分析磁场需要从磁场分布出发，由图 1-6a、b、c 可知，电机主磁路磁感应线由转子齿 1 经过气隙 1 进入定子齿 1，通过定子磁轭到定子齿 2，穿过气隙 2 到转子齿 2，经由转子磁轭到转子齿 1 回到气隙 1。除了两段气隙，磁路其余各段都是铁磁材料。根据安培环路定律可得，沿磁感应线回路磁场强度的线积分等于回路包含的总电流：

$$\oint_l \boldsymbol{H} \cdot \mathrm{d}\boldsymbol{l} = \sum_{k=1}^{L} H_k l_k = NI \tag{1-17}$$

式中，L 为磁路总段数；H_k 为各段磁路磁场强度平均值；l_k 为各段磁路平均长度；$H_k l_k$ 为第 k 段磁路的磁位降，$F_k = H_k l_k$；NI 为回路包含的磁动势 F_m 或总安匝数。

对于电机材料，磁场强度 $\boldsymbol{H}$ 与磁感应强度 $\boldsymbol{B}$ 满足 $H = B/\mu$，其中 μ 为磁导率。磁感应强度 $\boldsymbol{B}$ 与磁路截面积 A 中的磁通量 Φ 满足 $B = \Phi/A$。用各段磁路的磁通 Φ_k、磁导率 μ_k 和磁路截面积 A_k 表示磁场强度 $H_k = \Phi_k/(\mu_k A_k)$，代入式（1-17）获得磁路基尔霍夫电压定律的形式：

$$\sum_{k=1}^{L} \Phi_k R_k = NI \tag{1-18}$$

式中，$R_k = l_k/(\mu_k A_k)$ 表示第 k 段磁路的磁阻。

磁阻支路上的磁位降等于磁通与磁阻的乘积，如 $F_k = R_k \Phi_k$，即磁路欧姆定律。根据磁通连续性原理，在电机磁路中，式（1-9）表示磁路基尔霍夫电流定律，即磁路任意节点处各支路磁通的代数和为零。

3. 磁路能量守恒原理

磁路中各支路磁位降与磁通方向一致且磁阻为常数的条件下，能量守恒原理满足的方程为

$$\sum_{k=1}^{L} 0.5\Phi_k F_k = \sum_{k=1}^{L} 0.5 R_k \Phi_k^2 = 0 \tag{1-19}$$

式（1-19）中，磁动势源的磁阻为负值，非线性磁路中每一项用积分 $\int_0^\Phi F \mathrm{d}\Phi$ 表示。

4. 磁路与电路类比

电路和磁路既有可类比又有不同之处，更有相互耦合关系。表 1-2 给出了电路和磁路的类比关系。磁路磁动势与电路电动势对应，磁通与电流对应，磁阻与电阻对应，磁位降与电压降对应，磁路欧姆定律与电路欧姆定律对应，磁路安培环路定律与电路基尔霍夫电压定律（KVL）对应，磁路磁通连续性与电路电流连续性或基尔霍夫电流定律（KCL）对应。

电路和磁路有不同之处。电路中除了电阻器，还有电容器（存储电场能量）和电抗器（存储磁场能量）等元件，而磁路中除了磁阻还没有引入其他元件。电路中电流经过电阻消耗电功率且与电流方向无关，磁路中磁通经过磁阻存储磁场能量，也与磁通流向无关。电动势输出电流是输出电功率，磁动势产生磁通是产生磁场能量。电路中电容器极板之间存在电场和电场力，磁路中磁极之间存在磁场和磁场力。

电机中的电路和磁路具有电磁耦合关系。磁路中的储能元件磁阻或磁导大小将会影响电路中储能元件线圈电感大小，而铁心磁路的磁导率是非线性的，因此带铁心线圈的电感也将是非线性的。电路中的电流大小将会影响磁路中磁动势大小，磁路中磁通或磁链变化将会影响电路中电动势大小，反过来阻碍电路中的电流变化。

表 1-2 电路和磁路中物理量的类比

直流电路	单 位	磁 路	单 位
电动势 e	伏［特］（V）	磁动势 F_m	安匝（At）
电压降 $u = \int E \mathrm{d}l$	伏［特］（V）	磁位降 $U_m = \int H \mathrm{d}l$	安［培］（A）
电流 i	安［培］（A）	磁通 Φ_m	韦伯（Wb）
电阻 $R = l/(\sigma A)$	欧［姆］（Ω）	磁阻 $R_m = l_m/(\mu A_m)$	安［培］/韦伯（A/Wb）
电阻器长度 l	米（m）	磁阻磁路长度 l_m	米（m）
电阻器截面积 A	平方米（m^2）	磁阻磁路截面积 A_m	平方米（m^2）
电导率 σ	西［门子］/米（S/m）	磁导率 μ	亨［利］/米（H/m）
电路欧姆定律 $e = \sum iR$	伏［特］（V）	磁路欧姆定律 $F_m = \sum \Phi_m R_m$	安匝（At）

1.2.4　典型磁路分析

为简单起见，磁路分析不考虑铁心的磁滞现象和涡流效应，将主磁场和漏磁场分开，这样主磁路和漏磁路独立，主磁通与漏磁通分开，进行电路分析时将绕组的电阻与电感分开，

绕组电阻压降与感应电动势分开，如式（1-11）所示。磁路与电路的转换就是将表示磁场能量守恒的磁路转换成能量和电功率平衡的电感电路。

1. 简单磁路

变压器或电抗器的磁路结构简单，最简单的磁路如图 1-7 所示，线圈或绕组的电压为 u，电流为 i，匝数为 N，铁心磁路平均长度为 l，截面积为 A。电流产生的主磁路磁通为 Φ_m，漏磁路磁场比较复杂，但漏磁场磁位降主要降落在相对磁导率等于 1.0 的空间，定义绕组漏磁通量 Φ_σ 为线圈总漏磁链 ψ_σ 与匝数 N 之比，即平均每匝漏磁链 $\Phi_\sigma = \psi_\sigma / N$，称为平均漏磁通，以后简称漏磁通，这一点很重要且可以简化分析和表述。各物理量的正方向如图 1-7 所示，按照电动机惯例，正电压产生正电流，电流与磁通符合右手螺旋关系，电动势与磁通符合右手螺旋关系。对于发电机惯例，电流、磁通和电动势也符合右手螺旋关系。

（1）电路模型

按照图 1-7 规定正方向，并将绕组电阻从绕组分离出来，即电阻压降与感应电动势分开，电压方程满足式（1-11），其中 R 为绕组电阻，电动势 e 与总磁链 $\psi = N(\Phi_\sigma + \Phi_m)$ 满足式（1-3），等效电路模型如图 1-8a 所示。不论磁路是否为线性，该等效电路总是线性定常的。

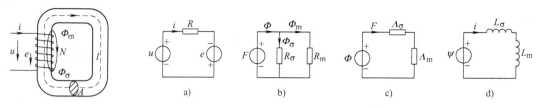

图 1-7 简单磁路的结构   图 1-8 等效电路与磁路

（2）磁动势-磁通模型

绕组磁动势 $F = Ni$，根据主磁场和漏磁场磁感应线闭合回路得到磁路欧姆定律：

$$F = Ni = R_m \Phi_m = R_\sigma \Phi_\sigma \tag{1-20}$$

式中，R_m 为主磁路磁阻，$R_m = l/(\mu A)$；μ 为铁心磁导率；R_σ 为漏磁路等效磁阻。

绕组总磁通根据磁通连续性原理得到

$$\Phi = \Phi_\sigma + \Phi_m \tag{1-21}$$

由式（1-20）和式（1-21）得到等效磁路的磁动势-磁通模型如图 1-8b 所示，磁阻 R_m 和 R_σ 与磁动势 F 并联。图 1-8b 中各支路流过磁通量，两端形成的磁位差等于磁通与磁阻乘积。

（3）磁通-磁动势模型

将式（1-20）代入式（1-21）得到用磁动势表示的总磁通

$$\Phi = \Lambda_\sigma F + \Lambda_m F \tag{1-22}$$

式中，Λ_m 为主磁路磁导，$\Lambda_m = 1/R_m$；Λ_σ 为漏磁路等效磁导，$\Lambda_\sigma = 1/R_\sigma$。

由式（1-22）得到磁动势-磁通的逆模型，如图 1-8c 所示，磁导 Λ_m 和 Λ_σ 与总磁通 Φ 串联，称为磁通-磁动势模型。图 1-8c 中各支路流过磁动势或磁位降，两端形成的磁通量等于磁动势或磁位降与磁导的乘积。事实上，磁动势-磁通模型与其逆模型互为对偶模型，通过对比图 1-8b 和 c 可以发现，磁动势或磁位降与磁通对偶，磁阻与磁导对偶，并联与串联对偶，拓扑图中的节点与回路对偶。

（4）磁链-电流模型

式（1-22）两边同乘以绕组匝数 N，并考虑到磁动势 F 与电流 i 的关系，得到绕组总磁链与漏磁链和主磁链的关系，以及电感与电流的关系：

$$\psi = N^2\Lambda_\sigma i + N^2\Lambda_m i = L_\sigma i + L_m i \tag{1-23}$$

其中，漏电感 $L_\sigma = N^2\Lambda_\sigma$，主电感 $L_m = N^2\Lambda_m$，总电感 $L = L_\sigma + L_m = N^2(\Lambda_\sigma + \Lambda_m)$，说明电感等于绕组匝数二次方与磁路的磁导乘积。

式（1-23）表示为图 1-8d 所示的磁链-电流模型，各支路流过电流，两端形成的磁链等于电流与电感的乘积，总磁链等于电流分别与漏电感和主电感乘积之和。

（5）电动势-电流模型

结合电磁感应定律式（1-3），将图 1-8d 中的总磁链改变极性，可得到电动势-电流模型。这时，各支路流过的电流在两端形成电压降，电压降等于磁链（电流与电感的乘积）对时间求导数，而电动势与电压降的极性相反。

尽管磁链-电流模型与电动势-电流模型形式上一致，但前者是代数运算的磁路能量关系，后者不仅具有代数运算而且必须是时间微分运算的电路功率关系。

将图 1-8d 改为电动势-电流模型后本质上是磁场储能系统的电路模型，再与图 1-8a 合并得到绕组的电路模型，即外部电压与绕组的电阻、漏电感和主电感串联模型。

上述过程可以总结为将电磁耦合的磁路结构分解为电路模型和等效磁路的磁动势-磁通模型，即将绕组电功率和电阻损耗功率与磁场储能分开，再对磁动势-磁通模型进行反变换为磁通-磁动势模型，它是磁动势-磁通模型的逆模型，也是对偶模型，然后通过绕组匝数运算变换为磁链-电流模型，最后根据电磁感应定律将磁链-电流模型转换为电动势-电流模型，并与电路模型合并成为等效电路模型。这一思考过程将应用于后面的磁路和各类电机分析中。

2. 电机典型磁路

图 1-6 中所示的主磁路包含两个气隙，定、转子磁场重合时，可以用图 1-9 所示的双气隙铁心、双绕组结构的磁路来分析。为了简单起见，忽略气隙中磁场的边缘效应，假设铁心截面积均为 A，主磁路铁心平均长度为 l_{Fe}，铁心相对磁导率为 μ_r，气隙长度为 g，两个绕组的匝数分别为 N_1 和 N_2，各物理量的正方向如图 1-9 所示。

两个绕组的等效电路模型分别如图 1-10a 和 b 所示，这里不再赘述。设主磁通为 Φ_m，根据图 1-9 规定的电流方向和绕组绕向，利用安培环路定律和磁路欧姆定律得到

$$F_m = F_1 + F_2 = \left(\frac{l_{Fe}}{\mu_r\mu_0 A} + \frac{2g}{\mu_0 A}\right)\Phi_m = \frac{g_{ef}}{\mu_0 A}\Phi_m = R_m\Phi_m \tag{1-24}$$

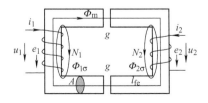

图 1-9　双气隙磁路结构

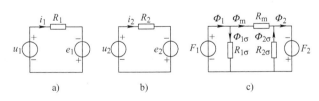

图 1-10　双绕组等效电路和磁路

式中，F_m 是主磁路总磁动势，称为励磁磁动势；R_m 为主磁路磁阻，包括两部分铁心磁阻和

两个气隙磁阻；绕组磁动势分别为 $F_k = N_k i_k$，$k = 1$，2。

定义等效气隙长度 g_{ef} 等于磁路中两个气隙长度与折算到相对磁导率为 1.0 的铁心长度之和，折算就是实际铁心长度除以铁心相对磁导率 $g_{ef} = 2g + l_{Fe}/\mu_r$。这样总磁阻可以用等效气隙表示。等效气隙也可以理解为铁心的磁压降用额外增加的气隙长度磁压降表示，而铁心的相对磁导率看成是无穷大，进行电机分析时常常采用等效气隙的概念。

两个绕组的漏磁路是独立的，绕组漏磁通量与匝数乘积等于总漏磁链，即将漏磁通看成每匝平均漏磁链，根据磁路欧姆定律得到

$$F_k = i_k N_k = R_{k\sigma} \Phi_{k\sigma}, k = 1, 2 \tag{1-25}$$

式中，$R_{k\sigma}$ 和 $\Phi_{k\sigma}$ 分别为绕组 k 的漏磁阻和漏磁通量。下标 $k = 1$ 和 2 分别表示一、二次绕组对应的物理量（下同）。

每个绕组的总磁通量等于漏磁通量与主磁通量之和，考虑到式（1-22）和式（1-23），得到

$$\Phi_k = \Phi_{k\sigma} + \Phi_m = \Lambda_{k\sigma} F_k + \Lambda_m F_m \tag{1-26}$$

式中，Λ_m 为主磁路磁导，$\Lambda_m = 1/R_m$；$\Lambda_{k\sigma}$ 为绕组 k 的漏磁路磁导，$\Lambda_{k\sigma} = 1/R_{k\sigma}$。

由式（1-24）、式（1-25）和式（1-26）得到等效磁路模型，如图 1-10c 所示，各支路箭头表示磁通流向，磁动势极性用正、负号表明。类似地，由式（1-24）和式（1-26）可以得到图 1-10c 的对偶模型，如图 1-11a 所示。

定义绕组匝数比 $k = N_1/N_2$。每个绕组总磁链由式（1-24）两边同乘以绕组匝数得到

$$\psi_1 = N_1 \Phi_{1\sigma} + N_1 \Phi_m = L_{1\sigma} i_1 + \psi_{1m} \tag{1-27a}$$

$$\psi_2 = N_2 \Phi_{2\sigma} + N_2 \Phi_m = L_{2\sigma} i_2 + \psi_{1m}/k \tag{1-27b}$$

式中，$L_{k\sigma}$ 绕组 k 的漏电感，$L_{k\sigma} = N_k^2 \Lambda_{k\sigma}$。

由于两个绕组的匝数不同，尽管主磁通量相同但主磁链不同，因此为了将磁链模型统一采用绕组匝数折算，将式（1-27b）改写为

$$k\psi_2 = k\psi_{2\sigma} + \psi_{1m} = k^2 L_{2\sigma}(i_2/k) + \psi_{1m} \tag{1-27c}$$

由式（1-24）两边同除以绕组匝数 N_1 得到励磁电流 i_m 与绕组电流的关系：

$$i_m = F_m/N_1 = i_1 + i_2/k \tag{1-28}$$

绕组 1 的主磁链由式（1-28）可以表示为 $\psi_{1m} = N_1 \Lambda_m F_m = L_{1m} i_m$，其中绕组 1 的主电感为 $L_{1m} = N_1^2 \Lambda_m$。由式（1-27a）、式（1-27c）和式（1-28）得到统一磁链模型，如图 1-11b 所示，将图 1-11b 和图 1-10a 和 b 合并得到等效电路模型，如图 1-11d 所示。

事实上，可以对一、二次绕组的磁通-磁动势模型分别乘以各自的匝数，转换成两个耦合的磁链-电流模型，如图 1-11c 所示，图中二次绕组的主电感 $L_{2m} = N_2^2 \Lambda_m$，中间是理想变压器模型，实现电流和磁链的变换，满足 $i_1 - i_m = -i_2/k$，$\psi_{2m} = \psi_{1m}/k$，$k = N_1/N_2$，或者耦合主互感 $M_{12} = N_1 N_2 \Lambda_m$，绕组匝数折算思想的本质是理想变压器变换原理。

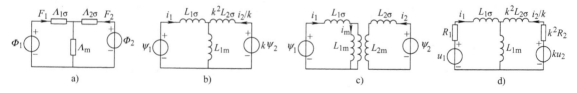

图 1-11　等价磁路的磁通-磁动势模型、磁链-电流模型和等效电路

3. 三相对称磁路解耦

如图1-12a所示为三相磁路的结构，3个绕组安放在3个磁心柱上且绕向相同，规定了电流和磁通的正方向，绕组匝数分别为N_1、N_2和N_3，电流分别为i_1、i_2和i_3，主磁路的磁通量分别为Φ_{1m}、Φ_{2m}和Φ_{3m}，磁阻分别为R_{1m}、R_{2m}和R_{3m}，漏磁路的磁通量分别为$\Phi_{1\sigma}$、$\Phi_{2\sigma}$和$\Phi_{3\sigma}$，漏磁阻分别为$R_{1\sigma}$、$R_{2\sigma}$和$R_{3\sigma}$。根据磁路欧姆定律，各绕组的漏磁路满足

$$F_k = R_{k\sigma}\Phi_{k\sigma}, \quad k=1,2,3 \tag{1-29}$$

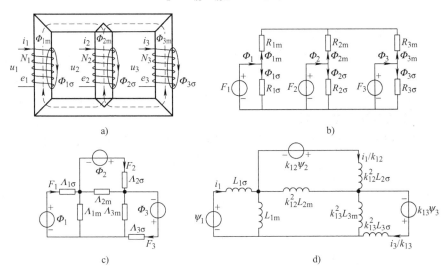

图1-12 三相磁路结构及其等效模型

绕组1和2的主磁路闭合回路满足

$$R_{1m}\Phi_{1m} - R_{2m}\Phi_{2m} = F_1 - F_2 \tag{1-30}$$

类似地，绕组2和3的主磁路闭合回路满足

$$R_{2m}\Phi_{2m} - R_{3m}\Phi_{3m} = F_2 - F_3 \tag{1-31}$$

根据磁通连续性原理，主磁路3个主磁通代数和为零，于是

$$\Phi_{1m} + \Phi_{2m} + \Phi_{3m} = 0 \tag{1-32}$$

由方程（1-29）~方程（1-32）可以得到图1-12b所示的磁路。由图1-12b不难发现，磁动势、主磁通和主磁路磁阻具有轮换对称性，因此求解上述联立方程得到各绕组的主磁通量

$$\Phi_{km} = \Lambda_{km}(F_k - F_0), \quad k=1,2,3 \tag{1-33}$$

其中主磁路各主磁导等于主磁路磁阻的倒数，$\Lambda_{km} = 1/R_{km}$，$k=1$，2，3，F_0为图1-12b上、下两主磁通汇聚点之间的磁位降

$$F_0 = \frac{\Lambda_{1m}F_1 + \Lambda_{2m}F_2 + \Lambda_{3m}F_3}{\Lambda_{1m} + \Lambda_{2m} + \Lambda_{3m}} \tag{1-34}$$

各绕组的总磁通量等于主磁通量与漏磁通量之和，即

$$\Phi_k = \Phi_{k\sigma} + \Phi_{km}, \quad k=1,2,3 \tag{1-35}$$

将式（1-29）和式（1-33）代入式（1-35）得到

$$\Phi_k = \Lambda_{k\sigma}F_k + \Lambda_{km}F_k - \Lambda_{km}F_0, \quad k=1,2,3 \tag{1-36}$$

由式（1-33）～式（1-36）得到图 1-12c 所示的磁通-磁动势等效磁路模型，3 个主磁导构成闭合回路的磁动势为 F_0，即图 1-12b 磁路的对偶模型。

定义折算到绕组 1 匝数 N_1 的电压比为

$$k_{1k} = N_1/N_k, k = 2,3 \tag{1-37}$$

在式（1-35）两边同乘以绕组匝数 N_k 得到各绕组的总磁链，考虑到式（1-36）和式（1-37），进一步得到用漏电感、主电感和电流表示的磁链

$$\psi_k = N_k(\Phi_{k\sigma} + \Phi_{km}) = L_{k\sigma}i_k + L_{km}i_k - k_{1k}L_{km}i_0, k = 1,2,3 \tag{1-38}$$

其中，漏电感 $L_k = N_k^2 \Lambda_k$，主电感 $L_{km} = N_k^2 \Lambda_{km}$，折算到绕组 1 的电流 $i_0 = F_0/N_1$。

由式（1-38）可得到磁链-电流电路模型，如图 1-12d 所示，主电感闭合回路的电流为 i_0。当 $F_0 = 0$ 时，$i_0 = 0$，三相磁路解耦，相当于独立的三相。因此磁路对称（主磁路磁阻相同）、电路对称（三相电流之和为零）且绕组匝数相同，三相系统是可解耦的电磁系统。

4. 磁化曲线及其等价磁化特性

在没有任何损耗和对外做功的条件下，外部输入绕组系统的电能转化为磁场储能

$$W_{in} = \int_{-\infty}^{t} -\boldsymbol{i}^T \boldsymbol{e} \mathrm{d}t = \int_0^{\psi} \boldsymbol{i}^T \mathrm{d}\boldsymbol{\psi} = \int_0^{\Phi} (\boldsymbol{N}\boldsymbol{i})^T \mathrm{d}\boldsymbol{\Phi} = \int_0^{\Phi} \boldsymbol{F}^T \mathrm{d}\boldsymbol{\Phi}$$

其中，电流向量 $\boldsymbol{i}^T = [i_1, i_2, \cdots, i_n]$，电动势向量 $\boldsymbol{e} = [e_1, e_2, \cdots, e_n]^T$，其余磁链、磁动势和磁通向量形式类似，$n$ 为绕组个数。

磁路中的基本磁化特性曲线 B-H 表示磁场能量密度的变化关系，磁链与电流、磁通与磁动势关系曲线则反映磁路能量的变化关系。从这个角度来看，电路欧姆定律是功率意义下的数学描述，而磁路欧姆定律则是在能量意义下的描述，两者尽管在数学形式和问题求解方法上可以相互借鉴，但物理本质是不同的，而且电机磁路具有线性和非线性部分，要进行电路模拟也必须用非线性电路。下面以图 1-6 所示的一对磁极电机典型主磁路为例说明 B-H 磁化特性的不同等价表示。

（1）等价主磁路 $B_m(H_m)$ 磁化特性

磁性材料的基本磁化特性与电机主磁路磁化特性的差别是主磁路存在气隙，而且定、转子磁性材料特性可能不一致。对于交流磁路，磁感应强度为正弦波幅值 B_m，磁场强度 H_m 为磁感应强度幅值对应磁感应线回路的磁位降或磁动势 F_m 与磁路长度 l_m 之比，因此等价主磁路 B-H 磁化特性为 $B_m = f(H_m)$，如图 1-13a 所示，等效参数为主磁路磁导率 $\mu_m = B_m/H_m$。

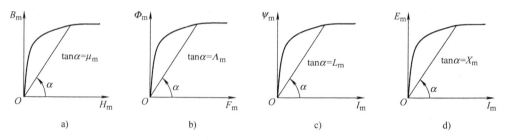

图 1-13 磁化特性的等价形式

（2）等价主磁路 $\Phi_m(F_m)$ 磁化特性

由于磁场强度的回路积分等于回路包含的总电流或磁动势，主磁路是封闭的且磁极总是成对出现与对称的，因此主磁路一对磁极的磁动势 $F_m = l_m H_m$，等效磁场强度与一对磁极磁

动势成正比，即 $H_m = F_m/l_m$，而磁路的每极主磁通 Φ_m 与磁感应强度 B_m 成正比，即 $\Phi_m = B_m A_m$，其中 A_m 为每极等效面积。宏观上 B-H 磁化特性转换为每极主磁通与一对磁极磁动势的函数关系，即磁通-磁动势磁化特性 $\Phi_m = A_m f(F_m/l_m)$，如图 1-13b 所示，等效参数为主磁路磁导，即 $\Lambda_m = \Phi_m/F_m$。

（3）等价主磁路 $\psi_m(I_m)$ 磁化特性

主磁路一对磁极磁动势 F_m 等于等效励磁电流 I_m 与一对磁极串联匝数 N 的乘积，即 $F_m = NI_m$，因此磁动势 F_m 与等效励磁电流 I_m 成正比。绕组主磁链幅值 ψ_m 等于每极主磁通幅值与绕组等效串联匝数 W 的乘积，即 $\psi_m = W\Phi_m$，主磁链幅值与每极主磁通成正比，不同绕组的主磁通相同，如果绕组匝数不同那么得到的主磁链也会不同，因此 B-H 磁化曲线转换为绕组主磁链与励磁电流的关系 $\psi_m = WA_m f(NI_m/l_m)$，如图 1-13c 所示，等效参数为该主磁链绕组与等效励磁电流绕组的主磁路互感或该主磁链绕组的励磁电感 $L_m = \psi_m/I_m = NW\Lambda_m$。当等效励磁电流一对磁极串联匝数 N 等于绕组等效串联匝数 W 或者两者是同一绕组时，主磁路互感转换为主磁链绕组的主电感，如变压器或异步电机。

（4）等价主磁路 $E_m(I_m)$ 磁化特性

当主磁路幅值为 Φ_m 的主磁通交变时，产生的与绕组匝链的主磁链幅值 ψ_m 也是交变的，交变主磁通在绕组中感应出主电动势。根据电磁感应定律，主电动势的幅值 E_m 等于主磁通幅值 Φ_m、绕组等效串联匝数 W 和交变角频率 ω 的乘积，在角频率恒定的条件下，主电动势的幅值与主磁链的幅值成正比，因此磁化曲线可以转换为主电动势幅值 E_m 与产生主磁场的等效励磁电流幅值 I_m 的关系，如图 1-13d 所示。当励磁绕组和感应电动势的绕组为同一绕组时，等效参数为该绕组的励磁电抗 $X_m = E_m/I_m = \omega L_m$，否则 $X_m = E_m/I_m$ 为励磁互感电抗。

通常变压器和异步电机的主磁路工作在磁化特性的拐点处，因此非线性饱和不严重，可以近似认为主磁路是线性的或是在工作点处线性化处理后的结果。

1.3 电机的端口模型及能量转换

1.3.1 电机的端口模型

如果将电机看成是黑匣子，从端口网络的角度，电机可以看作是具有电气端口（用电压 u 和电流 i 表示）和机械端口（用转矩 T_{mec} 和转速 n 表示）的黑匣子，如图 1-14 所示。图 1-14a 所示的变压器是最简单的电端口网络，通常两个电网之间的传输变压器只有输入与输出两个电端口，对于多个电网联络的联络变压器，有多个电端口，但变压器都不存在机械端口（电位调节机构除外）。图 1-14b、c 和 d 分别对应异步电机、直流电机和同步电机，它们通常有两个电端口、一个机械端口，电端口和机械端口通过电机内部耦合磁场的电磁功率和电磁转矩耦合。图 1-14b 所示异步电机两个电端口的特性都是多相交流电路，只不过其中一个电端口的外特性通常是短路的。图 1-14c 所示直流电机电端口的特性是直流电路，对于不同的励磁方式，两个电端口可以是独立的他励，并联的并励，串联的串励，或者既有并联又有串联的复励。图 1-14d 所示同步电机两个电端口的特性不同，一个是直流电路，另一个是多相交流电路。

不论是电气端口还是机械端口，通常都可以用微分方程来描述其动态过程，如电气端口的电压方程，机械端口的机械运动方程，而且两者具有十分相似的形式，再通过数学的变换（称为坐标变换）将电气耦合或机电耦合的系统解耦。研究发现，只有在与磁场运动同步的坐标系统中，电机内部的耦合才能得到分解，变成各个独立的子系统。特别是变压器和交流电机的对称稳态运行，可以通过相量来表示电气端口特性。

分析电机的行为特性通常是指外部的各种端口关系特性，电机的参数和特性都可以通过电气与机械端口物理量的测量和计算得到。

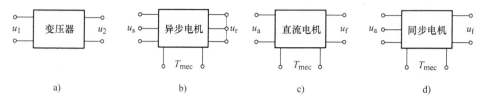

图 1-14　电机端口模型

1.3.2　机电能量转换系统

尽管从机电能量转换的角度来看电机的主要作用是通过耦合磁场建立电能和机械能之间的转换，即作为电动机或发电机，以及仅仅传送电能的变压器。从耦合磁场的空间运动方式和转子运动方式来看，同步电机定子内是交流电，定子磁场相对定子同步速运动，转子内是直流电，转子磁场恒定且随转子以同步速与定子磁场同向运动；异步电机的定子内也是交流电，定子磁场相对定子同步速运动，转子内也是交流电，转子磁场相对转子运动，但与定子磁场同步。直流电机定子内是直流电，定子磁场相对于定子静止不动，转子外部是直流电，但内部绕组是交流电，转子磁场相对于转子反向同速运动，定、转子磁场空间保持静止。变压器是交流耦合磁场，空间静止且随时间交变，交变频率等于电源电流频率。

电机中定、转子磁场在空间始终保持相对静止，两者总有一个是由交流电流产生的。同步速由产生磁场的交流电流频率和电机极数决定：$n = 60f/p$，单位是转/分钟（r/min）。

本书将电机按照电信号的外部变化形式来划分，主要有静止的变压器和旋转电机。旋转电机又分为直流电机和交流电机，而交流电机包括异步电机和同步电机。

1. 能量守恒定律

电机的基本结构是定子和转子以及两者之间的气隙，各部分存在能量转换，有的转换成另一种有用的能量，有的则成为不可用的能量或称为损耗。定、转子都有绕组通过电流传递电能，转子机械动力端传递机械能量，气隙主要聚集磁场能量实现定、转子耦合。定、转子绕组流过电流存在的绕组损耗称为铜耗，转子机械摩擦与气流摩擦存在的损耗称为风摩损耗，定、转子铁心磁场交变存在的磁滞与涡流损耗称为铁耗，时变场辐射以及与周围介质作用产生的损耗称为附加损耗，因此电机从外部可以看成是具有 3 个端口的机电能量转换系统，如图 1-15 所示，能量守恒原理可以表示为

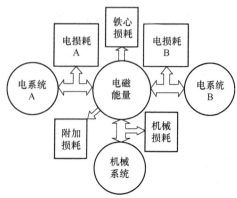

图 1-15　机电能量转换系统

输入电能 + 输入机械能 = 内部增加的磁场能量 + 内部损耗的能量

在实际应用中，采用与电流和机械运动直接相关的功率进行计算比较方便，而瞬时功率等于能量对时间的导数。由于电机内部状态往往是周期变化的，所以利用平均功率比瞬时功率更有意义，平均功率简称功率。在周期性变化的状态下，电机内部磁场能量变化引起的功率在一个周期内平均值等于零。电机学主要研究稳定状态，用功率表示的能量守恒原理简化为

输入电功率 + 输入机械功率 = 内部损耗的功率

电机在稳定状态下，有功功率和无功功率都是平衡的，主要有 3 种状态：

1）发电机状态。转子磁场超前定子磁场，夹角小于 180°电角度。这种超前方式需要外部机械输入机械能拖动转子运动，使得电磁转矩与外部机械驱动转矩平衡而起制动作用，因此发电机将机械能转换成电能。

2）电动机状态。转子磁场滞后定子磁场，夹角小于 180°电角度。这种滞后方式需要外部机械输出机械能阻碍转子运动，使得驱动电磁转矩与外部机械负载转矩平衡，因此电动机将电能转化成机械能。

3）调相机状态。转子磁场与定子磁场几乎同向。这种磁场重合方式不需要外部机械输入或输出机械能改变转子运动，使得电磁转矩几乎等于零，几乎没有机械能与电能的转换，只有磁场能量变化引起的无功功率交换，因此调相机将磁场能量作为无功电能提供给电网系统。

电机在动态过程中，情况比较复杂，并伴随转子转速的变化，电功率和机械功率可以出现同时输入（能耗制动）、同时输出（发电与驱动）、电功率输入而机械功率输出（电动）、电功率输出而机械功率输入（发电）、电功率与机械功率都等于零（无功调节状态）等。

2. 机电能量转换系统

电机作为机电能量转换系统通常具有两个独立的电气子系统和一个机械子系统，如图 1-15 所示。电系统之间、电系统与机械系统之间的能量转换都需要通过电磁能量（主要是磁场能量）这个磁媒质，电气上表现为电磁功率，机械上表现为电磁转矩。变压器是静止装置，没有机械运动部分，因此也不考虑机械系统，但是变压器设计过程中仍然需要考虑突然短路时线圈之间、线圈与结构件之间的电磁力的作用。

（1）电气子系统

电气子系统指输入或输出电能的独立电气部分，如电枢绕组的电系统与励磁绕组的电系统。电系统中存在电压、电流和感应电动势，因此存在电压平衡关系、建立磁场的磁动势平衡关系、电功率的平衡关系等。

（2）机械子系统

机械子系统指输入或输出机械能的运动机械部分，如旋转电机转子机械系统。机械系统中存在力和转矩，因此存在力或转矩平衡关系、机械功率平衡关系。

（3）电机损耗

电气子系统主要是导体组成的线圈或绕组，导体存在电阻，流过电流时存在电能损耗，因为电机绕组中的导体绝大多数是铜制导电材料，所以绕组电流在其电阻上的损耗称为铜耗。电阻损耗等于电阻与电流二次方乘积的时间积分，因此它不仅与材料电阻、电流大小有关，而且与温度、电流的频率和导体的截面积有关。尤其是交流频率较高的脉冲宽度调制

PWM 控制系统，由于存在趋肤效应和邻近效应的影响，导体内部电流密度不均匀分布会引起交流电阻损耗增加。

铁心损耗简称铁耗，主要是由于铁磁材料内部磁场交变，不仅引起反复磁化的磁滞现象而产生磁滞损耗，还引起铁心导体内部电场交变而在磁性导体内产生涡流，出现涡流损耗，磁滞损耗与涡流损耗两者合起来称为铁心损耗。磁滞损耗与频率成正比，与磁滞回线的面积成正比，其单位质量的磁滞损耗表示为

$$p_{\mathrm{h}} = k_{\mathrm{h}} f B^{\alpha}$$

涡流损耗与产生涡流的磁感应强度的时间变化率的二次方成正比，因此对于正弦磁场，涡流损耗与频率和磁感应强度幅值乘积的二次方成正比，其单位质量的涡流损耗表示为

$$p_e = k_e (fB)^2$$

在正弦波条件下，铁心损耗常用 Steinmetz 公式计算得到

$$p_{\mathrm{Fe}} = k_1 f^{k_2} B^{k_3}$$

式中，系数 k_1、k_2、k_3 与材料及其结构尺寸有关，由制造商提供或通过试验得到。

对于非正弦磁场产生的铁心损耗有各种修正的方法，如采用 PWM 控制的电机，但实际情况都需要采用试验校正。

机械系统中各机械部件之间的相对运动、机械部件与空气摩擦，如转子与轴承之间的摩擦、风阻摩擦等引起的风摩损耗，称为机械损耗，通常与转子转速有关。

电机内部存在各种漏磁场，漏磁场在结构附件引起的损耗、谐波磁场在铁心气隙表面的损耗、绝缘介质电损耗等，统称为附加损耗。

电机系统不输出能量时称为空载运行，此时的损耗称为空载损耗，除了少量电损耗外，它主要包括铁心损耗、机械损耗和附加损耗 3 部分。电机系统输出能量时称为负载运行，此时的损耗包括空载损耗和负载电损耗。电损耗的大小与负载的大小有关。

即使电机没有负载，机械损耗、铁心损耗和附加损耗也是存在的，而且随负载变化不显著，因此它们合起来称为空载损耗，但转速或频率变化时将发生显著变化。

（4）功率平衡关系

假设电功率和机械功率输入为正，输出为负，那么电机系统稳态功率平衡可以表示为

输入电功率 + 输入机械功率 = 负载电损耗 + 空载损耗

空载损耗 = 铁心损耗 + 机械损耗 + 附加损耗

需要特别注意的是，上述每一项都是指一个周期内的平均功率，而不是瞬时功率，因为考虑瞬时功率时需要考虑电磁能量引起的储能时间变化率。电机的额定功率是指输出功率。

（5）效率

电机的效率是指输出电（机械）功率 P_2 与输入电（机械）功率 P_1 之比的百分数，用符号 η 表示，它是一个无量纲的量，表示机电能量转换系统的能量利用率，或者根据输出功率和总损耗 $\sum p_{\mathrm{loss}}$ 之和代替输入功率

$$\eta = \frac{P_2}{P_1} \times 100\% = \frac{P_2}{P_2 + \sum p_{\mathrm{loss}}} \times 100\% \tag{1-39}$$

有时电机效率只考虑两个端口之间的能量利用率，如电励磁同步电机的效率不考虑转子励磁功率，仅仅考虑电枢电功率与转子机械功率的关系。

思考题与习题

1-1 导电材料铜和铝的密度分别为 $8900kg/m^3$ 和 $2700kg/m^3$，20℃时的电阻率分别为 $1.72\times10^{-8}\Omega\cdot m$ 和 $2.8\times10^{-8}\Omega\cdot m$，温度系数分别为 $0.00385/K$ 和 $0.004/K$。现分别用铜和铝制成具有相同结构的绕组，若电流密度均匀且相同，计算两者的重量之比以及75℃的绕组损耗之比。

1-2 已知图 1-1a 所示环形铁心的基本磁化特性为 $B=\dfrac{2H}{500+H}$ （单位为 T），磁场强度 $H(>0)$ 的单位为 A/m，圆环截面积 $A=30cm^2$，圆环平均直径 $D=35cm$，绕组匝数 $N=250$，忽略漏磁场，求磁动势与磁通、电流与磁链的关系表达式，以及绕组电流 $i(t)=\sqrt{2}I\cos\omega t$ 时的感应电动势 $e(t)$ 的波形。（答案：$\Phi=\dfrac{0.006F}{550+|F|}$，$\psi=\dfrac{1.5i}{2.2+|i|}$，$e(t)=\dfrac{3.3\sqrt{2}I\omega\sin\omega t}{(2.2+\sqrt{2}I|\cos\omega t|)^2}$）

1-3 如图 1-7 所示，如果磁心材料由厚度为 0.35mm 的硅钢片改为厚度为 0.025mm、相对磁导率更高、磁滞回线面积更小的非晶合金，假设硅钢片与非晶合金的电导率相差不大，比较两者在 50Hz 频率相同电压下的交流损耗。

1-4 上题中，如果主磁通正弦变化幅值不变，但频率由 50Hz 提高到 60Hz，那么各种损耗如何变化？绕组每匝电压有何变化？如果频率提高一倍，对绝缘有何要求？

1-5 已知图 1-9 所示铁心平均长度 $L_{Fe}=0.3m$，截面积 $A=4.0\times10^{-3}m^2$，相对磁导率 $\mu_{rFe}=4000$，绕组匝数分别为 $N_1=200$，$N_2=20$，气隙长度 $g=2\times10^{-4}m$，气隙磁感应强度 $B=0.8T$。计算主磁路磁阻 R_m，绕组电流 $i_2=0$ 时的电流 i_1；当绕组电流 i_1 分别为 1A 和 10A 时，计算绕组电流 i_2。（答案：9450A/Wb，1.512A，5.12A，-84.88A）

1-6 如图 1-16 所示，电机铁心开设矩形槽，槽口宽度为 b_0，槽深为 h_s，槽内安放导体的高度为 h_1，假设铁心相对磁导率为无穷大，导体流过均匀分布电流时槽内磁感应线与槽底平行，槽内导体数为 N，电机铁心轴向长度为 L_{Fe}。利用能量法计算槽漏电感 $L_{s\sigma}$，并证明槽漏磁导为 $\Lambda_{s\sigma}=\mu_0 L_{Fe}(h_s-2h_1/3)/b_0$。

1-7 已知圆柱形轴对称软磁铁氧体磁心，相对磁导率 $\mu_{rFe}=20000$，如图 1-17 所示，磁心内圆柱直径 $d=20mm$，外心柱外径 $D=65mm$，高度 $h=50mm$，圆筒壁厚度 $b=1.56mm$，磁心上下底面圆盘厚度 $t=4mm$，环形绕组匝数 $N=1000$，中间心柱的磁通量 $\Phi=10^{-4}Wb$，忽略漏磁场和边缘效应，计算气隙长度 g 分别为 0mm、0.01mm、0.1mm 和 1.0mm 时的励磁电流。（答案：1.59mA，6.68mA，52.5mA，511mA）

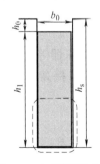

图 1-16 矩形槽漏磁场

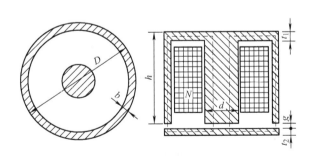

图 1-17 环形线圈电磁铁心

1-8 已知电机的额定功率为 750kW，额定运行效率为 95.6%，计算额定运行的输入功率和总损耗功率。

第2章 变 压 器

变压器是以电磁感应原理为基础，将一种交流电压（电流）变换成另一种同频率交流电压（电流）的静止电气设备。电力系统中应用的传统电力变压器频率为50Hz或60Hz，直流电压变换的固态变压器频率为1kHz左右，无接触电能传输变压器的频率约为100kHz。变压器依靠耦合绕组传递电能，其内部磁场是空间静止且时间周期交变的脉振磁场。变压器的电路与磁路结构相对比较简单，但耦合性强，其基本机理和分析方法也适用于交流电机。

本章先讲解变压器概述，包括用途、基本结构形式、冷却方式、分类方法和额定值。然后重点分析单相双绕组变压器内部的电磁关系，建立起电路和磁路耦合模型和"T"形等效电路模型，利用方程组、等效电路和正弦稳态相量图求解变压器基本问题。再分析三相变压器，其对称稳态运行的基本原理可以简化为单相双绕组变压器模型，但三相系统存在不同的联结组标号，需要分析电路和磁路结构对绕组电动势、主磁通和励磁电流波形的影响。接着引入标幺值概念，将电路参数无量纲化，比较不同容量变压器的性能。以等效电路为基础，重点分析空载试验和短路试验测定变压器参数的方法、变压器的运行特性，包括电压调整率和效率，在负载功率因数给定条件下的最大效率。最后简单介绍三相变压器的并联运行条件和负载容量分配，在不对称稳态运行状态下的对称分量法，以及自耦变压器、测量用电压和电流互感器、三绕组变压器、电力电子变压器等特种变压器。

2.1 概述

2.1.1 变压器的用途

变压器是输变电和电子信息领域的重要设备，最主要的用途包括：

1）改变电力系统中交流电压的等级。如发电端升压变压器、电力调度联络变压器、移相变压器、降压变压器、配电变压器、交流电压和电流测量的仪用变压器等。

2）电子线路阻抗匹配。如通信线路中使负载阻抗与线路匹配，以提高功率传输并减少驻波。

3）电气隔离。如直流输电中电压等级变换的中频变压器。

4）滤波。如消除电磁噪声，隔断直流信号，用于仪表设备保证安全。

5）其他特殊用途。如电炉变压器、电弧焊接变压器、机车牵引变压器。

值得注意的是，电抗器是单一带磁心的绕组或磁集成绕组，也属于变压器类产品。下面主要介绍电力系统中的电力变压器，如图2-1所示。

电力系统中的电源产生端是发电厂，发电机的电压在6～35kV，利用发电机升压变压器将发电机输出的低压大电流变换成高压低电流，从而降低输电线路损耗。发电机升压变压器通常采用发电机端一次侧三角形联结、电网端二次侧星形联结的三相变压器。电网输电电压等级有交流66kV、110kV、220kV、330kV、500kV、750kV和1150kV等。不同交流电网之间的联络变压器通常是三绕组变压器，相位不同的电网可以采用移相变压器。高压输电用户端通过变电站降压变压器降压（如采用高效自耦变压器降压），再通过配电站35kV及以下的配电变压器供给用户端工业用电（如驱动电动机、焊接变压器、电炉变压器和矿用变压器等特种变压器）和民用设施用电等。变电站还需要实时检测电压、电流和功率，因此需要仪用变压器，即电压互感器和电流互感器。

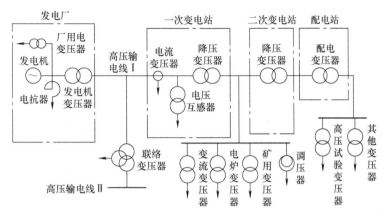

图 2-1　电力系统中应用的变压器

远距离采用高压直流输电，电压等级有400kV、500kV和800kV等，包括单极性和双极性两种。源端直流变电站将交流电整流成直流，用户端直流变电站将直流电逆变成交流，两端都需要电力电子变换器的变流变压器，变流变压器能承受的谐波能力较强。

2.1.2　变压器的基本结构

变压器的功能是实现交流电能传输过程中的电压变换，因此根据电磁理论，最基本的变压器结构是耦合磁场绕组。电力变压器容量大且频率低，其基本结构包括铁心、绕组和绝缘。此外，主要结构还包括冷却系统和其他辅助结构。

1. 铁心

铁心既是变压器电磁感应耦合磁场的主磁路，又是支撑绕组的机械骨架。铁心包括套装绕组的心柱和使整个磁路闭合的磁轭两部分。变压器铁心结构主要有心式和壳式两种。

心式变压器结构简单，绕组装配和绝缘比较容易，心柱被绕组包围，如图2-2所示。

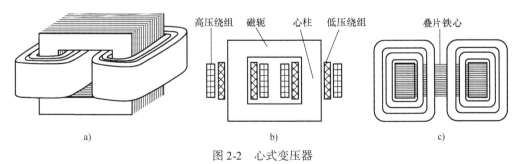

图 2-2　心式变压器
a) 结构图　b) 正视剖面图　c) 俯视剖面图

壳式变压器机械强度好，制造复杂，费材料，铁心包围绕组，如图2-3所示。

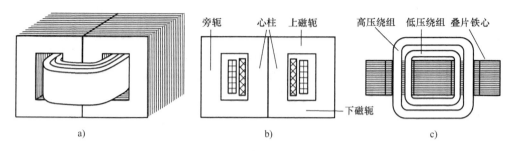

图 2-3　壳式变压器

a）结构图　b）正视剖面图　c）俯视剖面图

为了提高磁路的导磁性能并降低涡流损耗，电力变压器铁心主要采用 0.35mm 厚的电工硅钢片叠压而成，叠片表面涂绝缘漆，片间间隙约 0.01mm 厚的漆膜可避免片间短路。铁心叠片一般按照 45° 倾角剪切，采用阶梯式搭接或交叉式搭接，重叠部分在 10～12mm 范围，以减小涡流损耗。随着节能降耗和材料技术的发展，电力变压器中的配电变压器铁心材料将越来越多地采用磁导率高，损耗低而厚度 25μm 左右的非晶合金带材卷绕制成，以减少空载铁心损耗，提高平均效率。随着频率提高到千赫兹中频和高频范围，铁心采用 0.05～0.1mm 的超薄硅钢、铁基非晶合金、纳米非晶合金和铁氧体等磁性材料，甚至无磁心结构。

设计铁心主要考虑空载电流和损耗小、用料省、工艺简单、满足电压调整率等因素。

2. 绕组

绕组是变压器的电气部分，用于实现电功率输入与输出。电力变压器采用绝缘扁线、铜箔或铝箔，小功率变压器采用圆铜线，中高频大功率变压器采用薄金属箔绕组、多股细铜线或里兹线⊖，以减小因交变磁场中邻近效应和趋肤效应引起的导线内部涡流损耗。

变压器绕组的形式主要有同心式、交叠式、纠结式和连续式等。同心式绕组的高低压绕组同心地套装在心柱上，低压绕组靠近铁心。分为圆筒式、螺旋式和连续式，初始电压分布不均匀。交叠式绕组的高低压绕组相互交叠放置，漏抗小，可采用多条并联支路，主要用于低压、大电流的电焊、电炉变压器的壳式变压器中。纠结式和连续式绕组可以改善在大气过电压的作用下绕组上的初始电压分布，防止绕组绝缘在过电压时被击穿。

3. 绝缘结构

绝缘结构能使绕组提高承受电场强度的能力，防止绕组内部、绕组之间和外部引线之间的电气击穿或局部放电。外部绝缘主要是指高、低压套管绝缘和空气间隔绝缘。内部绝缘主要是绕组绝缘和内部引线绝缘。主绝缘是绕组之间、绕组与铁心及油箱之间的绝缘。纵绝缘是线匝之间、层间、线饼和线段之间的绝缘。

4. 油箱和其他附件

在油浸式变压器中，变压器油是绝缘介质，又是冷却介质。要求变压器油的介电强度高，发火点高，凝固点低，灰尘等杂质和水分少。储油柜通过连通器与油箱相连，油面随气温热胀冷缩而升降。储油柜的油与空气接触面减小，可使油减小氧气和水分的侵入，其上装

⊖　"里兹线"是英文"Litz"翻译过来的，是通用概念，工程上指"多股外包绝缘漆金属细线"绞合成的导线，细线直径通常在 1mm 以下。

有吸湿器，外面的空气必须经过吸湿器才能进入，底部有放水塞，定期放出水分和沉淀物。

干式变压器采用绝缘强度高的环氧树脂包裹绕组，主要用于 35kV 及以下配电变压器。

5. 变压器的发热和冷却

变压器的温升是变压器安全运行的重要参数。变压器温升是变压器的温度（绕组最高温度点的温度）与冷却介质温度之差。温升过高影响变压器的寿命和安全运行；温升过低则有效材料未被充分利用，也是不经济的。

变压器的热源是铁心损耗和绕组铜耗。对于油浸式变压器，热量先由内部传导到表面，再与油进行热交换，热油上升到油箱上部，通过箱壁和油管热交换后，再通过外部空气的对流和辐射，将热量散发到空气中，冷却油往下流回铁心和绕组内部，从而在油箱内部形成对流运动。对于干式变压器，热量由内部传导到表面，再与空气接触交换形成自然对流。除了自然循环冷却，还有强迫冷却，如采用风扇或油泵，特殊场合采用水冷却或蒸发冷却。

变压器温升标准要求绕组平均温升 65K，热点温升 78K。变压器温度每变化 6K，绝缘寿命变化一倍，即温度升高 6℃，绝缘寿命降低到原来的一半；温度降低 6℃，绝缘寿命提高到原来的两倍。标准规定最高年平均温度为 20℃。

变压器各部分的温升取决于绝缘材料、变压器的使用情况和自然环境。若温升超过允许值，绝缘结构将迅速老化、变脆，机械强度减弱，在运行时受到机械振动和电动力的作用，易于破损而产生绝缘击穿和匝间短路。等值老化原理是指变压器在过载时间内所缩短的寿命，等于或小于变压器在欠载时间内所增长的寿命，使两者相互补偿，以保持正常使用年限。规定绕组 95℃ 为基准温度。

电力变压器按绝缘和冷却介质分类主要有液体浸渍、气体和干式变压器。液体浸渍变压器是用绝缘液体浸渍绕组及绕组外的绝缘，绝缘液体不仅作为绝缘的液体，同时也作为绕组冷却的介质。例如，变压器油、聚氯联苯、硅油、β 油、α 油、复敏（Formel）绝缘液体等，内部冷却介质油，外部冷却介质空气或水。干式变压器高压侧电压等级为 1kV、3kV、6kV、10kV、15kV、20kV、35kV 配电网电压，采用树脂型、聚酰芳胺、SF_6 气体等绝缘介质。油浸式变压器高压侧电压除了配电网等级，还有 66kV、110kV、220kV、330kV、500kV、750kV 等。

冷却方式代码包含四个字母，常用冷却方式有 ONAN、ONAF、OFAF、OFWF、ODAF 等。每个字母的含义：第一个字母 O，矿物油或燃点不大于 300℃ 的合成绝缘液体。第二个字母 N，自然热对流；或者 F，外部冷却设备强迫循环和内部绕组自然热对流；或者 D，外部冷却设备强迫循环和内部绕组的油流是强迫导向循环。第三个字母 A，外部冷却介质是空气；或者 W，外部冷却介质是水。第四个字母 N，外部冷却介质自然对流；或者 F，外部冷却介质强迫循环（风扇或泵等）。

2.1.3 变压器的分类方法

变压器的分类方法很多，主要有：

1）按用途分类，如配电变压器、仪用变压器、电炉变压器、移相变压器、脉冲变压器。

2）按频率分类，如工频变压器、中频变压器、高频变压器。

3）按绕组数目分类，如单绕组自耦变压器、双绕组变压器、多绕组变压器。

4）按铁心结构分类，如壳式变压器、心式变压器。

5）按相数分类，如单相变压器、三相变压器。

6）按联结方式分类，如星形、三角形、曲折形、"T"形、"V"形等。

7）按冷却介质分类，如油浸式变压器，干式变压器。干式变压器又分为浸渍式、包封绕组式和气体绝缘式3类。

8）变压器根据容量大小划分为配电变压器、中型变压器和大型变压器3类。配电变压器为容量2500kV·A及以下的三相变压器，高压绕组额定电压为35kV及以下，油浸自冷式，不装设有载分接开关。中型变压器为容量不超过100MV·A的三相变压器，大型变压器为容量超过100MV·A的三相变压器。

变压器的命名通常按照综合分类方法。

电力系统中三相变压器最常用，按照结构分主要有三相变压器组（由三台单相变压器独立组成，三相磁路彼此独立）、三相心式变压器（三相磁路彼此关联，有平面型和立体型两种）和三相三柱旁轭式变压器（磁路不完全耦合，可降低变压器总体高度），此外，还有测量用电压互感器和电流互感器、滤波用电抗器、特殊结构的开口（V形）变压器和斯考特变压器、移相变压器和整流变压器等。

2.1.4 变压器的额定值

变压器传输电力的容量、电压和电流等都是有一定限制的，其能连续工作的最大数值称为额定值。额定值和其他重要信息标明在变压器的铭牌上。

1. 额定频率

变压器正常运行时，电压和电流交变的工作频率，我国电力系统标准频率是50Hz，而北美电力系统标准频率为60Hz。

2. 额定容量

额定容量是变压器正常运行时一次侧输入和二次侧输出的视在功率，用符号S_N表示，单位为千伏安（kV·A）。双绕组变压器各绕组的额定容量相同，但多绕组变压器的各绕组额定容量不一定相同。

3. 额定电压

额定电压受绝缘材料的耐压限制。一次绕组的额定电压是变压器正常运行所允许的引出线间的电压，用符号U_{1N}表示。二次绕组的额定电压是指一次电压和频率额定、二次侧空载时引出线间的电压，用符号U_{2N}表示。额定电压的单位是千伏（kV）。当一次绕组额定电压小于二次绕组额定电压时，称为升压变压器。而当一次绕组额定电压大于二次绕组额定电压时，称为降压变压器。当一次与二次绕组的额定电压相同时，这样的变压器称为隔离变压器，仅仅起电气隔离和功率传输作用，而与变压没有关系。

4. 额定电流

额定电流受变压器散热条件或温升限制。变压器正常运行时允许的一次和二次最大引线电流有效值，分别用符号I_{1N}和I_{2N}表示，单位为安（A）。二次电流额定时的负载称为额定负载或满载。单相（$m=1$）和三相（$m=3$）变压器的额定容量与一次、二次绕组的额定电压和额定电流满足如下关系：

$$S_N = \sqrt{m} U_{1N} I_{1N} = \sqrt{m} U_{2N} I_{2N}$$

5. 额定效率

在给定负载功率因数条件下，一次电压和频率额定时二次侧输出的有功功率与一次侧输入的有功功率之比的百分数。

6. 空载损耗

空载损耗是指二次侧开路，一次电压和频率额定时，一次侧输入的有功功率 p_0，单位为瓦（W）、千瓦（kW）。

7. 阻抗电压

阻抗电压是指二次侧短路，一次电流和频率额定时，一次侧输入电压的标幺值 u_k，用百分数表示。阻抗电压在数值上等于变压器短路阻抗标幺值，即一次侧和二次侧漏阻抗标幺值之和。

8. 温升

温升是指变压器正常运行时内部热点温度与环境平均温度之差，单位为开［尔文］（K）。

变压器除了一般正常周期循环额定工况运行，在特殊条件下允许变压器超铭牌参数运行，如负载电流标幺值配电变压器允许达到 1.5，中型变压器允许达到 1.5，大型变压器允许达到 1.3，急救循环还可以更高些，但要符合温升和绝缘材料老化程度等限制条件。

例题 2-1 三相变压器 Yd-5 额定容量 $S_N = 5000\text{kV} \cdot \text{A}$，额定电压 $U_{1N}/U_{2N} = 10/6.3\text{kV}$。求：一次、二次绕组的额定电流，额定相电压和相电流，以及额定阻抗。

解： 一次侧高压绕组星形联结，二次侧低压绕组三角形联结。

（1）一次侧与二次侧额定电流是额定线电流：

$$I_{1N} = S_N/(\sqrt{3}U_{1N}) = 288.68\text{A}, \quad I_{2N} = S_N/(\sqrt{3}U_{2N}) = 458.21\text{A}$$

（2）一次侧与二次侧额定相电压为

$$U_{1N\varphi} = U_{1N}/\sqrt{3} = 5.7735\text{kV}, \quad U_{2N\varphi} = U_{2N} = 6.3\text{kV}$$

一次侧与二次侧额定相电流为

$$I_{1N\varphi} = I_{1N} = 288.68\text{A}, \quad I_{2N\varphi} = I_{2N}/\sqrt{3} = 264.55\text{A}$$

（3）一次侧与二次侧额定阻抗是额定相电压与相电流之比

$$Z_{1N} = U_{1N\varphi}/I_{1N\varphi} = U_{1N}^2/S_N = 20\Omega, \quad Z_{2N} = U_{2N\varphi}/I_{2N\varphi} = 3U_{2N}^2/S_N = 23.814\Omega$$

2.2 双绕组变压器的基本原理

双绕组变压器有一个输入绕组和一个输出绕组，两者电气隔离且磁路耦合。变压器的输入端称为一次侧，输出端称为二次侧。下面首先回顾理想变压器的工作原理，然后分析实际双绕组变压器的电磁关系。

2.2.1 理想双绕组变压器

理想变压器是一种没有损耗、磁路完美耦合的线性双绕组变压器，输入电功率等于输出电功率，既不存在绕组电阻，也不存在铁心和电介质损耗，绕组没有漏磁场，不需要建立耦合磁路的励磁电流，可以认为耦合磁路的磁阻为零，相当于磁心相对磁导率无穷大。

理想变压器如图 2-4 所示，两个小黑点表示两个绕组的同名端，两绕组的电流和电压都只与绕组匝数之比 $k = N_1 : N_2$（简称匝比或电压比）有关，阻抗折算也与匝比有关。

根据图 2-4 所示正方向和同名端标记，得到理想变压器满足的关系为

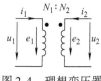

图 2-4　理想变压器

$$N_1 = kN_2, e_1 = ke_2, u_1 = -e_1, u_2 = -e_2, u_1 = ku_2, i_2 = -ki_1$$

正弦稳态时，二次侧输出负载阻抗 Z_L 折算到一次侧的输入阻抗 $Z'_L = k^2 Z_L$。

一般来说，一个绕组中的任何阻抗折算到另一个绕组的值是变压器匝比二次方的函数，这是理想变压器最有用的特性之一，也是变压器用于阻抗匹配的基础。只有理想变压器的匝比等于电压比，实际变压器的电压比因一次和二次绕组存在漏阻抗而与匝比不同，而且三相变压器的电压比还与绕组的联结方式有关。

2.2.2　实际双绕组变压器

1. 实际双绕组变压器

为了分析简单起见，将一次和二次绕组分别安放在闭合铁心窗口的不同心柱上，如图 2-5 所示。沿铁心闭合的主磁场是相互耦合的，铁心磁路称为主磁路，铁心中流过的磁通称为主磁通，而通过非磁性材料的绕组和空气隙等磁通路径称为漏磁路，相应的磁场称为漏磁场，各绕组经部分铁心闭合的漏磁场认为是相互独立的，因此，可以将主磁场和漏磁场分开考虑。实际变压器中，同一心柱上有高、低压两个绕组套装在一起，因此除了主磁场是耦合磁场，也存在部分耦合漏磁场，将相互耦合漏磁场合并到主磁场，不影响分析结果。

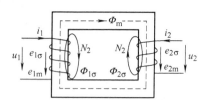

图 2-5　双绕组变压器结构原理图

与理想变压器不同，实际双绕组变压器存在绕组电阻，工作时一次和二次绕组存在漏磁场，耦合系数小于 1.0；铁心在交变磁场中存在涡流及涡流损耗、磁滞现象和磁滞损耗，铁心磁导率有限且不是恒定的常数，因此一次绕组输入功率与二次绕组输出功率不同，绕组内的感应电动势与外部电压不同，二次侧空载、一次侧施加额定频率的额定电压时需要励磁电流才能产生铁心主磁场。但双绕组变压器的耦合磁场相同，因此耦合磁场产生的感应电动势之比等于绕组匝数之比。如果能将变压器中一次侧和二次侧的绕组电阻、漏磁场、铁心涡流与磁滞，以及建立主磁场的励磁电流等因素分别分离出来，那么实际双绕组变压器可以等效成理想变压器外加这些次要因素的变压器模型。在第 1 章中已经介绍了双绕组磁路模型，只是没有考虑铁心损耗，但考虑了励磁电流，因此可以借助于这一思想来分析实际双绕组变压器。

2. 规定正方向

在电路和磁路分析中，为了数学描述与物理概念相一致，需要规定电压、电流、磁通等物理量的参考方向，即规定物理量的正方向。对于变压器的一、二次绕组都采用电动机惯例，如图 2-5 所示。具体来说，由一次绕组的电压正方向确定电流正方向，这时从一次绕组端口看变压器是电气负载。然后根据磁通与电流之间符合右手螺旋关系，由一次侧绕组的电流正方向确定主磁路磁通的正方向、二次绕组电流的正方向以及两个绕组漏磁路磁通的正方

向。由二次绕组电流的正方向确定电压的正方向，这时从二次绕组端口看变压器仍是电气负载。最后由交变磁通产生的感应电动势，其正方向与磁通的正方向之间也符合右手螺旋关系。因此，变压器作为黑匣子，输入和输出两个端口是对称的，电能可以从任意一个端口输入而从另一个端口输出。电力系统中变压器一次侧电能是输入，二次侧电能是输出。不同电网之间的联络变压器则根据电力潮流需要可以双向传输。

2.2.3 电磁耦合模型

1. 电磁耦合关系

（1）电压比

设一、二次绕组的匝数分别为 N_1 和 N_2，两者通过铁心实现磁场耦合，双绕组变压器的电路与耦合磁路结构原理如图 2-5 所示。双绕组变压器的电压比是变压器的一个重要参数，也称为匝比，定义为一次绕组匝数与二次绕组匝数之比，即

$$k = N_1 / N_2 \tag{2-1}$$

（2）励磁磁动势

设变压器一次绕组的电压为 u_1，电流为 i_1，磁动势 $F_1 = N_1 i_1$，磁动势在漏磁路上产生的平均漏磁链或漏磁通为 $\Phi_{1\sigma}$。二次绕组的电压为 u_2，负载电流为 i_2，磁动势 $F_2 = N_2 i_2$，磁动势在漏磁路上产生的平均漏磁链或漏磁通为 $\Phi_{2\sigma}$。铁心内部的主磁通为 Φ_{m}。一次磁动势 F_1 和二次磁动势 F_2 共同产生励磁磁动势 F_{m}，即

$$F_{\mathrm{m}} = F_1 + F_2 = N_1 i_1 + N_2 i_2 = N_1 i_{\mathrm{m}} \tag{2-2}$$

式中，i_{m} 称为一次绕组的励磁电流。

铁心中的主磁场不仅受励磁磁动势影响，还受涡流和磁滞两个因素的影响。变压器内部的电磁关系如图 2-6 所示。其中，电压、电流、磁动势、磁通和磁链都是频率相同的时间函数，取决于一次绕组输入电压 u_1 的频率。

（3）涡流及其损耗

主磁场方向主要平行于铁心叠片且随时间变化，铁心横截面上的涡流由主磁场交变磁感应强度产生，叠片中涡流正方向与主磁场磁感应强度符合右手螺旋关系，如图 2-7a 所示，每个叠片的涡流方向一致，但相邻叠片间隙间涡流流向正好是相反的，因此从磁场的角度铁心内部涡流相互抵消，只有边界涡流起

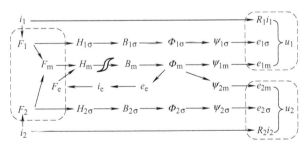

图 2-6　变压器电磁耦合关系

作用，如 $i_{\mathrm{e}1}$，…，$i_{\mathrm{e}n}$ 等，大小近似相等，总体上相当于铁心横截面外围的等效涡流 i_{e}。产生主磁路磁场强度的电流除了一次和二次绕组电流以外，还有铁心导体内旋涡电场引起的涡流。铁心中涡流产生焦耳热损耗，因铁心涡流密度与旋涡电场强度成正比，因此涡流与电场强度同相位，滞后于主磁场磁感应强度 $90°$，其正弦稳态时间相量如图 2-7b 所示，与主磁通感应电动势同相位的电流 i_{e} 等价，即铁心涡流及其损耗相当于具有电阻的短路绕组绕制在铁心上，而铁心的电导率看作零。为了简化，认为涡流绕组的等价匝数与一次绕组匝数 N_1 相同，根据规定正方向等效涡流绕组的磁动势 F_{e} 为

$$F_e = N_1 i_e \tag{2-3}$$

等效涡流绕组的绕向和涡流流向与一次绕组绕向和电流流向一致，涡流磁动势的极性与一次绕组磁动势也一致。涡流产生的电功率损耗 p_e，可用等效的涡流电阻 R_e 与涡流有效值 I_e 二次方乘积表示，即

$$p_e = R_e I_e^2 \tag{2-4}$$

（4）磁滞及其损耗

铁心中磁场强度与磁感应强度因磁滞现象造成时间相位不同，如果在相同磁感应强度下将磁滞回线中磁场强度 H_m 分解为可逆基本磁化特性上与磁感应强度同相位的可逆磁场强度分量 H_{rev} 和超前磁感应强度 90° 的不可逆磁场强度分量 H_{irr}，即 $H_m = H_{rev} + H_{irr}$，如图 2-7c 所示。那么这两个磁场强度分量分别在铁心主磁路引起磁位降，因此可以用两个电流分量来等价平衡磁位降的磁动势，即与主磁场同相位的磁化电流分量 i_μ 和超前主磁场 90° 相位的磁滞电流分量 i_h，正弦稳态时间相量如图 2-7b 所示。对应绕组的等价匝数也认为是一次绕组的匝数 N_1，相应的磁动势分别称为磁化磁动势 F_μ 和磁滞磁动势 F_h，于是有

$$F_\mu = N_1 i_\mu = R_m \Phi_m, \quad F_h = N_1 i_h \tag{2-5}$$

磁化电流对应的磁化磁动势由主磁路磁阻 R_m 上的主磁通 Φ_m 产生。磁滞损耗 p_h 可用等效的磁滞电阻 R_h 与磁滞电流分量有效值 I_h 二次方乘积表示，即

$$p_h = R_h I_h^2 \tag{2-6}$$

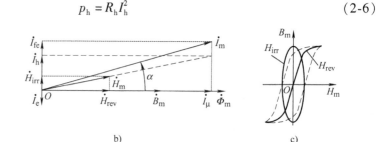

图 2-7　变压器主磁路铁心磁场和电流

（5）电阻损耗

若一次绕组电阻为 R_1，则电阻压降 u_{R1} 和瞬时电功率损耗 p_{Cu1} 分别为

$$u_{R1} = R_1 i_1, \quad p_{Cu1} = R_1 i_1^2 \tag{2-7}$$

同样地，若二次绕组电阻为 R_2，则电阻压降 u_{R2} 和瞬时电功率损耗 p_{Cu2} 分别为

$$u_{R2} = R_2 i_2, \quad p_{Cu2} = R_2 i_2^2 \tag{2-8}$$

（6）漏磁场与漏磁通

绕组电流产生的漏磁场充满整个非磁性材料空间 $\boldsymbol{B}_\sigma = \mu_0 \boldsymbol{H}_\sigma$。漏磁场磁感应线有一部分在铁心内，由于铁心相对磁导率远大于 1.0，因此铁心边界上的漏磁场 $\boldsymbol{B}_\sigma$ 矢量几乎垂直于铁心表面，漏磁场磁场强度在铁心内很小，其产生的磁位降可以忽略不计，漏磁场磁位降主要是非磁心材料空间的磁场强度线积分。漏磁路磁感应线既有与绕组部分匝链的，也有完全匝链的，因此用每匝平均漏磁链表示绕组的漏磁通 Φ_σ，即漏磁通等于电流产生的漏磁场只与自身绕组匝链的漏磁链 ψ_σ 除以匝数 N。因此绕组磁动势与漏磁通可以认为是线性关系。

$$\Phi_{k\sigma} = \psi_{k\sigma} / N_k \tag{2-9}$$

式中，下标符号 $k=1$，2 分别代表一次和二次绕组对应的物理量，下同。

（7）主磁场与主磁通

铁心中的主磁通等于铁心横截面上磁感应强度的面积分，认为铁心中磁感应强度均匀，因此铁心中的主磁通等于磁感应强度与铁心截面积 A 的乘积，实际铁心是叠片叠压或卷绕而成，因此变压器中真正的铁心面积要小于实际铁心几何横截面积，通常用叠压系数表示真正铁心截面积与实际铁心几何横截面积之比。由于主磁场是由等价的磁化电流和磁化磁动势产生的，因此正弦稳态时间相量中主磁通、主磁场磁感应强度和磁化电流同相位，如图 2-7b 所示。绕组的主磁链等于主磁通与绕组匝数的乘积，设主磁导 $\Lambda_{\mathrm{m}}=1/R_{\mathrm{m}}$，则有

$$\Phi_{\mathrm{m}}=AB_{\mathrm{m}}=\Lambda_{\mathrm{m}}F_{\mu}, \quad \psi_{k\mathrm{m}}=N_{k}\Phi_{\mathrm{m}} \tag{2-10}$$

需要强调的是，一次和二次绕组的主磁通相同，但因匝数不同使得主磁链不同。

（8）感应电动势

绕组漏磁场形成的漏磁通 $\Phi_{k\sigma}$ 或漏磁链在自身绕组感应漏电动势 $e_{k\sigma}$，主磁场形成的主磁通 Φ_{m} 或主磁链在一次和二次绕组感应主电动势 $e_{k\mathrm{m}}$。于是，根据电磁感应定律式（1-3）得到一次、二次绕组的漏电动势和主电动势为

$$e_{k\sigma}=-\frac{\mathrm{d}\psi_{k\sigma}}{\mathrm{d}t}=-N_{k}\frac{\mathrm{d}\Phi_{k\sigma}}{\mathrm{d}t} \tag{2-11a}$$

$$e_{k\mathrm{m}}=-\frac{\mathrm{d}\psi_{k\mathrm{m}}}{\mathrm{d}t}=-N_{k}\frac{\mathrm{d}\Phi_{\mathrm{m}}}{\mathrm{d}t} \tag{2-11b}$$

因一次和二次绕组的主电动势都是主磁通产生的，故一次绕组的主电动势等于二次绕组的主电动势乘以电压比 k，即 $e_{1\mathrm{m}}=ke_{2\mathrm{m}}$。

根据上述分析，可得到图 2-6 所示的双绕组变压器内部电磁关系。一次侧加时变电压 u_{1} 后产生电流 i_{1}，电流 i_{1} 在空间产生脉振磁动势 F_{1}，分别在主磁路和漏磁路形成主磁场和漏磁场，一次绕组的漏磁通 $\Phi_{1\sigma}$ 在该绕组中的漏磁链产生感应漏电动势 $e_{1\sigma}$，主磁通 Φ_{m} 分别在一次和二次绕组匝链的主磁链产生感应主电动势 $e_{1\mathrm{m}}$ 和 $e_{2\mathrm{m}}$，主磁场在铁心中产生磁滞现象与涡流。二次绕组感应电动势形成输出端电压 u_{2}，在负载条件下产生电流 i_{2}，该电流根据电磁感应定律要阻碍主磁场的变化，从而影响一次绕组的电流和磁动势。一次和二次磁动势合成励磁磁动势 F_{m}，本质上产生主磁场和主磁通的是励磁磁动势 F_{m} 和涡流磁动势 F_{e}。主磁场在铁心中产生旋涡电场形成涡流 i_{e} 和涡流磁动势 F_{e}。此外，一次电流 i_{1} 在绕组中产生电阻压降 $R_{1}i_{1}$。同样地，二次负载电流 i_{2} 在绕组中产生磁动势 F_{2}，从而影响一次绕组磁动势 F_{1} 和励磁磁动势 F_{m}，并在二次绕组上产生漏磁场和漏磁通 $\Phi_{2\sigma}$，感应漏电动势 $e_{2\sigma}$，在绕组电阻 R_{2} 上产生电阻压降 $R_{2}i_{2}$。

由此可见，电流 i 与磁动势 F 通过绕组匝数 N 耦合，磁动势 F 与磁通 Φ 通过磁阻 R_{m} 耦合，磁通 Φ 与磁动势 F 通过磁导 Λ 耦合，磁通 Φ 与磁链 ψ 通过绕组匝数 N 耦合，磁链 ψ 与电动势 e 耦合。绕组端口电压 u、内部电阻压降 u_{R} 和电动势 e 通过电路相互关联，磁动势 F 与磁通 Φ 通过磁路相互关联。下面逐一分析这些耦合关系模型。

2. 电路模型

当变压器空载运行时，一次绕组施加额定电压 u_{1}，二次绕组开路，则二次绕组电流 i_{2} 为零，主磁场由一次绕组电流 i_{0} 和铁心涡流 i_{e} 提供，一次绕组产生的电流 i_{0} 称为空载电流。空载电流 i_{0} 有 4 个作用：①在铁心耦合磁路中建立时变主磁场，从而在一次和二次绕组中分别

感应主电动势；②在铁心外建立漏磁场，在一次绕组感应漏电动势，互漏磁场在二次侧也要感应互漏电动势；③在一次绕组中产生电阻压降，形成绕组空载铜耗；④空载电流产生的主磁场在铁心中产生磁滞与涡流损耗，即铁耗。

空载一次绕组输入的有功功率主要产生磁路铁耗，少量形成绕组铜耗，一次侧输入感性无功功率，称为空载容量，形成励磁能量。

变压器接负载运行后，二次侧感应主电动势 e_{2m} 向负载阻抗 Z_L 提供电流 $-i_2$，在负载阻抗 Z_L 上产生电压降 u_2。类似一次绕组电流 i_1 的作用，二次绕组电流 i_2 有 3 个作用：①产生脉振磁动势 F_2，起到阻碍主磁场变化的作用，迫使一次绕组提供更多的电流，满足主磁通的需要，从而实现电能由一次侧向二次侧传输，不断提供负载功率；②产生二次绕组的漏磁场，漏磁通 $\Phi_{2\sigma}$ 在二次绕组感应漏电动势 $e_{2\sigma}$；③产生二次绕组的电阻压降 $R_2 i_2$ 和铜耗。

由图 2-5 和图 2-6 所示的虚线框可知，由式（1-11）得到一次绕组的主电动势、漏电动势、电阻压降与外施电压相平衡

$$u_1 = R_1 i_1 - e_1 = R_1 i_1 - e_{1\sigma} - e_{1m} \tag{2-12a}$$

同样地，二次绕组的主电动势、漏电动势、电阻压降与负载电压相平衡

$$u_2 = R_2 i_2 - e_2 = R_2 i_2 - e_{2\sigma} - e_{2m} \tag{2-12b}$$

由式（2-12a）和式（2-12b）得到两个是完全对称的电路模型，如图 2-8a 和 c 所示。

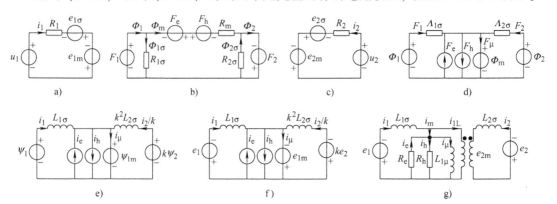

图 2-8　双绕组变压器电路与磁路耦合模型

3. 磁路模型

（1）磁动势-磁通模型

漏磁路磁通是绕组自身磁动势 F_k 建立的，因此用漏磁阻 $R_{k\sigma}$ 或漏磁导 $\Lambda_{k\sigma}$ 表示。根据磁路欧姆定律得到

$$F_k = R_{k\sigma} \Phi_{k\sigma}, \quad \Phi_{k\sigma} = \Lambda_{k\sigma} F_k \tag{2-13}$$

主磁路磁场 H_m 是由一次、二次绕组电流与涡流共同建立的，沿铁心闭合回路磁位降分为磁化磁动势和磁滞磁动势，由式（2-2）、式（2-3）和式（2-5）得到磁动势关系

$$F_m + F_e = F_h + F_\mu \tag{2-14}$$

由式（2-2）、式（2-5）、式（2-13）和式（2-14）可得双绕组变压器磁路结构的等效磁路磁动势-磁通模型，如图 2-8b 所示，模型的特点是回路磁动势平衡，节点磁通连续。

（2）磁通-磁动势模型

根据第 1 章磁路分析，磁动势-磁通的对偶模型由式（2-2）、式（2-10）、式（2-13）和

式（2-14）可得，双绕组变压器磁路结构的等效磁路磁通-磁动势模型如图 2-8d 所示，模型的特点是回路磁通连续，节点磁动势平衡。一、二次绕组的总磁通等于主磁通与各自的漏磁通之和，即

$$\Phi_k = \Phi_{k\sigma} + \Phi_m \tag{2-15a}$$

（3）磁链-电流模型

磁链等于绕组磁通与匝数的乘积，于是各绕组的漏磁链和主磁链分别为

$$\psi_k = \psi_{k\sigma} + \psi_{km} = N_k \Phi_{k\sigma} + N_k \Phi_m = L_{k\sigma} i_k + L_{k\mu} i_\mu \tag{2-15b}$$

式中，绕组的漏电感 $L_{k\sigma}$ 等于等效漏磁导与绕组匝数的二次方的乘积，磁化电感 $L_{k\mu}$ 等于主磁路磁导与绕组匝数的二次方的乘积，即

$$L_{k\sigma} = \Lambda_{k\sigma} N_k^2, \quad L_{k\mu} = \Lambda_m N_k^2 \tag{2-16}$$

由此可见，磁链有如下 4 种表示方法：①匝数与磁通乘积；②匝数、磁动势与磁导乘积；③匝数二次方、磁导与电流乘积；④电感与电流乘积。由于漏磁场主要分布在相对磁导率为 1.0 的线性空间，因此漏电感被认为是常数。主磁路非线性，因此主磁路磁阻、磁导和磁化电感都是非线性的。

式（2-2）表明，一次绕组电流产生的磁动势 F_1 一方面提供主磁通所需的励磁磁动势 F_m，另一方面提供二次绕组负载所需的负载磁动势分量 $F_{1L} = N_1 i_{1L}$，即

$$F_1 = F_m + F_{1L} = F_m - F_2 \tag{2-17}$$

于是，$F_2 + F_{1L} = 0$，或者 $F_2 = -F_{1L}$，$i_{1L} = -N_2 i_2 / N_1 = -i_2 / k$，一次绕组磁动势的负载分量 F_{1L} 与二次绕组磁动势 F_2 相互抵消，符合电磁感应原理，感应电动势产生的电流要阻碍磁场变化，即由空载到负载二次绕组电流逐渐增大，一次绕组的输入电流也相应地增大，或者负载功率增大，一次输入功率也随之增大，两者同步变化。电磁感应电动势耦合和绕组磁动势平衡反映了变压器电功率传输的基本机理。

因为磁动势等于电流与绕组匝数的乘积，由式（2-2）和式（2-17）得到电流关系

$$i_1 = i_m + i_{1L} = i_m - i_2 / k \tag{2-18}$$

由式（2-14）可以得到铁心主磁路相关的各电流关系

$$i_m + i_e = i_h + i_\mu, \quad i_m = i_{Fe} + i_\mu, \quad i_{Fe} = i_h - i_e \tag{2-19}$$

其中，i_{Fe} 称为励磁电流的铁耗电流分量，它是铁心磁滞电流分量 i_h 与涡流 i_e 之差，是产生铁耗的有功分量；励磁电流 i_m 中的无功分量是磁化电流 i_μ，其正弦稳态时间相量关系如图 2-7b 所示。励磁电流与主磁路磁感应强度的相位差称为铁耗角，用符号 α 表示。

显然，变压器空载时，励磁电流等于空载电流。变压器接负载后，由于一次绕组和二次绕组电流增大，相应地漏阻抗压降增加，主电动势和主磁通将略有下降，由此引起磁化电流和磁心损耗有功铁耗电流分量都略有变化，因此负载时的励磁电流通常与空载电流是有差别的。但工程计算时通常忽略额定负载与空载两者状态的励磁电流、主磁通和铁耗存在的差别。

值得注意的是，由于铁心磁路的非线性特性，磁化电流与主磁通不是简单的线性函数关系，而是与材料特性相关的基本磁化曲线，而铁心损耗包括磁滞与涡流两部分，它们的变化规律也不是完全一致的，因此，励磁电流、磁化电流和铁耗电流并不一定是正弦变化的，这给分析问题带来很大的不便。工程上，由于这些电流与负载电流相比小得多，利用等效电流原理，将非正弦周期信号利用有效值相等的原则，转化为正弦信号，这样将非线性问题线性

化处理后的正弦稳态系统可以采用正弦相量表示电流和相应的电压方程。

由式（2-15b）、式（2-18）和式（2-19）可将图2-8d所示的磁通-磁动势模型转换为磁链-电流模型，如图2-8e所示，模型的特点是回路磁链守恒，节点电流连续。具体方法是所有支路的磁通和磁动势都乘以一次绕组的匝数 N_1，这样磁路模型方程不变，然后将一次绕组的磁通与匝数乘积用一次绕组的磁链表示，二次绕组的磁通与匝数 N_1 乘积用电压比 k 乘以二次绕组的磁链表示。磁导元件支路的磁链表示为折算到一次侧绕组匝数的电感与电流的乘积（折算过程将在后面阐述），特别是磁导为零的涡流磁动势和磁滞磁动势两个支路变换后用电流源表示，以满足节点电流连续性条件。

（4）电动势-电流模型

根据电磁感应定律可以将图2-8e所示的磁链-电流模型转换为电动势-电流模型，如图2-8f所示，模型的特点是回路电压平衡，节点电流连续。因等价涡流绕组产生的主电动势 e_e 与一次绕组主电动势 e_{1m} 相同，涡流电流源 i_e 与主电动势 e_{1m} 并联，而涡流在铁心中产生涡流损耗，因此用等效涡流损耗电阻 R_e 与主电动势 e_{1m} 并联表示涡流电流源，$e_e = e_{1m} = R_e i_e$。

磁滞电流分量 i_h 超前主磁路磁感应强度或主磁通90°，因此与主电动势 e_{1m} 相位相反，磁滞电流分量 i_h 产生的磁滞损耗与频率成正比，在频率和主磁通幅值一定的条件下，用等效磁滞损耗电阻 R_h 与主电动势 e_{1m} 并联表示磁滞电流分量，$e_{1m} = -R_h i_h$。

磁化电流分量 i_μ 与磁化电感 $L_{1\mu}$ 乘积为主磁链，产生的电动势由式（2-11b）可知为主电动势 $e_{1m} = -d(L_{1\mu} i_\mu)/dt$，因此用磁化电感 $L_{1\mu}$ 与主电动势 e_{1m} 并联表示磁化电流分量 i_μ。考虑到式（2-18）和式（2-19），磁链-电流模型可以转换为电动势-电流模型。

事实上，磁链-电流模型可以分别对一次绕组和二次绕组实施，即在磁通-磁动势模型中，一、二次绕组磁通分别乘以各自的匝数，获得两个基于理想变压器耦合的磁链-电流模型，但主磁链之比等于电压比。由式（2-11b）和式（2-18）可知，绕组主电动势 e_{1m} 和 e_{2m}，一次绕组电流的负载分量 i_{1L} 和二次绕组电流 i_2，正好满足理想变压器的条件，因此图2-8e所示的磁链-电流模型也可转变为基于理想变压器的电动势-电流模型，如图2-8g所示，理想变压器解耦后可以得到图2-8f所示的电动势-电流模型。

2.2.4 等效电路与相量图

由第1章可以发现，要将电气隔离而磁场耦合的电磁模型用电气耦合的等效电路表示，存在的主要问题是主磁通相同而绕组匝数不同，使得各绕组的主磁链和其产生的主电动势各不相同，为此必须统一绕组的匝数，即绕组折算。

1. 绕组折算

绕组折算就是在维持电磁本质不变的条件下，将不同匝数的绕组用统一的匝数表示。对于变压器通常统一成一次绕组的匝数，或者二次绕组的匝数。前面关于涡流、磁滞电流分量和磁化电流分量产生的磁动势都折算到一次绕组的匝数。但绕组折算是有条件的，绕组折算的基本条件有两个：一是折算前后空间电磁场分布保持不变，二是折算前后材料特性（电导率、磁导率和介电常数等）保持不变。下面以二次绕组折算到一次绕组匝数为例说明绕组折算过程，折算后的量右上角加"'"表示。

根据电磁场不变原则，折算前后任意闭合回路磁场强度的积分不变，即匝数统一后绕组的磁动势保持不变，这一点很重要，它确定了绕组折算前后的电流关系。二次绕组折算到一

次侧后的电流变化满足

$$N_2 i_2 = N_1 i_2', \ i_2' = i_2/k = -i_{1\text{L}} \tag{2-20}$$

折算前后空间磁场强度的旋度不变，即空间电流密度分布不变，绕组电流密度和体积不变，因此折算前后绕组焦耳损耗不变，这一点可以确定绕组电阻的折算关系。考虑到式（2-20），二次绕组的电阻折算到一次绕组匝数后的电阻满足

$$R_2 i_2^2 = R_2' i_2'^2 = R_2' i_2^2/k^2, \ R_2' = k^2 R_2 \tag{2-21}$$

折算前后电磁场不变，电场强度 E 与磁场强度 H 的叉乘 $E \times H$，即表征单位面积电磁功率的坡印亭矢量不变，变压器系统传递的电磁功率不变，存储的电场和磁场能量不变。因此绕组漏磁场与漏磁场能量不变，这一点可以确定绕组漏电感的折算关系。二次绕组漏电感折算到一次侧后变为

$$\frac{1}{2}L_{2\sigma} i_2^2 = \frac{1}{2}L_{2\sigma}' i_2'^2 = \frac{1}{2}L_{2\sigma}' i_2^2/k^2, \ L_{2\sigma}' = k^2 L_{2\sigma} \tag{2-22}$$

由式（2-20）和式（2-21）可得到二次电阻压降的折算关系

$$u_{\text{R}2}' = R_2' i_2' = k u_{\text{R}2} \tag{2-23}$$

由式（2-20）和式（2-22）可得到二次漏磁链折算前后与匝数成正比，而每匝平均漏磁链或漏磁通不变。折算前后主磁场不变，主磁通不变，主磁链与匝数成正比，因此折算前后磁链与匝数成正比

$$\psi_2' = k\psi_2 \tag{2-24}$$

由式（2-24）和电磁感应定律可得二次绕组电动势折算的前后关系为

$$e_2' = ke_2 \tag{2-25}$$

考虑到二次绕组电压方程式（2-12b），折算后的二次绕组端口电压为

$$u_2' = R_2' i_2' - e_2' = k(R_2 i_2 - e_2) = k u_2 \tag{2-26}$$

综合式（2-20）~式（2-26）可知，设折算后与折算前的绕组匝比为 k，绕组折算规律如下：

1）折算前后绕组的磁动势、电功率、磁场能量和磁通保持不变，方程形式不变。

2）折算后绕组端口电压、电阻压降、电动势和磁链的值等于折算前的值乘以匝比 k。

3）折算后绕组电阻、电感、正弦稳态电抗和阻抗值等于折算前的值乘以匝比的二次方 k^2。

4）折算后绕组的电流的值等于折算前的值除以匝比 k。

5）如果绕组端口接负载，那么折算后的负载电阻、电感和正弦稳态阻抗的值等于折算前的值乘以匝比的二次方 k^2。如果负载是无功补偿电容，那么折算后的电容值等于折算前的电容值除以匝比的二次方 k^2。

尽管上述绕组匝数的折算过程是在瞬时值形式进行的，但同样适用于正弦稳态时间相量形式的物理量和方程。

2. 等效电路

（1）瞬时值等效电路

根据图 2-8a、c 和 g 可以得到基于理想变压器的瞬时值形式等效电路，如图 2-9a 所示。消除理想变压器后等效电路成为二次绕组折算到一次侧后的瞬时值等效电路，即瞬态等效电路，如图 2-9b 所示。将涡流与磁滞损耗电阻合并成铁耗电阻支路，并用绕组折算后的符号

表示二次侧各量，得到励磁支路并联形式的瞬时值"T"形等效电路，如图 2-9c 所示。当忽略励磁电流 i_m 时，可以化为只有绕组电阻和漏电感串联的瞬时值简化等效电路，如图 2-9d 所示，图中参数 R_k 和 L_k 分别称为短路电阻和短路电感，可以通过短路试验测定，它们与一、二次绕组参数关系为

$$R_k = R_1 + R_2', \quad L_k = L_{1\sigma} + L_{2\sigma}' \tag{2-27}$$

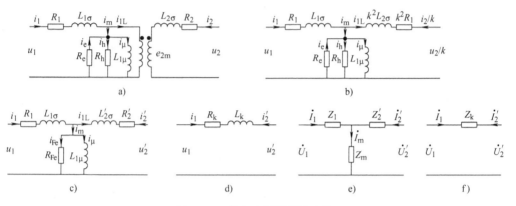

图 2-9 双绕组变压器等效电路

（2）正弦稳态相量等效电路

在正弦稳态运行时，瞬时值形式的"T"形等效电路可以表示为相应的时间相量形式，如图 2-9e 所示。图中 Z_1、Z_2' 和 Z_m 分别称为一次、二次绕组的漏阻抗和励磁阻抗。它们与绕组参数和电源频率的关系分别为

$$Z_1 = R_1 + j\omega_1 L_{1\sigma} = R_1 + jX_{1\sigma}, \quad Z_2' = R_2' + j\omega_1 L_{2\sigma}' = R_2' + jX_{2\sigma}', \quad Z_m = R_m + jX_m \tag{2-28}$$

其中，串联形式的励磁支路参数励磁电阻 R_m 和励磁电抗 X_m 与等效电路中的铁耗电阻 R_{Fe} 和磁化电感 $L_{1\mu}$ 对应电抗 $X_\mu = \omega_1 L_{1\mu}$ 的关系为

$$Z_m = \frac{jR_{Fe}X_\mu}{R_{Fe} + jX_\mu} = \frac{R_{Fe} + jR_{Fe}^2/X_\mu}{1 + R_{Fe}^2/X_\mu^2}, \quad R_m = \frac{R_{Fe}}{1 + R_{Fe}^2/X_\mu^2}, \quad X_m = \frac{R_{Fe}^2/X_\mu}{1 + R_{Fe}^2/X_\mu^2} \tag{2-29}$$

"T"形等效电路时间相量形式的方程可以根据瞬时值形式得到

$$\dot{U}_1 = Z_1 \dot{I}_1 - \dot{E}_{1m} \tag{2-30a}$$

$$\dot{U}_2' = Z_2' \dot{I}_2' - \dot{E}_{2m}' \tag{2-30b}$$

$$\dot{E}_{1m} = -jX_\mu \dot{I}_\mu = -R_{Fe} \dot{I}_{Fe} = -Z_m \dot{I}_m, \quad \dot{E}_{2m}' = k\dot{E}_{2m} = \dot{E}_{1m} \tag{2-30c}$$

$$\dot{I}_1 + \dot{I}_2' = \dot{I}_m, \quad \dot{I}_m = \dot{I}_{Fe} + \dot{I}_\mu = \dot{I}_h - \dot{I}_e + \dot{I}_\mu, \quad \dot{I}_{1L} + \dot{I}_2' = 0 \tag{2-30d}$$

$$\dot{F}_1 + \dot{F}_2 = \dot{F}_m, \quad \dot{F}_{1L} + \dot{F}_2 = 0 \tag{2-30e}$$

其中，电动势相量与相应磁通幅值相量和电流相量之间的关系满足

$$\dot{E}_{k\sigma} = -j\sqrt{2}\pi f_1 N_k \dot{\Phi}_{k\sigma} = -j2\pi f_1 L_{k\sigma} \dot{I}_k = -jX_{k\sigma} \dot{I}_k \tag{2-31a}$$

$$\dot{E}_{km} = -j\sqrt{2}\pi f_1 N_k \dot{\Phi}_{km} \tag{2-31b}$$

根据规定正方向，感应电动势相量总是滞后于产生该电动势的磁通 90° 相位角。需要特

别强调的是，磁通相量的长度等于磁通正弦波的幅值，而电压、电动势和电流相量的长度等于其正弦波有效值。正弦波幅值等于有效值乘以 $\sqrt{2}$。特别令人感兴趣的是，与主磁场相关联的一次侧与二次侧的主电动势瞬时值、有效值、峰值、相量之比都等于电压比 k。

由于绕组的主电动势与绕组电压基本相等，因此由式（2-31b）可知，一次绕组电压确定后，$U_1 \approx \sqrt{2}\pi f_1 N_1 \Phi_{\mathrm{m}}$，主磁通幅值与频率的乘积基本上不随负载电流而变。而频率取决于电压，因此频率确定的条件下意味着主磁通幅值基本保持不变，这样主磁路的磁感应强度幅值与磁路截面积乘积基本保持不变。这些关系是变压器磁路设计的基础。

由图 2-9e 可知，二次侧开路的空载运行时，二次电流等于零，一次电流等于空载电流，输入阻抗称为空载阻抗 $Z_{\mathrm{oc}} = Z_1 + Z_{\mathrm{m}}$；二次侧短路运行时，二次电压等于零，一次输入阻抗称为短路阻抗 $Z_{\mathrm{sc}} = Z_1 + Z_2'/c_2$，其中校正系数 $c_2 = 1 + Z_2'/Z_{\mathrm{m}}$，由于变压器励磁阻抗比漏阻抗大得多，因此校正系数 c_2 近似为 1.0。于是，一次输入的短路阻抗近似为一次侧与二次侧折算到一次侧的漏阻抗之和，即 $Z_{\mathrm{sc}} \approx Z_1 + Z_2' = Z_{\mathrm{k}}$。

电力系统中变压器高、低压绕组套装在同一磁心柱上，特别是通过短路试验测量的漏电抗参数很难分离，因此变压器双口网络中的"T"形参数转换成较精确的"Γ"形参数等效电路。其中与输入端电源并联的阻抗是空载阻抗 Z_{oc}，与输出端电压串联的阻抗是 Z_{s}，满足短路时的输入阻抗不变，即"T"形与"Γ"形等效电路的空载和短路输入阻抗对应相等，由此得到关系

$$Z_1 + \frac{Z_2' Z_{\mathrm{m}}}{Z_{\mathrm{m}} + Z_2'} = \frac{(Z_1 + Z_{\mathrm{m}}) Z_{\mathrm{s}}}{Z_1 + Z_{\mathrm{m}} + Z_{\mathrm{s}}}$$

解得 $Z_{\mathrm{s}} = cZ_1 + c^2 Z_2'$，复数 $c = 1 + Z_1/Z_{\mathrm{m}}$ 称为校正系数。因变压器励磁阻抗相对漏阻抗大得多，故 $c \approx 1 + X_{1\sigma}/X_{\mathrm{m}}$ 且接近 1.0，因此，$Z_{\mathrm{s}} \approx Z_{\mathrm{k}}$。

忽略励磁电流得到 $\dot{I}_1 = -\dot{I}_2'$，"T"形等效电路变为简化等效电路，如图 2-9f 所示，简化等效电路的空载输入阻抗无穷大 $Z_{\mathrm{oc}} = \infty$，短路阻抗等于 $Z_{\mathrm{sc}} = Z_{\mathrm{k}}$，电压方程简化为

$$\dot{U}_1 = \dot{U}_2' - Z_{\mathrm{k}} \dot{I}_2' = \dot{U}_2' + Z_{\mathrm{k}} \dot{I}_1 \tag{2-32}$$

3. 相量图

变压器相量图是在正弦稳态运行时，电压、电流、电动势、磁动势与主磁通时间相量在复平面上的几何关系，要确定各时间相量的关系必须了解负载状态，即二次电压和电流时间相量关系或负载阻抗 Z_{L}，并折算到一次绕组的值 Z_{L}'，而且需要了解变压器各阻抗参数和电压比 k。复平面实轴通常根据计算方便原则选取，为此将主磁通时间相量 $\dot{\Phi}_{\mathrm{m}}$ 确定在垂直方向，如图 2-10 所示。折算后的一次、二次绕组电感主电动势时间相量 $\dot{E}_{1\mathrm{m}}$ 和 $\dot{E}_{2\mathrm{m}}'$ 均滞后于主磁通 $\dot{\Phi}_{\mathrm{m}}$ 90°，所以两个主电动势时间相量重合且位于水平方向。

变压器空载时，二次绕组电流为零，一次绕组空载电流时间相量 $\dot{I}_0$ 超前主磁通 $\dot{\Phi}_{\mathrm{m}}$，铁耗角 α，一次绕组电压时间相量根据电压方程得到 $\dot{U}_1 = \dot{I}_0 (Z_1 + Z_{\mathrm{m}})$，从而得到主电动势相量 $\dot{E}_{1\mathrm{m}} = -Z_{\mathrm{m}} \dot{I}_0$，如图 2-10a 所示。

变压器负载时，二次绕组主电动势时间相量等于电流时间相量与漏阻抗及负载阻抗之和

的乘积，即 $\dot{E}'_{2\mathrm{m}} = (Z'_2 + Z'_\mathrm{L})\dot{I}'_2$，由此可以确定二次绕组电流 $\dot{I}'_2$ 的位置滞后于 $\dot{E}_{2\mathrm{m}}$ 一个角度 ψ_2，再根据计算得到的电流大小确定 $\dot{I}'_2$，进而确定二次绕组电压时间相量 $\dot{U}'_2 = -\dot{I}'_2 Z'_\mathrm{L}$，以及漏阻抗压降 $\dot{I}'_2 Z'_2$，与 $\dot{E}'_{2\mathrm{m}}$ 构成一个封闭三角形。由励磁支路参数确定励磁电流时间相量 $\dot{I}_\mathrm{m} = \dot{E}_{1\mathrm{m}}/Z_\mathrm{m}$，从而根据磁动势平衡确定一次绕组电流时间相量 $\dot{I}_1 = \dot{I}_\mathrm{m} - \dot{I}'_2$，最后根据一次绕组电压平衡关系确定一次绕组的电压时间相量 $\dot{U}_1 = \dot{I}_1 Z_1 - \dot{E}_{1\mathrm{m}}$，即另一个封闭三角形，如图 2-10b 所示。

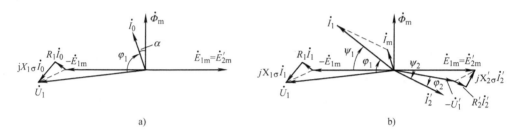

图 2-10　变压器相量图

2.2.5　功率平衡与效率

按照电动机惯例，由图 2-10 可知，双绕组变压器一次输入电功率 $P_1 = U_1 I_1 \cos\varphi_1$，绕组电阻产生铜耗 $p_{\mathrm{Cu1}} = I_1^2 R_1$，形成一次电磁功率 $P_{\mathrm{em1}} = E_{1\mathrm{m}} I_1 \cos\psi_1$。一次绕组的电磁功率 P_{em1} 一部分产生铁心损耗 p_{Fe} 和附加损耗 p_{ad}，主要通过电磁耦合传输到二次绕组，二次绕组的电磁功率 $P_{\mathrm{em2}} = E_{2\mathrm{m}} I_2 \cos\psi_2$，其中绕组电阻损耗 $p_{\mathrm{Cu2}} = I_2^2 R_2$，主要部分以电功率 $P_2 = U_2 I_2 \cos\varphi_2$ 输出到负载，变压器的有功关系与功率流如图 2-11a 和 b 所示。

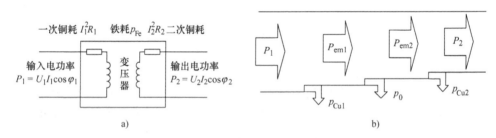

图 2-11　变压器有功功率流

变压器绕组电功率损耗总称为铜耗 p_{Cu}，而铁心磁滞与涡流损耗总称为铁耗 p_{Fe}。

根据图 2-11b 的有功功率平衡关系可以得到

$$P_1 = p_{\mathrm{Cu1}} + P_{\mathrm{em1}}, \quad P_{\mathrm{em1}} = p_{\mathrm{Fe}} + p_{\mathrm{ad}} + P_{\mathrm{em2}}, \quad P_{\mathrm{em2}} = p_{\mathrm{Cu2}} + P_2 \tag{2-33}$$

将式（2-33）各项合并后，得到变压器有功功率平衡关系

$$P_1 = p_{\mathrm{Cu}} + p_0 + P_2 \tag{2-34}$$

其中，总铜耗 p_{Cu} 和空载损耗 p_0 分别为

$$p_{\mathrm{Cu}} = p_{\mathrm{Cu1}} + p_{\mathrm{Cu2}} = I_1^2 R_1 + I_2^2 R_2, \quad p_0 = p_{\mathrm{Fe}} + p_{\mathrm{ad}} \tag{2-35}$$

由于总铜耗 p_{Cu} 与一次和二次绕组的电流有关，是随负载变化的，因此称为可变损耗。而铁耗和附加损耗之和 p_0 基本不变，称为不变损耗，数值上可以认为等于变压器空载损耗。变压器中的附加损耗主要包括漏磁场在结构件上产生的铁耗、电介质损耗以及电磁辐射能量损失等。

变压器通常没有运动部件，因此不存在旋转电机那样的转矩平衡关系，这也是变压器与其他电机的本质区别之一。

变压器作为电能传输环节，中间存在损耗，因此输出电功率要小于输入电功率，其传输效率定义为

$$变压器的传输效率 = \frac{输出有功电功率}{输入有功电功率} \times 100\%$$

效率是变压器的重要性能指标，由于变压器效率高，计算时通常用输入有功电功率与总损耗之差表示输出有功电功率，或者输入电功率等于输出电动率与总损耗之和，即

$$\eta = \frac{P_2}{P_1} \times 100\% = \left(1 - \frac{\sum p_{loss}}{P_1}\right) \times 100\% = \frac{P_2}{P_2 + \sum p_{loss}} \times 100\% \qquad (2\text{-}36)$$

2.2.6 变压器的空载电流波形

前面提到了变压器主磁路的非线性特性，磁化电流与主磁通波形不是简单的线性关系。那么具体是怎样的呢？下面利用正弦电压输入，二次侧空载的情况加以说明，分析时忽略漏阻抗的影响。

一次绕组在正弦电压的作用下，主磁通是正弦波，其产生的感应电动势与电压相平衡。在忽略磁滞与涡流的条件下，铁心基本磁化曲线（$B\text{-}H$ 曲线）可以等效为主磁通 Φ_m 和磁化磁动势或磁化电流 i_μ 的关系，如图 2-12a 所示。这是因为磁通等于磁感应强度与铁心有效截面积的乘积，而磁场强度沿铁心闭合回路的积分等于磁动势或电流与匝数的乘积。

当铁心磁路中的磁通较小时，磁路呈线性，磁化电流随磁通线性变化，基本上随时间按正弦规律变化。当磁通增大时，磁路开始饱和，磁通增加一点，磁化电流就要增加很多，磁路越饱和，相同磁通量变化需要的磁化电流变化越大，因此在随时间变化的正弦波磁通峰值附近，磁化电流时间变化曲线 $i_\mu(t)$ 形成尖顶波，两者同相位变化，如图 2-12a 所示。

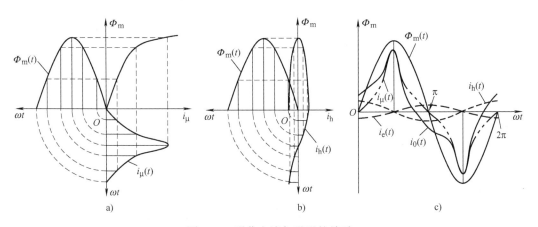

图 2-12 磁化电流与磁通的关系

47

考虑铁心磁滞现象时，磁滞回线可以分解成可逆与不可逆两部分，如图 2-7c 所示，可逆部分相当于基本磁化特性曲线，等效为图 2-12a 所示的关系，不可逆部分等效为图 2-12b 所示的磁通 Φ_m 与磁滞电流 i_h 的关系，磁滞电流超前磁通 90° 时间相位。铁心中时变磁通还产生涡流 i_e，产生涡流损耗，涡流滞后磁通 90° 时间相位，如图 2-12c 所示。由上述分析可知，空载电流 $i_0 = i_\mu + i_h - i_e$，正弦波磁通形成的空载电流波形是畸变的尖顶波，各电流波形如图 2-12c 所示。

2.3　三相变压器

2.3.1　三相变压器的磁路与电路系统

交流电力系统主要是三相制系统，因此三相电力变压器具有广泛的应用。三相变压器无论从磁场耦合构成磁路还是从绕组的联结构成电路形式都比单相变压器要复杂，但三相变压器与单相变压器高、低压绕组耦合并在同一心柱上的结构特点是相同的。本节先分析三相变压器磁路系统，再分析电路系统联结方式和联结组标号，最后分析三相变压器磁路和电路系统对电磁物理量波形的影响。

1. 磁路系统

三相变压器的磁路系统是指变压器磁路结构。磁路铁心可以是叠片式或卷绕式。叠片式多采用 45° 接缝，接缝为搭接或阶梯式。

（1）组式变压器磁路结构

最简单的方法是将 3 个单相变压器组成一个三相变压器，称为三相组式变压器或三相变压器组，三相磁路独立，如图 2-13a 所示，这种独立磁路结构主要用于大容量变压器，可以减小备用变压器容量。

（2）平面心式磁路结构

如果将 3 个独立的单相磁路按照公共磁路合并，如图 2-13b 所示，这种结构可用于单相多输出磁路集成系统，即中间公共磁路绕组作为输入，周围分支磁路绕组作为输出。这种结构在三相对称条件下，周围分支磁路高、低压绕组及中间公共磁路中具有对称电源电压，频率交变的基波磁通量为零。因为三相 A、B、C 的基波磁通对称，基波幅值相同且时间相位互差 120°，时间相量表达式 $\dot{\Phi}_A + \dot{\Phi}_B + \dot{\Phi}_C = 0$，因此可以省掉中间公共磁路，如图 2-13c 所示，并将该空间结构简化为三相心柱共面的平面磁路结构，如图 2-13d 所示，这种三相平面磁路结构简单但不严格对称，因为中间一相的磁路比边上两相的磁路要短一些，其空载电流也相应地小一些。

（3）立体心式磁路结构

如果将 3 个单相磁路的心柱两两合并，构成图 2-13e 所示的立体心式磁路结构，通常用于小功率卷绕铁心变压器，以及要求磁路对称的干式配电变压器。这种结构的另一种形式是 3 个心柱采用渐开线铁心，而上、下磁轭采用卷绕环形铁心，如图 2-13f 所示。

（4）五柱旁轭式磁路结构

三相心式平面磁路结构的心柱截面积与上、下磁轭相同，因此磁轭较高，边上两相的漏磁路与中间一相的漏磁路也存在差别，因此采用五柱旁轭式磁路结构，如图 2-13g 所示。因两边窗口内只有一组高、低压绕组，而中间两个窗口内有两组高、低压绕组，因此两边窗口的面积比中间窗口的面积小。由于每个心柱磁通在上、下磁轭存在分支，因此磁轭高度比平面心式结构要低，解决了高度受限条件下的运输问题。

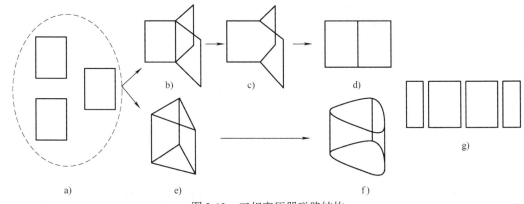

图 2-13　三相变压器磁路结构

对于三相组式和五柱旁轭式磁路变压器，同相位的三次频谐波磁通可以沿铁心磁路闭合流通，因此能在一次和二次绕组感应较强的同相位电动势，如 3 次谐波电动势。对于三相平面或立体心式磁路变压器，同相位磁通不能沿铁心磁路闭合流通，只能经过磁阻很大的气隙或油路闭合，因此同相位磁通受到抑制，在一次和二次绕组感应的同相位电动势也较弱。具体主磁路磁通和电动势波形与绕组的联结方式有关，即与三相变压器的电路系统有关。

2. 电路系统

（1）三相绕组的联结方式

目前交流电力系统主要是三相制系统。三相变压器用来将一种三相电压转换成另一种同频率的三相电压（升压或降压）。在对称三相系统中，三相正弦电压或电流在时间相位上依次相差 120°电角度。如图 2-14 所示，最普通的两种三相绕组联结方式是图 2-14a 所示的三角形（D 或 d）联结，3 个相绕组构成封闭三角形回路，3 个联结点引出三相引线；图 2-14b 所示为星形无中性线（Y 或 y）联结，3 个相绕组有一个公共联结点，其他 3 个点引出三相引线；图 2-14c 所示为星形有中性线（YN 或 yn）联结，在公共联结点引出第四根引出线，即三相四线制；图 2-14d 所示为开口三角形（V），相当于三相三角形一相绕组断开；图 2-14e 所示为斯考特（T）联结。此外，还有结构复杂的曲折形（Z）等。三相变压器各相绕组匝数相同，分别在 3 个心柱上，但斯考特变压器的水平心柱上有两个相同的绕组，匝数为 N，一个竖直绕组心柱上的绕组匝数是 $\sqrt{3}N$，两个心柱是相互独立的。曲折形绕组是三相不同心柱上绕组串联构成一相，然后将对称三相联结成星形绕组，主要是为了削弱谐波和实现特定移相角。

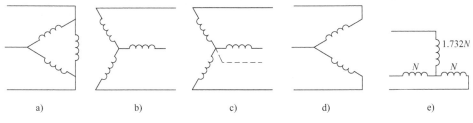

图 2-14　三相变压器绕组的电气联结方式

（2）三相绕组的引出线标记

高压侧绕组采用大写字母，三相引出线标记为 U、V、W，本书仍沿用标记 A、B、C，三相绕组标记 AX、BY 和 CZ，联结方式标记 D、Y 或 YN，其中星形绕组 X、Y、Z 为中性点，引出线标记 O，三角形联结顺序有两种：AXBYCZ 或 AXCZBY。

低压侧绕组采用小写字母，三相引出线标记 u、v、w，本书仍沿用标记 a、b、c，三相绕组标记 ax、by 和 cz，联结方式标记 d、yn 或 y，其中星形绕组 x、y、z 为中性点，引出线标记 o，三角形联结顺序有两种：axbycz 或 axczby。

三相变压器标准联结方式组合为 Dy、Yd、Dd 和 Yy 4 种。

（3）三相线值、相值和功率因数

三相变压器两相引出线之间的电压称为线电压，引出线中的电流称为线电流；变压器相绕组两端的电压为相电压，流过相绕组上的电流为相电流，因此三角形联结变压器中的相电压等于线电压，而星形联结变压器中的相电流等于线电流。

三相变压器对称运行的额定容量 S_N 和额定功率 P_N 不论是三角形还是星形联结都可以用额定相电压 $U_{N\varphi}$、相电流 $I_{N\varphi}$ 或额定线电压 U_N、线电流 I_N 来表示，但系数要变化

$$S_N = 3U_{N\varphi}I_{N\varphi} = \sqrt{3}U_N I_N , \ P_N = S_N \cos\varphi_N \tag{2-37}$$

其中，额定容量表达式中的电压和电流都是一次侧或二次侧的量，即三相双绕组变压器一次侧与二次侧的额定容量相同，额定功率表达式中的功率因数角 φ_N 是二次侧相电压与相电流的相位差，因为额定功率是指输出功率。

3. 三相变压器的联结组

（1）三相绕组联结方式与电动势时间相量

根据前面讨论的三相绕组星形或三角形联结方式，每相高、低压绕组在同一心柱上，以心柱某一方向为主磁通流向，那么高、低压绕组绕向与主磁通成右手螺旋关系的电动势方向相位一致。为此定义高、低压绕组的同名端，即与主磁通正方向符合右手螺旋关系的绕组起始端为同名端，如图 2-15 所示，各相高、低压绕组的起始端 A 与 a、B 与 b、C 与 c，或者 X 与 x、Y 与 y、Z 与 z。

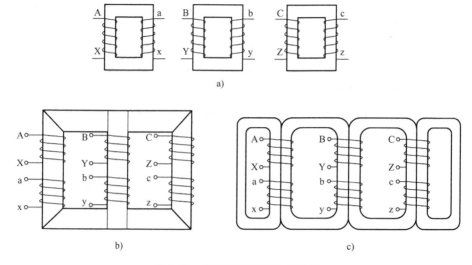

图 2-15 三相变压器结构示意图

按照正相序 ABC 或 abc 绘制线电动势时间相量，不论是星形还是三角形，线电动势时间相量总是构成封闭三角形，为此将高压侧线电动势时间相量 $\dot{E}_{AB}$ 放置在垂直向上的位置，相当于钟表较长的分针指向 12 点。相应地，低压绕组线电动势时间相量 $\dot{E}_{ab}$ 的空间位置确定联结组的标号，相当于钟表较短的时针指向，因此联结组标号表示法称为钟点表示法。为了说明三相变压器的联结组及其标号的钟点表示法，先分析三相绕组的线电动势相量图。

设高压侧相绕组 AX、BY 和 CZ 的心柱分别与低压侧相绕组 ax、by 和 cz 的心柱对应，同一心柱上绕组的同名端用小黑点标明，如图 2-16 所示。因为同一心柱主磁通相同，根据图 2-16 可以获得三相变压器绕组联结方式与电动势相量图的规律：

1）线电动势时间相量图构成封闭三角形，三角形顶点 A、B、C 或 a、b、c 的位置是正相序顺时针方向排列的，星形联结时 X、Y、Z 或 x、y、z 为同一点，且位于线电动势三角形内部中心位置。

2）星形联结的相电动势相量与线电动势相量相位相差 30° 的奇数倍。

3）三角形联结的相电动势相量与线电动势相量相位相差 30° 的偶数倍。

4）高、低压绕组联结方式和同名端标记相同时，两个线电动势三角形重合。

5）高、低压绕组联结方式相同但同名端标记不同时，两个线电动势三角形相差 180°。

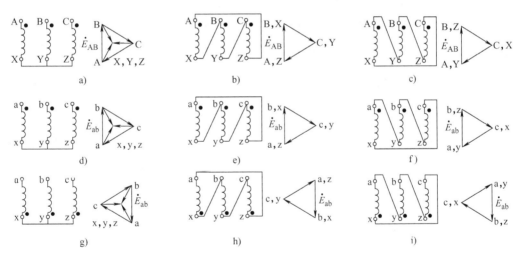

图 2-16　三相变压器绕组联结方式和线电动势相量图
a）Y 或 YN　b）、c）D　d）、g）y 或 yn　e）、f）、h）、i）d

（2）变压器的联结组

先分析单相双绕组变压器的联结组，高压绕组 AX，低压绕组 ax，根据 AX 和 ax 绕向及同名端引出线标记一致性共有 4 种情形。为了确定高、低压绕组电动势的相位关系，规定绕组电动势正方向为引出线首端指向末端 AX 和 ax，如图 2-17 所示绕组旁的箭头指向。图 2-17a 和 b 绕向和同名端引出线标记一致，电动势时间相量同相位，如图 2-17c 所示，联结组标记为 Ii0。图 2-17d 和 e 绕向相反且同名端引出线标记不一致，电动势时间相量反相位，如图 2-17f 所示，联结组标记为 Ii6。单相双绕组变压器的联结组只有两种：Ii0 和 Ii6。

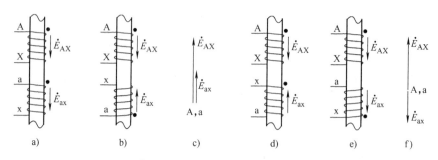

图 2-17　单相变压器 Ii 联结组

下面分析三相变压器联结组及其标号。三相变压器高、低压绕组对称，空间在 3 个不同心柱上，同一心柱上的主磁通相同，3 个心柱基波主磁通时间相位互差 120°电角，因此三相相电动势对称，时间相位互差 120°电角。同一心柱上高、低压绕组相电动势与单相双绕组变压器一样，只有相位相同或相反两种。三角形联结三相线电动势与相电动势同相位，星形联结两者相差 30°电角。因此，高、低压绕组线电动势之间的相位差必定是 30°电角的整数倍，而钟表一小时时针转过的角度正好是 30°。这样时钟表面短针与长针可能出现 12 种不同的整钟点数，对应三相变压器的 12 种联结组的标号。这些联结组通过图 2-16 中高、低压绕组的不同组合，以及改变引出线标记得到，下面举例说明联结组及其标号表示。

1）Yy0 联结组：如图 2-18a 所示，高、低压绕组的绕向相同，同一心柱的 A 和 a 为同名端；同样地，B 和 b、C 和 c 为同名端。由于高、低压绕组引出线标记一致，同一心柱上主磁通相同，高、低压相绕组电动势同相位，时间相量方向一致，即 $\dot{E}_{AX}$ 与 $\dot{E}_{ax}$、$\dot{E}_{BY}$ 与 $\dot{E}_{by}$、$\dot{E}_{CZ}$ 与 $\dot{E}_{cz}$ 同相位。于是，两个对应心柱上高、低压绕组的线电动势相位也相同，即高压侧线电动势时间相量 $\dot{E}_{AB} = \dot{E}_{AX} - \dot{E}_{BY}$ 与低压侧线电动势时间相量 $\dot{E}_{ab} = \dot{E}_{ax} - \dot{E}_{by}$ 同相位，如果高压侧线电动势时间相量 $\dot{E}_{AB}$ 作为分针位于时钟的 12 点位置，那么低压绕组线电动势时间相量 $\dot{E}_{ab}$ 作为时针也位于同一位置，如图 2-18b 所示，因此根据钟点表示法该三相变压器的联结组标号为 0，即标记为 Yy0。

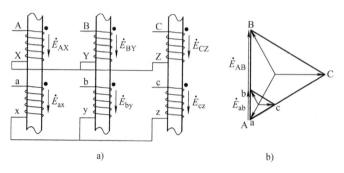

图 2-18　三相变压器 Yy0 联结组

如果改变低压绕组的标记和联结，如图 2-19a 所示，则不难发现，在保持高压侧绕组电动势时间相量不变的条件下，低压侧绕组电动势时间相量均反相位，如图 2-19b 所示，对应高、低压绕组线电动势相位差为180°，因此联结组标号变为6，标记为Yy6。

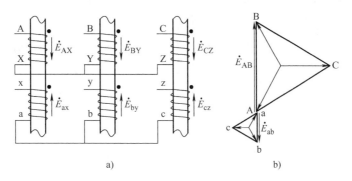

图2-19 三相变压器Yy6联结组

2）Yd11联结组：如图2-20a所示，高、低压绕组的绕向与Yy0相同，同一心柱上主磁通相同，高、低压相绕组电动势同相位，高、低压绕组相电动势时间相量图与Yy0一样。高压绕组是星形联结，高压侧线电动势时间相量$\dot{E}_{AB} = \dot{E}_{AX} - \dot{E}_{BY}$，高压侧线电动势相量图也与Yy0相同；但是低压绕组按照axczby次序联结，低压侧线电动势时间相量$\dot{E}_{ab} = -\dot{E}_{by}$，线电动势相量与高压侧相电动势相量反相位。如果高压侧线电动势时间相量$\dot{E}_{AB}$作为分针位于时钟的12点位置，那么低压绕组线电动势时间相量$\dot{E}_{ab}$作为时针位于11点位置，如图2-20b所示，因此根据钟点表示法该三相变压器的联结组标号为11，即标记为Yd11。

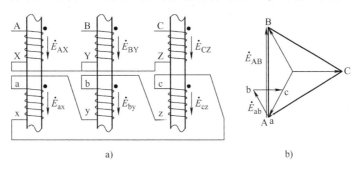

图2-20 三相变压器Yd11联结组

3）Yd1联结组：如图2-21a所示，高压绕组与Yy0和Yd11相同，低压绕组联结顺序为axbycz，高、低压绕组相电动势相量图与前两种联结组一样，但低压绕组线电动势时间相量$\dot{E}_{ab} = \dot{E}_{ax}$与$\dot{E}_{AX}$同相位。如果高压侧线电动势时间相量$\dot{E}_{AB}$作为分针位于时钟的12点位置，那么低压绕组线电动势时间相量$\dot{E}_{ab}$作为时针位于1点位置，如图2-21b所示，因此根据钟点表示法该三相变压器的联结组标号为1，即标记为Yd1。

由上述分析可见，三相变压器的联结组标号与绕组的联结方式、绕向和引出线标记方法有关，与是否存在中性点引出线无关。现总结如下：

对于同类联结方式组合，如Yy或Dd，联结组标号为偶数0，2，4，6，8，10六种。

对于不同类联结方式组合，如Yd或Dy，联结组标号为奇数1，3，5，7，9，11六种。

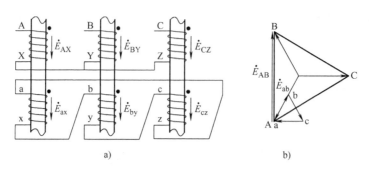

图 2-21 三相变压器 Yd1 联结组

同一台变压器,高压侧标记和联结方式不变,低压侧同名端改变,即低压侧绕组相电动势反相,改变180°电角,因此联结组标号增加或减少6个钟点。

同一台变压器,高压侧标记和联结方式不变,低压侧绕组引出线端标记依 abc 顺相序移动一次,即变为 cab 顺序,那么相当于低压侧线电动势相量图绕 a 点顺时针转过120°电角,联结组标号增加4个钟点;反之,低压侧绕组引出线端标记依 abc 逆相序移动一次,即变为 bca,那么相当于低压侧线电动势相量图绕 a 点逆时针转过120°电角,联结组标号减少4个钟点。

变压器联结组标号不同说明高、低压绕组相位差不同,因此在变压器并联运行时需要特别注意,国家标准规定 YNd11、Yd11、Yyn0、YNy0 和 Yy0 为标准联结组,前三种联结方式是最常用的。如高压输电高压侧中性点接地的 YNd11 三相变压器,需要三角形联结以抑制3次谐波电动势并改善电压不对称运行的 Yd11 三相变压器,配电侧可供单相负载运行的三相四线制 Yyn0 三相变压器。

例题 2-2 画出 Dy5 联结组的三相变压器接线图。

解: 高压绕组三角形联结,低压绕组星形联结,钟点数为5。先画出高、低压绕组的线电动势相量图,ABC 和 abc 顺时针排列,A 与 a 画在一起,AB 位于12点,ab 位于5点,低压侧线电动势相量图中心点为 xyz,如图 2-22a 和 c 所示。

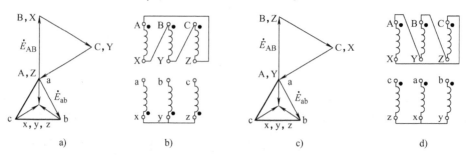

图 2-22 三相变压器绕组 Dy5 联结图

根据低压侧相电动势时间相量确定高压侧相电动势时间相量,分两种情况:一是 X 与 B 联结,则 C 与 Y 联结,A 与 Z 联结,如图 2-22a 所示,绕组 ax 与 AX,by 与 BY,cz 与 CZ 的相电动势反相位,因此,它们分别对应地在同一心柱上且引出线为异名端,接线图如图 2-22b 所示。二是 X 与 C 联结,则 A 与 Y 联结,B 与 Z 联结,如图 2-22c 所示,绕组 ax 与 BY、by 与 CZ、cz 与 AX 的相电动势同相位,因此,它们分别对应地在同一心柱上且引出线为同名端，接线图如图 2-22d 所示。由此可见，相同联结组的接线图可能不同。

4. 三相变压器对称运行等效电路

三相变压器磁路和电路对称时，电路和磁路参数都对称，根据第 1 章三相磁路分析结果可以解耦为 3 个单相双绕组变压器，因此可以利用单相双绕组变压器等效电路分析三相对称系统，即将三相变压器同一心柱上的两个耦合绕组作为一相进行分析，只是三相系统需要考虑每相电压、电流和功率值与线电压、线电流值和容量之间的转换关系。

2.3.2 电路与磁路系统对空载电流、磁通和电动势波形的影响

回顾单相变压器的励磁电流与磁通波形关系，若电源电压为正弦波，那么与其平衡的电动势为正弦波，产生电动势的磁通也必须是正弦波。如果磁路线性不饱和，那么磁化电流也是正弦波，忽略铁耗电流分量，空载电流也是正弦波。如果磁路饱和，磁化特性非线性，则磁通峰值附近较小的变化，将引起磁化电流很大的变化，正弦波磁通对应的磁化电流为尖顶波。该尖顶波磁化电流可以分解为基波和一系列奇次谐波，除了基波，3 次谐波电流分量最强，幅值 I_{m3} 最大，而且 3 次谐波电流峰值与基波 I_{m1} 是叠加的，如图 2-23a 所示。

$$i_\mu(t) = I_{m1}\sin\omega t - I_{m3}\sin 3\omega t \tag{2-38}$$

若电源电流为正弦波，那么磁化电流也是正弦波。当磁路饱和时，磁化电流产生的主磁通为平顶波，除了基波磁通还包含 3 次谐波磁通等，3 次谐波峰值 Φ_{m3} 与基波 Φ_{m1} 是相互抵消的，如图 2-23b 所示，磁通表达式为

$$\Phi_m(t) = \Phi_{m1}\sin\omega t + \Phi_{m3}\sin 3\omega t \tag{2-39}$$

感应相电动势中除了基波还含有 3 次谐波电动势成分，而且 3 次谐波电动势的峰值 E_{m3} 与基波 E_{m1} 是叠加的，时间相位滞后磁通 90°电角，电动势波形为尖顶波，表达式为

$$e_m(t) = -N\frac{d\Phi_m}{dt} = E_{m1}\sin(\omega t - \pi/2) + E_{m3}\sin(3\omega t - \pi/2) \tag{2-40}$$

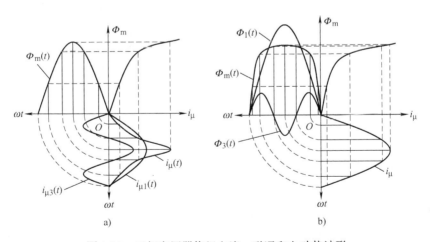

图 2-23　三相变压器绕组电流、磁通和电动势波形

三相变压器的空载电流、磁通和电动势波形不仅与绕组联结方式有关，而且与磁路结构有关，讨论的前提条件是一次侧三相电压对称且磁路饱和，分析的重点是基波和 3 次谐波，关键是判断同相位电流能否在电路流通，同相位磁通能否在主磁路流通，下面举例说明。

1. Yy 联结形式

对于 Yy 联结的三相变压器，线电压对称正弦，由于没有中性线，同相位的 3 次谐波电流无法在电路中流通，因此相电流与线电流相同且都是正弦波，磁路饱和时铁心中主磁通为平顶波，包含基波和 3 次谐波。对于不同磁路结构有所差异，见表 2-1。

表 2-1　Yy 联结三相变压器比较

	三相组式变压器	三相心式变压器
磁路	磁路各相独立，3 次谐波磁通强	磁路关联，3 次谐波磁通弱
磁阻	谐波磁路为铁心，磁阻小	谐波磁路为气隙，磁阻大
3 次谐波磁通	幅值较大，频率为 $3f_1$	幅值较小，频率为 $3f_1$
3 次谐波电动势比例	45% ~ 60%	很小
相电动势	畸变，峰值高	接近正弦
线电动势	正弦	正弦
损耗	谐波铁耗很高	附加涡流损耗，相对较小
结论	不能采用 Yy 联结	可以采用，但大容量不宜

对于组式变压器，因磁路结构独立，3 次谐波磁通可以在主磁路流通，因此各相绕组可以感应较强的 3 次谐波电动势，使相电动势波形畸变成尖顶波，但线电动势仍然是基波。配电变压器不能采用组式结构，大容量变压器可以采用组式结构，但当一次和二次绕组都是星形联结时，可以增加第三个小容量三角形联结绕组，以改善主磁通 3 次谐波引起的电动势波形畸变。

对于心式变压器，因磁路相互耦合，3 次谐波磁通无法沿主磁路闭合，因此漏磁路磁阻能削弱或抑制 3 次谐波磁通，各相绕组感应的 3 次谐波电动势较弱，可以近似认为相电动势为正弦波。三相心式变压器可以采用 Yy 联结组，但不适宜于大容量应用场合。

2. Yd 联结形式

对于 Yd 联结的三相变压器，高压侧因无中性线而没有 3 次谐波电流，因此高压侧绕组电流是正弦波，磁路饱和时主磁通为平顶波，但由于 3 次谐波磁通在低压侧绕组感应 3 次谐波电动势是同相位的，在三角形回路中能产生 3 次谐波电流，并且对 3 次谐波主磁通起去磁作用，从而削弱主磁路 3 次谐波磁通，最终主磁通和相电动势都接近正弦波。对于绝大多数电力变压器，三相绕组的一侧通常联结成三角形，保证感应电动势和主磁通为正弦波。

对于 Dy 联结的三相变压器，高压侧相电压等于线电压，电压为正弦波，电动势和磁通也为正弦波，电流存在基波和 3 次谐波。3 次谐波电流在三角形内部产生环流，增加绕组损耗，但电流较小。

2.3.3　标幺值

1. 标幺值的概念

变压器铭牌上标明了型号，联结组和额定运行状态的数值，如额定容量、一次侧和二次侧的额定电压等。不同国家电网的频率是确定的，通常是 50Hz 或 60Hz。同类变压器的容量、电压等级可能不同，但性能相差不大，为此需要采用无量纲的标幺值系统。

标幺值定义为实际物理量的有名值与相同单位的基值之比，用右上角标 "＊" 表示。

2. 基值的选取

基值的选取理论上是任意的，但为了突现标幺值的物理意义和优势，在变压器或电机中基本的物理量是容量、电压、频率、绕组有效匝数和主磁路有效截面积，这些物理量的基值确定后，其他物理量的基值可以通过推导得到。基值用下标符号"b"表示，变压器各相物理量基值选取规则如下：

1）功率或容量基值为相额定容量，$P_b = S_b = S_N/m$。

2）相电压或相电动势基值为额定相电压，$U_b = U_{N\varphi}$。

3）频率基值等于额定频率，$f_b = f_N$，角频率基值，$\omega_b = 2\pi f_b$，时间基值，$t_b = 1/\omega_b$。

4）绕组匝数基值等于绕组匝数，$N_b = N$。

5）铁心截面积基值等于主磁路磁心柱有效截面积，$A_b = A_{Fe}$。

6）相电流基值由容量和电压基值计算得到，$I_b = S_b/U_b$，磁动势基值，$F_b = N_b I_b$。

7）每相电阻、电抗和阻抗基值等于相电压基值与相电流基值之比，$R_b = X_b = Z_b = U_b/I_b$。

8）磁链基值等于电压基值与时间基值的乘积，$\psi_b = U_b t_b$。

9）电感基值等于阻抗基值除以角频率基值，$L_b = Z_b/\omega_b = \psi_b/I_b$，电容基值，$C_b = 1/L_b$。

10）磁通基值等于磁链与匝数基值之比，$\Phi_b = \psi_b/N_b$，磁感应强度基值，$B_b = \Phi_b/A_b$。

需要强调的是无量纲物理量如功率因数和效率的基值为1，角度的基值为1。线电压与相电压、线电流与相电流的基值关系与联结方式有关。物理量的时间相量基值等于该物理量有效值基值。系统功率或容量的基值为额定容量。物理量的瞬时值基值等于该物理量有效值基值乘以$\sqrt{2}$。由于变压器存在一次与二次绕组，以及单相与三相的区别，因此在选取额定值作为基值时，不同绕组的物理量要与相应绕组的额定值相对应，不能混淆。

3. 标幺值的优势

采用标幺值有很多优点：

1）一、二次绕组磁动势基值相同，功率基值也相同，基本方程形式不变，不改变物理量之间的相位关系，而且不需要再进行绕组折算。比如，折算到一次侧后的短路阻抗的标幺值等于一、二次绕组漏阻抗标幺值之和

$$Z_k^* = \frac{I_{1N\varphi}Z_k}{U_{1N\varphi}} = Z_1^* + \frac{I_{1N\varphi}k^2 Z_2}{U_{1N\varphi}} = Z_1^* + \frac{I_{2N\varphi}Z_2}{U_{2N\varphi}} = Z_1^* + Z_2^*$$

2）有些物理量具有相同的标幺值。比如，一、二次绕组的主电动势标幺值相同。额定频率下电感标幺值与其电抗标幺值相同，变压器短路阻抗标幺值与变压器重要性能指标阻抗电压（标幺值）相同，相应地短路阻抗的电阻和电抗分量标幺值分别等于阻抗电压的电阻和电抗分量。特别地，采用标幺值后功率与相数无关，即变压器三相功率标幺值等于每相功率标幺值；电压和电流标幺值与联结方式无关，即线电压与相电压标幺值相同，线电流与相电流标幺值相同。

3）同一台变压器采用标幺值后有些物理量数值简单明确。比如额定电压或额定电流的标幺值为1.0，一般电压和电流标幺值不超过1.0。用标幺值表示的相量图中，一、二次绕组的电压和电动势相量长度相近且接近1.0。

4）不仅免除了计算过程量纲一致性的问题，而且不同类型与不同容量变压器的参数和性能可以相互比较。

2.3.4 变压器的运行特性与性能指标

变压器的运行特性主要是输出电压随负载电流变化的外特性和变压器传输电能的效率特

性。在一次电压和频率额定，二次负载功率因数给定的条件下，输出电压 U_2 和效率 η 随负载电流 I_2 变化的规律，即外特性 $U_2 = f(I_2)$ 和效率特性 $\eta = f(I_2)$，常用负载电流标幺值或负载系数 β 代替电流。

1. 外特性

（1）外特性的概念

变压器作为黑匣子，运行特性是端口特性。外特性是指在一次电压和频率额定，二次负载功率因数给定的条件下，输出电压 U_2 随负载电流 I_2 变化的规律，即 $U_2 = f(I_2)$，通常用标幺值表示。外特性表征变压器输出电压随负载变化的波动性或稳定性，其性能指标为电压调整率。

（2）电压调整率

变压器的电压调整率是指一次侧施加额定频率的额定电压，二次侧从空载到额定负载的输出电压变化与二次额定电压的比值，因此电压调整率也称为电压变化率。变压器额定负载是指负载电流额定，因此电压调整率与负载功率因数有关。

$$\Delta U = \frac{U_{20} - U_2}{U_{2N}} \times 100\% = (1 - U_2^*) \times 100\% \tag{2-41}$$

需要强调的是，式（2-41）中的电压均为线电压。一次侧施加额定频率的额定电压时二次空载电压等于二次绕组的额定电压。二次侧输出电压与负载功率因数有关，因此变压器性能指标中的电压调整率是在给定负载功率因数条件下额定负载电流对应的电压调整率。

（3）外特性和电压调整率的标幺值计算公式

任意负载状态的电压调整率可以反映变压器的外特性。忽略励磁电流，利用简化等效电路对应的相量图的标幺值形式推导外特性近似计算公式。因负载电流标幺值等于一次电流，并以二次电压为参考相量，如图 2-24 所示，得到二次电压相量标幺值根据负载功率因数角表示为 $\dot{U}_2^* = U_2^*$，$\dot{I}_1^* = I_2^* \mathrm{e}^{-\mathrm{j}\varphi_2} = \beta \mathrm{e}^{-\mathrm{j}\varphi_2}$，设变压器短路阻抗 Z_k 的大小 z_k 和短路阻抗角 φ_k，则 $Z_k = R_k + \mathrm{j}X_k = z_k \mathrm{e}^{\mathrm{j}\varphi_k}$。根据标幺值相量图得到一次绕组相电压相量为

$$\dot{U}_1^* = \dot{U}_2^* + (R_k^* + \mathrm{j}X_k^*)\dot{I}_1^* = U_2^* + \beta z_k^* \mathrm{e}^{\mathrm{j}(\varphi_k - \varphi_2)} \tag{2-42}$$

式中，φ_k 为短路阻抗角，$\varphi_k = \arctan(X_k/R_k)$；$z_k$ 为短路阻抗标幺值大小，$z_k^* = \sqrt{R_k^{*2} + X_k^{*2}}$。

一次电压额定，$U_1^* = 1.0$，如图 2-24 所示，延长相量图中 OS 到 Q，使得 PQ 垂直 OQ，于是，因短路阻抗标幺值很小，线段 OP 与 OQ 近似相等，$\angle PST$ 为短路阻抗角 φ_k，$\angle QST$ 为负载功率因数角 φ_2，由此获得二次电压标幺值的一阶近似公式为

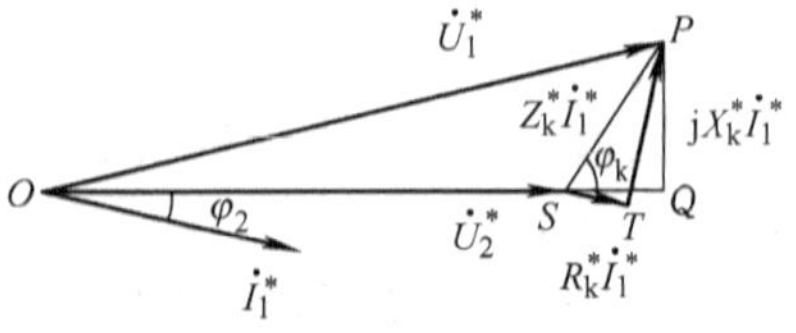

$$U_1^* - U_2^* \approx SQ = \beta z_k^* \cos(\varphi_k - \varphi_2)$$

用标幺值表示的外特性为

图 2-24 变压器简化等效电路相量图

$$U_2^* = 1 - \beta z_k^* \cos(\varphi_k - \varphi_2) \tag{2-43}$$

由式（2-43）可见，因短路阻抗角 $0° < \varphi_k < 90°$，负载功率因数角 $-90° \leqslant \varphi_2 \leqslant 90°$，余弦函数中的角度范围 $-90° < \varphi_k - \varphi_2 < 180°$。如图 2-25 所示，纯电阻或感性负载的外特性是下垂的，负载电压随负载电流增大而下降；而对于负载功率因数角 $\varphi_2 = \varphi_k - 90°$ 的容性负

载，负载电压几乎不随负载电流变化，外特性是水平直线；当负载功率因数角 $-90° \leqslant \varphi_2 < \varphi_k - 90°$ 时，容性甚至纯容性负载的外特性是上翘的，即负载电压随负载电流增大而增大，越是容性外特性越上翘。

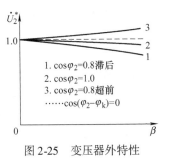

图 2-25　变压器外特性

任意负载的输出电压变化率由式（2-43）得到

$$\Delta U = 1 - U_2^* = \beta z_k^* \cos(\varphi_2 - \varphi_k) = \beta(R_k^* \cos\varphi_2 + X_k^* \sin\varphi_2)$$

(2-44)

由式（2-44）可见，额定负载 $\beta = 1.0$ 时，最大电压变化率等于短路阻抗标幺值大小 z_k^*，因此国家标准规定的变压器电压变化率指标用短路阻抗标幺值表示。要使变压器输出电压稳定，要求短路阻抗标幺值越小越好，但短路阻抗标幺值越小，稳态短路电流标幺值将越大，因此变压器设计中要兼顾短路阻抗标幺值与变压器短路温升和电动力等因素。通常配电变压器的短路阻抗标幺值不超过 5%，大容量变压器短路阻抗标幺值可以达到 20% 以上。

2. 效率特性

（1）效率的概念

前面已经介绍过效率的概念，变压器的效率等于一次侧施加额定频率的额定电压时，二次侧输出有功电功率与一次侧输入有功电功率之比的百分数。

（2）效率特性的计算公式

计算变压器效率时通常采用标幺值，这样不论是单相还是三相都一样，用输出电功率与各种损耗之和表示输入电功率。由图 2-11 可知，设变压器负载功率因数为 $\cos\varphi_2$，输出电功率标幺值 $P_2^* = U_2^* I_2^* \cos\varphi_2$，绕组损耗电功率标幺值 $P_{\text{Cu}}^* = R_k^* I_2^{*2}$，即额定负载时绕组损耗标幺值等于短路电阻标幺值，记为 $P_{kN}^* = R_k^*$，空载损耗标幺值为 p_0^*。于是，变压器效率表示为

$$\eta = \frac{P_2^*}{P_2^* + \sum p_{\text{loss}}^*} \times 100\% = \frac{U_2^* I_2^* \cos\varphi_2}{U_2^* I_2^* \cos\varphi_2 + R_k^* I_2^{*2} + p_0^*} \times 100\%$$

(2-45)

一次电压和频率额定时，空载损耗标幺值称为不变损耗标幺值，短路损耗标幺值随负载系数而变化，称为可变损耗标幺值。二次输出电压与额定电压近似相同，即 $U_2^* \approx 1.0$，并用负载系数表示二次电流标幺值 $\beta = I_2^*$，那么效率计算式（2-45）可以简化为

$$\eta = \frac{\beta\cos\varphi_2}{\beta\cos\varphi_2 + \beta^2 p_{kN}^* + p_0^*}$$

(2-46)

式（2-46）表明在负载功率因数给定的条件下，变压器效率随负载增大而迅速增加，达到最大后再增加负载将形成下垂特性，如图 2-26 所示。

（3）最大效率

变压器效率特性曲线上的最大效率发生在可变损耗等于不变损耗的状态，即负载电流标幺值或负载系数满足

$$\beta_{\text{opt}} = \sqrt{p_0^*/R_k^*} = \sqrt{p_0^*/p_{kN}^*}$$

(2-47)

将式（2-47）代入式（2-46）后得到最大效率

$$\eta_{\max} = \frac{\beta_{\text{opt}}\cos\varphi_2}{\beta_{\text{opt}}\cos\varphi_2 + 2p_0^*} = \frac{\cos\varphi_2}{\cos\varphi_2 + 2\sqrt{R_k^* p_0^*}}$$

(2-48)

在各种负载功率因数中，单位功率因数的纯电阻负载下效率可以达到最高。随着负载增大，效率快速增加，当不变损耗等于绕组铜耗时，效率最高，一般变压器额定负载时铁心损耗比绕组铜耗小，因此最大效率发生在负载较轻的状态。图 2-26 中给出了输出功率随负载系数的变化关系，是略微下弯的上升曲线，其中直线部分为不考虑电压调整率影响的输出功率（用虚线表示）$P_2^* = \beta\cos\varphi_2$，额定负载时输出功率标幺值为负载功率因数，变压器的最大效率通常因存在损耗而小于 100%。

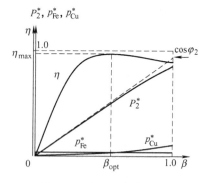

图 2-26 变压器效率特性

电力系统中变压器的效率通常是按照常年运行计算的，因此额定运行时，负载损耗大于空载损耗，使得轻载时具有更高的效率。特别是配电变压器，不论其是否带负载，总是存在空载损耗。为了降低空载损耗，传统硅钢片制造的 10kV 以下配电变压器已经被空载损耗更小的非晶合金磁心变压器所取代。

2.3.5 变压器的参数测定

变压器试验主要包括极性测试、空载试验、短路试验、耐压试验、电压变化率和效率等的运行特性测试。变压器参数测定主要通过空载和短路试验获得等效电路参数。

1. 变压器的绕组极性测试

变压器极性测试的目的是确定两个绕组的同名端，它取决于两个绕组在铁心磁路上的相对绕向和楞次定律所描述的规律。根据同名端的概念，当一个绕组的感应电动势从带点的同名端指向另一端为正时，则另一绕组的感应电动势也是从带点的同名端指向另一端为正；或者用正弦稳态负载电流分量描述，当负载电流从一个绕组的同名端流入时，另一个绕组的负载电流将从同名端流出。两个绕组之间有两对同名端。

变压器极性的测试方法如图 2-27 所示，把一个绕组的一端与另一个绕组的一端用导线短接，在高压绕组上加交流电压 U_1，然后测量开口的两个接线端之间的电压 U。

若 $U < U_1$，则两个绕组的电动势反相位，合成电动势减小，一对同名端被短接，电压表跨接在另一对同名端，如图 2-27a 所示，A 和 a 为同名端。

若 $U > U_1$，则两个绕组的电动势同相位，合成电动势增大，一对异名端被短接，电压表跨接在另一对异名端，如图 2-27b 所示，A 和 x 为同名端。

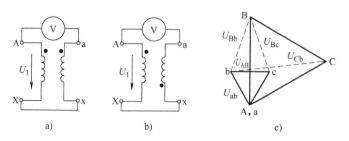

图 2-27 变压器极性与联结组测试

2. 变压器的联结组测定

（1）单相变压器联结组测定

单相变压器联结组测定实质上是两个绕组的极性测定。单相变压器的两个绕组 AX 和 ax 在同一心柱上，假设 AX 与 ax 是被测绕组的引出线，将绕组端点 X 与 a 联结，在 Ax 两端加电压 U_0，测量绕组 AX 和 ax 的电压 U_{AX} 和 U_{ax}。如果 $U_0 = U_{AX} + U_{ax}$，那么两个绕组极性相同，联结组为 Ii0；如果 $U_0 = |U_{AX} - U_{ax}|$，那么两个绕组极性相反，联结组为 Ii6。

（2）三相变压器联结组测定

三相变压器联结组测定相对复杂一些。三相变压器的一次侧三个绕组分别标记为 AX、BY、CZ，二次侧三个绕组分别标记为 ax、by、cz，三相引出线为 ABC 和 abc。考虑到三相电压对称，空载线电动势与线电压接近，因此用三相线电压时间相量代替线电动势时间相量，不论是星形联结还是三角形联结，三相高、低压绕组线电压时间相量均构成封闭等边三角形，如果将引出线标记 A 与 a 相连，那么线电压时间相量如图 2-27c 所示。

测量 AB、ab、Bb、Bc、Cb 两端的电压 U_{AB}、U_{ab}、U_{Bb}、U_{Bc}、U_{Cb}，因 $U_{Bb} = U_{Cc}$，所以只要测量这五个电压量，就可以获得联结组的标号。因为联结组是按照钟点表示法确定的，设钟点数为 N，根据三角形几何关系和余弦定理可以得到

$$U_{Bb}^2 = U_{Cc}^2 = U_{AB}^2 + U_{ab}^2 - 2U_{ab}U_{AB}\cos(N\pi/6) \tag{2-49a}$$

$$U_{Bc}^2 = U_{AB}^2 + U_{ab}^2 - 2U_{ab}U_{AB}\cos[(N+2)\pi/6] \tag{2-49b}$$

$$U_{Cb}^2 = U_{AB}^2 + U_{ab}^2 - 2U_{ab}U_{AB}\cos[(N-2)\pi/6] \tag{2-49c}$$

由式（2-49a）得到

$$\cos(N\pi/6) = (U_{AB}^2 + U_{ab}^2 - U_{Bb}^2)/(2U_{ab}U_{AB}) \tag{2-50a}$$

由式（2-49b）减去式（2-49c），化简后得到

$$\sin(N\pi/6) = (U_{Bc}^2 - U_{Cb}^2)/(2\sqrt{3}U_{AB}U_{ab}) \tag{2-50b}$$

根据式（2-50a）和式（2-50b）及测定的五个电压量可以确定钟点数 N，即联结组标号。

三相绕组联结方式测定与极性测定方法一样，只要任意两个引出线端加交流电压 U_1，测量其中一端与第三端之间的电压 U。若测量值 $U < U_1$，则为星形联结；若测量值 $U > U_1$，则为三角形联结。联结组标记还要考虑是否存在中性线。

3. 空载试验

空载试验的目的是通过空载状态测量额定电压和额定频率下的电流和功率，获得等效电路中的励磁阻抗（铁耗电阻和励磁电抗），还可以检验匝比或电压比。

空载试验通常在低压绕组进行，如图 2-28a 所示，避免用较高电压的电源。因此，试验时高压绕组开路，低压绕组施加额定频率的额定电压，可以测出低压绕组的电压、电流、输入功率和高压绕组的开路电压。

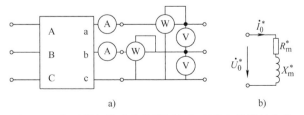

a)　　　　　　　　　　b)

图 2-28　变压器空载试验接线图与标幺值空载等效电路

这里采用标幺值计算比较方便，避免对参数计算值进行绕组折算。由于电压和电流是低

压侧测量的，因此变压器的电压和电流基值是低压绕组的额定值，设变压器额定容量为 S_N，低压绕组额定电流为 $I_{LV,N}$，空载电压额定，标幺值为 1.0，空载电流和功率标幺值分别为

$$I_0^* = \frac{I_0}{I_{LV,N}}, \ p_0^* = \frac{p_0}{S_N} \tag{2-51}$$

空载阻抗标幺值

$$z_m^* = |Z_m^*| = \frac{U_0^*}{I_0^*} = \frac{1}{I_0^*} \tag{2-52a}$$

根据图 2-28b 给出的等效电路可得，因变压器漏阻抗远小于励磁阻抗，因此漏阻抗可以忽略不计，励磁支路中励磁电阻和励磁电抗串联时的标幺值分别为

$$R_m^* = \frac{p_0^*}{I_0^{*2}}, \ X_m^* = \sqrt{|Z_m^*|^2 - R_m^{*2}} \tag{2-52b}$$

获得标幺值参数后，可以计算出高、低压侧的实际参数等于标幺值与相应基值的乘积。

4. 短路试验

短路试验的目的是通过短路状态测量额定电流和频率下的电压和功率，获得短路阻抗（包括短路电阻和短路电抗），以及短路电压（包括有功和无功分量）百分比。

短路试验通常在电流较小的高压侧进行，如图 2-29a 所示。低压侧短路，高压侧施加额定电流和额定频率的电压，在数值上远小于额定电压，测量输入电压 U_k、电流 I_k 和功率 P_k。

短路参数计算最好采用标幺值，计算参数可以避免进行绕组折算。因为短路试验电流额定，因此电流标幺值为 1.0，设高压绕组额定电压为 $U_{HV,N}$，电压和功率标幺值分别为

$$U_k^* = \frac{U_k}{U_{HV,N}}, \ P_k^* = \frac{P_k}{S_N} \tag{2-53}$$

短路运行时忽略励磁电流，由图 2-29b 所示的等效电路得到短路电阻、电抗和阻抗的标幺值

$$z_k^* = |Z_k^*| = \frac{U_k^*}{I_k^*} = U_k^*, \ R_k^* = \frac{P_k^*}{I_k^{*2}} = P_k^*, \ X_k^* = \sqrt{|Z_k^*|^2 - R_k^{*2}} \tag{2-54}$$

阻抗电压或短路电压及其分量的百分数分别为

$$u_k\% = |Z_k^*| \times 100\%, \ u_{kr}\% = R_k^* \times 100\%, \ u_{kx}\% = X_k^* \times 100\% \tag{2-55}$$

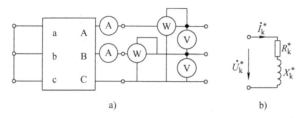

图 2-29 变压器短路试验接线图与标幺值短路等效电路

阻抗电压或短路电压百分数是变压器铭牌数据之一。获得标幺值参数后，类似空载试验，可以计算高、低压侧的实际参数。但是变压器漏磁场分布十分复杂，很难将一次与二次绕组的漏电抗分开，"T"形等效电路参数仅仅是为了理论分析方便而做的人为假设。工程设计与计算通常采用简化等效电路，因此没有必要再将它们分开。

尽管是通过单相变压器空载和短路试验获得等效电路参数，但其测量原理和计算方法适

用于三相变压器，从而可以计算变压器的运行性能。

2.3.6　三相变压器的并联运行

三相变压器并联运行是指各变压器的一、二次绕组分别连接到各自的公共母线上，如图 2-30 所示。

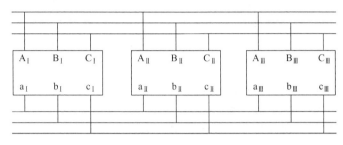

图 2-30　三相变压器并联运行

1. 理想并联运行的条件

变压器并联运行的优点：①提高供电的可靠性，故障时，切除检修，持续供电；②提高运行效率，负荷改变时，调整并网台数；③减少总备用变压器容量，分批安装新变压器。

变压器理想并联运行有两个基本要求：空载无环流，负载容量按额定容量比例分配。并联变压器空载无环流，即要求一次侧在相同电压作用下，二次侧空载线电动势的幅值和相位相同，也就是要求变压器的联结组相同，电压比相同。并联运行变压器的负载容量分配与其额定容量成正比，即要求各变压器的短路阻抗标幺值相同，或者各变压器阻抗电压的电阻分量和电抗分量百分数对应相同。

为了满足变压器并联运行的要求，理想的并联条件是：①各变压器额定电压和电压比相同；②各变压器的联结组标号相同；③各变压器的短路阻抗标幺值及阻抗角相同。

第二个条件必须严格满足。因为若联结组标号不同，一次绕组电压相同，尽管二次空载电压相同，但由于二次线电动势的相位差 30° 的整数倍，如图 2-31 所示，二次电动势相量差的标幺值可达到 $\Delta E^* = 2\sin15° = 0.518$，一般配电变压器的短路阻抗标幺值小于 5%，两台变压器并联运行，在二次绕组之间的环流标幺值 $I_c^* > 5.18$。根据磁动势平衡关系，一次侧也要产生相应的环流。变压器内部产生如此大的环流是绝对不允许的，因此变压器并联运行的联结组必须相同。

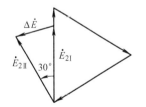

图 2-31　Yy0 与 Yd11
并联运行相量图

2. 不同电压比变压器并联的内部环流

变压器一次侧与二次侧都并联，强迫电压相同，但是由于电压比不同，内部电动势大小将不同，因此在二次侧和一次侧都会产生空载环流。以双绕组变压器为例，忽略励磁电流，将一次侧折算到二次侧的简化等效电路如图 2-32 所示。

折算到低压侧的电压方程为

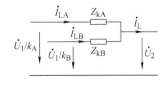

图 2-32　变压器并联运行

$$\frac{\dot{U}_1}{k_A} = Z_{kA} \dot{I}_{LA} + \dot{U}_2, \quad \frac{\dot{U}_1}{k_B} = Z_{kB} \dot{I}_{LB} + \dot{U}_2 \tag{2-56}$$

二次侧空载时，$\dot{I}_L = \dot{I}_{LA} + \dot{I}_{LB} = 0$，于是，二次侧环流及其标幺值分别为

$$\dot{I}_{LA} = \frac{(k_A - k_B)\dot{U}_1}{k_A k_B(Z_{kA} + Z_{kB})}, \quad \dot{I}_{LA}^* = \frac{(k_A - k_B)\dot{U}_1^*}{k_B(Z_{kA}^* + Z_{kB}^*)} \tag{2-57}$$

式（2-57）表明电压比不同的变压器并联时，二次侧空载存在环流，一次侧根据磁动势平衡也存在环流，环流标幺值约为变压器稳态短路电流标幺值与电压比相对误差乘积的一半。

3. 不同阻抗电压变压器并联的容量分配

根据折算到二次侧的变压器并联运行简化等效电路（图 2-32），电压比相同但短路阻抗不同，由 KVL 得到任意一台（第 n 台）变压器的电压方程为

$$\frac{\dot{U}_1}{k_n} = Z_{kn} \dot{I}_{Ln} + \dot{U}_2, \quad \frac{\dot{U}_1}{k_n Z_{kn}} = \dot{I}_{Ln} + \frac{\dot{U}_2}{Z_{kn}}, \quad n = A, B \tag{2-58}$$

由 KCL 得到每台变压器负载电流之和为总负载电流

$$\sum \dot{I}_{Ln} = \dot{I}_L \tag{2-59}$$

由式（2-58）和式（2-59）得到二次侧输出电压

$$\dot{U}_2 = \frac{\sum (k_n Z_{kn})^{-1} \dot{U}_1 - \dot{I}_L}{\sum (Z_{kn})^{-1}} \tag{2-60}$$

将式（2-60）代入式（2-58）得到第 n 台变压器的负载电流

$$\dot{I}_{Ln} = \left[1 - \frac{k_n \sum (k_n Z_{kn})^{-1}}{\sum Z_{kn}^{-1}} \right] \frac{\dot{U}_1}{k_n Z_{kn}} + \frac{\dot{I}_L}{Z_{kn} \sum Z_{kn}^{-1}} \tag{2-61}$$

由式（2-61）可以看出，电压比和短路阻抗不相同的变压器并联时，每一台变压器都有两个电流分量：等式右边第一项是由于电压比不同引起的空载环流，该环流在带负载时仍然存在；第二项是带负载后的变压器所承担的负载电流。空载环流是由于电压比不同引起的，与负载大小无关，只要电压比不同，无论空载还是负载环流都存在。负载电流分配均匀程度是按照标幺值衡量的，由于短路阻抗不同引起的负载电流分配与短路阻抗成反比

$$\dot{I}_{Ln} = \frac{\dot{I}_L}{Z_{kn} \sum Z_{kn}^{-1}}, \quad \dot{I}_{Ln}^* = \frac{\dot{I}_L}{I_{bn} Z_{kn} \sum Z_{kn}^{-1}} = \frac{\dot{I}_L}{Z_{kn}^* \sum (I_{bn}/Z_{kn}^*)} \tag{2-62}$$

式中，I_{bn} 为第 n 台变压器二次绕组的相电流基值，即二次额定相电流。

由此可见，要使每台变压器的负载电流分配相同，如同时满载，即标幺值电流相同，那么变压器的短路阻抗标幺值大小必须相同。如果进一步要求电流的相位也相同，那么短路阻抗标幺值大小和阻抗角都必须对应相等。变压器承担的负载电流标幺值与短路阻抗标幺值成反比，即短路阻抗标幺值最小的变压器先达到满载或者额定容量。

变压器并联运行输出总复功率 $S = m \dot{U}_2 \tilde{I}_L$，第 n 台变压器的复功率 $S_n = m \dot{U}_2 \tilde{I}_{Ln}$，每台

变压器输出复功率标幺值为

$$S_n^* = \frac{S}{\tilde{Z}_{kn}^* \sum (S_{Nn}/\tilde{Z}_{kn}^*)} \tag{2-63}$$

式中，S_{Nn} 为第 n 台变压器的额定容量。

当所有变压器的电压比相同时，公共母线上的电压相等，因此每一台变压器的容量标幺值与负载容量的关系类似于变压器负载电流与总负载电流的关系。阻抗标幺值小的变压器先达到满载。变压器并联运行的利用率等于总输出容量与总额定容量之比。

例题 2-3 两台三相变压器，变压器 T_1 的额定数据为：额定容量 150MV·A，额定电压 500/220kV，联结组 Yd11。当负载功率因数 0.8 滞后且负载电流为 80% 满载时，效率达到最大 99.3%，此时电压调整率为 1.5%；变压器 T_2 的额定数据为：额定容量 320MV·A，额定电压 500/220kV，联结组 Yd11。当负载功率因数 0.9 滞后且负载电流为 65% 满载时，效率达到最大 99.5%，此时电压调整率为 1.2%。现将两台变压器并联供电，计算任何一台不过载时的最大容量，每台变压器的负载分配；两台变压器之间是否存在环流？如存在，计算环流大小；如不存在，说明理由。

解： 当变压器负载可变损耗等于不变损耗时效率达到最大，由此可得空载损耗标幺值

$$\eta_{max} = \frac{\beta\cos\varphi_2}{\beta\cos\varphi_2 + 2p_0^*}, \quad p_0^* = \frac{(1-\eta_{max})\beta\cos\varphi_2}{2\eta_{max}}, \quad \text{实际空载损耗 } p_0 = S_N p_0^*;$$

根据最大效率条件可变损耗等于不变损耗，得到短路电阻标幺值 $R_k^* = p_0^*/\beta^2 = u_r\%$；

根据电压调整率 $\Delta U = \beta(R_k^*\cos\varphi_2 + X_k^*\sin\varphi_2)$，得到

短路电抗标幺值 $X_k^* = (\Delta U/\beta - R_k^*\cos\varphi_2)/\sin\varphi_2 = u_x\%$；

短路阻抗标幺值 $u_k\% = Z_k^* = \sqrt{R_k^{*2} + X_k^{*2}}$；

根据上述分析结果，计算得到每台变压器参数如下：

T_1：$p_0^* = 0.002256$，空载损耗 338.4kW，$u_r\% = 0.3525\%$，$u_x\% = 2.655\%$，$u_k\% = 2.678\%$；

T_2：$p_0^* = 0.001470$，空载损耗 470.4kW，$u_r\% = 0.3479\%$，$u_x\% = 3.517\%$，$u_k\% = 3.534\%$。

第一台变压器的短路阻抗标幺值稍小一些，因此并联运行时先达到满载：

$$I_{1L}^* = 1.0, \quad I_{2L}^* = u_{k1}I_{1L}^*/u_{k2} = 0.7578$$

每台变压器的负载容量分配与负载电流标幺值成正比，分别为

$$S_1 = I_{1L}^* S_{N1} = 150\text{MV·A}, \quad S_2 = I_{2L}^* S_{N2} = 242.5\text{MV·A}$$

因为电压和电压比相同，且联结组相同，所以两台变压器并联没有环流。

2.3.7 三相变压器的瞬变过程

1. 空载并网合闸

下面分析变压器二次侧开路，一次侧施加正弦电压后铁心内部磁通与一次绕组电流的关系。设一次电压幅值和初相位分别为 U_{1m} 和 φ_0，角频率为 ω，则电压瞬时值为

$$u_1 = U_{1m}\cos(\omega t + \varphi_0) \tag{2-64}$$

考虑磁路饱和磁链与电流是非线性关系，如图 2-33a 所示，而且磁路因磁滞现象存在剩磁，在交变电压作用下，因绕组电阻和磁心磁滞与涡流损耗使得电流和磁链最终会周期性变化，以平均电感 L_0 表示绕组空载磁链与电流的关系，那么磁化特性近似为 $\psi = L_0 i_0$，尽管初

始电流为零，但初始磁链不等于零，根据电磁感应定律得到电压方程

$$u_1 = R_0 i_0 - e_1 = \frac{R_0}{L_0}\psi + \frac{\mathrm{d}\psi}{\mathrm{d}t} \tag{2-65}$$

初始条件：$\psi(0) = \psi_0$，将式（2-64）代入式（2-65）可得磁链的暂态和稳态分量

$$\psi(t) = \psi_m \cos(\omega t + \varphi_0 - \varphi_z) + [\psi_0 - \psi_m \cos(\varphi_0 - \varphi_z)]\mathrm{e}^{-t/T_0} \tag{2-66}$$

其中，阻抗 $z_0 = \sqrt{R_0^2 + (\omega L_0)^2}$，阻抗角 $\varphi_z = \arctan(\omega L_0/R_0)$，时间常数 $T_0 = L_0/R_0$，稳态空载磁链幅值 $\psi_m = L_0 U_{1m}/z_0$。

因为空载时主磁路电抗比空载损耗电阻大得多，即 $\omega L_0 \gg R_0$，所以阻抗角 $\varphi_z \approx \pi/2$，稳态磁链幅值 $\psi_m \approx U_{1m}/\omega$，时间常数 T_0 很大。由此可见，当 $\psi_0 = \psi_m \cos(\varphi_0 - \varphi_z)$ 时，即在特定的电压初相位和剩磁磁链关系下，空载合闸直接进入稳态，而不存在暂态过程。最严重的暂态过程根据剩磁磁链符号和初始相位确定。若剩磁磁链 $\psi_0 < 0$，那么初始相位 $\varphi_0 = \varphi_z$，在 $\omega t = \pi$ 时空载磁链幅值达到最大；若剩磁磁链 $\psi_0 > 0$，那么初始相位 $\varphi_0 - \varphi_z = \pi$，同样在 $\omega t = \pi$ 时空载磁链幅值达到最大；不论哪种情形，因 $\mathrm{e}^{-\pi/(\omega T_0)} \approx 1$，最大磁链幅值为 $2\psi_m + |\psi_0|$，如图 2-33b 所示。由于磁链非周期分量衰减缓慢，因此磁路在较长时间严重饱和，空载电流出现浪涌现象，如图 2-33c 所示。

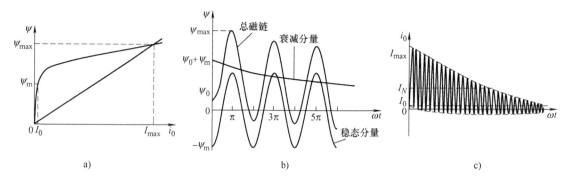

图 2-33 变压器最严重空载合闸时的磁链与浪涌电流

当二次侧开路时，空载磁链幅值可以达到正常运行磁链幅值的两倍，即磁感应强度幅值为两倍，因此磁场强度因磁路饱和需要很大的值，即需要一次绕组提供额定功率运行状态电流 I_N 数倍的浪涌电流 I_{max} 才能达到铁心所需的最大磁链，这个电流随变压器空载电阻和主磁路电感确定的时间常数衰减，而变压器的空载电阻小，主磁路电感大，时间常数很大，因此变压器空载合闸会产生浪涌电流。浪涌电流不仅在绕组中产生焦耳功率损耗，使变压器温升增大，影响绝缘和变压器寿命，而且会导致变压器空载合闸失败，因此选择合适的时机合闸很重要。

2. 突然对称短路

下面分析变压器一次侧施加正弦电压 u_1，二次侧稳态运行过程中突然短路时，一次绕组电流的变化规律。设一次电压幅值和初相位分别为 U_{1m} 和 φ_0，角频率为 ω，忽略励磁电流，用简化等效电路分析动态过程，则由电磁感应定律得到电压方程

$$u_1 = R_k i_k + L_k \frac{\mathrm{d}i_k}{\mathrm{d}t} \tag{2-67}$$

初始条件：$i_k(0) = I_{k0}$。将式（2-64）代入式（2-67）可得电流的暂态和稳态分量

$$i_k(t) = I_{sc}\cos(\omega t + \varphi_0 - \varphi_k) + [I_{k0} - I_{sc}\cos(\varphi_0 - \varphi_k)]e^{-t/T_k} \tag{2-68}$$

其中，短路阻抗 $z_k = \sqrt{R_k^2 + (\omega L_k)^2}$，短路阻抗角 $\varphi_k = \arctan(\omega L_k / R_k)$，短路时间常数 $T_k = L_k / R_k$，稳态短路电流幅值 $I_{sc} = U_{1m}/z_k$。

由此可见，变压器负载运行时突然短路的最大电流可能达到两倍的稳态短路电流，而稳态短路电流标幺值等于短路阻抗标幺值的倒数，因此短路阻抗标幺值越小，突然短路电流峰值越大，产生的漏磁场越强，由此引起的绕组辐向和轴向电磁力也越大，短路引起的机械振动越严重。巨大的短路电流会产生大量的焦耳热，使绕组温度迅速升高，电磁力和焦耳热都与电流二次方成正比，所以变压器短路对绕组的危害性很大。

2.3.8 三相变压器的不对称稳态运行

三相变压器不对称运行主要是由于电源电压不对称，或者负载不对称，如单相负载供电或不对称短路故障等。三相变压器在特定的绕组联结方式和磁路结构条件下的不对称负载运行可能导致输电线路电压严重不对称，从而使变压器无法正常运行。三相系统不对称运行常假设系统线性并采用对称分量法来分析。

1. 对称分量法

把一组三相同频率不对称的电压（电流）分解成正序、负序和零序三组对称分量，然后将电机在不对称状态下的运行，看成是这三种对称分量单独作用结果的叠加。对称分量法是正弦波用复旋转相量表示的双旋转矢量理论的应用。

根据叠加原理的基本要求，系统必须是线性的，实际上变压器磁路是非线性的。对称分量法假设磁路为线性，不考虑谐波磁通和谐波电流，因此也不考虑谐波问题。

三相变压器对称系统是指三相物理量按照正弦规律变化，各相相量大小相等，相位互差 120° 的正序或负序系统，以及同相位的零序系统。正序系统：三相电压、电动势、电流或磁通的幅值相同且相序 A、B、C 依次滞后 120°；负序系统：三相电压、电动势、电流或磁通的幅值相同且相序 A、B、C 依次超前 120°；零序系统：三相电压、电动势、电流或磁通的幅值相同且零序相量同相位。

每个绕组各相序的频率相同，只是幅值和相位可能不同，如图 2-34 所示，以电压为例，各相电压用各相序相量表示为

$$\dot{U}_A = \dot{U}_{A+} + \dot{U}_{A-} + \dot{U}_{A0} \tag{2-69a}$$

$$\dot{U}_B = \dot{U}_{B+} + \dot{U}_{B-} + \dot{U}_{B0} = a^2\dot{U}_{A+} + a\dot{U}_{A-} + \dot{U}_{A0} \tag{2-69b}$$

$$\dot{U}_C = \dot{U}_{C+} + \dot{U}_{C-} + \dot{U}_{C0} = a\dot{U}_{A+} + a^2\dot{U}_{A-} + \dot{U}_{A0} \tag{2-69c}$$

其中，单位长度复数 $a = e^{j2\pi/3}$。

由此得到由三相电压相量到 A 相各相序相量的对称分量法矩阵表示

$$\begin{pmatrix} \dot{U}_{A+} \\ \dot{U}_{A-} \\ \dot{U}_{A0} \end{pmatrix} = \frac{1}{3} \begin{pmatrix} 1 & a & a^2 \\ 1 & a^2 & a \\ 1 & 1 & 1 \end{pmatrix} \begin{pmatrix} \dot{U}_A \\ \dot{U}_B \\ \dot{U}_C \end{pmatrix} \tag{2-70}$$

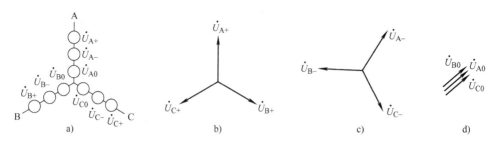

图2-34 三相变压器对称分量法

由于对称分量法以叠加原理为基础，因此，从理论上讲，它只适用于线性电路，而非线性电路系统要进行线性化处理之后才能使用。变压器的励磁支路是非线性的，但励磁电流很小，可以在额定电压工作点对磁路磁化特性做线性化处理。

2. 相序阻抗和等效电路

从原理上分析，正序和负序对三相变压器并没有区别，漏阻抗和励磁阻抗相同，正序与负序等效电路相同。由于三相零序电流大小相等，相位相同，零序阻抗与变压器的联结组与磁路系统密切相关。从磁路系统来说，一次侧与二次侧的零序漏阻抗与正序相同；对于磁路独立的组式变压器，零序励磁阻抗与正序一致；对于磁路相关的心式变压器，零序主磁通不能沿铁心闭合，零序励磁阻抗远小于正序励磁阻抗。从电路系统来说，三相绕组星形联结时零序电流无法流通，零序等效电路在星形联结侧开路；三相绕组三角形联结时零序电流形成闭合环路，对外电路无影响，相当于自身短路；具有中性线的三相绕组星形联结时，零序电流能从各支路汇集到中性线上，而流入外接电路。

例题2-4 三相变压器 Yyn 接单相负载运行，一次侧施加三相正弦对称电压，二次侧接单相负载，分析各相电流和相序等效电路，如图2-35所示。

解： 根据一次侧三相线电压对称，假设线电压为正相序，那么一次侧 A 相负序电压分量等于零，即 $\dot{U}_{1-} = 0$，正序电压分量 $\dot{U}_{1+} = \dot{U}_1$，因星形联结零序电流为零，零序电压由二次侧负载确定。

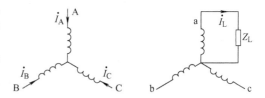

图2-35 三相变压器 Yyn0 接单相负载

假设二次侧 a 相接负载 Z_L，电流为 $\dot{I}_L$，那么 b 相和 c 相电流等于零，根据对称分量法计算得到，

二次侧 a 相正序、负序和零序电流分量相等，$\dot{I}_{2+} = \dot{I}_{2-} = \dot{I}_{20} = -\dot{I}_L/3$。根据磁动势平衡关系，一次绕组电流和励磁电流中都存在正序、负序电流分量，不存在零序电流分量，但励磁电流存在零序分量。

根据对称分量法和绕组联结方式可以得到正序、负序和零序等效电路，因二次侧 a 相各相序电流相同，因此折算到一次侧的等效电路是相互串联的，如图2-36a所示，忽略正序和负序励磁阻抗，利用简化等效电路计算折算到一次侧的负载电流

$$\dot{I}'_L = -3\dot{I}'_{2+} = \frac{3\dot{U}_1}{2Z_k + Z'_2 + Z_{m0} + 3Z'_L} \approx \frac{\dot{U}_1}{Z_{m0}/3 + Z'_L} \tag{2-71}$$

由式（2-71）可知，对于三相变压器组，各相主磁路独立，零序励磁阻抗等于正序励磁

阻抗，负载电流不足对称运行空载电流的 3 倍，因此，Yyn 联结的三相变压器组不能带单相负载运行。对于三相心式变压器，因零序励磁阻抗较小，可以带单相负载。

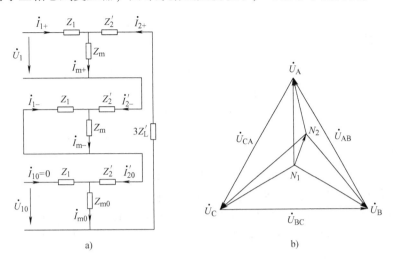

图 2-36　三相不对称运行等效电路图与中性点电位移动

3. 中性点移动现象

一次侧三相线电压为对称正弦电压，如图 2-36b 所示。二次侧对称运行时，三相相电压对称，中性点电位位于线电压相量三角形中心 N_1 位置。二次侧接不对称单相负载运行时，正序电流建立主磁通和漏磁通，感应三相对称电动势，并产生漏抗压降；负序电流仅建立漏磁通，因为一次侧负序电压等于零，也产生漏抗压降；零序电流起励磁作用且在二次侧建立漏磁场并形成漏抗压降。零序主磁通在一次和二次绕组感应零序电动势，一次侧零序电压与零序主电动势大小相等且相位相反，即

$$\dot U_{10} = \dot I'_{2+} Z_{m0} = -\frac{\dot U_1}{1 + (2Z_k + Z'_2 + 3Z'_L)/Z_{m0}} \tag{2-72}$$

由式（2-72）可见，A 相电压 $\dot U_A = \dot U_1 + \dot U_{10}$ 将减小，而 B 或 C 相电压将增大。由于零序电动势使得每相电压不对称，从而引起中性点电位移动，由 N_1 到 N_2。中性点电位移动的直接后果是其中一相电压升高，对绕组绝缘安全造成隐患。

根据磁动势平衡和对称分量法可以得到一次侧三相电流，$\dot I_A = -(\dot I'_{2+} + \dot I'_{2-}) = 2\dot I'_L/3$，$\dot I_B = -(a^2 \dot I'_{2+} + a\dot I'_{2-}) = -\dot I'_L/3$，$\dot I_C = -(a\dot I'_{2+} + a^2 \dot I'_{2-}) = -\dot I'_L/3$，可见三相电流不对称。

对于接负载的一相来说，电流是起去磁作用的，对另外两相则为助磁，但是线电动势始终对称。一次侧各相出现中性点电位移动的原因是由于二次侧有零序电流，而一次侧没有零序电流与其相平衡。这样二次侧零序电流就成为励磁电流，产生零序磁通，在各绕组中感应出零序电动势，使相电压的中性点发生移动。中性点电位移动的大小等于零序电压，与零序电流产生的零序磁通大小有关，而零序磁通的大小又与三相变压器的磁路密切关联。

当三相变压器采用 YNd、Yd、YNy、Yy 联结时，即使有线和线之间的单相负载，也不会产生零序电流，因此不会发生零序电流引起的中性点电位移动现象。

2.4 特种变压器

2.4.1 自耦变压器

自耦变压器不仅具有磁场的耦合也包含电气的耦合，每相绕组包含两部分：公共绕组和串联绕组。对于降压自耦变压器，公共绕组为二次绕组，升压自耦变压器的公共绕组则为一次绕组。分析自耦变压器可以借助于串联绕组和公共绕组独立的双绕组变压器的结论，目标是自耦变压器的电压和电流作为端口电气量，因为电压、电流存在差别，励磁电流定义与双绕组不同，自耦变压器的电压、电动势和励磁电流与双绕组变压器不同。

下面以降压自耦变压器为例说明工作原理，如图 2-37 所示，设串联绕组匝数为 N_1，公共绕组匝数为 N_2，自耦变压器电压比 $k_a = (N_1 + N_2)/N_2$，将串联绕组的电阻 R_1、漏磁导 $\Lambda_{1\sigma}$ 和漏电感 $L_{1\sigma}$、公共绕组的电阻 R_2、漏磁导 $\Lambda_{2\sigma}$ 和漏电感 $L_{2\sigma}$ 与主磁路主磁通和主电动势分离，得到电气耦合的等效电路。为了折算到一次绕组的匝数，二次电流 i_{2a} 和电压 u_{2a} 需要折算，公共绕组的电流 i_2 需要分别用一、二次绕组电流 i_{1a} 和 i_{2a} 以及励磁电流 i_m 表示。

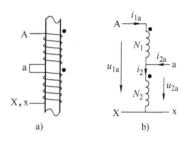

图 2-37　自耦变压器接线示意图

1. 等效磁路模型

（1）磁动势平衡

自耦变压器一次绕组磁动势 $F_{1a} = (N_1 + N_2)i_{1a}$，二次绕组磁动势 $F_{2a} = N_2 i_{2a}$，串联绕组磁动势 $F_1 = N_1 i_{1a}$，公共绕组电流 $i_2 = i_{1a} + i_{2a}$，磁动势 $F_2 = N_2(i_{1a} + i_{2a})$，主磁路励磁磁动势等于一、二次绕组磁动势之和，或者串联绕组和公共绕组磁动势之和。由于公共绕组磁动势与一、二次绕组电流有关，主磁路磁动势平衡方程用折算到高压侧的励磁电流 i_m 表示为

$$F_{1a} + F_{2a} = F_1 + F_2 = F_m = (N_1 + N_2)i_m \tag{2-73}$$

代入各磁动势后得到一、二次绕组电流与自耦变压器电压比和励磁电流的关系

$$i_{1a} + i_{2a}/k_a = i_m \tag{2-74}$$

为了将电磁耦合的模型解耦，将公共绕组电流分别用励磁电流和一次或二次绕组电流表示

$$i_2 = i_{1a} + i_{2a} = -ki_{1a} + k_a i_m = ki_{2a}/k_a + i_m \tag{2-75}$$

式（2-75）表明，公共绕组上的漏电感或电阻折算到一次绕组时需要乘以 $-k$，再与串联绕组漏电感或电阻串联，而在励磁支路增加 k_a 乘以漏电感或电阻。类似地，公共绕组上的漏电感或电阻折算到二次绕组时，由于电流要除以电压比 k_a，电压要乘以电压比 k_a，因此折算后输出串联电阻和漏电感要乘以 kk_a。

（2）磁通-磁动势模型

双绕组变压器的磁动势-磁通模型前面已经讨论过，现在要分析自耦变压器的磁动势-磁通模型及其逆模型。二次侧总磁通等于漏磁通与主磁通之和，或者相应的磁动势与磁导乘积之和，考虑到公共绕组磁动势与二次绕组电流和励磁电流的关系，得到

$$\Phi_{2a} = \Lambda_{2\sigma} F_2 + \Lambda_m F_m = \frac{\Lambda_{2\sigma} F_{2a}}{(k_a/k)} + \Lambda_m F_m + \frac{\Lambda_{2\sigma} F_m}{k_a} \tag{2-76}$$

式（2-76）已经将一次绕组电流的影响用励磁电流表示，因此二次侧磁通包含二次电流独立漏磁通、主磁通和耦合漏磁通。利用磁链不变原理将串联绕组漏磁通和公共绕组漏磁通折算到一次绕组匝数的漏磁通，再与主磁通求和，得到一次绕组总磁通

$$\Phi_{1a} = \frac{\Lambda_{1\sigma}F_{1a}}{(k_a/k)^2} + \frac{\Lambda_{2\sigma}F_2}{k_a} + \Lambda_m F_m = \frac{\Lambda_{1\sigma}F_{1a}}{(k_a/k)^2} - \frac{\Lambda_{2\sigma}F_{1a}}{(k_a/k)^2 k} + \Lambda_m F_m + \frac{\Lambda_{2\sigma}F_m}{k_a} \tag{2-77}$$

根据式（2-76）和式（2-77）可以得到图 2-38b 所示的磁动势-磁通模型及其如图 2-38c 所示的逆模型，即磁通-磁动势模型。

（3）磁链-电流模型

一次绕组磁链等于磁通乘以匝数，式（2-77）用一次电流 i_{1a} 和励磁电流 i_m 表示为

$$\psi_{1a} = (N_1 + N_2)\Phi_{1a} = (L_{1\sigma} - kL_{2\sigma})i_{1a} + (L_m + k_a L_{2\sigma})i_m \tag{2-78}$$

同样地，式（2-76）用二次电流 i_{2a} 和励磁电流 i_m 表示并折算到一次绕组的磁链为

$$\psi'_{2a} = k_a \psi_{2a} = k_a N_2 \Phi_{2a} = kk_a L_{2\sigma}(i_{2a}/k_a) + (L_m + k_a L_{2\sigma})i_m \tag{2-79}$$

自耦变压器的耦合磁链包括主磁通磁链和公共绕组部分耦合漏磁链，于是由式（2-78）和式（2-79）以及式（2-74）可以得到自耦变压器的磁链-电流模型，如图 2-38d 所示。

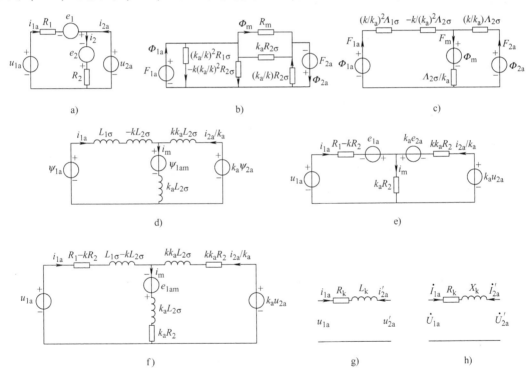

图 2-38　自耦变压器电磁模型与等效电路

2. 等效电路模型

（1）电动势-电流模型

由于磁链与感应电动势满足电磁感应定律，一次绕组、二次绕组折算到一次侧的电动势分别由式（2-78）和式（2-79）得到，一次绕组主电动势由主磁链和主磁通得到

$$e_{1a} = -\frac{d\psi_{1a}}{dt}, \quad e'_{2a} = -\frac{d\psi'_{2a}}{dt} = -\frac{d(k_a\psi_{2a})}{dt}, \quad e_{1am} = -\frac{d\psi_{1am}}{dt} = -(N_1 + N_2)\frac{d\Phi_m}{dt}$$

一次绕组主磁链等于主磁通与匝数乘积，由此得到电动势-电流模型。

（2）电压平衡方程

设二次侧或公共绕组感应电动势为 $e_{2a} = e_2$，考虑到式（2-75），得到二次绕组电压方程

$$u_{2a} = R_2 i_2 - e_2 = kR_2 i_{2a}/k_a + R_2 i_m - e_{2a} \qquad (2\text{-}80a)$$

经过绕组折算到一次侧后的电压方程

$$u_{2a}' = k_a u_{2a} = (kk_a R_2) i_{2a}/k_a + k_a R_2 i_m - e_{2a}' \qquad (2\text{-}80b)$$

串联绕组感应电动势为 e_1，一次绕组感应电动势 $e_{1a} = e_1 + e_2$，电压方程

$$u_{1a} = R_1 i_{1a} + R_2 i_2 - e_1 - e_2 = (R_1 - kR_2) i_{1a} + k_a R_2 i_m - e_{1a} \qquad (2\text{-}81)$$

（3）"T"形等效电路与简化等效电路

由式（2-80b）和式（2-81）得到如图 2-38e 所示的模型，考虑到磁链-电流模型得到的电动势-电流模型，从而得到自耦变压器"T"形等效电路，如图 2-38f 所示。在励磁支路中，除了主电动势对应的励磁阻抗，还有公共绕组漏阻抗折算到一次绕组后的共享部分。当忽略励磁电流时，瞬时值形式的"T"形等效电路可以简化为如图 2-38g 所示的简化等效电路，其相量形式的简化等效电路如图 2-38h 所示。

3. 短路阻抗及其标幺值

忽略主磁路励磁电流，自耦变压器折算到高压侧的短路阻抗等于双绕组变压器折算到串联绕组的短路阻抗，$Z_{ka} = Z_k = R_k + jX_k$，其标幺值用自耦变压器一次额定阻抗为基值表示为

$$Z_{ka}^* = \frac{Z_{ka} I_{1aN\varphi}}{U_{1aN\varphi}} = \frac{Z_k I_{1N\varphi}}{(k_a/k) U_{1N\varphi}} = \left(1 - \frac{1}{k_a}\right) Z_k^* \qquad (2\text{-}82)$$

自耦变压器的短路阻抗标幺值比双绕组变压器的短路阻抗标幺值小。

4. 额定值与容量

设双绕组变压器一次绕组为 N_1 匝，额定电压 U_{1N}，额定电流 I_{1N}，二次绕组 N_2 匝，额定电压 U_{2N}，额定电流 I_{2N}，组成加极性降压自耦变压器，一次绕组有 $N_1 + N_2$ 匝，二次侧公共绕组有 N_2 匝，自耦变压器的电压比 $k_a = 1 + k = 1 + N_1/N_2$。变压器受散热能力的限制要求绕组额定状态电流密度不变，变压器受磁路饱和程度的限制要求主磁路磁感应强度不变或主磁通幅值不变。由于变压器绕组的电动势与电压接近，因此自耦变压器额定状态的主磁通与双绕组变压器一样，但产生主磁通的空载电流与自耦变压器的联结方式有关。降压自耦变压器两个绕组加极性串联，匝数比单个绕组多，因此自耦变压器的空载电流比双绕组变压器小。升压自耦变压器空载时只有一个绕组励磁，因此空载电流与双绕组变压器一样（假设公共绕组在双绕组变压器中为一次侧）。在忽略励磁电流的条件下，降压自耦变压器的一次绕组额定电压 $U_{1aN} = U_{1N} + U_{2N}$，额定电流 $I_{1aN} = I_{1N}$，串联和公共绕组的电流满足磁动势平衡关系，二次绕组的额定电压 $U_{2aN} = U_{2N}$，额定电流 $I_{2aN} = I_{1N} + I_{2N}$。因此，自耦变压器的额定容量

$$S_{aN} = U_{1aN} I_{1aN} = U_{2aN} I_{2aN} = S_N + U_{2aN} I_{2aN} = \left(1 + \frac{1}{k}\right) S_N = \frac{S_N}{1 - k_a^{-1}} \qquad (2\text{-}83)$$

自耦变压器的额定容量 S_{aN} 等于电磁耦合的计算容量 S_N（双绕组变压器的额定容量）与直接传递给负载的传递容量 S_N/k（公共绕组的额定电压 U_{2aN} 与串联绕组额定电流 I_{1aN} 的乘积）之和。当串联绕组的匝数相对公共绕组少得多时，自耦变压器的电压比接近 1.0，因此自耦变压器的额定容量大于计算容量，这是设计变压器时决定结构尺寸和材料消耗的重要依据。

5. 电压调整率与效率

由于自耦变压器的实际短路阻抗与双绕组相同，而标幺值比双绕组变压器小，因此在相同负载功率因数和负载电流标幺值条件下，自耦变压器的电压调整率比双绕组变压器的小。利用简化等效电路可以得到用短路阻抗标幺值表示的自耦变压器的电压调整率

$$\Delta U_{a} = I_{2a}^{*}(R_{ka}^{*}\cos\varphi_{2} + X_{ka}^{*}\sin\varphi_{2}) \tag{2-84}$$

因为铁心中的磁密不变，绕组电流不变，因此自耦变压器实际铁心损耗和负载绕组铜耗都与双绕组变压器一样，但因为额定容量不同，因此损耗标幺值也不同。自耦变压器损耗标幺值小，因此自耦变压器的效率比双绕组变压器高。用标幺值表示的自耦变压器效率为

$$\eta_{a} = \frac{I_{2a}^{*}\cos\varphi_{2}}{I_{2a}^{*}\cos\varphi_{2} + I_{2a}^{*2}R_{ka}^{*} + p_{0a}^{*}} \times 100\% \tag{2-85}$$

自耦变压器的最大效率也是当可变损耗等于不变损耗时达到的，即自耦变压器与双绕组变压器在相同状态 $I_{2a}^{*} = \sqrt{p_{0a}^{*}/p_{kaN}^{*}} = \sqrt{p_{0a}^{*}/R_{ka}^{*}}$ 时达到最大效率

$$\eta_{amax} = \frac{\cos\varphi_{2}}{\cos\varphi_{2} + 2\sqrt{R_{ka}^{*}p_{0a}^{*}}} \times 100\% \tag{2-86}$$

6. 自耦变压器的特点

与双绕组变压器相比，自耦变压器的计算容量小于额定容量，因此具有体积小、重量轻、成本低、容量大的特点。同时，由于自耦变压器的短路阻抗标幺值小，电压调整率小，所以输出电压稳定，损耗相同但效率更高；由于短路电流标幺值大，又没有电气隔离，需要采取安全防范措施，如加强自耦变压器的机械结构强度，一、二次绕组均安装避雷器。

2.4.2 仪用变压器

根据变压器原理设计的大电流、高电压转换成可测量的小电流、低电压的互感器是电力系统中的重要设备，分为电压互感器和电流互感器两种。互感器的作用是向测量、保护和控制装置传递信息，使测量、保护和控制装置与高电压相隔离，并可使仪器、仪表和保护、控制装置小型化和标准化。用于测量的电压或电流互感器是容量100V·A以下的干式变压器。

1. 电压互感器

电压互感器是利用双绕组变压器的电气隔离和降压功能，将匝数多的高压绕组两端接被测高电压，通过匝数少的低电压接数字仪表，读取被测高压绕组的输入电压。为了提高测量准确度，电压互感器的磁心截面积较大，主磁路磁感应强度较低，使得磁密不饱和且磁路励磁电流小，因此电压比等于匝比，即 $U_{1}/U_{2} = N_{1}/N_{2}$，如图 2-39a 所示。二次绕组一端安全接地，输出不允许短路，否则短路电流产生的电动力和焦耳热可使变压器绕组损坏。

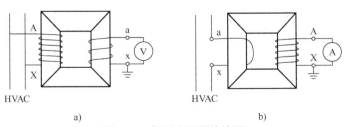

a)　　　　　　　　　　　b)

图 2-39　仪用变压器接线图

2. 电流互感器

电流互感器是利用双绕组变压器的电气隔离和电流与匝数成反比的磁动势平衡原理，用卡钳测量被测线路电流，被测线路作为低压绕组，多匝数绕组电流反映被测线路电流。在原理上，电流互感器与电压互感器对偶，其电压比几乎等于电流比，一次绕组是被测电流线路的一部分，空载时二次绕组必须短路，以免引起高压危险。一次侧为被测量电路侧，匝数少，导线截面积大，电流大。二次侧是仪表测量侧，匝数多，导线截面积小，电流小。也就是利用小电流测大电流的原理。利用磁动势平衡原理，在忽略励磁电流的条件下，可以得到电流比等于匝比的倒数，$I_1/I_2 = N_2/N_1$，如图 2-39b 所示。为了减小测量误差，要求磁路为线性，铁心截面积较大，主磁路磁感应强度小于 0.2T，尽可能减小漏阻抗和空载电流。

2.4.3 三绕组变压器

三绕组变压器主要用于 3 种不同电压的电网或电路系统，如 110/35/10.5kV 三绕组变压器从高压电网获得电能，传送给 35kV 和 10.5kV 配电网，实现电力调度。分析多绕组变压器的方法与双绕组变压器相同，利用磁动势平衡和主磁通产生感应电动势，但漏磁场较复杂。

1. 绕组排列

三绕组变压器有 3 种额定电压的高、中、低压绕组，GB1094 规定联结组 YNyn0d11 和 YNyn0y0 两种三绕组变压器的铁心采用心式结构，每相高、中、低压绕组在同一铁心柱上。根据绝缘要求，高压绕组离铁心柱最远，低压绕组靠近铁心柱。绕组排列要使得漏磁通分布均匀，漏抗分布合理，保证电压调整率和运行性能优良。

三绕组降压变压器绕组排列依次为铁心柱、低压绕组、中压绕组、高压绕组，如图 2-40a 所示。

三绕组升压变压器绕组排列依次为铁心柱、中压绕组、低压绕组、高压绕组，如图 2-40b 所示。

三相三绕组变压器设置三角形联结的第三个绕组。三相双绕组 Yd 或 Dy 因相移无法满足要求，采用双二次绕组输出，即通过分路供电限制低压电力系统的故障水平；在不同供电电压下连接几个电力系统，实现不同方向电力供应；通过第三绕组连接无功补偿电容器，调整电力系统的无功平衡和电压稳定。三角形联结的第三绕组可以使 3 次谐波电流沿低阻抗回路闭合，在不平衡运行状态下可以降低 3 次谐波反馈到电力系统的幅度。

2. 电压比

如图 2-40c 和 d 所示，三绕组变压器任意两个绕组的匝数之比定义为这两个绕组的电压比，如第 i 个绕组对第 j 个绕组的电压比 $k_{ij} = N_i/N_j$，共有 6 种形式，具体折算到一次绕组时采用其中 3 个电压比参数：k_{12}、k_{13} 和 k_{23}。

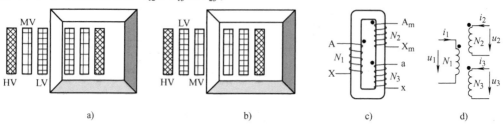

图 2-40 三绕组变压器的结构与原理示意图

3. 绕组折算

三绕组变压器的漏磁通比双绕组变压器复杂，一个绕组自身的自漏磁通 $\Phi_{ii\sigma}$ 及其自漏磁导 $\Lambda_{ii\sigma}$，两个绕组之间的互漏磁通 $\Phi_{ij\sigma}$ 及其互漏磁导 $\Lambda_{ij\sigma}$，3 个绕组共有的主磁通 Φ_{m} 及其主磁导 Λ_{m}。因此，三绕组变压器对应有 3 个漏自感 $L_{ii\sigma} = N_i^2 \Lambda_{ii\sigma}$、3 个漏互感 $L_{ij\sigma} = N_i N_j \Lambda_{ij\sigma}$ 和 3 个主互感 $L_{ijm} = N_i N_j \Lambda_{\mathrm{m}}$，此外第 i 个绕组的电阻为 R_i。绕组折算就是匝数不同的绕组用统一的匝数绕组表示，这样相应的电感、电抗和电阻参数，以及电压、电流和电动势都需要折算。折算原理与双绕组变压器类似，假设折算到公共绕组 W 匝，由于空间电磁场分布规律和材料特性不变，各绕组的折算规律：①绕组匝数 $N_i' = W = k_i N_i$；②绕组电压 $u_i' = k_i u_i$，电动势 $e_i' = k_i e_i$；③绕组电流 $i_i' = i_i / k_i$；④绕组电阻 $R_i' = k_i^2 R_i$；⑤绕组漏电感 $L_{ij\sigma}' = k_i k_j L_{ij\sigma}$，漏电抗 $X_{ij\sigma}' = k_i k_j X_{ij}$；⑥绕组磁链 $\psi_i' = k_i \psi_i$。这里 i，j = 1，2 或 3。通常取 $W = N_1$，即折算到一次绕组的匝数，这样电压比满足 $k_1 = 1$，$k_2 = k_{12}$，$k_3 = k_{13}$，$k_{23} = k_3 / k_2$。

4. 基本方程与等效电路

（1）电压方程与电路模型

第 k 个绕组的电压方程

$$u_k = R_k i_k - e_{k\sigma} - e_{km} \tag{2-87}$$

用电动势和电阻压降表示的第 k 个绕组等效电路如图 2-41a 所示。

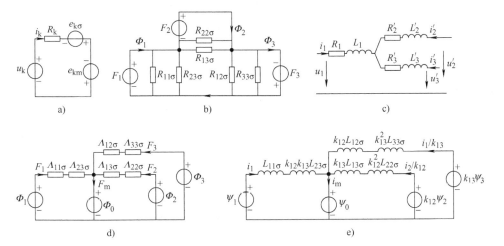

图 2-41 三绕组变压器电磁模型

（2）磁动势平衡方程与磁路模型

根据图 2-40c 或 d 得到 3 个绕组的磁动势共同产生的主磁通为

$$F_1 + F_2 + F_3 = F_{\mathrm{m}} = R_{\mathrm{m}} \Phi_{\mathrm{m}} \tag{2-88}$$

第 k 个绕组磁动势产生的自漏磁通 $F_k = R_{kk\sigma} \Phi_{kk\sigma}$，第 i 和 j 两个绕组磁动势产生的互漏磁通 $F_i + F_j = R_{ij\sigma} \Phi_{ij\sigma}$。当忽略励磁磁动势 F_{m} 时，磁路模型可以简单地表示为图 2-41b 所示的磁动势-磁通模型，从模型可以发现，3 个绕组的漏磁路自然解耦。

忽略励磁磁动势时，$F_1 + F_2 + F_3 = 0$，3 个绕组各自的总磁通量用磁导和磁动势表示为

$$\Phi_1 = \Lambda_{11\sigma} F_1 + \Lambda_{12\sigma}(F_1 + F_2) + \Lambda_{13\sigma}(F_1 + F_3) + \Phi_{\mathrm{m}} = (\Lambda_{11\sigma} + \Lambda_{23\sigma}) F_1 + \Phi_0 \tag{2-89a}$$

$$\Phi_2 = \Lambda_{22\sigma} F_2 + \Lambda_{12\sigma}(F_1 + F_2) + \Lambda_{23\sigma}(F_2 + F_3) + \Phi_{\mathrm{m}} = (\Lambda_{22\sigma} + \Lambda_{13\sigma}) F_2 + \Phi_0 \tag{2-89b}$$

75

$$\Phi_3 = \Lambda_{33\sigma} F_3 + \Lambda_{13\sigma}(F_1 + F_3) + \Lambda_{23\sigma}(F_2 + F_3) + \Phi_m = (\Lambda_{33\sigma} + \Lambda_{12\sigma}) F_3 + \Phi_0 \quad (2\text{-}89c)$$

其中，$\Phi_0 = \Phi_m - \Lambda_{23\sigma} F_1 - \Lambda_{12\sigma} F_3 - \Lambda_{13\sigma} F_2$。

由式（2-89a）和式（2-89b）相减得到

$$\Phi_1 - \Phi_2 = (\Lambda_{11\sigma} + \Lambda_{23\sigma}) F_1 - (\Lambda_{22\sigma} + \Lambda_{13\sigma}) F_2 \quad (2\text{-}90a)$$

类似地，由式（2-89a）和式（2-89c）相减得到

$$\Phi_1 - \Phi_3 = (\Lambda_{11\sigma} + \Lambda_{23\sigma}) F_1 - (\Lambda_{33\sigma} + \Lambda_{12\sigma}) F_3 \quad (2\text{-}90b)$$

由式（2-90a）和式（2-90b）得到忽略励磁磁动势的磁通-磁动势模型，如图 2-41d 所示。

由式（2-90a）和式（2-90b）分别得到折算到一次绕组的磁链-电流关系

$$\psi_1 - \psi_2' = (L_{11\sigma} + L_{23\sigma}') i_1 - (L_{22\sigma}' + L_{13\sigma}') i_2' \quad (2\text{-}91a)$$

$$\psi_1 - \psi_3' = (L_{11\sigma} + L_{23\sigma}') i_1 - (L_{33\sigma}' + L_{12\sigma}') i_3' \quad (2\text{-}91b)$$

由式（2-91a）和式（2-91b）得到忽略励磁磁动势的磁链-电流模型，如图 2-41e 所示。

（3）等效电路

根据电磁感应定律，将图 2-41a 所示的电路模型与图 2-41e 转换为电动势-电流模型，得到三绕组变压器的等效电路模型，简化等效电路如图 2-41c 所示，正弦稳态相量图如图 2-42 所示，中间增加了激磁支路。折算后第 i 个绕组的等效漏电抗或等效漏电感为

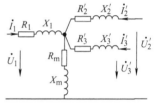

图 2-42　三绕组变压器相量等效电路

$$X_i' = X_{i\sigma}' - X_{ij\sigma}' - X_{ik\sigma}' + X_{jk\sigma}', Z_i' = R_i' + jX_i', X_{i\sigma}' = X_{ii\sigma}' + X_{ij\sigma}' + X_{ik\sigma}'$$

第 i 个绕组的等效漏电抗等于第 i 个绕组的总漏电抗折算值加上与第 i 个绕组无关的两个绕组的互漏电抗折算值，再扣除所有与第 i 个绕组相关联的互漏电抗折算值。由于每个表达式中各有两项正号和负号，因此主磁通对应的主电感的作用相互抵消。对于三绕组升压变压器，中间绕组由于漏电抗很小，匝间和层间电容存在，使中间绕组等效漏电抗出现微弱的容性是可能的。

5. 标幺值表示

三绕组变压器基值选取与双绕组变压器不同，因为绕组的容量不同。为了使折算前后标幺值相同，维持基本方程形式不变，所有绕组的容量基值必须相同，原则上选取最大容量的绕组额定容量为容量基值，各绕组电压基值为各绕组的额定相电压，这样各绕组的电流和阻抗基值就可以根据容量和电压基值来确定。

2.4.4　电力电子变压器

随着直流电网的发展，交直流电压和频率变换是最基本的电能变换和传输功能。要实现中高压交直流电压和频率变换，可以利用电力电子器件和中高频变压器实现。如图 2-43 所示，双向可控变流器（整流/逆变）单元与中高频变压器组成电力电子变压器，可以实现直流电能的双向变换，甚至多端直流电网互联，因此也可以扩展为多端直流互联器。进一步可以将不同交流电网通过电力电子变压器实现互联，由于同时需要实现电压和频率的变换，因此交交变频被更一般化的交直交变换所取代，形成交流电网互联器。

随着电压等级的升高，双向可控变流器可以采用多电平变换器（MLC）或模块化多电平变换器（MMC）实现。随着电流增大，可以采用电力电子器件并联或者模块单元并联实现。随着频率提高，可以利用高频场效应晶体管（MOSFET）或碳化硅（SiC）器件实现。

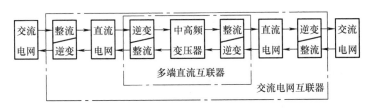

图 2-43 基于中高频变压器的交直流电网互联器

对于小功率直流电压变换，可以利用图 2-44a 和 b 所示的电路。这种电路利用控制器件 VT 的脉冲触发导通与关断，以及二极管 VD 的单向导通性实现电磁能量变换。当控制器件 VT 导通时，电源电能对电感 L 充磁而转换成磁场能量，二极管 VD 反向截止。当控制器件 VT 关断时，电感 L 对电容 C 充电，二极管 VD 导通，磁场能量转换成电场能量。对于升压电路，电感电流连续性和电容电流连续性取决于负载状态。而对于降压电路，电感电流和电容电流连续。升压与降压的比例由 VT 触发脉冲占空比控制。两种电路既需要电感和电容，又不能实现电气隔离，电能只能单向传输，一旦发生负载短路，系统则无法控制。

脉冲电源供电的电力电子变压器如图 2-44c 所示，其原理与正弦波电源供电变压器类似，但直流电压通过 H 桥逆变将脉冲电压输入变压器一次绕组，同时利用二次绕组的 H 桥可控整流将脉冲电压变为直流电压，因变压器本身具有漏电感，所以只要一次侧与二次侧 H 桥控制触发脉冲移相角合适，就可以实现双向功率传输。因脉冲电压上升沿和下降沿波形陡峭，对变压器绝缘要求较高，故高效率脉冲变压器的铁心材料需要采用中高频低损耗非晶合金、纳米非晶合金或铁氧体等。与正弦波变压器不同的是，铁心内部的磁通变化不再是正弦波，而是方波积分后的三角波，但同样存在直流磁通偏置问题，在控制过程中需要注意电压脉冲的伏秒平衡，即一次与二次绕组的电压脉冲幅值与宽度时间乘积的平衡，使得磁通三角波的正、负半波对称。在对称波形稳态条件下，直流母线电压 U_d、方波频率 f、变压器磁心磁感应强度幅值 B_m、有效截面积 A_{Fe} 和线圈匝数 N 满足如下关系

$$U_d = 4fNB_mA_{Fe} \tag{2-92}$$

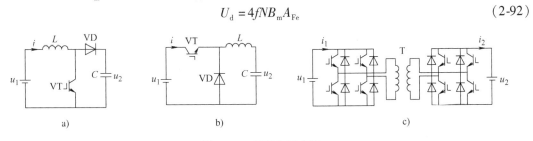

图 2-44　直流电压变换

a) 升压电路　b) 降压电路　c) 电力电子变压器电路

脉冲电源供电的电力电子变压器前端串联电容可以利用变压器自身的漏电感形成串联谐振，串联电容大小与谐振频率有关，形成串联谐振时，变压器实际电压峰值高于外部直流母线电压。

如果变压器铁心不形成完整的闭合回路，而是相互分离的，同时一次绕组与二次绕组也相互分离，特别是采用印制电路绕组，即耦合磁场通过空气隙耦合，可以在更高的频率（如 10kHz ~ 1.0MHz）下实现无接触电磁能量传输。

思考题与习题

2-1 三相变压器的额定值有哪些? 基值如何选取? 基值与额定值有什么关系?

2-2 变压器的作用是什么?

2-3 心式变压器与壳式变压器的主要区别是什么?

2-4 为什么大型变压器采用圆形绕组?

2-5 如何降低变压器的可听噪声?

2-6 变压器油箱的作用是什么?

2-7 变压器二次侧开路时, 一次侧有很小的电流流入, 该电流的作用是什么? 一次电流是如何随负载变化而变化的?

2-8 什么是电压比? 如何确定电压比? 电压比是 1 的变压器有什么用?

2-9 什么是变压器的等效阻抗? 需要哪些试验确定变压器参数?

2-10 为什么变压器在电压和频率恒定的条件下铁心损耗不随负载电流变化而变化?

2-11 自耦变压器有什么优缺点?

2-12 如何将两绕组变压器连接成升压或降压自耦变压器?

2-13 什么是电流互感器和电压互感器? 如何正确使用?

2-14 单相变压器在正负对称方波电压输入条件下, 稳态主磁通是什么波形? 方波占空比对主磁通波形是否有影响?

2-15 一台单相变压器, 一次侧 400 匝, 二次侧 800 匝, 铁心净截面积 40cm^2, 当一次绕组接 50Hz、690V 电源时, 计算铁心内主磁通幅值和二次侧感应电动势有效值。

2-16 一台单相变压器, 额定容量 $S_N = 10.5$MV·A, 额定电压 $U_{1N}/U_{2N} = 35/6.6$kV, 额定频率 $f_N = 50$Hz, 铁心净截面积 $A_{Fe} = 0.160$m^2, 铁心最大磁密 $B_m = 1.40$T。试计算一、二次绕组串联匝数和每匝感应电动势有效值。

2-17 一台单相变压器, $U_{1N}/U_{2N} = 220/110$V, 当低压侧 ax 开路, 并在高压侧 AX 加额定频率 220V 电压时, 空载电流为 I_0, 主磁通为 Φ_m。现维持额定频率和主磁通 Φ_m 不变, 将 X 和 a 两端连在一起, 计算在 Ax 两端施加的电压和空载电流; 若将 X 和 x 两端连在一起, 计算在 Aa 端施加的电压和空载电流。

2-18 一台电压比为 8 的单相变压器, 额定频率 50Hz, 高压和低压侧的电阻分别为 0.9Ω 和 0.05Ω, 漏电抗分别为 5Ω 和 0.14Ω, 试确定低压侧短路, 高压侧电流额定 180A 时的电压与功率因数。

2-19 一台单相变压器额定数据: 220/440V, 30kV·A, 50Hz。空载试验一次侧加电压 220V, 电流 10A, 功率 700W, 频率 50Hz; 短路试验二次侧加电压 37V, 额定电流, 功率 1000W, 频率 50Hz。试确定:

(1) 等效电路参数;

(2) 计算额定负载功率因数 0.85 滞后或超前, 以及半载功率因数 0.85 滞后时对应的电压调整率和效率。

2-20 一台单相变压器, 额定容量 $S_N = 100$kV·A, 额定电压 $U_{1N}/U_{2N} = 6000/220$V, 频率 $f = 50$Hz, 一次和二次绕组的电阻与漏磁电抗分别为 $R_1 = 4.32$Ω, $R_2 = 0.0063$Ω, $X_1 = 8.9$Ω, $X_2 = 0.013$Ω, 试求:

(1) 折算到高压侧的短路电阻、短路电抗和短路阻抗;

(2) 折算到低压侧的短路电阻、短路电抗和短路阻抗;

(3) 将上面的参数用标幺值表示;

(4) 计算变压器稳态短路电流标幺值、短路电压百分比及其分量;

(5) 满载条件下, 分别计算功率因数 1.0、0.8 滞后和 0.8 超前 3 种情况的电压调整率, 并对计算结果加以讨论。

2-21 一台单相变压器, $S_N = 1000$kV·A, $U_{1N}/U_{2N} = 60/6.3$kV, $f = 50$Hz, 空载和短路试验结果见表 2-2。

表 2-2　空载和短路试验结果

试　验　名　称	电压/V	电流/A	功率/W	备　　注
空载	6300	19.1	5000	电压加在低压侧
短路	3240	15.15	14000	电压加在高压侧

试计算：

（1）折算到高压及低压侧的参数，假定折算后一、二次侧的电阻和漏电抗分别相同；

（2）画出折算到高压侧的"T"形等效电路；

（3）计算用标幺值表示的短路阻抗、短路电压百分数及其分量；

（4）计算满载及功率因数 0.8 滞后时的电压调整率及效率；

（5）计算功率因数 0.8 滞后时的最大效率与负载系数。

2-22　一台三相变压器，额定容量 $S_N = 5MV \cdot A$，额定电压 $U_{1N}/U_{2N} = 10/6.3kV$，Yd5 联结，频率 50Hz，二次侧接电容器用于无功补偿，忽略漏阻抗压降。

（1）画出联结组的接线图；

（2）计算满载、星形或三角形联结时的每相电容实际值和标幺值。

2-23　两台三相变压器并联运行，均为 Yd11 联结组，数据如下：

变压器Ⅰ：5600kV·A，6000/3050V，短路阻抗标幺值 0.055；

变压器Ⅱ：3200kV·A，6000/3000V，短路阻抗标幺值 0.055。

已知两台变压器的短路阻抗角相同，试求：空载时每一台变压器中的环流及其标幺值。

2-24　两台三相变压器，联结组 Yd11，额定电压 35/6.3kV。第一台额定容量 5600kV·A，短路阻抗标幺值 0.075；第二台额定容量 3200kV·A，短路阻抗标幺值 0.07。求：

（1）两台变压器并联运行，输出总容量为 6000kV·A 时，每台变压器承担的容量；

（2）任何一台变压器不过载的条件下，两台变压器能输出的最大容量及其利用率。

2-25　某变电站有 Yy0、额定电压 10/0.4kV 的三相变压器，经纯电阻可变负载试验测得其最大效率及相应的负载系数见表 2-3。

表 2-3　纯电阻可变负载试验结果

变压器	容　　量	短路电压	最　大　效　率	最大效率负载系数
T_1	1500kV·A	6.75%	96.0%	57.8%
T_2	1800kV·A	6.0%	96.3%	60.0%

试解下列各题：

（1）不允许超载，计算两台变压器并联时最大输出容量；

（2）负载功率因数 0.8 滞后，T_1 电流达 80% 额定，两台变压器并联供电，计算电站出线端的线电压和实际输出容量；

（3）负载要求容量 1080kV·A，功率因数 0.9 滞后，可采用单台变压器供电，试从节能角度论证应切除哪一台？正确切除对于错误切除每天可节约多少度电？切出一台后电站出线端电压是多少？

2-26　某工厂由于生产发展，用电量由 500kV·A 增加到 800kV·A，原有变压器额定容量 $S_N = 560kV \cdot A$，额定电压 $U_{1N}/U_{2N} = 6300/400V$，Yyn0 联结组，短路电压 5%。今有 3 台备用变压器如下：

变压器Ⅰ：$S_{N1} = 320kV \cdot A$，$U_{1N}/U_{2N} = 6300/400V$，Yyn0，$U_{k1} = 5\%$；

变压器Ⅱ：$S_{N2} = 240kV \cdot A$，$U_{1N}/U_{2N} = 6300/400V$，Yyn4，$U_{k1} = 5.5\%$；

变压器Ⅲ：$S_{N3} = 320kV \cdot A$，$U_{1N}/U_{2N} = 6300/440V$，Yyn0，$U_{k1} = 5.5\%$。

试求：

（1）在不允许任何一台变压器过载的情况下，选哪一台变压器进行并联最合适？

（2）如果负载再增加，要用 3 台变压器并联运行，再加哪一台合适？应如何处理？这时最大总负载容量是多少？各台变压器的负载容量如何分配？

2-27　一台三相心式变压器，Yy0 联结组，额定容量 2500kV·A，额定电压 6/0.4kV，短路电阻标幺值 $R_k^* = 0.01$，短路电抗标幺值 $X_k^* = 0.045$，正序励磁阻抗标幺值 $Z_m^* = 1 + j15$，零序励磁阻抗 $Z_{m0}^* = 1 + j6$。计算相间短路时的一、二次电流标幺值，二次侧各相电压标幺值，以及一次侧电压中性点移动的数值。

2-28　一台额定容量 $S_N = 31.5MV·A$、额定电压 $U_{1N}/U_{2N} = 400/110kV$、Yyn0 联结组的升压变压器，阻抗电压 $U_k = 14.9\%$，空载损耗 $p_0 = 105kW$，额定负载短路损耗 $p_{kN} = 205kW$。现改接成升压自耦变压器，电压比为 $U_{1a}/U_{2a} = 110/510kV$，试求：

（1）自耦变压器的额定容量、计算容量和传递容量；

（2）改接后在额定负载且功率因数 0.8 滞后时，变压器的效率比原来提高了多少？

（3）稳态短路电流比改接前大多少倍？又是额定电流的多少倍？

2-29　联结组为 Yd11 的三相降压变压器，每相绕组匝比为 9，变压器额定容量 120kV·A，在高压 A、B、C 端接额定线电压 6.3kV，进行如下试验：①低压端开路时输入电流为 1.65A；②低压端接三相对称纯电阻负载，发现半载时有最大效率且输出电压标幺值为 0.98；③低压端接纯电感负载，发现负载电流额定时输出电压标幺值为 0.92。

试解下列各题：

（1）等效电路参数标幺值；

（2）将低压端三角形联结绕组中性点拆开，再与高压端相应相绕组串联构成 Yy0 降压自耦变压器，现要求输出电压为 6.3kV，计算在输入端应施加的线电压，并求输出空载时输入端的电流；

（3）计算改接后自耦变压器的额定容量和短路阻抗标幺值。

2-30　一台单相三绕组变压器，容量 2.2kV·A，额定电压 220V，磁路线性，电阻相同，绕组 BY 与 CZ 全耦合。进行如下试验：①绕组 AX 开路，Y 和 Z 联结，$U_{BC} = 2.2V$，$I_{BC} = 5A$；②绕组 CZ 开路，X 和 Y 联结，$U_{AB} = 10.14V$，$I_{AB} = 5A$；③绕组 AX 和 BY 开路，X 和 Y 联结，$I_{CZ} = 0.2A$，$U_{AX} = 220V$，$U_{AB} = 0.22V$。试解下列各题：

（1）计算绕组漏阻抗参数、励磁电抗，画出变压器的"T"形等效电路；

（2）一次侧加额定电压，绕组 CZ 开路，BY 绕组电流额定功率因数 0.8 滞后，求 U_{BY} 和 U_{CZ}（忽略励磁电流）；

（3）若 Y 和 C 联结，改成容量 2.2kV·A、电压 220/440V 的单相升压变压器，求短路电压百分数及其分量；若负载电流标幺值为 0.9，功率因数 0.9 超前，计算电压调整率。

2-31　一台三相三绕组变压器，YNyn0d11 联结组，额定容量 $S_{1N}/S_{2N}/S_{3N} = 50/50/25MV·A$，额定电压 $U_{1N}/U_{2N}/U_{3N} = 110/38.5/11kV$，试验数据见表 2-4。（表中电流是加电压绕组中的电流，百分数是相对于该绕组的额定电流或电压而言的）

表 2-4　试验数据

试验	高压	中压	低压	电压（%）	电流（%）	总功率/kW
空载	开路	开路	加电压	100	0.8	62.6
短路 1	加电压	短路	开路	10.5	100	350
短路 2	加电压	开路	短路	8.75	50	80
短路 3	开路	加电压	短路	3.25	50	63.75

试求励磁支路前移的简化等效电路的参数，并画出等效电路。

2-32　一台三相三绕组变压器，额定容量 16/16/8MV·A，额定电压 110/38.5/11kV，YNyn0d11 联结

组。在低压侧绕组加额定电压做空载试验，空载线电流为21A，空载损耗为63kW；短路试验见表2-5。

表2-5　短路试验

电压加于绕组	短路绕组	线电压/V	线电流/A	三相功率/kW
低压绕组	高压绕组	616	421	41.6
低压绕组	中压绕组	352	421	42.2
中压绕组	高压绕组	7000	240	182

试求：

（1）折算到高压侧的变压器参数和等效电路；

（2）当中压绕组接上负载 $S_2 = 16\text{MV} \cdot \text{A}$，功率因数 0.8 滞后，电压 38.5kV，低压绕组接同步补偿机，$S_3 = 8\text{MV} \cdot \text{A}$ 且功率因数等于零（超前）时，高压绕组的电流、功率因数和变压器的效率。

2-33　额定容量 1MV·A，直流电压 20/10kV，额定频率 1kHz 的单相脉冲变压器，非晶合金磁心有效截面积 144cm²，磁感应强度幅值 0.825T。计算高、低压绕组的匝数、磁通幅值，画出磁通随时间变化的波形图。

第3章 交流电机的共性问题

交流电机是交流电能与机械能相互转换的装置，分为交流发电机和交流电动机两类。如果将交流电机作为黑匣子，外部通常有3个端口，两个电气端口和一个机械端口，如图3-1a所示。若两个电气端口都是交流端口，则称为交流异步电机，如图3-1b所示；若其中一个为交流端口而另一个为直流端口，则该交流电机为交流同步电机，如图3-1c所示。电气端口有电能的输入或输出，机械端口则有机械能的输入或输出，电能和机械能的转换是通过定、转子耦合磁场形成的电磁力或电磁转矩作用实现的。机械能主要以旋转机械传递，交流电机也以旋转电机为主。如图3-1所示，旋转电机的基本结构包括固定的定子、旋转的转子和两者之间的气隙。定、转子铁心采用高导磁硅钢片叠压而成，交流绕组安放在均匀分布的槽内，定子三相接线端联结到接线盒，通常按照星形或三角形联结。转子电气端口的电流通过非动力轴端的集电环和电刷接触实现输入或输出，如绕线转子异步电机和旋转电枢同步电机；或者内部自行闭合，如笼型转子绕组。绝大多数交流旋转电机是圆柱形径向磁场结构，也存在特殊的轴向磁场结构。旋转电机的显著特点是气隙磁场在圆柱坐标系中具有固有的周期性，非正弦波磁动势或磁场可以通过周期性分解获得一系列正弦波，因此无论是磁动势、感应电动势还是磁场都用一系列正弦波表示，以简化分析。

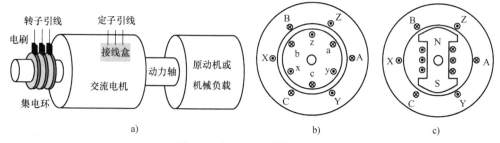

图3-1 交流电机结构示意图

本章主要阐述交流电机的共性问题。这里讨论4个基本问题：

1）如何获得三相对称绕组。介绍三相对称交流绕组的基本要求，利用槽矢量星形图确定绕组排列和联结规律。

2）如何分析三相对称绕组在对称电流下的气隙磁动势。利用线圈的波形函数分析一个线圈、极相组线圈、一相绕组和三相绕组的气隙磁动势合成。

3）如何分析交流电机中对称绕组对称电流产生的磁场，以及削弱谐波磁场的方法。

4）如何计算正弦波气隙磁场下对称绕组的感应电动势，分析交流绕组削弱谐波电动势的方法。

3.1 交流电机的绕组

第1章中已经利用虚位移原理计算了旋转电机定、转子正弦波气隙磁场产生的电磁转矩，结果表明旋转电机能够稳定运行的前提条件是要求定、转子磁场在气隙空间具有相同的极对数和相同的旋转速度，这样定、转子磁场才能形成稳定的电磁转矩。

交流发电机由原动机输入机械功率，输出交流电功率；交流电动机输入交流电功率，输出机械功率给机械负载。无论是交流发电机还是交流电动机，都存在交流电能的输入或输出，而完成交流电能输入或输出的绕组是电气部分的核心，交流电机中实现交流电磁能量转换的绕组称为电枢绕组，电枢绕组和安放电枢绕组的铁心统称为电枢。

交流发电机要产生同一频率的对称交流电压和电流，输出交流电能，绕组内部必须有所需频率的感应电动势，但各相感应电动势必须对称，以满足对称负载时的电压对称，而要形成同一频率的正弦对称感应电动势，必须要有同一频率变化的磁场和按照一定规律联结的空间对称分布的绕组。

交流电动机需要在输入正弦对称交流电压的条件下，形成同一频率的正弦对称交流电流，交流绕组的电流产生同一频率变化的旋转磁场，感应出相同频率的电动势。

由此可见，交流对称绕组内部必须要有同一频率变化的对称电动势、对称电流和旋转磁场，而这三者是相互关联的。

对于恒定直流电流产生的磁场是恒定的，在静止的绕组中不会感应电动势，但如果恒定直流电流产生的磁场位于旋转的磁性媒质中，那么空间磁场是旋转的，如图 3-1c 所示。对于 $2p$ 极磁场旋转一周，在静止的定子绕组中感应电动势变化 p 周期，因此转子或旋转磁场每分钟转速 n_1 与定子绕组感应电动势频率 f_1 满足

$$n_1 = \frac{60f_1}{p} \tag{3-1}$$

因此交流电枢位于定子必须具有同步速 n_1 旋转的磁场。反过来，定子恒定磁场、转子交流电枢必须是同步速旋转的，这是同步电机机械转速与电气频率满足的基本关系。

如果定、转子都是交流电枢，如图 3-1b 所示，那么气隙磁场相对于定子是同步旋转的，转子转速 n 就不能是同步速 n_1，否则转子绕组不能感应电动势。转子交流电枢感应电动势的频率 f_2 取决于转子与磁场相对转速或转差，转子转速与定、转子绕组频率满足

$$n = \frac{60(f_1 - f_2)}{p} \tag{3-2}$$

这是异步电机机械转速与电气频率满足的基本关系。它适合定、转子绕组相序一致、极对数相同且均匀分布的各种旋转电机，对称电流正相序频率为正，否则频率为负。

3.1.1 交流电枢绕组的基本要求

1. 基本概念

（1）极对数

磁极总是成对出现的。极对数是交流电机气隙磁场的周期数，用符号 p 表示。交流电机的极数是设计好的，即定、转子绕组产生的磁场极对数必须相同，具体根据交流绕组的电流频率和磁场相对电枢运行转速来确定。

（2）机械角度与电气角度

旋转电机因结构具有周期性而被广泛采用。旋转电机一个圆周角是 360° 机械角度，即机械角度是电机实际几何角度。如果电机具有 p 对磁极，那么从磁场的角度来看，一个圆周

磁场要经历极对数 p 次重复，即一个圆周磁场有 p 个周期，一个周期的电气角度是360°，一个圆周相当于 $p \times 360°$ 电气角度。因此电气角度 θ_e 等于机械角度 θ_m 与极对数 p 的乘积

$$\theta_e = p \times \theta_m \tag{3-3}$$

式（3-3）两边对时间求导数可得电气角速度与机械角速度、电气角加速度与机械角加速度的关系。为方便起见，电气角度简称为电角，电气角度符号下标省略，相应地电气角度单位称为电角度或电弧度。

（3）相数

相数是交流电机绕组空间划分成独立而对称的若干部分，用符号 m 表示。交流电机是交流电能与机械能相互转换的装置，承载交流电能的导体组成交流绕组。常用的交流绕组采用三相对称结构，即交流绕组空间分为完全相同的3部分，6个出线端在接线盒内，可以根据需要对称地联结成星形或者三角形，最后3根引出线与外电路连接。

（4）槽数

槽数是交流电机铁心冲片沿圆周均匀冲剪、用来安放绕组有效长度部分的空间个数，如图 3-2 所示，槽数等于齿数，用符号 Z 表示。根据对称性要求，多相对称绕组的槽数必须是相数的整数倍，即 Z/m = 整数。交流电机的电枢铁心沿气隙圆周开有均匀分布的齿槽，交流电机的交流绕组安放在铁心的槽内，而绕组需要承受一定的电压，因此槽内每个导体表面要绝缘，不同导体组成的线圈要包扎绝缘带，不同线圈之间、线圈与铁心槽壁之间都要垫绝缘材料，分别称为匝绝缘、线圈绝缘、层间绝缘和槽绝缘。每个槽口处要用槽楔固定，以免在电磁力或机械离心力作用下导体脱离槽口。铁心两端的绕组也要有相应的绝缘隔离，并且需要绑扎固定。

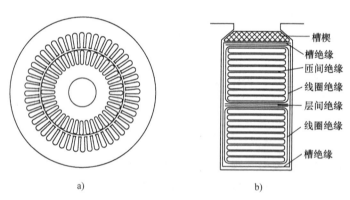

a)   b)

图 3-2　电机齿槽和槽内线圈绝缘结构

（5）每极每相槽数

每极每相槽数是交流电机电枢每一个磁极下每相平均可分配的槽数，用符号 q 表示，即 $Z = 2mpq$。每极每相槽数 q 为整数的交流绕组称为整数槽绕组，否则称为分数槽绕组。

（6）极距

极距是电枢沿圆周表面一个磁极的长度，用符号 τ 表示，当定子电枢内径为 D_a 时，极距 $\tau = \pi D_a / (2p)$。有时极距也用槽数除以极数表示，即 $\tau = Z/(2p)$。前者具有长度单位，后者是无量纲的量。一个极距对应的电角度总是 π，这在长度与角度转换计算磁通量时很有用。

（7）线圈

线圈是绕组的基本元件，每相绕组由线圈组成，一个线圈占据两个槽，线圈在电枢铁心槽内的部分称为线圈的有效边，因此每个线圈具有两个线圈边。线圈在槽外的部分称为线圈端部，起联结两个线圈边的作用，每个线圈具有两个端部，线圈的起始和结束部分导体位于同一个端部，称为引出线或端接线，如图3-3所示。两引出线间距小于极距的线圈称为叠式线圈，两引出线间距接近两倍极距的称为波式线圈。双层绕组线圈的一个有效边靠近槽口称为上层边，另一个有效边靠近槽底称为下层边。

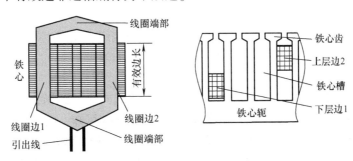

图3-3　线圈

线圈在槽内的有效边承担机电能量转换的作用，而线圈端部不承载机电能量转换的有效电功率，但产生漏磁场、漏电抗压降、无功损耗、端部绕组电阻压降和有功损耗。槽内有效部分也会产生槽漏磁场、槽漏电抗、无功损耗、槽内导体电阻压降和有功损耗。此外，绕组还会产生谐波磁场、差漏电抗和无功损耗。

（8）节距

节距是线圈两个有效边沿圆周跨过的槽数，用符号 y 表示，图3-3中的线圈节距 $y=3$。当节距 $y=1$ 时，交流绕组称为集中绕组，而 $y>1$ 时则称为分布绕组。当每个线圈的节距满足 $y=\tau$（极距用槽数表示）时，电枢绕组称为整距绕组，当 $y<\tau$ 时称为短距绕组，否则 $y>\tau$ 称为长距绕组。整距绕组满足线圈两个边的跨距是一个极距，槽数是极数的整数倍，因此用槽数表示的极距为整数。由于短距绕组比长距或整距绕组节省端部用铜量，因此除了只能采用整距绕组和特殊情况外，一般电机都采用短距绕组。

（9）节距系数

节距系数是节距与极距之比，用符号 β 表示，$\beta=y/\tau$，它是一个无量纲量。

（10）槽间电角

槽间电角是电枢铁心相邻两个槽沿圆周方向的角度，通常用电气角 α 表示，$\alpha=2\pi p/Z$。对于三相对称绕组来说，$q\alpha=\pi/m=\pi/3$，这是恒定的。

（11）相带

相带是每一个磁极下每相绕组沿圆周连续占据的空间电气角度。以360°电角为周期的整数槽空间，如图3-1b所示，三相对称绕组要求A相在空间 θ 电角位置有导体，该相在 $\theta+$ 180°电角位置也有导体，相应地B相分别应在 $\theta+120°$ 和 $\theta+300°$ 电角，C相分别应在 $\theta+$ 240°和 $\theta+60°$ 电角位置有与A相相同数量的导体分配，即三相空间互差120°电角，具有位置对称性。通常每相一对磁极下具有相差180°电角的两个相带，因此三相对称一对磁极下就有6个相带，即60°相带，各个相带沿圆周依次命名为AZBXCYA…，此外，三相绕组每相在一对磁极下只有一个相带的称为120°相带。多相对称绕组通常采用 $180°/m$ 电角相带绕组。

（12）相序

相序是各相绕组电流时间相位超前与滞后的关系顺序，超前是指相位差在正的 0° 与 180° 之间，滞后是指相位差在负的 180° 与 0° 之间，相位差为 0° 称为同相，而相位差为 180° 称为反相。如三相电流中 A 相超前 B 相 120°，B 相超前 C 相 120°，那么相序是 ABC，称为正相序或正序，反之则是滞后关系，称为负相序或负序。若三相同相位，则称为零序。

2. 基本要求

在讨论交流绕组的基本要求之前，先了解一相简单绕组电流产生的磁场磁极分布，以及如何逼近正弦旋转磁场。

（1）电流产生的磁场

磁场的场源是电流，根据右手定则可以定性分析电流产生的磁场分布。图 3-4 表示产生不同极对数磁场的均匀分布的一相绕组及其电流。由图 3-4 可知，电流产生的磁场在铁心外部的磁感应线由 N 极指向 S 极，铁心内部则由 S 极指向 N 极，线圈中间点画线位置是磁极中心。显然，图 3-4a 和 c 产生一对磁极，图 3-4b 为两对磁极，但整距线圈 AX 产生的磁通量比总安匝数相同的两个短距线圈 A_1X_1 和 A_2X_2 产生的磁通量要大，因此交流电枢绕组的线圈节距尽可能等于或接近整距。图 3-4 中每个线圈可以看成是空间具有相同电流的若干相邻线圈的等效线圈，即交流电枢绕组的线圈空间是分布的，可以提高空间利用率。

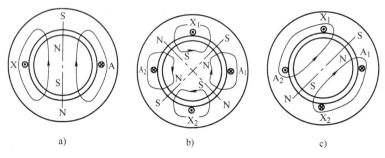

图 3-4　电流产生磁场

由此得到重要结论：每相绕组要产生 $2p$ 个均匀分布的磁极，必须要有均匀分布的 $2p$ 组导体，且相邻导体总电流相同而电流方向相反，根据电流连续导体可以组成线圈。磁场空间位置相对绕组是静止的，但强度随电流大小变化，极性随电流流向变化。尽管这样的电流产生的磁场空间不是正弦波分布，但利用周期信号的傅里叶分解，磁场的主要部分是 p 对磁极基波分量。因此希望通过多相对称绕组设计，使得基波磁场叠加而谐波磁场得到削弱。

（2）正弦旋转磁场的对称分解

前面分析了如何利用空间电流产生 $2p$ 个均匀分布的磁极，现在要分析如何形成正弦波旋转磁场。假设旋转电机的径向气隙均匀且很小，铁心相对磁导率无穷大，气隙磁场空间正弦分布且随时间交变角频率为 ω_1，气隙圆周空间位置用电角 θ 表示，这样极对数是任意的，那么幅值 H_m 的正弦波径向磁场强度可以表示为

$$h(\theta,t) = H_m\cos(\omega_1 t - \theta) \tag{3-4}$$

如果磁场由定子产生，通过计算径向磁场的旋度得到空间沿轴向的电流密度分布

$$J = \nabla \times (a_r h(\theta,t)) = -a_z \frac{\partial h(\theta,t)}{r\partial\theta} = a_z \frac{H_m}{r}\cos(\omega_1 t - \theta + \pi/2) \qquad (3\text{-}5)$$

式中，a_r 和 a_z 为径向和轴向单位矢量；r 为气隙圆周离轴线的距离，极对数为 1。

式（3-5）表明要产生空间正弦分布的旋转磁场，任意时刻电流密度在气隙空间沿周向必须正弦分布，而且电流密度幅值位置随时间同步旋转，磁场最强的位置电流密度为零，而电流密度最大的位置磁场强度为零。因为导体不可能填满气隙，这样理想的正弦波旋转磁场只能近似逼近，因此工程现实要求径向磁场空间周期分解后的基波幅值满足旋转电机设计要求，而谐波幅值尽可能小，即需要削弱甚至消除谐波，尤其是低次谐波。为此采用分相逼近理想磁场的方法，对于任意大于 2 的正整数 m，由三角函数积化和差公式得到

$$2\cos(\omega_1 t - 2k\pi/m)\cos(\theta - 2k\pi/m) = \cos(\omega_1 t - \theta) + \cos(\omega_1 t + \theta - 4k\pi/m) \qquad (3\text{-}6)$$

其中，$k = 1，\cdots，m$。

于是，将式（3-6）的 m 项对应求和，可得到式（3-4）气隙磁场的另一种表达形式

$$h(\theta,t) = \sum_{k=1}^{m} \frac{2}{m} H_m \cos(\omega_1 t - 2k\pi/m)\cos(\theta - 2k\pi/m) \qquad (3\text{-}7)$$

式（3-7）表明，一个正弦波旋转磁场可以由任意 m 个脉振磁场叠加而成，这 m 个脉振磁场幅值空间位置固定且均匀分布，$\theta = 2k\pi/m$，产生各磁场的电流源随时间按照相同角频率 ω_1 正弦变化，且时间相位差也均匀分布。时间相位依次相差 $2\pi/m$，空间相位也依次相差 $2\pi/m$ 的 m 个正弦时变脉振磁场叠加可以产生旋转的气隙磁场，其中 m 称为相数。

由此得到重要结论：由时间和空间具有相同相位差 $2\pi/m$ 均匀分布的 m 相对称绕组流过对称电流可以形成顺相序的旋转磁场。图 3-1b 中定子或转子空间各有 3 个对称线圈分别构成最简单的三相对称绕组，当三相绕组流过幅值和频率相同而相位互差 120° 的对称电流时，空间产生顺电流相序的基波旋转磁场。如果定子电流相序是 ABC，那么定子基波磁场逆时针旋转，沿磁场转向的空间电角是滞后的，逆磁场转向的空间电角则是超前的。电流负相序相当于正相序电流时变角频率为负值，磁场转向也相反，但仍与相序一致。

（3）基本要求

交流绕组的基本要求与电力系统有关，在对称交流电力系统中，要求各电气量是频率恒定的正弦量。第 1 章中已经提到交流电机的磁场相对交流绕组是运动的，因此交流电机无论是用作发电机还是电动机，其交流绕组都应该满足电压、电流和感应电动势是同频率的正弦量。也就是说，交流绕组中的磁链和磁通要求是正弦变化的，气隙磁场和气隙磁动势应该是正弦分布的。

交流电机内部电磁关系如图 3-5 所示，对称交流绕组在外部对称电压作用下产生对称正弦电流。对称正弦电流通过对称交流绕组能形成正弦旋转磁动势和磁场。正弦旋转磁场作用在对称交流绕组上可以产生对称感应电动势，对称感应电动势作用在内部对称负载上也可获得对称正弦电流。对称正弦电流流过外部对称负载形成对称电压。最简单的三相对称绕组通过分布变为实际三相对称分布绕组，而实际三相对称分布绕组通过等效化为最简单的三相对称绕组，这是本章分析过程的出发点和归宿。

根据对称性、周期性、正弦性、经济性和安全性，交流绕组的基本要求归纳如下：

1）在对称正弦电压作用下能产生对称正弦电流，因此各相阻抗相同或空间对称。

2）在正弦磁场作用下能产生对称正弦感应电动势，因此绕组空间对称，三相相位互差

120°电角，绕组串联匝数相同。

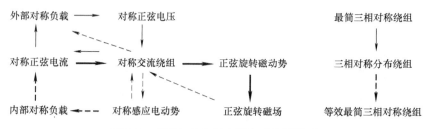

图 3-5 交流电机电枢内部电磁作用关系

3）三相绕组在对称正弦电流作用下能产生旋转磁动势与磁场，且单位电流磁动势基波幅值最大，谐波含量尽可能小，削弱甚至消除低次谐波磁动势。

4）在外部谐波磁场作用下，绕组产生感应电动势的谐波尽可能小，削弱甚至消除低次谐波电动势。

5）交流绕组的绝缘可靠且散热性能好。

6）交流绕组结构简单，制造工艺简便且易于维护和保养。

（4）交流绕组的分类

交流绕组有按照相数、层数、极相组槽数、线圈形式和制作工艺等多种分类方式。如相数有单相、两相、三相和多相绕组；层数有单层、双层、多层和单双层绕组；每极每相绕组槽数有整数槽和分数槽绕组，集中绕组和分布绕组；线圈形式有叠绕组、波绕组和同心式绕组等；制作工艺有印制绕组、散嵌绕组、成型绕组和线棒绕组等。

3.1.2 三相对称绕组的排列

交流电机电枢铁心由硅钢片叠压而成，圆周上均匀分布相同的齿槽，如图 3-2a 所示，电枢绕组安放在槽内，铁心既是固定绕组的机械结构，也是电机磁路的一部分。电枢绕组的排列规律是根据电机极对数、槽矢量星形图和相带确定的。对于三相对称电枢绕组，将空间分为完全相同的 3 部分，每一部分构成一相，具体到每极每相一个相带，即一对磁极 360°电角的 1/6，按照 60°相带分配，线圈形式或端部联结方式根据节省材料和便于加工的原则设计。

1. 槽矢量星形图

由于电枢绕组的有效线圈边安放在空间均匀分布的槽内，如果沿逆时针方向对每个槽进行编号 1，2，…，Z，那么对于 p 对磁极的交流电机，沿电枢表面圆周有 $p \times 360°$ 电角度，各槽空间位置是沿轴向和径向开设且各槽沿周向分布，可以用二维单位矢量表示各槽空间位置，其中矢量的方位角度用槽分布的电角度表示，这些矢量在二维空间是均匀分布的，称为槽矢量星形图，它是多相绕组对称性设计的基础。

不难发现，当槽数 Z 与极对数 p 的公约数为 t 时，说明电机槽空间电角度存在 t 个周期，每个周期有 Z/t 个槽，即槽矢量星形图上有 Z/t 个均匀分布的槽矢量，每个矢量代表 t 个空间相差 $p \times 360°/t$ 电角的槽矢量，即依次相差 Z/t 个槽号的槽矢量，t 称为槽矢量重复数。相邻槽矢量之间的夹角为 $t \times 360°/Z$ 电角。要获得三相对称绕组，$Z/(tm)$ 必须是整数，即槽矢量星形图能均匀分成相数 m 部分。

在正弦旋转气隙磁场作用下，槽内导体的感应电动势按照正弦规律变化，它们的幅值和频率相同，而相位依次相差槽间电角，因此所有槽导体电动势可以用时间相量在复平面上表示，当正弦气隙磁场逆时针旋转时，随着槽号增加，槽内导体电动势的相位依次滞后，这些槽电动势相量构成辐射状的星形图，称为槽电动势星形图。

因此，槽矢量星形图也可以理解为复平面上槽空间位置导体在基波旋转磁场下感应电动势的相位关系图，旋转磁场幅值和转速恒定时各导体感应电动势的幅值相同。

例题 3-1 三相 12 槽电枢铁心，确定两极和四极电枢绕组的槽矢量星形图。

解： 以 1 号槽矢量为零相位参考位置，第 k 个槽的槽矢量用复数表示为 $e^{j(k-1)p\pi/6}$。

两极电枢绕组：$Z = 12$，$p = 1$，$t = 1$，$q = 2$，槽矢量星形图上有 12 个均匀分布的空间位置矢量，每相获得 4 个槽号，如图 3-6a 所示。

四极电枢绕组：$Z = 12$，$p = 2$，$t = 2$，$q = 1$，槽矢量星形图上有 6 个均匀分布的矢量，每个矢量代表相差 6 个槽号的两个槽矢量，每相同样获得 4 个槽号，如图 3-6b 所示。

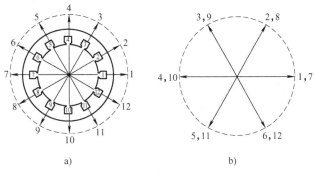

图 3-6 三相 12 槽矢量星形图
a）两极 b）四极

图 3-6a 每两对槽矢量相位反相，每相最多有两条并联支路。图 3-6b 每相四个槽矢量相位相同或相反，每相最多有 4 条并联支路。

2. 相带划分

对于基波气隙磁场来说，相邻槽的导体电动势相量相差一个槽间电角，而对于谐波来说则相差槽间电角的谐波次数倍。需要注意的是，对于整数槽绕组，相邻槽矢量的相位差一个槽间电角，而分数槽绕组的槽矢量星形图中相邻槽矢量之间的夹角比槽间电角小。

以某一位置作为空间参考位置（通常是某槽中心位置）0°，各槽中心按照逆时针方向用电角度表示，并以 360° 电角为周期，这样三相对称绕组 60° 相带有 6 个相带 A、Z、B、X、C 和 Y，按照槽矢量相位角进行各相带槽分配的原则如下：

A 相带槽矢量相位：[0°,60°) 电角范围，如图 3-6a 中槽 1 和 2；

Z 相带槽矢量相位：[60°,120°) 电角范围，如图 3-6a 中槽 3 和 4；

B 相带槽矢量相位：[120°,180°) 电角范围，如图 3-6a 中槽 5 和 6；

X 相带槽矢量相位：[180°,240°) 电角范围，如图 3-6a 中槽 7 和 8；

C 相带槽矢量相位：[240°,300°) 电角范围，如图 3-6a 中槽 9 和 10；

Y 相带槽矢量相位：[300°,360°) 电角范围，如图 3-6a 中槽 11 和 12。

这种 60° 相带槽分配原则也适用于分数槽绕组。

对于单层绕组来说，一个线圈边占据一个槽，极距必须是整数槽，线圈节距等于极距，共有 $Z/2$ 个线圈，因此槽数必须是偶数，三相槽数必定是 6 的倍数，各相相差 180° 电角的两个相带线圈边构成一相，如 A 相带和 X 相带构成 A 相，B 相带和 Y 相带构成 B 相，C 相带和 Z 相带构成 C 相。图 3-6a 单层线圈每相两个线圈只能串联，图 3-6b 单层线圈每相两个线圈可串联或并联，因此单层绕组的最大并联支路数为极对数 p。单层绕组散嵌线圈可以实现自动化绕线。

对于双层绕组来说，一个线圈的两个边分别位于不同的槽内，一个边在一个槽的上层而另一个边在另一个槽的下层，共有 Z 个线圈，因此各相根据上层边相差 180° 电角的两个相带线圈构成一相，下层边则根据线圈节距属于线圈上层边相差 180° 电角的相带。图 3-6a 双层线圈每相 4 个线圈可有两条并联支路，图 3-6b 双层线圈每相 4 个线圈可有 4 条并联支路，因此双层绕组的最大并联支路数为 $2p$。双层叠绕组需要人工嵌线。

三相对称整数槽绕组，p 对极，每极每相槽数 q，槽矢量重复数 $t = p$，一对极 6 个相带依次是 AZBXCY，设 1 号槽为 A 相第一个槽，那么各相或相带的槽号分配规律如下：

A 相带槽号：$6q(k-1) + 1$，$\cdots$，$6q(k-1) + q$，$k = 1$，$\cdots$，p；

Z 相带槽号：$6q(k-1) + q + 1$，$\cdots$，$6q(k-1) + 2q$，$k = 1$，$\cdots$，p；

B 相带槽号：$6q(k-1) + 2q + 1$，$\cdots$，$6q(k-1) + 3q$，$k = 1$，$\cdots$，p；

X 相带槽号：$6q(k-1) + 3q + 1$，$\cdots$，$6q(k-1) + 4q$，$k = 1$，$\cdots$，p；

C 相带槽号：$6q(k-1) + 4q + 1$，$\cdots$，$6q(k-1) + 5q$，$k = 1$，$\cdots$，p；

Y 相带槽号：$6q(k-1) + 5q + 1$，$\cdots$，$6q(k-1) + 6q$，$k = 1$，$\cdots$，p。

三相对称整数槽绕组的槽矢量星形图包含 $6q$ 个均匀分布的槽矢量，每个槽矢量位置有极对数 p 个重叠的槽矢量，相邻槽矢量间隔一个槽间电角，连续 q 个槽矢量属于一个相带，这种绕组不仅三相对称，每相每极也是对称的，称得上是具有完全对称性的绕组。

3. 线圈联结

（1）三相对称绕组

考虑径向磁场三相交流旋转电机，最简单的三相对称绕组是电枢铁心表面每极每相一个齿槽，p 对磁极电机具有 $6p$ 个均匀分布的齿槽，每相 $2p$ 个齿槽，相邻齿槽跨距 60° 电角，一相绕组线圈跨距 180° 电角，三相空间对称分布互差 120° 电角。每相每对磁极一个线圈，p 对磁极相差 360° 电角的线圈可以串联或者并联。按照先串联后并联的原则构成并联支路时，并联支路数 a 必须满足 $p/a =$ 整数。尽管最简单三相对称绕组在正弦波磁场下产生的感应电动势对称，但存在的问题是在谐波磁场下也产生谐波感应电动势，在对称正弦电流下除了产生基波磁动势，还产生一系列谐波磁动势，无论是谐波感应电动势还是谐波磁动势，都无法通过自身绕组结构加以削弱或消除，这对三相交流电机运行都是十分不利的。此外，每极每相只有一个齿槽，对于绝大多数电机来说空间利用率不足，因为导体空间分布越接近正弦越有利于改善电机性能。

除了特殊绕组结构（包括分数槽绕组）的电机以外，绝大多数整数槽绕组的每极每相槽数都大于 1，即增加电枢铁心表面分布的齿槽数。

单层整数槽整距绕组的特点是线圈节距等于极距。双层整数槽短距绕组可以看成是上下两个单层整数槽整距绕组空间错开一个角度（极距与节距之差对应的空间角）。

假设电机具有 $2p$ 个磁极，电枢铁心具有 Z 个槽，每极每相槽数 q 为整数，相邻槽间电角度为 α，极距为 τ。在正弦基波旋转磁场作用下，每个槽内导体感应电动势将按照正弦规律变化，幅值相同，而相位相差一个槽间电角，因此所有槽内导体电动势相量构成槽电动势相量星形图。

对于最简单的三相对称绕组，每极每相 1 个槽，$2p$ 个磁极的槽电动势相量图中每个相

量位置包含 p 个相量，因此每相有 p 个完全相同的线圈，它们可以串联或者并联，但并联支路数 a 与极对数 p 必须满足 p/a 为整数，这是因为并联支路电动势必须相同以避免产生内部环流，同时必须保证每条支路通过的电流能力相同。当每极每相具有 q 个槽时，极相组含有 q 个线圈串联，因为电动势相差一个槽间电角。单层线圈每对磁极含有 q 个线圈，每相总共含有 pq 个线圈，而双层绕组每极含有 q 个线圈，每相总共含有 $2pq$ 个线圈。N 与 S 不同磁极下线圈的电动势相位相反，N 或 S 相同磁极下线圈的电动势相位相同。

例题 3-2　三相四极 36 槽双层绕组，节距 $y = 7$，画出 A 相绕组展开图。

解： $m = 3$，$2p = 4$，$Z = 36$，$t = 2$，$q = Z/2pm = 3$，$y = 7$，$\tau = Z/2p = 9$，$\alpha = p \times 360°/Z = 20°$，槽分配见表 3-1。

由表 3-1 可知，一个磁极下有 9 个槽，每相 3 个槽，一对磁极 18 个槽完成 360° 电角，形成两个重复的槽矢量星形图，如图 3-7a 所示。A 相带上层边槽号分别为 1、2、3 和 19、20、21；X 相带槽号分别为 10、11、12 和 28、29、30。4 个相带空间分别错开 180° 电角。

因为是短距绕组，节距 $y = 7$，所以 A 相带下层边槽号分别为 8、9、10 和 26、27、28；X 相带下层边槽号分别为 18、19、20 和 35、36、1。这样槽 1 上层边和槽 8 下层边构成一个叠线圈。同样地，槽 2 上层边和槽 9 下层边构成一个叠线圈，槽 3 上层边和槽 10 下层边构成一个叠线圈，这 3 个叠线圈依次串联构成第一对磁极下的 A 相正极相组线圈，引出线为 A_1 和 X_1。第一对磁极下负极相组线圈的引出线为 A_2 和 X_2。第二对磁极下正、负极相组线圈的引出线分别为 A_3 和 X_3、A_4 和 X_4，槽矢量或槽电动势时间相量如图 3-7b 所示。

A 引出线称为首端，X 引出线称为尾端，即首端都为同名端，尾端也都为同名端。A 相绕组展开图如图 3-7c 所示。B 相和 C 相绕组展开图可以将 A 相绕组展开图分别向右移动 120° 和 240° 电角或者 6 个和 12 个槽获得，不再赘述。

表 3-1　三相四极 36 槽绕组槽分配

	槽号	1	2	3	4	5	6	7	8	9
第一个磁极	槽相位	0°	20°	40°	60°	80°	100°	120°	140°	160°
	相带	A	A	A	Z	Z	Z	B	B	B
	槽号	10	11	12	13	14	15	16	17	18
第二个磁极	槽相位	180°	200°	220°	240°	260°	280°	300°	320°	340°
	相带	X	X	X	C	C	C	Y	Y	Y
	槽号	19	20	21	22	23	24	25	26	27
第三个磁极	槽相位	0°	20°	40°	60°	80°	100°	120°	140°	160°
	相带	A	A	A	Z	Z	Z	B	B	B
	槽号	28	29	30	31	32	33	34	35	36
第四个磁极	槽相位	180°	200°	220°	240°	260°	280°	300°	320°	340°
	相带	X	X	X	C	C	C	Y	Y	Y

A 相绕组的 4 个极相组线圈的联结方式根据并联支路数确定。主要有以下 4 种方式：

1）将首端与尾端依次联结成一条串联支路（A_1-X_1-A_2-X_2-A_3-X_3-A_4-X_4）的 A 相绕组。

2）首端与首端联结，尾端与尾端联结，所有 A 引出线连在一起（$A_1A_2A_3A_4$），所有 X 引出线连在一起（$X_1X_2X_3X_4$），形成 4 条并联支路（$A_1A_2A_3A_4$-$X_1X_2X_3X_4$）的 A 相绕组。

3）先将两个极相组线圈首端与尾端串联联结（A_1-X_1-A_2-X_2，A_3-X_3-A_4-X_4）形成两条串联支路，再将两条支路的首端与首端、尾端与尾端联结在一起（A_1A_3-X_2X_4）形成两条并联支路的 A 相绕组。

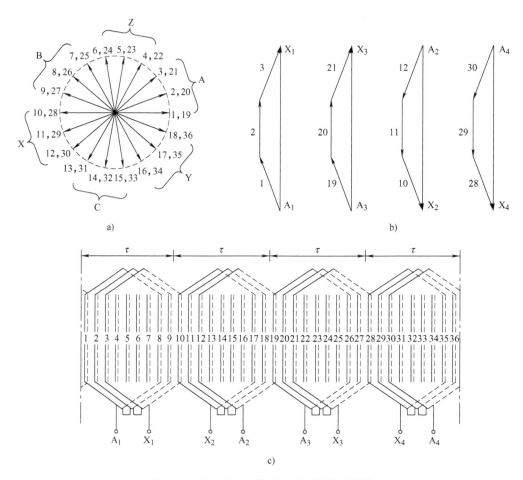

图 3-7　三相四极 36 槽双层短距绕组的联结

4）先将两个极相组线圈的首端与首端、尾端与尾端联结，分别形成两条并联支路，如（A_1A_2-X_1X_2，A_3A_4-X_3X_4），再进行串联（A_1A_2-X_1X_2-A_3A_4-X_3X_4），同样形成两条并联支路的 A 相绕组。

为了获得三相对称绕组，B 相和 C 相绕组的联结方式必须与 A 相相同。

简单三相对称绕组的相间联结可以是星形，即将三相最终引出线的尾端 X、Y 和 Z 连在一起，而引出线首端 A、B 和 C 端引出。也可以联结成三角形，即将三相最终引出线的首端与尾端依次联结 A-X-B-Y-C-Z-A，并将首端 A、B 和 C 引出。

整数槽双层绕组的并联支路数 a 与极对数 p 满足 $2p/a =$ 整数，最大并联支路数为 $a = 2p$。

整数槽单层绕组的并联支路数 a 与极对数 p 满足 $p/a =$ 整数，最大并联支路数为 $a = p$。

每极每相槽数 $q = N/D$ 的分数槽双层绕组，并联支路数 a 与极对数 p 满足 $2p/(Da) =$ 整数，最大并联支路数为 $a = 2p/D$。

例题 3-3　画出小功率异步电动机定子三相两极 12 槽单层整距与短距（$y = 5$）绕组展开图。

解：由例题 3-1 可知，$m = 3$，$p = 1$，$Z = 12$，$q = 2$，$\tau = 6$，$\alpha = 30°$。

根据例题 3-1 给出的槽矢量星形图，单层绕组 A 相槽号分别为 1、2、7、8；B 相槽号分别为 5、6、11、12；C 相槽号分别为 9、10、3、4；三相空间依次错开 120° 电角。

整距绕组线圈联结如图 3-8a 所示，A 相绕组（1-7，2-8），B 相绕组（5-11，6-12），C 相绕组（9-3，10-4）。

短距绕组线圈联结如图 3-8b 所示，A 相绕组（2-7，8-1），B 相绕组（6-11，12-5），C 相绕组（4-9，10-3）。

可以发现，整距单层绕组的端部不是均匀交叉，线圈组内线圈间联结线较短，而短距单层绕组的端部是均匀交叉，线圈组内线圈间联结线较长。因此，单层绕组能否采用短距需要结合具体问题，这类小功率异步电动机采用省材料且性能好的短距绕组（图 3-8b）。

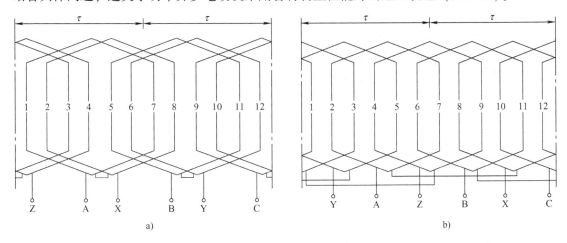

图 3-8　三相两极 12 槽单层绕组展开图

例题 3-4　三相四极 15 槽，节距 $y = 3$，画出槽矢量星形图和双层短距绕组展开图。

解：$m = 3$，$2p = 4$，$Z = 15$，$t = 1$，$q = Z/2pm = 1.25 = N/D$，分数槽绕组，$N = 5$，$D = 4$，极距 $\tau = Z/2p = 3.75$，$\alpha = p \times 360°/Z = 48°$，$y = 3$，槽矢量星形图如图 3-9a 所示，15 个槽矢量空间均匀分布，相邻槽矢量电角度为 24°，槽间电角为 48°。

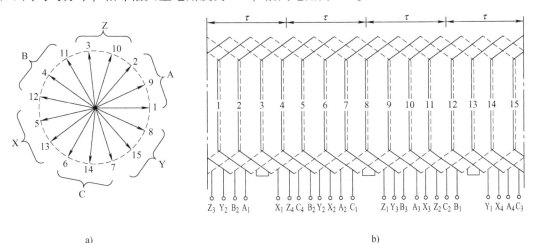

图 3-9　三相四极 15 槽双层绕组展开图

每相5个槽在4个磁极下分4个相带，A相带第一对极槽号1、2，第二对极槽号9；Z相带槽号3、10；B相带槽号4、11、12；X相带槽号5、13；C相带槽号6、7、14；Y相带槽号8、15。

因为$N=5$，$D=4$，所以$N=5$个线圈分别位于$D=4$个不同的磁极下，将N尽可能均匀地分配成D组，即2111构成D个独立部分，即四组，其中两个连续槽的线圈串联构成一组，其余3个分离线圈各构成一组，这5个线圈所在空间相位既不相同也不相反，因此只能串联。

每相引出线首端与尾端相连，只有$2p/D=1$条支路，如A相A_1-X_1-A_2-X_2-A_3-X_3-A_4-X_4，而B相（B_1-Y_1-B_2-Y_2-B_3-Y_3-B_4-Y_4），C相（C_1-Z_1-C_2-Z_2-C_3-Z_3-C_4-Z_4），如图3-9b所示。

（2）笼型绕组

异步电机转子绕组常采用结构简单的笼型绕组，转子齿槽均匀分布，槽内插入导条，转子铁心两端分别用短路圆环与导条焊接。或者采用浇铸铝的方式，槽内充满铝，铁心两端浇铸成压紧铁心的短路圆环，并在端环上形成风扇叶片，电机运行时作为冷却风扇起通风冷却作用。笼型绕组是多相对称绕组，没有固定极对数，必须根据定子磁场极对数确定笼型绕组的极对数。

3.1.3 交流电机的磁极绕组

交流电机的磁极绕组通常是指同步电机励磁磁极绕组。同步电机励磁磁极分为两种结构：凸极和隐极。

1. 凸极励磁绕组的排列

凸极同步电机转子励磁磁极通常独立加工，采用磁心叠片叠压而成，极靴上有阻尼槽安放类似笼型绕组的阻尼绕组，然后均匀排列并固定在转子圆周上。磁极之间的电角为180°，每个磁极有一个集中线圈，集中线圈套装在磁极铁心的极身上，然后用螺杆固定在转子上，根据励磁电压和电流确定并联支路数，如水电站的水轮发电机低速转子是多磁极凸极结构，如图3-10a所示。图3-10b给出了$2p=16$励磁绕组分布，相当于一相集中线圈绕组。

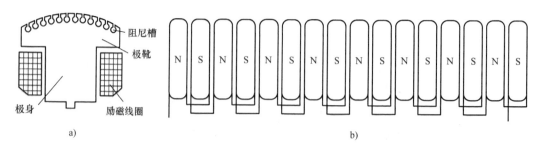

图3-10 凸极同步电机励磁磁极绕组

2. 隐极励磁绕组的排列

隐极同步电机转子分大小齿，大齿数等于极数，小齿数根据转子直径可以有28、32、36和40等，取4的整数倍值，如图3-11a所示。大齿槽间电角约60°，小齿数与理论均匀分布齿数之比在0.6~0.8范围，以削弱谐波磁场。隐极同步电机以大齿为中心，采用同心式分布绕组，端部用护环固定，如火电站和核电站的汽轮发电机高速转子是少磁极隐极结构，两极 28 槽转子励磁绕组展开图如图 3-11b 所示。以工业频率 50Hz 为例，两极隐极同步电机的转速为 3000r/min，其他极对数的转速为 3000/p r/min。这种高速转子的励磁绕组端部必须用高强度护环紧固。

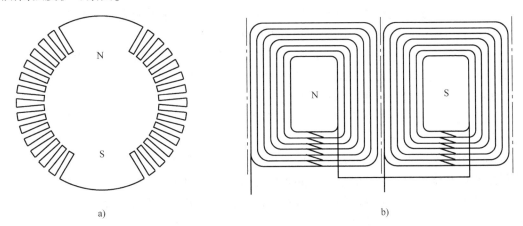

图 3-11　隐极同步电机两极 28 槽励磁绕组展开图

3.2　交流电机绕组的磁动势

磁动势是电机学中的基本物理量，磁动势计算问题也是交流电机中一个十分重要的基本问题。磁动势表示沿闭合路经磁场强度引起的磁位降所需的场源（总电流或安匝数）。

电机定、转子之间存在气隙，定子或转子绕组电流产生的磁场包含漏磁场和主磁场，无论是漏磁路还是主磁路，磁路中的磁感应线总是闭合的，定、转子铁心的磁导率很大，因此铁心磁位降可以忽略不计，磁场强度沿闭合磁路的磁位降主要体现在气隙中。交流电机气隙中的磁位降 $f(\theta)$ 等于气隙所在空间位置磁场强度由直径 D_r 的转子表面到直径 D_a 的定子内表面（电枢表面）的径向线积分，即

$$f(\theta) = \int_{D_r/2}^{D_a/2} H(\theta)\,\mathrm{d}r = H_{av}(\theta)g(\theta) \tag{3-8}$$

式中，θ 为气隙空间电角，该位置径向磁场强度平均值为 $H_{av}(\theta)$；$g(\theta)$ 为气隙长度，$g(\theta) = (D_a - D_r)/2$。

气隙磁场强度与气隙磁位降成正比，而与气隙长度成反比，因此研究气隙磁位降所需磁动势的空间分布是分析气隙磁场的基础。

下面重点分析均匀气隙三相整数槽双层电枢绕组流过三相对称电流形成的气隙磁动势，再分析集中励磁绕组通入直流电流产生的气隙磁动势。

3.2.1　一个电枢线圈的气隙磁动势

三相对称系统是指幅值和频率相同、相位相差 120° 的电气系统，即电压、电流和电动势都是三相对称的。这些电气量都是与特定的绕组相联系的，因此是与空间有关的，而三相对称绕组是空间对称（互差 120° 电角）的，因此三相对称系统中的电压、电流和电动势等电气量可以认为是空间与时间对称的物理量，即时空统一物理量。

对于单层绕组，将一个槽内导体分为对称的两部分，等效为双层整距绕组，单层整距绕组仅仅是双层绕组的特殊形式，因此这里只分析整数槽双层绕组的磁动势，分析方法可以用于一般绕组。

在分析三相对称电流在整数槽双层绕组产生磁动势前，对径向磁场旋转电机作如下基本假设：①旋转电机的气隙是均匀圆筒，相对电枢铁心叠装高度和周向极距是很小的；②磁场强度与磁感应强度只考虑径向分量且沿气隙径向是均匀的，其他分量对机电能量转换没有贡献；③铁心相对磁导率很大，忽略电枢铁心磁位降，磁路线性可利用叠加原理；④三相对称电流沿轴向集中到电枢表面槽口中心，随时间按正弦规律变化。

根据假设转子表面是等磁位面，作为零磁位参考，定子电枢表面的磁位分布取决于电枢电流空间分布和时间变化。

分析一个线圈产生的气隙磁动势有助于对交流电机气隙磁动势的全面了解，尤其是对于分数槽绕组以及绕组中一个线圈发生匝间短路故障等状态的气隙磁动势和磁场谐波成分，因此从一个线圈出发分析气隙磁动势空间分布。由于旋转电机圆周固有的周期性，气隙磁动势总是以圆周机械角为周期的函数，为此可以将非正弦的空间磁动势波进行傅里叶分解，获得一系列正弦波。然后，利用正弦波的叠加计算极相组磁动势、一对磁极下两个正负极相组磁动势、一相绕组 p 对磁极绕组的磁动势，最后获得三相合成磁动势。由于每相电流不同，因此分析三相磁动势合成，可以有两种方法：一是每相每个正弦波磁动势都位于绕组轴线位置，因此可以根据三相空间矢量叠加法计算；二是每相每个正弦波磁动势是脉振磁动势，利用双旋转磁场理论，再利用正、反旋转磁场空间叠加原理进行计算。

1. 气隙磁动势的概念

磁动势是磁场强度沿闭合路径积分的数值。气隙磁场沿电机主磁路闭合，经过两个气隙，忽略铁心磁位降时，将磁场强度由转子表面到定子电枢表面经过一个气隙的径向线积分值，即气隙磁位降，沿气隙圆周位置电角 θ 变化的波形称为气隙磁动势 $f(\theta)$。因此，任意位置 θ 电角的气隙磁动势实际上是该位置与气隙磁场径向分量等于零的空间位置构成的定、转子闭合磁路所包含的总导体电流。

2. 一个线圈产生的气隙磁动势

任意线圈产生的气隙磁动势与线圈结构、匝数、电流大小和电机极对数有关。这里的线圈结构是指线圈的节距系数，它和极对数确定线圈的波形函数 $s(\theta)$。

如图 3-12a 所示，定子线圈 AX 的两个有效边分别位于 $\theta = 0$ 的对称位置 A 和 X，该 $\theta = 0$ 位置称为线圈的轴线位置，正好对应线圈产生磁场的磁极中心位置。设线圈的匝数为 N_c，电流为 i_c，节距系数为 β，电机极对数为 p，以逆时针方向空间电角为正，将电枢表面展开后得到如图 3-12b 所示的波形。旋转电机气隙磁动势总是以 $2p\pi$ 电角为周期的函数。因转子表面磁位为零参考，当位置角 $|\theta| < \beta\pi/2$ 时，定子电枢表面 ASX 磁动势为正的 F_1；当位置角 $\beta\pi/2 < |\theta| < p\pi$ 时，电枢表面 XNA 磁动势为负的 F_2，那么根据安培环路定律得到

$$F_1 + F_2 = N_c i_c \qquad (3\text{-}9)$$

另一方面，由磁通连续性原理，线圈产生的磁场进入与离开转子的磁通量相等，因此由式（3-8）可得，气隙磁动势满足

$$\mu_0 \frac{F_1}{g} \frac{\beta\pi}{p} \frac{D_a}{2} = \mu_0 \frac{F_2}{g} \frac{(2p-\beta)\pi}{p} \frac{D_a}{2}$$

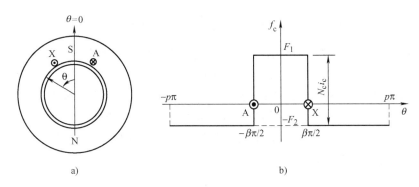

图 3-12　一个线圈产生的气隙磁动势

即

$$\beta F_1 = (2p - \beta) F_2 \tag{3-10}$$

联立式（3-9）和式（3-10）解得

$$F_1 = \frac{(2p - \beta)}{2p} N_c i_c, \quad F_2 = \frac{\beta}{2p} N_c i_c$$

一个中心位于 $\theta = 0$ 的载流线圈产生的气隙磁动势函数描述如下

$$f_c(\theta) = \frac{N_c i_c}{2} \begin{cases} (2 - \beta/p), & |\theta| < \beta\pi/2 \\ -\beta/p, & \beta\pi/2 < |\theta| \leqslant p\pi \end{cases} \tag{3-11}$$

式（3-11）表示一个线圈产生的气隙磁动势既是电流的时间函数，又是空间函数，产生一对强弱不同的对称磁极，气隙磁动势分布关于线圈中心轴线对称，每极平均磁动势为线圈总安匝数的一半 $N_c i_c / 2$，按照圆周 $2p\pi$ 电角周期变化，正、负半波幅值不同，波形非中心对称，但幅值与线圈匝数和电流成正比，因此利用傅里叶分解包含周期整数倍的任意次余弦波。在进行傅里叶分解前先引入线圈的波形函数。

3. 线圈的波形函数

由式（3-11）可知，线圈产生的气隙磁动势的波形与线圈匝数和电流两个因素有关，因此引入与这两个因素无关，仅仅与空间位置有关的线圈的波形函数 $s(\theta)$，定义为周期函数

$$s(\theta) = \begin{cases} 2 - \beta/p, & |\theta| < \beta\pi/2 \\ -\beta/p, & \beta\pi/2 < |\theta| \leqslant p\pi \end{cases} \tag{3-12}$$

显然，线圈的波形函数表达的是空间位置信息，是关于线圈轴线对称的周期偶函数，周期是 $2p\pi$ 电弧度。特别地，当极对数 $p = 1$ 且线圈整距 $\beta = 1$ 时，线圈的波形函数是幅值为 1.0 的正、负半波对称的方波。当交流电机绕组的所有线圈结构相同时，线圈波形函数的形状相同，仅仅空间位置相差槽间电角的整数倍。

由式（3-11）和式（3-12）得到一个线圈的气隙磁动势与线圈波形函数的关系

$$f_c(\theta) = \frac{N_c i_c}{2} s(\theta) \tag{3-13}$$

对式（3-12）进行傅里叶分解得到纯余弦项级数展开

$$s(\theta) = \sum_{n=1}^{\infty} a_n \cos(n\theta/p) \tag{3-14}$$

其中，无穷级数的系数

$$a_n = \frac{1}{p\pi} \int_{-p\pi}^{p\pi} s(\theta) \cos(n\theta/p) \, \mathrm{d}\theta = \frac{2}{p\pi} \int_{-\beta\pi/2}^{\beta\pi/2} \cos(n\theta/p) \, \mathrm{d}\theta = \frac{4}{n\pi} \sin\left(\frac{n\beta\pi}{2p}\right) \quad (3\text{-}15)$$

该系数 a_n 由 3 部分组成：①波形系数 $4/\pi$ 表示正弦波基波幅值与方波幅值之比；②幅值与谐波次数 n 成反比；③线圈有效边跨距小于圆周一半引起的正弦项 "短距系数"。这 3 部分组成的系数与空间位置无关，因此绕组气隙磁动势可以由所有线圈的气隙磁动势合成，主要的区别是线圈空间位置对余弦函数的相位移动、线圈电流流向和大小的差别。

线圈波形函数傅里叶分解后，线圈气隙磁动势由式（3-13）得到相应的表达式。

当线圈电流随时间正弦交变时，气隙磁动势波是幅值随时间脉振的驻波。一个线圈磁动势波形在空间产生以 $2p\pi$ 电角或 2π 机械角为周期的包含所有自然数次的谐波，说明一旦对称绕组中线圈发生匝间短路，电机内部的磁动势谐波含量将很复杂。

一个线圈产生的气隙磁动势具有如下特点：①磁动势波在线圈有效边处发生突变，突变幅值为线圈边电流总量（安匝数）；②一个线圈电流产生的磁动势波形是空间周期偶函数，周期是 $2p\pi$ 电角；③因磁通连续，一个周期内正、负半波磁动势面积相同；④一个线圈产生的磁动势周期经傅里叶分解后由一系列余弦波组成（一对磁极的整距线圈没有 n 为偶数的余弦波），每个余弦波的幅值位于线圈轴线位置，具有 n 对磁极。

3.2.2　极相组线圈的气隙磁动势

三相对称绕组每个极下有 3 个相带，一个相带的线圈组构成一个极相组，它由每极每相槽数 q 个连续槽的上层边与相应下层边构成的线圈组成，相邻线圈轴线位置在空间相差一个槽间电角 $\alpha = 2p\pi/Z$。例如，定子三相四极双层绕组，36 槽，节距 $y = 8$ 槽，A 相绕组线圈边排列展开后如图 3-13a 所示，坐标原点选在第一个线圈（上层边槽号 1 与下层边槽号 9）的轴线，每极每相槽数 $q = 3$，即连续 3 个槽号线圈构成一个极相组，如 A 相的槽号 1、2 和 3 对应的线圈构成 A 相的一个极相组。

由于一相绕组的极相组内各线圈结构相同，电流相同，仅仅空间移动一个槽间电角 α，如图 3-13b 所示，因此 q 个线圈组成的极相组气隙磁动势表示为

$$f_q(\theta) = \frac{N_c i_c}{2} \sum_{k=0}^{q-1} s(\theta - k\alpha) \quad (3\text{-}16)$$

将式（3-14）代入式（3-16）并交换求和位置后得到

$$f_q(\theta) = \frac{N_c i_c}{2} \sum_{n=1}^{\infty} a_n \sum_{k=0}^{q-1} \cos\left[n(\theta - k\alpha)/p\right] \quad (3\text{-}17)$$

对于每个线圈磁动势中的 n 次空间正弦波，因电流和匝数相同，它们的幅值相同，幅值空间位置相差一个槽间机械角的 n 倍，空间正弦波的合成可以看成是相位成等差数列的正弦函数之和。计算正弦函数之和，最简单的办法是将正弦函数转换成单位复指数函数，等差相位正弦函数变为等比复指数函数，即采用正弦相量的叠加，对于图 3-13a 所示每极每相槽数 $q = 3$ 的情形，一个相带 q 个线圈磁动势分布如图 3-13b 所示，并用 "分布系数" 表示。

三角函数与复指数函数的关系为

$$\cos\theta = \mathrm{Re}\{\mathrm{e}^{\mathrm{j}\theta}\} = (\mathrm{e}^{\mathrm{j}\theta} + \mathrm{e}^{-\mathrm{j}\theta})/2$$

上式表明，一个三角正弦函数可以看成是一个复相量在实轴上的投影，或者两个幅值等于原来幅值一半的共轭复相量的合成。当正弦函数的相位随时间变化时，两个复相量在复平

面上是幅值和转速相同且转向相反的。

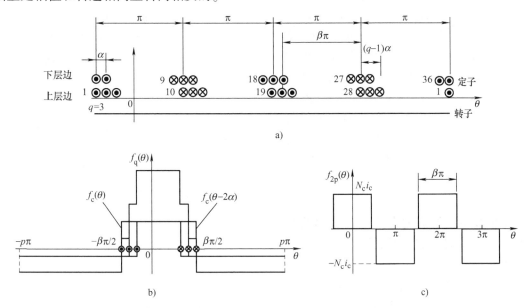

图 3-13　定子 A 相双层绕组线圈边排列（36 槽，4 极，$y_1 = 8$ 槽）

由式（3-17）余弦求和改为空间电角的复矢量求和

$$\sum_{k=0}^{q-1} \cos\left[n(\theta - k\alpha)/p \right] = q b_n \cos\left[n(\theta - (q-1)\alpha/2)/p \right]$$

其中，"分布系数"为

$$b_n = \frac{\sin\left[nq\alpha/(2p) \right]}{q\sin\left[n\alpha/(2p) \right]}$$

于是，得到极相组中 q 个线圈的气隙磁动势

$$f_q(\theta) = \sum_{n=1}^{\infty} \frac{4}{n\pi} \frac{qN_c i_c}{2} c_n \cos\left[n(\theta - (q-1)\alpha/2)/p \right] \tag{3-18}$$

其中，"绕组系数"为"短距系数"与"分布系数"的乘积

$$c_n = \sin\left(\frac{n\beta\pi}{2p} \right) \frac{\sin\left[nq\alpha/(2p) \right]}{q\sin\left[n\alpha/(2p) \right]}$$

这里的"短距系数"可以看成是相对于极对数 $p = 1$ 的整距线圈正弦波分量幅值，实际线圈有效边跨距减小引起的气隙磁动势正弦波分量幅值减少的比例系数。类似地，"分布系数"可以看成是相对于极对数 $p = 1$ 的整距集中线圈正弦波分量幅值，总匝数相同的实际分布线圈依次错开一个槽引起的气隙磁动势正弦波分量幅值减少的比例系数。"绕组系数"则是"短距"和"分布"两种效果合成引起的气隙磁动势正弦波分量幅值减少的比例系数。换言之，"短距系数"相当于将"短距"线圈看成等效"整距"线圈时，线圈匝数的折扣；"分布系数"相当于将"分布"线圈看成等效"集中"线圈时，线圈匝数的折扣；"绕组系数"相当于将"短距"和"分布"线圈组看成等效"整距集中"线圈时，总线圈匝数的折扣。为了与后面以 360°电气角为周期的气隙磁动势波形的短距、分布和绕组系数相区别，上述系数称为 360°机械角意义下气隙磁动势波形的系数。因为定义机械角节距系数 $\beta_m =$

β/p，槽间机械角 $\alpha_{\mathrm{m}} = \alpha/p$，这些"短距""分布"和"绕组"系数分别为

$$k_{\mathrm{y}mn} = \sin\left(\frac{n\beta_{\mathrm{m}}\pi}{2}\right), \ k_{\mathrm{q}mn} = \frac{\sin(nq\alpha_{\mathrm{m}}/2)}{q\sin(n\alpha_{\mathrm{m}}/2)}, \ k_{\mathrm{w}mn} = k_{\mathrm{y}mn}k_{\mathrm{q}mn} = \sin\left(\frac{n\beta_{\mathrm{m}}\pi}{2}\right)\frac{\sin(nq\alpha_{\mathrm{m}}/2)}{q\sin(n\alpha_{\mathrm{m}}/2)}$$

它们的几何意义可以用图 3-14 的磁动势空间矢量合成来表示，图 3-14a 表示两个幅值 $F_{\mathrm{c}n,+} = F_{\mathrm{c}n,-} = 0.5$ 但相位相差 $n\beta_{\mathrm{m}}\pi$ 的正弦波磁动势空间矢量之差的幅值 $F_{\mathrm{c}n}$，即"短距系数"；而图 3-14b 表示 q 个幅值 $F_{\mathrm{c}n,1} = \cdots = F_{\mathrm{c}n,q} = 1/q$ 但相位依次相差 $n\alpha_{\mathrm{m}}$ 的正弦波磁动势空间矢量之和的幅值 $F_{\mathrm{q}n}$，即"分布系数"。

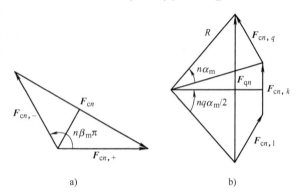

每个极相组线圈的合成磁动势仍然是一对磁极的空间分布函数，可以表示为一系列正弦波，各次正弦波的幅值位置都是

图 3-14　磁动势空间矢量合成

线圈组中间的轴线位置，$\theta = (q-1)\alpha/2$，该位置称为 A 相绕组的轴线或 A 相的相轴。显然，如图 3-13a 所示，极相组轴线或绕组相轴比原来一个起始线圈（槽号 1 和 9）的轴线移动了槽间电角的 $(q-1)/2$ 倍，n 次正弦波幅值与次数 n 成反比，与"绕组系数" $k_{\mathrm{w}mn}$ 成正比，与 q 个线圈组成的极相组每极最大磁动势 $qN_{\mathrm{c}}i_{\mathrm{c}}/2$ 成正比。

3.2.3　一相电枢绕组的气隙磁动势

1. 利用极相组线圈的气隙磁动势计算

一相绕组双层共有 $2p$ 个极相组，如图 3-13a 所示，它们的结构和电流大小相同但电流流向随磁极交替变化，空间互差 π 电角，电流流向交替变化正好与空间相位差的余弦一致。于是，一相绕组的气隙磁动势表示为

$$f_{\mathrm{A}}(\theta) = \sum_{k=0}^{2p-1} \cos k\pi f_{\mathrm{q}}(\theta - k\pi) \tag{3-19}$$

将式（3-18）代入式（3-19）并交换求和次序后得到

$$f_{\mathrm{A}}(\theta) = \sum_{n=1}^{\infty} \frac{4}{n\pi} \frac{qN_{\mathrm{c}}i_{\mathrm{c}}}{2} c_n \sum_{k=0}^{2p-1} \cos k\pi \cos[n(\theta - k\pi - (q-1)\alpha/2)/p] \tag{3-20}$$

当 n 不是 p 的整数倍或者 n 等于 p 的偶数倍时，余弦项乘积求和为零，因为

$$\sum_{k=0}^{2p-1} \cos k\pi \cos[n(\theta - k\pi - (q-1)\alpha/2)/p]$$

$$= \mathrm{Re}\left\{ \mathrm{e}^{\mathrm{j}[n(\theta-(q-1)\alpha/2)/p]} \sum_{k=0}^{2p-1} (-1)^k \mathrm{e}^{-\mathrm{j}nk\pi/p} \right\} = \mathrm{Re}\left\{ \mathrm{e}^{\mathrm{j}[n(\theta-(q-1)\alpha/2)/p]} \frac{1 - \mathrm{e}^{-\mathrm{j}2n\pi}}{1 + \mathrm{e}^{-\mathrm{j}n\pi/p}} \right\} = 0$$

由此可知，一相绕组的气隙磁动势只有 n 等于 p 的奇数倍余弦波项，于是式（3-20）第二个求和式中各项相等，用 np 取代 n，则式（3-20）可以改写为

$$f_{\mathrm{A}}(\theta) = \sum_{n=odd}^{\infty} \frac{4}{n\pi} \frac{2pqN_{\mathrm{c}}i_{\mathrm{c}}k_{\mathrm{w}n}}{2p} \cos[n(\theta - (q-1)\alpha/2)] \tag{3-21}$$

其中，以 2π 电弧度为周期的磁动势波形中各余弦项的短距系数 $k_{\mathrm{y}n}$、分布系数 $k_{\mathrm{q}n}$ 和绕组系

数 k_{wn} 分别为

$$k_{yn} = \sin\left(\frac{n\beta\pi}{2}\right),\ k_{qn} = \frac{\sin(nq\alpha/2)}{q\sin(n\alpha/2)},\ k_{wn} = k_{yn}k_{qn} = \sin\left(\frac{n\beta\pi}{2}\right)\frac{\sin(nq\alpha/2)}{q\sin(n\alpha/2)} \tag{3-22}$$

一相绕组的气隙磁动势是以 2π 电弧度为周期的空间分布函数，包含一系列奇数次正弦波。气隙磁动势波形周期由 $2p\pi$ 缩短到 2π 的原因是因为一个线圈或一个极相组只产生一对磁极，而一相绕组产生 $2p$ 个磁极。当 $n = 1$ 时，一相绕组气隙磁动势的正弦波成分是以 2π 电弧度为周期的，称为基波，相应的系数分别称为基波短距系数 k_{y1}、基波分布系数 k_{q1} 和基波绕组系数 k_{w1}。其余的气隙磁动势正弦波成分统称为奇数次谐波。

若每槽导体数为 N_s，A 相电流为 i_A，绕组并联支路数为 a，则不论是双层还是单层绕组，每相绕组串联匝数用 W 表示为

$$W = \frac{2pqmN_s}{2ma} = \frac{pqN_s}{a} \tag{3-23}$$

相电流等于导体电流乘以并联支路数 $i_A = ai_c$，双层绕组槽导体数等于线圈导体数的两倍，这样一相绕组的气隙磁动势用相电流和每极串联匝数表示为

$$f_A(\theta) = \sum_{n=odd}^{\infty} \frac{4}{n\pi} \frac{Wk_{wn}}{2p} i_A \cos[n(\theta - (q-1)\alpha/2)] \tag{3-24}$$

一相绕组的气隙磁动势含奇数次正弦波分量，各正弦波的幅值位置不变，都位于 A 相相轴位置 $\theta = (q-1)\alpha/2$，幅值与绕组系数、每极串联匝数和电流成正比，与次数成反比。如果绕组电流随时间正弦变化，那么一相绕组的气隙磁动势是幅值空间位置不变而大小随时间正弦交变的，称为脉振磁动势。

2. 利用单个线圈的气隙磁动势计算

先利用一个线圈产生的气隙磁动势计算相差 π 电角的 $2p$ 个线圈产生的气隙磁动势，例如图 3-13a 中上层边 1、10、19、28 与对应的下层边 9、18、27、36 形成的 4 个线圈，它们的结构和电流大小相同但流向交替变化，空间互差 π 电角，电流交替变化符号正好等于空间相位差的余弦。于是，$2p$ 个线圈产生 p 对磁极的气隙磁动势，如图 3-13c 所示，得到

$$f_{2p}(\theta) = \frac{N_c i_c}{2} \sum_{k=0}^{2p-1} s(\theta - k\pi)\cos k\pi \tag{3-25}$$

由式（3-14）代入式（3-25）并交换求和次序得到

$$f_{2p}(\theta) = \frac{N_c i_c}{2} \sum_{n=1}^{\infty} a_n \sum_{k=0}^{2p-1} \cos[n(\theta - k\pi)/p]\cos k\pi \tag{3-26}$$

类似于极相组气隙磁动势的计算，当 n 不是 p 的整数倍或者 n 等于 p 的偶数倍时，余弦项乘积求和为零。于是 n 只能取 p 的奇数倍，这时余弦乘积都相等，即式（3-26）可简化为

$$f_{2p}(\theta) = \sum_{n=odd}^{\infty} \frac{4}{n\pi} \frac{2pN_c i_c k_{yn}}{2p} \cos n\theta \tag{3-27}$$

然后计算一相绕组的气隙磁动势，按照每个极相组 q 组含上述 $2p$ 个线圈的结构，因各组结构和电流相同，但空间位置依次移动槽间电角 α，即一相绕组的气隙磁动势 $f_A(\theta)$ 为

$$f_A(\theta) = \sum_{k=0}^{q-1} f_{2p}(\theta - k\alpha) \tag{3-28}$$

将式（3-27）代入式（3-28）并交换求和次序后得到

$$f_A(\theta) = \sum_{n=odd}^{\infty} \frac{4}{n\pi} \frac{2pN_c i_c k_{yn}}{2p} \sum_{k=0}^{q-1} \cos\left[n(\theta - k\alpha)\right] \tag{3-29}$$

式（3-29）化简后得到与式（3-21）相同的结果。两种方法结果一致。

3. 脉振磁动势

将幅值为 I_m、角频率为 ω_1 和初相位为 φ_A 的 A 相电流瞬时值 $i_A(t) = I_m \cos(\omega_1 t + \varphi_A)$ 代入 A 相绕组气隙磁动势表达式（3-24），并将空间电角度坐标零点移到 A 相轴线位置，得到 A 相绕组产生的气隙磁动势时空表达式 $f_A(t, \theta)$ 为

$$f_A(t, \theta) = \sum_{n=odd}^{\infty} F_n \cos(\omega_1 t + \varphi_A) \cos n\theta \tag{3-30}$$

其中，各项正弦波分量的最大幅值 $F_n = \frac{4}{n\pi} \frac{Wk_{wn}}{2p} I_m$，与电流相位无关，因此三相相同。

由此可见，A 相绕组气隙磁动势幅值是随时间正弦变化的，气隙磁动势幅值空间位置为 A 相绕组轴线不变。具有幅值空间位置不变而大小随时间周期变化的磁动势称为脉振磁动势，或者驻波磁动势。随着电流相位角 $\omega_1 t + \varphi_A$ 变化，磁动势正弦波分量正幅值 F_n 在 A 相相轴上的变化如图 3-15 所示，若 F_n 小于零则方向相反，若 F_n 等于零则不存在。

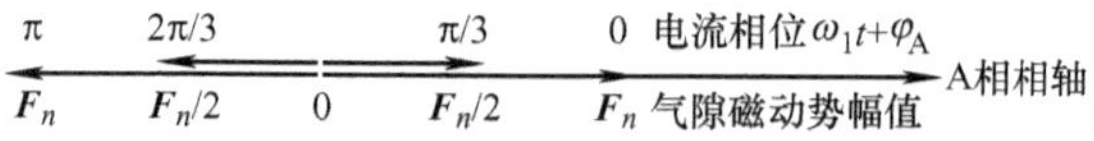

图 3-15　A 相脉振磁动势幅值随相位变化

4. 脉振磁动势的分解

考虑 A 相绕组气隙磁动势式（3-30）中任意一个正弦波脉振磁动势分量

$$f_{An}(t, \theta) = F_n \cos(\omega_1 t + \varphi_A) \cos n\theta \tag{3-31}$$

利用三角函数积化和差公式，式（3-31）可以写为

$$f_{An}(t, \theta) = \frac{1}{2} F_n \cos(\omega_1 t + \varphi_A - n\theta) + \frac{1}{2} F_n \cos(\omega_1 t + \varphi_A + n\theta) \tag{3-32}$$

对于一相绕组的气隙磁动势的正弦波分量脉振磁动势，以 A 相轴为参考的空间矢量形式为 $\boldsymbol{F}_{An} = F_n \cos(\omega_1 t + \varphi_A)$，它可以分解成两个旋转磁动势，用空间矢量分别表示为 $\boldsymbol{F}_{An\pm} = 0.5 F_n e^{\pm j(\omega_1 t + \varphi_A)}$，每个旋转磁动势的正弦波幅值等于脉振磁动势幅值 F_n 的一半。

第一个旋转磁动势 $\boldsymbol{F}_{An+} = 0.5 F_n e^{j(\omega_1 t + \varphi_A)}$ 的相位 $\omega_1 t + \varphi_A - n\theta$ 既是时间 t 的函数又是空间电角度 θ 的函数，而且与磁动势正弦波次数 n 有关，因此旋转磁动势是时空函数，旋转电角速度是其等相位点旋转的角速度，旋转电角速度 ω_n 满足相位 $\omega_1 t + \varphi_A - n\theta = 0$，即

$$\omega_n = \frac{d\theta}{dt} = \frac{\omega_1}{n} \tag{3-33}$$

式（3-33）说明第一个旋转磁动势是正转，旋转电角速度等于电流交变的角频率与次数 n 之比。基波脉振磁动势的正转磁动势旋转电角速度等于电流交变角频率。

类似地，第二个旋转磁动势 $\boldsymbol{F}_{An-} = 0.5 F_n e^{-j(\omega_1 t + \varphi_A)}$ 的相位 $\omega_1 t + \varphi_A + n\theta$ 也是时间 t 和空间电角度 θ 的函数，也与磁动势正弦波次数 n 有关，因此该旋转磁动势也是时空函数，旋转电角速度是其等相位点旋转的角速度，旋转电角速度 ω_n 满足相位 $\omega_1 t + \varphi_A + n\theta = 0$，即

$$\omega_n = \frac{d\theta}{dt} = -\frac{\omega_1}{n} \tag{3-34}$$

式（3-34）说明第二个旋转磁动势是反转，旋转电角速度大小与正转的磁动势相同。

由此得出结论：任意 n 次脉振正弦波磁动势可以分解成两个幅值和转速相同但转向相反的旋转磁动势，每个旋转磁动势的幅值等于脉振磁动势幅值的一半，旋转的电角速度大小等于电流交变角频率 ω_1 的 $1/n$，旋转磁动势幅值空间相位是电流时间相位 $\omega_1 t + \varphi_A + 2k\pi$ 的 $1/n$，在基波 2π 电角度范围内存在 n 个幅值，为此将空间角度扩大 n 倍，这样不论基波还是谐波两个正反旋转磁动势关于 A 相轴对称，合成脉振磁动势幅值始终位于 A 相轴，如图 3-16 所示。这种脉振正弦波磁动势分解成正反转磁动势正弦波的方法称为双旋转磁场理论。

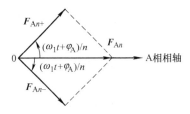

图 3-16 A 相脉振磁动势 $\boldsymbol{F}_{An}$
的分解与合成（$2np$ 极）

与基波相比，随着谐波次数 n 增大，谐波脉振磁动势分解后的正反转谐波旋转磁动势电角速度减小到 ω_1/n，磁动势形成磁场的极对数增加变为 np，但电角速度与极对数的乘积不变，因为产生磁动势的电流频率恒定。

由此得出三相整数槽对称绕组正弦波电流产生的一相气隙磁动势的相关结论：

1）一相绕组产生的气隙磁动势是脉振磁动势，脉振幅值大小随电流交变。

2）一相绕组产生的脉振磁动势由一系列奇数次脉振正弦波组成，正弦波幅值位于相轴，而大小随电流交变。

3）每个正弦波脉振磁动势可以分解为两个幅值等于正弦波脉振磁动势幅值一半，旋转电角速度相同且等于电流交变角频率与次数 n 之比，而转向相反的旋转正弦波磁动势。

4）对于 n 次正弦波脉振磁动势及其分解后的旋转磁动势，旋转磁动势随时间交变频率等于电流频率，n 次谐波磁动势的空间极对数为基波的 n 倍，旋转速度是基波的 $1/n$ 倍。

同样地，可以得到正相序的 B 相和 C 相绕组产生的气隙磁动势，与 A 相绕组相比较仅仅在时间和空间相位不同，即三相互差 120° 电角，或者三分之一时间和空间周期。于是

$$f_B(t,\theta) = f_A(t - T/3, \theta - 2\pi/3) \tag{3-35}$$

$$f_C(t,\theta) = f_A(t - 2T/3, \theta - 4\pi/3) \tag{3-36}$$

其中，T 为电流的时间周期且 $\omega_1 T = 2\pi$。

3.2.4 三相电枢绕组的气隙磁动势

由式（3-35）和式（3-36）可得，三相对称绕组通入对称电流产生的合成磁动势

$$f(t,\theta) = f_A(t,\theta) + f_B(t,\theta) + f_C(t,\theta) \tag{3-37}$$
$$= f_A(t,\theta) + f_A(t - T/3, \theta - 2\pi/3) + f_A(t - 2T/3, \theta - 4\pi/3)$$

将式（3-30）代入式（3-37）得到

$$
\begin{aligned}
f(t,\theta) = & \sum_{n=odd}^{\infty} F_n \cos(\omega_1 t + \varphi_A) \cos n\theta \\
& + \sum_{n=odd}^{\infty} F_n \cos(\omega_1 t + \varphi_A - 2\pi/3) \cos[n(\theta - 2\pi/3)] \\
& + \sum_{n=odd}^{\infty} F_n \cos(\omega_1 t + \varphi_A - 4\pi/3) \cos[n(\theta - 4\pi/3)]
\end{aligned}
\tag{3-38}
$$

令 $\varphi_A = 0$，即改变时间零点，不影响气隙磁动势的本质，根据双旋转磁场理论，三相对

称绕组产生的气隙磁动势公式（3-38）中任意奇数 n 对应的脉振磁动势分量可以改写为

$$f_n(t,\theta) = \frac{1}{2}F_n\left[\cos(\omega_1 t - n\theta) + \cos\left(\omega_1 t - n\theta + \frac{2(n-1)\pi}{3}\right) + \cos\left(\omega_1 t - n\theta - \frac{2(n-1)\pi}{3}\right)\right]$$
$$+ \frac{1}{2}F_n\left[\cos(\omega_1 t + n\theta) + \cos\left(\omega_1 t + n\theta - \frac{2(n+1)\pi}{3}\right) + \cos\left(\omega_1 t + n\theta + \frac{2(n+1)\pi}{3}\right)\right]$$

$$(3\text{-}39)$$

由于 n 只能取奇数，式（3-39）两项中至多有一项存在，因此三相合成磁动势的幅值与一相磁动势幅值的关系是：$F_{mn} = mF_n/2$。下面具体分析各磁动势正弦波分量。

1. 基波磁动势

对于 $n=1$ 时的基波磁动势，每个脉振磁动势的空间与时间相序相同，相位差相同，分解后的反转基波磁动势空间互差 120°，合成磁动势相互抵消，而分解后的正转基波磁动势空间同相位，合成磁动势相互叠加，3 个脉振磁动势合成形成正转基波磁动势。

$$f_1(t,\theta) = \frac{m}{2}F_1\cos(\omega_1 t + \varphi_A - \theta) = \frac{m}{2}\frac{4}{\pi}\frac{Wk_{w1}I_m}{2p}\cos(\omega_1 t + \varphi_A - \theta) \qquad (3\text{-}40)$$

三相合成基波磁动势幅值空间电角度位置随时间的变化规律为 $\theta = \omega_1 t + \varphi_A$，因此基波磁动势是以恒定电角速度 ω_1 旋转的，每分钟空间机械转速 $n_1 = 60\omega_1/(2\pi p) = 60f_1/p$，称为同步速。

2. 相数奇数倍次谐波磁动势

对于 $n = (2N-1)m = 6N-3$ 次谐波，如 3、9、15 次谐波等，因各相脉振磁动势空间位置电角度相同，而时间相位互差 120°，合成磁动势相互抵消。而从分解的正反转磁动势波可以发现，3 个正转磁动势波空间相差 120°电角，反转磁动势波空间也相差 120°电角，合成磁动势相互抵消，气隙磁场中不存在相数奇数倍次谐波磁动势。

$$f_{(2N-1)m}(t,\theta) = 0 \qquad (3\text{-}41)$$

3. $2mN-1$ 次谐波磁动势

对于 $n = 2mN-1 = 6N-1$ 次谐波，如三相 5、11 和 17 次谐波等，每个脉振磁动势的空间与时间相序相反，因此分解后 3 个正转谐波磁动势空间互差 120°电角，合成磁动势相互抵消，而分解后 3 个反转谐波磁动势空间同相位叠加，合成谐波磁动势为

$$f_{(2mN-1)}(t,\theta) = \frac{m}{2}F_{(2mN-1)}\cos\left[\omega_1 t + \varphi_A + (2mN-1)\theta\right] \qquad (3\text{-}42)$$

这种谐波磁动势幅值空间位置 $\theta = -(\omega_1 t + \varphi_A + 2k\pi)/(2mN-1)$，$k = 0,1,\cdots,(2mN-2)$，即在基波空间 360°电角范围存在 $2mN-1$ 个幅值，旋转电角速度为 $-\omega_1/(2mN-1)$ 是恒定的，负号表示与基波转向相反。每分钟机械转速 $n_{2mN-1} = -60\omega_1/(2mN-1)/(2\pi p) = -n_1/(2mN-1)$，它是基波同步速 n_1 的谐波次数分之一，转向与基波相反。

4. $2mN+1$ 次谐波磁动势

对于 $n = 2mN+1 = 6N+1$ 次谐波，如三相 7、13 和 19 次谐波等，各相脉振磁动势空间与时间相序相同，因此分解后 3 个反转谐波磁动势空间互差 120°电角，合成磁动势相互抵消，而 3 个正转谐波磁动势空间同相位相互叠加，合成正转谐波磁动势为

$$f_{(2mN+1)}(t,\theta) = \frac{m}{2}F_{(2mN+1)}\cos\left[\omega_1 t + \varphi_A - (2mN+1)\theta\right] \qquad (3\text{-}43)$$

这种谐波磁动势幅值空间位置 $\theta = (\omega_1 t + \varphi_A + 2k\pi)/(2mN+1)$，$k = 0$，1，$\cdots$，$2mN$，

即在空间 360° 电角范围存在 $2mN + 1$ 个幅值，旋转电角速度为 $\omega_1 / (2mN + 1)$ 是恒定的，正号表示转向与基波一致，每分钟机械转速为 $n_{2mN+1} = 60\omega_1 / (2mN + 1) / (2\pi p) = n_1 / (2mN + 1)$，它的转速为基波同步转速 n_1 的谐波次数分之一，转向与基波相同。

5. 绕组系数

从磁动势的角度分析，在绕组电流不变的条件下，短距系数相当于短距绕组磁动势正弦波分量幅值相对于绕组改为整距后相应磁动势正弦波分量幅值的比例；分布系数相当于分布绕组磁动势正弦波分量幅值相对于绕组分布改为集中后相应的磁动势正弦波分量幅值的比例；绕组系数相当于短距与分布绕组磁动势正弦波分量幅值相对于整距与集中绕组相应磁动势正弦波分量幅值的比例。

从等效匝数的角度分析，短距系数的数值大小相当于短距绕组等效为整距绕组时匝数的折扣，符号相对于对应正弦波幅值的正负相位。分布系数的数值大小相当于分布绕组等效为集中绕组时匝数的折扣，符号相对于对应正弦波幅值的正负相位。绕组系数的数值大小相当于短距与分布绕组等效为整距集中绕组时匝数的折扣，符号相对于对应正弦波幅值的正负相位。

3.2.5 谐波磁动势的削弱

多相对称整数槽双层绕组通入对称电流后产生的磁动势，除了基波外，仅仅含有奇数 $n = 2mN \pm 1$ 次谐波，考虑到 $q\alpha = \pi/3$，谐波的幅值与基波幅值之比为

$$\frac{F_n}{F_1} = \frac{k_{wn}}{nk_{w1}} = \frac{\sin(n\beta\pi/2)}{n\sin(\beta\pi/2)} \frac{2\sin(n\pi/6)\sin(\alpha/2)}{\sin(n\alpha/2)} \tag{3-44}$$

交流电机的多相绕组不仅是空间对称的，而且是分布的，为了削弱谐波磁动势，尤其是低次谐波（5 次和 7 次）的幅值，短距绕组可节约绕组的端部用铜量，分布绕组可充分利用电枢圆周空间，因此短距和分布不仅对基波磁动势有影响，而且对谐波磁动势也有影响。

1. 短距绕组削弱谐波磁动势

短距绕组中单个短距线圈产生的气隙磁动势是矩形波，空间波形的峰峰值等于线圈安匝数，正波峰宽度由原来的 π 电角度变为 $\beta\pi$，其中 β 是绕组的节距系数，绕组的短距系数为 $k_{yn} = \sin(n\beta\pi/2)$。如果线圈节距系数 β 设计成 $\beta = 2k/n$，那么 n 次谐波的短距系数为零，每相气隙磁动势中将不再存在 n 次谐波成分。例如，$m = 3$，$Z = 30$，$2p = 2$，$y_1 = 12$，那么节距系数 $\beta = 4/5$，气隙磁动势中不存在 5 次谐波。但是，对于低次谐波（5、7、11、13、17、19）数值 n 为素数，这样槽数 Z 必须是谐波次数 n 的整数倍，这给设计带来了局限性。为此综合考虑短距系数，如 $\beta = 4/5$ 与 $\beta = 5/7$ 或 $\beta = 6/7$ 之间平衡，如取 $\beta = 5/6$，则同时削弱 5 次和 7 次谐波分量。之所以对 5 次和 7 次谐波幅值感兴趣，是因为消除低次谐波是最主要的，高次谐波相对次数高，幅值含量与次数成反比。

2. 分布绕组削弱谐波磁动势

整数槽分布绕组 $q\alpha = \pi/3$，绕组分布系数可以表示为

$$k_{qn} = \frac{\sin(nq\alpha/2)}{q\sin(n\alpha/2)} = \frac{3\alpha\sin(n\pi/6)}{\sin(n\alpha/2)} = \pm\frac{3\alpha}{2\sin(n\alpha/2)}$$

对于给定槽间电角 α，随着谐波次数 n 增大，分母是周期性函数，因此不可能期望通过分布对所有谐波达到相同的削弱效果。但对于给定谐波次数 n，槽间电角 α 越小，即每极每

相槽数 q 越大，分布系数越小，对该次谐波削弱效果越好。

三相 60°相带整数槽绕组的分布系数见表 3-2。

表 3-2　三相 60°相带整数槽绕组的分布系数

n \ q / k_{qn}	2	3	4	5	6	∞
1	0.9659	0.9598	0.9577	0.9567	0.9561	0.9549
3	0.7071	0.6667	0.6533	0.6472	0.6440	0.6366
5	0.2588	0.2176	0.2053	0.2000	0.1972	0.1910
7	−0.2588	−0.1774	−0.1576	−0.1494	−0.1453	−0.1364
9	−0.7071	−0.3333	−0.2706	−0.2472	−0.2357	−0.2122
11	−0.9659	−0.1774	−0.1261	−0.1095	−0.1017	−0.0868
13	−0.9659	0.2176	0.1261	0.1022	0.0919	0.0735
15	−0.7071	0.6667	0.2706	0.2000	0.1725	0.1273
17	−0.2588	0.9598	0.1576	0.1022	0.0837	0.0562
19	0.2588	0.9598	−0.2053	−0.1095	−0.0837	−0.0503

特殊谐波不能用短距和分布绕组削弱，否则基波也会受到相同的削弱。因为短距系数还可以表示为节距和槽间电角的形式：$k_{yn} = \sin(ny_1\alpha/2)$，这样绕组系数就具有与槽间电角有关的形式：$k_{wn} = \sin(ny_1\alpha/2)\sin(nq\alpha/2)/[q\sin(n\alpha/2)]$，由于整数槽绕组的 q 和 y_1 都是整数，因此对于满足如下条件的谐波次数 n，谐波的短距、分布和绕组系数与基波的短距、分布和绕组系数大小对应相等

$$\frac{n\alpha}{2} = k\pi \pm \frac{\alpha}{2}, n = k\frac{Z}{p} \pm 1 \tag{3-45}$$

式（3-45）表示的谐波称为齿谐波（k 为正整数），如果要采用短距、分布绕组削弱齿谐波磁动势，那么同时将削弱基波磁动势。

削弱齿谐波磁动势的方法是提高谐波次数，即增大槽极比，或者增大每极每相槽数 q。

由一个线圈产生的气隙磁动势分析可知，多极交流电机每相对称整数槽双层绕组可以削弱各种分数次谐波和偶数次谐波，即 $n - 1 + k/p$ 和 $2n$ 次谐波，其中 $k = 1，\cdots，p-1$，因此槽数必须等于 $2mp$ 的整数倍。但在永磁电机中，由于要克服齿槽引起的永磁磁场产生的磁阻转矩，常采用分数槽绕组，因此电枢绕组不仅存在整数次谐波，而且存在分数次谐波。但提高分数槽绕组 $q = N/D$ 中的分子 N 相当于增大每极每相槽数，也可以起到削弱谐波的作用。

例题 3-5　计算例题 3-4 中绕组的基波、5 次和 7 次谐波绕组系数。

解：节距系数 $\beta = y/\tau = 3/3.75 = 0.8$，基波、5 次和 7 次谐波的短距系数分别为

$$k_{y1} = \sin(\beta\pi/2) = \sin(2\pi/5) = 0.951，k_{y5} = \sin(5\beta\pi/2) = \sin(2\pi) = 0，$$
$$k_{y7} = \sin(7\beta\pi/2) = \sin(4\pi/5) = 0.588$$

为了计算基波、5 次和 7 次谐波分布系数，必须知道各线圈的空间位置，槽间电角 $\alpha = 4\pi/15$，A 相带槽号 1、2、9 和 X 相带槽号 5、13 作为线圈上层边，节距 $y = 3$ 的相应槽号作为下层边，5 个相同线圈构成 A 相绕组，每个线圈电流大小相同，A 相带与 X 相带线圈的电流相反，匝数相同，产生的 n 次正弦波磁动势幅值相同。

对于任意奇数 n 次磁动势波，绕组的分布系数

$$k_{qn} = \frac{|1 + e^{jn\alpha} - e^{j4n\alpha} + e^{j8n\alpha} - e^{j12n\alpha}|}{5}$$

$$= \frac{|1 + e^{jn4\pi/15} + e^{jn\pi/15} + e^{jn2\pi/15} + e^{jn3\pi/12}|}{5} = \frac{\sin(n\pi/6)}{5\sin(n\pi/30)}$$

上述结果相当于将 X 相带的槽矢量反向后与 A 相带槽矢量形成空间均匀分布的 5 个矢量，相邻矢量的夹角为 12°电角，如图 3-9a 所示，而 5 个均匀分布的矢量正好满足 60°相带 $q = 5$ 和 $\alpha = \pi/15$ 的形式。实际上 $q = 5/4$，其分子正好是 5。分数槽绕组的分布系数可以利用每极每相槽数 $q = N/D$ 的分子 N 来计算，其中 N 和 D 是互为质数的正整数。于是，分布系数

$$k_{q1} = \frac{\sin(\pi/6)}{5\sin(\pi/30)} = 0.9567, \quad k_{q5} = \frac{\sin(5\pi/6)}{5\sin(\pi/6)} = 0.2, \quad k_{q7} = \frac{\sin(7\pi/6)}{5\sin(7\pi/30)} = -0.1494$$

基波、5 次和 7 次谐波的绕组系数等于短距系数和分布系数的乘积，即

$$k_{w1} = k_{y1}k_{q1} = 0.955 \times 0.9567 = 0.914, \quad k_{w5} = k_{y5}k_{q5} = 0 \times 0.2 = 0,$$

$$k_{w7} = k_{y7}k_{q7} = -0.588 \times 0.1494 = -0.0878$$

通过计算发现，5 次谐波磁动势因短距系数为零已经消除，最低整数 7 次谐波磁动势幅值与基波磁动势幅值之比为 $\frac{F_7}{F_1} = \frac{k_{w7}}{7k_{w1}} = -0.0137$，可见 7 次谐波磁动势幅值不足基波磁动势幅值的 1.5%，已经得到削弱。值得注意的是，分数槽绕组磁动势除了基波和奇次谐波还有分数次谐波，即 n/D 次谐波磁动势，以及偶数次谐波磁动势，因为每相各线圈合成磁动势正负半波不对称且仅仅是以 360°机械角为周期的磁动势波。

3.2.6 电流和磁动势时空矢量

前面分析了电流产生磁动势，因交流电机绕组的电流随时间变化，而线圈有效边或导体是空间分布的，因此电流密度及其引起的磁动势既是空间函数又是时间函数，由此电流与磁动势存在本质联系，下面分析三相对称电流与磁动势的时空统一矢量表示。

1. 时轴与电流时间相量

三相对称电流是同频率 ω_1、同幅值 I_m 但相位互差 120°的电流系统，按照 ABC 正相序的三相电流表示为

$$i_A = I_m\cos(\omega_1 t + \varphi_A), \quad i_B = I_m\cos(\omega_1 t + \varphi_A - 2\pi/3), \quad i_C = I_m\cos(\omega_1 t + \varphi_A + 2\pi/3) \quad (3\text{-}46)$$

式中，φ_A 是 A 相电流的初始相位角。

随时间正弦变化的物理量可以用时间相量表示，时间相量的参考轴简称为时轴，它是正弦量用相量表示时的时间参考轴或实轴。在正弦稳态电路分析中，三相对称正弦时间信号常用一个公共时轴、3 个时间相量 $\dot{I}_A$、$\dot{I}_B$ 和 $\dot{I}_C$ 表示，时间相量大小为电流有效值，与公共时轴的相位角为各自电流的初始相位角 φ_A、$\varphi_A - 2\pi/3$ 和 $\varphi_A + 2\pi/3$，如图 3-17a 所示，这时三相电流时间相量相对于公共时轴是静止的，没有电流交变角频率的信息。若将公共时轴看成是以电流角频率 ω_1 相对静止时轴逆时针旋转的，那么三相电流时间相量相对于静止时轴以同一角频率 ω_1 旋转，且逆时针转过的角度等于各自电流的相位角 $\omega_1 t + \varphi_A$、$\omega_1 t + \varphi_A - 2\pi/3$ 和 $\omega_1 t + \varphi_A + 2\pi/3$，如图 3-17b 所示。用静止时轴表示三相电流的好处是电流的频率信息很明确，当频率变化时，电流时间相量的旋转角速度发生相应的变化。即使三相幅值或相位不

对称，也能表示出这种非对称情况，并且电流时间相量在静止时轴上的投影再乘以$\sqrt{2}$等于电流瞬时值。缺点是对称状态也需要用 3 个时间相量，时间信息冗余度大而缺乏三相绕组的空间信息。

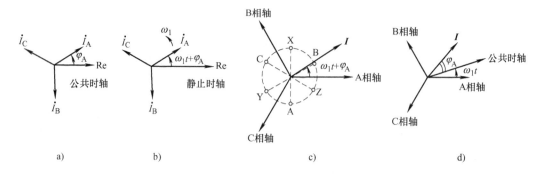

图 3-17　时轴、相轴与电流时空矢量

2. 相轴与电流空间矢量

相轴是指一相绕组电流产生的磁动势基波正幅值所在位置。图 3-17c 给出了 3 个集中绕组（AX、BY、CZ）表示的三相对称系统的相轴，它们的空间相位互差 120° 电角，按逆时针方向为正相序排列，因此三相相轴的排列顺序与时间相量的顺序正好相反，也就是空间相序由 A 相到 B 相再到 C 相逆时针排列，对应时间正相序 A 相超前 B 相而 B 相超前 C 相。

对于定子三相对称绕组来说，三个相轴是静止的。对于转子三相对称绕组来说，转子旋转时，三个相轴也是随转子同速旋转的。但相轴相对于各自绕组都是静止的。

如果静止时轴与某相相轴重合时，该相电流时间相量相对静止时轴的角度为该相电流的相位，如图 3-17c 所示用粗黑体 I 表示，A 相的相轴作为 A 相（静止）时轴，A 相电流时间相量超前 A 相轴的角度等于 A 相电流的相位角 $\omega_1 t + \varphi_A$。对于 B 相来说，B 相轴作为 B 相（静止）时轴，B 相电流时间相量超前 B 相轴的角度等于 B 相电流的相位角 $\omega_1 t + \varphi_A - 2\pi/3$，因为 B 相轴线超前 A 相轴线 120°，而 B 相电流滞后 A 相电流 120°，因此 B 相电流时间相量与 A 相电流时间相量在各自的时轴坐标系中重合。同样地，C 相轴作为 C 相（静止）时轴，C 相电流时间相量与 A 相电流时间相量在各自的时轴坐标系中也重合。这样采用各自的相轴作为（静止）时轴形成统一的坐标系，各相对称电流的时间相量处在同一空间位置，I 代表空间绕组电流分布的特征，因此称为电流空间矢量。

3. 时间与空间统一矢量

上述各相绕组的时轴和相轴统一的坐标系称为时空统一坐标系，以 A 相轴为参考，电流时间相量与空间矢量统一成为既有时间信息又有空间信息的绕组电流信息，因此称为电流时间与空间统一矢量，简称电流时空矢量。由于对称正弦电流幅值与有效值仅仅相差系数$\sqrt{2}$，因此时空矢量长度是幅值，时间相量长度是有效值。以幅值表示时空矢量的长度时，电流时空矢量在各自相轴上的投影等于该相电流瞬时值大小。

当公共时轴相对于静止时轴或相轴以同步电角速度 ω_1（电流角频率）逆时针旋转时，电流时空矢量相对于公共时轴是静止的，若时刻 $t = 0$ 时公共时轴与 A 相轴重合，那么电流时空矢量与公共相轴的相位差为 A 相电流初始相位角 φ_A，如图 3-17d 所示。交流电机相量图通常是在同步旋转公共时轴上获得的时间与空间统一的矢量关系图。

4. 气隙磁动势时空矢量

三相对称绕组气隙磁动势各正弦波分量可以通过时空矢量图解法合成。各正弦波气隙磁动势是时空函数，因此用幅值及其空间位置电角表示磁动势时空矢量，即磁动势时空矢量的大小为幅值，相位是其所在空间位置电角。

（1）基波脉振磁动势及其时空矢量

A 相绕组基波脉振磁动势时空矢量 $\boldsymbol{F}_{A1}$ 在空间的幅值为 $F_1\cos(\omega_1 t+\varphi_A)$，相位始终与 A 相轴重合，由双旋转磁场理论，该脉振磁动势可分解为两个幅值和转速相同的正、反基波旋转磁动势 $\boldsymbol{F}_{A1+}$ 和 $\boldsymbol{F}_{A1-}$。

$$f_{A1}(t,\theta)=F_1\cos(\omega_1 t+\varphi_A)\cos\theta=\frac{1}{2}F_1\cos(\omega_1 t+\varphi_A-\theta)+\frac{1}{2}F_1\cos(\omega_1 t+\varphi_A+\theta)$$

如图 3-18a 所示，正转基波磁动势 $\boldsymbol{F}_{A1+}$ 逆时针旋转，幅值 $F_{A1+}=0.5F_1$，空间相位 $\theta=\omega_1 t+\varphi_A$；反转基波磁动势 $\boldsymbol{F}_{A1-}$ 顺时针旋转，幅值 $F_{A1-}=0.5F_1$，空间相位 $\theta=-(\omega_1 t+\varphi_A)$。正、反转基波磁动势的转速相同，转向相反，关于 A 相轴对称。

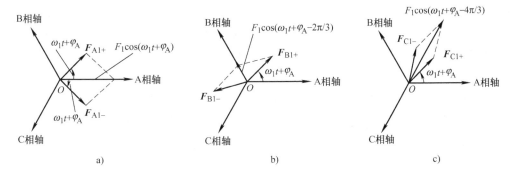

图 3-18 一相基波脉振磁动势时空矢量

类似地，B 相绕组基波脉振磁动势时空矢量 $\boldsymbol{F}_{B1}$ 的幅值为 $F_1\cos(\omega_1 t+\varphi_A-2\pi/3)$，相位始终与 B 相轴重合，可分解为两个正、反旋转磁动势 $\boldsymbol{F}_{B1+}$ 和 $\boldsymbol{F}_{B1-}$。

$$f_{B1}(t,\theta)=F_1\cos(\omega_1 t+\varphi_A-2\pi/3)\cos(\theta-2\pi/3)$$

$$=\frac{1}{2}F_1\cos(\omega_1 t+\varphi_A-\theta)+\frac{1}{2}F_1\cos(\omega_1 t+\varphi_A-4\pi/3+\theta)$$

如图 3-18b 所示，正、反转磁动势幅值 $F_{B1+}=F_{B1-}=0.5F_1$，转速相同，转向相反，空间相位分别为 $\theta=\omega_1 t+\varphi_A$ 和 $\theta=-(\omega_1 t+\varphi_A-4\pi/3)$，关于 B 相轴对称。B 相与 A 相绕组基波正转磁动势时空矢量 $\boldsymbol{F}_{B1+}$ 和 $\boldsymbol{F}_{A1+}$ 在空间重合。

C 相绕组基波脉振磁动势时空矢量 $\boldsymbol{F}_{C1}$ 的幅值为 $F_1\cos(\omega_1 t+\varphi_A+2\pi/3)$，相位始终与 C 相轴重合，可分解为两个正、反旋转磁动势 $\boldsymbol{F}_{C1+}$ 和 $\boldsymbol{F}_{C1-}$。

$$f_{C1}(t,\theta)=F_1\cos(\omega_1 t+\varphi_A+2\pi/3)\cos(\theta+2\pi/3)$$

$$=\frac{1}{2}F_1\cos(\omega_1 t+\varphi_A-\theta)+\frac{1}{2}F_1\cos(\omega_1 t+\varphi_A+4\pi/3+\theta)$$

如图 3-18c 所示，正、反转磁动势幅值 $F_{C1+}=F_{C1-}=0.5F_1$，转速相同，转向相反，空间相位分别为 $\theta=\omega_1 t+\varphi_A$ 和 $\theta=-(\omega_1 t+\varphi_A+4\pi/3)$，关于 C 相轴对称。C 相与 A 相绕组基波正转磁动势时空矢量 $\boldsymbol{F}_{C1+}$ 和 $\boldsymbol{F}_{A1+}$ 在空间重合。

尽管各相基波脉振磁动势的幅值不同，但经过分解后正、反转磁动势的幅值都相同，转速也相同，如图 3-19 所示，3 个正转的基波磁动势 F_{A1+}、F_{B1+} 和 F_{C1+} 空间重合，在同一空间位置合成幅值为 $F_{m1} = 1.5F_1$，空间相位 $\theta = \omega_1 t + \varphi_A$。3 个反转的基波磁动势 F_{A1-}、F_{B1-} 和 F_{C1-} 空间互差 120° 电角，合成为零。因此三相绕组对称电流产生的基波磁动势时空矢量 F_1 的幅值等于一相基波幅值的 $m/2$ 倍，逆时针以电角速度 ω_1 旋转。基波磁动势时空矢量 F_1 的空间位置正好与电流时空矢量 I 的空间位置重合，相对于绕组相轴以同步角速度逆时针旋转。以 A 相轴为空间参考位置，基波磁动势时空函数、时空矢量与电流时空矢量分别为

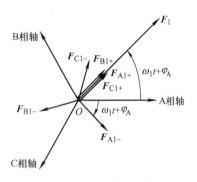

图 3-19　三相基波磁动势时
空矢量合成图解

$$f_1(t,\theta) = F_{m1} \cos(\omega_1 t + \varphi_A - \theta), \quad \boldsymbol{F}_1 = F_{m1} e^{j(\omega_1 t + \varphi_A)}, \quad \boldsymbol{I} = I_m e^{j(\omega_1 t + \varphi_A)} \tag{3-47}$$

因三相绕组相轴按 p 对极基波空间电角度 θ 互差 120° 逆时针排列，而 n 次谐波空间具有 np 对极，谐波磁动势空间矢量在一个基波周期内将出现 n 个正幅值，为了避免出现多个周期磁动势幅值，而将绕组空间的电角度按照 np 对极谐波空间电角度 $n\theta$ 表示，因此三相绕组的相轴在谐波空间将发生变化，下面讨论各种谐波磁动势及其时空矢量。

（2）3 次谐波磁动势及其时空矢量

3 次谐波 $n = 3$，三相绕组的相轴在 3 次谐波空间重合，每相 3 次谐波磁动势幅值空间位置重合，但电流相位互差 120° 电角，幅值大小不同。三相绕组 3 次谐波脉振磁动势

$$f_{A3}(t,\theta) = F_3 \cos(\omega_1 t + \varphi_A) \cos 3\theta = \frac{1}{2} F_3 \cos(\omega_1 t + \varphi_A - 3\theta) + \frac{1}{2} F_3 \cos(\omega_1 t + \varphi_A + 3\theta)$$

$$f_{B3}(t,\theta) = F_3 \cos(\omega_1 t + \varphi_A - 2\pi/3) \cos 3\theta$$

$$= \frac{1}{2} F_3 \cos(\omega_1 t + \varphi_A - 2\pi/3 - 3\theta) + \frac{1}{2} F_3 \cos(\omega_1 t + \varphi_A - 2\pi/3 + 3\theta)$$

$$f_{C3}(t,\theta) = F_3 \cos(\omega_1 t + \varphi_A + 2\pi/3) \cos 3\theta$$

$$= \frac{1}{2} F_3 \cos(\omega_1 t + \varphi_A + 2\pi/3 - 3\theta) + \frac{1}{2} F_3 \cos(\omega_1 t + \varphi_A + 2\pi/3 + 3\theta)$$

如图 3-20 所示，3 次谐波空间三相绕组的相轴重合，A 相绕组 3 次谐波脉振磁动势时空矢量 F_{A3} 幅值为 $F_3 \cos(\omega_1 t + \varphi_A)$，相位始终与 A 相轴重合，两个正、反旋转磁动势 F_{A3+} 和 F_{A3-} 的幅值 $F_{A3+} = F_{A3-} = 0.5F_3$，空间相位分别为 $3\theta = \pm(\omega_1 t + \varphi_A)$，转速为 $n_1/3$，转向相反，关于相轴对称。

类似地，B 相绕组 3 次谐波脉振磁动势时空矢量 F_{B3} 幅值为 $F_3 \cos(\omega_1 t + \varphi_A - 2\pi/3)$，相位始终与 B 相轴重合，两个正、反旋转磁动势 F_{B3+} 和 F_{B3-} 的幅值 $F_{B3+} = F_{B3-} = 0.5F_3$，空间相位分别为 $3\theta = \pm(\omega_1 t + \varphi_A - 2\pi/3)$，转速为 $n_1/3$，转向相反，关于相轴对称。

同样地，C 相绕组 3 次谐波脉振磁动势时空矢量 F_{C3} 幅值为 $F_3 \cos(\omega_1 t + \varphi_A + 2\pi/3)$，相位始终与 C 相轴重合，两个正、反旋转磁动势 F_{C3+} 和 F_{C3-} 的幅值 $F_{C3+} = F_{C3-} = 0.5F_3$，空间相位分别为 $3\theta = \pm(\omega_1 t + \varphi_A + 2\pi/3)$，转速为 $n_1/3$，转向相反，关于相轴对称。

由于三相绕组的相轴重合，因此 3 个正转 3 次谐波磁动势空间矢量幅值、转速和转向相同，但空间互差 120° 电角，顺时针排列合成结果为零。同样地，3 个反转 3 次谐波磁动势空

间矢量幅值、转速和转向相同，但空间互差120°电角，逆时针排列合成结果也为零。

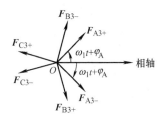

图 3-20　三相三次谐波磁动势时空矢量合成图解

总之，3 次谐波合成磁动势为零。类似地，其他 3 的奇数倍次谐波除了幅值不同，在相应谐波空间的关系与图 3-20 相同，因此所有 3 次及其奇数倍次谐波合成磁动势都为零。

（3）5 次谐波磁动势及其时空矢量

5 次谐波 $n = 5$，谐波空间相轴变为顺时针排列，如图 3-21 所示。三相绕组 5 次谐波脉振磁动势分解为

$$f_{A5}(t,\theta) = F_5\cos(\omega_1 t + \varphi_A)\cos 5\theta = \frac{1}{2}F_5\cos(\omega_1 t + \varphi_A - 5\theta) + \frac{1}{2}F_5\cos(\omega_1 t + \varphi_A + 5\theta)$$

$$f_{B5}(t,\theta) = F_5\cos(\omega_1 t + \varphi_A - 2\pi/3)\cos 5(\theta - 2\pi/3)$$

$$= \frac{1}{2}F_5\cos(\omega_1 t + \varphi_A + 2\pi/3 - 5\theta) + \frac{1}{2}F_5\cos(\omega_1 t + \varphi_A + 5\theta)$$

$$f_{C5}(t,\theta) = F_5\cos(\omega_1 t + \varphi_A + 2\pi/3)\cos 5(\theta + 2\pi/3)$$

$$= \frac{1}{2}F_5\cos(\omega_1 t + \varphi_A - 2\pi/3 - 5\theta) + \frac{1}{2}F_5\cos(\omega_1 t + \varphi_A + 5\theta)$$

如图 3-21 所示，A 相绕组 5 次谐波脉振磁动势时空矢量 F_{A5} 幅值为 $F_5\cos(\omega_1 t + \varphi_A)$，相位始终与 A 相轴重合，两个正、反旋转磁动势 F_{A5+} 和 F_{A5-} 的幅值 $F_{A5+} = F_{A5-} = 0.5F_5$，空间相位分别为 $5\theta = \pm(\omega_1 t + \varphi_A)$，转速为 $n_1/5$，转向相反，关于 A 相轴对称。

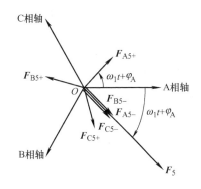

图 3-21　三相 5 次谐波磁动势合成图解

类似地，B 相绕组 5 次谐波脉振磁动势时空矢量 F_{B5} 幅值为 $F_5\cos(\omega_1 t + \varphi_A - 2\pi/3)$，相位始终与 B 相轴重合，两个正、反旋转磁动势 F_{B5+} 和 F_{B5-} 的幅值 $F_{B5+} = F_{B5-} = 0.5F_5$，空间相位分别为 $5\theta = (\omega_1 t + \varphi_A + 2\pi/3)$ 和 $-(\omega_1 t + \varphi_A)$，转速为 $n_1/5$，转向相反，关于 B 相轴对称。

同样地，C 相绕组 5 次谐波脉振磁动势时空矢量 F_{C5} 幅值为 $F_5\cos(\omega_1 t + \varphi_A + 2\pi/3)$，相位始终与 C 相轴重合，两个正、反旋转磁动势 F_{C5+} 和 F_{C5-} 的幅值 $F_{C5+} = F_{C5-} = 0.5F_5$，空间相位分别为 $5\theta = (\omega_1 t + \varphi_A - 2\pi/3)$ 和 $-(\omega_1 t + \varphi_A)$，转速为 $n_1/5$，转向相反，关于 C 相轴对称。

由此可见，每相脉振磁动势时空矢量位于绕组相轴，分解成两个关于相轴对称的幅值、转速相同但转向相反的旋转磁动势时空矢量。3 个正转的 5 次谐波磁动势幅值、转速和转向相同，但空间相位互差120°，合成结果为零。3 个反转 5 次谐波磁动势幅值、转速、转向和空间相位相同，合成三相 5 次谐波磁动势时空矢量 F_5 是幅值 $F_{m5} = 1.5F_5$，空间相位 $5\theta = -(\omega_1 t + \varphi_A)$，与基波磁动势反向顺时针旋转，转速为 $n_1/5$ 的旋转磁动势。

对于 $n = 2mN - 1$ 次谐波磁动势，相轴空间位置谐波与基波相反，不同次数谐波仅仅幅值不同，时间和空间相位一致。因此结论是：三相合成 $n = 2mN - 1$ 次谐波磁动势时空矢量 F_n 是幅值 $F_{mn} = 1.5F_n$，空间相位 $n\theta = -(\omega_1 t + \varphi_A)$，与基波磁动势反向顺时针旋转，转速为

n_1/n 的旋转磁动势。以 A 相的相轴为空间参考位置的瞬时值与时空矢量表达式分别为

$$f_{2mN-1}(t,\theta) = F_{m(2mN-1)}\cos\left[\omega_1 t + \varphi_A + (2mN-1)\theta\right], \boldsymbol{F}_{2mN-1} = F_{m(2mN-1)}e^{-j(\omega_1 t + \varphi_A)} \quad (3\text{-}48)$$

（4）7 次谐波磁动势及其时空矢量

7 次谐波 $n=7$，谐波空间相轴与基波相同，如图 3-22 所示。三相绕组 7 次谐波脉振磁动势分解为

$$f_{A7}(t,\theta) = F_7\cos(\omega_1 t + \varphi_A)\cos 7\theta = \frac{1}{2}F_7\cos(\omega_1 t + \varphi_A - 7\theta) + \frac{1}{2}F_7\cos(\omega_1 t + \varphi_A + 7\theta)$$

$$f_{B7}(t,\theta) = F_7\cos(\omega_1 t + \varphi_A - 2\pi/3)\cos 7(\theta - 2\pi/3)$$

$$= \frac{1}{2}F_7\cos(\omega_1 t + \varphi_A - 7\theta) + \frac{1}{2}F_7\cos(\omega_1 t + \varphi_A + 2\pi/3 + 7\theta)$$

$$f_{C7}(t,\theta) = F_7\cos(\omega_1 t + \varphi_A + 2\pi/3)\cos 7(\theta + 2\pi/3)$$

$$= \frac{1}{2}F_7\cos(\omega_1 t + \varphi_A - 7\theta) + \frac{1}{2}F_7\cos(\omega_1 t + \varphi_A - 2\pi/3 + 7\theta)$$

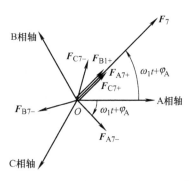

图 3-22　三相 7 次谐波磁动势合成图解

如图 3-22 所示，A 相绕组 7 次谐波脉振磁动势时空矢量 $\boldsymbol{F}_{A7}$ 幅值为 $F_7\cos(\omega_1 t + \varphi_A)$，相位始终与 A 相轴重合，两个正、反旋转磁动势 $\boldsymbol{F}_{A7+}$ 和 $\boldsymbol{F}_{A7-}$ 的幅值 $F_{A7+} = F_{A7-} = 0.5F_7$，空间相位分别为 $7\theta = \pm(\omega_1 t + \varphi_A)$，转速为 $n_1/7$，转向相反，关于 A 相轴对称。

类似地，B 相绕组 7 次谐波脉振磁动势时空矢量 $\boldsymbol{F}_{B7}$ 幅值为 $F_7\cos(\omega_1 t + \varphi_A - 2\pi/3)$，相位始终与 B 相轴重合，两个正、反旋转磁动势 $\boldsymbol{F}_{B7+}$ 和 $\boldsymbol{F}_{B7-}$ 的幅值 $F_{B7+} = F_{B7-} = 0.5F_7$，空间相位分别为 $7\theta = (\omega_1 t + \varphi_A)$ 和 $-(\omega_1 t + \varphi_A + 2\pi/3)$，转速为 $n_1/7$，转向相反，关于 B 相轴对称。

同样地，C 相绕组 7 次谐波脉振磁动势时空矢量 $\boldsymbol{F}_{C7}$ 幅值为 $F_7\cos(\omega_1 t + \varphi_A + 2\pi/3)$，相位始终与 C 相轴重合，两个正、反旋转磁动势 $\boldsymbol{F}_{C7+}$ 和 $\boldsymbol{F}_{C7-}$ 的幅值 $F_{C7+} = F_{C7-} = 0.5F_7$，空间相位分别为 $7\theta = (\omega_1 t + \varphi_A)$ 和 $-(\omega_1 t + \varphi_A - 2\pi/3)$，转速为 $n_1/7$，转向相反，关于 C 相轴对称。

由此可见，每相脉振磁动势时空矢量位于绕组相轴，分解成两个关于相轴对称的幅值和转速相同但转向相反的旋转磁动势时空矢量。3 个反转的 7 次谐波磁动势幅值、转速和转向相同，但空间相位互差 120°，合成结果为零。3 个正转的 7 次谐波磁动势幅值、转速、转向和空间相位相同，合成三相 7 次谐波磁动势时空矢量 $\boldsymbol{F}_7$ 是幅值 $F_{m7} = 1.5F_7$，空间相位 $7\theta = \omega_1 t + \varphi_A$，与基波磁动势同向逆时针旋转，转速为 $n_1/7$ 的旋转磁动势。

一般地，对于 $n = 2mN + 1$ 次谐波磁动势，相轴空间位置谐波与基波一致，不同次数谐波仅仅幅值不同，时间和空间相位一致。因此结论是：三相合成 $n = 2mN + 1$ 次谐波磁动势时空矢量 $\boldsymbol{F}_n$ 是幅值 $F_{mn} = 1.5F_n$，空间相位 $n\theta = \omega_1 t + \varphi_A$，与基波磁动势同向逆时针旋转，转速为 n_1/n 的旋转磁动势。以 A 相的相轴为空间参考位置的瞬时值与时空矢量表达式分别为

$$f_{2mN+1}(t,\theta) = F_{m(2mN+1)}\cos\left[\omega_1 t + \varphi_A - (2mN+1)\theta\right], \boldsymbol{F}_{2mN+1} = F_{m(2mN+1)}e^{j(\omega_1 t + \varphi_A)} \quad (3\text{-}49)$$

例题 3-6　异步电机笼型转子的导条数为 Z_2，导条感应对称电流 $i_{bk} = \sqrt{2}I_r\cos(\omega_2 t - k\alpha)$，

其中，$k = 0, 1, \cdots, Z_2 - 1$，$\alpha = 2p\pi/Z_2$，$p$ 为磁场极对数，计算笼型转子产生的气隙磁动势。

解：如图 3-23 所示，将笼型转子展开成平面结构，设相邻导条编号为 k 和 $k+1$，其与两个端环构成的回路或端环电流为 $i_{ek}(t)$，将对称导条电流系统分解为对称回路电流系统

$$i_{ek} = \sqrt{2}I_e\cos(\omega_2 t - k\alpha + \varphi)$$

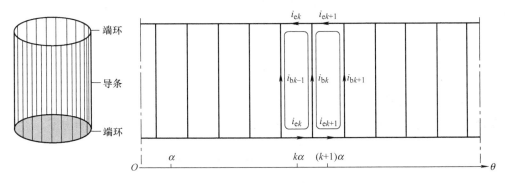

图 3-23　异步电机笼型转子结构及其展开图

于是，根据节点电流方程得到

$$i_{bk}(t) = i_{ek+1}(t) - i_{ek}(t)$$

将导条和回路电流表达式分别代入整理后得到

$$\sqrt{2}I_r\cos(\omega_2 t - k\alpha) = 2\sqrt{2}I_e\sin(\alpha/2)\sin(\omega_2 t - k\alpha + \varphi - \alpha/2)$$

比较等式两边幅值和相位关系后得到 $I_r = 2I_e\sin(\alpha/2)$，$\varphi = (\pi + \alpha)/2$。

回路或端环电流相位超前导条电流，而且幅值比导条电流大得多，因此笼型转子端环的截面积比导条大得多。于是，回路电流分别为

$$i_{ek} = \frac{\sqrt{2}I_r}{2\sin(\alpha/2)}\cos\left[\omega_2 t - k\alpha + (\pi + \alpha)/2\right], \quad k = 0, 1, \cdots, Z_2 - 1$$

回路电流对应线圈的节距系数 $\beta = \alpha/\pi = 2p/Z_2$，线圈波形函数由式（3-14）并考虑到系数表达式（3-15），得到

$$s(\theta) = \sum_{n=1}^{\infty} \frac{4\sin(n\pi/Z_2)}{n\pi}\cos(n\theta/p)$$

代入电流表达式得到第 k 个回路电流产生的气隙磁动势

$$f_{ck}(t,\theta) = \frac{1}{2}i_{ek}(t)s(\theta - k\alpha)$$

$$= \sum_{n=1}^{\infty} \frac{\sqrt{2}I_r\sin(n\pi/Z_2)}{n\pi\sin(\alpha/2)}\cos\left[\omega_2 t - k\alpha + (\pi + \alpha)/2\right]\cos\left[n(\theta - k\alpha)/p\right]$$

笼型绕组的气隙磁动势是所有 Z_2 个回路电流气隙磁动势之和，交换求和次序后得到

$$f_s(t,\theta) = \sum_{k=0}^{Z_2-1} f_{ck}(\theta)$$

$$= \sum_{n=1}^{\infty} \frac{\sqrt{2}I_r\sin(n\pi/Z_2)}{n\pi\sin(\alpha/2)}\sum_{k=0}^{Z_2-1}\cos\left[\omega_2 t - k\alpha + (\pi + \alpha)/2\right]\cos\left[n(\theta - k\alpha)/p\right]$$

利用三角函数积化和差公式得到

$$2\cos\left[\omega_2 t - k\alpha + \frac{\pi+\alpha}{2}\right]\cos\left[\frac{n}{p}(\theta - k\alpha)\right]$$

$$= \cos\left[\omega_2 t + k\left(\frac{n}{p}-1\right)\alpha + \frac{\pi+\alpha}{2} - \frac{n}{p}\theta\right] + \cos\left[\omega_2 t - k\left(\frac{n}{p}+1\right)\alpha + \frac{\pi+\alpha}{2} + \frac{n}{p}\theta\right]$$

等式右边第一项是角度相差 $(n/p-1)\alpha$ 的余弦求和，第二项是角度相差 $(n/p+1)\alpha$ 的余弦求和，因此当 $(n/p\pm1)\alpha \neq 2N\pi$ 时，两个余弦项求和为零。于是，将角度 $\alpha = 2p\pi/Z_2$ 代入后得到余弦项求和不等于零的 n 满足的关系

$$\frac{n}{p} = 1, \text{或者} \frac{n}{p} = N\frac{Z_2}{p} \pm 1$$

（1）基波气隙磁动势

基波 $n = p$，气隙磁动势只有第一项余弦函数之和，第二项余弦函数之和为零。于是

$$f_{s1}(t,\theta) = \frac{\sqrt{2}I_r Z_2}{2p\pi}\cos\left[\omega_2 t - \theta + (\pi+\alpha)/2\right] \tag{3-50}$$

基波幅值在回路电流最大的回路中心空间位置。

（2）齿谐波气隙磁动势

当 $\frac{n}{p} = N\frac{Z_2}{p} + 1$ 时，气隙谐波磁动势是与基波同转向的，化简后为

$$f_{sN}(t,\theta) = \sum_{N=1}^{\infty} \frac{\sqrt{2}I_r Z_2 (-1)^N}{2(NZ_2 + p)\pi}\cos\left[\omega_2 t + (\pi+\alpha)/2 - \left(N\frac{Z_2}{p}+1\right)\theta\right] \tag{3-51}$$

当 $\frac{n}{p} = N\frac{Z_2}{p} - 1$ 时，气隙谐波磁动势是与基波转向相反的，化简后为

$$f_{sN}(t,\theta) = \sum_{N=1}^{\infty} \frac{\sqrt{2}I_r Z_2 (-1)^{N+1}}{2(NZ_2 - p)\pi}\cos\left[\omega_2 t + (\pi+\alpha)/2 + \left(N\frac{Z_2}{p}-1\right)\theta\right] \tag{3-52}$$

笼型转子导条数比极数大得多，在导条电流正弦分布情况下，只有基波和齿谐波气隙磁动势，没有其他谐波磁动势。从各正弦波磁动势幅值可以发现，绕组系数等于 1.0，与导条数成正比，与次数成反比，笼型转子绕组相当于 Z_2 相集中绕组，每相绕组匝数为 0.5。

3.2.7　不对称电流产生的气隙基波磁动势

前面分析了三相对称绕组流过三相对称电流产生的气隙磁动势，基波是幅值和转速恒定且顺相序旋转的圆形磁动势，即基波磁动势时空矢量端点轨迹是一个圆。实际交流发电机存在三相负载不对称，交流电动机存在三相电压不对称的情况，因此交流电机的三相电流存在不对称的工作状态。这时，可以利用正弦稳态对称分量法，将三相不对称电流分解成正序、负序和零序，三相正序电流产生正相序旋转的圆形基波磁动势，三相负序电流产生逆相序旋转的圆形基波磁动势，三相零序电流不产生气隙磁动势，因此最终基波气隙磁动势是正、反旋转的两个幅值不同的圆形磁动势的叠加，通常是转速不恒定、幅值变化的椭圆形基波磁动势。由于对称分量法计算复杂，下面利用双旋转磁场理论结合图解法分析不对称电流产生的气隙基波磁动势。

三相电流不对称包含幅值不同与相位不对称，但频率相同，设三相不对称电流分别为

$$i_A(t) = \sqrt{2}I_A\cos(\omega_1 t + \varphi_A)\,,\ i_B(t) = \sqrt{2}I_B\cos(\omega_1 t + \varphi_B)\,,\ i_C(t) = \sqrt{2}I_C\cos(\omega_1 t + \varphi_C)$$

因为每相电流产生的气隙脉振磁动势时空矢量位于相轴，根据双旋转磁场理论可以分解成关于相轴对称的幅值和转速相同但转向相反的基波旋转磁动势时空矢量，旋转基波磁动势时空矢量与相轴的夹角等于电流相位角，三相正转时空矢量如图 3-24a 所示。以 A 相轴为空间参考位置，合成正转基波磁动势时空矢量为

$$\boldsymbol{F}_+ = \boldsymbol{F}_{A1+} + \boldsymbol{F}_{B1+} + \boldsymbol{F}_{C1+} = k_1(I_A e^{j\varphi_A} + I_B e^{j\varphi_B}e^{j2\pi/3} + I_C e^{j\varphi_C}e^{j4\pi/3})e^{j\omega_1 t} = F_+ e^{j(\omega_1 t + \varphi_+)} \tag{3-53}$$

其中，每相单位电流旋转基波磁动势时空矢量幅值 $k_1 = \dfrac{\sqrt{2}}{2}\dfrac{4}{\pi}\dfrac{Wk_{w1}}{2p}$，括号内三相电流相量之和为 A 相正序电流相量的三倍，说明正转合成旋转基波磁动势时空矢量与三相正序电流时空矢量成正比，幅值为 F_+，相位为 $\omega_1 t + \varphi_+$。

类似地，三相反转时空矢量如图 3-24b 所示。以 A 相轴为空间参考位置，合成反转基波磁动势时空矢量为

$$\boldsymbol{F}_- = \boldsymbol{F}_{A1-} + \boldsymbol{F}_{B1-} + \boldsymbol{F}_{C1-} = k_1(I_A e^{-j\varphi_A} + I_B e^{-j\varphi_B}e^{j2\pi/3} + I_C e^{-j\varphi_C}e^{j4\pi/3})e^{-j\omega_1 t} = F_- e^{-j(\omega_1 t + \varphi_-)}$$

$$\tag{3-54}$$

其中，括号内三相电流相量之和为 A 相负序电流相量共轭的 3 倍，说明反转合成旋转基波磁动势时空矢量与三相负序电流时空矢量的共轭成正比，反转合成旋转基波磁动势幅值为 F_-，相位为 $\omega_1 t + \varphi_-$。

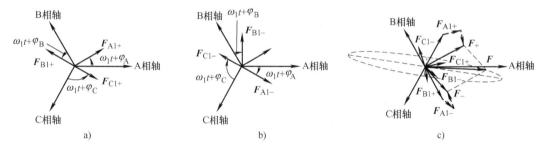

图 3-24　不对称电流产生的正反转基波磁动势和合成椭圆形磁动势

不难验证，三相电流正相序对称时，$F_- = 0$；三相电流反相序对称时，$F_+ = 0$。三相电流不对称时，合成基波磁动势时空矢量 $\boldsymbol{F} = \boldsymbol{F}_+ + \boldsymbol{F}_-$，如图 3-24c 所示。如果正、反转基波磁动势幅值相同，$F_+ = F_-$，那么正、反转基波磁动势是幅值和转速相同而转向相反的旋转磁动势，合成基波脉振磁动势。如果正转基波磁动势幅值大于反转基波磁动势，$F_+ > F_-$，则合成正转椭圆磁动势。如果正转基波磁动势幅值小于反转基波磁动势幅值，$F_+ < F_-$，则合成反转椭圆磁动势。椭圆的长半轴长度 a 为正、反转磁动势幅值之和，$a = F_+ + F_-$，短半轴长度 b 为正、反转磁动势幅值之差的绝对值，$b = |F_+ - F_-|$，椭圆长轴与 A 相轴的倾角为 $(\varphi_+ - \varphi_-)/2$，在长轴附近转速慢，而在短轴附近转速快，平均转速用电角速度表示为 ω_1。

例题 3-7　三相交流绕组星形联结，每极每相有效串联匝数为 N，已知不对称电流 $i_A(t) = \sqrt{2}I_A\cos(\omega_1 t + 60°)$，$i_B(t) = \sqrt{2}I_B\cos(\omega_1 t - 30°)$，求合成基波磁动势时空矢量。

解： C 相电流 $i_C(t) = -i_A(t) - i_B(t) = \sqrt{2}I_A\cos(\omega_1 t - 120°) + \sqrt{2}I_B\cos(\omega_1 t + 150°)$，C 相

同时流过 A 相和 B 相电流，如图 3-25a 所示。先分析 A 相电流同时流过 A 相和 C 相绕组产生的基波脉振磁动势幅值与空间位置，由于电流相同，绕组结构相同，因此在两绕组中产生的脉振磁动势幅值相同，$F_{AA} = F_{AC}$，空间分别与绕组相轴重合，如图 3-25b 所示，合成脉振磁动势幅值 $F_A = \sqrt{3}F_{AA}$，空间相位 $\theta = 30°$，相当于位于 $\theta = 30°$ 时空矢量轴线绕组上有电流 $i_{A1}(t) = \sqrt{6}I_A \cos(\omega_1 t + 60°)$，令 $k_f = 4N/\pi$，基波脉振磁动势

$$f_{A1}(t,\theta) = \sqrt{6}k_f I_A \cos(\omega_1 t + 60°)\cos(\theta - 30°)$$

基波脉振磁动势时空矢量 $\boldsymbol{F}_A$ 根据双旋转磁场理论可以分解为两个幅值和转速相同而转向相反的基波磁动势时空矢量 $\boldsymbol{F}_{A1+}$ 和 $\boldsymbol{F}_{A1-}$，关于 $\theta = 30°$ 对称，$t = 0$ 时刻如图 3-25d 所示。

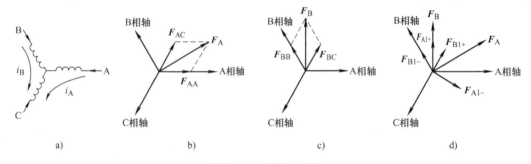

图 3-25　例题 3-7 图

类似地，分析 B 相电流同时流过 B 相和 C 相绕组产生的基波脉振磁动势幅值与空间位置，如图 3-25c 所示，幅值 $F_{BB} = F_{BC}$，合成脉振磁动势幅值 $F_B = \sqrt{3}F_{BB}$，空间相位 $\theta = 90°$，相当于 $\theta = 90°$ 时空矢量轴线绕组上有电流 $i_{B1}(t) = \sqrt{6}I_B \cos(\omega_1 t - 30°)$ 和基波脉振磁动势

$$f_{B1}(t,\theta) = \sqrt{6}k_f I_B \cos(\omega_1 t - 30°)\cos(\theta - 90°)$$

基波脉振磁动势时空矢量 $\boldsymbol{F}_B$ 根据双旋转磁场理论可以分解为两个幅值和转速相同而转向相反的基波磁动势时空矢量 $\boldsymbol{F}_{B1+}$ 和 $\boldsymbol{F}_{B1-}$，关于 $\theta = 90°$ 对称，$t = 0$ 时刻如图 3-25d 所示。

于是，正、反转基波磁动势时空矢量分别为

$$\boldsymbol{F}_+ = \boldsymbol{F}_{A1+} + \boldsymbol{F}_{B1+} = \sqrt{3}k_1(I_A e^{j90°} + I_B e^{j60°})e^{j\omega_1 t} = F_+ e^{j(\omega_1 t + \varphi_+)}$$

$$\boldsymbol{F}_- = \boldsymbol{F}_{A1-} + \boldsymbol{F}_{B1-} = \sqrt{3}k_1(I_A e^{-j30°} + I_B e^{j120°})e^{-j\omega_1 t} = F_- e^{-j(\omega_1 t + \varphi_-)}$$

其中，时空矢量的幅值和相位分别为

$$F_+ = \sqrt{3}k_1\sqrt{I_A^2 + I_B^2 + \sqrt{3}I_A I_B}, \varphi_+ = \arctan(\sqrt{3} + 2I_A/I_B)$$

$$F_- = \sqrt{3}k_1\sqrt{I_A^2 + I_B^2 - \sqrt{3}I_A I_B}, \varphi_- = \arctan\left[(\sqrt{3}I_B - I_A)/(I_B - \sqrt{3}I_A)\right]$$

$$k_1 = \frac{\sqrt{2}}{2}\frac{4}{\pi}N = \frac{2\sqrt{2}}{\pi}N$$

也可以根据两个基波脉振磁动势波形叠加后得到（请读者自己完成）。

3.2.8 励磁绕组的磁动势

异步电机励磁是由电枢绕组承担的交流励磁，而同步电机除了交流电枢还有独立的直流励磁绕组，因此分析励磁绕组的磁动势也是十分必要的。

同步电机转子励磁绕组有凸极和隐极两种，下面分别讨论凸极和隐极励磁绕组产生的气隙磁动势。

1. 凸极励磁绕组的气隙磁动势

同步电机凸极励磁绕组每极一个线圈，相邻极间线圈中的电流流向相同，励磁绕组展开图如图3-10b所示。若将励磁绕组线圈边电流集中安放在极间中心位置，那么相当于整距 $\beta = 1.0$ 的双层单相绕组产生的气隙磁动势，四极励磁绕组气隙磁动势波形如图3-26所示。设励磁电流为 i_f，每极串联匝数为 N_f，每个整距励磁线圈的波形函数相同，以磁极中心位置为转子励磁磁动势角度参考点，由式（3-14）与式（3-15）得到

$$s(\theta) = \sum_{n=1}^{\infty} \frac{4\sin(n\pi/2p)}{n\pi}\cos(n\theta/p) \tag{3-55}$$

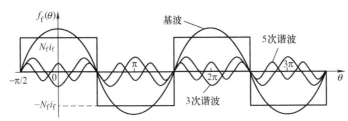

图3-26　励磁绕组气隙磁动势

于是，凸极励磁绕组的气隙磁动势为

$$f_\mathrm{f}(\theta) = \sum_{k=0}^{2p-1} \frac{1}{2}N_\mathrm{f}i_\mathrm{f}\cos k\pi s(\theta - k\pi) \tag{3-56}$$

将线圈波形函数式（3-55）代入式（3-56）并交换求和次序后得到

$$f_\mathrm{f}(\theta) = \sum_{n=1}^{\infty} \frac{2N_\mathrm{f}i_\mathrm{f}\sin(n\pi/2p)}{n\pi}\sum_{k=0}^{2p-1}\cos k\pi\cos(n(\theta - k\pi)/p) \tag{3-57}$$

与交流电枢绕组每相 $2p$ 个极相组线圈磁动势计算方法一样，式（3-57）可以简化为

$$f_\mathrm{f}(\theta) = \sum_{n=odd}^{\infty} \frac{4N_\mathrm{f}i_\mathrm{f}\sin(n\pi/2)}{n\pi}\cos n\theta \tag{3-58}$$

式中，*odd* 是指奇数1，3，5，…。

由此可见，励磁绕组产生的磁动势除了基波 $n = 1$，还有各种奇数次谐波，因此必须削弱励磁绕组气隙磁动势产生的气隙磁场谐波，凸极同步电机的气隙是不均匀的，极靴表面极弧对应的气隙大小也是变化的，通常采用偏心气隙或削角气隙。

2. 隐极励磁绕组的气隙磁动势

现在分析隐极同步电机励磁绕组直流励磁电流产生的气隙磁动势，如图3-11所示，转子采用大小齿，小齿均匀分布，励磁绕组以大齿为中心采用同心式绕组，每个线圈的匝数相同，转子每对磁极槽数为偶数对称分布，因此等效为整距分布线圈构成的励磁绕组。

设电机极对数为 p，实际槽数为 pZ_2，槽间电角 α，线圈节距系数 $\beta = 1.0$，励磁绕组相当于一相，每极每相槽数 $q = Z_2/2$，因 Z_2 为偶数，q 为整数，励磁绕组是整数槽整距单层绕组，每槽导体数为 N_s，励磁绕组并联支路数为 a_f，励磁电流为 i_f。将隐极励磁绕组等效成整距双层单相绕组，于是，利用一相绕组气隙磁动势表达式（3-24）并以 N 极中心为空间轴线，得到励磁绕组气隙磁动势

$$f_f(\theta) = \sum_{n=odd}^{\infty} \frac{4}{n\pi} \frac{W_f k_{wn}}{2p} i_f \cos n\theta \tag{3-59}$$

其中，励磁绕组串联匝数 $W_f = N_s p Z_2 / (2a_f)$，绕组系数

$$k_{wn} = \frac{\sin(nq\alpha/2)}{q\sin(n\alpha/2)}\sin\left(\frac{n\pi}{2}\right) = 2\frac{\sin(nZ_2\alpha/4)}{Z_2\sin(n\alpha/2)}\sin\left(\frac{n\pi}{2}\right) = \frac{2\sin(n\gamma\pi/2)}{Z_2\sin(n\gamma\pi/Z_2)}\sin\left(\frac{n\pi}{2}\right) \tag{3-60}$$

其中，$Z_2\alpha = 2\gamma\pi$，一般设计参数 $\gamma \in [0.6, 0.8]$ 为槽空间占圆周的比例。

图 3-27 给出了两极 16 槽磁动势波形，当槽数较多时，可以用梯形波逼近阶梯波。由于转子采用开口槽，磁极中心与极间的气隙存在差异，但通常认为隐极同步电机转子是均匀气隙。参数 γ 对气隙磁动势谐波影响较大，设计时需要特别注意选取合适的值。

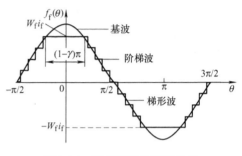

图 3-27　励磁绕组气隙磁动势

3.3　交流电机的气隙磁场

严格来说，要分析交流电机磁场与空间电流密度分布的关系，需要利用三维电磁场数值计算，但在一定条件下磁路计算可以得到较为精确的宏观结果。为此对交流电机做一些基本假设：①气隙长度相对电枢直径很小，同一空间位置角磁场径向分量变化很小，可以用平均值表示；②定、转子表面光滑；③不考虑铁心磁滞与涡流，忽略定转子铁心磁位降，磁动势都降落在气隙上；④不考虑气隙磁场周向和轴向分量，径向气隙磁通连续。

根据假设，气隙磁场与气隙磁动势和气隙长度有关，由式（3-8）得到气隙磁场磁感应强度 $b(t,\theta)$ 与气隙磁动势 $f(t,\theta)$ 的关系满足

$$b(t,\theta) = \frac{\mu_0}{g_{ef}(\theta)} f(t,\theta) \tag{3-61}$$

式中，μ_0 为磁导率，$\mu_0 = 4\pi \times 10^{-7} \text{H/m}$；$g_{ef}(\theta)$ 为等效气隙长度，它与空间位置有关。

式（3-61）表明，气隙磁感应强度是气隙磁动势经过气隙比磁导（单位面积气隙磁导）函数幅值调制后的波形。当气隙均匀时，气隙磁感应强度与气隙磁动势波形一致，即基波或谐波的幅值成正比，转速和转向相同，极对数相同。当气隙不均匀时气隙磁动势及其各正弦波分量经过调制后将发生很大的变化，利用比磁导的空间角度周期分解，然后计算和分析比磁导周期级数（通常只取常数项和两倍角余弦项）与气隙磁动势周期级数的乘积。这里主要讨论均匀和对称不均匀气隙两种情况下，交流电机电枢绕组对称交流电流产生的气隙磁场和励磁绕组直流电流产生的气隙磁场。

3.3.1　均匀气隙的气隙磁场

1. 电枢绕组气隙磁动势产生的气隙磁场

（1）气隙磁动势与气隙磁场的运动关系

现在分析对称绕组通入对称电流后产生的气隙磁场。因气隙是均匀的，磁场强度在气隙空间中的分布等于磁动势波除以气隙长度，磁场强度的方向是径向的。因此基波磁动势产生

基波磁场，谐波磁动势产生谐波磁场，由于谐波磁动势得到有效削弱，因此气隙磁场主要是基波磁场。

考虑一对磁极三相对称绕组流过对称电流时气隙基波磁动势与气隙基波磁场运动关系

$$i_A = I_m \cos\omega_1 t, \ i_B = I_m \cos(\omega_1 t - 120°), \ i_C = I_m \cos(\omega_1 t - 240°)$$

取特殊时刻 $\omega_1 t = 0°$，$60°$，$120°$，$180°$，$240°$，$300°$，分别对应于 A 相电流正最大、C 相电流负最大、B 相电流正最大、A 相电流负最大、C 相电流正最大和 B 相电流负最大的 6 个状态。当 $\omega_1 t = 0°$ 时，电流 $i_A = I_m$，$i_B = -0.5I_m$，$i_C = -0.5I_m$，A 相磁动势基波幅值 F_A 在 A 相轴，B 相和 C 相磁动势基波幅值分别在各自绕组相轴的反方向位置且大小相等，数值上等于 A 相磁动势基波幅值的一半，三相合成磁动势基波幅值 F_s 在 A 相轴。由于合成磁动势基波幅值位于 A 相轴，因此气隙磁场基波也位于 A 相轴，气隙磁场极性由转子表面磁场极性 N 和 S 表示，如图 3-28 所示。其他时刻的分析类似，不再赘述。

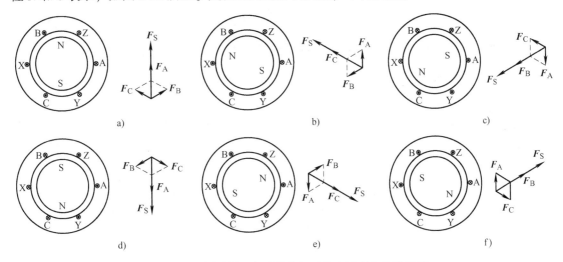

图 3-28　不同时刻三相对称绕组对称电流产生的磁动势

a) $\omega_1 t = 0°$　b) $\omega_1 t = 60°$　c) $\omega_1 t = 120°$　d) $\omega_1 t = 180°$　e) $\omega_1 t = 240°$　f) $\omega_1 t = 300°$

由于各相磁动势是脉振的，空间位置不变，任何时刻的时空矢量位于各自相轴，幅值与电流成正比，三相脉振磁动势时空矢量合成气隙基波磁动势时空矢量，基波幅值位置与电流最大一相的相轴一致，各个时刻合成磁动势基波幅值不变，空间位置按照正相序旋转，旋转电角速度等于电流角频率 ω_1，因此气隙磁场与磁动势具有相同的转速和转向。

（2）基波磁动势产生的基波磁场

交流电机电枢绕组对称电流的基波气隙磁动势是圆形旋转磁动势

$$f_1(t,\theta) = F_{m1} \cos(\omega_1 t - \theta) \tag{3-62a}$$

其中，基波磁动势幅值 $F_{m1} = \dfrac{m}{2} \dfrac{4}{\pi} \dfrac{W k_{w1}}{2p} I_m$。

由式（3-61）得到均匀气隙基波气隙磁场磁感应强度径向分量沿周向空间分布波形

$$b_{a1}(t,\theta) = B_{m1} \cos(\omega_1 t - \theta) \tag{3-62b}$$

其中，基波磁感应强度幅值 $B_{m1} = \dfrac{\mu_0}{g} \dfrac{m}{2} \dfrac{4}{\pi} \dfrac{W k_{w1}}{2p} I_m$，$g$ 为气隙长度。

气隙均匀时，基波气隙磁动势产生基波气隙磁场，两者以同步速 n_1 顺相序旋转，极对数相同，基波磁感应强度的幅值与基波气隙磁动势幅值成正比，而与气隙长度成反比。因此两者的时空矢量同相位，即电枢电流时空矢量、基波气隙磁动势时空矢量和基波气隙磁感应强度时空矢量三者重合，任意空间位置的基波磁场大小等于基波磁场空间矢量在该空间位置的投影。

基波磁场每极磁通量是一个电机基波极距范围内的最大磁通量，在 $t=0$ 时刻

$$\Phi_{\mathrm{m1}} = \frac{1}{\pi}\int_{-\pi/2}^{\pi/2}\tau_1 l_{\mathrm{Fe}}B_{\mathrm{m1}}\cos\theta\mathrm{d}\theta = \frac{2}{\pi}\tau_1 l_{\mathrm{Fe}}B_{\mathrm{m1}} \tag{3-62c}$$

其中，系数 $2/\pi$ 表示正弦波平均值与幅值之比；τ_1 为气隙处电枢表面直径 D_{a} 对应的基波极距，$\tau_1 = \pi D_{\mathrm{a}}/2p$；$l_{\mathrm{Fe}}$ 为铁心轴向有效长度（实际包含绝缘漆层的铁心长度乘以叠压系数）。

将基波磁感应强度幅值用基波磁动势幅值表示，则每极基波磁通量或磁通量幅值为

$$\Phi_{\mathrm{m1}} = \frac{2}{\pi}\frac{\mu_0 \tau_1 l_{\mathrm{Fe}}}{g}F_{\mathrm{m1}} \tag{3-62d}$$

一般地，极距为 τ、幅值为 B_{m} 的磁感应强度如图 3-29 所示，每极磁通量为

$$\Phi_{\mathrm{m}} = \frac{2}{\pi}\tau l_{\mathrm{Fe}}B_{\mathrm{m}} \tag{3-63}$$

（3）谐波磁动势产生的谐波磁场

三相对称绕组流过对称电流产生的气隙 ν 次谐波磁动势

$$f_\nu(t,\theta) = F_{\mathrm{m}\nu}\cos(\omega_1 t \pm \nu\theta) \tag{3-64a}$$

其中，ν 次谐波气隙磁动势幅值 $F_{\mathrm{m}\nu} = \dfrac{m}{2}\dfrac{4}{\nu\pi}\dfrac{Wk_{\mathrm{w}\nu}}{2p}I_{\mathrm{m}}$，$\nu = 2mN-1$ 时取正号，$\nu = 2mN+1$ 时取负号，N 为任意自然数。

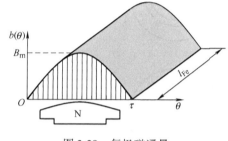

图 3-29　每极磁通量

由式（3-61）得到均匀气隙基波气隙磁场磁感应强度径向分量沿周向空间分布的波形

$$b_{\mathrm{a}\nu}(t,\theta) = B_{\mathrm{m}\nu}\cos(\omega_1 t \pm \nu\theta) \tag{3-64b}$$

其中，ν 次谐波磁感应强度幅值 $B_{\mathrm{m}\nu} = \dfrac{\mu_0}{g}\dfrac{m}{2}\dfrac{4}{\nu\pi}\dfrac{Wk_{\mathrm{w}\nu}}{2p}I_{\mathrm{m}}$。

ν 次谐波磁场的极对数是基波的 ν 倍，即 $p_\nu = \nu p$，谐波磁场的极距 $\tau_\nu = \tau_1/\nu$，每分钟旋转速度大小为 $n_\nu = n_1/\nu$。当 $\nu = 2mN-1$ 时逆基波相序旋转，当 $\nu = 2mN+1$ 时顺基波相序旋转。在谐波空间相轴相对位置与谐波次数有关，不难发现，在谐波空间谐波磁场总是按照电流相序的相轴顺序旋转。因为 $n_\nu p_\nu = n_1 p = 60f_1$，谐波磁场在电枢中感应电动势的频率为基波频率，所以在电枢绕组电流频率不变的条件下，极对数增加，同步转速反比例减小，这是笼型异步电机变极调速的原理。

ν 次谐波磁场的每极磁通量是一个电机谐波极距范围内的最大磁通量，在 $t=0$ 时刻

$$\Phi_{\mathrm{m}\nu} = \frac{1}{\pi}\int_{-\pi/2}^{\pi/2}\tau_\nu l_{\mathrm{Fe}}B_{\mathrm{m}\nu}\cos\nu\theta\mathrm{d}(\nu\theta) = \frac{2}{\pi}\tau_\nu l_{\mathrm{Fe}}B_{\mathrm{m}\nu} \tag{3-64c}$$

谐波磁感应强度幅值用磁动势幅值表示，每极谐波磁通量或谐波磁通量幅值可表示为

$$\Phi_{\mathrm{m}\nu} = \frac{2}{\pi}\frac{\mu_0 \tau_\nu l_{\mathrm{Fe}}}{g}F_{\mathrm{m}\nu} \tag{3-64d}$$

其中，ν 次谐波单个气隙的每极磁导 $\Lambda_{g\nu} = \dfrac{\mu_0 \tau_\nu l_{\mathrm{Fe}}}{g}$。

式（3-64）包含了式（3-62）对应的关系，因此这些表达式是电枢绕组对称电流产生气隙磁动势、磁感应强度和每极磁通量的基本表达式。由于每相绕组的磁链是随时间变化的，磁链最大时，平均每匝线圈的磁通量最大，因此当电流和基波磁动势时空矢量与绕组相轴重合时，基波磁感应强度时空矢量也与该相轴重合，如果绕组随时间正弦变化的磁链与磁通也类似电流用时空矢量表示，那么磁链和磁通量时空矢量与该相轴重合。

（4）均匀气隙电枢绕组各基波时空矢量

三相对称电流时空矢量 $\boldsymbol{I}_1 = I_{\mathrm{m}} \mathrm{e}^{\mathrm{j}(\omega_1 t + \varphi_{\mathrm{A}})}$、基波磁动势时空矢量 $\boldsymbol{F}_1 = F_{\mathrm{m}1} \mathrm{e}^{\mathrm{j}(\omega_1 t + \varphi_{\mathrm{A}})}$ 和基波磁感应强度时空矢量 $\boldsymbol{B}_1 = B_{\mathrm{m}1} \mathrm{e}^{\mathrm{j}(\omega_1 t + \varphi_{\mathrm{A}})}$ 重合，并以同步速顺相序逆时针旋转，如图 3-30 所示。三相绕组的基波磁链是与电流同频率的时间对称量，当磁感应强度的幅值与绕组相轴重合时，该相的磁链达到最大值，因此类似电流时空矢量，基波磁链时空矢量 $\boldsymbol{\psi}_1$ 可以表示为幅值等于最大磁链而时间相位与磁感应强度空间幅值最大相位一样，即 $\boldsymbol{\psi}_1 = \psi_{\mathrm{m}1} \mathrm{e}^{\mathrm{j}(\omega_1 t + \varphi_{\mathrm{A}})}$。三相绕组是分布的，每相绕组磁通没有实际

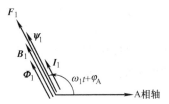

图 3-30　均匀气隙各基波时空矢量

意义，但基波每极磁通量是确定的，后面通过电动势计算结果将会得到磁链幅值等于每极磁通量与绕组有效匝数的乘积，为此定义基波磁通量时空矢量 $\boldsymbol{\Phi}_1$，其幅值等于每极磁通量，时间相位等于 A 相绕组磁链相位，即 $\boldsymbol{\Phi}_1 = \Phi_{\mathrm{m}1} \mathrm{e}^{\mathrm{j}(\omega_1 t + \varphi_{\mathrm{A}})}$。以 A 相轴为参考的各基波时空矢量如图 3-30 所示，前面讨论的情况对应 $\varphi_{\mathrm{A}} = 0$。

2. 励磁绕组气隙磁动势产生的气隙磁场

由于励磁绕组直流电流励磁，气隙磁动势相对于励磁绕组是静止的，当励磁绕组随转子逆时针以同步速 n_1 旋转时，气隙磁动势与磁场都以相同的同步速 n_1 逆时针旋转，由式（3-59）得到从定子上观测转子气隙磁动势波形为

$$f_{\mathrm{fs}}(t, \theta) = f_{\mathrm{f}}(\theta - \theta_0 - \omega_1 t) = \sum_{\nu = odd}^{\infty} F_{\mathrm{mf}\nu} \cos\left[\nu(\theta - \theta_0 - \omega_1 t)\right] \tag{3-65a}$$

其中，θ 是以 A 相轴为空间参考位置，θ_0 为 $t = 0$ 时刻转子 N 极中心（直轴）超前 A 相轴的电角度，电角频率 ω_1 与同步速 n_1 和极对数 p 的关系为 $\omega_1 = 2\pi p n_1 / 60$，$F_{\mathrm{mf}\nu}$ 为基波（$\nu = 1$）或 ν 次谐波励磁磁动势幅值。

于是，由式（3-61）得到励磁绕组气隙励磁磁动势形成的励磁磁场磁感应强度从定子上观测波形函数为

$$b_{\mathrm{fs}}(t, \theta) = \frac{\mu_0}{g} f_{\mathrm{fs}}(t, \theta) = \sum_{\nu = odd}^{\infty} B_{\mathrm{mf}\nu} \cos\left[\nu(\theta - \theta_0 - \omega_1 t)\right] \tag{3-65b}$$

其中，磁感应强度幅值 $B_{\mathrm{mf}\nu} = \mu_0 F_{\mathrm{mf}\nu} / g$。

由式（3-65a）和式（3-65b）可知，气隙磁场磁感应强度正弦波各分量与相应的磁动势正弦波分量成正比，极对数相同，转速和转向都等于转子转速。ν 谐波与基波相比，转速和转向相同，极对数 $p_\nu = \nu p$，极距 $\tau_\nu = \tau_1 / \nu$，对定子绕组来说，ν 谐波磁场的交变频率 $f_\nu = \nu f_1$，其中 $f_1 = p n_1 / 60$，因此，转子励磁绕组产生同步旋转气隙磁动势谐波，相应地产生同步旋转的气隙磁场谐波，它们在定子绕组将会感应谐波电动势。

励磁磁场基波和谐波的每极磁通按照式（3-63）计算，与电枢绕组磁场计算方法一致。

3.3.2 非均匀对称气隙的气隙磁场

如果气隙不均匀，如同步电机凸极转子，那么电机的主要磁场是励磁磁场。如果通过设计气隙长度使得方波气隙磁动势经过幅值调制后逼近正弦波气隙磁场，那么转子励磁绕组将产生正弦波气隙磁场。带来的问题是电枢基波磁动势经过幅值调制将变成非正弦气隙磁场。为此分别对电枢基波磁动势幅值位于直轴、交轴和任意位置3种情况进行讨论。

直轴是指转子 N 极中心所在空间角度位置，用符号 d 轴表示。交轴是指顺磁场转向超前直轴90°电角空间位置，或者极间中心空间角度位置，用符号 q 轴表示。正是由于 dq 轴位于转子，因此随转子同步旋转，它们是同步电机模型最简化的参考坐标系。习惯上，同步电机作为发电机运行，dq 轴位置如图 3-31 所示，与上述定义的方式正好相差 180°电角，电枢绕组的相轴按照发电机惯例也正好与电动机惯例相差 180°电角。如图 3-31 所示，定义 q 轴超前电枢电流时空矢量 $\boldsymbol{I}_\mathrm{a}$ 的角度为 ψ，电枢基波磁动势幅值为 F_a。

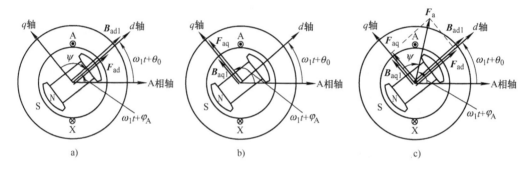

图 3-31 正弦波电枢基波磁动势的双反应理论

1. 电枢基波磁动势幅值位于直轴

电枢基波磁动势幅值位于直轴，$\psi = 90°$，如图 3-31a 所示，直轴附近气隙长度小，基波磁动势产生的气隙磁场强。设基波磁动势幅值 $F_\mathrm{ad} = F_\mathrm{a}$，气隙磁感应强度幅值为 B_ad，其基波磁感应强度幅值为 B_ad1，直轴气隙长度为 g_d，则

$$B_\mathrm{ad1} = k_\mathrm{d} B_\mathrm{ad} = k_\mathrm{d} \frac{\mu_0}{g_\mathrm{d}} F_\mathrm{ad} \tag{3-66}$$

式中，k_d 为直轴磁场波形系数。

2. 电枢基波磁动势幅值位于交轴

如图 3-31b 所示，电枢基波磁动势幅值位于交轴，$\psi = 0°$，因气隙较大，基波磁动势产生的气隙磁场较弱。设基波磁动势幅值 $F_\mathrm{aq} = F_\mathrm{a}$，该磁动势位于直轴时产生的气隙磁感应强度幅值为 B_aq，位于交轴时产生马鞍形磁场的基波磁感应强度幅值为 B_aq1，由式（3-66）得到

$$B_\mathrm{aq1} = k_\mathrm{q} B_\mathrm{aq} = k_\mathrm{q} \frac{\mu_0}{g_\mathrm{d}} F_\mathrm{aq} \tag{3-67}$$

式中，k_q 为交轴磁场波形系数。

3. 电枢基波磁动势幅值位于一般位置

一般情况下，电枢基波磁动势幅值既不在直轴也不在交轴位置，如图 3-31c 所示，这时

利用双反应理论，将基波磁动势时空矢量分解成直轴和交轴两个同向同速旋转的磁动势时空矢量，即 $\boldsymbol{F}_a = \boldsymbol{F}_{ad} + \boldsymbol{F}_{aq}$，然后分析电枢直轴和交轴基波磁动势产生的电枢直轴和交轴基波气隙磁场，最后将直轴和交轴基波气隙磁场合成电枢基波气隙磁场，即 $\boldsymbol{B}_{a1} = \boldsymbol{B}_{ad1} + \boldsymbol{B}_{aq1}$。

瞬时值形式分别为

$$f_a(t,\theta) = F_a \cos(\omega_1 t + \varphi_A - \theta) \tag{3-68a}$$

$$f_{ad}(t,\theta) = F_a \sin\psi \cos(\omega_1 t + \varphi_A + \psi - \pi/2 - \theta) \tag{3-68b}$$

$$f_{aq}(t,\theta) = F_a \cos\psi \cos(\omega_1 t + \varphi_A + \psi - \theta) \tag{3-68c}$$

式（3-68b）表示电枢直轴基波磁动势，根据式（3-66）可以获得基波直轴气隙磁场

$$b_{ad1}(t,\theta) = k_d \frac{\mu_0}{g_d} F_a \sin\psi \cos(\omega_1 t + \varphi_A + \psi - \pi/2 - \theta) \tag{3-69a}$$

式（3-68c）表示电枢交轴基波磁动势，根据式（3-67）可以获得基波交轴气隙磁场

$$b_{aq1}(t,\theta) = k_q \frac{\mu_0}{g_d} F_a \cos\psi \cos(\omega_1 t + \varphi_A + \psi - \theta) \tag{3-69b}$$

由式（3-69a）和式（3-69b）得到任意位置电枢基波磁动势产生的基波气隙磁场

$$b_{a1}(t,\theta) = b_{ad1}(t,\theta) + b_{aq1}(t,\theta) \tag{3-70}$$

磁动势、磁感应强度时空矢量的分解和合成关系如图 3-31c 所示。由于双反应理论是基于叠加原理的，因此只能适用于线性磁路。

4. 凸极励磁绕组励磁磁场

凸极同步电机转子励磁绕组产生的气隙磁动势是方波，由式（3-69a）可得励磁磁场

$$b_{f1}(t,\theta) = k_f \frac{\mu_0}{g_d} F_{mf} \cos(\omega_1 t + \varphi_A + \psi + \pi/2 - \theta) \tag{3-71}$$

式中，F_{mf} 为励磁绕组每极励磁磁动势幅值；k_f 为直轴励磁绕组方波磁动势产生的磁感应强度波形系数，即励磁磁感应强度基波幅值与励磁磁感应强度幅值之比，$k_f = B_{f1}/B_f$。

3.3.3　气隙磁场谐波的削弱方法

交流电机气隙磁场由定子电流和转子电流共同产生，因此由定子气隙磁动势和转子气隙磁动势共同产生。由于气隙磁场同时耦合定、转子绕组，因此定子电流产生的谐波磁场对转子绕组产生影响，可能引起转子进一步产生新的谐波磁场。同样地，转子电流产生的谐波磁场对定子绕组产生影响，导致定子进一步产生新的谐波磁场。因此削弱气隙磁场谐波的方法必须从定、转子两方面着手。

对于均匀气隙，气隙磁场与气隙磁动势成正比，因此削弱气隙磁场从根本上来说是要削弱气隙磁动势。前面已经介绍，削弱磁动势的方法主要是每相绕组对称采用整数槽，三相绕组对称采用 60°相带，同时通过短距和分布削弱谐波磁动势，尽可能增大每极每相槽数以提高齿谐波次数。

对于非均匀气隙，主要是同步电机，需要采用单位面积气隙磁导调制，使励磁绕组磁动势产生的磁场尽可能正弦，为此需要采用改变极弧形状和气隙大小。

3.3.4　正弦波气隙磁场的时空矢量

如图 3-32a 所示，以定子 A 相轴为空间参考位置，$\theta = 0$，转子 N 极直轴初始位置为 θ_0，

逆时针旋转角速度为 ω_1，电枢基波磁感应强度时空矢量 $\boldsymbol{B}_a$ 以同步速逆时针顺相序旋转，转子直流励磁磁场时空矢量 $\boldsymbol{B}_f$ 以同步速逆时针旋转，基波幅值空间位置角 $\theta = \omega_1 t + \theta_0$，因此定、转子基波磁场时空矢量相对静止。若转子为交流电枢，如绕线转子或笼型异步电机，如图 3-32b 所示，转子电流频率为 ω_2，逆时针正相序，转子旋转电角速度为 ω，转子基波气隙磁场时空矢量 $\boldsymbol{B}_r$ 相对于转子以电角频率 ω_2 逆时针旋转，因此相对定子空间旋转的电角速度为 $\omega_r = \omega_2 + \omega$。当定、转子基波磁场相对静止（$\omega_1 = \omega_r$）时，定、转子电流频率满足式（3-2）。

定、转子基波气隙磁场时空矢量同步旋转，合成为基波气隙磁场时空矢量。对于定、转子谐波气隙磁场时空矢量，必须在以谐波极对数表示的电角度空间分析，因此相同极对数和转速的定、转子谐波气隙磁场合成谐波气隙磁场，在此不再赘述。

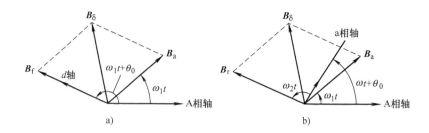

图 3-32　正弦波气隙磁场时空矢量

3.4　交流电机电枢绕组的电动势

电枢绕组的感应电动势是交流电机的又一个重要概念，计算不同正弦波磁场下电枢绕组的感应电动势是交流电机的基本问题之一。由于交流电机电枢绕组相对于磁场是运动的，因此站在电枢的角度观测磁场的运动规律，并根据电磁感应定律计算绕组的感应电动势。本节先分析任意正弦波气隙磁场在任意单匝线圈中产生的感应电动势，然后分析基波磁场在交流绕组的感应电动势，再计算两种不同性质的谐波磁场引起的感应电动势，最后介绍谐波电动势的削弱方法。

设交流绕组电枢直径为 D_a，空间任意单匝线圈，线圈中心位置机械角为 γ_m，两有效边跨距机械角为 $\beta_m \pi$，则相对线圈运动的任意幅值为 B_m 的正弦波气隙磁场 $b(t, \theta_m)$ 为

$$b(t, \theta_m) = B_m \cos(\omega t + \varphi - \nu \theta_m) \tag{3-72}$$

其中，磁场在线圈中的交变角频率为 ω，以机械角为周期的磁场波形次数 $\nu = \pm 1$，± 2，…。

线圈磁通量根据磁场与线圈的相对位置计算，如图 3-33 所示。

$$\Phi_c(t) = \int_{\gamma_m - \beta_m \pi/2}^{\gamma_m + \beta_m \pi/2} \frac{D_a}{2} l_{Fe} b(t, \theta_m) \mathrm{d}\theta_m = \int_{\gamma_m - \beta_m \pi/2}^{\gamma_m + \beta_m \pi/2} \frac{D_a}{2} l_{Fe} B_m \cos(\omega t + \varphi - \nu \theta_m) \mathrm{d}\theta_m$$

$$= D_a l_{Fe} B_m \frac{1}{\nu} \sin \frac{\nu \beta_m \pi}{2} \cos(\omega t + \varphi - \nu \gamma_m) \tag{3-73}$$

式（3-73）表明，磁场幅值位于线圈中心时磁通量最大，磁通量的交变角频率为 ω，线

圈感应电动势为

$$e_c(t) = -\frac{\mathrm{d}\Phi_c(t)}{\mathrm{d}t} = \omega D_a l_{Fe} B_m \frac{1}{\nu} \sin\frac{\nu\beta_m\pi}{2}\cos(\omega t + \varphi - \nu\gamma_m - \pi/2) \tag{3-74}$$

式（3-74）表明，规定感应电动势与磁通正方向符合右手螺旋关系时，线圈感应电动势时间相位总是滞后于磁感应强度90°，即磁感应强度幅值经过线圈中心90°时间相位时线圈感应电动势达到最大。

假设三相旋转电机的极对数为 p，对称双层整数槽绕组的每极每相槽数为 q，每个线圈的匝数为 N_c，线圈节距系数为 β，气隙中存在正弦波磁场，磁场矢量的方向沿径向，在同一圆周上的空间位置角气隙磁场大小相同，磁场相对于电枢逆时针以同步速 n_1 旋转，电角频率为 ω_1，电枢绕组中的感应电动势根据法拉第电磁感应定律计算。

先分析旋转转子励磁绕组的基波磁场在定子电枢绕组中产生的感应电动势。转子磁极磁动势 F_f 产生磁极磁场 B_f，包含基波 B_{f1}、奇次谐波 B_{f3} 和 B_{f5} 等气隙磁场，如图3-33a所示。设定子电枢 A 相轴为空间参考角度，转子顺相序逆时针旋转，从电枢上观测转子励磁绕组产生的气隙基波磁场磁感应强度为

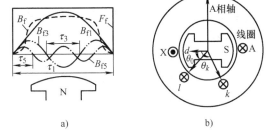

图 3-33　磁极磁场与规定正方向

$$b_{f1}(t,\theta) = B_{mf1}\cos(\omega_1 t - \theta) \tag{3-75}$$

基波每极磁通量或基波磁通幅值

$$\Phi_{m1} = \frac{2}{\pi}\tau_1 l_{Fe} B_{mf1} = \frac{D_a l_{Fe}}{p} B_{mf1} \tag{3-76}$$

比较式（3-76）和式（3-73）可知，基波每极磁通相当于整距线圈最大磁通，对应参数关系是 $B_m = B_{mf1}$，$\omega = \omega_1$，$\varphi = 0$，$\nu = p$，$\nu\beta_m = 1$。

3.4.1　单个线圈产生的电动势

1. 槽导体电动势

电机铁心槽均匀分布，空间相差一个槽间电角，槽导体位于槽口中心空间位置，槽空间用电角表示为

$$\theta_k = (k-1)\alpha + \theta_0,\ k = 1,\cdots,Z \tag{3-77}$$

式中，θ_0 为第一个槽中心相对于初始时刻磁场幅值空间位置电角；Z 为电机槽数，如图3-33b所示。

于是，转子旋转一周，电枢导体电动势变化极对数 p 次，规定导体电动势正方向为进入纸面，用叉（×）表示，如图3-33b所示的导体 1 和 k。槽导体电动势等于槽导体所在气隙磁场相对运动产生的感应电动势

$$e_{d1k} = -\omega_1\frac{D_a}{2p}l_{Fe}b_{f1}(t,\theta_k) = \frac{1}{2}\omega_1\Phi_{m1}\cos(\omega_1 t - \theta_k - \pi) \tag{3-78}$$

其中，负号是由于规定电动势正方向引起的，导体感应电动势的幅值等于角频率与每极磁通乘积的一半。

可见，电枢各槽导体电动势是幅值恒定，频率等于磁场相对导体运动电角频率且相位依

次相差槽间电角的正弦时变函数。

槽导体电动势用相量表示时，组成一个辐射状的星形，称为槽电动势星形图，槽电动势星形图中各电动势相量的相位滞后随着槽导体空间位置角增大而增大，因此槽电动势星形图的空间排列是顺时针，正好与逆时针排列的槽矢量星形图方向相反。

例题 3-3 中两极 12 槽和例题 3-4 中四极 15 槽的槽电动势矢量图如图 3-34a 和 b 所示。

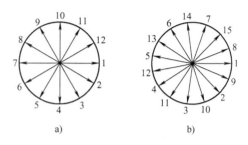

图 3-34　槽电动势矢量图

2. 单个线圈电动势

假设电机极对数为 p，极距为 τ_1，短距线圈轴线的空间位置机械角为 γ_m，匝数为 N_c，节距为 y，那么节距系数 $\beta = y/\tau_1$，线圈边跨过的电角度为 $\beta\pi$，如图 3-35a 所示，$p\gamma_m = (\theta_k + \theta_{k+y})/2$，气隙磁场与短距线圈匝链的磁链可由式（3-73）通过线圈边跨过机械角的面积分得到

$$\psi_{ck} = \frac{1}{2}N_c l_{Fe} D_a \int_{\gamma_m - \beta\pi/(2p)}^{\gamma_m + \beta\pi/(2p)} B_{mf1}\cos(\omega_1 t - p\theta_m)\mathrm{d}\theta_m = N_c k_{y1}\Phi_{m1}\cos(\omega_1 t - p\gamma_m) \quad (3-79)$$

其中，基波短距系数 $k_{y1} = \sin(\beta\pi/2)$。

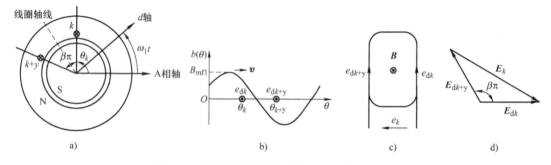

图 3-35　正弦波旋转磁场在线圈中的感应电动势

式（3-79）表明，线圈磁链最大时，$\omega_1 t = p\gamma_m = p\theta_m$，对应线圈中心轴线位置磁感应强度最大，根据电磁感应定律可得线圈感应电动势

$$e_{ck} = -\frac{\mathrm{d}\psi_c}{\mathrm{d}t} = \omega_1 N_c k_{y1}\Phi_{m1}\cos(\omega_1 t - p\gamma_m - \pi/2) \quad (3-80)$$

线圈感应电动势幅值 $E_{mc} = \omega_1 N_c k_{y1}\Phi_{m1}$。当磁场峰值位置与线圈轴线重合时，线圈的磁通和磁链都达到最大，感应电动势为零。可以发现，线圈感应电动势在相位上滞后线圈磁通或磁链 90°电角，即滞后于磁场 90°电角，一个线圈感应电动势的幅值等于一个导体感应电动势的幅值乘以线圈导体数或两倍线圈匝数，再乘以因短距引起的短距系数。

当线圈的两个边处在空间相差 π 电角的位置时，两个线圈边上导体的感应电动势大小相同而相位相反，所有导体串联的线圈电动势等于导体电动势乘以匝数的两倍。当线圈的两个边处在空间相差 $\beta\pi$ 电角的位置时，两个线圈边上导体的感应电动势的幅值和频率相同，而相位相差 $\beta\pi$ 电角，所有导体串联的线圈电动势等于一匝电动势乘以匝数，于是线圈电动势与导体电动势的关系由式（3-78）得到

$$e_{ck} = e_{dk} - e_{dk+y}$$
$$= 0.5\omega_1 N_c \Phi_{m1} [\cos(\omega_1 t - p\gamma_m + \beta\pi/2 - \pi) - \cos(\omega_1 t - p\gamma_m - \beta\pi/2 - \pi)]$$
$$= \omega_1 N_c k_{y1} \Phi_{m1} \cos(\omega_1 t - p\gamma_m - \pi/2) \tag{3-81}$$

从槽电动势相量的角度分析非常直观，如图 3-35 所示。

由此可见，尽管线圈导体并不是处在气隙磁场而是位于槽内，但其感应电动势与导体直接处在气隙磁场的情况一样。

基波短距系数的物理意义是，其大小表示：①短距线圈等效为整距有效匝数的折扣；②短距线圈基波磁链幅值与整距线圈基波磁链幅值之比；③短距线圈基波磁通幅值与整距线圈基波磁通幅值之比；④短距线圈基波感应电动势幅值与整距线圈基波感应电动势幅值之比；⑤短距线圈基波磁动势幅值与整距线圈基波磁动势幅值之比。这里整距线圈的匝数等于短距线圈的匝数。其符号表示谐波与基波幅值正负相位相同或相反。

3.4.2　一个相带线圈组产生的电动势

假设每极每相由 q 个线圈构成一个极相组线圈，相邻线圈空间相差槽间电角 α，若第一个线圈的中心位置机械角为 γ_m，那么 q 个线圈的中心位置机械角是 $\gamma_m + (q-1)\alpha/2p$，线圈组中各线圈的感应电动势相加得到线圈组感应电动势。直接利用式（3-80）给出的一个线圈感应电动势的结果计算，每个线圈感应电动势幅值相同，相位依次相差一个槽间电角：

$$e_q = \omega_1 N_c k_{y1} \Phi_{m1} \sum_{k=0}^{q-1} \cos(\omega_1 t - p\gamma_m - \pi/2 - k\alpha) \tag{3-82}$$
$$= \omega_1 q N_c k_{y1} k_{q1} \Phi_{m1} \cos[\omega_1 t - p\gamma_m - \pi/2 - (q-1)\alpha/2]$$

其中，基波分布系数 $k_{q1} = \dfrac{\sin(q\alpha/2)}{q\sin(\alpha/2)}$。

极相组线圈电动势幅值 $E_{mq} = \omega_1 q N_c k_{y1} k_{q1} \Phi_{m1}$。可以采用相量方法计算极相组线圈电动势，$q=3$ 的情况如图 3-36 所示，就是将余弦函数用复指数函数（即时空矢量）表示，再利用等比数列求和，计算结果取复数的模，即为极相组线圈的感应电动势。

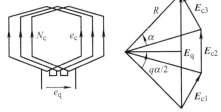

图 3-36　极相组线圈基波电动势合成

基波分布系数的物理意义是，其大小表示：①极相组分布线圈等效为集中线圈的匝数折算系数；②极相组分布线圈基波磁链幅值与集中线圈基波磁链幅值之比；③极相组分布线圈基波感应电动势幅值与集中线圈基波感应电动势幅值之比；④极相组分布线圈基波磁动势幅值与集中线圈基波磁动势幅值之比。这里集中线圈的节距和极相组线圈相同，匝数为极相组线圈总匝数。其符号表示谐波与基波幅值正负相位相同或相反。

3.4.3　一相绕组产生的电动势

一相双层绕组有 $2p$ 个线圈组，同一对极下的两个线圈组空间相差 π 电角，感应电动势的极性相反，因此线圈组反向串联或反向并联，再与不同对极下构成的线圈组顺极性串联或并联，最终构成一相绕组。因为电枢总共有 Z 个槽，每槽导体数为 N_s，每相并联支路数为

a，双层绕组每槽有两个线圈边，一匝有两个导体占两个槽，那么每相串联匝数为 $ZN_s/(2ma)=pqN_s/a$。对于单层绕组，每槽只有一个线圈边，只有 p 个同极性线圈组串联或并联。无论单层还是双层绕组，每相串联匝数 $W=pqN_s/a$，基波绕组系数 $k_{w1}=k_{y1}k_{q1}$。因此，绕组相电动势相位与极相组线圈相位相同，相绕组电动势等于所有线圈电动势之和与并联支路数 a 之比，A 相基波感应电动势由式（3-82）得到

$$e_{A1}=E_{m1}\cos\left[\omega_1 t-p\gamma_m-\pi/2-(q-1)\alpha/2\right] \tag{3-83}$$

每相基波感应电动势幅值为角频率与磁链幅值的乘积

$$E_{m1}=\omega_1\frac{2pqN_c}{a}k_{w1}\Phi_{m1}=\omega_1 Wk_{w1}\Phi_{m1} \tag{3-84}$$

电动势幅值与角频率 ω_1、等效串联匝数 Wk_{w1} 和每极磁通幅值 Φ_{m1} 成正比。磁链幅值为有效串联匝数与每极磁通的乘积，即 $\psi_m=Wk_{w1}\Phi_{m1}$。

基波绕组系数的物理意义是，其大小表示：①一相绕组用等效集中绕组表示的匝数折算系数；②一相绕组基波磁链幅值与集中整距绕组基波磁链幅值之比；③一相绕组基波感应电动势幅值与集中整距绕组基波感应电动势幅值之比；④一相绕组基波磁动势幅值与集中整距绕组基波磁动势幅值之比。这里集中整距绕组的串联匝数与一相绕组的串联匝数相同。其符号表示谐波与基波电动势幅值正负相位相同或相反。

如果磁场是以 A 相轴为空间参考轴，即 A 相轴的空间电角度 $\theta_A=0$，如图 3-35a 所示，A 相感应电动势滞后磁场 90°电角，因此各相绕组空间中心相轴位置电角满足

$$\theta_A=p\gamma_m+(q-1)\alpha/2,\theta_B=\theta_A+2\pi/3,\theta_C=\theta_A+4\pi/3$$

于是，各相绕组的基波感应电动势分别为

$$e_{A1}=E_{m1}\cos(\omega_1 t-\theta_A-\pi/2)=E_{m1}\cos(\omega_1 t-\pi/2) \tag{3-85a}$$

$$e_{B1}=E_{m1}\cos(\omega_1 t-\theta_B-\pi/2)=E_{m1}\cos(\omega_1 t-7\pi/6) \tag{3-85b}$$

$$e_{C1}=E_{m1}\cos(\omega_1 t-\theta_C-\pi/2)=E_{m1}\cos(\omega_1 t+\pi/6) \tag{3-85c}$$

可见，三相基波感应电动势是对称的时变正弦函数，分别滞后于各自磁场空间矢量 90°电角，因此以各自相轴为时轴的条件下，可以用滞后于磁场时空矢量 B_{f1} 90°电角的感应电动势时空矢量 E_{f1} 表示三相感应电动势，如图 3-37a 所示。

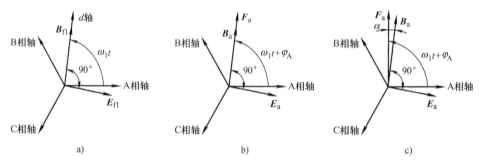

图 3-37 磁场与电动势的时空矢量

如果气隙磁场基波是由三相对称电枢电流产生，那么同样是顺相序旋转的基波磁动势，可以通过直轴与交轴双反应理论获得直轴和交轴基波气隙磁场，然后分别计算直轴和交轴感应电动势，它们用时空矢量表示时也分别滞后于相应的磁场时空矢量 90°电角。如果气隙均匀，则可以直接计算气隙磁感应强度与绕组感应电动势，电枢基波磁动势、磁场和感应电动

势的时空矢量关系如图3-37b所示。对于感应电动机，考虑铁心损耗时，气隙磁场时空矢量要滞后于气隙基波磁动势一个铁耗角，如图3-37c所示。在变压器中主磁场磁感应强度与励磁磁动势时间相量是时间滞后关系，这里电枢绕组的基波气隙磁动势与基波气隙磁场是空间滞后关系。

3.4.4 谐波电动势的削弱方法

1. 磁极谐波磁场感应电动势

磁极谐波磁场的特点是随磁极以同步速旋转，n 次谐波磁场的极对数为 np，同步转速 $n_1 = 60f_1/p$，在电枢绕组中感应的电动势是频率为基波频率的谐波次数倍，属于谐波电动势，幅值为 B_{mfn} 的 n 次谐波磁感应强度表示为空间电角度形式为

$$b_{fn}(t,\theta) = B_{mfn}\cos n(\omega_1 t - \theta) = B_{mfn}\cos(n\omega_1 t - n\theta) \tag{3-86}$$

将式（3-86）与式（3-72）比较，可以发现，磁场交变角频率 $\omega = n\omega_1$，极对数 np。由此可见，导体感应电动势的频率是同步角频率的 n 倍，导体空间角度是基波的 n 倍，由式（3-78）得到

$$e_{dnk} = 0.5n\omega_1 \Phi_{mn}\cos(n\omega_1 t - n\theta_k - \pi) = E_{mdn}\cos(n\omega_1 t - n\theta_k - \pi) \tag{3-87}$$

其中，谐波每极磁通量 $\Phi_{mn} = D_a l_{Fe} B_{mfn}/(np)$，导体谐波电动势幅值 $E_{mdn} = 0.5n\omega_1 \Phi_{mn}$。

对于 n 次谐波，线圈电动势幅值与导体电动势幅值的关系 $E_{mcn} = 2N_c k_{yn} E_{mdn}$，$n$ 次谐波的短距系数 $k_{yn} = \sin(n\beta\pi/2)$，如图3-38所示。

对于 n 次谐波，极相组线圈电动势幅值与线圈电动势幅值关系 $E_{mqn} = qk_{qn}E_{mcn}$，n 次谐波的分布系数 $k_{qn} = \dfrac{\sin(nq\alpha/2)}{q\sin(n\alpha/2)}$，$n$ 次谐波的绕组系数 $k_{wn} = k_{yn}k_{qn}$，如图3-39所示。

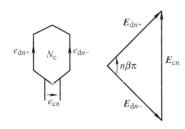

图3-38　线圈谐波电动势合成

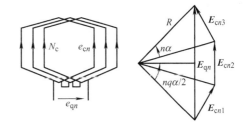

图3-39　极相组线圈谐波电动势合成

一相绕组 n 次谐波电动势幅值通常因磁极磁场是对称性的，所以没有偶数次磁场。如果存在偶数次谐波磁场，那么正负极相组线圈内的感应电动势大小相等、方向相反，线圈串联时感应电动势相互抵消，线圈并联时内部存在环流。对于奇数次谐波磁场，正负极相组感应电动势大小相同、方向相同，因此既可以串联也可以并联，如果每相串联师数为 $W = pqN_s/a$，那么一相谐波电动势幅值为

$$E_{mn} = n\omega_1 W k_{wn}\Phi_{mn} \tag{3-88}$$

由于磁极磁场谐波感应电动势幅值与基波频率和谐波次数成正比，与谐波磁感应强度幅值成正比，因此必须尽可能削弱其至消除磁极谐波磁场，以减小谐波电动势。

2. 基波电枢电流引起的谐波磁场感应电动势

基波电枢电流产生的空间谐波磁动势，在均匀气隙中形成气隙谐波磁场，特点是极对数

为基波的 n 倍，转速是基波的 $1/n$，如幅值为 B_{man} 的 n 次谐波磁感应强度表示为

$$b_{an}(t,\theta) = B_{\mathrm{man}}\cos(\omega_1 t - n\theta) \tag{3-89}$$

电枢谐波磁场的每极磁通幅值 $\Phi_{\mathrm{man}} = D_a l_{\mathrm{Fe}} B_{\mathrm{man}}/(np)$，电枢绕组自身感应电动势幅值 $E_{\mathrm{man}} = \omega_1 W k_{\mathrm{wn}}\Phi_{\mathrm{man}}$，由于这种谐波磁场在电枢导体中感应电动势的频率与基波相同，因此对定子电枢绕组自身没有影响，但对转子绕组如同磁极谐波磁场是有影响的。

相对于以角速度 ω_{r} 运动的转子绕组来说，电枢谐波磁场相对于转子的运动规律如图3-40所示，可以用相对于转子绕组相轴的位置电角 θ_{r} 表示

$$b_{an}(t,\theta_{\mathrm{r}}) = B_{\mathrm{man}}\cos(\omega_1 t - n\omega_{\mathrm{r}}t - n\varphi_a - n\theta_{\mathrm{r}}) \tag{3-90}$$

其中，φ_a 为 $t=0$ 时转子 a 相轴相对于定子 A 相轴的电角度。

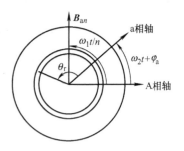

图3-40　电枢谐波磁场相
对于转子的相位关系

由式（3-90）可知，在转子绕组中磁场的交变频率等于感应电动势的频率，用电角频率表示为 $\omega_1 - n\omega_{\mathrm{r}}$，感应电动势的幅值为 $E_{\mathrm{mrn}} = (\omega_1 - n\omega_{\mathrm{r}})W_{\mathrm{r}}k_{\mathrm{wrn}}\Phi_{\mathrm{man}}$，其中每极磁通不变，但绕组串联匝数和绕组系数用转子绕组取代，转子 a 相绕组瞬时值感应电动势表示为

$$e_{\mathrm{rn}}(t) = E_{\mathrm{mrn}}\cos(\omega_1 t - n\omega_{\mathrm{r}}t - n\varphi_a - \pi/2) \tag{3-91}$$

3. 定子电枢谐波电流引起的谐波磁场感应电动势

如果定子电枢绕组回路中有转子磁极谐波引起的谐波电动势，就会产生谐波电流，如电枢 ν 次谐波对称电流表示为

$$i_{\mathrm{A}\nu}(t) = I_{\mathrm{m}\nu}\cos\nu\omega_1 t, i_{\mathrm{B}\nu}(t) = I_{\mathrm{m}\nu}\cos\nu(\omega_1 t - 2\pi/3), i_{\mathrm{C}\nu}(t) = I_{\mathrm{m}\nu}\cos\nu(\omega_1 t + 2\pi/3)$$

这种谐波电流同样要产生谐波磁场，在自身绕组中感应同频率谐波电动势，在另一侧绕组中感应谐波电动势。一般形式的谐波磁场表示为

$$b_{a\nu n}(t,\theta) = B_{\mathrm{ma}\nu n}\cos(\nu\omega_1 t - n\theta) \tag{3-92}$$

式（3-92）与式（3-89）比较可以发现，只是频率变化，这种时间和空间都是谐波的磁场在静止的导体中感应电动势的频率为时间谐波频率 $\nu\omega_1$，每极磁通量 $\Phi_{\mathrm{ma}\nu n} = D_a l_{\mathrm{Fe}} B_{\mathrm{ma}\nu n}/(np)$，因此电枢 A 相绕组自身感应电动势

$$e_{\mathrm{A}\nu n}(t) = \nu\omega_1 W k_{\mathrm{wn}}\Phi_{\mathrm{ma}\nu n}\cos(\nu\omega_1 t - \pi/2) \tag{3-93}$$

类似地，在转子运动的导体中感应的电动势频率为相对运动角频率，假设导体运动的电角频率为 ω_{r}，那么谐波磁场相对运动导体的电角频率为 $\Delta\omega = \nu\omega_1/n - \omega_{\mathrm{r}}$，在运动导体中的感应电动势电角频率为 $n\Delta\omega = \nu\omega_1 - n\omega_{\mathrm{r}}$。磁场表达式为

$$b_{ar\nu n}(t,\theta_{\mathrm{r}}) = B_{\mathrm{ma}\nu n}\cos(\nu\omega_1 t - n\omega_{\mathrm{r}}t - n\varphi_a - n\theta_{\mathrm{r}}) \tag{3-94}$$

转子 a 相绕组的感应电动势

$$e_{\mathrm{r}\nu n}(t) = E_{\mathrm{ma}\nu n}\cos(\nu\omega_1 t - n\omega_{\mathrm{r}}t - n\varphi_a - \pi/2) \tag{3-95}$$

其中，转子绕组感应电动势幅值为 $E_{\mathrm{mrn}} = (\nu\omega_1 - n\omega_{\mathrm{r}})W_{\mathrm{r}}k_{\mathrm{wrn}}\Phi_{\mathrm{ma}\nu n}$。

4. 削弱谐波电动势的方法

谐波电动势会产生谐波电流，增加电机或电力系统输电线路损耗。电机损耗的增加又会导致温升提高，效率降低，影响电机使用寿命。谐波磁场会产生附加损耗，产生无线电干扰影响周围电气设备和通信线路的正常运行。谐波可能激发电力线路电容和电感耦合谐振、变压器铁心饱和铁磁谐振，从而引起内部高电压损坏绝缘。电机谐波电动势的存在，使得电动

势正弦波畸变，对于发电机会影响电力系统供电质量，对于电动机相当于增加谐波负载，造成谐波污染。

产生谐波的原因是电机气隙磁动势谐波，包括电枢绕组电流和励磁绕组电流引起的谐波磁动势，因此需要削弱谐波电动势就必须削弱谐波磁动势。可以采用的方法如下：

（1）采用短距绕组

如果线圈节距等于谐波波长的整数倍，$y = N\tau_1/\nu$，即节距系数 $\beta = N/\nu$，则绕组电流不会产生该次谐波磁动势，该次谐波气隙磁场在线圈中的磁通量等于零，因此该次谐波感应电动势等于零。如图 3-41 所示，图中 $\beta = 4/5$ 和 $\beta = 6/7$ 分别可以消除 5 次和 7 次谐波磁动势和电动势，通常采用 $\beta = 5/6$ 以达到同时削弱 5 次和 7 次谐波磁动势和感应电动势的目的。基波和谐波短距系数表达式 $\nu^{-1}k_{y\nu}$ 与节距系数 β 的关系见表 3-3。

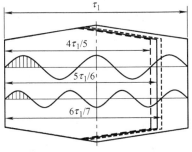

图 3-41　短距绕组削弱谐波电动势

（2）采用分布绕组

交流电机每极每相槽数 q 对分布系数的影响见表 3-2，通常采用较大的 q 值来削弱高次谐波，这样电机只能是高速少极数的，如汽轮发电机定子和转子分布绕组，否则定子槽数很多需要增大电枢直径，相应地增加制造成本。对于多极数低速同步电机，如水轮发电机，通常采用分数槽绕组 $q = N/D$ 提高分子 N 来削弱高次谐波以及齿谐波电动势。

（3）采用正弦绕组

特殊场合采用正弦绕组，正弦绕组的磁动势接近正弦。

（4）改善主磁极磁场分布

隐极采用大小齿或正弦绕组，凸极通过改变磁极极靴形状，消除偶次谐波，并使得磁极磁场尽可能接近正弦波。

（5）电枢绕组采用星形或三角形联结

主磁极 3 次及其倍数次谐波不易完全消除，会在电枢绕组产生 3 次及其倍数次谐波电动势，这些谐波电动势在三相绕组中的时间相位相同。如果采用星形联结，如图 3-42a 所示，同相位电流无法流通，因此线电动势中不会产生 3 倍次谐波电动势。如果采用三角形联结，如图 3-42b 所示，那么同相位电流在绕组内部形成环流 i_c，环流产生的 3 倍次谐波磁场会削弱主磁极 3 倍次谐波磁场，绕组中感应的 3 倍次谐波电动势减小并与 3 倍次谐波漏阻抗压降平衡，因此在线电动势中也不会出现 3 倍次谐波电动势。

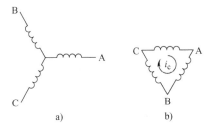

图 3-42　星形与三角形联结三相绕组

表 3-3　不同节距系数 β 和次数 ν 下的表达式 $\nu^{-1}k_{y\nu}$ 值

β	ν 1	5	7
4/5	0.9511	0.0	0.0840
6/7	0.9749	0.0868	0.0
5/6	0.9659	0.0518	0.0370

（6）齿谐波电动势的削弱方法

上述方法可以削弱或消除一般的高次谐波电动势，但对齿谐波电动势没有效果。齿谐波是由于齿槽引起单位面积气隙磁导变化，从而引起正弦波磁动势产生齿谐波磁场，如图 3-43 所示。图 3-43a 表示定子表面光滑时，单位面积气隙磁导是以极距为周期的升高余弦函数，直轴位置最大，交轴位置最小。当定子表面存在齿槽时，单位面积气隙磁导将随着转子位置发生变化，但是按照定子齿距周期变化。图 3-43b 表示定子齿中心与转子磁极中心对齐，图 3-43c 表示定子槽中心与转子磁极中心对齐。

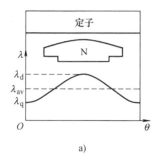 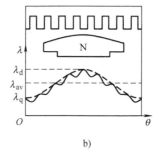 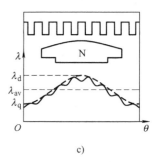

图 3-43 单位面积气隙磁导

由于齿谐波的绕组系数与基波绕组系数相同，因此不能通过采用短距绕组和分布绕组来消除或削弱齿谐波电动势。转子斜槽可以削弱齿谐波磁动势或齿谐波磁场引起的齿谐波电动势。将直槽改为斜槽本质上是将同一磁场下的槽导体分布在不同磁场下，对于 ν 次齿谐波磁场，极距 $\tau_\nu = \tau_1/(\nu Z \pm p)$，则

$$2\tau_\nu = \frac{\pi D_a}{p\nu} = \frac{\pi D_a}{p(\nu Z/p \pm 1)} \approx \frac{\pi D_a}{\nu Z} \tag{3-96}$$

如果转子磁极磁场因定子齿槽产生齿谐波磁场，那么采用定子斜槽或者转子斜极削弱定子齿谐波电动势。如果定子磁场因转子齿槽引起齿谐波磁场，那么采用转子斜槽削弱转子齿谐波电动势，如图 3-44a 所示。不论哪种情形，齿槽在轴向两端沿周向扭过的距离是一个齿谐波波长的整数倍，那么这种齿谐波磁场在斜槽内导体中的感应电动势相互抵消，如图 3-44b 所示。对于最低次齿谐波，斜槽扭过的距离约为一个齿距，电机制造工艺上斜一个齿距 t_z，即同一转子槽在铁心两个端面圆周上错开一个定子槽间角，而引入斜槽将对转子绕组系数增加一个斜槽系数，基波磁场对感应电动势的影响用斜槽系数表示。

基波斜槽系数的计算相当于将斜槽内导体分成无穷段串联，这样利用基波分布系数 k_{q1} 计算基波斜槽系数 k_{sk1}，其中 $\alpha \to 0$，$q \to \infty$，但 $q\alpha = \pi t_z/\tau_1 = \beta_{sk}\pi$，如图 3-44c 所示，于是

$$k_{sk1} = \lim_{\alpha \to 0}\frac{\sin(q\alpha/2)}{q\sin(\alpha/2)} = \lim_{\alpha \to 0}\frac{\sin(q\alpha/2)}{q\alpha/2} = \frac{\sin(\beta_{sk}\pi/2)}{\beta_{sk}\pi/2} \tag{3-97a}$$

对于 n 次谐波的斜槽系数，只要将式（3-97a）做如下修改即可：

$$k_{skn} = \frac{\sin(n\beta_{sk}\pi/2)}{n\beta_{sk}\pi/2} \tag{3-97b}$$

斜槽系数的表达式为采样函数，随着 n 增大，幅值迅速减小。

由于齿谐波是齿槽引起的单位面积气隙磁导变化，因此小型电机采用半闭口槽，中型电

机采用磁性槽楔，以减小开槽引起的单位面积气隙磁导变化。

采用分数槽可以增大分布系数中的 q 值，提高齿谐波的次数来削弱齿谐波电动势。

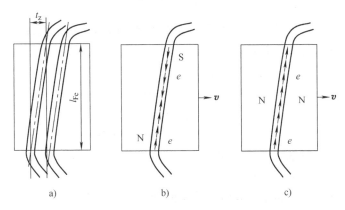

图 3-44　转子斜槽导体及其电动势

3.4.5　正弦波电动势的时空矢量

1. 气隙磁场时空矢量

气隙磁场是电机的主磁场，即定、转子磁动势产生的合成磁场，主磁场随时间在气隙空间旋转，主磁场经过气隙和定、转子铁心的主磁路也随时间变化。对于基波磁场来说，定、转子磁场与合成磁场保持相对静止，即空间同步运动，但相对定、转子的转速不同，因此感应电动势频率不同。以均匀气隙的异步电机为例，A 相轴为空间参考位置，且以基波气隙磁场幅值位于 A 相轴作为时间零点，则基波气隙磁感应强度表示为

$$b_{g1}(t,\theta) = B_{mg1}\cos(\omega_1 t - \theta) \tag{3-98}$$

基波气隙磁感应强度时空矢量 $\boldsymbol{B}_{g1}$ 如图 3-45a 所示。

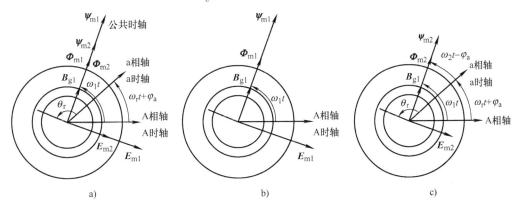

图 3-45　气隙磁场、磁通、绕组主磁链和主电动势时空矢量

2. 气隙磁通时空矢量

气隙磁场经过的空间路径称为电机主磁路。主磁路基波磁场每极磁通等于基波磁感应强度平均值与极距和轴向长度的乘积，空间位置是基波磁感应强度幅值位置，因此从主磁路的角度气隙磁通可以看成是空间矢量。这样气隙磁通时空矢量

$$\Phi_{g1}(t,\theta) = \Phi_{m1}\cos(\omega_1 t - \theta) \tag{3-99}$$

其中，每极磁通量 $\Phi_{m1} = \dfrac{2}{\pi}\tau_1 l_{Fe}B_{mg1} = \dfrac{D_a l_{Fe}}{p}B_{mg1}$。

另一方面，从每相等效整距绕组来看，每相绕组的磁通量是正弦时间函数，磁感应强度幅值位于相轴时，该相等效整距绕组中的磁通量达到最大值，且三相磁通时间对称。即定子三相绕组等效整距绕组中的磁通量分别为

$$\Phi_{Ag1}(t) = \Phi_{m1}\cos(\omega_1 t) \tag{3-100a}$$

$$\Phi_{Bg1}(t) = \Phi_{m1}\cos(\omega_1 t - 2\pi/3) \tag{3-100b}$$

$$\Phi_{Cg1}(t) = \Phi_{m1}\cos(\omega_1 t + 2\pi/3) \tag{3-100c}$$

因此以各自相轴为时轴，定子各相气隙磁通时空矢量 $\boldsymbol{\Phi}_{m1}$ 是重合的，如图 3-45b 所示，而且与气隙磁场时空矢量 $\boldsymbol{B}_{g1}$ 重合。

如果从转子上观测，以转子 a 相绕组为空间参考，如图 3-45c 所示，则式（3-98）给出的气隙磁场表示为

$$b_{g1}(t,\theta_r) = B_{mg1}\cos(\omega_2 t - \theta_a - \theta_r) \tag{3-101}$$

其中，气隙磁场在转子中的交变角频率为 $\omega_2 = \omega_1 - \omega_r$，转子旋转角频率为 ω_r。

转子三相绕组等效整距线圈中的磁通量分别为

$$\Phi_{ag1}(t) = \Phi_{m1}\cos(\omega_2 t - \theta_a) \tag{3-102a}$$

$$\Phi_{bg1}(t) = \Phi_{m1}\cos(\omega_2 t - \theta_a - 2\pi/3) \tag{3-102b}$$

$$\Phi_{cg1}(t) = \Phi_{m1}\cos(\omega_2 t - \theta_a + 2\pi/3) \tag{3-102c}$$

因此以各自相轴为时轴，转子各相气隙磁通时空矢量 $\boldsymbol{\Phi}_{m2}$ 是重合的，如图 3-45c 所示，而且与气隙磁场时空矢量 $\boldsymbol{B}_{g1}$ 重合。

由此可知，以气隙磁场时空矢量作为公共矢量轴线或公共时轴，那么定、转子气隙磁场时空矢量重合，气隙磁通时空矢量也重合。

3. 绕组主磁链时空矢量

绕组主磁链是基波气隙磁场与绕组每匝线圈匝链的磁通量总和。每相绕组的磁链是随时间按正弦规律变化，三相对称，根据计算可以表示为等效整距绕组的有效串联匝数与绕组磁通量的乘积，即定子各相绕组磁链等于式（3-100）两边同乘以定子有效串联匝数 $W_1 k_{w1}$，转子各相绕组磁链等于式（3-102）两边同乘以转子有效串联匝数 $W_2 k_{w2}$。因此类似于气隙磁通时空矢量，三相绕组的主磁链时空矢量按照各自相轴为时轴的时空矢量是重合的，如图 3-45b 和 c 所示。以气隙磁场时空矢量为公共时轴，定、转子主磁链时空矢量在空间是重合的，而且与气隙磁通和气隙磁场时空矢量重合，如图 3-45a 所示。

4. 绕组主电动势时空矢量

绕组主电动势是气隙磁场在绕组感应的电动势，根据电磁感应定律，它等于主磁链对时间导数的相反数，因此每相绕组的主电动势在时间相位上滞后该相主磁链 90°电角，因此以各自相轴为时轴，三相绕组的主电动势时间相量是重合的，如图 3-45b 和 c 所示。以气隙磁场为公共时轴，定、转子主电动势时空矢量是重合的且滞后于气隙磁场、气隙磁通和主磁链时空矢量 90°电角，如图 3-45a 所示。

对于转子直流励磁的同步电机，主要关心的是定子侧时空矢量，气隙不均匀时，需要应用双反应理论。

3.5 对称电枢绕组的主电感

3.5.1 能量法

均匀气隙利用气隙磁场能量法计算对称绕组的主电感，即对称电流产生的基波磁场能量。气隙均匀时，因为气隙磁场基波的磁感应强度表示为三相电流与空间电角度的函数

$$b_{a1}(t,\theta) = \frac{\mu_0}{g} \frac{4}{\pi} \frac{Wk_{w1}}{2p} [i_A\cos\theta + i_B\cos(\theta - 2\pi/3) + i_C\cos(\theta + 2\pi/3)] \quad (3\text{-}103)$$

磁场能量等于磁场能量体密度在气隙中的体积分，利用磁场周期性得到

$$W_m = \int_0^{2\pi} \frac{1}{2\mu_0} b_{a1}^2 \frac{D_a}{2} l_{Fe} g\,d\theta_m = \int_0^{2\pi} \frac{1}{2\mu_0} b_{a1}^2 \frac{D_a}{2} l_{Fe} g\,d\theta \quad (3\text{-}104)$$

将式（3-103）代入式（3-104），并利用空间周期函数的定积分得到

$$W_m = \frac{\pi}{4g}\mu_0 D_a l_{Fe} \left(\frac{4}{\pi} \frac{Wk_{w1}}{2p}\right)^2 \left[i_A^2 + i_B^2 + i_C^2 + 2(i_A i_B + i_B i_C + i_C i_A)\cos\frac{2\pi}{3}\right] \quad (3\text{-}105a)$$

利用主自感和主互感表示的对称绕组主磁场能量

$$W_m = \frac{1}{2}(L_{mA} i_A^2 + L_{mB} i_B^2 + L_{mC} i_C^2) + (M_{mAB} i_A i_B + M_{mBC} i_B i_C + M_{mCA} i_C i_A) \quad (3\text{-}105b)$$

将磁场能量计算式（3-105a）与采用主电感表示的磁场能量表达式（3-105b）比较，可以得到各相绕组主自感相同，两相主互感也相同，分别为

$$L_{mA} = L_{mB} = L_{mC} = 2p\frac{\mu_0 \tau_1 l_{Fe}}{2g}\left(\frac{4}{\pi} \frac{Wk_{w1}}{2p}\right)^2 \quad (3\text{-}106a)$$

$$M_{mAB} = M_{mBC} = M_{mCA} = 2p\frac{\mu_0 \tau_1 l_{Fe}}{2g}\left(\frac{4}{\pi} \frac{Wk_{w1}}{2p}\right)^2 \cos\frac{2\pi}{3} \quad (3\text{-}106b)$$

三相对称主电感相同，两相主互感也相同，因两相空间相差120°电角，因此主互感等于主自感乘以两个相轴之间夹角的余弦，夹角超过90°电角，主互感为负值。主电感也可以直接从定义出发得到，每相等效集中绕组的每极串联匝数为$Wk_{w1}/(2p)$，方波分解成基波的波形系数为$4/\pi$，磁导等于真空磁导率乘以每极面积再除以两个气隙的长度，因为有$2p$个磁极的每极串联线圈，因此每极电感需要再乘以极数$2p$。

单一线圈的电感等于磁导与匝数二次方的乘积，非耦合电感串联等于每个电感之和。

3.5.2 磁链法

气隙不均匀时，电枢绕组的主电感可以利用双反应理论对电枢绕组产生的磁动势时空矢量分解为直轴和交轴分量，再利用直轴和交轴等效磁导计算绕组主磁链，从而得到主电感。设直轴超前A相轴电角θ，只有A相绕组通电流，由此可以计算A相主磁链和B相主磁链

$$\begin{aligned}\psi_A &= Wk_{w1}[\Phi_{ad}\cos\theta + \Phi_{aq}\cos(\theta + \pi/2)]\\ &= Wk_{w1}\frac{D_a l_{Fe}}{p}[B_{ad1}\cos\theta + B_{aq1}\cos(\theta + \pi/2)] \quad (3\text{-}107a)\\ &= \frac{4}{\pi}\frac{(Wk_{w1})^2}{2p} i_A \frac{D_a l_{Fe}}{p}\frac{\mu_0}{g_d}[k_d\cos^2\theta + k_q\cos^2(\theta + \pi/2)]\end{aligned}$$

$$\psi_{AB} = Wk_{w1}\left[\Phi_{ad}\cos(\theta - 2\pi/3) + \Phi_{aq}\cos(\theta + \pi/2 - 2\pi/3)\right]$$

$$= Wk_{w1}\frac{D_a l_{Fe}}{p}\left[B_{ad1}\cos(\theta - 2\pi/3) + B_{aq1}\cos(\theta + \pi/2 - 2\pi/3)\right] \tag{3-107b}$$

$$= \frac{4}{\pi}\frac{(Wk_{w1})^2}{2p}i_A\frac{D_a l_{Fe}}{p}\frac{\mu_0}{g_d}\left[k_d\cos(\theta - 2\pi/3)\cos\theta + k_q\sin(\theta - 2\pi/3)\sin\theta\right]$$

根据电感定义和对称性，主电感分别表示为

$$L_{mA}(\theta) = \frac{\psi_A}{i_A} = L_{max}\cos^2\theta + L_{min}\sin^2\theta \tag{3-108a}$$

$$L_{mB}(\theta) = L_{mA}(\theta - 2\pi/3), \quad L_{mC}(\theta) = L_{mA}(\theta + 2\pi/3) \tag{3-108b}$$

$$M_{mAB}(\theta) = \frac{\psi_{AB}}{i_A} = L_{max}\cos\theta\cos(\theta - 2\pi/3) + L_{min}\sin\theta\sin(\theta - 2\pi/3) \tag{3-108c}$$

$$M_{mBC}(\theta) = M_{mAB}(\theta - 2\pi/3), \quad M_{mCA}(\theta) = M_{mAB}(\theta + 2\pi/3) \tag{3-108d}$$

其中，$L_{max} = 2pk_d\dfrac{\mu_0\tau_1 l_{Fe}}{2g_d}\left(\dfrac{4}{\pi}\dfrac{Wk_{w1}}{2p}\right)^2$，$L_{min} = 2pk_q\dfrac{\mu_0\tau_1 l_{Fe}}{2g_d}\left(\dfrac{4}{\pi}\dfrac{Wk_{w1}}{2p}\right)^2$，$\tau_1 = \dfrac{\pi D_a}{2p}$。

式（3-108a）和式（3-108c）可以分别简化为

$$L_{mA}(\theta) = \frac{1}{2}(L_{max} + L_{min}) + \frac{1}{2}(L_{max} - L_{min})\cos2\theta \tag{3-108e}$$

$$M_{mAB}(\theta) = -\frac{1}{4}(L_{max} + L_{min}) + \frac{1}{2}(L_{max} - L_{min})\cos(2\theta - 2\pi/3) \tag{3-108f}$$

显然，当直轴与相轴重合时，该相主自感最大为 L_{max}，另外两相绕组之间的主互感绝对值最小为 $|L_{max} - 3L_{min}|/4$；而当交轴与相轴重合时，该相主自感最小为 L_{min}，另外两相绕组之间的主互感绝对值最大为 $|3L_{max} - L_{min}|/4$，如图 3-46 所示。

当气隙均匀时，$k_d = k_q$，主电感与转子位置角无关，磁链法计算结果与能量法得到的相一致，$L_{max} = L_{min} = L_{mA}$。

气隙不均匀时，利用双反应理论计算三相对称电流引起的直轴与交轴电枢反应电感，以 A 相电流最大为例，直轴与 A 相轴重合时，直轴电枢反应 A 相绕组的主磁链

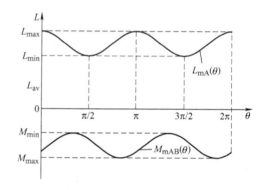

图 3-46　气隙不均匀时电枢绕组的主电感

$$\psi_{mad} = F_a\frac{\mu_0}{g_d}k_d\frac{D_a l_{Fe}}{p}Wk_{w1} = \frac{m}{2}\frac{8}{\pi}k_d\frac{\mu_0 D_a l_{Fe}}{p}\left(\frac{Wk_{w1}}{2p}\right)^2 I_m \tag{3-109}$$

直轴电枢反应电感

$$L_{ad} = \frac{\psi_{mad}}{I_m} = \frac{m}{2}\frac{8}{\pi}k_d\frac{\mu_0 D_a l_{Fe}}{g}\left(\frac{Wk_{w1}}{2p}\right)^2 = \frac{m}{2}L_{max} \tag{3-110}$$

交轴与 A 相轴重合时，交轴电枢反应，A 相绕组的主磁链

$$\psi_{maq} = F_a\frac{\mu_0}{g_d}k_q\frac{D_a l_{Fe}}{p}Wk_{w1} = \frac{m}{2}\frac{8}{\pi}k_q\frac{\mu_0 D_a l_{Fe}}{g}\left(\frac{Wk_{w1}}{2p}\right)^2 I_m \tag{3-111}$$

交轴电枢反应电感

$$L_{aq} = \frac{\psi_{maq}}{I_m} = \frac{m}{2} \frac{8}{\pi} k_q \frac{\mu_0 D_a l_{Fe}}{g} \left(\frac{W k_{w1}}{2p}\right)^2 = \frac{m}{2} L_{min} \tag{3-112}$$

有关电枢反应的概念将在同步电机和直流电机中作进一步解释，在此不再展开。

3.5.3　感应电动势法

感应电动势法的本质是磁链法。交流电机正弦稳态运行时，电枢绕组基波气隙磁场在电枢绕组中产生的感应电动势幅值等于角频率和磁链幅值的乘积，磁链幅值等于每极磁通量与绕组有效串联匝数的乘积，每极磁通量与每极磁动势幅值成正比，由式（3-84）得到

$$E_{m1} = \omega_1 \psi_{m1} = \omega_1 W k_{w1} \Phi_{m1} = \omega_1 W k_{w1} \frac{D_a l_{Fe}}{p} B_{m1} \tag{3-113}$$

$$= \omega_1 W k_{w1} \frac{D_a l_{Fe}}{p} \frac{\mu_0}{g} F_{m1} = \omega_1 W k_{w1} \frac{D_a l_{Fe}}{p} \frac{\mu_0}{g} \frac{m}{2} \frac{4}{\pi} \frac{W k_{w1}}{2p} I_m$$

其中，基波磁场由交流电枢绕组对称电流的合成基波磁动势产生，且气隙均匀。

于是，基波磁场对应的绕组主电感

$$L_m = \frac{E_m}{\omega_1 I_m} = \frac{m}{2} \frac{8}{\pi} \frac{\mu_0 D_a l_{Fe}}{g} \left(\frac{W k_{w1}}{2p}\right)^2 = \frac{m}{2} 2p \left(\frac{4}{\pi} \frac{W k_{w1}}{2p}\right)^2 \Lambda_m \tag{3-114}$$

其中，主磁路磁导 $\Lambda_m = \frac{\mu_0 \pi D_a l_{Fe}}{4pg} = \frac{\mu_0 \tau_1 l_{Fe}}{2g}$。

该电感是电机解耦后独立一相的等效励磁电感，与绕组主电感存在系数 $m/2$ 的差别，原因是励磁电感考虑了三相绕组主互感的影响，即绕组的主磁链包括主自感磁链和主互感磁链，而主自感不包括主互感。事实上，三相电流对称时，主互感磁链可以转换为自身绕组电流与主互感相反数的乘积，由式（3-106ab）和式（3-114）得到励磁电感等于主自感与主互感之差 $L_m = L_{mA} - M_{mAB}$。

思考题与习题

3-1　什么是机械角度和电气角度？两者与电机的极对数有什么关系？

3-2　一个导体中产生感应电动势的条件有哪些？说出两种能改变感应电动势极性的方法。

3-3　双层绕组与单层绕组相比有什么优点？

3-4　交流电枢绕组有哪些形式？什么绕组形式适合大电流或高电压？

3-5　短距系数、分布系数和绕组系数的物理意义是什么？

3-6　采用哪些方法可以保证同步发电机的电动势是正弦波？

3-7　一台四极交流发电机运行在 1800r/min，它的电流频率是多少？如果要产生 50Hz 的电枢电流频率，其转速必须是多少？

3-8　一台两极三相交流发电机，气隙磁通密度幅值为 1.2T，定子电枢嵌有 3 个整距线圈且对称分布，每个线圈 15 匝，电枢铁心内径 0.4m，轴向长度 0.5m，转速 1500r/min，计算每极磁通幅值、每相感应电动势幅值和时间函数。

3-9　一台三相交流发电机，12 极，180°电角对应的机械角度为多少弧度？如果定子有 144 槽，线圈节距 10 槽，试确定基波和一阶齿谐波的短距系数、分布系数和绕组系数。

3-10　一台三相交流电机，四极，电枢 144 槽，分别采用 60°、120°和 180°相带正弦绕组，计算每相在各槽内导体数的分配比例。

3-11　三相两极交流对称电枢绕组，双层整距线圈，嵌放在 12 个均匀分布的槽内，其中各相绕组的槽

导体数分配见表3-4。

表 3-4　各相绕组的槽导体数分配

槽　　号	1	2	3	4	5	6	7	8	9	10	11	12
A 相导体数	21	29	29	21	0	0	21	29	29	21	0	0
B 相导体数	29	21	0	0	21	29	29	21	0	0	21	29
C 相导体数	0	0	21	29	29	21	0	0	21	29	29	21

计算绕组磁动势基波、5 次和 7 次谐波的分布系数。

3-12　试确定 $2p=8$，$m=3$，$q=5/4$ 的分数槽绕组的循环顺序，并画出 A 相绕组的展开图。

3-13　三相对称双层绕组，$q=5$，对基波电流产生的磁动势谐波中 5 次谐波磁动势幅值为零，求基波和 7 次谐波的绕组系数。

3-14　三相对称双层绕组，线圈的节距系数 $\beta=0.8$，对于不同极数的电机最少槽数为多少?

3-15　设计三相对称分数槽绕组，要求 ①$2p=2$；②节距系数 $\beta=6/7$ 以消除 7 次谐波；③电枢槽数最少。计算每极每相槽数，节距和总槽数，基波和 5 次谐波绕组系数。

3-16　一台凸极同步发电机转速为 125r/min，频率为 50Hz，定子电枢 576 槽，每槽两根导体，电枢直径 6.1m，定子铁心长度 1.2m，正弦波磁通密度幅值 1.1T，确定可能的并联支路数，并计算对应三相对称绕组相电动势的有效值。

3-17　一台三相十极交流发电机绕组星形联结，电枢 90 槽，线圈节距 7 槽，每极磁通幅值 0.16Wb，50Hz 线电压 10kV，计算每相绕组串联匝数。

3-18　一台直流电机，电枢外径 80cm，内径 40cm，长度 32cm，电枢铁心磁密 0.85T，电枢绕组安放在 72 槽内，每槽 3 根导体，构成六极波绕组。计算电枢以 600r/min 转速旋转时的感应电动势。

3-19　一台四极直流电机，电枢叠绕组均匀嵌放在 60 个槽内，每槽 8 根导体，每极磁通 30mWb，转子转速 1000r/min，计算电枢绕组两端的感应电动势，电枢线圈内部感应电动势的频率。

3-20　一台两极交流电机，三相对称组的每一载流导体表示电流密度恒定的 60° 相带电流层，如果每相电流幅值为 I_m（单位为 A），有效串联匝数为 W，计算每相磁动势幅值和三相合成基波磁动势幅值。

3-21　三相两极对称交流单层整距绕组，电枢 18 槽，每槽导体数 12，当 A 相绕组电流最大 10A 时，试解下列各题：

（1）画出水平展开的 18 个槽导体，标注电流方向，画出 A 相磁动势波形；

（2）表明磁动势最大值；

（3）计算基波磁动势幅值。

3-22　空间位置对称的两相绕组，通以时间对称的两相电流，用双旋转磁场理论分析所产生的合成磁动势波形。

3-23　三相对称组中对称电流产生的基波磁动势正转，用时空矢量法证明 5 次谐波反转，7 次谐波正转。

3-24　两相两极 12 槽同心式双层正弦绕组，线圈匝数分别为 31、81 和 100（两个线圈各 50 匝），确定槽分配方案，画出绕组展开图，以及 A 相绕组磁动势波形图，计算基波、3 次、5 次和 7 次谐波的绕组系数。

3-25　已知三相 60° 相带双层短距绕组，星形联结，电枢槽数 $Z=24$，极数 $2p=4$，节距系数 $\beta=5/6$，每槽导体数 $N_s=30$，并联支路数为 $a=1.0$，合成磁动势时空矢量 $2269\angle 40°$，试求频率 50Hz 时的各相电流瞬时值。

3-26　将三相对称绕组按照图 3-47 联结，A 相绕组电流标幺值 $i_A=\cos\omega t$，要在均匀气隙中产生圆形旋转磁场，求 B 相和 C 相的电流标幺值，以及 B 相和 C 相基波电动势与 A 相基波电动势有效值之比。

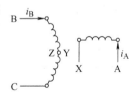

图 3-47　题 3-26 图

第4章 同步电机

交流电机是交流电能与机械能相互转换的装置。如果定、转子都是交流电枢且与独立电源连接，那么电机的转子每分钟转速 n 与定、转子交流电流频率 f_1 和 f_2 的关系满足

$$n = \frac{60(f_1 \pm f_2)}{p}$$

式中，p 为电机极对数，定、转子绕组相序相同，电流相序相同取负号，相序相反取正号。

同步电机是一种交流电机，定、转子一个是交流电枢，另一个主磁极的直流电流频率为零，转子转速等于电枢电流频率 f_1 确定的同步速 $n_1 = 60f_1/p$。从机电能量转换的角度，同步电机既可作为发电机运行，也可作为电动机运行，实现电能与机械能转换；它还可作为调相机运行，仅仅实现无功补偿而几乎不进行机电能量转换。

本章主要讨论旋转磁极式同步电机，先介绍同步电机的用途、基本结构、分类方法和额定值，再阐述同步发电机的基本原理、电枢反应性质、基本电磁关系、等效电路、相量图和标幺值，接着分析同步发电机的运行特性，如空载特性、短路特性、零功率因数负载特性和外特性，以及性能指标短路比和电压调整率，并根据运行特性测定同步电机参数，计算额定负载时励磁电流和电压调整率，然后重点分析同步发电机的并网运行，有功功率和无功功率的调节特性和静态稳定特性，简要介绍同步电动机的起动和调速，最后介绍同步发电机不对称运行的序阻抗和突然短路的动态过程。

4.1 概述

4.1.1 同步电机的用途

同步电机是转子以同步速运动的交流电能与机械能相互转换的装置。同步电机的用途与运行方式有关，同步电机稳定运行时定、转子磁场在气隙中保持相对静止，可以用相对静止的磁极磁场来描述运行方式。世界上绝大多数电能是依靠同步发电机产生的，如汽轮发电机和水轮发电机，转子磁场超前于定子磁场，如图 4-1a 所示，转子电磁转矩 T_{em} 与转速 n 方向相反，需要外部驱动转矩输入机械能。同步电机也可作为电动机驱动机械装置，转子磁场滞后于定子磁场，如图 4-1c 所示，转子电磁转矩 T_{em} 与转速 n 方向相同，能克服外部负载制动转矩输出机械能。同步电机还可作为提供无功功率的调相机使用，定、转子磁场保持一致，如图 4-1b 所示，转子以同步速旋转但几乎没有机械转矩与机械能的输入或输出。

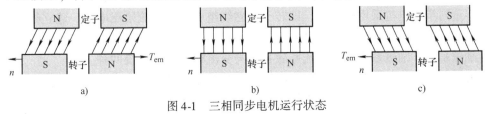

图 4-1 三相同步电机运行状态

同步发电机主要用于火力发电站、核电站和水泥厂等余热发电的汽轮发电机，水电站的水轮发电机和应急柴油发电机；同步电动机主要用于矿山、钢铁厂轧钢机等同步驱动和高精度伺服控制系统；同步调相机主要用于工厂无功补偿，提高电网功率因数。

4.1.2 同步电机的基本结构

1. 基本结构

同步电机基本结构主要包括定子、转子和气隙。气隙中定、转子绕组独立产生磁场。

（1）旋转电枢式同步电机

主磁极位于定子，交流电枢位于转子，如图 4-2a 所示，称为旋转电枢式同步电机，电枢绕组磁场逆转子转向以同步速旋转，气隙磁场空间静止。由于交流电流通过转子集电环和电刷与外部连接，高压与大电流的可靠性不高，因此局限于小容量同步电机。

（2）旋转磁极式同步电机

主磁极位于转子，交流电枢位于定子，如图 4-2b 和 c 所示，称为旋转磁极式同步电机，定子电枢产生的磁场与转子同步旋转，气隙磁场空间以同步速旋转。根据转子磁极形状又分为隐极和凸极两种：隐极结构气隙均匀，通常存在大小齿；凸极结构气隙不均匀，主磁极下气隙较小，而相邻极间气隙较大。

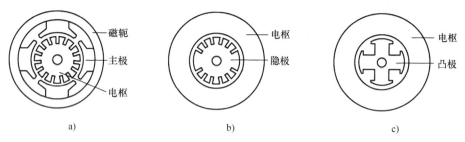

图 4-2　同步电机结构示意图

旋转磁极式同步电机定子由电枢、机座和端盖组成。核心部件是电枢，它包括用硅钢片冲剪后叠压而成的定子铁心和嵌放在铁心槽内的三相或多相对称电枢绕组。绕组与槽、绕组与绕组、绕组内导体与导体之间都需要绝缘。机座和端盖主要起密封和机械支撑作用。机座上贴有电机的铭牌，铭牌上主要标明了电机的制造商、生产日期、额定运行参数（容量/功率、电压、电流、转速、极数等）。机座上还有接线盒，标明了正常运行时的接线方式。转子由铁心、励磁绕组和转轴等组成。凸极转子铁心的磁轭和磁极单独制造，采用磁极集中绕组，大中型凸极同步电机的磁极表面开槽安放阻尼绕组。隐极转子铁心与转轴构成整体结构，采用同心式励磁绕组。

（3）同步电机的励磁方式

同步电机的励磁方式主要有电励磁、永磁励磁和无励磁的凸极磁阻或磁滞实心转子三种。大容量同步发电机采用电励磁，即转子励磁绕组中通入直流励磁电流，建立气隙励磁磁场，通过调节励磁电流满足电网无功功率需求并控制输出电压稳定，整个供给励磁电流的系统称为励磁系统。励磁系统分为直流励磁系统与交流整流励磁系统两种。

直流发电机励磁系统是利用与同步电机同轴的直流发电机作为励磁机供给励磁电流，直流发电机采用他励并且由副励磁机供给，主要缺点是存在换向器火花。

交流整流励磁系统是利用交流电流整流后变成直流电流，然后供给同步电机励磁绕组。一种是电网或中频副励磁机同步发电机的交流电通过静止整流装置整流后供给，这种方式没有机械换向器和火花，但仍存在集电环和电刷，增加维护成本，降低可靠性。另一种是利用旋转电枢式同步发电机作为副励磁机并且与主发电机同轴运行，同时将整流装置也安装在副励磁机的转子电枢上，副励磁机产生的交流电通过整流后直接供给主发电机励磁绕组，形成无刷励磁系统，适用于大电流励磁、高速电机、防爆和防腐等恶劣环境。

2. 汽轮发电机的结构特点

汽轮发电机采用两极或四极隐极转子结构，转速高（两极 50Hz 转速为 3000r/min），为了减小离心力，转子采用细长结构、高机械强度与高导磁性能的铬镍钼合金钢、实心铸件锻压加工而成，转轴和转子铁心形成整体结构，铁心表面沿轴向用铣床铣出槽形，同心式励磁绕组嵌放在转子槽内，槽口导体用槽楔固定，槽外端部导体采用高机械强度护环紧固。

3. 水轮发电机的结构特点

水轮发电机凸极转子极数多且转速低，为了限制突然失去负载时转子转速上升速度，转子要满足一定的飞轮力矩 GD^2 值，因此水轮发电机采用直径大而轴向长度短的扁圆盘形结构。转子磁极采用厚钢板叠压而成，两端用压板压紧后用螺栓固定，磁极与磁轭采用机械结构固定。大容量水轮发电机转轴与磁轭之间采用流线型轮辐支架。水轮发电机转子转速易受波动，为了减少这种转速波动对电网电力质量的影响，在磁极极靴表面槽内安放导条并在两个端部用端环封闭连接，形成笼型结构的阻尼绕组。

立式结构满足水平水流驱动水轮机垂直轴转子旋转的要求，转动部分必须要用推力轴承支撑。转子轴向推力轴承既要承受水轮发电机转子重量，又要承受水轮机的转子重量和水流产生的轴向推力。轴向推力轴承位于水轮发电机上方的称为悬式结构，适用于高水头电站。轴向推力轴承位于水轮发电机和水轮机之间的称为伞式结构，适用于转速低于 150r/min 的低水头电站。

4. 同步电机的冷却系统

同步电机定子和转子绕组流过电流就产生焦耳热，使得绕组温度升高，进一步增大电阻率和发热量，同时交变磁场在铁心中产生磁滞和涡流损耗，发热将使磁性材料性能变差，此外，电机内运动部件与流体的摩擦也增加损耗，这些损耗都使电机效率降低。为了增大容量和提高效率，必须对同步电机尤其是大容量同步发电机进行冷却。

（1）水冷却系统

凝结水或去离子水的比热容量大、导热性能好且电导率低，高功率密度电机多采用铁心外部套水冷却系统。大容量同步发电机电流大，导体截面积大，可采用水内冷系统，即导体内直接通入水作为冷却介质，但外部冷、热水管与发电机导体之间需要绝缘管道连接，导体需要耐高电压、防腐蚀、耐高温和耐高水压，通常采用高质量空心扁铜管。水冷系统存在水路杂质沉积堵塞、气塞和管道泄漏的可能。

（2）氢气冷却系统

氢气是密度最小的气体，流体阻力小，散热性能好，用于汽轮发电机铁心表面冷却或导体内部冷却。但氢气的防爆和防漏要求发电机机座结构坚固且密封性能好，使内部氢气与外部空气相隔离。超临界汽轮发电机通常同时采用氢冷和水冷结合的冷却方式。

（3）空气冷却系统

空气冷却系统同步发电机的体积比同容量的水内冷和氢冷同步发电机要大，但空气价廉且不存在防爆和防漏等危险因素，尤其是水资源匮乏的地区。冷空气从电机底部进入，分不同风路进入定子铁心冷却风道，转子两端通过风扇将冷空气压入转子槽底部风道，经轴向流动后沿径向风道进入气隙，再进入定子铁心的通风道，最后在定子铁心上部将热空气带到外部空气冷却器。空冷系统需要防潮和防尘。

（4）蒸发冷却系统

蒸发冷却系统是利用绝缘性能良好的低沸点冷却介质，如碳氟化合物，将同步发电机的冷却部分浸泡在冷却介质中或将冷却介质压入导体内部，冷却介质吸收热量后汽化，即通过相变实现传热，并通过回收和再冷凝实现循环冷却。

（5）超导体发电机冷却系统

超导体具有零电阻特性，大电流强磁场可以省略铁心，因此超导体同步发电机是未来超大容量同步发电机的方向。超导材料进入超导态必须低于临界温度，高温超导材料可以采用液氮冷却，低温超导材料需要液氦冷却。冷却系统的作用是保持超导态温度的同时，将超导体的交流损耗热量带走，冷却介质需要制冷机循环冷却。

4.1.3　同步电机的分类方法

同步电机按照励磁方式不同可以分为电励磁同步电机、永磁同步电机、混合励磁同步电机、磁阻同步电机和磁滞同步电机等。按照定、转子形式不同分为旋转磁极式同步电机和旋转电枢式同步电机。按照磁极凸性不同分为凸极同步电机和隐极同步电机。同步发电机按照驱动轮机不同可以分为汽轮发电机、水轮发电机、风力同步发电机等。

4.1.4　同步电机的额定值与基值

1. 额定值

同步电机的铭牌上表明额定运行状态的数据。额定值是电机正常满负荷运行时的值。

1）额定容量 S_N 是指额定视在电功率，单位是 V·A、kV·A、MV·A。

2）额定功率 P_N 是指满载（额定电压、电流和功率因数）输出功率，发电机是指输出额定电功率，电动机是指输出额定机械功率，单位是 W、kW、MW。

3）额定电压 U_N 是指满载运行时电枢绕组的线电压，单位是 V、kV。

4）额定电流 I_N 是指满载运行时电枢绕组的线电流，单位是 A、kA。

5）额定功率因数 $\cos\varphi_N$ 是指满载时，相电压与相电流的相位差余弦，是无量纲的量。

6）额定效率 η_N 是指满载时，输出功率与输入功率之比的百分数，是无量纲的量。

7）额定频率 f_N 是指满载时电流交变的频率，单位是 Hz。

8）额定转速 n_N 是指同步电机转子同步运行的转速，单位是 r/min。

9）额定励磁电压 U_{fN} 是指产生额定励磁电流的励磁电压，单位是 V。

10）额定励磁电流 I_{fN} 是指额定转速时产生满载额定电压的励磁电流，单位是 A。

三相同步电机额定值容量 $S_N = \sqrt{3}U_N I_N$，转速 $n_N = 60f_N/p$，同步发电机额定功率 $P_N = S_N\cos\varphi_N$，同步电动机额定功率 $P_N = \eta_N S_N\cos\varphi_N$。

2. 基值

通常将额定值作为相应物理量的基值，如功率基值 $S_b = S_N$，相电压（电动势）基值

$U_{\mathrm{b}} = U_{\mathrm{N}\varphi}$，相电流基值 $I_{\mathrm{b}} = I_{\mathrm{N}\varphi} = S_{\mathrm{b}}/3U_{\mathrm{b}}$，阻抗（电阻与电抗）基值 $Z_{\mathrm{b}} = U_{\mathrm{b}}/I_{\mathrm{b}}$，频率基值 f_{b} $= f_{\mathrm{N}}$，转速基值 $n_{\mathrm{b}} = n_{\mathrm{N}}$，转子励磁电流基值 $I_{\mathrm{fb}} = I_{\mathrm{f}}$（$E_{\mathrm{f0}} = U_{\mathrm{N}}$ 且转速额定）。

4.2 同步发电机的基本原理

4.2.1 规定参考方向

正方向规定如图 4-3 所示，同步发电机电枢是电源，发电机电枢外接负载，转子励磁绕组是负载，转子励磁绕组外部是直流电源。对于发电机电枢绕组，正电流 i_{a} 产生正磁链 ψ_{a}，正磁链 ψ_{a} 产生正电动势 e_{a}，三者方向符合右手螺旋关系，如图 4-3a 所示，正电流 i_{a} 在外部负载上产生正电压 u_{a}。对于转子励磁绕组作为负载，外部直流正电压 U_{f} 产生正电流 I_{f}，如图 4-3b 所示，正电流 I_{f} 产生正磁链 ψ_{f}。转子以逆时针旋转为正，气隙磁场由转子到定子为正，转子侧直轴（d 轴）与转子励磁磁场 N 极中心一致，交轴（q 轴）超前直轴 90° 电角，即顺转向转过 90° 电角，定子侧直轴和交轴的正方向正好与转子侧相反，各相绕组电流产生的基波磁动势幅值位置为相轴，如图 4-3c 所示，各相轴线作为各自的时轴，以便获得多时轴单矢量的时空矢量表达形式。

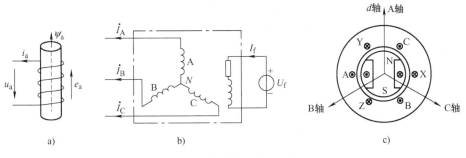

图 4-3　三相同步发电机正方向

4.2.2 电磁关系

同步电机电枢直径 D_{a}，轴向长度 L_{Fe}，电机极对数 p。电机的磁路结构复杂，转子励磁绕组产生的励磁磁场主要沿直轴主磁路与定子绕组耦合，同时存在转子漏磁路，稳态时转子漏磁路对定子电枢的影响主要是直轴的饱和程度。定子电枢绕组产生的电枢基波磁动势存在漏磁路和主磁路，但电枢磁场的主磁路不一定与直轴或交轴重合，而磁动势是满足线性关系的，因此可以将电枢基波磁动势分解为直轴和交轴分量，分别按照直轴和交轴两个主磁路进行分析，所有时空矢量用粗黑体表示，而且时空矢量的模是其幅值。

1. 空载运行

同步发电机必须由原动机拖动转子同步旋转，从转子上看，尽管主磁场在定子铁心中的空间位置随转子旋转是移动的，但不考虑定子齿槽时主极磁场经过的路径是相同的，不随转子位置而改变磁路性质，即主极磁路由转子 N 极经过气隙进入定子铁心齿，再经过定子磁轭、转子相邻磁极 S 极下的定子齿和气隙进入转子，最后由转子磁极内部回到 N 极形成闭合磁路。转子磁极励磁绕组电压 U_{f} 产生励磁电流 I_{f}，形成励磁磁动势 F_{f} 及基波 F_{f1}，闭合磁路磁动势等于转子铁心磁位降、定子铁心磁位降和两个气隙磁位降之和。由于励磁磁动势空间是分布的，因此励磁磁动势产生的励磁磁极主磁场 B_f 与基波磁场 B_{f1} 也是空间分布的，磁场 B_f 以同步转速 n_1 相对于电枢绕组旋转，每极主磁通时空矢量为 Φ_f，与电枢相绕组匝链的磁链时空矢量为 ψ_f，主磁场在电枢相绕组感应励磁电动势 E_{f0}，因同步发电机电枢空载，不带电气负载，电枢绕组励磁电动势 E_{f0} 等于绕组相电压 U_a，时空矢量表示的电磁关系如图 4-4 所示。

$$U_f \longrightarrow I_f \longrightarrow F_f \longrightarrow F_{f1} \longrightarrow B_f \longrightarrow B_{f1} \longrightarrow \Phi_f \longrightarrow \psi_f \longrightarrow E_{f0} \longrightarrow U_a = E_{f0}$$

图 4-4　同步发电机空载运行时的电磁关系

同步发电机的原动机输入机械能仅仅用于机械摩擦损耗和铁磁损耗等，没有转换成定子电枢绕组电功率输出。空载运行时空矢量如图 4-5a 所示，励磁绕组电流为 I_f，因为电压等于电阻压降 $U_f = R_f I_f$，每极励磁绕组串联匝数 N_f 磁动势 $F_f = N_f I_f$，直轴等效气隙长度 δ_d 的磁感应强度 $B_f = \mu_0 F_f / \delta_d$，基波磁感应强度 $B_{f1} = k_f B_f$，每极励磁磁通 $\Phi_f = B_{f1} D_a L_{Fe} / p$，电枢相绕组有效串联匝数为 $W_1 k_{w1}$，磁链与磁通关系满足 $\psi_f = W_1 k_{w1} \Phi_f$，这些时空矢量随励磁电流 I_f 按不同比例变化，因此都位于直轴。励磁电动势 E_{f0} 和电枢电压 U_a 同相位但滞后于磁通 Φ_f 90°电角，因此励磁电动势 E_{f0} 和电枢电压 U_a 时空矢量位于交轴，且 $U_a = E_{f0} = -j\omega_1 \psi_f$。

同步发电机空载时，直轴等效气隙长度与磁路饱和程度有关，因此空载电压或励磁电动势与励磁电流的关系反映了同步电机直轴磁化特性。

2. 负载运行

电枢带对称负载运行时，同步发电机的机电能量转换过程比较复杂。电枢基波磁动势产生的电枢磁场对主极基波磁场的影响称为电枢反应。负载电枢反应将使气隙磁场不同于空载时的气隙磁场，因此电枢绕组的感应电动势也发生变化。磁路不饱和时，可以利用叠加原理表述为时空矢量的电磁相互作用过程，如图 4-5b 所示。

同步发电机负载时转子励磁侧与空载类似，励磁电压 U_f 产生励磁电流 I_f 和励磁磁动势 F_f，气隙中形成基波励磁主磁场 B_{f1}，每极主磁通幅值为 Φ_f，它们都位于直轴。转子磁场以同步转速 n_1 相对于电枢绕组旋转，电枢绕组感应励磁电动势 E_f 滞后主磁通 Φ_f 90°电角，位于交轴。时空矢量关系为

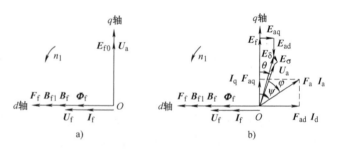

图 4-5　同步电机时空矢量图

$$E_f = -j2\pi f_1 W_1 k_{w1} \Phi_f, \quad \Phi_f = (D_a L_{Fe} / p) B_{f1} \qquad (4-1)$$

因同步发电机外接负载，电枢绕组将产生负载电流 I_a，并产生电枢基波磁动势 F_a，以同步速与转子同向旋转。对于同步发电机电枢来说，交轴是励磁电动势时空矢量位置，直轴是励磁磁动势时空矢量反方向位置，这样交轴超前直轴 90°电角。一个圆形旋转磁动势可以分解成任意两个空间正交的圆形旋转磁动势，将基波磁动势 F_a 分解为直轴 F_{ad} 和交轴 F_{aq} 分量，相应地电枢电流 I_a 也分解为直轴 I_d 和交轴 I_q 分量

$$F_a = F_{ad} + F_{aq} \qquad (4-2)$$

$$I_a = I_d + I_q \tag{4-3}$$

直轴电枢反应磁动势 $\boldsymbol{F}_{ad}$ 形成直轴电枢反应磁场 $\boldsymbol{B}_{ad}$，主要包含直轴电枢反应基波磁感应强度 $\boldsymbol{B}_{ad1}$，每极基波磁通为 $\boldsymbol{\Phi}_{ad}$，并在电枢绕组产生直轴电枢反应基波电动势 $\boldsymbol{E}_{ad}$。因电动势总是滞后于产生电动势的磁通 $90°$ 电角，所以直轴电枢反应电动势时空矢量 $\boldsymbol{E}_{ad}$ 位于交轴。交轴电枢反应磁动势 $\boldsymbol{F}_{aq}$ 形成交轴电枢反应磁场 $\boldsymbol{B}_{aq}$，主要包含交轴电枢反应基波磁感应强度 $\boldsymbol{B}_{aq1}$，每极基波磁通为 $\boldsymbol{\Phi}_{aq}$，并在电枢绕组产生交轴电枢反应基波电动势 $\boldsymbol{E}_{aq}$，类似地，可得交轴电枢反应电动势 $\boldsymbol{E}_{aq}$ 时空矢量位于直轴。

励磁基波磁场 $\boldsymbol{B}_{f1}$ 和直轴电枢反应基波磁场 $\boldsymbol{B}_{ad1}$ 合成直轴基波气隙磁场 $\boldsymbol{B}_{\delta d} = \boldsymbol{B}_{f1} + \boldsymbol{B}_{ad1}$，电枢相绕组感应电动势 $\boldsymbol{E}_{\delta d}$，交轴电枢反应基波磁场 $\boldsymbol{B}_{aq1}$ 形成交轴基波气隙磁场 $\boldsymbol{B}_{\delta q} = \boldsymbol{B}_{aq1}$，电枢相绕组感应电动势 $\boldsymbol{E}_{\delta q}$，合成基波气隙磁场 $\boldsymbol{B}_{\delta} = \boldsymbol{B}_{\delta d} + \boldsymbol{B}_{\delta q}$，感应电动势 $\boldsymbol{E}_{\delta}$ 满足

$$E_{\delta} = E_{\delta d} + E_{\delta q} = E_f + E_{ad} + E_{aq} \tag{4-4}$$

式（4-4）第一个等式对磁路饱和与不饱和都适用，第二个等式只适用于磁路不饱和的情况。同步发电机磁路饱和程度主要取决于合成气隙磁场产生的感应电动势 E_{δ}。尽管主极磁路的饱和程度主要由直轴合成磁场确定，但交轴磁场对直轴磁路饱和也有影响，反之亦然，这种直轴和交轴磁场相互影响磁路饱和的效应称为交叉饱和。

电枢电流在电枢绕组的齿槽空间和端部产生漏磁场，以及气隙谐波磁场（称为差漏磁场），这些漏磁场 $\boldsymbol{B}_{a\sigma}$ 也会在电枢绕组感应电动势 $\boldsymbol{E}_{\sigma}$。电枢电流 $\boldsymbol{I}_a$ 还要在电枢绕组产生电阻压降 $R_a \boldsymbol{I}_a$，最终形成电枢端电压 $\boldsymbol{U}_a$，即

$$E_{\delta} + E_{\sigma} = U_a + R_a I_a \tag{4-5}$$

负载电流或电枢电流 $\boldsymbol{I}_a$ 有 3 个作用：①产生电枢反应磁动势和磁场，包括直轴和交轴电枢反应磁场 $\boldsymbol{B}_{ad}$ 和 $\boldsymbol{B}_{aq}$，形成直轴和交轴电枢反应电动势 $\boldsymbol{E}_{ad}$ 和 $\boldsymbol{E}_{aq}$；②产生电枢漏磁场 $\boldsymbol{B}_{a\sigma}$，形成漏电动势 $\boldsymbol{E}_{\sigma}$；③引起电枢绕组电阻压降 $R_a \boldsymbol{I}_a$。这 3 个作用反过来影响电枢端电压与负载电流，最终达到动态平衡，稳定运行，电磁过程如图 4-6a 所示。

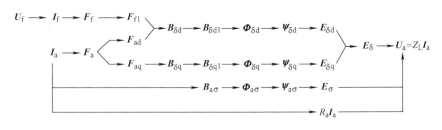

图 4-6　同步发电机负载运行时的电磁关系

a）磁路不饱和　b）磁路饱和

考虑磁路饱和但不考虑交叉饱和时，同步发电机负载运行的电磁关系如图 4-6b 所示。

3. 有关角度

同步发电机时空矢量之间的角度关系如图 4-5b 所示，电枢电压 U_a 与电流 I_a 之间的相位差 φ 称为功率因数角，励磁电动势 E_f 与电枢电压 U_a 之间的相位差 θ 称为功率角，励磁电动势 E_f 与电枢电流 I_a 之间的相位差 ψ 与电枢反应性质有关，气隙磁场产生的气隙电动势 E_δ 与电枢电流 I_a 之间的相位差 φ_i 称为内功率因数角，励磁电动势 E_f 与气隙电动势 E_δ 之间的相位差 θ_i 称为内功率角。由此得到

$$\psi = \theta + \varphi = \theta_i + \varphi_i \tag{4-6}$$

4.2.3 电枢反应性质

同步电机电枢反应是电枢电流产生的基波磁动势对主极基波磁场的影响。电枢反应性质主要有纯直轴助磁、纯直轴去磁、纯交轴交磁，以及既包含直轴又包含交轴电枢反应的一般形式。因励磁电动势 E_f 滞后于主极基波励磁磁场 B_{f1} 90°电角，而电枢基波磁动势 F_a 与电枢电流时空矢量 I_a 重合，因此可以用励磁电动势 E_f 与电枢电流 I_a 的相位差 ψ 表示电枢反应性质，下面根据同步电机不同的运行状态分析电枢反应性质。

1. 同步发电机的电枢反应性质

对于同步发电机来说，电枢基波磁动势 F_a 滞后于主极基波励磁磁场 B_{f1}，励磁电动势与电枢电流之间的相位角的范围是 $-90° < \psi < 90°$，转子的电磁转矩与转速方向相反，外部原动机要克服电磁转矩以驱动转子旋转。

1）当 $\psi = 0°$ 时，电枢电流与励磁电动势时空矢量重合且位于交轴，电枢基波磁动势时空矢量也位于交轴，纯交轴电枢反应使主极磁场扭曲，起交磁和助磁作用，如图 4-7a 所示。

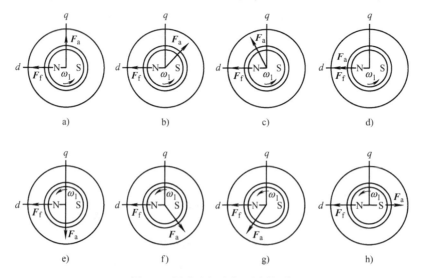

图 4-7 同步电机电枢反应性质

2）当 $0° < \psi < 90°$ 时，电枢基波磁动势时空矢量存在交轴和直轴分量，交轴电枢反应使主极磁场扭曲，起交磁作用，直轴分量与励磁磁场方向相反，直轴电枢反应起去磁作用，如图 4-7b 所示。

3）当 $-90° < \psi < 0°$ 时，电枢基波磁动势时空矢量存在交轴和直轴分量，交轴电枢反应使主极磁场扭曲，起交磁作用，但直轴分量与励磁磁场方向相同，直轴电枢反应起助磁作用，如图 4-7c 所示。

2. 同步电动机的电枢反应性质

对于同步电动机来说，电枢基波磁动势 $\boldsymbol{F}_a$ 超前于主极基波励磁磁场 $\boldsymbol{B}_{f1}$，励磁电动势与电枢电流之间的相位角的范围是 $90° < \psi < 270°$，转子的电磁转矩与转速方向相同，电磁转矩克服外部机械转矩驱动转子旋转。

1）当 $\psi = 180°$ 时，电枢电流与励磁电动势时空矢量相反，电枢基波磁动势时空矢量位于交轴，纯交轴电枢反应使主极磁场扭曲，起交磁和助磁作用，如图 4-7e 所示。

2）当 $90° < \psi < 180°$ 时，电枢基波磁动势时空矢量存在交轴和直轴分量，交轴电枢反应使主极磁场扭曲，起交磁和助磁作用，直轴分量与励磁磁场方向相反，直轴电枢反应起去磁作用，如图 4-7f 所示。

3）当 $180° < \psi < 270°$ 时，电枢基波磁动势时空矢量存在交轴和直轴分量，交轴电枢反应使主极磁场扭曲，起交磁作用，但直轴分量与励磁磁场方向相同，直轴电枢反应起助磁作用，如图 4-7g 所示。

3. 调相机的电枢反应性质

对于调相机来说，电枢基波磁动势 $\boldsymbol{F}_a$ 与主极基波励磁磁场 $\boldsymbol{B}_{f1}$ 平行，励磁电动势与电枢电流之间的相位角是 $\psi = \pm 90°$，转子不产生电磁转矩，既不需要原动机输入机械功率，也不驱动外部机械负载。

1）当 $\psi = 90°$ 时，电枢基波磁动势时空矢量位于直轴但与励磁磁场方向相反，纯直轴电枢反应，起去磁作用，如图 4-7h 所示。

2）当 $\psi = -90°$ 时，电枢基波磁动势时空矢量位于直轴且与励磁磁场方向相同，纯直轴电枢反应，起助磁作用，如图 4-7d 所示。

4.2.4 凸极同步发电机的双反应理论

同步电机气隙不一定均匀，电枢反应磁场与直轴或交轴通常是不一致的，气隙磁场的形成需要将电枢磁动势分解成直轴和交轴两个分量，其中直轴分量与主极磁动势共同产生直轴气隙磁场，交轴分量单独产生交轴气隙磁场，然后将两者作用的结果合成。即电枢反应包括直轴电枢反应和交轴电枢反应两部分，如图 4-5b 所示。这种分解是建立在磁路线性基础上的，但从工程近似角度同步电机电枢磁场分析已经足够精确了。

从同步电机转子上观测定子电枢基波磁动势空间是静止的，其幅值为

$$F_a = \frac{3}{2} \frac{4}{\pi} \frac{W_1 k_{w1}}{2p} \sqrt{2} I_a \tag{4-7}$$

基波电枢磁动势的直轴与交轴分量分别为

$$F_{ad} = F_a \sin\psi, \quad F_{aq} = F_a \cos\psi \tag{4-8}$$

需要注意的是，直轴电枢反应磁动势与励磁磁动势 $\boldsymbol{F}_f$ 相反方向为正。

同样地，电枢电流也分解为直轴和交轴分量

$$I_d = I_a \sin\psi, \quad I_q = I_a \cos\psi \tag{4-9}$$

由于直轴与交轴电枢反应磁动势为正弦波，而励磁磁动势不是正弦波，两者合成前必须

经过折算，将电枢反应磁动势折算到等效的励磁磁动势，有关磁动势折算方法将在磁路模型中阐述。

4.2.5 电磁耦合模型

为了使分析简化，忽略电机铁心磁滞与涡流，不考虑转子阻尼绕组和转子励磁绕组产生的谐波磁场，只分析正弦对称稳态运行，同步电机电枢绕组的电压与电流在绕组电阻上的压降和感应电动势代数和为零，而感应电动势根据电磁感应定律与绕组磁链对时间的导数之和为零，因此计算绕组磁链是分析同步电机的核心，为此利用时空矢量分析同步电机的磁路和电路模型。

1. 磁路模型

（1）漏磁路模型

同步电机的磁路分为主磁路和漏磁路。与电枢绕组相关的漏磁路是漏磁场经过的路径，包括定子槽部漏磁场、电枢绕组端部漏磁场和气隙谐波漏磁场，槽部漏磁场和端部漏磁场如图4-8a和b所示。稳态运行时，主要考虑定子电枢漏磁路，转子漏磁路对定子电枢的影响主要是主磁路的饱和程度。由于定子电枢绕组三相空间对称分布，在对称电流作用下，每相绕组的漏磁链 ψ_σ 等于自身漏磁链、该相与其他两相互漏磁链3部分之和，可以用自漏电感 $L_{s\sigma}$ 和互漏电感 M_σ 表示，漏磁路对称时任意两相的互漏电感相等，由于两相绕组的轴线空间相差120°电角，因此互漏电感小于零。于是，漏磁路耦合关系可以得到解耦，以A相漏磁链为例

$$\psi_\sigma = L_{s\sigma} i_A + M_\sigma i_B + M_\sigma i_C = (L_{s\sigma} - M_\sigma) i_A = L_\sigma i_A \qquad (4\text{-}10)$$

其中，一相等效漏电感 L_σ 等于自漏电感 $L_{s\sigma}$ 与两相互漏电感 M_σ 之差。

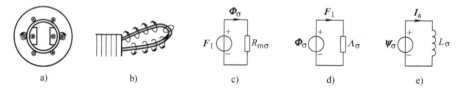

图4-8 同步电机漏磁路与解耦模型

由式（4-10）可知，一相绕组的漏磁链与电流成正比，因此漏磁链时空矢量与电枢电流时空矢量相一致。漏磁路的漏磁链等于漏磁通量 $\boldsymbol{\Phi}_\sigma$ 与有效串联匝数 $W_1 k_{w1}$ 乘积

$$\boldsymbol{\psi}_\sigma = W_1 k_{w1} \boldsymbol{\Phi}_\sigma = L_\sigma \boldsymbol{I}_a \qquad (4\text{-}11)$$

用等效漏磁通和漏磁阻与绕组磁动势时空矢量表示的磁动势-磁通模型如图4-8c所示，相应地得到漏磁路的磁通-磁动势模型和磁链-电流模型，分别如图4-8d和e所示。

（2）直轴主磁路模型

直轴主磁路是相对于转子静止且沿转子直轴并经过气隙和电枢铁心构成的闭合磁路。由于励磁磁动势与电枢磁动势波形不同，同步发电机各磁动势需要折算到同一波形形式，通常折算到励磁磁动势波形形式。

1）励磁磁动势与励磁磁场。

对于励磁电流 I_f 产生的每极磁动势幅值 F_f 等于每极串联安匝数 $N_f I_f$，产生的励磁磁感应强度幅值 B_f，其中基波磁感应强度幅值 B_{f1}，励磁磁感应强度波形系数 $k_f = B_{f1}/B_f$，直轴极面

下的气隙不均匀，通常 k_f 与 F_{f1}/F_f 不相等，如图 4-9a 所示。

$$B_f = \frac{\mu_0}{k_\delta \delta_d} F_f, \ B_{f1} = k_f \frac{\mu_0}{k_\delta \delta_d} F_f \tag{4-12}$$

式中，δ_d 为直轴气隙长度；k_δ 为考虑齿槽效应和铁心磁位降的等效气隙系数（卡特系数）。

由式（4-12）得到励磁磁动势与气隙励磁磁通的关系可以用电枢直径 D_a、轴向有效长度 L_{Fe}、直轴气隙长度 δ_d 和极对数 p 表示

$$F_f = \frac{k_\delta \delta_d}{k_f \mu_0} \frac{p}{D_a L_{Fe}} \Phi_f = R_{m\delta d} \Phi_f \tag{4-13}$$

式中，$R_{m\delta d}$ 为直轴主磁路磁阻。

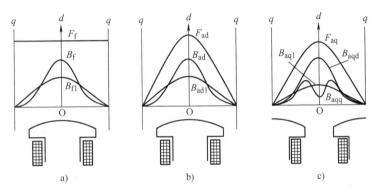

图 4-9　电枢反应等效励磁磁动势折算

2）直轴电枢反应磁动势折算。

根据双反应理论，电枢电流分解为直轴与交轴分量，相应的磁动势也分解为直轴与交轴分量。折算是将电枢磁动势的直轴（交轴）分量等效成相应的励磁磁动势幅值，等效条件是产生的基波磁场幅值相同。直轴电枢反应基波磁动势幅值 F_{ad} 产生的直轴磁感应强度幅值为 B_{ad}，其中基波磁感应强度幅值为 B_{ad1}，直轴电枢反应磁感应强度波形系数 $k_d = B_{ad1}/B_{ad}$，如图 4-9b 所示，折算后的直轴电枢反应磁动势为 F_{fad}。于是，得到

$$B_{ad} = \frac{\mu_0}{k_\delta \delta_d} F_{ad}, \ B_{ad1} = k_d \frac{\mu_0}{k_\delta \delta_d} F_{ad} = k_f B_{fad} = k_f \frac{\mu_0}{k_\delta \delta_d} F_{fad} \tag{4-14}$$

直轴电枢反应磁动势的折算系数 $k_{ad} = F_{fad}/F_{ad} = k_d/k_f$，即折算后直轴电枢反应等效励磁磁动势 $F_{fad} = k_{ad} F_{ad}$。直轴电枢反应基波磁动势经过折算后，转子励磁磁动势 F_f 与电枢反应直轴磁动势 F_{fad} 合成直轴气隙磁动势 $F_{f\delta d}$，折算前、后基波气隙磁动势时空矢量满足

$$\boldsymbol{F}_{\delta d} = \boldsymbol{F}_{f1} + \boldsymbol{F}_{ad}, \boldsymbol{F}_{f\delta d} = \boldsymbol{F}_f + \boldsymbol{F}_{fad} = \boldsymbol{F}_f + k_{ad} \boldsymbol{F}_{ad} \tag{4-15}$$

3）直轴主磁路模型。

直轴主磁路是励磁绕组基波磁动势和电枢绕组直轴基波电枢反应磁动势合成的气隙磁动势产生的气隙磁场经过的路径，直轴主磁场沿转子主极、经过气隙到定子铁心与电枢绕组耦合，再经过相邻转子主极下的气隙回到转子主极，如图 4-10a 所示。由式（4-13）和式（4-14）得到 $\boldsymbol{F}_{fad} = R_{m\delta d} \boldsymbol{\Phi}_{ad} = k_{ad} \boldsymbol{F}_{ad}$。用时空矢量表示的磁动势-磁通模型如图 4-10b 所示，主磁路磁阻等于直轴主磁路磁阻 $R_{m\delta d}$，即磁导 $\Lambda_{\delta d} = 1/R_{m\delta d}$。直轴气隙磁通时空矢量 $\boldsymbol{\Phi}_{\delta d}$ 等于气隙励磁磁通 $\boldsymbol{\Phi}_f$ 与直轴电枢反应磁通时空矢量 $\boldsymbol{\Phi}_{ad}$ 之和，直轴磁通幅值 $\boldsymbol{\Phi}_{ad} = \boldsymbol{B}_{ad1} D_a L_{Fe}/p$，于是

$$\boldsymbol{\Phi}_{\delta d} = \boldsymbol{\Phi}_f + \boldsymbol{\Phi}_{ad} = \Lambda_{\delta d}(\boldsymbol{F}_f + \boldsymbol{F}_{fad}), \quad \boldsymbol{\Phi}_{ad} = k_{ad}\Lambda_{\delta d}\boldsymbol{F}_{ad} \tag{4-16}$$

电枢绕组的直轴气隙磁场主磁链幅值等于直轴主磁通幅值乘以每相有效串联匝数

$$\boldsymbol{\psi}_{\delta d} = W_1 k_{w1}(\boldsymbol{\Phi}_f + \boldsymbol{\Phi}_{ad}) = \boldsymbol{\psi}_f + L_{ad}\boldsymbol{I}_d \tag{4-17}$$

其中，直轴电枢反应电感 $L_{ad} = k_{ad}\Lambda_{\delta d}\dfrac{3}{\pi}\dfrac{(W_1 k_{w1})^2}{p}$，直轴电流时空矢量的模为幅值。

时空矢量如图 4-10e 所示，由此得到用时空矢量表示的直轴主磁路磁通-磁动势模型和磁链-电流模型分别如图 4-10c 和 d 所示。

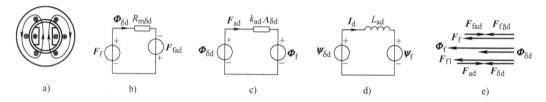

a) b) c) d) e)

图 4-10 同步电机直轴主磁路模型

（3）交轴主磁路模型

凸极同步电机气隙不均匀，如图 4-9c 所示，交轴电枢反应磁动势基波幅值为 F_{aq}，该基波磁动势若在直轴位置时产生的直轴磁感应强度幅值为 B_{aqd}。交轴电枢反应磁动势基波实际在交轴位置产生的磁感应强度波形 B_{aqq} 是马鞍形的，其中基波磁感应强度幅值为 B_{aq1}，交轴电枢反应磁感应强度波形系数 $k_q = B_{aq1}/B_{aqd}$，折算后的交轴电枢反应的等效励磁磁动势 F_{faq} 相当于其位于直轴时产生的基波磁感应强度幅值 B_{aq1}。于是，由式（4-12）得到

$$B_{aqd} = \frac{\mu_0}{k_\delta \delta_d}F_{aq}, \quad B_{aq1} = k_q B_{aqd} = k_q \frac{\mu_0}{k_\delta \delta_d}F_{aq} = k_f \frac{\mu_0}{k_\delta \delta_d}F_{faq} \tag{4-18}$$

交轴电枢反应磁动势的折算系数 $k_{aq} = F_{faq}/F_{aq} = k_q/k_f$，即折算后交轴电枢反应等效励磁磁动势 $F_{faq} = k_{aq}F_{aq}$。同步电机交轴气隙通常比直轴大，因此折算系数 $k_{aq} \leqslant k_{ad}$。

交轴主磁路是交轴电枢反应基波磁动势产生的气隙磁场经过的路径，也是相对转子静止的磁路，如图 4-11a 所示，对称轴是交轴，交轴电枢反应基波磁场由定子电枢铁心经过交轴气隙到转子，再通过相邻交轴气隙回到定子电枢铁心。由于交轴磁动势折算后产生的磁场是按照直轴主磁路计算的，因此用时空矢量表示的交轴主磁路磁动势-磁通模型如图 4-11b 所示，主磁路磁阻等于直轴主磁路磁阻 $R_{m\delta d}$，交轴磁通幅值 $\boldsymbol{\Phi}_{aq} = \boldsymbol{B}_{aq1}D_a L_{Fe}/p$，于是

$$k_{aq}\boldsymbol{F}_{aq} = \boldsymbol{F}_{faq} = R_{m\delta d}\boldsymbol{\Phi}_{aq} \tag{4-19}$$

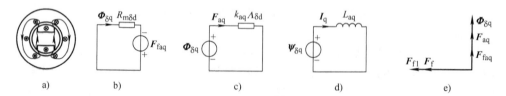

a) b) c) d) e)

图 4-11 同步电机交轴主磁路模型

时空矢量如图 4-11e 所示，由式（4-19）得到交轴主磁路磁通和磁链时空矢量

$$\boldsymbol{\Phi}_{aq} = k_{aq}\Lambda_{\delta d}\boldsymbol{F}_{aq}, \quad \boldsymbol{\psi}_{aq} = W_1 k_{w1}\boldsymbol{\Phi}_{aq} = L_{aq}\boldsymbol{I}_q \tag{4-20}$$

其中，交轴电枢反应电感 $L_{aq} = k_{aq} \Lambda_{\delta d} \dfrac{3}{\pi} \dfrac{(W_1 k_{w1})^2}{p}$，交轴电流时空矢量的模为幅值。

由此可见，交轴电枢反应电感与直轴电枢反应电感的关系满足

$$\frac{L_{aq}}{L_{ad}} = \frac{k_{aq}}{k_{ad}} = \frac{k_q}{k_d} \tag{4-21}$$

凸极同步电机 $k_q < k_d$，因此 $L_{aq} < L_{ad}$。将交轴主磁路磁动势-磁通模型转换为磁通-磁动势模型和磁链-电流模型分别如图 4-11c 和 d 所示。

同步电机励磁磁感应强度波形系数 k_f、直轴与交轴电枢反应磁感应强度的波形系数 k_d 和 k_q 与磁极形状、磁路饱和程度、齿槽尺寸、气隙长度等有关，励磁磁感应强度波形系数还与励磁绕组的结构有关。之所以要将直轴与交轴电枢反应磁动势折算到等效的励磁绕组磁动势，是因为可以通过测量同步电机的励磁电流与空载励磁电动势获得励磁磁动势与励磁电动势关系的励磁曲线，因此只要能够计算出直轴与交轴电枢反应磁动势的折算值，就可以通过励磁曲线计算出直轴与交轴的电枢反应电动势。在磁路饱和时，励磁磁动势产生的励磁电动势与直轴电枢反应磁动势产生的直轴电枢反应电动势之和不等于直轴合成磁动势产生的直轴合成电动势，因为磁路非线性，故不满足叠加原理。

（4）隐极同步电机主磁路模型

隐极同步电机气隙均匀，磁动势与磁感应强度方向一致，磁动势满足叠加原理，直轴与交轴电枢反应磁感应强度的波形系数相同且 $k_d = k_q = 1$，因此电枢基波磁动势 $\boldsymbol{F}_a$ 折算后的等效励磁磁动势为 $\boldsymbol{F}_{fa}$，折算系数等于励磁磁感应强度波形系数的倒数 $k_a = F_{fa}/F_a = 1/k_f = F_f/F_{f1}$，合成气隙磁动势时空矢量

$$\boldsymbol{F}_\delta = \boldsymbol{F}_{f1} + \boldsymbol{F}_a, \ \boldsymbol{F}_{f\delta} = \boldsymbol{F}_f + \boldsymbol{F}_{fa} \tag{4-22}$$

隐极同步电机的主磁路相对转子是静止的，但位置随电枢反应磁动势变化，如图 4-12a 所示，主磁路磁阻 $R_{m\delta}$ 或磁导 Λ_δ 与饱和程度有关。用时空矢量表示的磁动势-磁通模型、磁通-磁动势模型和磁链-电流模型分别如图 4-12b、c 和 d 所示。时空矢量如图 4-12e 所示，直轴和交轴电枢反应电感相同，称为电枢反应电感，用 L_a 表示，电流时空矢量的模为幅值。

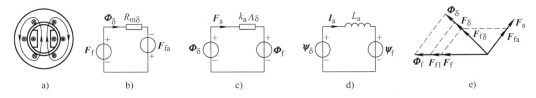

图 4-12　隐极同步电机主磁路模型

2. 电路模型

同步发电机在原动机拖动下，以同步速旋转，转子加励磁电压，电枢接阻抗负载的运行方式称为单机独立运行，而同步电机电枢接电网的运行称为并网运行。无论是单机独立运行还是并网运行，同步电机分析都要在同步旋转磁场坐标系中进行，由于励磁磁极所处的直轴和与其电气正交位置的交轴可能气隙磁导不同，因此在满足工程精度的条件下利用双反应理论，即将直轴和交轴主磁路单独加以分析，然后进行叠加的方法。由于均匀气隙磁导只是不均匀气隙磁导的特殊形式，因此，电压模型只分析不均匀气隙磁导的凸极同步发电机，正弦稳态运行时电压、电流、电动势、磁链和磁通等时间相量的模为有效值，时空矢量的模为

幅值。

（1）电动势平衡方程

同步发电机瞬时值模型按照图 4-3a 规定的正方向，电枢绕组的电压 u_a、电流 i_a 和电动势 e_a 或磁链 ψ_a 的瞬时值关系

$$e_a = u_a + R_a i_a = -\frac{\mathrm{d}\psi_a}{\mathrm{d}t} \tag{4-23a}$$

式中，R_a 为绕组相电阻。

感应电动势是由磁链时变引起的，同步发电机电枢绕组的感应电动势 e_a 包括漏磁场 e_σ 和主磁场感应电动势 e_δ，而主磁场感应电动势 e_δ 又分为直轴与交轴气隙磁场感应电动势 $e_{\delta d}$ 和 $e_{\delta q}$，其中直轴气隙磁场由励磁磁动势和直轴电枢反应磁动势合成的直轴气隙磁动势产生，相应的感应电动势包括 e_f 和 e_{ad}，交轴气隙磁场由交轴电枢反应磁动势产生，即

$$e_a = e_\sigma + e_\delta = e_\sigma + e_{ad} + e_{aq} + e_f \tag{4-23b}$$

瞬时值电路模型如图 4-13a 所示。由式（4-23ab）得到电动势时空矢量平衡关系

$$\boldsymbol{E}_\sigma + \boldsymbol{E}_\delta = \boldsymbol{E}_\sigma + \boldsymbol{E}_{ad} + \boldsymbol{E}_{aq} + \boldsymbol{E}_f = \boldsymbol{U}_a + R_a \boldsymbol{I}_a \tag{4-24}$$

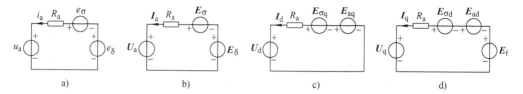

图 4-13　同步电机电路模型

由式（4-24）得到时空矢量形式的电路模型，如图 4-13b 所示。直轴与交轴的电枢反应磁场不同，需要将直轴和交轴分开考虑电路和磁路的耦合作用，同时将电压和主磁路电动势分解为直轴和交轴分量，漏电动势用漏阻抗和电枢电流的直轴和交轴分量表示

$$\boldsymbol{U}_a = \boldsymbol{U}_d + \boldsymbol{U}_q \tag{4-25}$$

$$\boldsymbol{E}_\sigma = -\mathrm{j}\omega_1 L_\sigma \boldsymbol{I}_a = -\mathrm{j}X_\sigma (\boldsymbol{I}_d + \boldsymbol{I}_q) = \boldsymbol{E}_{\sigma q} + \boldsymbol{E}_{\sigma d} \tag{4-26}$$

其中，$X_\sigma = \omega_1 L_\sigma$ 为电枢漏电抗；ω_1 为电枢电流交变角频率；$\boldsymbol{E}_{\sigma q} = -\mathrm{j}X_\sigma \boldsymbol{I}_d$ 和 $\boldsymbol{E}_{\sigma d} = -\mathrm{j}X_\sigma \boldsymbol{I}_q$。

由式（4-16）和式（4-20）得到直轴和交轴电枢反应磁场产生的感应电动势与电流时空矢量的关系分别为

$$\boldsymbol{E}_{ad} = -\mathrm{j}\omega_1 W_1 k_{w1} \boldsymbol{\Phi}_{ad} = -\mathrm{j}\omega_1 L_{ad} \boldsymbol{I}_d = -\mathrm{j}X_{ad} \boldsymbol{I}_d \tag{4-27a}$$

$$\boldsymbol{E}_{aq} = -\mathrm{j}\omega_1 W_1 k_{w1} \boldsymbol{\Phi}_{aq} = -\mathrm{j}\omega_1 L_{aq} \boldsymbol{I}_q = -\mathrm{j}X_{aq} \boldsymbol{I}_q \tag{4-27b}$$

其中，直轴和交轴电枢反应电抗分别为 $X_{ad} = \omega_1 L_{ad}$ 和 $X_{aq} = \omega_1 L_{aq}$。

由于磁场感应的电动势总是滞后该磁场 90° 电角，且同步发电机的 N 极直轴正方向超前电枢交轴正方向 90° 电角，因此直轴磁场产生的感应电动势位于交轴，而交轴磁场产生的感应电动势则位于直轴。由式（4-24）～式（4-27）得到直轴和交轴电动势时空矢量方程

$$\boldsymbol{E}_{\sigma q} + \boldsymbol{E}_{aq} = \boldsymbol{U}_d + R_a \boldsymbol{I}_d \tag{4-28a}$$

$$\boldsymbol{E}_{\sigma d} + \boldsymbol{E}_{ad} + \boldsymbol{E}_f = \boldsymbol{U}_q + R_a \boldsymbol{I}_q \tag{4-28b}$$

方程（4-28a）和方程（4-28b）对应的直轴和交轴时空矢量等效电路模型分别如图 4-13c 和 d 所示。由于转子 dq 坐标系中，时间相量与时空矢量仅仅是模为有效值与幅值

的区别，因此电磁模型讨论过程中的电压或电动势时空矢量关系等价于电压或电动势时间相量关系，图4-13c和d也可以理解为直轴和交轴时间相量等效电路。

由式（4-26）～式（4-28b）得到时间相量形式的同步发电机直轴和交轴电压方程

$$\dot{U}_d + R_a \dot{I}_d + jX_\sigma \dot{I}_q + jX_{aq} \dot{I}_q = \dot{U}_d + R_a \dot{I}_d + jX_q \dot{I}_q = 0 \tag{4-29a}$$

$$\dot{U}_q + R_a \dot{I}_q + jX_\sigma \dot{I}_d + jX_{ad} \dot{I}_d = \dot{U}_q + R_a \dot{I}_q + jX_d \dot{I}_d = \dot{E}_f \tag{4-29b}$$

其中，直轴和交轴同步电抗分别为 $X_d = X_\sigma + X_{ad} = \omega_1(L_\sigma + L_{ad})$ 和 $X_q = X_\sigma + X_{aq} = \omega_1(L_\sigma + L_{aq})$。

由式（4-29ab）并考虑到电枢电压和电流时间相量与直轴和交轴分量的关系，可以得到电动势平衡关系

$$\dot{E}_f = \dot{U}_a + R_a \dot{I}_a + jX_d \dot{I}_d + jX_q \dot{I}_q \tag{4-30}$$

（2）确定交轴位置的交轴电动势相量 $\dot{E}_Q$

通常同步发电机的电压和电流以及两者的相位差给定，因此要确定励磁电动势，必须要先确定励磁电动势的相位，即励磁电动势与电枢电流的相位差确定的交轴位置，为此将式（4-30）中的交轴电流用电枢电流与其直轴分量之差表示，即

$$\dot{E}_f = \dot{U}_a + R_a \dot{I}_a + jX_q \dot{I}_a + j(X_d - X_q) \dot{I}_d \tag{4-31}$$

式（4-31）等号右边最后一项与励磁电动势都位于交轴，为此引入一个确定励磁电动势所在交轴位置的交轴电动势相量

$$\dot{E}_Q = \dot{U}_a + R_a \dot{I}_a + jX_q \dot{I}_a \tag{4-32}$$

交轴电动势的含义相当于不考虑凸极同步发电机的直轴与交轴气隙磁导差别，认为直轴电抗等于交轴电抗时的励磁电动势。引入该物理量的好处是只要知道电枢电压相量、电流相量、电枢电阻和交轴同步电抗参数，就能快速确定励磁电动势所在交轴位置，从而能对电枢电流进行直轴和交轴分解，并最终得到励磁电动势大小。

（3）时空矢量图和相量图

先根据前面的分析画出凸极同步发电机的时空矢量图，转子励磁磁动势时空矢量 $\boldsymbol{F}_f$ 位于直轴，电枢绕组的励磁电动势 $\boldsymbol{E}_f$ 滞后于励磁磁动势90°电角位于交轴，电枢电流 $\boldsymbol{I}_a$ 滞后于励磁电动势 ψ 电角，相应地直轴和交轴电枢电流分别为 $\boldsymbol{I}_d$ 和 $\boldsymbol{I}_q$，电枢电流与相应的电枢反应磁动势时空矢量重合，交轴电枢反应磁动势 $\boldsymbol{F}_{aq}$ 形成的磁场 $\boldsymbol{B}_{aq}$ 产生感应电动势 $\boldsymbol{E}_{aq}$，直轴电枢反应磁动势 $\boldsymbol{F}_{ad}$ 形成的磁场 $\boldsymbol{B}_{ad}$ 产生感应电动势 $\boldsymbol{E}_{ad}$，3个主磁场感应电动势合成气隙电动势 $\boldsymbol{E}_\delta$，气隙电动势加上漏电动势 $\boldsymbol{E}_\sigma$ 并扣除电枢电阻压降 $R_a \boldsymbol{I}_a$ 等于电枢电压 $\boldsymbol{U}_a$，由此得到时空矢量图4-14a。根据式（4-26）和式（4-27ab），将电枢反应电动势和漏电动势时空矢量用相应的电流时空矢量引起的电抗压降表示，得到时空矢量图4-14b，除励磁磁动势外，将电动势、电压和电流用时间相量表示，得到时间相量图4-14c。

同步发电机的时空矢量图表示空间坐标中的相位关系，根据坐标系不同，时空矢量可以是运动的，也可以是静止的。同步发电机的相量图是在转子 dq 同步磁场坐标系中观测的结果，稳态运行的相量都是静止的，但相位关系与时空矢量图一致。需要注意的是，电动势滞后于其场源电流90°电角，电抗压降超前于其电流90°电角，即电动势与电抗压降反相位。

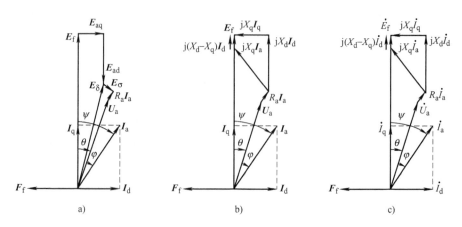

图 4-14　同步发电机时空矢量与时间相量图

同步电机作为发电机运行时，励磁磁动势超前于电枢磁动势与气隙基波磁动势，因此励磁电动势超前于气隙电动势与电枢电压；作为调相机运行时，励磁电动势与电枢电压重合；而作为电动机运行时，励磁电动势滞后于电枢电压。

（4）凸极同步电机 dq 稳态等效电路

由式（4-29ab）考虑到电枢直轴与转子直轴正方向相反，因此可以得到有效值关系

$$U_d + R_a I_d - X_q I_q = 0 \tag{4-33a}$$

$$U_q + R_a I_q + X_d I_d = E_f \tag{4-33b}$$

由式（4-33ab）得到凸极同步发电机电枢任意一相绕组在转子 dq 同步坐标系中分解为直轴与交轴耦合的等效电路分别如图 4-15a 和 b 所示，其中直轴电压方程中包含交轴电枢反应引起的交轴同步电抗压降，即运动电动势 $X_q I_q$，用交轴电流控制直轴电压源表示。交轴电压方程中包含直轴电枢反应引起的直轴同步电抗压降，即运动电动势 $X_d I_d$，用直轴电流控制交轴电压源表示，以及直轴励磁磁场产生的交轴励磁电动势 E_f。

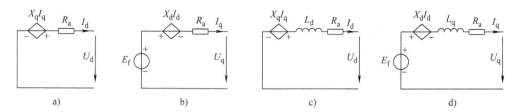

图 4-15　凸极同步发电机直轴与交轴耦合等效电路

稳态运行时，直轴和交轴电枢电流分量是恒定的实数，只存在运动电动势，没有变压器电动势，即等效电路中没有出现电感。如果直轴和交轴电流分量是随时间变化的，那么存在变压器电动势，即等效电路中存在直轴和交轴同步电感，如图 4-15c 和 d 所示。

需要指出的是，等效电路图 4-15c 和 d 没有考虑转子励磁绕组电流和阻尼绕组的动态过程，即认为电枢电流是频率不变但幅值变化的对称电流系统。否则忽略铁心损耗时，利用双反应理论，凸极同步发电机的交轴磁路相当于定子电枢交轴和转子交轴阻尼绕组的双绕组系统，而直轴磁路相当于定子电枢直轴、转子励磁与直轴阻尼绕组构成的三绕组系统。

（5）隐极同步发电机电路模型与时空矢量图

隐极同步发电机气隙均匀，直轴和交轴等效磁导相同，折算系数 $k_d = k_q$，因此直轴和交轴电枢反应电感相同，$L_{ad} = L_{aq}$，因此 $L_d = L_q$，电枢反应电抗 $X_a = X_{ad} = X_{aq}$，直轴和交轴同步电抗也相同，$X_d = X_q$，简称为同步电抗，$X_t = X_a + X_\sigma$。式（4-31）的电动势平衡关系可简化为

$$\dot{E}_f = \dot{E}_\delta + jX_a \dot{I}_a = \dot{U}_a + R_a \dot{I}_a + jX_\sigma \dot{I}_a + jX_a \dot{I}_a = \dot{U}_a + R_a \dot{I}_a + jX_t \dot{I}_a \tag{4-34}$$

由式（4-34）得到相量形式的隐极同步发电机稳态等效电路与相量图，如图 4-16a 和 c 所示。由式（4-22）和式（4-24）得到隐极同步发电机的时空矢量图，如图 4-16b 所示。

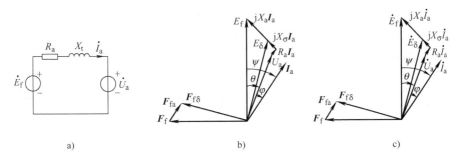

图 4-16　隐极同步发电机等效电路和时空矢量图

4.3　同步发电机的运行特性与参数测定

4.3.1　同步发电机的运行特性

同步发电机运行特性是在转子转速额定，对称负载功率因数给定条件下，励磁电流 I_f、电枢电压 U_a 和电枢电流 I_a 三者之间的关系，其中一个恒定时，其余两者的关系特性可以通过实验测定，包括如下 5 种特性：

1）空载特性：转速额定，电枢电流为零，电枢电压与励磁电流的关系 $U_0 = f(I_f)$。

2）短路特性：转速额定，电枢电压为零，电枢电流与励磁电流的关系 $I_k = f(I_f)$。

3）零功率因数负载特性：转速和电枢电流额定，负载功率因数为零，电枢电压与励磁电流的关系 $U_a = f(I_f)$，通常用三相电抗器作为负载。

4）外特性：转速额定，励磁电流和负载功率因数给定，电枢电压与电流的关系 $U_a = f(I_a)$。

5）调整特性：转速和电枢电压额定，负载功率因数给定，励磁电流与电枢电流的关系 $I_f = f(I_a)$。

同步发电机的运行特性可以用实际值表示，也可以采用标幺值表示。用标幺值表示时，不同容量同步发电机的运行特性具有可比性。直流电动机的转速稳定性比较好，采用直流电动机拖动同步发电机，测定各种运行特性，利用同步发电机的运行特性可以计算同步发电机的重要参数。由于实际测量得到的是电枢线电压和线电流，为了方便起见，特性曲线中的电枢电压和电流实际值均用相值表示。

1. 空载特性

同步发电机空载运行时，转子转速为同步转速，定子开路电枢电流为零，励磁电动势与电枢电压相等，电动势和电压频率 f_1 与转子转速 n_1 和极对数 p 满足 $f_1 = pn_1/60$。

同步发电机的空载特性是指转速额定时，电枢绕组开路电压与励磁电流的关系，空载特性 $U_0 = E_{f0} = f(I_f)$。由于同步发电机主磁极存在剩磁和磁滞特性，空载试验在励磁电流增加到电枢电压为 $1.3U_N$ 时开始降压测试，发现励磁电流下降到零，电枢电压不为零，要使电枢电压为零必须反向增大励磁电流到 ΔI_{f0}，如图 4-17a 虚线所示。不考虑电机铁心剩磁和磁滞的空载特性是将测试所得的虚线平移 ΔI_{f0} 到零点的实线 1 位置。空载特性具有饱和特性。

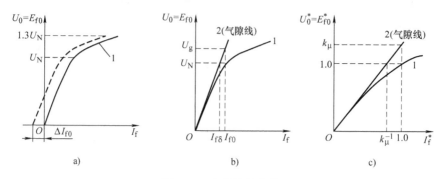

图 4-17　空载特性曲线

同步发电机的空载特性根据励磁电流大小分为 3 段：①当励磁电流从零开始增加时，空载电压等于励磁电动势沿气隙线呈线性关系增加，其线性段直线称为气隙线，如图 4-17b 的直线 2 所示，$E_{fg} = X_f I_f$，其中 X_f 相当于定、转子不饱和互感电抗；②励磁电流增大而励磁电动势增加不明显的饱和段，如图 4-17b 曲线 1 所示；③在线性段与饱和段之间是拐弯段，称为膝部。电机设计时，额定电压空载工作点 (I_{f0}, U_N) 设计在膝部。因为磁路过饱和，需要的励磁功率较大，而磁路不饱和，电机材料又没有得到充分利用。磁路饱和程度用饱和系数表征。饱和系数定义为产生额定空载电压需要的励磁电流 I_{f0} 与线性部分气隙线对应的励磁电流 I_{fgN} 之比，用符号 k_μ 表示。根据图 4-17b 所示几何关系可以得到饱和系数

$$k_\mu = \frac{I_{f0}(U_0 = U_N)}{I_{fgN}(U_0 = U_N)} = \frac{U_g}{U_N} \tag{4-35}$$

同步发电机的空载特性具有如下特点：①饱和现象：磁路随励磁电流增大而饱和，使得主磁通随励磁电流增加而变得缓慢增加；②剩磁电动势：即使没有励磁电流，转子旋转时电枢绕组也存在一定大小的剩磁电动势；③励磁电动势与转速成正比：感应电动势与频率成正比，而频率与转速成正比；转速恒定时，通过调节励磁电流改变主磁通，励磁电动势与主磁通成正比。

需要指出的是，同步发电机的原动机提供一定的功率用于机组空载损耗：电枢铁心损耗、机械损耗和附加损耗等，铁心损耗随励磁电流增大而增大。同步发电机采用永磁体励磁时，励磁是不能调节的，只能通过改变转速调节励磁电动势。

空载时气隙磁场由转子励磁磁场提供，而相同气隙磁场产生的电动势是相同的，因此，空载特性中励磁电动势 E_f 与励磁电流 I_f 的关系也表示负载时气隙磁场产生的气隙电动势 E_δ 与等效励磁电流 $I_{f\delta}$ 的关系。

同步发电机空载运行时，磁路饱和程度与转速无关，仅与励磁电流大小有关。产生额定空载电压的励磁电流作为励磁绕组电流的基值，因此，用标幺值表示空载特性时，额定转速下同步发电机的空载特性经过固定的两个点 $(1,1)$ 和 $(0,0)$，如图 4-17c 所示。

标幺值表示的气隙线斜率为饱和系数，气隙线方程为 $U_g^* = E_{fg}^* = k_\mu I_f^*$。

2. 短路特性

同步发电机的短路特性是指转速额定时，电枢绕组三相稳态短路，电枢电流 I_k 与励磁电流 I_f 的关系，$I_k = f(I_f)$。

（1）磁路不饱和特性

稳态短路是一种特殊的负载运行方式，同步发电机电枢绕组三相短路，输出电压等于零，$U_a = 0$，直轴和交轴电枢电压分量都等于零。由于同步发电机的电枢绕组电阻比同步电抗小得多，可以忽略电阻压降，这样合成气隙磁场产生的气隙电动势等于电枢漏电抗压降

$$\dot{E}_\delta = \dot{U}_a + R_a \dot{I}_k + j \dot{I}_k X_\sigma \approx j \dot{I}_k X_\sigma = -\dot{E}_\sigma, E_\delta = I_k X_\sigma \qquad (4\text{-}36)$$

因为气隙电动势等于漏电抗压降，电枢电流在额定电流范围内的气隙电动势比额定电枢电压小得多，合成气隙磁场比空载额定电压励磁电流产生的气隙主磁场小得多，所以同步发电机短路运行时的磁路是不饱和的，气隙电动势 E_δ 与合成磁场等效励磁电流 $I_{f\delta}$（励磁电流 I_f 与电枢反应纯直轴去磁等效励磁电流 I_{fad} 之差）满足空载气隙线磁路特性。

（2）短路特性的线性

由于短路运行时磁路具有不饱和特性，忽略电枢电阻压降，可以利用叠加原理获得励磁电动势

$$\dot{E}_f = \dot{U}_a + R_a \dot{I}_k + j \dot{I}_d X_d + j \dot{I}_q X_q \approx j \dot{I}_d X_d + j \dot{I}_q X_q \qquad (4\text{-}37)$$

根据直轴与交轴电动势分量分别相平衡的原则，得到交轴电枢电流 I_q 分量等于零，直轴电枢电流 I_d 分量等于电枢短路电流 $I_d = I_k$。于是，励磁电动势等于直轴同步电抗压降，电枢电流滞后励磁电动势 $90°$ 电角

$$\dot{E}_f = j \dot{I}_k X_{d(unsat)} = -\dot{E}_{ad} - \dot{E}_\sigma \qquad (4\text{-}38)$$

因磁路不饱和，直轴同步电抗 X_d 是不饱和直轴同步电抗 $X_{d(unsat)}$，故不饱和直轴同步电抗是恒定的。式（4-38）表明同步发电机短路运行时电枢电流 I_k 与励磁电动势 E_f 是线性关系，$E_f = X_{d(unsat)} I_k$。励磁电动势 E_f 与励磁电流 I_f 是线性关系，满足空载特性中的气隙线方程。由此可见，电枢电流 I_k 与励磁电流 I_f 也是线性关系，说明短路特性 $I_k = f(I_f)$ 是线性的，如图 4-18a 所示，短路特性曲线上额定电枢电流 I_N 对应的励磁电流为 I_{fk}，空载额定电压 U_N 时的励磁电流基值 I_{f0} 对应的电枢电流为 I_{k0}。

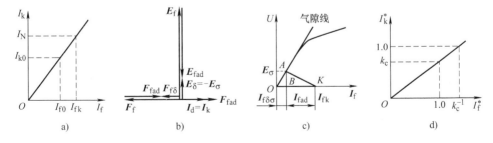

图 4-18　短路特性

随着短路电枢电流增加，电枢反应去磁磁动势所需的励磁电流成正比例增大，电枢漏电抗压降也成正比例增大，相应的合成气隙磁场所需等效励磁电流也按正比例增大，由此进一步说明励磁电流与短路电枢电流成正比。

（3）短路特征三角形

从时空矢量的角度分析短路运行，电枢电流 I_k 滞后于励磁电动势 E_f 90°电角，励磁电动势 E_f 滞后于励磁磁动势 F_f 90°电角，折算到励磁绕组的电枢反应磁动势 F_{fad} 与电枢电流 I_k 同相位且与励磁磁动势 F_f 反相位，电枢反应性质是对主极磁场起纯直轴去磁作用，电枢反应电动势 E_{ad} 滞后于电枢反应磁动势 F_{fad} 90°电角，合成气隙磁动势折算值 $F_{f\delta} = F_f + F_{fad}$ 与励磁磁动势 F_f 同相位，合成电动势 E_δ 滞后于 $F_{f\delta}$ 90°电角且与漏电动势 E_σ 相反，时空矢量如图 4-18b 所示。

同步发电机短路运行磁路不饱和，额定短路电流 I_N 产生的漏电抗压降 $E_\sigma = X_\sigma I_N$，空载特性气隙线上 A 点对应的励磁电流为合成气隙磁场所需的等效励磁电流 $I_{f\delta\sigma}$，如图 4-18c 所示，实际励磁电流为 I_{fk}，两者之差为电枢反应磁动势去磁引起的等效励磁电流 $I_{fad} = I_{fk} - I_{f\delta\sigma}$。当电枢电流额定时，漏电抗压降和电枢反应去磁等效励磁电流是恒定的，直角三角形 ABK 是确定的，直角边 AB 对应漏电抗压降，BK 对应电枢反应去磁等效励磁电流，而边 OB 对应气隙电动势等于漏电抗压降所需的等效励磁电流，三角形 OAK 是特征三角形。

当考虑电枢电阻的影响时，短路特性曲线比线性直线要下垂一些，因为气隙磁场产生的感应电动势是漏阻抗压降，比漏电抗压降要大一些，同样电枢电流等效励磁电流会增加一些，而相应的电枢反应去磁却要小一些，因为存在很小的交轴电枢电流分量，而后者的影响对前者来说可以忽略。此外，电枢电流和励磁电流增大，漏磁场增强，漏磁场使主磁路铁心饱和程度有所增加，也会影响短路特性的线性。

短路运行时，同步发电机输出有功功率为零，原动机只要提供机械损耗、附加损耗和电枢绕组铜耗所需的功率，这时电枢铁心的损耗基本上可以忽略不计。

（4）利用空载和短路特性确定短路比与直轴不饱和同步电抗

利用空载特性气隙线和短路特性可以计算不饱和直轴同步电抗，还可以计算同步发电机的重要性能参数短路比 k_c，即在产生额定空载电压的励磁电流作用下，同步发电机稳态短路电流的标幺值，也可以按照产生额定空载电压与额定短路电流对应的励磁电流之比。

式（4-38）中的励磁电动势数值等于励磁电流在空载特性气隙线上的空载相电压，也等于电枢电流与不饱和直轴同步电抗乘积 $E_{fg} = I_k X_{d(unsat)}$。于是，短路比

$$k_c = I_k^* (I_f^* = 1) = \frac{E_{fg}^* (I_f^* = 1)}{X_{d(unsat)}^*} = \frac{k_\mu}{X_{d(unsat)}^*} \tag{4-39}$$

用标幺值表示的短路特性斜率为短路比，如图 4-18d 所示，短路特性标幺值方程为

$$I_k^* = k_c I_f^* \tag{4-40}$$

短路比越大，直轴同步电抗标幺值越小，相应地气隙越大，产生相同气隙主磁场需要的励磁电流越大，因此转子励磁绕组的用铜量越多，造价比较昂贵，但同步发电机运行时随负载变化的电压稳定性越好。

3. 零功率因数负载特性

（1）零功率因数负载特性的概念

同步发电机零功率因数负载特性是指转速额定，电枢电流额定，负载功率因数等于零时电枢电压与励磁电流的关系，$U_a = f(I_f)$。

（2）零功率因数负载时空矢量图

负载功率因数等于零，要么是纯电感负载，要么是纯电容负载，研究纯电感负载具有比

较重要的意义。假设负载为电抗 X_L，那么电枢电压可以用电枢电流和电抗表示

$$U_d + jU_q = \dot{U}_a = jX_L\dot{I}_a = jX_L(I_d + jI_q) \tag{4-41}$$

于是，直轴和交轴电压分量 $U_d = -X_LI_q$，$U_q = X_LI_d$，代入直轴和交轴电压方程得到

$$E_f = R_aI_q + (X_d + X_L)I_d \approx (X_d + X_L)I_d \tag{4-42a}$$

$$0 = R_aI_d - (X_q + X_L)I_q \approx -(X_q + X_L)I_q \tag{4-42b}$$

在忽略电枢电阻的条件下，交轴电枢反应电流 I_q 分量等于零；当负载电抗与直轴同步电抗之和为感性时，直轴电枢反应起纯直轴去磁作用；当负载电抗与直轴同步电抗之和为容性时，直轴电枢反应起纯直轴助磁作用；当负载电抗与直轴同步电抗之和接近零时，电枢电阻不能忽略，或者励磁电流接近零，否则电枢电流会在励磁电动势作用下因串联谐振而损坏电枢绕组。

零功率因数感性负载特性曲线的起点 K 位于横坐标上，表示电枢电压等于零且电枢电流额定，该点对应短路特性曲线上的额定电枢电流点。在零功率因数感性负载特性曲线的额定电压点 D，电枢电流起去磁作用，所需的额定励磁电流较大，励磁电动势也较大，磁路饱和程度比空载额定电压时要严重。

零功率因数感性负载运行的时空矢量关系如图 4-19a 所示，电枢电压 $U_a = jI_aX_L$，电枢电流 I_a 位于直轴且滞后于电枢电压 U_a 90° 电角，漏电抗压降 jI_aX_σ 与电枢电压 U_a 同相位，所以气隙电动势 $E_\delta = U_a - E_\sigma$ 位于交轴，气隙合成磁动势 $F_{f\delta}$ 位于直轴，电枢反应磁动势 F_{fa} 纯直轴去磁，电枢反应电动势 E_{ad} 滞后于电枢电流 I_a 90° 电角，位于交轴且与电枢电压 U_a 反相位，励磁电动势 $E_f = E_\delta - E_{ad}$ 位于交轴且与电枢电压 U_a 同相位。额定电枢电流对应电枢反应去磁的等效励磁电流不变，电枢电压随着负载电抗 X_L 增大成正比增大，气隙电动势增大，磁路不饱和时，励磁电流随负载电抗增大而成一次函数增大。

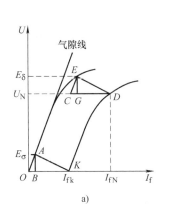
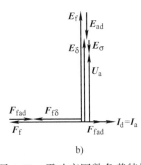
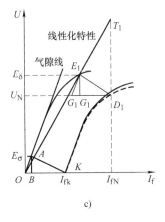

图 4-19 零功率因数负载特性

（3）零功率因数负载理想特性曲线

图 4-19b 中 K 点短路电枢电流额定，电枢漏电抗压降 E_σ 恒定（A 点），对应等效励磁电流恒定（B 点），忽略磁路饱和程度变化对电枢反应磁动势等效去磁励磁电流的影响，那么电枢反应去磁所需的励磁电流近似认为不变（BK 长度不变），直角三角形 ABK 称为短路特征三角形，其中与纵坐标平行的直角边 AB 对应电枢漏电抗压降，与横坐标平行的直角边 BK 是电枢反应去磁所需的等效励磁电流。额定电枢电流对应漏电抗压降不变，所需的励磁

电流（线段 OB 的长度）不变，特征三角形 OAK 不变。在任意给定电枢电压 U_a 下，气隙电动势 E_δ 等于电枢电压 U_a 与漏电抗压降 $I_a X_\sigma$ 之和，励磁电流 I_f 等于气隙电动势所需等效励磁电流 $I_{f\delta}$ 与电枢反应纯直轴去磁等效励磁电流 I_{fad} 之和，也就是将特征三角形 OAK 上的一个顶点 A 沿空载特性移动，另一个顶点 K 形成的轨迹为零功率因数感性负载特性。由于这一轨迹是理想化假设条件下的结果，因此称为理想化零功率因数感性负载特性。电枢电压额定时，特征三角形 CED 与 OAK 全等，E 点对应合成气隙磁场感应电动势 E_δ，底边 CD 上的高 EG 对应漏电抗压降 E_σ，边 DG 的长度对应电枢反应去磁等效励磁电流。实际上工程计算时，只要得到零功率因数感性负载特性的短路电压 K 点和额定电压 D 点这两个点即可。

（4）零功率因数负载实际特性曲线

磁路饱和时，零功率因数负载电流去磁使励磁电流增大，转子漏磁场增强导致转子磁路更饱和，在额定电枢电流 I_a 和相同励磁电流 I_f 条件下，零功率因数负载的气隙合成磁动势 F_δ 相同，但转子饱和程度提高使得主磁路磁阻增大，气隙合成磁场与每极磁通量减弱，气隙电动势 E_δ 减小，电枢电流 I_a 和漏电抗 X_σ 恒定，电枢漏电抗压降 $I_a X_\sigma$ 不变，因此电枢电压 $U_a = E_\delta - I_a X_\sigma$ 降低，说明实际得到的零功率因数负载特性比利用特征三角形得到的理想特性要低一些。另一方面，在额定电枢电流时，要产生相同的电枢电压 U_a，随着电压升高，磁路饱和程度增加，气隙电动势 E_δ 等于电枢电压与漏电抗压降之和不变，但产生相同漏电抗压降需要更大的励磁电流增量，而且励磁电流增加使转子漏磁路饱和程度提高，需要更大的励磁电流 I_f 以维持气隙磁场不变，反映在实际测得的零功率因数负载特性比理想状态的特性要朝励磁电流增大的方向偏移，如图 4-19c 虚线所示，相应地由励磁电流从空载特性获得的励磁电动势比利用零功率因数负载状态时空矢量图得到的励磁电动势要小得多。

（5）保梯电抗

由于实际测得的零功率因数感性负载特性与理想的特性不同，由图 4-19c 额定电压 U_N 时的额定励磁电流 I_{fN}，即特性曲线上的 D_1 点。取线段 $C_1 D_1$ 的长度等特征三角形 OAK 底边 OK 的长度，过 C_1 点作气隙线的平行线与空载特性曲线交于 E_1 点，再过 E_1 点作底边 $C_1 D_1$ 的垂线，垂足为 G_1 点。显然，与图 4-19b 相比，边长 $C_1 D_1$ 与 CD 相等，边长 $E_1 G_1$ 与 EG 分别对应额定电枢电流电抗压降，因此实际测量得到的漏电抗 X_p 比电枢漏电抗 X_σ 要大，称 X_p 为保梯（Potier）电抗。对于气隙均匀的隐极汽轮发电机，保梯电抗与电枢漏电抗相差不大，但对于气隙不均匀的凸极水轮发电机，通常保梯电抗比漏电抗大 10% ~ 30%。

（6）饱和直轴同步电抗

在零功率因数感性负载条件下，同步发电机磁路的饱和程度取决于气隙电动势 E_δ，额定电压和额定电流时气隙电动势确定，可以认为直轴磁路是连接原点 O 和气隙电动势工作点 E_1 的线性化磁化特性，在这个线性化条件下，励磁电动势与励磁电流的关系满足该线性化磁化特性，延长 OE_1 至 T_1，该 T_1 点对应横坐标为额定励磁电流，并由此计算直轴同步电抗的饱和值及其标幺值。因为在额定励磁电流时

$$E_f = U_a + X_{d(sat)} I_d = U_a + X_{d(sat)} I_a \tag{4-43}$$

由此可见，线段 $D_1 T_1$ 的长度对应额定电枢电流产生的饱和直轴同步电抗压降 $I_a X_{d(sat)}$，该线段 $D_1 T_1$ 的长度与额定相电压之比为饱和直轴同步电抗的标幺值。

$$X_{d(sat)}^* = \frac{E_f - U_a}{U_N} \frac{I_N}{I_a} = E_f^* - 1 \tag{4-44}$$

其中，电压 $U_a = U_N$ 和电流 $I_a = I_N$ 均为额定相值，励磁电动势的标幺值是线性化磁化特性上对应额定励磁电流 I_{fN} 的励磁电动势实际值与额定相电压之比。

利用空载、短路与零功率因数感性负载特性无法测量交轴同步电抗，因为不计电枢电阻时，这 3 种特性都没有交轴电枢反应，无法显现交轴电枢反应电抗的作用。

4. 外特性

（1）外特性的概念

同步发电机外特性是指转速额定，励磁电流和负载功率因数恒定，发电机端电压与电枢电流的关系，即 $U_a = f(I_a)$。

（2）线性磁路状态外特性

忽略电枢电阻，由于励磁电流恒定，在磁路不饱和的情况下，励磁电动势不变，利用时空矢量图可以得到关系

$$E_f = U_a \cos\varphi\cos\psi + (U_a \sin\varphi + I_a X_d) \sin\psi \tag{4-45a}$$

$$0 = -(U_a \sin\varphi + I_a X_q) \cos\psi + U_a \cos\varphi\sin\psi \tag{4-45b}$$

$$U_a = I_a |R_L + jX_L| = I_a z_L \tag{4-45c}$$

消去励磁电动势与电枢电流之间相位差 ψ 后，得到电枢电流与电枢电压的关系

$$U_a = \lambda E_f \frac{\sqrt{1 + 2x\sin\varphi + x^2}}{\lambda + (\lambda + 1) x\sin\varphi + x^2} \tag{4-46a}$$

$$I_a = \frac{E_f}{X_d} \frac{x \sqrt{1 + 2x\sin\varphi + x^2}}{\lambda + (\lambda + 1) x\sin\varphi + x^2} \tag{4-46b}$$

其中，$\lambda = X_q/X_d$，$x = X_q/z_L$。

对于隐极同步发电机，$\lambda = X_d/X_q = 1$，式（4-46a、b）简化为

$$U_a = E_f \frac{1}{\sqrt{1 + 2x\sin\varphi + x^2}} \tag{4-47a}$$

$$I_a = \frac{E_f}{X_d} \frac{x}{\sqrt{1 + 2x\sin\varphi + x^2}} \tag{4-47b}$$

空载时 $x = 0$，电枢电压等于励磁电动势。当负载为电阻或感性时，$\sin\varphi$ 非负，直轴电枢反应起去磁作用，随着 x 增大或负载阻抗 z_L 减小，电枢电流增大而电枢电压减小，外特性是下垂的特性曲线。当负载为阻容性且 $-1 \leqslant \sin\varphi < 0$ 时，直轴电枢反应仍起去磁作用，随着 x 增大或负载阻抗 z_L 减小，电枢电流增大但电枢电压先增大后减小，外特性呈现先增大后减小的上凸形的下降特性曲线。当负载接近纯容性时，直轴电枢反应起助磁作用，随着 x 增大或者负载阻抗 z_L 减小，电枢电流增大而且电枢电压也增大，但电压增加比电流慢，外特性是上凸形的上升特性曲线。相同励磁电流不同负载功率因数的外特性如图 4-20a 所示。

对于电枢电流和电枢电压同时达到额定的不同功率因数负载，所需的励磁电流和励磁电动势是不同的，相同额定电压和电流但不同功率因数负载状态的外特性如图 4-20b 所示。

（3）磁路饱和状态的外特性

对于磁路饱和的情况，感性负载直轴电枢反应起去磁作用，产生额定电压和电流的负载励磁电流要比空载额定电压励磁电流大，负载励磁电流对应的空载电压高于额定电压。因此在额定负载励磁电流下，感性负载电枢电流增加，合成气隙磁场减小，电枢电压将降低，外特性下垂。负载功率因数达到一定程度容性后，电枢电流直轴分量起助磁作用，额定负载的

励磁电流将小于空载额定电压对应的励磁电流。在额定容性负载励磁电流下，电枢电压将随电枢电流增大而增加，额定电压高于空载电压，外特性是上升的。相同额定电压和电流不同功率因数负载下的外特性类似图 4-20b 所示，由于磁路饱和，相同励磁电流对应的由负载到空载电压的变化比磁路不饱和的情况要小，即磁路饱和对负载电压的稳定性有利。

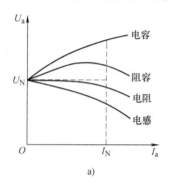 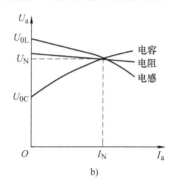

图 4-20　外特性

（4）电压调整率

同步发电机电枢电压随负载变化的范围有一定限制，通常用电压调整率来表示，它是同步发电机设计的重要性能指标。电压调整率是指维持电枢电压、电枢电流、负载功率因数在额定状态下的励磁电流不变，发电机空载电压与额定电压之差占额定电压的百分数

$$\Delta U = \frac{U_0 - U_N}{U_N} \times 100\% = (U_0^* - 1) \times 100\% \tag{4-48}$$

显然，根据外特性，单位功率因数负载的电压调整率为正。如果额定负载时电枢电流的直轴分量为零，$I_d = 0$，电枢电流超前电压，因 $\psi = \theta + \varphi = 0$，功率角与功率因数角大小相等，电枢电流只有交轴分量，忽略电枢电阻，直轴电枢电压分量等于电枢电流与交轴同步电抗乘积，交轴电枢电压分量等于励磁电动势，励磁电动势比电枢电压小，电压调整率小于零。因此，电压调整率等于零的状态是满足 $\varphi < 0° < \psi < \theta < 90°$ 的某一状态，即电枢电流超前电枢电压但直轴电枢反应起去磁作用。

变压器的电压调整率主要取决于负载功率因数、负载电流系数和短路阻抗标幺值，而且配电变压器的电压调整率要求不超过 5%。同步发电机的电压调整率主要与功率因数、电枢反应去磁或助磁强弱，以及额定励磁电流空载磁路饱和程度有关。负载功率因数 0.8 滞后时，凸极同步发电机气隙不均匀且交轴电枢反应比较弱，电压调整率通常在 18% ~ 30%，而隐极同步发电机气隙均匀，电枢反应相对较强，电压调整率可达 30% ~ 48%。

5. 调整特性

同步发电机的调整特性是指转速额定，电枢电压和负载功率因数恒定条件下，励磁电流与电枢电流的关系，即 $I_f = f(I_a)$。

显然，不同功率因数负载在空载时的励磁电流是相同的，影响额定电枢电流时的励磁电流，如图 4-21 所示。对于感性负载，直轴电枢反应起去磁作用，因此负载电流增加，励磁电流增加。负载功率因数达到一定程度容性后，电枢电流直轴分量起助磁作用，励磁电流将随电枢电流增大而减小。

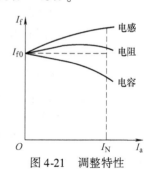

图 4-21　调整特性

4.3.2 同步发电机的参数测定

同步电机的基本运行原理是转子恒定励磁磁场且保持同步速旋转，这样转子无法感受到定子磁场的运动。参数主要是定子等效电路中的参数，利用同步发电机的运行特性曲线可以获得相应等效电路的参数，以及影响同步电机性能的一些特征参数。由于同步发电机额定工作点处在磁路进入饱和的拐点位置，因此空载和负载特性曲线基本上都是非线性且很难用简单解析式表达，利用特性曲线计算同步发电机参数必须采用作图法。

同步发电机可观测的物理量是转子励磁电压、励磁电流、转速和转矩、定子电枢三相线电压和线电流。用电压表和电流表测量的是有效值，功率表测量的是电压和电流瞬时值乘积的一个周期平均值，用电压、电流、转速、转矩和温度传感器测量的通常是测量点的瞬时值。

同步发电机的稳态等效电路参数主要是电枢电阻、漏电抗、直轴和交轴同步电抗。特性参数和性能指标主要是饱和系数、短路比和电压调整率。电枢绕组的电阻可以采用传统欧姆表测定。前面已经分析了同步发电机的空载特性、短路特性、零功率因数负载特性、外特性和调整特性，并利用空载特性曲线确定饱和系数，利用空载和短路特性曲线确定短路比和不饱和直轴同步电抗，利用空载和零功率因数负载特性确定保梯电抗和饱和直轴同步电抗，确定漏电抗需要利用图 4-19c，先计算电枢反应纯直轴去磁的等效励磁电流 I_{fa}，确定短路特征三角形 ABK 的边长 BK 对应电流 I_{fa}，再利用空载特性气隙线获得边长 AB 对应漏电抗压降 $I_a X_\sigma$，从而根据额定电枢电流计算出漏电抗 X_σ。漏电抗还可用取出转子法测定，由于取出转子后，相同定子电枢电流的漏磁场增强，漏磁通增加，因此测得的漏电抗数值偏大，需要参阅有关国家标准对漏电抗测定结果进行校正。

因为空载、短路和零功率因数负载运行时，同步发电机没有交轴电枢反应，所以不能获得交轴同步电抗。下面介绍凸极同步发电机直轴和交轴同步电抗的测定方法。

凸极同步发电机直轴和交轴同步电抗可以采用转差法测定。具体方法是由原动机将同步电机转子拖动到转速 n 接近同步速 n_1，定义转差率为 $s = 1 - n/n_1$，稳定转差率小于 0.01，同步电机转子励磁绕组开路，电枢绕组接三相对称低电压，其值为额定电压的（2～15）%，必须保证此电压产生的电枢电流不会将同步电机牵入同步，而且不会使剩磁电压引起过大的误差。电枢外施电压的相序必须保证电枢磁场转向与转子转向相同。调节原动机转速，当转子接近同步速的转差率稳定后，测定电枢电压 u 和电流 i 的波形，测定励磁绕组开路电压 u_{f0} 的波形，如图 4-22 所示，测量同步电机转子转速并计算出转差率。

因同步电机转子没有励磁电流，因此电枢绕组中没有励磁电动势，气隙磁场仅仅由电枢电流产生。电枢电流频率为电源电压频率，可以认为不变，因此电枢磁场将按照同步速旋转，相对转子以转差转速运动，在转子励磁绕组中感应两倍转差频率的开路电压 u_{f0}。当电枢磁场与直轴重合时，励磁绕组中电枢磁场产生的磁通量最大，感应电压 u_{f0} 为零。而当电枢磁场与交轴重合时，励磁绕组中电枢磁场产生的磁通量为零，但感应电压 u_{f0} 最大。另一方面，因电枢电阻相对同步电抗很小，电枢电阻压降可忽略不计。于是，电枢电压

$$\dot{U}_a = j\dot{I}_d X_d + j\dot{I}_q X_q \tag{4-49}$$

这样，当电枢磁场与直轴重合时，只有直轴电枢反应，没有交轴电流，电枢电压主要与

直轴电枢反应电动势平衡，同步电抗直轴位置最大，直轴电枢反应电流包络线峰峰值最小为 I_{ppmin}。对于电源输出电压来说，电枢电流小，线路压降减小，因此同步电机电枢电压包络线峰峰值最大为 U_{ppmax}。当电枢磁场与交轴重合时，只有交轴电枢反应，没有直轴电流，电枢电压主要与交轴电枢反应电动势平衡，同步电抗交轴位置最小，交轴电枢反应电流包络线峰峰值最大为 I_{ppmax}。相应地，电枢电压将因线路压降增大而变得包络线峰峰值最小为 U_{ppmin}。通过电枢电压和电流波形的包络线，找出转差频率变化的电压和电流的峰峰值最大和最小值，如图 4-22 所示，由此计算直轴和交轴同步电抗

$$X_{\mathrm{d}} = \frac{U_{\mathrm{ppmax}}}{I_{\mathrm{ppmin}}}, \ X_{\mathrm{q}} = \frac{U_{\mathrm{ppmin}}}{I_{\mathrm{ppmax}}} \qquad (4\text{-}50)$$

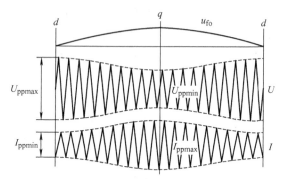

转差法是在忽略电枢电阻的条件下，电枢电流只有交轴和直轴电枢反应，电枢电动势也只有直轴和交轴电枢反应电动势，因此直轴和交轴同步电抗将充分体现电枢电压和电枢电流之间的关系，但这种关系只有在存在转差率的情况下通过最大和最小幅值变化来体现直轴和交轴同步电抗的影响。换言之，当转差率等于零时，对于电枢磁场来说无法判断转子直轴和交轴位置的变化，尽管电枢

图 4-22　转差法测量同步电机转子
电压、电枢电压和电流

电压和电流的幅值与直轴和交轴同步电抗有关，但转子同步旋转时电压和电流幅值不变，因此无法判断直轴和交轴同步电抗的大小。

用转差法测量凸极同步电机的直轴和交轴同步电抗时转差率要小，避免励磁绕组感应电动势 u_{f0} 的幅值过大，这样电枢电流或电压包络线变化缓慢，获取参数的精度较高。

4.3.3　额定负载励磁电流和电压调整率的计算方法

同步发电机额定运行时，电枢电压、电流和负载功率因数额定，所需的励磁电流称为额定负载励磁电流。额定负载励磁电流可以根据时空矢量图和空载特性求解。有两种求解方法：电动势法和磁动势法。额定负载励磁电流获得后，进一步可以利用空载特性计算电压调整率。磁路不饱和时，直接利用电机参数和相量图计算励磁电动势和电压调整率。磁路饱和时，需要利用空载特性曲线。对于隐极同步电机磁动势法比较简单，对于凸极同步电机存在磁动势折算问题，利用电动势法计算额定励磁电流和电压调整率比较精确。在给定同步发电机额定电枢电压 U_{N}、电流 I_{N}、功率因数 $\cos\varphi_{\mathrm{N}}$、电枢绕组电阻 R_{a}、漏电抗 X_{σ}、交轴同步电抗 X_{q}、直轴和交轴折算系数 k_{ad} 和 k_{aq}、转子励磁绕组每极串联匝数 N_{f}，以及计算电枢磁动势的绕组结构参数条件下，分析额定负载励磁电流和电压调整率的计算方法。

1. 电动势法求解额定负载励磁电流和电压调整率

对于凸极同步发电机，先根据负载条件以电枢电流为参考相量，利用电机参数和图 4-23a 所示的相量图计算气隙电动势相量

$$\dot{E}_{\delta} = \dot{U}_{\mathrm{a}} + R_{\mathrm{a}} \dot{I}_{\mathrm{a}} + \mathrm{j} X_{\sigma} \dot{I}_{\mathrm{a}} = E_{\delta} \angle \varphi_{\mathrm{i}} \qquad (4\text{-}51)$$

然后利用交轴磁路不饱和特性确定交轴位置，计算电动势相量

$$\dot{E}_Q = \dot{U}_a + R_a \dot{I}_a + jX_q \dot{I}_a = E_Q \angle \psi \tag{4-52}$$

再计算气隙电动势的直轴分量,即直轴气隙磁场产生的气隙电动势分量

$$E_{\delta d} = E_\delta \cos(\psi - \varphi_i) \tag{4-53}$$

并根据直轴气隙电动势分量查空载特性曲线,获得直轴气隙磁场所需的励磁电流 $I_{f\delta d}$,如图4-23b所示。根据负载性质和角度 ψ 确定直轴电枢反应性质,计算直轴电枢反应等效励磁磁动势 F_{fad} 和等效励磁电流 I_{fad},即

$$I_{fad} = \frac{F_{fad}}{N_f} = \frac{k_{ad} F_a}{N_f} \sin\psi \tag{4-54}$$

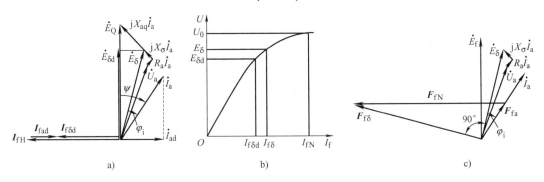

图4-23 求取额定负载励磁电流和电压调整率的时空矢量和空载特性

额定负载励磁电流 I_{fN} 等于直轴合成磁场等效励磁电流 $I_{f\delta d}$ 与直轴电枢反应去磁等效励磁电流 I_{fad} 之和

$$I_{fN} = I_{f\delta d} + I_{fad} \tag{4-55}$$

根据计算得到的额定负载励磁电流 I_{fN} 查空载特性曲线获得空载线电压 U_0,再根据式(4-48)计算电压调整率。

额定励磁电流和电压调整率计算要求已知同步电机漏电抗和交轴同步电抗,并假设交轴磁路不饱和。利用电动势法计算励磁电流和电压调整率的具体步骤总结如下:

1)以电枢电流为参考相量,根据电枢电压、功率因数和参数画出时空矢量图,确定合成气隙磁场产生的气隙电动势相量 $\dot{E}_\delta$。

2)根据交轴磁路不饱和,确定交轴位置的励磁电动势与电枢电流的相位差 ψ。

3)根据合成气隙电动势相量和角度 ψ,确定合成气隙电动势的直轴电动势分量 $E_{\delta d}$。

4)查空载特性曲线,确定直轴气隙电动势分量对应的等效励磁电流 $I_{f\delta d}$。

5)计算电枢反应磁动势直轴分量并折算到等效的励磁磁动势,确定等效励磁电流 I_{fad}。

6)根据直轴电枢反应性质确定额定负载励磁电流 I_{fN}。

7)查空载特性曲线确定额定负载励磁电流对应的空载线电压 U_0,计算电压调整率 ΔU。

2. 磁动势法求解额定负载励磁电流和电压调整率

不论隐极还是凸极同步发电机,类似电动势法,以电枢电流为参考相量,先确定气隙磁场感应电动势相量 $\dot{E}_\delta$ 和交轴相对电枢电流时空矢量的位置角 ψ,再根据气隙电动势查空载特性曲线,获得气隙磁场等效励磁电流 $I_{f\delta}$,从而得到气隙磁场所需励磁磁动势,即合成气

隙磁动势 $F_{f\delta}$。合成气隙磁动势时空矢量 $\boldsymbol{F}_{f\delta}$ 超前于气隙电动势相量 $\dot{E}_\delta$ 90°电角。电枢反应磁动势时空矢量 $\boldsymbol{F}_a$ 与电枢电流相量 $\dot{I}_a$ 重合，折算到励磁绕组的磁动势 $F_{fa} = k_{ad}F_a$，再根据励磁磁动势超前于电枢反应磁动势 $\psi + 90°$ 确定转子直轴励磁磁动势时空矢量 $\boldsymbol{F}_{fN}$ 的位置。

因时空矢量 $\boldsymbol{F}_{f\delta}$ 超前于 $\boldsymbol{F}_a$ $\varphi_i + 90°$，如图 4-23c 所示，利用磁动势合成原理和余弦定理计算励磁磁动势

$$\boldsymbol{F}_{f\delta} = \boldsymbol{F}_{fN} + \boldsymbol{F}_{fa} \tag{4-56}$$

$$F_{fN} = \sqrt{F_{fa}^2 + F_{f\delta}^2 + 2F_{fa}F_{f\delta}\sin\varphi_i} \tag{4-57}$$

式中，φ_i 是气隙电动势相量 $\dot{E}_\delta$ 与电枢电流相量的相位差。

额定负载励磁电流 $I_{fN} = F_{fN}/N_f$，查空载特性曲线确定额定负载励磁电流对应的空载线电压 U_0，计算电压调整率 ΔU。

需要指出的是，合成气隙磁动势与气隙电动势的相位差为 90°电角，对气隙均匀的隐极同步发电机是正确的，对气隙不均匀的凸极同步发电机是近似的。

例题 4-1 一台三相 72500kW 凸极同步发电机，丫联结，额定电压 10.5kV，功率因数 0.8（滞后），交轴同步电抗的标幺值 0.554。电机的空载、短路和零功率因数负载特性见表 4-1。

表 4-1 电机的空载、短路和零功率因数负载特性

空载特性	空载电压标幺值	0.55	1.0	1.21	1.27	1.33
测试数据	励磁电流标幺值	0.52	1.0	1.51	1.76	2.09

短路特性：短路电枢电流额定时，励磁电流标幺值为 0.965。

零功率因数负载特性：电枢电压和电流额定时，励磁电流标幺值为 2.115。

试求：（1）不饱和直轴同步电抗标幺值和短路比；（2）额定励磁电流标幺值和电压变化率。

解：（1）空载特性直线段标幺值方程

$$U_{0g}^* = 0.55I_{f0}^*/0.52$$

短路特性标幺值方程

$$I_k^* = I_{f0}^*/0.965$$

不饱和直轴同步电抗标幺值等于相同励磁电流下气隙线电动势与短路电流标幺值之比

$$X_{dunsat}^* = \frac{U_{0g}^*}{I_k^*} = (0.55/0.52) \times 0.965 = 1.0207$$

电枢阻抗基值

$$Z_N = U_N^2 \cos\varphi_N/P_N = 1.2166\Omega$$

不饱和直轴同步电抗实际值

$$X_{dunsat} = Z_N X_{dunsat}^* = 1.2867\Omega$$

短路比等于励磁电流标幺值为 1.0 时的短路电流标幺值

$$k_c = 1.0/0.965 = 1.0363$$

饱和系数等于励磁电流标幺值为 1.0 时的气隙线电动势标幺值

$$k_\mu = 0.55/0.52 = 1.0577$$

如图 4-24 所示，零功率因数负载特性上短路点 $(0.965,0)$，额定电压点 $(2.115,1.0)$，与原点对应的特征三角形额定电压点 C 的坐标 $(2.115 - 0.965 = 1.15,1.0)$。

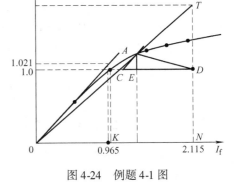

过 C 点与气隙线平行的直线（CA）的标幺值方程

$$U_0^* = 1.0 + (0.55/0.52)(I_{f0}^* - 1.15) \quad (4\text{-}58)$$

该直线与空载特性曲线的交点，其励磁电流在 $1.0 \sim 1.51$ 之间，利用插值法，得到线性段方程

$$U_0^* = 1.0 + (0.21/0.51)(I_{f0}^* - 1.0) \quad (4\text{-}59)$$

由式（4-58）和式（4-59）得到 A 点坐标 $(1.2456,1.101)$，利用作图法得到的 A 点坐标为

图 4-24 例题 4-1 图

$(1.375,1.16)$。保梯电抗与漏电抗相等，标幺值 $X_p^* = X_\sigma^* = 0.101$。

（2）额定电枢电流对应电枢反应去磁的等效励磁电流

$$I_{fad} = 2.115 - 1.2456 = 0.8694$$

额定状态运行，以电流为参考相量 $\dot{I}_a^* = 1.0$，电压相量根据功率因数得 $\dot{U}_a = 0.8 + j0.6$，确定励磁电动势空间位置 $\dot{E}_Q^* = \dot{U}_a^* + j\dot{I}_a^* X_q^* = 0.8 + j1.154$，$\psi = 55.27°$，功率因数角 $\varphi = 36.87°$，功率角 $\theta = \psi - \varphi = 18.4°$。

直轴电枢电流分量标幺值 $I_d^* = 0.821846$（交轴标幺值分量 $I_q^* = 0.56971$）。

直轴电动势

$$E_{\delta d}^* = U_a^* \cos\theta + I_d^* X_\sigma^* = 0.883$$

查空载特性曲线得等效励磁电流

$$I_{f\delta d}^* = 1.0 - (1.0 - 0.883)(1.0 - 0.52)/(1.0 - 0.55) = 0.8752$$

直轴电枢反应去磁根据零功率因数特性结果计算

$$I_{fad}^* = I_d^* I_{fa}^* / 1.0 = 0.7145$$

额定励磁电流

$$I_{fN}^* = I_{f\delta d}^* + I_{fad}^* = 1.5897$$

查空载特性曲线，额定负载励磁电流时的空载电压标幺值

$$U_0^* = 1.21 + (1.27 - 1.21)(1.5897 - 1.51)/(1.76 - 1.51) = 1.2291$$

额定运行时的电压调整率

$$\Delta U\% = (U_0^* - 1) \times 100\% = 22.91\%$$

4.4　同步发电机的并网运行

同步发电机的并联运行是指多台同步发电机的输出端接在共同的汇流排（母线）上并联运行。电力系统中有许多同步发电机接入电网，向用户供电，称为并网运行。并网运行主要为了提高电力系统的经济性（远距离超高压输电）、安全性（有功与无功调节）、可靠性（故障不解列）、电能质量（谐波少，电压与频率稳定）。具体来说可以做到合理配置资源

（廉价水电与火电互补），风电与太阳能光伏发电互补，枯水期与旺水期电力统一调度；定期轮流检修，维护发电设备，增加供电可靠性；提高电能质量。

由一台同步发电机对一个用户的单机运行扩展到由多台同步发电机、变压器和输电线构成电网。输电电压等级从500kV、220kV到110kV与35kV都需要变压器实现，因此同步发电机输出电压较低（目前最高不超过35kV），并网通常是经过变压器与电网连接。

电网具有相对稳定的电压和频率，同步发电机并网前是空载运行，并网时要求不产生过电流冲击，以免损害同步发电机，甚至使电网不稳定而造成其他电网稳定问题。

4.4.1 同步发电机的并网条件

同步发电机要实现无电流冲击并网必须满足以下条件：电网与发电机对应的电压幅值、频率、相位、波形和三相电压的相序都要相同。

1. 电压幅值相同

若并网前同步发电机的线电压频率与电网频率相同，但线电压幅值不相等，则通过同步发电机的励磁系统调节励磁电流实现同步发电机的线电压幅值与电网相同。如果同步发电机电压偏低，则增大励磁电流；反之，偏高则减小励磁电流。

2. 频率相同

若并网前同步发电机的频率与电网频率不同，则通过原动机改变发电机转速使转子转速达到电网频率所确定的同步速。如果转速偏低，则增大原动机输入，否则减小原动机输入。对于汽轮发电机，调节汽轮机的气压和流量；对于水轮机发电机，调节水流量。一般机组拖动的调节原动机输入功率，如调节直流-同步机组的直流电动机电枢电流。

3. 相位相同

并网前同步发电机与电网的频率和电压相同但相位不同，通过原动机调节发电机转速，改变频率来改变相位，但是发电机和电网频率相差极其微小，否则又要调频。存在微小频率差但同相位并网后，可以利用电网将发电机转子牵入同步。

4. 相序相同

若并网前同步发电机与电网的相序不同，则任意改变发电机的两个引线，就可保证相序相同。相序不同绝不允许同步发电机并网，否则因电压相位差可达两倍额定电压而造成无法消除的线路环流，危及电机和电力系统的安全运行。

5. 波形相同

若并网前同步发电机与电网的电压幅值、频率、相位和相序相同，但波形不同，说明两者谐波成分不同，需要增加滤波器，谐波严重且无法用滤波器消除，或者即使能用滤波器消除但成本很高，同步发电机就不能并网。同步发电机励磁电动势谐波必须在电机设计阶段解决。电网中的谐波需要采用滤波器和无功补偿电路抑制或消除。

发电机波形由电机设计保证，转向和相序在发电机产品出厂铭牌上已经标明，因此同步发电机并网的条件主要是电压幅值和频率相同。

4.4.2 同步发电机的并网方法

同步发电机的并网方法有准同步法和自同步法两类。准同步法又包含灯光熄灭法和灯光旋转法两种。

1. 准同步灯光熄灭法

同步发电机和电网之间每相接入能承受两倍电网电压的灯泡，灯泡同相连接，称为直

接接法，同时通过三相单掷开关 K
准备并网，以便切除灯泡，如图 4-25a
所示。通过调节励磁电流和原动机输
入功率，使得三相灯泡同时亮或者同
时暗，而且亮和暗的周期不断增加，
即灯泡闪烁的频率不断降低。灯泡闪
烁的频率代表发电机与电网频率之
差。合闸的最佳时刻是发电机电压与
电网电压相同，相序相同，频率差达
到 1.0Hz 以下且所有灯泡完全熄灭的
时刻。

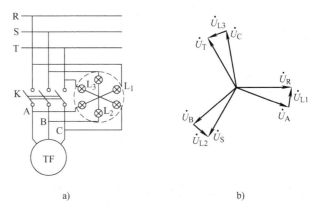

图 4-25　同步发电机灯光熄灭法并网接线图与相量图

从电网和发电机电压相量关系图 4-25b 可以看出，因为相序相同，对应相相互连接，所
以灯泡上电压是对称的三相电网电压与发电机电压之差，它们随着电网与发电机频率差的频
率交变，但变化的幅值却等于电网电压的两倍。当电压差小于灯泡发光阈值时，灯泡变暗而
熄灭，因此必须让所有灯泡完全熄灭才能合闸，合闸后灯泡被短路而切除。

2. 准同步灯光旋转法

同步发电机和电网之间每相接入能承受两倍电网电压的灯泡，灯泡一相同相连接，另两
相交叉连接，称为交叉接法，同时通过三相单掷开关 K 准备并网，如图 4-26a 和 b 所示。通
过调节励磁电流和原动机输入功率，使得三相灯泡依次轮流亮与暗，即灯光旋转。要求三相
灯泡的灯光轮流亮或暗的周期不断增加，即灯泡亮与暗的频率不断降低。灯泡亮与暗的频率
代表发电机与电网频率之差。合闸的最佳时刻是发电机电压与电网电压相同，相序相同，频
率差达到 1.0Hz 以下且同相连接的灯泡完全熄灭的时刻。

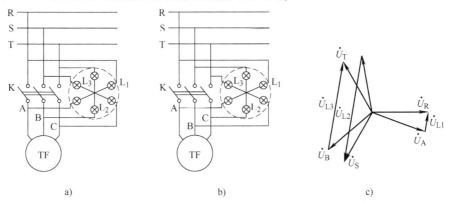

图 4-26　同步发电机灯光旋转法并网接线图与相量图

准同步灯光旋转法可以有两种连接方式，如图 4-26a 和 b 所示，根据图 4-26c 的相量图
可以发现，发电机电压相量相对电网电压相量以频率差旋转，因此各组灯泡电压 U_{L1}、U_{L2} 和
U_{L3} 是不同的，按照两倍电网电压幅值和频率差交变，每组灯泡的亮暗程度变化不同，形成
灯光轮流亮暗或旋转形式。最佳合闸时刻是发电机与电网对应相电压相同，因此必须是同相

连接的灯泡完全熄灭，说明电压相同。

准同步法并网的优点是没有合闸引起的冲击电流，但操作复杂且费时。当电网发生故障而需要备用发电机迅速投入运行时，由于电网电压和频率不稳定，准同步法并网变得十分困难。

3. 自同步法

自同步法是利用同步发电机的电磁转矩牵入同步。并网前，将励磁绕组接限流电阻，限流电阻的阻值通常是 10 倍励磁绕组的电阻，用原动机拖动发电机起动，当转速接近同步速时，即发电机频率与电网频率相差小于 5% 时，合闸并网，同时加励磁电压、调节励磁电流，使得同步发电机自动牵入同步。

自同步法成本低，操作简单、迅速，但励磁绕组合闸时存在电流冲击。

4.4.3 同步发电机并网运行特性分析

电力系统中一般都有很多发电机，对于需要并网的发电机来说可以等效成一个交流电源，如果电力系统中发电机的容量远大于要并入电网的发电机容量，而且电压和频率是稳定的，则称这样的电力系统为无穷大电网。同步发电机与无穷大电网并联运行后，电压稳定，发电机频率锁定在电网频率，因此转速稳定，转矩与功率成正比，研究同步电机主要研究功率与参数的关系。在忽略电枢电阻的条件下，同步电机的电磁功率等于有功功率，有功功率和无功功率与电网电压、发电机电枢电流和功率因数有关。

1. 视在功率

设并网后发电机电枢相电压为 U，相电流为 I，功率因数角为 φ，如图 4-27 所示，视在功率或复功率 S 的实部为有功功率 P，虚部为无功功率 Q，或者电枢相数、电压相量与电流相量共轭三者乘积。在转子 dq 坐标系中的电压和电流相量可以表示为直轴和交轴分量

$$S = P + jQ = m\dot{U}\dot{I}^* = mUI\cos\varphi + jmUI\sin\varphi = m(U_d + jU_q)(I_d - jI_q) \tag{4-60}$$

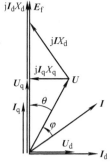

图 4-27 时空矢量图

由式（4-60）可见，同步发电机与无穷大电网并联电压恒定，输出容量与电枢电流成正比，而与功率角无关，因此同步发电机的最大容量受允许的电枢电流限制，电枢电流与绕组损耗发热有关，即最大容量受同步发电机的温升限制，同步发电机的冷却方式对容量有很大影响。当输出有功功率恒定时，单位功率因数负载的电枢电流最小；而当输出无功功率恒定时，零功率因数负载的电枢电流最小。

2. 有功功率

（1）有功功率平衡关系

下面以旋转磁极式同步发电机为例说明有功功率平衡关系，同步发电机由原动机拖动转子，输入机械功率 P_1，一部分产生转子机械摩擦和风阻力损耗 p_{mec}，另一部分产生定子铁心的磁滞与涡流损耗 p_{Fe} 和气隙谐波磁场引起的定、转子附加损耗 p_{ad}，绝大部分通过定、转子磁场耦合形成定子电枢绕组的电磁功率 P_{em}，其中又有一部分在电枢绕组的电阻上形成铜耗 p_{Cu}，主要部分电功率 P_2 输送到电网。

$$P_1 = P_2 + p_{Cu} + p_{Fe} + p_{mec} + p_{ad} = P_2 + p_{Cu} + p_0 = P_{em} + p_0 \qquad (4\text{-}61)$$

其中，$p_0 = p_{Fe} + p_{mec} + p_{ad}$ 称为空载损耗。

同步发电机转子转速等于气隙磁场相对定子转速，因此功率与同步机械角速度之比为转矩，功率平衡转换为转矩平衡，即输入机械转矩等于空载转矩与电磁转矩之和。

由于大型同步发电机的效率高，分析同步发电机并网运行和有功功率调节时通常忽略定子铜耗和空载损耗，这样原动机拖动转子的机械功率 P_1、电磁功率 P_{em} 和发电机的输出电功率 P_2 三者相同，即调节同步发电机的有功功率只能通过调节原动机实现。换言之，调节励磁电流就不能改变同步发电机的有功功率输出，因此调节励磁电流只能改变同步发电机输出的无功功率。

（2）有功功率的功角特性

忽略同步发电机的电枢电阻，不考虑磁路饱和，利用同步发电机相量图得到直轴与交轴电压和电流分量。此电压和电流分量可用电枢电压、励磁电动势 E_f 和功率角 θ 分别表示为

$$U_d = U\sin\theta, \quad U_q = U\cos\theta \qquad (4\text{-}62a)$$

$$I_d = \frac{E_f - U\cos\theta}{X_d}, \quad I_q = \frac{U\sin\theta}{X_q} \qquad (4\text{-}62b)$$

由式（4-60）得到同步发电机的电磁功率等于发电机输出有功功率

$$P_{em} = P = mUI\cos\varphi = mE_Q I\cos\psi = mU_d I_d + mU_q I_q \qquad (4\text{-}63)$$

将 dq 坐标系中的电压和电流式（4-62a、b）代入式（4-63），得到电磁功率与功率角的关系

$$P_{em} = \frac{mUE_Q}{X_q}\sin\theta = \frac{mUE_f}{X_d}\sin\theta + \frac{mU^2}{2X_d X_q}(X_d - X_q)\sin2\theta \qquad (4\text{-}64a)$$

电磁功率 P_{em} 与功率角 θ 的关系式（4-64a）称为功角特性，如图4-28a的曲线3所示。凸极同步发电机的电磁功率由两部分组成：

1）电枢磁场和转子励磁磁场相互作用引起的基本电磁功率，它是功率角 θ 的正弦函数，幅值发生在 $\theta = 90°$，与励磁电动势 E_f 成正比，而与直轴同步电抗 X_d 成反比，如图4-28a的曲线1所示。

2）由于转子直轴与交轴磁阻不同引起的电磁功率，称为磁阻电磁功率，

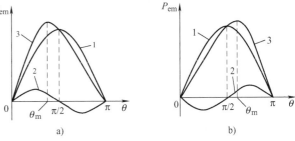

图4-28 有功功率功角特性

a) $X_q < X_d$ b) $X_q > X_d$

它是凸极同步电机所特有的，磁阻电磁功率是功率角 θ 两倍的正弦函数，幅值与电压二次方成正比，与励磁电流无关。特别地，它与直轴和交轴同步电抗之差 $X_d - X_q$ 成正比。由于电励磁凸极同步电机的直轴同步电抗大于交轴同步电抗，因此磁阻功率在 $\theta = 45°$ 时达到最大，如图4-28a的曲线2所示。发生最大电磁功率的功率角称为临界功率角 θ_{cr}，凸极同步发电机电磁功率最大值发生在 $45° < \theta_{cr} < 90°$，随着励磁电流或励磁电动势减小，电磁功率最大值减小，θ_{cr} 逐渐接近45°。

隐极同步发电机气隙均匀，$X_d = X_q = X_t$，$E_Q = E_f$，没有磁阻电磁功率，因此电磁功率为

$$P_{em} = \frac{mUE_Q}{X_q}\sin\theta = \frac{mUE_f}{X_t}\sin\theta \tag{4-64b}$$

值得注意的是，永磁同步电机不同结构具有不同的直轴与交轴磁导，功角特性也不同。因永磁磁极的相对磁导率接近 1.0，对于永磁磁极粘贴在转子铁心表面的永磁同步电机，直轴和交轴同步电抗基本相等；对于永磁极插入转子铁心内部且切向或者周向磁化的永磁同步电机，直轴同步电抗大于交轴同步电抗；对于永磁极插入转子铁心内部且径向磁化的永磁同步电机，直轴同步电抗小于交轴同步电抗。对于直轴同步电抗比交轴同步电抗小的情况，磁阻功率最大值发生在功率角 $\theta = 135°$，如图 4-28b 的曲线 2 所示，电磁功率最大值发生在 $90° < \theta_{cr} < 135°$ 之间，如图 4-28b 的曲线 3 所示。

（3）比整步功率的功角特性

比整步功率表征同步发电机的稳定性，给定功率角时比整步功率越大同步发电机越稳定，用符号 P_{syn} 表示。P_{syn} 定义为电磁功率 P_{em} 对功率角 θ 的导数

$$P_{syn} = \frac{dP_{em}}{d\theta} = \frac{mE_f U}{X_d}\cos\theta + mU^2\frac{X_d - X_q}{X_d X_q}\cos2\theta \tag{4-65}$$

（4）最大电磁功率和过载能力

给定励磁电流或者励磁电动势时，电磁功率存在最大值，而且最大值在比整步功率等于零的条件下达到。于是，由式（4-65）可以确定最大电磁功率的功率角 θ_{cr}：

$$4A\cos\theta_{cr} + \cos2\theta_{cr} = 0 \tag{4-66}$$

其中，$A = \frac{E_f X_q}{4U(X_d - X_q)}$，$\cos\theta_{cr} = \sqrt{A^2 + 0.5} - A$，$\theta_{cr} = \arccos(\sqrt{A^2 + 0.5} - A)$。

将功率角 θ_{cr} 代入式（4-64a）得到最大电磁功率 $P_{em\,max}$。交流电机的过载能力定义为最大电磁转矩与额定电磁转矩之比，由于同步电机的转子转速为同步速，因此同步发电机的过载能力可表示为最大电磁功率与额定电磁功率之比，用符号 k_M 表示

$$k_M = \frac{T_{em\,max}}{T_{emN}} = \frac{P_{em\,max}}{P_{emN}} \tag{4-67}$$

对于隐极同步发电机，$X_d = X_q = X_t$，额定状态过载能力取决于额定运行功率角 θ_N，因为

$$k_M = \frac{P_{em\,max}}{P_{emN}} = \frac{1}{\sin\theta_N} \tag{4-68}$$

（5）给定电磁功率时的最小励磁电动势

对于给定电磁功率 P_{em}，存在最小励磁电动势或励磁电流，即随着励磁电流的减小，励磁电动势减小，功角特性峰值减小，当功角特性峰值等于给定电磁功率时对应的励磁电流为最小励磁电流，相应的励磁电动势为最小励磁电动势。于是，电磁功率满足功角特性且功角特性对功率角的导数为零，即比整步功率等于零

$$\frac{mE_{fmin}U}{X_d}\sin\theta_{cr} + \frac{mU^2}{2}\frac{X_d - X_q}{X_d X_q}\sin2\theta_{cr} = P_{em} \tag{4-69a}$$

$$\frac{mE_{fmin}U}{X_d}\cos\theta_{cr} + mU^2\frac{X_d - X_q}{X_d X_q}\cos2\theta_{cr} = 0 \tag{4-69b}$$

当 $X_d = X_q = X_t$ 时，即隐极同步发电机，由式（4-69b）得到临界功率角 $\theta_{cr} = 90°$，代入式（4-69a）得到最小励磁电动势

$$E_{fmin} = \frac{X_d P_{em}}{mU} \qquad (4-70)$$

当 $X_d \neq X_q$ 且 $P_{em} \leqslant \dfrac{mU^2}{2} \dfrac{X_d - X_q}{X_d X_q}$ 时，即使励磁电动势等于零，由式（4-69a）得到凸极同步发电机也能提供相应的有功功率，因此最小励磁电动势和励磁电流都为零。

当 $X_d \neq X_q$ 且 $P_{em} > \dfrac{mU^2}{2} \dfrac{X_d - X_q}{X_d X_q}$ 时，由式（4-69a）$\times \cos\theta_{cr} -$ 式（4-69b）$\times \sin\theta_{cr}$ 得到确定临界功率角 θ_{cr} 满足的三角函数方程

$$\tan\theta_{cr} \sin^2\theta_{cr} = \frac{P_{em} X_d X_q}{mU^2 (X_d - X_q)} \qquad (4-71)$$

功率角满足的方程是非线性的，左边函数是单调递增的，因此可以采用数值法求解，或者采用曲线分段查表形式。当直轴与交轴同步电抗接近时方程右边数值变大，为此可以取倒数以增加计算精度。

由式（4-71）确定临界功率角 θ_{cr} 后代入式（4-69a），得到给定电磁功率的最小励磁电动势

$$E_{fmin} = \frac{X_d P_{em}}{mU \sin\theta_{cr}} - \frac{X_d - X_q}{X_q} U\cos\theta_{cr} \qquad (4-72)$$

式（4-72）表明，给定有功功率超过凸极同步发电机最大磁阻电磁功率时，同步发电机励磁电流存在最小值，小于该励磁电流同步发电机将不能稳定运行。

3. 无功功率

（1）无功功率的功角特性

同步发电机的无功功率根据视在功率的虚部（见式（4-60））得到

$$Q = mUI\sin\varphi = mU_q I_d - mU_d I_q \qquad (4-73)$$

将电枢电流和电压的直轴和交轴分量式（4-62a、b）代入式（4-73）后得到无功功率的功角特性

$$Q = \frac{mUE_f}{X_d}\cos\theta - \frac{mU^2}{X_d X_q}(X_d \sin^2\theta + X_q \cos^2\theta) \qquad (4-74a)$$

$$= \frac{mUE_f}{X_d}\cos\theta + \frac{mU^2(X_d - X_q)}{2X_d X_q}\cos2\theta - \frac{mU^2(X_d + X_q)}{2X_d X_q}$$

无功功率与功率角的关系如图 4-29 的曲线 4 所示，其中包含 3 部分：一是小于零的平均项 $-mU^2(X_d + X_q)/(2X_d X_q)$，该项大小与电压和同步电抗有关，而与励磁电流无关，如图 4-29 的水平线 1 所示；二是功率角的余弦函数项，该项幅值 $mE_f U/X_d$，与电压和励磁电动势成正比而与直轴同步电抗成反比，如图 4-29 的曲线 2 所示；第三项是功率角的两倍余弦项，其幅值 $mU^2(X_d - X_q)/(2X_d X_q)$，仅仅与电压二次方和同步电抗有关，而且只有当直轴与交轴磁导不同时才存在，如图 4-29

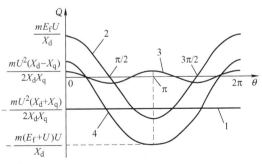

图 4-29 无功功率的功角特性

的曲线 3 所示。

对于隐极同步发电机，因为 $X_d = X_q = X_t$，式（4-74a）中不再有两倍功率角余弦项，无功功率功角特性简化为

$$Q = \frac{mUE_f}{X_t}\cos\theta - \frac{mU^2}{X_t} \qquad (4\text{-}74\text{b})$$

当功率角等于零时，同步发电机不输出有功功率，仅仅作为调相机输出无功功率

$$Q = \frac{mU(E_f - U)}{X_d} \qquad (4\text{-}75)$$

这时，无功功率的正负取决于励磁电动势与端电压的相对大小，而与交轴同步电抗无关。说明不存在交轴电枢反应，电枢电流只有直轴分量，与电磁功率等于零是相一致的。当励磁电动势大于端电压，发电机过励时，输出感性无功功率；而当励磁电动势小于端电压，发电机欠励时，输出容性无功功率或吸收感性无功功率。

电磁功率恒定时，如果电枢电压和频率保持不变，无功功率的调节通过改变励磁电流实现，这时电枢电流将发生变化，因受功率因数的限制，电枢电流存在最小值，即单位功率因数负载时的电枢电流最小；因受功率极限的约束，即同步发电机稳定性的限制，励磁电流存在最小值，这点在前面已经阐述过。

（2）无功功率的调节特性

同步发电机的无功功率调节特性是额定转速、额定电压且输出有功功率恒定时，电枢电流随励磁电流的变化曲线。通过调节励磁电流改变同步发电机输出无功功率。

凸极同步发电机在额定频率、额定电压且忽略电枢电阻和磁路饱和的条件下，由式（4-64a）和式（4-74）分别得到有功和无功功率的标幺值功角特性

$$P^* = Y_d^* E_f^* \sin\theta + (Y_q^* - Y_d^*)\cos\theta\sin\theta \qquad (4\text{-}76\text{a})$$

$$Q^* = Y_d^* E_f^* \cos\theta - (Y_d^* \cos^2\theta + Y_q^* \sin^2\theta) \qquad (4\text{-}76\text{b})$$

其中，$Y_d^* = 1/X_d^*$ 和 $Y_q^* = 1/X_q^*$ 分别为直轴和交轴同步电纳标幺值。

对于凸极同步发电机，要消除功率角获得功率标幺值约束方程比较复杂，但从图 4-30 所示的相量关系可以看出，在电压和有功功率给定条件下，随着负载功率因数由滞后到超前，一方面电枢电流先减小后增大，单位功率因数电枢电流最小；另一方面，对于同步电抗直轴大于交轴的情况，电动势 E_Q 位于平行于电压的水平虚线自右向左移动，励磁电动势不断减小，一直减小到临界稳定状态，电枢电流直轴分量由滞后去磁到超前助磁。因此，无功功率调节特性曲线是 "V" 形曲线。下面讨论无功功率调节特性的一些特殊情况。

1）零功率因数（ZPF）负载运行。

在零功率因数负载条件下，同步发电机输出的有功功率标幺值等于零，由式（4-76a）得到功率角等于零，电枢电流只有无功分量且位于直轴，无功功率标幺值等于电枢电流标幺值，因磁路线性，励磁电动势标幺值等于励磁电流标幺值，于是，由式（4-76b）得到电枢电流与励磁电流成线性关系

$$I^* = |Q^*| = Y_d^* |E_f^* - 1| = Y_d^* |I_f^* - 1| \qquad (4\text{-}77)$$

由式（4-77）可知，当励磁电流标幺值 $I_f^* = 1.0$ 时，电枢电流为零，同步发电机处在空载状态；当 $I_f^* > 1.0$ 时，电枢反应纯直轴去磁，电枢电流随励磁电流增大而线性增大；当 $I_f^* < 1.0$ 时，电枢反应纯直轴助磁，电枢电流随励磁电流减小而线性增大，无功功率调节特

性曲线如图 4-30b 的 "V" 形曲线 ZPF 所示，与纵坐标的交点是 $I^* = Y_d^*$。

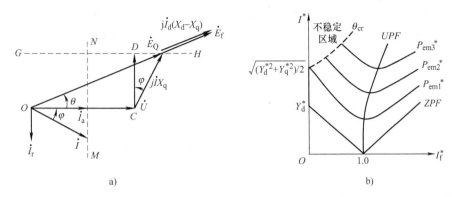

图 4-30 凸极同步发电机无功功率调节特性

a）凸极相量图 b）无功功率调节特性

2）单位功率因数（UPF）负载运行。

单位功率因数负载条件下，这时 $\varphi = 0°$，$\psi = \theta$，同步发电机输出有功功率对应的电枢电流最小，以电压为参考相量，交轴电动势和功率角分别为

$$\dot{E}_Q^* = \dot{U}^* + j \dot{I}^* X_q^* = 1 + j I^* X_q^* , E_Q^* = \sqrt{1 + I^{*2} X_q^{*2}} \tag{4-78}$$

$$\sin\theta = \frac{I^* X_q^*}{E_Q^*} = \sin\psi \tag{4-79}$$

励磁电流标幺值

$$I_f^* = E_f^* = E_Q^* + (X_d^* - X_q^*) I^* \sin\psi \tag{4-80}$$

将式（4-78）和式（4-79）代入式（4-80）整理后得到励磁电流与电枢电流标幺值的关系

$$I_f^* = \frac{1 + X_d^* X_q^* I^{*2}}{\sqrt{1 + X_q^{*2} I^{*2}}} \tag{4-81}$$

式（4-81）表明，在单位功率因数负载条件下，随着同步发电机输出有功功率增加，电枢电流增大且直轴电枢反应去磁，励磁电流缓慢增加且大于 1.0，如图 4-30b 的曲线 UPF 所示。

同步发电机单位功率因数负载运行时的励磁状态称为正常励磁状态。这时若增大励磁电流，则同步发电机处于过励状态，电枢电流滞后于电枢电压使功率因数角大于零，即功率因数角大于零时的励磁状态称为过励状态。若励磁电流小于正常励磁状态的励磁电流，则同步发电机处于欠励状态，电枢电流超前于电枢电压使功率因数角小于零，即功率因数角小于零时的励磁状态称为欠励状态。

3）零励磁电流负载运行。

对于凸极同步发电机转子失去励磁电流的运行状态，式（4-76a、b）改写为

$$P^* = \frac{Y_q^* - Y_d^*}{2} \sin2\theta \tag{4-82a}$$

$$Q^* = -\frac{Y_d^* + Y_q^*}{2} + \frac{Y_q^* - Y_d^*}{2} \cos2\theta \tag{4-82b}$$

有功和无功功率的功角特性分别是 2θ 的正弦和余弦函数。随着有功功率增加，功率角 θ 由 0° 增加到 45°，电磁功率达到最大值 $P^* = (Y_q^* - Y_d^*)/2$，这一过程中电枢反应直轴助磁，同步发电机输出容性无功功率为负值，由 $Q^* = -Y_d^*$ 绝对值最小变为 $Q^* = -(Y_d^* + Y_q^*)/2$ 绝对值最大。

电枢电流标幺值等于容量标幺值

$$I^* = \sqrt{P^{*2} + Q^{*2}} = \sqrt{Y_d^{*2} \cos^2\theta + Y_q^{*2} \sin^2\theta} \tag{4-83}$$

由式（4-83）得到磁阻电磁功率作为同步发电机输出有功功率，电枢电流标幺值从功率角等于 0° 的 $I^* = Y_d^*$ 增加到极限状态功率角 45° 时的 $I^* = \sqrt{(Y_d^{*2} + Y_q^{*2})/2}$，如图 4-30b 纵轴上粗线段所示。显然，当直轴与交轴同步电纳相同时，纵轴上的粗线段退化为一点。

4）最小励磁电流临界稳定边界。

同步发电机有功功率超过磁阻电磁功率幅值并继续增加，则励磁电流也随之增大，分析稳定边界状态的最小励磁电流和电枢电流标幺值以确定无功功率调节的稳定边界，这时比整步功率等于零，有功功率等于电磁功率最大值。设电枢电流的有功和无功分量标幺值分别为 I_a^* 和 I_r^*，由式（4-71）和式（4-72）分别得到临界功率角和最小励磁电流标幺值

$$\tan\theta_{cr}\sin^2\theta_{cr} = \frac{I_a^*}{Y_q^* - Y_d^*} \tag{4-84}$$

$$I_{fmin}^* = E_{fmin}^* = \frac{Y_d^* - Y_q^*}{Y_d^*} \frac{\cos 2\theta_{cr}}{\cos\theta_{cr}} \tag{4-85}$$

将式（4-85）代入式（4-76b）得到无功功率标幺值

$$Q^* = I_r^* = -Y_q^* \cos^2\theta_{cr} - Y_d^* \sin^2\theta_{cr} \tag{4-86}$$

由式（4-84）和式（4-86）得到临界稳定边界电枢电流标幺值

$$I^* = \sqrt{(Y_q^* - Y_d^*)^2 \tan^2\theta_{cr}\sin^4\theta_{cr} + (Y_q^* \cos^2\theta_{cr} + Y_d^* \sin^2\theta_{cr})^2} \tag{4-87}$$

由式（4-85）和式（4-87）可见，在临界稳定边界上，随着临界功率角 θ_{cr} 由 45° 增加到接近 90° 的额定励磁电流临界状态，电枢电流与励磁电流也相应增加，如图 4-30b 中虚线所示。

5）给定有功功率时的无功功率调节特性。

以电枢电压为参考相量，由图 4-30a 用电枢电流的有功和无功分量表示交轴电动势

$$\dot{E}_Q^* = \dot{U}^* + j\dot{I}^* X_q^* = 1 + I_r^* X_q^* + jI_a^* X_q^*, E_Q^* = \sqrt{(1 + I_r^* X_q^*)^2 + I_a^{*2} X_q^{*2}} \tag{4-88}$$

电枢电流标幺值的直轴分量

$$I_d^* = I_a^* \sin\theta + I_r^* \cos\theta = \frac{I_a^{*2} X_q^* + I_r^* (1 + I_r^* X_q^*)}{E_Q^*} \tag{4-89}$$

于是，励磁电流标幺值

$$I_f^* = E_f^* = E_Q^* + (X_d^* - X_q^*) I_d^* = \frac{(1 + X_q^* I_r^*)(1 + X_d^* I_r^*) + X_d^* X_q^* I_a^{*2}}{\sqrt{(1 + X_q^* I_r^*)^2 + X_q^{*2} I_a^{*2}}} \tag{4-90a}$$

电枢电流标幺值

$$I^* = \sqrt{I_a^{*2} + I_r^{*2}} \tag{4-90b}$$

由图 4-30a 以及式（4-90a）和式（4-90b）可见，在有功功率给定条件下，电枢电流有

功分量标幺值 I_a^* 恒定，随着无功电流分量标幺值 I_r^* 由超前于电枢电压变为滞后于电枢电压，电枢电流沿垂直线 MN 由上到下先减小后增大，单位功率因数时电枢电流最小，交轴电动势沿水平线 GH 由左向右不断增大，励磁电流由零或临界稳定边界开始增大，形成"V"形特性曲线。对于不同有功功率标幺值，图 4-30b 给出了无功功率调节"V"形特性。

对于隐极同步发电机 $X_d^* = X_q^* = X_t^*$，由于没有磁阻电磁功率，在励磁电流为零时只有一个零功率因数点，纵坐标为 $I^* = Y_t^* = 1/X_t^*$。其他特性与凸极同步发电机类似，不再赘述。

4. 同步发电机的静态稳定性

同步发电机的静态稳定性是指同步发电机稳定运行时出现短时外部扰动，如果扰动消失后同步发电机仍然能回复到正常运行，说明同步发电机的工作点是稳定的，否则是不稳定的。虽然任何系统当受到的扰动超过一定值时都可能失去稳定，但是这里讨论的稳定性是将扰动限制在极其微弱的条件下确定稳定运行区域，采用准静态分析方法。讨论一定扰动范围的稳定性，需要考虑系统动态稳定特性，有关动态稳定问题不在这里讨论。

下面以隐极同步发电机为例分析稳定运行区域。假设隐极同步发电机运行在功率 P_0，对应功角特性的 A 和 B 点，如图 4-31 所示，即原动机输入机械功率与同步发电机电磁功率在同步转速下平衡。下面分析工作点 A 和 B 的稳定性。

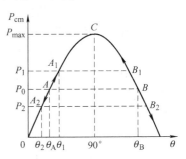

图 4-31 同步发电机稳定性

如图 4-31 所示，工作点 A 的功率角 $\theta_A < 90°$，假设存在功率扰动，如原动机输入功率增加到 P_1，因净功率 $P_1 - P_0 > 0$，驱动转子磁极加速使得功率角增大，电磁功率由原来的 A 点 P_0 上升到 A_1 点 P_1 稳定运行，实际上在 A_1 点附近存在转速恢复同步速的动态振荡过程。当原动机扰动消失、输入功率恢复到 P_0 后，因电磁功率 $P_1 > P_0$，产生净制动功率 $P_1 - P_0$，使功率角减小，又回复到原来的 A 点。同样地，如果扰动使原动机输入功率减小到 P_2，因净制动功率 $P_0 - P_2 > 0$，转子磁极减速使得功率角减小，电磁功率由原来的 A 点 P_0 下降到 A_2 点 P_2 稳定运行，实际上在 A_2 点附近存在转速恢复同步速的动态振荡过程。当原动机扰动消失、输入功率恢复到 P_0 后，因电磁功率 $P_2 < P_0$，产生净驱动功率 $P_0 - P_2$，使功率角增加，又回复到原来的 A 点。因此，A 点功角特性的斜率 $dP_{em}/d\theta > 0$ 是稳定工作点。

工作点 B 的功率角 $\theta_B > 90°$，假设存在功率扰动，如原动机输入功率增加到 P_1，因净功率 $P_1 - P_0 > 0$，驱动转子磁极加速使得功率角增大，电磁功率由原来的 B 点 P_0 朝 B_2 点功率 P_2 下降的方向移动，驱动功率进一步增大使转子继续加速，即使原动机扰动消失、输入功率恢复到 P_0，转子仍将加速，使得电磁功率由正变负，经过电动机状态后再次进入发电机状态到达新的功率平衡点 A，但是由于转子加速累积的动能使得转子转速超过同步速，将沿功角特性 AA_1 经过 C 到达 B 点的制动过程，因为加速累积动能超过制动过程的动能消耗，所以转子将不断加速而失去同步，甚至发生失速现象，需要采取限速措施。因此，B 点功角特性的斜率 $dP_{em}/d\theta < 0$ 是不稳定工作点。

由此可见，功率角在 $0° \sim 180°$ 范围内，隐极同步发电机的功率角 $\theta = 90°$ 时，$dP_{em}/d\theta = 0$ 是临界稳定点；$0° < \theta < 90°$ 时，$dP_{em}/d\theta > 0$ 是稳定运行区域；$90° < \theta < 180°$ 时，$dP_{em}/d\theta < 0$ 是不稳定运行区域。即当比整步功率大于零时，同步发电机静态稳定；当比整步功率小于

零时，同步发电机静态不稳定；当比整步功率等于零时，同步发电机临界稳定。

用扰动法分析稳定性时要注意扰动类型，比如负载功率扰动、原动机功率扰动、负载电压扰动、负载频率扰动、励磁电流扰动等，这些扰动对功角特性的影响使得稳定工作点发生偏移。

5. 同步发电机的功率限制

同步发电机额定运行时，电枢电压、电流和功率因数额定，输出有功功率和无功功率额定，转子励磁电流额定，同步发电机的容量额定。电枢电压受电机绝缘水平限制，电枢电流受电枢绕组温升限制，转子励磁电流受励磁绕组温升限制，额定功率因数通常不小于 0.8 且是滞后的。当同步发电机功率因数增加时，电枢电压和电流额定，有功功率增加，无功功率减小，励磁电流减小，因此从电气量的角度没有限制，容量可以是额定的，但必须考虑机械量的限制，因为有功功率增加使得转子电磁转矩增大，需要保证足够机械强度。当同步发电机功率因数滞后且减小时，由于电枢电流直轴去磁增强，使得励磁电流增大，但励磁电流受额定运行状态的额定励磁电流限制，因此电枢电流必须减小，同步发电机容量减小，当功率因数降为零时，同步发电机的容量将小于额定容量，即同步发电机作为无功补偿器或调相机运行输出感性无功功率时的容量小于额定容量。

6. 电压稳定与频率稳定

前面讨论的功率调节是针对与电压和频率稳定的无穷大电网并联的同步发电机，从电力系统的角度是没有无穷大电网的，电网电压和频率会出现波动或不稳定。那么如何调节同步发电机使电网电压和频率稳定呢？从同步发电机稳定的角度，外部电气端等效成对称有源负载，如果同步发电机有功功率不平衡，那么电磁转矩与原动机机械转矩不平衡，转子转速将发生变化，由此发电机励磁电动势的频率将发生变化，造成电网频率变化而不稳定。反过来，电网频率不稳定是由于有功功率不平衡的缘故。如果同步发电机无功功率不平衡，那么要保持无功功率平衡且不能改变有功功率的平衡状态，必须在改变功率因数的同时改变发电机的电压，因此将导致发电机电压不稳定。

电网电压不稳定是由于无功不平衡引起的，要使电网电压稳定，必须调节发电机励磁电流以满足系统无功功率平衡。如电网电压偏低，要增大励磁电流；反之则要降低励磁电流。而电网频率不稳定是由于有功功率不平衡引起的，要使电网频率稳定，必须调节原动机输入有功功率以达到系统有功功率平衡。如电网频率偏低，要增大原动机输入有功功率；否则就要减小原动机输入有功功率。

电力系统中对电网功率因数有一定要求，如果功率因数偏低，线路无功电流引起的损耗增加，需要进行无功补偿，通常在负载附近增加调相机、并联电容器、静态无功补偿器或单位功率因数校正电路等，也可以在长距离输电线路的适当位置增加无功补偿点。

同步发电机单机带对称负载（RLC）时，如果改变负载参数使得输出有功功率发生变化，那么如原动机输入有功功率不变就要改变转子转速，即改变输出电压和电流频率以达到有功功率的平衡。反过来，改变原动机转速，就能直接改变同步发电机输出电压和电流的频率，因此同步发电机单机运行时，调节原动机转速就可以使同步发电机作为变频电源提供电能。

4.5 同步电动机与调相机

同步电机有 3 种负载运行状态：发电机、调相机和电动机，因为发电机和电动机的区别是电机输出还是吸收有功电功率或者机械功率，而调相机相当于零功率因数状态的发电机或电动机，但没有机械功率的输入或输出。发电机与电动机原理上是可逆的，因为假设同步电机作为发电机与无穷大电网并联运行，原动机输入机械转矩和功率，发电机输出电功率，励磁电动势超前于电枢电压一个功率角，电磁转矩起制动作用。逐渐减小原动机输入的同步发电机的机械功率，那么电磁功率和功率角不断减小，当同步发电机输出有功电功率为零时，原动机提供的机械功率用来克服机械损耗、铁心损耗和绕组铜耗，同步发电机仅向电网提供无功功率。若脱卸原动机，转子由于机械摩擦转矩，需要电磁转矩来驱动，这时同步发电机变为同步电动机，从电网吸收的有功电功率用于机械损耗、铁心损耗和绕组铜耗，电枢电压超前于励磁电动势一个功率角。若转子增加机械负载转矩，那么转子减速使主极磁场滞后于电枢磁场，转子受到驱动性质的电磁转矩和电磁功率，电枢电压与励磁电动势的相位差功率角增大，于是，同步电动机从电网吸收有功电功率来平衡机械负载功率。由此可见，并网运行的同步电机，发电机与电动机状态是可以相互转换的，而且空载或调相机状态是发电机与电动机状态的过渡状态。

4.5.1 同步电动机的运行分析

1. 规定正方向

同步电动机的正方向惯例如图 4-32 所示，定子电枢绕组和转子励磁绕组都采用电动机惯例，转子逆时针旋转为正，转子直轴（d 轴）是转子主磁极 N 极方向，磁场由转子到定子，而转子交轴（q 轴）空间位置超前直轴 90°电角，电枢绕组电流与磁通正方向符合右手螺旋关系，电枢绕组漏电动势、电枢反应电动势与相应的磁通正方向也符合右手螺旋关系，但励磁磁通与励磁电动势符合左手螺旋关系。与同步发电机相比，定子电枢电流方向改变引起三相绕组轴线反向，相应地，电枢反应磁动势与磁通正方向也改变，但漏电动势和电枢反应电动势分量与相应电枢电流分量的关系不变。励磁电动势的正方向与发电机状态相同，由于励磁磁通与励磁电动势符合左手螺旋关系，励磁电动势将由发电机状态滞后于直轴 90°电角变为电动机状态的超前于直轴 90°电角，即交轴位置。

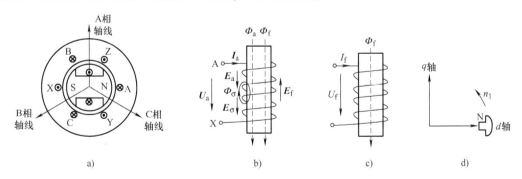

图 4-32 同步电动机正方向惯例
a）电机简化模型 b）电枢绕组 c）励磁绕组 d）转子 dq 轴

2. 同步电动机电压方程、时空矢量图和等效电路

利用双反应理论和电磁感应定律，由图 4-32b 得到凸极同步电动机电枢绕组电压瞬时值方程为

$$u_a = R_a i_a - e_\sigma - e_{ad} - e_{aq} + e_f = R_a i_a + \frac{d\psi_\sigma}{dt} + \frac{d\psi_{ad}}{dt} + \frac{d\psi_{aq}}{dt} + \frac{d\psi_f}{dt} \qquad (4\text{-}91)$$

凸极同步电动机稳态运行时，由式（4-91）用时空矢量表示为

$$\boldsymbol{U}_a = R_a \boldsymbol{I}_a - \boldsymbol{E}_\sigma - \boldsymbol{E}_{ad} - \boldsymbol{E}_{aq} + \boldsymbol{E}_f = R_a \boldsymbol{I}_a + j\omega_1 \boldsymbol{\psi}_\sigma + j\omega_1 \boldsymbol{\psi}_{ad} + j\omega_1 \boldsymbol{\psi}_{aq} + j\omega_1 \boldsymbol{\psi}_f \quad (4\text{-}92)$$
$$= R_a \boldsymbol{I}_a + jX_\sigma \boldsymbol{I}_a + jX_{ad} \boldsymbol{I}_d + jX_{aq} \boldsymbol{I}_q + \boldsymbol{E}_f = R_a \boldsymbol{I}_a + jX_d \boldsymbol{I}_d + jX_q \boldsymbol{I}_q + \boldsymbol{E}_f$$

因相量与其时空矢量在转子同步 dq 坐标系中相差常系数 $\sqrt{2}$，故式（4-92）改写为

$$\dot{U}_a = R_a \dot{I}_a - \dot{E}_\sigma - \dot{E}_{ad} - \dot{E}_{aq} + \dot{E}_f = R_a \dot{I}_a + jX_\sigma \dot{I}_a + jX_{ad} \dot{I}_d + jX_{aq} \dot{I}_q + \dot{E}_f \qquad (4\text{-}93a)$$
$$= R_a \dot{I}_d + jX_d \dot{I}_d + jX_q \dot{I}_q + \dot{E}_f = R_a \dot{I}_a + jX_\sigma \dot{I}_a + \dot{E}_\delta$$

其中，ω_1 为定子电枢电流或励磁电动势角频率，电枢反应磁场感应的各电动势相位与相应的电抗压降相反或滞后于相应电枢电流分量及其磁场 90°电角，电动势的大小等于相应的电抗压降或者相应的电流与电抗乘积，气隙电动势 $\dot{E}_\delta = \dot{E}_f - \dot{E}_a = \dot{E}_f - \dot{E}_{ad} - \dot{E}_{aq}$。

由式（4-92）可以画出凸极同步电动机的时空矢量图，如图 4-33a 所示。对于隐极同步电动机，时空矢量图简化成如图 4-33b 所示。由式（4-93a）凸极同步电动机的电压相量方程简化为式（4-93b）隐极同步电动机的电压相量方程

$$\dot{U}_a = R_a \dot{I}_a - \dot{E}_\sigma - \dot{E}_a + \dot{E}_f = R_a \dot{I}_a + jX_\sigma \dot{I}_a + jX_a \dot{I}_a + \dot{E}_f \qquad (4\text{-}93b)$$
$$= R_a \dot{I}_a + jX_t \dot{I}_a + \dot{E}_f = R_a \dot{I}_a + jX_\sigma \dot{I}_a + \dot{E}_\delta$$

类似地，定义同步电动机的交轴电动势

$$\dot{E}_Q = \dot{U}_a - R_a \dot{I}_a - jX_q \dot{I}_a = j(X_d - X_q) \dot{I}_d + \dot{E}_f \qquad (4\text{-}94)$$

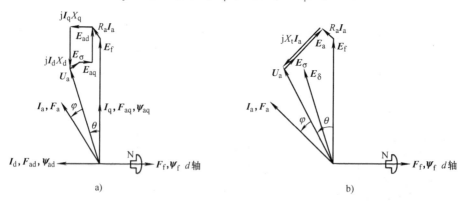

图 4-33 同步电动机时空矢量图

a) 凸极　b) 隐极

由图 4-33 可知，同步电动机电枢电压超前于励磁电动势，因为空载时电枢电压与励磁电动势重合，当转子拖动机械负载时，电网提供的电压时空矢量不变，转子受到负载转矩作用，转速变慢，使得主磁极磁场滞后，电枢电压 $\boldsymbol{U}_a$ 超前于励磁电动势 $\boldsymbol{E}_f$ 的相位差功率角 θ 增大。若励磁电流不变，励磁电动势与电压大小相等，因此电枢电流时空矢量位于电枢电压和励磁电动势之间。功率角增加，电枢电流增大，电网提供的有功功率增加，与转子负载平衡时，同步电动机转速稳定运行。要使同步电动机实现单位功率因数运行，电枢电流与电枢

电压时空矢量重合，励磁电动势必须大于电枢电压。当励磁电流增大时，励磁电动势增加，电枢电流相位逐渐接近甚至超前于电枢电压。

同步电动机运行时，电枢电压超前励磁电动势的相位角称为功率角 θ，电枢电流超前励磁电动势的相位角 ψ 与电枢反应性质有关，若电枢电流超前电枢电压的相位角称为功率因数角 φ，那么这 3 个角仍然满足 $\psi = \theta + \varphi$。同步电动机的电枢反应性质根据相位角 ψ 与同步发电机一致：当 $\psi = 90°$ 时，纯直轴去磁；当 $\psi = -90°$ 时，同步电动机纯直轴助磁；当 $\psi = 0°$ 时，同步电动机纯交轴交磁和助磁；当 $0° < \psi < 90°$ 时，同步电动机直轴去磁，交轴交磁和助磁；而当 $-90° < \psi < 0°$ 时，同步电动机直轴助磁，交轴交磁和助磁。

由式（4-93a、b）得到用气隙磁场感应电动势和电枢漏电抗及电枢电阻表示的同步电动机稳态等效电路如图 4-34a 所示。相当于按照电动机惯例的任何耦合磁路中正弦稳态线圈的等效电路。因为同步电机漏电抗与绕组电阻相对输电线路参数要小得多，在电力系统中简单地等效成气隙电动势及其与励磁电动势相位差的电源。

由式（4-93b）得出的用励磁电动势表示的隐极同步电动机稳态等效电路如图 4-34b 所示。由于电网电压是稳定的，同步电机空载时励磁电动势等于电网电压，如果多台同步电机并网运行，那么空载时它们的直轴位置必须一致，负载时它们的直轴位置相对稳定。因此，同轴连接的同步电动机并网，转子极对数和直轴位置必须相同。

凸极同步电动机要分别考虑直轴和交轴稳态等效电路。需要指出的是，电枢直轴与转子直轴相反，以直轴电枢电流为参考，$\dot{U}_a = U_d - jU_q$，$\dot{I}_a = \dot{I}_d + \dot{I}_q = I_d - jI_q$，于是，由式（4-93a）得到直轴与交轴电流相互耦合的直轴和交轴稳态等效电路，如图 4-34c 和 d 所示。

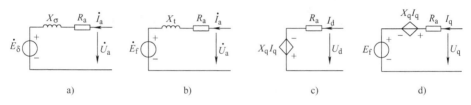

图 4-34　等效电路

a）气隙电动势　b）隐极　c）凸极直轴　d）凸极交轴

3. 同步电动机的功角特性

同步电动机的功率角定义为电枢电压超前励磁电动势的相位角。忽略电枢电阻，同步电动机的功角特性与同步发电机的一致，有功功率与无功功率的功角特性分别为

$$P_{em} = \frac{mE_Q U_a}{X_q}\sin\theta = \frac{mE_f U_a}{X_d}\sin\theta + \frac{mU_a^2}{2X_d X_q}(X_d - X_q)\sin 2\theta \qquad (4\text{-}95a)$$

$$Q = \frac{mE_f U_a}{X_d}\cos\theta - \frac{mU_a^2}{X_d X_q}(X_d \sin^2\theta + X_q \cos^2\theta) \qquad (4\text{-}95b)$$

从发电机的角度，功率角为正，电磁转矩起制动作用；而从电动机的角度，功率角为正，电磁转矩起驱动作用。尽管无功功率的正负与功率角的正负无关，但因为发电机与电动机的电流方向相反，因此无功功率的流向也相反。同步发电机发出滞后的感性无功功率，同步电动机则是吸收超前的容性无功功率；同步发电机发出超前的容性无功功率，同步电动机则是吸收滞后的感性无功功率。

4. 同步电动机的功率调节

（1）同步电动机的功率和转矩平衡

同步电动机输入有功功率 P_1，电枢绕组产生少量铜耗 p_{Cu}，绝大部分输入有功功率转换为电磁功率 P_{em}，电枢铁心交变磁场形成铁耗 p_{Fe}，转子机械摩擦、风阻产生风摩损耗 p_{mec}，气隙磁场谐波产生附加损耗 p_{ad}，最终转子输出机械功率 P_2，因此 $P_1 = P_{em} + p_{Cu} = P_2 + p_{Cu} + p_{Fe} + p_{mec} + p_{ad} = P_2 + p_{Cu} + p_0$，其中同步电动机的空载损耗为 $p_0 = p_{Fe} + p_{mec} + p_{ad}$。由此得到转子同步转速对应的电磁转矩 T_{em}、负载转矩 T_2 和空载机械转矩 T_0 的平衡关系：$T_{em} = T_2 + T_0$。

（2）同步电动机的无功功率调节特性

同步电动机无功功率调节特性是指电压和频率额定，给定有功功率时的电枢电流与励磁电流的关系。当磁路不饱和时，励磁电流与励磁电动势成正比，相当于电枢电流与励磁电动势的关系，可以用标幺值表示这种关系，分析方法与同步发电机类似，结果也是"V"形曲线，相量图和无功功率调节特性曲线如图 4-35a 和 b 所示。

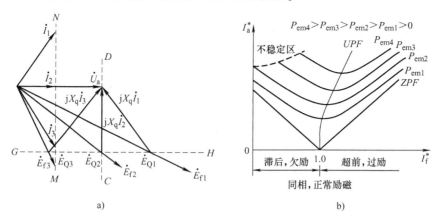

图 4-35 同步电动机无功功率调节
a）相量图 b）"V"形调节特性

单位功率因数时，电枢电流与电枢电压同相位，给定有功功率的电枢电流最小，这时的励磁电流称为"正常励磁"，电枢反应直轴去磁。当励磁电流增大时，励磁电动势增大，电枢电流增大且超前于电枢电压，同步电动机从电网吸收容性无功功率或发出感性无功功率，这时的励磁电流称为"过励"状态。当励磁电流减小时，励磁电动势减小，电枢电流也增大但滞后于电枢电压，同步电动机从电网吸收感性无功功率或发出容性无功功率，这时的励磁电流称为"欠励"状态。由于电力系统中的负载多为感性的，如异步电动机，因此同步电动机"过励"状态可以改善电网功率因数，降低线路无功电流引起的损耗。电力系统长距离输电空载时，线路电容使用户端电压升高，同步电动机"欠励"状态可以降低电压。由此可见，同步电动机适用于转速稳定和改善功率因数的场合。

4.5.2 同步电动机的起动和调速

除了小容量同步电动机外，在不采取任何措施的情况下，同步电动机通常不能直接起动。原因是转子机械惯性励磁磁场转速低而定子电枢磁场按照同步速旋转，两者很难形成稳定的电磁转矩或平均电磁转矩。不仅如此，电枢磁场相对转子励磁绕组高速旋转可能感应出高压电动势而击穿励磁绕组的绝缘。

1. 阻尼绕组起动

同步电动机转子磁极表面开有齿槽，轴向安放导体，并在磁极两端用短路环短接。这样的绕组类似异步电动机的笼型绕组，所不同的是导条安放在转子直轴附近，直轴和交轴阻尼绕组的作用不对称。但在电枢磁场作用下总是可以产生感应电流和电磁转矩驱动转子起动。励磁绕组需要串联 10 倍励磁绕组电阻的外接电阻。待转子接近同步速时，转子施加励磁电压，转子励磁电流产生的主磁极磁场能很快将同步电动机的转子牵入同步。由于异步转矩机械特性软，因此只能空载或轻载起动。

2. 辅助设备起动

利用辅助电动机拖动转子起动，接近同步速时，定子并网，并在转子励磁绕组上加励磁电流，使得定、转子产生同步电磁转矩而牵入同步。

3. 变频起动与调速

同步电动机利用功率变换器变频起动是既经济节能又能适应不同负载转矩和运行转速要求的方法，利用定、转子同步磁场产生的电磁转矩足以驱动额定电磁转矩的负载。但要保持定、转子磁场同步，必须采用转子位置传感器检测转子磁极位置信号，以便在定子绕组施加合适的电压产生合适的电枢电流和电枢磁场。

同步电动机通过改变电枢电压的频率不仅可以实现起动，而且可以用来调速。不像异步电动机可以通过改变电压和转子串阻抗调速，同步电动机转子转速与频率和电机极对数保持严格的关系，同步电动机要同时改变定、转子极对数的调速方法极其罕见。

同步电动机采用变频调速，而且需要转子位置信号（采用传感器检测，无传感器转子位置或转速观测器估算）。目前很多需要高效节能的调速场合都开始采用永磁同步电动机（正弦波永磁同步和非正弦波无刷直流电动机驱动调速），如家用电器（洗衣机、空调、冰箱）、办公用品（打印机、复印机、传真机）、工业机器人、电动自行车、电动汽车、大功率低速驱动天文望远镜、模拟太空高速离心机等。

不仅电动机需要调速，发电机也可能需要变速运行，如可再生清洁能源领域的风力发电机（双馈感应发电机、全功率笼型发电机、永磁同步发电机）、潮汐能或波浪能发电的直线永磁同步发电机等。

4.5.3 同步调相机

同步调相机也称同步补偿机，是转子不接机械负载的同步电机。同步电动机转子不接机械负载时，电枢绕组从电网吸收的有功电功率主要用于绕组铜耗、铁心损耗、机械损耗和附加损耗，电磁转矩很小，转子机械应力小。不考虑损耗时，同步电动机功率因数为零，改变励磁电流用来调节无功功率，满足电力系统无功功率的需要，提高电网的功率因数，这时的同步电动机对电网来说是零功率因数负载，过励时作为可调电容器，欠励时作为可调电抗器。同步调相机是专用无功补偿、功率因数调节的电力系统装置，具有与同步发电机和同步电动机显著不同的特点：

1）由于其没有机械负载，因此转子不需要动力端轴伸且承受的机械剪切应力小，没有静态过载能力的要求。

2）同步调相机的额定容量是指过励时的视在功率，根据励磁绕组最大励磁电流的散热要求设计。

3）同步调相机的极数少，转速高，气隙小，直轴同步电抗标幺值在 2.0 以上，因此相同气隙磁场的转子励磁绕组用铜量可以减少。

4）大容量同步调相机采用氢冷或双水内冷，以提高材料的利用率。

由于同步调相机相当于一个大电感对称负载，异步起动投入电网时会降低接入电网处的电压。

4.5.4　同步电机的功率四象限运行

尽管同步发电机、电动机和调相机的结构和设计方法有所不同，容量相差也很大，但从原理上同步电机既可以作为发电机，输入机械功率输出电功率，也可以作为电动机，输入电功率输出机械功率，还可以作为调相机实现无功补偿。

图 4-36 给出了同步电机四象限运行功率平面图，这里以隐极同步电机为例，按照电动机惯例画出时空矢量图，电枢电压时空矢量与横轴（有功功率）正方向一致，纵轴为无功功率，并且同步电动机吸收容性无功功率为正，4 种不同状态的电枢电流分别位于功率 PQ 平面的 4 个象限。第四象限电枢电流滞后电压一个功率因数角，有功功率和无功功率都是正的电动机运行状态，转子励磁处于欠励状态，输入有功电功率和感性无功功率，输出机械功率。第一象限电枢电流超前电压，为

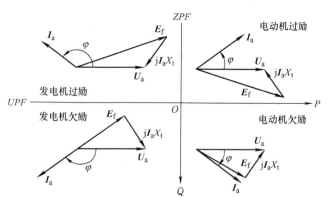

图 4-36　同步电机功率四象限运行

电动机运行状态，直轴电枢反应去磁，转子励磁处于过励状态，输入有功电功率，输出感性无功功率和机械功率。第二象限电枢电流超前电压角度大于 90°电角，有功功率是负的发电机运行状态，直轴电枢反应去磁，转子励磁处于过励状态，输入机械功率，输出有功电功率和感性无功功率。第三象限电枢电流滞后电压角度大于 90°电角，同步电机处于发电机运行状态，转子励磁处于欠励状态，输入机械功率和感性无功功率，输出有功电功率。除了原点以外，横坐标轴是单位功率因数运行状态，纵坐标轴是零功率因数同步调相机运行状态，其中正半轴同步电机作为可调电容器，负半轴同步电机作为可调电抗器。坐标原点是同步电机并网理想空载运行状态。

4.6　同步发电机的不对称运行

同步发电机由于三相负载不平衡或电网故障引起不对称运行，这时同步发电机励磁电流产生的励磁电动势仍认为是三相对称的，但利用对称分量法可知，三相电压与电流存在正序、负序和零序分量。为了简化分析，只考虑基波磁场且磁路不饱和，因此可以利用叠加原理分别对三相正序、负序和零序分量单独作用时进行讨论。下面先分析正序、负序和零序阻

抗，再分析同步发电机三相突然短路的暂态过程。

4.6.1　不对称运行的序阻抗

根据电机国家标准基本要求，同步发电机需要承受一定的负序能力，为此转子除了励磁绕组，还有具有稳定转子转速的阻尼绕组，即安放在主磁极极靴表面槽内的导体和转子铁心两端封闭的短路环，可以等效成短路的直轴和交轴阻尼绕组。

同步发电机不对称负载运行如图 4-37a 所示，可以看成是三组对称电压和电流（正序、负序和零序）的叠加，如图 4-37b 所示。

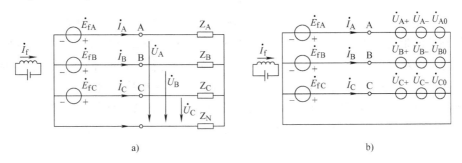

图 4-37　三相同步发电机不对称负载运行

由于三相正序、负序和零序电流产生的气隙磁场相对于转子的运动方式不同，因此同步发电机对应不同相序电流的阻抗也不同。设正序电流阻抗为 Z_+，负序电流阻抗为 Z_-，而零序电流阻抗为 Z_0，那么根据叠加原理可以得到任意一相各相序的相量等效电路，如图 4-38 所示。

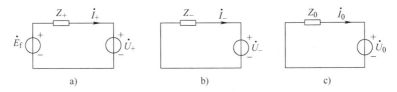

图 4-38　同步发电机 A 相正序、负序和零序等效电路

1. 正序阻抗

如图 4-38a 所示，同步发电机正序电流产生逆时针同步电枢磁场，转子逆时针以同步速旋转，转子励磁电流在电枢对称绕组产生正序励磁电动势，与正序阻抗压降和电压相平衡

$$\dot{E}_{\mathrm{f}} = \dot{U}_+ + Z_+ \dot{I}_+ \tag{4-96}$$

将式（4-96）与凸极同步发电机的正序电压方程（4-30）比较，得到正序阻抗

$$Z_+ = (R_{\mathrm{a}} \dot{I}_{\mathrm{a}} + \mathrm{j} X_{\mathrm{d}} \dot{I}_{\mathrm{d}} + \mathrm{j} X_{\mathrm{q}} \dot{I}_{\mathrm{q}}) / \dot{I}_{\mathrm{a}} \tag{4-97}$$

以直轴电流为参考相量 $\dot{I}_{\mathrm{a}} = I_{\mathrm{a}}(\sin\psi + \mathrm{j}\cos\psi)$，$\dot{I}_{\mathrm{d}} = I_{\mathrm{a}}\sin\psi$，$\dot{I}_{\mathrm{q}} = \mathrm{j} I_{\mathrm{a}}\cos\psi$，代入式（4-97）得到与电枢反应性质角度 ψ 相关的正序阻抗表达式

$$Z_+ = R_{\mathrm{a}} + \frac{1}{2}(X_{\mathrm{d}} - X_{\mathrm{q}})\sin 2\psi + \mathrm{j}(X_{\mathrm{d}}\sin^2\psi + X_{\mathrm{q}}\cos^2\psi) \tag{4-98}$$

由式（4-98）可知，对于隐极同步发电机，因 $X_{\mathrm{d}} = X_{\mathrm{q}} = X_{\mathrm{t}}$，正序阻抗与电枢反应性质

角度 ψ 无关，$Z_+ = R_a + jX_+$，即隐极同步发电机稳态等效电路的内阻抗。对于凸极同步发电机，稳态短路运行时，忽略电阻，正序电流滞后于励磁电动势，$\psi = 90°$，正序电抗等于不饱和直轴同步电抗 $X_{d(unsat)}$；同步发电机只有交轴电枢反应时，正序电流与励磁电动势同相位，$\psi = 0°$，正序阻抗简化为 $Z_+ = R_a + jX_q$；正序阻抗实部中存在直轴与交轴同步电抗之差有关项，是由于磁阻电磁功率是有功功率，且直轴与交轴电枢电流分量同时存在时才不等于零。

2. 负序阻抗

如图 4-38b 所示，负序等效电路电压平衡

$$\dot{U}_- + Z_- \dot{I}_- = 0 \tag{4-99}$$

假设同步发电机励磁绕组电阻 R_f 和漏电抗 $X_{f\sigma}$，直轴阻尼绕组电阻 R_{kD} 和漏电抗 $X_{kD\sigma}$，交轴阻尼绕组电阻 R_{kQ} 和漏电抗 $X_{kQ\sigma}$，这些转子参数都已经折算到定子，即转子各等效绕组的匝数与定子绕组基波等效串联匝数相同，直轴主磁路自感和互感同为直轴电枢反应电感，交轴主磁路自感和互感同为交轴电枢反应电感，电抗的频率是基波频率。

同步发电机负序电流产生顺时针同步电枢磁场，转子逆时针以同步速旋转，定义转差率等于电枢磁场相对转子转速与电枢磁场转速之比，用符号 s 表示

$$s = \frac{n_1 - n}{n_1} = \frac{f_2}{f_1} \tag{4-100}$$

式中，f_1 和 f_2 分别为定、转子电流频率。

电枢绕组中直轴与交轴气隙电动势与直轴和交轴主磁路磁链及电枢反应电感的关系为

$$-\dot{E}_{\delta d} = j\omega_1 \dot{\psi}_{\delta d} = jX_{ad} \dot{I}_{\delta d} \tag{4-101a}$$

$$-\dot{E}_{\delta q} = j\omega_1 \dot{\psi}_{\delta q} = jX_{aq} \dot{I}_{\delta q} \tag{4-101b}$$

式中，$I_{\delta d}$ 和 $I_{\delta q}$ 分别为直轴和交轴主磁路磁场等效励磁电流；X_{ad} 和 X_{aq} 分别是直轴和交轴电枢反应电抗，也是折算到定子的直轴绕组之间的互感电抗和交轴绕组之间的互感电抗。

电枢负序电流产生的漏磁场在电枢绕组中的漏电抗与正序一样，相当于正序电流而转子顺时针同步速旋转，负序电压和电流满足的电压相量方程为

$$\dot{U}_- + R_a \dot{I}_- + jX_\sigma \dot{I}_- - \dot{E}_{\delta d} - \dot{E}_{\delta q} = 0 \tag{4-102a}$$

转子直轴有短路的励磁绕组和直轴阻尼绕组，交轴有短路的交轴阻尼绕组，实际转子绕组产生相对转子正、反转的磁动势并由此激发一系列定、转子谐波磁动势，因为不考虑谐波，因此负序电枢电流产生的气隙磁场相对定子是顺时针同步速旋转的，而相对转子是以转差率 $s = 2$ 与同步速乘积的转速 $2n_1$ 顺时针旋转的，即气隙磁场在这些转子绕组中产生两倍频率的感应电动势和电流。

转子励磁绕组中电流和电动势的频率为转差频率 sf_1，因此需要进行频率和绕组折算，假定所有绕组匝数都折算到定子，频率也折算到定子（频率折算将在异步电机中介绍），励磁绕组的正弦稳态相量方程为

$$R_f \dot{I}_f + jsX_{f\sigma} \dot{I}_f - s\dot{E}_{\delta d} = 0 \text{ 或者}(R_f/s) \dot{I}_f + jX_{f\sigma} \dot{I}_f - \dot{E}_{\delta d} = 0 \tag{4-102b}$$

同样地，可以得到直轴和交轴阻尼绕组折算到定子的正弦稳态相量方程

$$(R_{kD}/s) \dot{I}_{kD} + jX_{kD\sigma} \dot{I}_{kD} - \dot{E}_{\delta d} = 0 \tag{4-102c}$$

$$\left(R_{kQ}/s\right)\dot{I}_{kQ} + jX_{kQ\sigma}\dot{I}_{kQ} - \dot{E}_{\delta q} = 0 \tag{4-102d}$$

各绕组的匝数相同，利用磁动势平衡关系得到电流关系

$$\dot{I}_{d-} + \dot{I}_{f} + \dot{I}_{kD} = \dot{I}_{\delta d} \tag{4-103a}$$

$$\dot{I}_{q-} + \dot{I}_{kQ} = \dot{I}_{\delta q} \tag{4-103b}$$

由式（4-101a）、式（4-102b）和式（4-102c）求得电流后代入式（4-103a），得到负序直轴电流分量与直轴气隙电动势的关系

$$\dot{I}_{d-} = -\frac{\dot{E}_{\delta d}}{jX_{ad}} - \frac{\dot{E}_{\delta d}}{Z_{f\sigma s}} - \frac{\dot{E}_{\delta d}}{Z_{kD\sigma s}} = j\frac{\dot{E}_{\delta d}}{X_{ds}} \tag{4-104a}$$

其中，$\dfrac{1}{X_{ds}} = \dfrac{1}{X_{ad}} + \dfrac{j}{Z_{f\sigma s}} + \dfrac{j}{Z_{kD\sigma s}}$，$Z_{f\sigma s} = \dfrac{R_f}{s} + jX_{f\sigma}$，$Z_{kD\sigma s} = \dfrac{R_{kD}}{s} + jX_{kD\sigma}$，$s = 2$。

类似地，由式（4-101b）和式（4-102d）求得电流后代入式（4-103b），得到负序交轴电流分量与交轴气隙电动势的关系

$$\dot{I}_{q-} = -\frac{\dot{E}_{\delta q}}{jX_{aq}} - \frac{\dot{E}_{\delta q}}{Z_{kQ\sigma s}} = j\frac{\dot{E}_{\delta q}}{X_{qs}} \tag{4-104b}$$

其中，$\dfrac{1}{X_{qs}} = \dfrac{1}{X_{aq}} + \dfrac{j}{Z_{kQ\sigma s}}$，$Z_{kQ\sigma s} = \dfrac{R_{kQ}}{s} + jX_{kQ\sigma}$，$s = 2$。

由式（4-104a）式（4-104b）代入式（4-102a）得到负序电压方程

$$\dot{U}_{-} + R_{a}\dot{I}_{-} + jX_{\sigma}\dot{I}_{-} + jX_{ds}\dot{I}_{d-} + jX_{qs}\dot{I}_{q-} = 0 \tag{4-105}$$

比较式（4-105）和式（4-99）得到负序阻抗

$$Z_{-} = R_{a} + \frac{1}{2}\left(X_{d-} - X_{q-}\right)\sin 2\psi + j\left(X_{d-}\sin^{2}\psi + X_{q-}\cos^{2}\psi\right) \tag{4-106}$$

式中，ψ 是负序电流滞后于交轴的相位，即 $I_{d-} = I_{-}\sin\psi$，$I_{q-} = I_{-}\cos\psi$。

式（4-106）表明，负序阻抗形式上与正序阻抗式（4-98）类似，但正序阻抗没有转子绕组电阻和漏电抗影响，而负序阻抗受转子绕组电阻和漏电抗影响很大。转差率 $s = 2$ 的负序直轴和交轴电抗 X_{d-} 和 X_{q-} 等效电路如图 4-39a 和 b 所示，表达式分别为

$$X_{d-} = X_{\sigma} + X_{ds} = X_{\sigma} + \cfrac{1}{\cfrac{1}{X_{ad}} + \cfrac{1}{X_{f\sigma} - jR_f/s} + \cfrac{1}{X_{kD\sigma} - jR_{kD}/s}} \tag{4-107a}$$

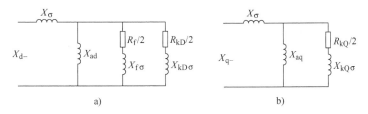

图 4-39　同步发电机直轴和交轴负序电抗等效电路

$$X_{q-} = X_\sigma + X_{qs} = X_\sigma + \cfrac{1}{\cfrac{1}{X_{aq}} + \cfrac{1}{X_{kQ\sigma} - jR_{kQ}/s}} \qquad (4\text{-}107b)$$

显然，式（4-107）中的转差率 $s = 0$ 代表不考虑转子绕组影响的正序直轴和交轴同步电抗 X_d 和 X_q。若不考虑转子各绕组电阻但存在阻尼绕组，则式（4-107a）表示直轴超瞬变电抗 X_d''，式（4-107b）表示交轴超瞬变电抗 X_q''，表明漏磁路是超瞬变过程磁场经过的主要路径，励磁绕组和直轴阻尼绕组阻碍直轴磁场穿越转子直轴主磁路；同样地，交轴阻尼绕组阻碍磁场穿越转子交轴主磁路。若不考虑转子各绕组电阻和阻尼绕组时，则式（4-107a）表示直轴瞬变电抗 X_d'，表明直轴瞬变过程磁场经过的主要路径是转子励磁绕组的漏磁路，励磁绕组阻碍直轴磁场穿越转子励磁绕组，式（4-107b）表示交轴瞬变电抗 $X_q' = X_q$。由此可见，负序电抗比正序电抗要小得多。

需要指出的是，负序阻抗与同步发电机外电路的阻抗有关，如同步发电机与不对称电压或负载发生点之间的线路阻抗。

3. 零序阻抗

如图 4-38c 所示，零序电压与零序电流在零序阻抗上的压降平衡。先分析零序电流产生的气隙磁场，因三相电流大小和相位相同，故各相磁动势幅值相同，空间相差 120° 电角，合成气隙磁动势基波为零。同样地，对于任何自然数 N，$6N \pm 1$ 次谐波，合成磁动势也都等于零。于是，只有 $6N - 3$ 次谐波磁动势时间和空间同相位，$6N - 3$ 次谐波合成磁动势是一相 $6N - 3$ 次谐波磁动势的 3 倍，即零序电流产生的是 $6N - 3$ 次谐波磁动势，零序电抗本质上是谐波漏电抗。类似定子基波漏电抗，$6N - 3$ 次谐波漏电抗与绕组节距有关，对于整距绕组，槽内导体电流相同，无论正序、负序和零序的槽漏电抗都相同，零序漏电抗近似等于基波漏电抗

$$X_0 \approx X_\sigma \qquad (4\text{-}108)$$

对于节距等于 2/3 极距的绕组，$6N - 3$ 次谐波磁动势因节距系数为零而不存在，所以谐波漏电抗为零，而槽内导体电流非同相，槽漏磁场相互抵消，槽漏电抗很小，因此零序电抗主要是绕组端部漏电抗 $X_0 \approx X_{E\sigma}$。

由此可见，零序阻抗等于绕组电阻和一个较小的零序电抗 $Z_0 \approx R_a + jX_0$。

4.6.2 不对称短路稳态分析

1. 不对称负载问题矩阵法求解

同步发电机带不对称负载运行时，可能出现 3 种短路状态：单相、两相和三相短路，分别如图 4-40a、b、c 所示。

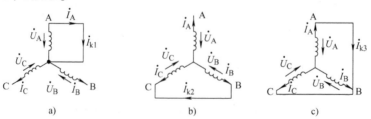

图 4-40 同步发电机直轴和交轴负序电抗等效电路

为了简化对称分量法求解问题的数学描述，采用矩阵形式求解不对称短路稳态问题。记 $[\dot{U}_{\text{pnz}}] = [\dot{U}_+ \quad \dot{U}_- \quad \dot{U}_0]^{\text{T}}$ 为相序电压列相量，$[\dot{U}_{\text{ABC}}] = [\dot{U}_{\text{A}} \quad \dot{U}_{\text{B}} \quad \dot{U}_{\text{C}}]^{\text{T}}$ 为三相电压列相量，$[\dot{I}_{\text{pnz}}] = [\dot{I}_+ \quad \dot{I}_- \quad \dot{I}_0]^{\text{T}}$ 为相序电流列相量，$[\dot{I}_{\text{ABC}}] = [\dot{I}_{\text{A}} \quad \dot{I}_{\text{B}} \quad \dot{I}_{\text{C}}]^{\text{T}}$ 为三相电流列相量，$[Z_{\text{pnz}}] = \text{diag}[Z_+ \quad Z_- \quad Z_0]$ 为相序阻抗对角阵，$[\dot{E}_0] = [\dot{E}_{\text{f}} \quad 0 \quad 0]^{\text{T}}$ 为励磁电动势相序列相量，其中右上标"T"为转置运算符号。于是，对称分量法为

$$[\dot{U}_{\text{pnz}}] = [C][\dot{U}_{\text{ABC}}], \quad [\dot{I}_{\text{pnz}}] = [C][\dot{I}_{\text{ABC}}] \tag{4-109a}$$

$$[\dot{U}_{\text{ABC}}] = [C]^{-1}[\dot{U}_{\text{pnz}}], \quad [\dot{I}_{\text{ABC}}] = [C]^{-1}[\dot{I}_{\text{pnz}}] \tag{4-109b}$$

其中，对称分量法变换矩阵

$$[C] = \frac{1}{3}\begin{pmatrix} 1 & a & a^2 \\ 1 & a^2 & a \\ 1 & 1 & 1 \end{pmatrix}, \quad [C]^{-1} = \begin{pmatrix} 1 & 1 & 1 \\ a^2 & a & 1 \\ a & a^2 & 1 \end{pmatrix} \tag{4-110}$$

图 4-38 所示的等效电路可以简化为矩阵形式的方程

$$[\dot{U}_{\text{pnz}}] + [Z_{\text{pnz}}][\dot{I}_{\text{pnz}}] = [\dot{E}] \tag{4-111}$$

对于同步发电机不对称负载运行的情况，如图 4-37a 所示，三相负载电压方程的矩阵形式为

$$[\dot{U}_{\text{ABC}}] = [Z_{\text{L}}][\dot{I}_{\text{ABC}}] \tag{4-112a}$$

其中，负载阻抗矩阵为

$$[Z_{\text{L}}] = \begin{pmatrix} Z_{\text{A}} + Z_{\text{N}} & Z_{\text{N}} & Z_{\text{N}} \\ Z_{\text{N}} & Z_{\text{B}} + Z_{\text{N}} & Z_{\text{N}} \\ Z_{\text{N}} & Z_{\text{N}} & Z_{\text{C}} + Z_{\text{N}} \end{pmatrix} \tag{4-112b}$$

利用变换式（4-109）和负载电压方程式（4-112a）代入式（4-111）得到相序电流方程

$$\{[C][Z_{\text{L}}][C]^{-1} + [Z_{\text{pnz}}]\}[\dot{I}_{\text{pnz}}] = [\dot{E}] \tag{4-113}$$

考虑到负载阻抗矩阵（4-112b）的特殊性，式（4-113）展开为如下形式：

$$\begin{pmatrix} Z_+ + Z_{\text{L0}} & Z_{\text{Ln}} & Z_{\text{Lp}} \\ Z_{\text{Lp}} & Z_- + Z_{\text{L0}} & Z_{\text{Ln}} \\ Z_{\text{Ln}} & Z_{\text{Lp}} & Z_0 + Z_{\text{L0}} + 3Z_{\text{N}} \end{pmatrix} \begin{pmatrix} \dot{I}_+ \\ \dot{I}_- \\ \dot{I}_0 \end{pmatrix} = \begin{pmatrix} \dot{E}_{\text{f}} \\ 0 \\ 0 \end{pmatrix} \tag{4-114}$$

其中，负载相序阻抗为负载阻抗的对称分量形式

$$\begin{pmatrix} Z_{\text{Lp}} \\ Z_{\text{Ln}} \\ Z_{\text{L0}} \end{pmatrix} = \frac{1}{3}\begin{pmatrix} 1 & a & a^2 \\ 1 & a^2 & a \\ 1 & 1 & 1 \end{pmatrix} \begin{pmatrix} Z_{\text{A}} \\ Z_{\text{B}} \\ Z_{\text{C}} \end{pmatrix} \tag{4-115}$$

由此可见，负载阻抗和励磁电动势确定后，根据式（4-115）计算负载相序阻抗，再代

入式（4-114）并计算阻抗矩阵的逆矩阵获得相序电流，然后将相序电流代入式（4-109b）计算三相电流，最后代入式（4-112a）得到三相电压，利用计算机程序很容易实现。但对于存在开路相的不对称负载计算，需要考虑奇异阻抗矩阵的修改，使得矩阵元素数值有限。

2. 奇异阻抗矩阵的修改

理论上，当方程式（4-114）中阻抗矩阵元素趋于无穷大时，需要将阻抗矩阵中该元素所在行的元素都除以该元素值，并对励磁电动势相序列相量相应行元素也除以该元素值，这样相序电流的解不变。下面讨论几种特殊运行方式的奇异阻抗矩阵修改和求解。

（1）单相短路和两相开路

设 A 相短路，B 和 C 相开路，如图 4-40a 所示，即 $Z_A = Z_N = 0$，$Z_B = Z_C = Z_L \to \infty$。由式（4-115）得到负载相序阻抗 $Z_{Lp} = Z_{Ln} = -Z_L/3$，$Z_{L0} = 2Z_L/3$，当 $Z_L \to \infty$ 时，式（4-114）的阻抗矩阵趋于奇异。由式（4-115）可知，$Z_{Lp} + Z_{Ln} + Z_{L0} = Z_A = 0$，因此，先将阻抗矩阵第二、三行元素加到第一行，然后消除第二、三行中的无穷大元素，则方程式（4-114）修改为

$$\begin{pmatrix} Z_+ & Z_- & Z_0 \\ -1 & 2 & -1 \\ -1 & -1 & 2 \end{pmatrix} \begin{pmatrix} \dot{I}_+ \\ \dot{I}_- \\ \dot{I}_0 \end{pmatrix} = \begin{pmatrix} \dot{E}_f \\ 0 \\ 0 \end{pmatrix} \tag{4-116}$$

由式（4-116）解得：$\dot{I}_+ = \dot{I}_- = \dot{I}_0 = \dfrac{\dot{E}_f}{Z_+ + Z_- + Z_0}$，单相短路电流为

$$\dot{I}_{k1} = \dot{I}_A = \dot{I}_+ + \dot{I}_- + \dot{I}_0 = \frac{3\dot{E}_f}{Z_+ + Z_- + Z_0} \tag{4-117}$$

（2）两相短路和一相开路

设 A 相开路，B 和 C 相短路，如图 4-40b 所示，即 $Z_A = Z_N = Z_L \to \infty$，$Z_B = Z_C = 0$。由式（4-115）得到负载相序阻抗 $Z_{Lp} = Z_{Ln} = Z_{L0} = Z_L/3$，当 $Z_L \to \infty$ 时，式（4-114）的阻抗矩阵趋于奇异。因此，先将阻抗矩阵第一行减去第二行，然后消除第二、三行中的无穷大元素，则方程式（4-114）修改为

$$\begin{pmatrix} Z_+ & -Z_- & 0 \\ 1 & 1 & 1 \\ 1 & 1 & 4 \end{pmatrix} \begin{pmatrix} \dot{I}_+ \\ \dot{I}_- \\ \dot{I}_0 \end{pmatrix} = \begin{pmatrix} \dot{E}_f \\ 0 \\ 0 \end{pmatrix} \tag{4-118}$$

由式（4-118）解得：$\dot{I}_0 = 0$，$\dot{I}_+ = -\dot{I}_- = \dfrac{\dot{E}_f}{Z_+ + Z_-}$，两相短路电流为

$$\dot{I}_{k2} = \dot{I}_B = a^2 \dot{I}_+ + a\dot{I}_- + \dot{I}_0 = -j\frac{\sqrt{3}\dot{E}_f}{Z_+ + Z_-} \tag{4-119}$$

如图 4-40c 所示，三相短路稳态电流只有正序分量

$$\dot{I}_{k3} = \dot{I}_A = \dot{I}_+ = \frac{\dot{E}_f}{Z_+} \tag{4-120}$$

由于负序和零序阻抗比正序阻抗小得多，因此由式（4-116）、式（4-119）和式（4-120）可知，单相、两相和三相短路电流之比近似为 $I_{k1}:I_{k2}:I_{k3} = 3:\sqrt{3}:1$，即三相短路稳态电流最小，两相短路稳态电流居中，单相短路稳态电流最大。

（3）一相开路，两相接负载阻抗

设 A 相开路，B 和 C 相接负载阻抗，即 $Z_A \rightarrow \infty$，Z_B、Z_C 和 Z_N 有限。当 $Z_A \rightarrow \infty$ 时，Z_{Lp}、Z_{Ln} 和 Z_{L0} 都趋于无穷大，式（4-114）的阻抗矩阵趋于奇异。因此，先将阻抗矩阵第一行减去第二行，再将阻抗矩阵第二行减去第三行，最后消除第三行中的无穷大元素，则方程式（4-114）修改为阻抗矩阵各元素有限的形式

$$\begin{pmatrix} Z_+ + Z_{L0} - Z_{Lp} & Z_{Ln} - Z_{L0} - Z_- & Z_{Lp} - Z_{Ln} \\ Z_{Lp} - Z_{Ln} & Z_- + Z_{L0} - Z_{Lp} & Z_{Ln} - Z_{L0} - Z_0 - 3Z_N \\ 1 & 1 & 1 \end{pmatrix} \begin{pmatrix} \dot{I}_+ \\ \dot{I}_- \\ \dot{I}_0 \end{pmatrix} = \begin{pmatrix} \dot{E}_f \\ 0 \\ 0 \end{pmatrix} \tag{4-121}$$

（4）两相开路，单相接负载阻抗

设 A 相接负载阻抗，B 和 C 相开路，即 $Z_B = Z_C = Z_L \rightarrow \infty$，$Z_A + Z_N$ 有限。当 $Z_L \rightarrow \infty$ 时，Z_{Lp}、Z_{Ln} 和 Z_{L0} 都趋于无穷，式（4-114）的阻抗矩阵趋于奇异。由式（4-115）可知，$Z_{Lp} + Z_{Ln} + Z_{L0} = Z_A$ 有限，因此，先将阻抗矩阵第二、三行加到第一行，然后消除第二、三行中的无穷大元素，则方程式（4-114）修改为阻抗矩阵各元素有限的形式

$$\begin{pmatrix} Z_+ + Z_A & Z_- + Z_A & Z_0 + 3Z_N + Z_A \\ -1 & 2 & -1 \\ -1 & -1 & 2 \end{pmatrix} \begin{pmatrix} \dot{I}_+ \\ \dot{I}_- \\ \dot{I}_0 \end{pmatrix} = \begin{pmatrix} \dot{E}_f \\ 0 \\ 0 \end{pmatrix} \tag{4-122}$$

显然，式（4-116）是式（4-122）负载短路的特殊形式，单相负载时，3 个相序电流仍然相同，$\dot{I}_+ = \dot{I}_- = \dot{I}_0$，于是，A 相电流为

$$\dot{I}_A = \dot{I}_+ + \dot{I}_- + \dot{I}_0 = \frac{\dot{E}_f}{(Z_+ + Z_- + Z_0)/3 + Z_A + Z_N} \tag{4-123}$$

单相负载阻抗使得单相负载电流比单相短路稳态电流要小，即如果单相短路存在接地阻抗 Z_N，那么单相短路电流是受到限制的，不一定比两相或三相短路电流大。

思考题与习题

4-1 为什么低速发电机的轴向长度相对较短，而高速发电机的轴向长度相对较长？

4-2 同步发电机感应电动势与哪些因素有关？

4-3 至少说出两种可以提供转子励磁功率的方法并加以详细阐述。

4-4 说出与同步发电机负载电压变化有关的 3 个因素。在什么条件下，同步发电机的电压调整率小于零？

4-5 同步发电机通常具有较大的电压调整率，这是由什么造成的？

4-6 什么是同步发电机的功率角？它取决于哪些因素？

4-7 用哪些试验可以获得同步发电机参数？

4-8 解释直轴与交轴电枢反应电抗的物理含义，凸极同步电机 $X_{ad} > X_{aq}$，存在 $X_{ad} < X_{aq}$ 的同步电机吗？分析下列情况下对同步电抗有何影响：

(1) 电枢绕组串联匝数增加；

(2) 气隙增大；

(3) 铁心饱和程度提高；

(4) 励磁绕组串联匝数增加。

4-9 当同步发电机与无穷大电网并联运行及单独运行时，其功率因数是由什么决定的？

4-10 一台四极交流发电机运行在 1800r/min，它的电流频率是多少？如果要产生 50Hz 的电流频率，则转速必须是多少？

4-11 一台直流电动机作为原动机驱动一台同步发电机以便获得变频电源。如果电动机的转速范围是 820～1960r/min，求四极同步发电机作为变频电源的频率范围。

4-12 一台 2000kV·A，3300V，三相同步发电机，定子绕组Y联结，两端直流电阻 0.06Ω，励磁绕组直流电压 220V，电流 30A，风摩损耗 24.8kW，铁心损耗和杂散损耗 40.2kW，计算负载功率因数 0.8 滞后时的发电机效率。

4-13 一台三相水轮发电机，额定容量 120MV·A，单位功率因数，端电压 13.8kV，50Hz，Y联结，转速 75r/min，试确定发电机的极数、额定功率、额定电流、效率 97% 时的原动机输入功率（忽略励磁损耗）以及原动机的输入转矩。

4-14 一台额定功率 72500kW 的水轮发电机，额定电压 10.5kV，Y联结，额定功率因数 0.8 滞后，忽略电枢电阻，直轴同步电抗标幺值 1.0，交轴同步电抗标幺值 0.554。试求额定负载下发电机的励磁电动势、功率角和过载能力。

4-15 三相 1500kW 水轮发电机，额定电压 6300V，Y联结，额定功率因数 0.8 滞后，已知直轴同步电抗为 21.2Ω，交轴同步电抗为 13.7Ω，电枢电阻忽略不计。试绘出相量图，计算发电机额定运行状态时的励磁电动势和过载能力。

4-16 汽轮发电机，功率因数 0.8 滞后，同步电抗标幺值 1.0，电枢电阻忽略不计。该发电机并联在额定电压的无穷大电网上供电。为简化分析，不考虑磁路饱和程度变化的影响。试求：

(1) 保持额定运行时的励磁电流不变，当输出有功功率减半时，定子电流标幺值和功率因数各为多少？

(2) 若输出有功功率仍为额定功率的一半，逐渐减小励磁电流到额定励磁电流的一半，问发电机能否静态稳定运行？为什么？

4-17 一台 50Hz、4 极同步发电机与电网整步时，同步指示灯每 5s 亮一次，问同步发电机的转速为多少？如果采用了直接接法整步但却看到"灯光旋转"现象，试问是何原因？应如何处理？

4-18 汽轮发电机并联于无穷大电网，额定负载时功率角 20°，现因外线故障，电网电压降为 60% 额定电压。问为使功率角保持在 25°范围，应加大励磁使励磁电动势上升为原来的多少倍？

4-19 汽轮发电机额定功率 31250kV·A，额定电压 10.5kV，Y联结，功率因数 0.8 滞后，定子每相同步电抗为 7.0Ω，定子电阻忽略不计，此发电机并联无穷大电网，试求：

(1) 发电机额定状态运行的功率角、电磁功率、比整步功率及过载能力；

(2) 若维持额定状态的励磁电流不变，但输出有功功率减半，计算功率角、电磁功率、比整步功率和功率因数；

(3) 发电机额定状态运行时仅将励磁增加 10%，求功率角、电磁功率、功率因数和电枢电流。

4-20 一台 50MV·A，13.8kV，Y联结，功率因数 0.8 滞后的水轮发电机并联于无穷大电网，不计电枢电阻，直轴与交轴同步电抗标幺值分别为 1.15 和 0.7，并假设其空载特性为直线。试求：

（1）当输出功率为 10MW，功率因数 1.0 时，发电机的励磁电流标幺值及功率角；

（2）若保持输入有功功率不变，当发电机失去励磁时，计算功率角，问发电机还能稳定运行吗？若稳定，计算电枢电流和功率因数，否则说明理由。

4-21　一台汽轮发电机额定功率 25MW，额定电压 10.5kV，丫联结，功率因数 0.8 滞后，电枢电阻忽略不计，同步电抗标幺值 1.0，磁路不饱和。当发电机与无穷大电网并联运行时，试求：

（1）发电机输出有功功率为额定功率一半，功率因数额定时的励磁电动势标幺值、功率角和无功功率；

（2）保持励磁电流为题（1）的结果，将输出有功功率提高为额定值，求无功功率。

4-22　三相隐极同步发电机额定容量 60kV·A，丫联结，电网电压 380V，同步电抗 1.55Ω，电枢电阻忽略不计，当发电机过励且功率因数 0.8 滞后，容量为 37.5kV·A 时，试求：

（1）励磁电动势和功率角；

（2）移去原动机，不计损耗，计算电枢电流；

（3）改为同步电动机运行，电磁功率同题（1）且励磁电流不变，计算电枢电流；

（4）机械负载不变，电磁功率不变，使功率因数为 1.0，求电动机的励磁电动势。

4-23　隐极同步发电机的电枢电流与电压的夹角为 45°，电枢电流与励磁电动势的夹角为 15°，试求：

（1）画出磁极轴线、励磁磁动势、电枢电压和电枢反应磁动势的时空矢量位置；

（2）发电机的功率因数是滞后还是超前，说明电枢反应的性质；

（3）不考虑饱和，漏电抗为同步电抗的 10%，问负载时气隙基波磁场每极磁通量幅值是增大还是减小？为什么？

4-24　三相汽轮发电机，空载和短路试验都在半同步速下进行，已知空载试验励磁电流标幺值 1.0，励磁电动势标幺值 0.5，短路试验励磁电流标幺值 1.0，短路电流标幺值 1.0，不计电枢电阻，将发电机与额定频率无穷大电网并联运行。求：

（1）同步电抗的标幺值；

（2）同步速运行电枢电流额定，负载功率因数 0.866 滞后时的功率角和过载能力。

4-25　电枢电阻不计，磁路线性，容量 500kV·A 的三相凸极同步发电机接在电压额定的大电网运行，在电流额定的某一稳态，测得有功功率输出 300kW，功率角 36.87°，励磁电动势为每相额定电压的 52%，试解下列各题：

（1）同步电机 X_d 与 X_q 的标幺值；

（2）电枢电流额定，负载功率因数 0.8 滞后，计算励磁电动势标幺值、功率角、过载能力；

（3）要求输出有功功率 400kW，维持过载能力 2.0，计算励磁电动势标幺值、功率角、电枢电流标幺值和功率因数。

4-26　无穷大电网并联运行的汽轮发电机，额定运行时的过载能力 2.0，励磁电动势为额定电压的 125%，计算比整步功率。如继续增大有功功率输出，而维持励磁电流不变，求单位功率因数时的输出功率。有功功率输出的极限是多少？（结果用标幺值表示）

4-27　三相隐极同步发电机，丫联结，额定功率 60kV·A，额定电压 380V，同步电抗 1.55Ω，发电机过励，功率因数 0.8 滞后，输出功率 37.5kV·A，忽略电枢电阻，试求：

（1）励磁电动势和功率角；

（2）拆除原动机，不计损耗时的电枢电流；

（3）保持电磁功率和励磁电流不变，将电机作为电动机运行，画出电动势相量图；

（4）电动机机械负载不变，电磁功率不变，单位功率因数时的励磁电动势为多大？

4-28　两台完全相同的隐极同步发电机并联运行，供给三相对称电阻电感负载，它们的励磁电流相同，维持带动发电机的汽轮机的进气量不变（即发电机的输入功率不变），只增加一台发电机的励磁电流，另一台不变，并假设两台发电机的损耗不变，不计电枢电阻。画出它们的电动势相量图。

4-29 三峡水电站一台主发电机的最大容量 840MV·A，额定功率 700MW，额定电压 20kV，定子三相绕组星形联结，转子直流励磁 80 极，额定功率因数 0.9 滞后，直轴和交轴同步电抗标幺值分别为 $X_d^* = 1.0$，$X_q^* = 0.8$，忽略各种损耗并假设磁路线性，发电机电压 20kV 和频率 50Hz 恒定。在转速额定条件下求解下列各题：

(1) 额定运行状态转子转速、额定电流、功率角、电压调整率，画出相量图；

(2) 单位功率因数且输出功率 350MW 时的功率角、无功功率，画出相量图；

(3) 转子失磁且电枢电流不超过额定值时，发电机能输出的最大电磁功率、无功功率，画出相量图，说明电枢反应性质；

(4) 同步发电机直轴电枢电流分量为零且输出最大有功功率，画出相量图，并计算该状态的功率角 θ、功率因数角 φ、用标幺值表示的电枢电流 I_a^*、励磁电动势 E_f^*、有功功率 P^* 和无功功率 Q^*。

4-30 一台三相隐极同步发电机，转子两极，每极 8 槽，槽间电角 15°，对称分布，每槽导体数 6，导体电流 125A，构成同心式励磁绕组。已知电枢直径 0.85m，等效气隙长度为 4mm，有效轴向长度 5m，转子转速 3600r/min。计算：

(1) 每极励磁磁动势幅值，基波、5 次和 7 次谐波磁动势幅值；

(2) 基波气隙磁密幅值和基波每极磁通幅值；

(3) 发电机的基波、5 次和 7 次谐波电动势频率和每匝整距线圈的电动势幅值。

4-31 一台同步发电机，电枢电阻不计，磁路线性，保持励磁电流标幺值为 1.0 不变，进行如下试验：电枢绕组稳态短路时测得电枢电流标幺值为 1.0；接功率因数 0.8 的感性负载时，测得电枢电压和电流标幺值分别为 0.6 和 0.53。计算直轴和交轴同步电抗标幺值，额定功率因数 0.8 感性负载运行需要的励磁电动势标幺值、功率角和过载能力，并说明电枢反应性质。

4-32 一台三相隐极同步发电机由原动机驱动，单独向对称阻抗负载供电，发电机和负载阻抗均星形联结，负载阻抗每相均由电阻 R 和电感 L 并联组成。假定忽略发电机损耗且磁路线性。求解下列各题：

(1) 当同步发电机的电枢电压、电流和频率均为额定时，已知每相负载复阻抗角为 45°，转子励磁电流 $I_{fN} = 2.236I_{f0}$，其中 I_{f0} 为额定转速时产生空载额定电压所需的励磁电流，求隐极同步发电机的同步电抗标幺值，此时同步发电机的功率角；

(2) 若维持原动机的输出功率额定，而将发电机励磁电流调节到 $I_f = 0.8945I_{fN}$，求电枢电压标幺值、功率角、同步发电机的频率与额定频率之比 f/f_N。

4-33 三相水轮发电机的电枢绕组星形联结，额定数据：功率 20400kW，电压 10.5kV，功率因数 0.85 滞后，直轴和交轴同步电抗标幺值分别为 1.1 和 0.6。假设磁路线性，忽略各种损耗，将发电机并联于额定电压的大电网运行，试求解下列各题：

(1) 发电机额定运行时的功率角和过载能力；

(2) 若原动机的输入功率为 7500kW，现逐渐减小发电机的励磁电流直到零为止，问该发电机能否稳定运行？

(3) 若发电机额定运行时，电网突然发生电压跌落，发电机端电压下降到 60% 额定电压，为保证稳定运行，且功率角不大于 30°，如何调节发电机的励磁电流，励磁电流应调节为额定状态的多少倍？

4-34 一台三相汽轮发电机，两极，额定频率 50Hz，忽略电枢电阻。采用额定状态的基值，在转子 2000r/min 时进行空载试验和短路试验：已知空载试验时励磁电流标幺值 1.0，空载励磁电动势标幺值 2/3；短路试验时，励磁电流标幺值仍为 1.0，短路电枢电流标幺值为 1.0。现将发电机与额定频率和额定电压的无穷大电网并联运行，试解下列各题：

(1) 同步电抗标幺值；

(2) 已知电枢电流额定，负载功率因数角 30° 滞后，计算发电机的功率角和过载能力。

4-35 一台三相凸极同步发电机，磁路线性，忽略各种损耗，已知直轴与交轴同步电抗之比 1.6，接额定频率和额定电压的大电网且失磁运行时发电机的过载能力为 0.3。同步发电机电流额定且功率因数 0.8 超前时，求励磁电动势标幺值、直轴与交轴电枢电流分量标幺值、功率角与过载能力，并作出该运行状态的相量图。

4-36　额定容量 1000kV·A 的三相凸极同步发电机，直轴和交轴同步电抗标幺值分别为 1.0 和 0.6，忽略各种损耗且磁路线性，现将发电机与无穷大电网连接，试解下列各题：

（1）原动机带动发电机以准同步法将发电机并网，并网后电枢电流为零，此时加大原动机输出，使得电枢电流达到额定值，试求此时发电机的功率角、功率因数、有功功率和无功功率，作出相量图；

（2）并网后，同时调节原动机输出和发电机励磁电流，使得励磁电动势标幺值为 1.6，并向电网输送感性无功功率 600kvar，试求此时的功率角、功率因数和有功功率，并作出相量图。

4-37　一台同步发电机，直轴和交轴同步电抗标幺值分别为 $X_d^* = 1.0$，$X_q^* = 0.8$，忽略各种损耗并假设磁路线性，求：

（1）电枢电压、电流和转子转速额定时的最小励磁电流标幺值，说明此时的电枢反应性质；

（2）电枢电压和转子转速额定且无直轴电枢反应时的同步发电机输出的最大有功功率标幺值；

（3）电枢电压、电流和转子转速额定且带零功率因数感性负载时的励磁电流标幺值；

（4）电枢电压和转速额定且有功功率标幺值为 0.3，当电枢电流最小时的励磁电流标幺值；

（5）电枢电压和转速额定且有功功率标幺值为 0.5 时的最小励磁电流标幺值。

4-38　额定电压 380V 的异步电动机接 50Hz 电网，需要并联 470μF 的三相三角形联结的电容器负载以改善电网功率因数。现改用额定容量 100kV·A 的同步无功补偿器，其直轴同步电抗标幺值为 1.0，计算替代后同步电机的励磁电动势标幺值。

4-39　一台隐极同步发电机，转速额定，空载电压额定，同步电抗标幺值 1.0，接三相对称阻抗负载（星形联结），每相负载为电阻与电感或电容串联。现维持励磁电流和额定转速不变，增大原动机输出，调节负载参数使得发电机电枢电流和电压额定。假设磁路线性并忽略各种损耗，求：

（1）发电机输出的有功功率、无功功率的标幺值和功率角，说明电枢反应的性质；

（2）每相负载阻抗标幺值；

（3）保持原动机输出功率和励磁电流不变，将负载电阻标幺值调整为 1.0，其他电路参数不变，计算发电机稳定运行的电枢电流、励磁电动势、电枢电压的标幺值和功率角；

（4）将负载电阻调为原来额定状态时的两倍，要使电枢电压和转速仍保持额定，应如何调节原动机输出功率和发电机励磁电流，并计算稳定运行的电枢电流标幺值和功率角。

4-40　三相凸极同步发电机，额定容量 720MW，额定功率因数 0.9，定子电压 20kV，Y 联结，不计电枢电阻，现通过变压器直接与无穷大电网并联，输出功率 480MW，电枢电流额定，功率角 12.5°，励磁电流标幺值 2.0，假设磁路线性，计算：

（1）电枢电压直轴和交轴分量的标幺值，电枢电流直轴和交轴分量的标幺值；

（2）直轴和交轴同步电抗的标幺值；

（3）额定状态时的励磁电流标幺值和功率角；

（4）转子失磁时，发电机能输出的最大有功功率标幺值，以及相应的电枢电流标幺值；

（5）保持输出有功功率 480MW，求最小励磁电流标幺值，以及相应的电枢电流标幺值。

4-41　凸极同步发电机在额定转速时测得分段线性的空载特性见表 4-2。

表 4-2　空载特性

空载电压标幺值	0.9	0.95	1.0	1.05	1.15
励磁电流标幺值	0.8	0.85	1.0	1.25	2.5

额定转速和额定电枢电流时测得零功率因数感性负载特性见表 4-3。

表 4-3 零功率因数感性负载特性

电枢电压标幺值	0.0	1.0
励磁电流标幺值	0.9	2.2

已知直轴与交轴电枢反应磁动势折算系数分别为 0.85 和 0.485，漏电抗等于保梯电抗，忽略电枢电阻，计算磁路饱和系数、漏电抗标幺值、不饱和直轴电枢反应电抗标幺值、短路比、饱和直轴电枢反应电抗标幺值、交轴电枢反应电抗标幺值、额定电枢电流纯直轴去磁的等效励磁电流标幺值、零功率因数感性负载时的电压调整率。

4-42　一台三相同步水轮发电机，定子电枢绕组三角形联结，额定容量 8750kV·A，额定电压 11kV，额定功率因数 0.8 滞后，已知直轴与交轴磁动势波形折算系数 $k_{ad} = 0.85$，$k_{aq} = 0.48$，并由试验得到如表 4-4 ~ 表 4-6 所列数据。

表 4-4 空载特性

I_f/A	90	186	211	241	284	340	456
E_f/kV	5	10	11	12	13	14	15

表 4-5 短路特性

I_k/A	115	230	345	460	575
I_f/A	34.7	74	113	152	191

表 4-6 额定电枢电流与零功率因数感性负载特性

I_f/A	345	358.5	381	410.5	445	486
U/V	9370	9800	10310	10900	11400	11960

设漏电抗等于保梯电抗，忽略电枢电阻，试求：

（1）直轴同步电抗的不饱和值与饱和值；

（2）交轴电枢反应电抗与交轴同步电抗；

（3）饱和系数与短路比；

（4）额定负载时的励磁电流与电压调整率。

第 5 章 异 步 电 机

异步电机是转子转速与电机气隙磁场转速不同步的交流电机，也称感应电机。它主要作为电动机，将交流电能转换为机械能，也可以作为发电机运行，将机械能转换为电能。

本章主要介绍异步电机的用途、基本结构、分类方法和额定值，着重阐述异步电机的基本原理，包括电磁耦合关系、基本运行状态、基本运动方程、等效电路和时空矢量图以及电磁转矩的不同表达形式，简要分析异步电机的运行特性和参数测定方法，重点分析异步电动机固有机械特性和各种参数变化的人为机械特性，分析异步电动机的准静态过程中的起动、制动和调速方法，最后介绍异步发电机与双馈异步电机的运行原理。

5.1 概述

5.1.1 异步电机的用途

异步电机主要用作电动机，是应用最广泛的电动机，如风机、压缩机与泵类的驱动。单相感应电动机多用于家用电器。异步电机也可作为发电机，如风力发电中双馈异步发电机和笼型异步发电机、小型水电站异步发电机。变频器与异步电机结合可以高效率地宽范围调速，能适应各种负载类型驱动，但变频器价格昂贵，调速精度不如同步电动机。

5.1.2 异步电机的基本结构

异步电机的基本结构是定子电枢、转子电枢、均匀气隙（不考虑齿槽效应）。转子电枢主要有两种形式：绕线转子具有对称多相绕组，通过集电环和电刷与外部电路联系（一般情况短路）；笼型转子具有轴向导条并通过两边端环短接（通常有两种工艺：铜制导条与端环焊接；铸铝导条与端环和风扇叶片一体）。笼型转子可以等效为多相对称绕组，其极对数自动适应定子电枢绕组的极对数。

多相异步电机的结构特点是定子 m_1 相（通常为三相）对称电枢绕组，转子 m_2 相对称电枢绕组且外部短路连接，定、转子绕组的极对数相同，气隙均匀且很小，如图 5-1 所示。

5.1.3 异步电机的分类方法

异步电机按照相数分为单相、两相、三相和多相（如五相）。三相异步电机按照转子结构又分为笼型和绕线转子异步电机两种。三相绕线转子异步电机根据转子外接电路性质不同又分为接无源负载的普通绕线转子异步电机，接整流和有源逆变装置的串级异步电机和双馈异步电机；按照能量转换形式可分为异步电动机和异步发电机。

5.1.4 异步电机的额定值与基值

1. 额定值

异步电机的铭牌上标明了相数、绕组的联结方式、绝缘等级、防护类型、冷却方式和额定值等。以异步电动机为例，额定运行状态输入电功率，输出机械功率，额定值如下：

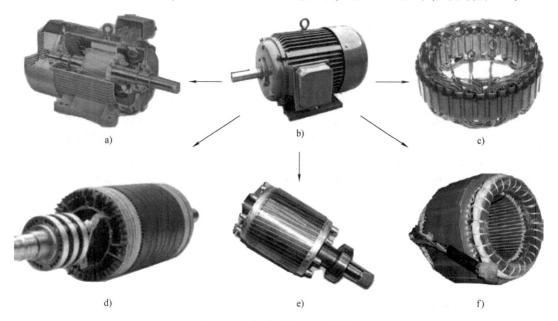

图 5-1　三相异步电机基本结构

a）剖视图　b）总装图　c）定子三相电枢　d）绕线转子　e）铸铝笼型转子　f）定子多相电枢

1）额定功率：异步电动机额定功率 P_N 是指在额定运行状态转子输出的机械功率，单位为瓦特（W）或千瓦（kW）。

2）额定电压：异步电动机额定电压是指在额定运行状态定子电枢线电压 U_N、额定相电压 $U_{N\varphi}$，单位为伏［特］（V）或千伏（kV）。绕线转子堵转开路电压是转子额定电压。

3）额定电流：异步电动机额定电流是指定子线电流 I_N、额定相电流 $I_{N\varphi}$，单位为安［培］（A）。

4）额定容量：指异步电动机额定容量 S_N，单位为伏安（V·A）或千伏安（kV·A）。额定容量与额定电压、额定电流的关系，对于三相（Y或△）接法，$S_N = \sqrt{3} U_N I_N = 3 U_{N\varphi} I_{N\varphi}$。

5）额定功率因数：异步电动机额定功率因数 $\cos\varphi_N$ 是额定运行状态输入有功功率与容量的比值。

6）额定效率：异步电动机额定效率 η_N 是额定运行状态转子输出机械功率与输入电功率之比的百分数，它与容量、输出功率和功率因数的关系：$P_N = \eta_N S_N \cos\varphi_N$。

7）额定频率：异步电动机额定频率 f_N 是额定运行状态定子电压或电流的频率，单位为赫［兹］（Hz）。

8）额定转速：异步电动机额定转速 n_N 是额定运行状态转子转速，单位为转/分钟（r/min）。

9）额定转矩：异步电动机额定转矩 T_N 是额定运行状态转子输出机械转矩，单位为牛［顿］米（N·m）。它与额定功率和额定转速的关系：$T_N = 60 P_N / (2\pi n_N)$。

2. 标幺值的基值

异步电机标幺值等于实际值与基值之比。每相物理量的基值与额定值关系如下：

定、转子电压或电动势的基值分别等于定、转子额定相电压 U_{1b} 和 U_{2b}。类似变压器，额定相电压满足关系 $U_{1b} = k_e U_{2b}$，其中电动势折算系数 $k_e = W_1 k_{w1}/W_2 k_{w2}$。

定、转子电流的基值分别等于定、转子额定相电流 I_{1b} 和 I_{2b}。利用磁动势平衡，电流满足关系 $I_{1b} = I_{2b}/k_i$，其中电流折算系数 $k_i = m_1 W_1 k_{w1}/m_2 W_2 k_{w2}$。

电阻、电抗和阻抗的基值：$Z_{1b} = U_{1b}/I_{1b}$，$Z_{2b} = U_{2b}/I_{2b}$，满足关系 $Z_{1b} = k_e k_i Z_{2b}$。

时间的基值 $T_b = 1/\omega_b = 1/(2\pi f_1)$，其中 f_1 为定子电源额定频率。

功率的基值等于额定容量：$S_{1b} = m_1 U_{1b} I_{1b}$，$S_{2b} = m_2 U_{2b} I_{2b} = S_{1b}$。

机械角速度的基值：$\Omega_b = \pi n_b/30 = \pi n_1/30$，其中同步速 $n_1 = 60 f_1/p$，p 为极对数。

转矩的基值等于容量基值与机械角速度基值之比：$T_{mb} = S_{1b}/\Omega_b$。

磁链幅值的基值：根据伏秒平衡，$\Psi_{1b} = \sqrt{2} U_{1b} T_b$，$\Psi_{2b} = \sqrt{2} U_{2b} T_b$。

5.2 三相异步电机的基本原理

为了分析方便，以绕线转子三相异步电机为例，定子三相对称绕组轴线 ABC 逆时针排列，空间互差120°电角，转子三相对称绕组轴线 abc 逆时针排列，空间互差120°电角，定、转子绕组极对数相同均为 p，定子电枢直径 D_a，轴向有效长度 L_{Fe}，气隙长度 g_{ef}，定子绕组每相串联匝数 W_1，基波绕组系数 k_{w1}，转子绕组每相串联匝数 W_2，基波绕组系数 k_{w2}。

5.2.1 规定参考方向

无论是定子电枢绕组还是转子电枢绕组都采用电动机惯例，即正电压产生正电流，绕组电流与匝链的磁通符合右手螺旋关系，绕组的感应电动势与匝链的磁通也符合右手螺旋关系，因此电流正方向与感应电动势正方向一致，电枢绕组从外部电气端口看是负载电路。产生的电磁转矩以驱动转子旋转为正，即与转子转速同方向为正，转子转速以逆时针为正，外部机械端口看作是机械负载，负载转矩以制动性质为正。

图 5-2 给出了以空间相差一个角度的定子一相与转子一相绕组的电气量正方向。

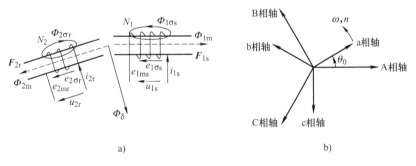

a)   b)

图 5-2 规定参考方向

5.2.2 电磁关系

交流电机电枢中三相交流电随时间按照正弦规律变化，三相绕组空间对称分布且可能是运动的。因此，从空间来看它们既是时间的函数又是空间函数，下面利用第 1 章引入的时空矢量概念和第 3 章交流绕组的结论，简洁而形象地描述这种时间和空间正弦变化的物理量。假设不考虑齿槽效应，铁心磁导率无穷大，气隙均匀，只考虑气隙基波磁动势。

1. 时空矢量

（1）定子电流与磁动势时空矢量

定子三相绕组电流对称，相序为 ABC，幅值为 I_{1m}，角频率为 ω_1，A 相电流初相位为 φ_{i1}，即

$$i_A = I_{1m}\cos\left(\omega_1 t + \varphi_{i1}\right), \ i_B = I_{1m}\cos\left(\omega_1 t + \varphi_{i1} - \frac{2\pi}{3}\right), \ i_C = I_{1m}\cos\left(\omega_1 t + \varphi_{i1} + \frac{2\pi}{3}\right) \quad (5\text{-}1)$$

定子三相对称电流产生的基波磁动势时空矢量是每相脉振磁动势时空矢量的叠加，以 A 相轴为空间参考轴同时作为复平面的实轴，三相合成基波磁动势时空矢量 $\boldsymbol{F}_{1s}$ 为

$$\boldsymbol{F}_{1s} = \boldsymbol{F}_{1A} + \boldsymbol{F}_{1B} + \boldsymbol{F}_{1C} = k_{1f}\left(i_A + ai_B + a^2 i_C\right) = 1.5k_{1f}\boldsymbol{I}_{1s} \quad (5\text{-}2)$$

其中，复数 $a = e^{j2\pi/3}$，三相电流前的系数 1、a 和 a^2 分别代表各绕组轴线的空间单位矢量，$k_{1f} = \dfrac{4}{\pi}\dfrac{W_1 k_{w1}}{2p}$ 为定子一相绕组单位电流产生的磁动势幅值，$\boldsymbol{I}_{1s}$ 为定子电流时空矢量，下标"1"是定子基波，"s"是定子 A 相观测结果。

因三相合成基波磁动势幅值等于一相脉振磁动势最大幅值的 1.5 倍，由式（5-2）确定定子电流时空矢量 $\boldsymbol{I}_{1s}$ 与各相电流瞬时值 i_A、i_B 和 i_C 的关系

$$\boldsymbol{I}_{1s} = \frac{2}{3}\left(i_A + ai_B + a^2 i_C\right) \quad (5\text{-}3)$$

将式（5-1）分别代入式（5-2）和式（5-3），得到定子基波磁动势和电流时空矢量

$$\boldsymbol{F}_{1s} = 1.5k_{1f}I_{1m}e^{j(\omega_1 t + \varphi_{i1})}, \ \boldsymbol{I}_{1s} = I_{1m}e^{j(\omega_1 t + \varphi_{i1})} \quad (5\text{-}4)$$

式（5-4）表明，定子基波磁动势与电流时空矢量空间重合，都是顺相序 ABC 逆时针以电角速度 ω_1 旋转的，如图 5-3a 所示。电流时空矢量的幅值等于各相电流瞬时值的幅值。

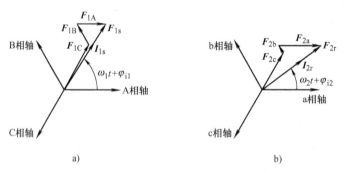

图 5-3　定、转子电流和基波磁动势时空矢量

电流时空矢量在三相绕组轴线上的投影等于三相电流的瞬时值。

$$i_A = \mathrm{Re}\{\boldsymbol{I}_{1s}\}, \ i_B = \mathrm{Re}\{\boldsymbol{I}_{1s}e^{-j2\pi/3}\}, \ i_C = \mathrm{Re}\{\boldsymbol{I}_{1s}e^{-j4\pi/3}\} \quad (5\text{-}5)$$

需要指出的是，式（5-4）时空矢量是以定子 A 相轴为空间参考且作为复平面实轴观测到的时空矢量。式（5-3）是定子电流时空矢量的定义式，式（5-5）是其逆变换表达式，这两个变换式也适用于定子三相对称电压、电动势和磁链时空矢量与三相瞬时值变换关系。进一步可以将式（5-3）和式（5-5）推广到以转子 a 相轴为空间参考且作为复平面实轴观测到的转子三相电流、电压、电动势和磁链的时空矢量。

（2）转子电流与磁动势时空矢量

设转子三相 abc 的电流对称，相序为 abc，幅值为 I_{2m}，角频率为 ω_2，a 相初相位为 φ_{i2}，即

$$i_a = I_{2m}\cos\left(\omega_2 t + \varphi_{i2}\right), i_b = I_{2m}\cos\left(\omega_2 t + \varphi_{i2} - \frac{2\pi}{3}\right), i_c = I_{2m}\cos\left(\omega_2 t + \varphi_{i2} + \frac{2\pi}{3}\right) \quad (5\text{-}6)$$

以转子 a 相轴为空间参考且作为转子复平面实轴，利用式（5-3）变换得到转子电流时空矢量 $\boldsymbol{I}_{2r}$ 及转子磁动势时空矢量 $\boldsymbol{F}_{2r}$

$$\boldsymbol{I}_{2r} = \frac{2}{3}\left(i_a + a i_b + a^2 i_c\right) = I_{2m}e^{j(\omega_2 t + \varphi_{i2})} \quad (5\text{-}7a)$$

$$\boldsymbol{F}_{2r} = \boldsymbol{F}_{2a} + \boldsymbol{F}_{2b} + \boldsymbol{F}_{2c} = 1.5 k_{2f}\boldsymbol{I}_{2r} = 1.5 k_{2f}I_{2m}e^{j(\omega_2 t + \varphi_{i2})} \quad (5\text{-}7b)$$

其中，转子电流和磁动势时空矢量 $\boldsymbol{I}_{2r}$ 和 $\boldsymbol{F}_{2r}$ 的下标 "2" 表示转子基波，"r" 表示转子 a 相观测结果，$k_{2f} = \dfrac{4}{\pi} \dfrac{W_2 k_{w2}}{2p}$ 为转子一相绕组单位电流产生的磁动势幅值，如图 5-3b 所示。

（3）时空矢量的空间变换

如果从相对于定子复平面旋转的参考轴来观测时空矢量，比如以电角速度 ω_g 旋转且初始时刻相对于 A 相轴线重合的参考轴，称为公共参考轴 g，如图 5-4a 所示，那么定子电流时空矢量 $\boldsymbol{I}_{1s}$ 在旋转的空间坐标系 g 中将变为时空矢量 $\boldsymbol{I}_{1g}$，即

$$\boldsymbol{I}_{1g} = \boldsymbol{I}_{1s}e^{-j\omega_g t} = I_{1m}e^{j\left[(\omega_1 - \omega_g)t + \varphi_{i1}\right]} \quad (5\text{-}8)$$

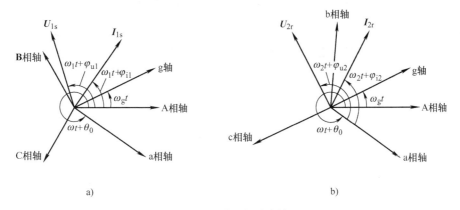

图 5-4　时空矢量变换

特别地，当 $\omega_g = \omega_1$ 时，定子电流时空矢量成为恒定时空矢量 $\boldsymbol{I}_{1g} = I_{1m}e^{j\varphi_{i1}}$，类似于三相对称电流 A 相的相量 $\dot{I}_A = I_1 e^{j\varphi_{i1}}$，其中 I_1 为定子电流有效值，幅值 $I_{1m} = \sqrt{2}I_1$。

如果转子 a 相轴线初始时刻相对于 A 相轴线为 θ_0 电角度，旋转电角速度为 ω，那么在定子空间坐标系中，式（5-7a）转子电流时空矢量 $\boldsymbol{I}_{2r}$ 变换为 $\boldsymbol{I}_{2s}$，如图 5-4b 所示，即

$$\boldsymbol{I}_{2s} = \boldsymbol{I}_{2r}e^{j(\omega t + \theta_0)} = I_{2m}e^{j\left[(\omega_2 + \omega)t + \varphi_{i2} + \theta_0\right]} \quad (5\text{-}9a)$$

在公共旋转坐标系 g 中，式（5-9a）转子电流时空矢量 $\boldsymbol{I}_{2s}$ 变为 $\boldsymbol{I}_{2g}$，即

$$\boldsymbol{I}_{2g} = \boldsymbol{I}_{2s}e^{-j\omega_g t} = I_{2m}e^{j\left[(\omega_2 + \omega - \omega_g)t + \varphi_{i2} + \theta_0\right]} \quad (5\text{-}9b)$$

特别地，当 $\omega_g = \omega$ 时，式（5-9b）转子电流时空矢量 $\boldsymbol{I}_{2g}$ 成为转子电枢上 a 相观测的结果 $\boldsymbol{I}_{2r}$。而当 $\omega_2 + \omega = \omega_1$ 时，式（5-9a）从定子上观测转子电流时空矢量 $\boldsymbol{I}_{2s}$ 是与定子电流时

空矢量 $\boldsymbol{I}_{1s}$ 同步旋转的。如果进一步满足关系 $\omega_2 + \omega = \omega_1 = \omega_g$，那么在公共旋转坐标系 g 中，式 (5-9b) 转子电流时空矢量也是恒定时空矢量 $\boldsymbol{I}_{2g} = I_{2m}e^{j(\varphi_{i2} + \theta_0)}$，类似于转子频率折算后三相对称电流的 a 相相量 $\dot{i}_a = I_2e^{j\varphi_{i2}}$，但相位移动了定、转子轴线初始相位差 θ_0，其中转子电流有效值 I_2 与幅值 I_{2m} 的关系为 $I_{2m} = \sqrt{2}I_2$。

2. 三相对称电压方程的统一时空矢量表示

（1）定子三相对称电压方程

定子三相对称绕组在三相对称电压、电流和电动势状态下，各相电压瞬时值方程

$$u_{1s} = R_1 i_{1s} - e_{1\sigma s} - e_{1ms} = R_1 i_{1s} + L_{1\sigma}\frac{di_{1s}}{dt} + \frac{d\psi_{1ms}}{dt} \tag{5-10}$$

式中，下标 "s" 代表定子任意一相 A、B 和 C；R_1 为定子每相电阻；$L_{1\sigma}$ 为定子每相等效漏电感，即一相自漏电感与两相互漏电感之差；$e_{1\sigma s}$ 为漏电动势；e_{1ms} 为主电动势；ψ_{1ms} 为主磁链。

由式 (5-3) 对电压、电流、电动势和磁链瞬时值一般函数表达式 f_s 变换为时空矢量

$$\boldsymbol{V}_s = \frac{2}{3}\sum_{s=A}^{C} a_s f_s = \frac{2}{3}(f_A + af_B + a^2 f_C) \tag{5-11}$$

将式 (5-10) 三相电压方程代入式 (5-11) 后得到统一时空矢量定子电压方程

$$\boldsymbol{U}_{1s} = R_1\boldsymbol{I}_{1s} - \boldsymbol{E}_{1\sigma s} - \boldsymbol{E}_{1ms} = R_1\boldsymbol{I}_{1s} + L_{1\sigma}\frac{d\boldsymbol{I}_{1s}}{dt} + \frac{d\psi_{1ms}}{dt} \tag{5-12}$$

其中，$\boldsymbol{U}_{1s} = U_{1m}e^{j(\omega_1 t + \varphi_{u1})}$，$\boldsymbol{I}_{1s} = I_{1m}e^{j(\omega_1 t + \varphi_{i1})}$，$\boldsymbol{E}_{1\sigma s} = -j\omega_1 L_{1\sigma}\boldsymbol{I}_{1s}$，$\boldsymbol{E}_{1ms} = -j\omega_1\psi_{1ms}$。

根据正弦稳态运行条件，定子 A 相电压方程可以描述为瞬时值的形式

$$U_{1m}\cos(\omega_1 t + \varphi_{u1}) = R_1 I_{1m}\cos(\omega_1 t + \varphi_{i1}) - \omega_1 L_{1\sigma}I_{1m}\sin(\omega_1 t + \varphi_{i1}) - E_{1m}\cos(\omega_1 t + \varphi_{e1}) \tag{5-13}$$

式中，R_1 为定子绕组每相电阻；U_{1m}、I_{1m} 和 E_{1m} 分别为 A 相电压、电流和感应电动势的幅值，φ_{u1}、φ_{i1} 和 φ_{e1} 分别为 A 相电压、电流和主感应电动势的初相位。

将式 (5-13) 对时间 t 求导后再除以 $-\omega_1$ 得到 A 相电压瞬时值平衡的另一种形式

$$U_{1m}\sin(\omega_1 t + \varphi_{u1}) = R_1 I_{1m}\sin(\omega_1 t + \varphi_{i1}) + \omega_1 L_{1\sigma}I_{1m}\cos(\omega_1 t + \varphi_{i1}) - E_{1m}\sin(\omega_1 t + \varphi_{e1}) \tag{5-14}$$

事实上，式 (5-13) 经过任意移相角或时间移动都成立，特别是移相 90° 的特殊情况。于是，将式 (5-13) 与式 (5-14) $\times$j 后相加得到定子坐标系中的定子电压方程

$$U_{1m}e^{j(\omega_1 t + \varphi_{u1})} = (R_1 + j\omega_1 L_{1\sigma})I_{1m}e^{j(\omega_1 t + \varphi_{i1})} - E_{1m}e^{j(\omega_1 t + \varphi_{e1})} \tag{5-15}$$

式 (5-15) 与式 (5-12) 等价，是以定子 A 相轴线为空间参考轴的定子时空矢量电压方程

$$\boldsymbol{U}_{1s} = (R_1 + j\omega_1 L_{1\sigma})\boldsymbol{I}_{1s} - \boldsymbol{E}_{1ms} \tag{5-16}$$

其中，$\boldsymbol{E}_{1ms}$ 为定子主电动势时空矢量，漏电动势用漏电抗压降表示，$\boldsymbol{E}_{1\sigma s} = -j\omega_1 L_{1\sigma}\boldsymbol{I}_{1s}$。

由此可见，三相对称稳态条件下，利用时空矢量表示的电压方程比相量方程更具有一般性，而且可以根据不同观测坐标系进行变换。

（2）转子三相对称电压方程

类似地，转子三相对称绕组在对称电压、电流和电动势状态下的电压瞬时值方程为

$$u_{2r} = R_2 i_{2r} - e_{2\sigma r} - e_{2mr} = R_2 i_{2r} + L_{2\sigma}\frac{\mathrm{d}i_{2r}}{\mathrm{d}t} + \frac{\mathrm{d}\psi_{2mr}}{\mathrm{d}t} \tag{5-17}$$

式中，下标"r"代表转子任意一相 a、b 和 c；R_2 为转子每相电阻；$L_{2\sigma}$ 为转子每相等效漏电感，即一相自漏电感与两相互漏电感之差；$e_{2\sigma r}$ 为漏电动势；e_{2mr} 为主电动势；ψ_{2mr} 为主磁链。

以转子 a 相轴线为空间参考轴，利用转子电流时空矢量关系式（5-7a），同样适用于转子电压、电动势和磁链。于是，将式（5-17）三相转子电压瞬时值方程代入转子一般形式的时空矢量表达式 $V_r = \dfrac{2}{3}\sum_{r=\mathrm{a}}^{\mathrm{c}} a^r f_r = \dfrac{2}{3}(f_\mathrm{a} + a f_\mathrm{b} + a^2 f_\mathrm{c})$，得到统一的时空矢量转子电压方程

$$U_{2r} = R_2\boldsymbol{I}_{2r} - \boldsymbol{E}_{2\sigma r} - \boldsymbol{E}_{2mr} = R_2\boldsymbol{I}_{2r} + L_{2\sigma}\frac{\mathrm{d}\boldsymbol{I}_{2r}}{\mathrm{d}t} + \frac{\mathrm{d}\boldsymbol{\psi}_{2mr}}{\mathrm{d}t} \tag{5-18}$$

转子侧各时空矢量分别为电压 $\boldsymbol{U}_{2r} = U_{2m}\mathrm{e}^{\mathrm{j}(\omega_2 t + \varphi_{u2})}$，电流 $\boldsymbol{I}_{2r} = I_{2m}\mathrm{e}^{\mathrm{j}(\omega_2 t + \varphi_{i2})}$，漏电动势 $\boldsymbol{E}_{2\sigma r} = -\mathrm{j}\omega_2 L_{2\sigma}\boldsymbol{I}_{2r}$，主磁链 $\boldsymbol{\psi}_{2mr} = \psi_{2m}\mathrm{e}^{\mathrm{j}(\omega_2 t + \varphi_{\psi2})}$ 和主电动势 $\boldsymbol{E}_{2mr} = -\mathrm{j}\omega_2\psi_{2m}\mathrm{e}^{\mathrm{j}(\omega_2 t + \varphi_{\psi2})}$。

式（5-12）和式（5-18）分别是以定子 A 相和转子 a 相轴线为空间参考轴的定、转子统一时空矢量电压方程，通过时空矢量的空间变换可以得到统一坐标系中的方程形式，定、转子主磁链与气隙磁场有关。为此先要证明定、转子基波磁动势空间同步，从而得到气隙合成基波磁动势空间同步，这样可以从气隙磁场出发分析异步电机的运行状态和电磁关系。

3. 定、转子基波磁动势空间同步

三相异步电机定子电压对称，三相电流对称，相序为 ABC，在气隙中产生顺相序 ABC 的定子基波磁动势，其相对于定子以同步速 n_1 旋转，同步速与电源频率 f_1 和电机极对数 p 的关系为 $n_1 = 60f_1/p$。定子基波磁动势相对于转子以转差转速 $\Delta n = n_1 - n$ 旋转，定义转差率为转差转速与同步速之比的百分数，用符号 s 表示，即

$$s = \frac{n_1 - n}{n_1}\times 100\% \tag{5-19}$$

正如功率角 θ 与同步电机运行状态和功率特性有关那样，转差率 s 与异步电机的运行状态和转矩特性有关。

定子基波磁动势产生的气隙磁场同时匝链定、转子绕组，因此在转子绕组中感应电动势并在闭合回路产生电流。根据电磁感应定律，转子电动势和电流的频率和相序取决于定子基波磁动势相对于转子的转速和转向，该转子电流也将产生基波磁动势，其相对转子的转速取决于转子电流的频率和相序，利用相对运动转速叠加原理，转子基波磁动势相对定子的转速等于转子自身转速与转子基波磁动势相对转子转速的代数和。下面根据不同转子转速讨论转子开路感应电动势频率和相序、转子短路电流频率和相序，以及转子基波磁动势相对定、转子的转速。

（1）转子同步正转，$n = n_1$，$s = 0$

当转子以同步速顺定子相序 ABC 逆时针旋转时，转差率 $s = 0$，定子基波磁动势产生的气隙磁场相对于转子静止，因此转子绕组感应电动势与频率均为零，$f_2 = sf_1 = 0$，转子绕组短路时的电流也为零，转子不产生磁动势，气隙磁场完全由定子磁动势提供，气隙磁场大小取决于定子电源电压和频率，在电压和频率恒定的条件下，气隙磁场大小恒定。由于转子没有电流且异步电机气隙均匀，因此不会产生电磁转矩平衡转子上的机械转矩，不可能传递和转换机械功率，这时的异步电机称为理想空载运行。但是实际转子存在机械摩擦转矩，转子

自由转速稍低于同步速。

（2）转子堵转，$n=0$，$s=1$

当转子静止时，转差率 $s=1$。若转子开路，定子基波磁动势产生的气隙磁场相对于转子以同步速 n_1 顺相序逆时针旋转，转子绕组感应对称电动势的频率 f_2 与定子电源频率 f_1 相同，$f_2=sf_1=f_1$，相序为逆时针顺相序 abc。当转子短路时，转子将产生频率 f_2 和相序 abc 的对称电流，该对称电流产生相对于转子同步速 n_1 顺相序 abc 逆时针旋转的基波磁动势。因为转子静止，所以转子电流产生的基波磁动势与定子电流产生的磁动势空间同步而保持相对静止。于是，转子静止短路时，定、转子基波磁动势同步，气隙合成基波磁动势和磁场都是以同步速 n_1 逆时针旋转。

异步电机转子静止时的工作原理类似变压器，所不同的是变压器磁场空间是静止的，而转子静止的异步电机磁场是空间旋转的，定、转子绕组轴线不重合时，感应电动势的相位也不同。两者具有相同的本质，即定、转子绕组的磁链是以相同频率交变的。后面将会发现异步电机转子电流产生的磁场要影响定子电流，类似同步电机电枢反应，但气隙磁场将基本保持不变，因为定子绕组电压是不变的。

由于转子转速为零，尽管存在转子电流和电磁转矩，但转子同样不能传递或转换机械功率，这时的异步电机从机械运动角度称为堵转运行，不能将输入的电能转换成同频率电能输出，因此从电气角度称为短路运行，除非转子绕组与外电路存在联系。

（3）转子亚同步正转，$0<n<n_1$，$0<s<1$

如果转子以亚同步速 n 逆时针旋转，转差率 $0<s<1$，如图 5-5a 所示，那么定子基波磁动势相对于转子转速为转差 $\Delta n=n_1-n$，方向逆时针顺相序 abc。转子开路时，感应电动势对称且为正相序，频率为 $f_2=p\Delta n/60=sf_1$。转子短路时，转子电动势产生相同频率 f_2 和相序 abc 的对称电流，其产生的转子基波磁动势相对于转子正相序 abc 旋转，转速为 $n_2=60f_2/p=\Delta n$，因此转子基波磁动势相对于定子转速为 $n_2+n=\Delta n+n=n_1$，定、转子基波磁动势都以同步速 n_1 逆时针旋转。于是，转子短路时气隙合成基波磁动势与定、转子基波磁动势空间同步。

（4）转子超同步正转，$n>n_1$，$s<0$

如果转子以超同步速 n 逆时针旋转，转差率 $s<0$，如图 5-5b 所示，那么定子基波磁动势相对于转子转速为 $\Delta n=n-n_1$，转向为顺时针 acb 相序。转子开路时，感应电动势对称但相序为 acb，频率大小为 $f_2=p\Delta n/60$。转子短路时，转子感应电动势产生相同频率 f_2 和相序 acb 的对称电流，其产生的基波磁动势相对于转子顺时针反相序 acb 旋转，转速 $n_2=60f_2/p=\Delta n$，因此转子基波磁动势相对于定子转速为 $n-n_2=n-\Delta n=n_1$，定、转子基波磁动势空间仍以同步速 n_1 旋转。转子短路时气隙合成基波磁动势与定、转子基波磁动势同步。

（5）转子反转，$n<0$，$s>1$

若转子顺时针以转速 $-n$ 旋转，转差率 $s>1$，如图 5-5c 所示，则定子基波磁动势相对于转子逆时针顺相序 abc 旋转，转速为 $\Delta n=n_1-n$。当转子开路时，转子感应电动势对称且为正相序 abc，频率为 $f_2=p\Delta n/60=sf_1$。当转子短路时，转子电动势产生频率 f_2 和相序 abc 的对称电流，该对称电流产生的转子基波磁动势相对于转子转速为 $n_2=60f_2/p=\Delta n$，逆时针正相序旋转，转子基波磁动势相对于定子转速为 $n_2+n=\Delta n+n=n_1$，因此定、转子基波磁动势空间还是以同步速 n_1 旋转。于是，转子短路时气隙合成基波磁动势与定、转子基波磁动势同步。

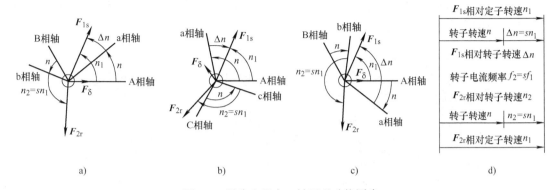

图 5-5　异步电机定、转子磁动势同步
a) $0 < s < 1$　b) $s < 0$　c) $s > 1$　d) 相对转速

综上所述，异步电机转子短路时定、转子基波磁动势和气隙合成基波磁动势均以同步速 n_1 顺相序 ABC 同步旋转，与转子转速和转向无关，如图 5-5d 所示。但在定、转子绕组中的感应电动势和电流大小取决于气隙磁场大小与相对定、转子转速，转子感应电动势和电流的频率满足

$$f_2 = sf_1 = \frac{n_1 - n}{n_1}f_1 = \frac{p(n_1 - n)}{60} \tag{5-20}$$

需要强调的是，上述分析过程中，转子绕组是短路的，没有外施电源电压。如果转子绕组外接电源，那么该电源的频率 f_2 与定子电压的频率 f_1、转子转速 n 和电机的极对数 p 有关，否则将产生空间非相对静止的两个磁场，异步电机不能稳定运行。

异步电机气隙基波磁场与气隙合成基波磁动势成正比，气隙基波磁场同样要在定子绕组中感应电动势，感应电动势大小必须在定子绕组电路中满足基尔霍夫电压定律，根据假设和规定正方向，感应电动势与电压之和等于零，因此感应电动势幅值维持不变，气隙磁通幅值也维持不变，即气隙磁场是幅值基本维持不变且空间以同步速旋转的旋转磁场。

实际上定子绕组电阻和定子电流产生的漏磁场总是存在的，但当电流不超过额定电流时，这部分压降与额定电压相比较小，因此在定子电源电压和频率额定的条件下，气隙磁场同步转速恒定且幅值基本维持不变。对于均匀气隙的异步电机来说，合成气隙磁动势基波的幅值也将基本维持不变。前面分析定、转子磁场空间保持相对静止的结论是从转子绕组开路到短路且维持转速不变得到的，尽管没有考虑转子电流对定子电流的影响，但是转子电流的出现并不会对气隙磁场产生较大影响。

4. 主磁场和漏磁场

异步电机主磁场是由合成气隙基波磁动势产生的气隙磁场，并同时与定、转子绕组匝链。如图 5-6a 所示 $\varPhi_\delta$ 表明的虚线（四极异步电机），是异步电机内部实现机电能量转换磁媒质中耦合主磁场的磁感应线。主磁场的磁感应线经过的路径包括转子到定子的气隙 1、定子齿 1、定子磁轭、定子齿 2、定子到转子的气隙 2、转子齿 2、转子磁轭、转子齿 1，最后又回到气隙 1。

气隙中的主磁场以同步速旋转，每极主磁场的磁通量称为主磁通。根据磁通连续性原理，进入定子铁心和进入转子铁心的每极主磁通相等，但因定、转子绕组的等效每相串联匝数不同，相应的每相等效磁链也不同，定子绕组磁链的交变频率恒等于电源电压频率，而转子绕组磁链的交变频率为转差频率。

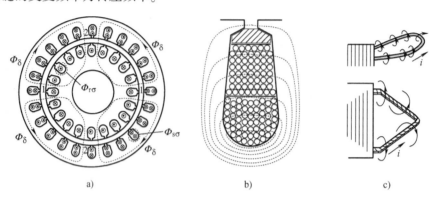

图 5-6　异步电机内部磁场
a) 主磁场与漏磁场　b) 槽漏磁场　c) 端部漏磁场

定子三相电流产生的磁场中，仅与定子绕组交链而不与转子绕组交链的磁场以及气隙谐波磁场称为定子漏磁场。同样地，转子三相电流产生的磁场中，仅与转子绕组交链而不与定子绕组交链的磁场以及气隙谐波磁场称为转子漏磁场。根据漏磁场磁感应线的路径不同可以分为：槽漏磁场、端部漏磁场和谐波漏磁场。槽漏磁场是由槽导体电流产生，其磁感应线从槽的一侧跨越到槽的另一侧并在铁心内部闭合，如图 5-6b 虚线所示；端部漏磁场是由位于铁心端部绕组的电流产生的，其磁感应线仅围绕端部导体闭合，如图 5-6c 所示；谐波漏磁场是指气隙谐波磁场。

漏磁场主要经过较大的端部空气和槽间隙闭合，因此漏磁路被认为是线性的，漏磁场大小与产生漏磁场的电流成正比，漏磁场在绕组中感应的电动势也与电流成正比。由于定子或转子漏磁场很复杂，且仅与定子或转子的部分线圈匝链，因此工程上采用经验公式计算，尽管可以采用三维电磁场有限元法计算，但建立电磁场模型比较困难，计算精度有限。最终需要获得每相绕组匝链的所有漏磁链用等效匝数和等效漏磁通的乘积表示，这样可以用等效的漏电抗表示，而漏电抗可以通过试验测定。

定子电流产生的 $(6N \pm 1)$ 次气隙谐波磁场，极对数为 $(6N \pm 1)p$，转速为 $n_1 / (6N \pm 1)$，其中正号转向与基波相同，负号转向与基波相反。虽然定子谐波磁场通过气隙达到转子，并在转子绕组中感应谐波电动势，但其频率 $[(6N \pm 1)s - 6N]f_1$ 与主磁场所感应的电动势频率 sf_1 不同，它与相应的转子电流作用时产生无用的寄生转矩（异步和同步附加转矩）。而定子谐波磁场在定子绕组中感应电动势的频率仍为 f_1，跟其他漏磁场所感应的电动势频率一样，因此把绕组电流产生的谐波磁场作为漏磁场处理，但稳态分析不考虑谐波电动势。

同样地，主磁场在转子绕组中感应电动势，产生的电流在气隙中也产生气隙谐波磁场，在转子绕组中感应电动势的频率与转子电流频率一样为 sf_1。但是转子 $(6N \pm 1)$ 次气隙谐波磁场在定子中产生谐波电动势的频率为 $[6N(1 - s) \pm 1]f_1$。

定、转子绕组中的谐波电动势也会产生谐波电流，这样相互激发形成一系列谐波磁场，影响异步电机的性能，所以异步电机设计必须尽可能削弱谐波磁场。

将主磁场和漏磁场分开来分析异步电机是因为主磁场是定、转子耦合磁路的磁场，直接参与机电能量转换，产生电磁转矩，而漏磁场不参与机电能量转换，对电磁转矩没有影响。其次，两种磁场所经磁路的磁阻不同：主磁通的磁路由定、转子铁心和很小的气隙组成，为非线性磁路，受磁路的饱和程度影响很大。而漏磁场主要通过空气闭合，受磁路的饱和程度影响较小，是线性磁路，漏磁导为常数，频率恒定时漏电抗也是常数。

　　定、转子铁心中的漏磁场和主磁场都是交变的，因此都会引起铁心损耗。磁场在定、转子铁心中的损耗与其在定、转子中磁感应强度的幅值和交变频率有关。在定子铁心中磁场交变频率等于电源电压频率，而在转子中的交变频率等于转差频率。异步电机作为电动机或发电机正常运行时，转差率很小，转差频率也很小，因此转子中的铁心损耗通常可以忽略不计，异步电机的铁心损耗主要是定子铁心损耗，在气隙磁场不变的条件下，铁心损耗基本不变，因此可以采用等效的损耗电阻或电导表示。

5. 电磁耦合系统

　　异步电机内部电磁关系是一个动态变化过程，用时空矢量表示定、转子稳态电磁过程，如图 5-7 所示。图 5-7 中包含 3 个电磁子系统：定子电磁系统、气隙磁场耦合系统和转子电磁系统。下面从时空矢量的角度分别加以阐述。

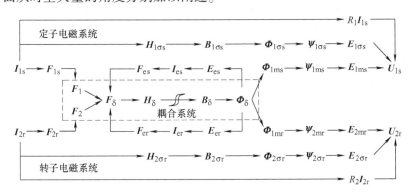

图 5-7　异步电机内部电磁关系

（1）定子电磁系统

定子电压 U_{1s} 产生定子电流 I_{1s}，定子电流 I_{1s} 有 4 方面的影响：

1）建立定子基波磁动势 F_{1s}，转子开路或同步旋转时，它是气隙磁动势 $F_\delta = F_1$，称为励磁磁动势，用于产生气隙基波磁场 $B_\delta = \mu_0 F_\delta / g_{ef}$，气隙磁场在定、转子绕组中产生交变的主磁通 $\Phi_\delta = B_\delta D_a L_{Fe}/p$，从而分别在定、转子绕组中产生主磁链 $\psi_{1ms} = \Phi_\delta W_1 k_{w1}$ 和 $\psi_{2mr} = \Phi_\delta W_2 k_{w2}$，感应主电动势 $E_{1ms} = -j\omega_1 \psi_{1ms}$ 和 $E_{2mr} = -j\omega_2 \psi_{2mr}$。

2）建立定子时变漏磁场等效的每相漏磁通 $\Phi_{1\sigma s}$ 和漏磁链 $\psi_{1\sigma s}$，感应漏电动势 $E_{1\sigma s}$。

3）产生定子绕组电阻压降 $I_{1s}R_1$，形成定子电枢绕组损耗 $m_1 I_{1s}^2 R_1$。

4）定子电流 I_{1s} 提供时变磁场在定子铁心中引起磁滞现象与涡流，产生铁心损耗所需要的电功率。

　　定子绕组中由气隙磁场产生的主磁链 ψ_{1ms} 和相应的感应电动势 E_{1ms}，漏磁场产生的漏磁链 $\psi_{1\sigma s}$ 和相应的感应电动势 $E_{1\sigma s}$，电流产生的电阻压降 $I_{1s}R_1$，最终因气隙磁场稳定而与电源电压 U_{1s} 相平衡。定子电磁系统中的时空矢量在定子上观测到的交变频率为电源电压频率，不会因转子转速高低与转向变化而改变。而在气隙磁场上观测到的是静止的时空矢量，这时下标"s"省略，如定子主磁链 $\boldsymbol{\psi}_{1m}$、主电动势 $\boldsymbol{E}_{1m}$、漏磁链 $\boldsymbol{\psi}_{1\sigma}$、漏电动势 $\boldsymbol{E}_{1\sigma}$、电流 $\boldsymbol{I}_1$、电压 $\boldsymbol{U}_1$、基波磁动势 $\boldsymbol{F}_1$。

（2）转子电磁系统

转子绕组由气隙磁场 $\boldsymbol{B}_\delta$ 产生的感应电动势 $s\boldsymbol{E}_{2mr}$ 在短路的转子绕组中产生转子电流 $\boldsymbol{I}_{2r}$。转子电流 $\boldsymbol{I}_{2r}$ 也有 4 个作用：

1）建立转子基波磁动势 $\boldsymbol{F}_{2r}$，它与定子基波磁动势 $\boldsymbol{F}_{1s}$ 同步，合成为气隙基波磁动势 $\boldsymbol{F}_\delta$，用于产生气隙磁场 $\boldsymbol{B}_\delta$。

2）建立转子时变漏磁场等效的每相漏磁通 $\boldsymbol{\Phi}_{2\sigma r}$ 和漏磁链 $\boldsymbol{\psi}_{2\sigma r}$，产生漏电动势 $s\boldsymbol{E}_{2\sigma r}$。

3）产生转子绕组电阻压降 $\boldsymbol{I}_{2r}R_2$，形成转子电枢绕组损耗 $m_2 I_{2r}^2 R_2$。

4）转子电流 $\boldsymbol{I}_{2r}$ 提供时变磁场在转子铁心中引起磁滞现象与涡流，产生转子铁心损耗所需的电功率，但正常运行时，转差率很小，转子频率很低，涡流与磁滞引起的铁心损耗可忽略不计。

转子绕组中由气隙磁场产生的主磁链 $\boldsymbol{\psi}_{2mr}$ 和相应的感应电动势 $s\boldsymbol{E}_{2mr}$，漏磁场产生的漏磁链 $\boldsymbol{\psi}_{2\sigma r}$ 和相应的感应电动势 $s\boldsymbol{E}_{2\sigma r}$，电流产生的电阻压降 $\boldsymbol{I}_{2r}R_2$，最终因气隙磁场稳定而与电源电压 $\boldsymbol{U}_{2r}$ 相平衡，只是转子电压通常因绕组短路为零。转子系统中的时空矢量在转子上观测到的交变频率为转差频率 $f_2 = sf_1$，其中转差率 $s = 1 - n/n_1$，因此取决于转子转速和转向，即由转差率与定子电源频率决定。在气隙磁场空间观测到的也是静止的时空矢量，这时下标"r"省略，如转子子主磁链 $\boldsymbol{\psi}_{2m}$、主电动势 $s\boldsymbol{E}_{2m}$、漏磁链 $\boldsymbol{\psi}_{2\sigma}$、漏电动势 $s\boldsymbol{E}_{2\sigma}$、电流 $\boldsymbol{I}_2$、电压 $\boldsymbol{U}_2$、基波磁动势 $\boldsymbol{F}_2$。

（3）气隙磁场耦合系统

耦合系统是指气隙基波磁动势 $\boldsymbol{F}_\delta$、气隙磁场 $\boldsymbol{H}_\delta$ 和 $\boldsymbol{B}_\delta$，以及气隙磁通 $\boldsymbol{\Phi}_\delta$，定、转子耦合的时空矢量关系。尽管气隙磁场 $\boldsymbol{B}_\delta$ 通常被认为是定子电流产生的，其实气隙磁场是由定子电流 $\boldsymbol{I}_{1s}$ 产生的基波磁动势 $\boldsymbol{F}_{1s}$、转子电流 $\boldsymbol{I}_{2r}$ 产生的基波磁动势 $\boldsymbol{F}_{2r}$，以及定、转子铁心中产生的涡流 $\boldsymbol{I}_{eddy}$ 相应铁心涡流磁动势 $\boldsymbol{F}_E$ 三者合成的基波磁动势 $\boldsymbol{F}_\delta$ 等效的磁场强度 $\boldsymbol{H}_\delta$ 产生。由于铁磁材料的磁滞特性，$\boldsymbol{B}_\delta$ 要滞后于 $\boldsymbol{H}_\delta$ 或 $\boldsymbol{F}_\delta$ 一个角度。合成基波磁动势 $\boldsymbol{F}_\delta$ 产生的气隙磁场 $\boldsymbol{B}_\delta$ 相对定子的转速为同步速 n_1，在定子绕组中感应电动势 $\boldsymbol{E}_{1ms}$ 的频率为 f_1，气隙磁场 $\boldsymbol{B}_\delta$ 相对于转子的转速为转差转速 sn_1，在转子绕组中感应电动势 $s\boldsymbol{E}_{2mr}$ 的频率为 $f_2 = sf_1$，从而产生转子感应电流 $\boldsymbol{I}_{2r}$ 的频率也为 $f_2 = sf_1$。转子电流 $\boldsymbol{I}_{2r}$ 产生的基波磁动势 $\boldsymbol{F}_{2r}$ 反过来影响定子基波磁动势 $\boldsymbol{F}_{1s}$ 和电流 $\boldsymbol{I}_{1s}$，最终实现动态平衡，维持气隙磁场 $\boldsymbol{B}_\delta$ 基本不变。因此气隙磁场也称为励磁磁场，定、转子合成的基波磁动势称为励磁磁动势 $\boldsymbol{F}_m$，产生励磁磁动势所等效的电流称为励磁电流 $\boldsymbol{I}_m$。必须指出的是，定子绕组电流对转子绕组电动势的影响是通过定子磁动势对气隙磁动势的贡献。同样，转子绕组电流对定子绕组电动势的影响也是通过转子磁动势对气隙磁动势的贡献。只要定、转子产生的气隙磁动势不变，那么不管定、转子绕组的结构和电流分布如何变化，定、转子中的主磁场是不会变化的，即无法辨识这种绕组结构和电流分布的变化，这也是基于磁动势不变原理进行绕组折算的理论基础。

下面将从气隙磁场出发，分析异步电机在不同转子转速和转向状态下的运行状态，即能量转换状态。

5.2.3　三相异步电机的运行状态

前面分析了异步电机运行过程中，定、转子基波磁动势在空间都是以同步速旋转的，合成气隙基波磁动势空间也是同步速旋转，因此合成气隙基波磁场与合成气隙基波磁动势一致，而且是以同步速旋转的。这样，异步电机的运行状态从气隙基波磁场出发来分析是合理的。于是，定子基波磁动势和合成气隙基波磁动势的转速和转向相同，并且是由定子电源电压的频率、相序和电机极对数确定的，转子感应电动势及其产生的电流和基波磁动势由气隙磁场、转子转速和转子绕组本身确定，当转子绕组出现基波磁动势时，为了保持气隙磁动势不变，定子磁动势需要相应变化，由此确定定子磁动势。定、转子磁动势相互作用产生电磁转矩，电磁转矩与转速决定机械功率，定子电磁功率决定电功率，电机的运行状态取决于转差率这个无量纲的重要物理量。

异步电机定子接三相对称电源时的运行状态分析，需要做一些基本假设：①磁路线性，即忽略磁滞与涡流影响，可以采用叠加原理；②气隙均匀，忽略定、转子齿槽影响，气隙磁场与气隙磁动势成正比；③只考虑基波气隙磁场的作用，不考虑气隙中的谐波磁场；④忽略定子绕组电阻和定子电流产生的绕组漏磁场，定子电压等于主电动势；⑤转子绕组存在电阻，转子绕组电流是由感应电动势产生的，在转子磁路产生漏磁场。

（1）气隙基波磁动势 F_δ 与气隙磁场 B_δ

在耦合磁场空间分析气隙基波磁动势、气隙磁场和气隙磁通之间的关系。不考虑定、转子铁心磁滞与涡流时，气隙基波磁动势 F_δ 是空间同步旋转的定、转子基波磁动势 F_1 和 F_2 合成的时空矢量

$$F_\delta = F_1 + F_2 \tag{5-21}$$

不考虑铁心磁阻且气隙均匀时，气隙磁场 B_δ 与气隙基波磁动势 F_δ 的关系是

$$B_\delta = \frac{\mu_0}{g_{ef}} F_\delta \tag{5-22}$$

气隙磁通与气隙磁场时空矢量的关系是

$$\Phi_\delta = \frac{D_a l_{Fe}}{p} B_\delta \tag{5-23}$$

（2）气隙磁场与感应电动势

设气隙磁场幅值在 $t=0$ 时刻与 A 相轴线一致，如图 5-8a 所示，相对于定子的气隙磁场波形和时空矢量分别为

$$b_{\delta s}(t, \theta_s) = B_m \cos(\omega_1 t - \theta_s), \quad B_{\delta s} = B_m e^{j\omega_1 t} \tag{5-24}$$

式中，θ_s 为相对于 A 相轴空间电角度；定子电源角频率 $\omega_1 = 2\pi f_1$，单位为弧度/秒（rad/s）。

定子上观测到的气隙主磁通和定子主磁链时空矢量分别为

$$\Phi_{1ms} = B_{\delta s} D_a L_{Fe}/p = \Phi_m e^{j\omega_1 t}, \quad \psi_{1ms} = \Phi_{1ms} W_1 k_{w1} = \psi_{1m} e^{j\omega_1 t} \tag{5-25}$$

其中，每极主磁通幅值 $\Phi_m = B_m D_a L_{Fe}/p$，定子主磁链幅值 $\psi_{1m} = \Phi_m W_1 k_{w1}$。

定子 A 相绕组的主磁链瞬时值

$$\psi_{mA} = Re\{\psi_{1ms}\} = \psi_{1m} \cos\omega_1 t \tag{5-26}$$

气隙磁场产生的定子 A 相绕组感应电动势瞬时值表达式和时空矢量分别为

$$e_{mA}(t) = -\frac{d\psi_{mA}}{dt} = E_{1m}\cos(\omega_1 t - \pi/2), \quad E_{1ms} = E_{1m} e^{j(\omega_1 t - \pi/2)} \tag{5-27}$$

其中，感应电动势幅值等于电角频率 ω_1 和主磁链幅值 ψ_{1m} 的乘积，即 $E_{1m} = \omega_1 \psi_{1m}$。

转子上观测气隙磁场的幅值不变，波长不变，但波速和频率随转子转速而改变，因此气隙磁场相对转子的转速为转差 $\Delta n = n_1 - n$，可以认为转差大小是气隙磁场相对于转子的同步速 n_2，于是，气隙磁场在转子绕组中感应电动势的频率等于转差频率

$$f_2 = \frac{p_2 n_2}{60} = \frac{p_1 \Delta n}{60} = s f_1 \tag{5-28}$$

式中，s 表示转差率，是表征异步电机特性的重要物理量。

需要说明的是，转差率随着转子转速的变化而变化，无量纲但存在正负。当转子转速高于同步速 n_1 时，转差率小于零，理论上转差频率也小于零，但实际转子绕组中的电动势和电流频率通常认为是正的，这是因为当转子转速高于同步速 n_1 时，绕组中的电动势和电流的相序由正序变成了负序的缘故，数学表达上等价于频率变成负值。

若在 $t = 0$ 时刻，转子 a 相轴线超前于 A 相轴线一个电角度 θ_0，如图 5-8b 所示，那么以转子 a 相轴线为空间参考轴，气隙磁场相对于转子的时空表达式为

$$b_{\delta r}(t, \theta_r) = B_m \cos(s\omega_1 t - \theta_0 - \theta_r), \ \boldsymbol{B}_{\delta r} = \boldsymbol{B}_{\delta s} e^{-j(\omega t + \theta_0)} = B_m e^{j(s\omega_1 t - \theta_0)} \tag{5-29}$$

式中，θ_r 为转子上相对于 a 相轴线空间电角度，转子旋转电角速度 $\omega = \pi p n / 30$。

转子上观测到的气隙主磁通和转子主磁链时空矢量分别为

$$\boldsymbol{\Phi}_{2mr} = \boldsymbol{B}_{\delta r} D_a L_{Fe}/p = \Phi_m e^{j(s\omega_1 t - \theta_0)}, \ \boldsymbol{\psi}_{2mr} = \boldsymbol{\Phi}_{2mr} W_2 k_{w2} = \psi_{2m} e^{j(s\omega_1 t - \theta_0)} \tag{5-30}$$

其中，气隙每极主磁通是连续的，其幅值 Φ_m 不变，转子主磁链幅值 $\psi_{2m} = \Phi_m W_2 k_{w2}$。

转子 a 相绕组的主磁链瞬时值

$$\psi_{ma} = \mathrm{Re}\{\boldsymbol{\psi}_{2mr}\} = \psi_{2m} \cos(s\omega_1 t - \theta_0) \tag{5-31}$$

气隙磁场在转子 a 相绕组产生的感应电动势瞬时值表达式和时空矢量分别为

$$e_{ma}(t) = -\frac{\mathrm{d}\psi_{ma}}{\mathrm{d}t} = sE_{2m} \cos(s\omega_1 t - \theta_0 - \pi/2), \ \boldsymbol{E}_{2mr} = E_{2m} e^{j(s\omega_1 t - \theta_0 - \pi/2)} \tag{5-32}$$

其中，转差率 $s = 1$ 的转子感应电动势幅值 E_{2m} 等于电角频率 ω_1 和转子主磁链幅值 ψ_{2m} 的乘积，即 $E_{2m} = \omega_1 \psi_{2m}$。

当 $s > 0$ 时，感应电动势时空矢量 $s\boldsymbol{E}_{2mr}$ 滞后于气隙磁场时空矢量 $\boldsymbol{B}_{\delta r}$ 90°电角，即 $s\boldsymbol{E}_{2mr}$ 顺时针滞后于 $\boldsymbol{B}_{\delta r}$ 90°电角，如图 5-8b 所示；当 $s < 0$ 时，感应电动势时空矢量 $s\boldsymbol{E}_{2mr}$ 滞后于气隙磁场时空矢量 $\boldsymbol{B}_{\delta r}$ 90°电角，但 $s\boldsymbol{E}_{2mr}$ 逆时针滞后于 $\boldsymbol{B}_{\delta r}$ 90°电角，如图 5-8c 所示，因气隙磁场相对转子是顺时针旋转的。

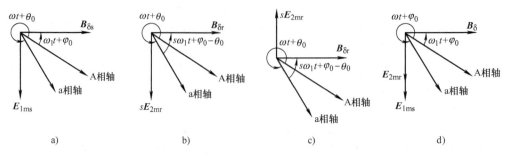

图 5-8　气隙磁场与定、转子感应电动势时空矢量
a) 定子　b) 转子 $s > 0$　c) 转子 $s < 0$　d) 定、转子统一

从气隙磁场角度来看，定子感应电动势时空矢量滞后于气隙磁场90°电角，转子感应电动势时空矢量也滞后于气隙磁场90°电角，这里滞后是从气隙磁场相对于绕组旋转方向来说的，即逆气隙磁场相对绕组转向90°电角。不论转差率正负，电动势时空矢量 E_{2mr} 和 E_{2ms} 总是滞后于气隙磁场90°电角且空间重合，与转子 a 相轴线无关，如图5-8d 所示。

（3）异步电机运行状态

根据转子转速或转差率分析异步电机的能量转换过程或运行状态，重点是电磁转矩方向和定子电功率的流向。因为异步电机气隙均匀，不考虑饱和时，电流、基波磁动势和磁感应强度时空矢量成正比关系，气隙合成基波磁动势等于定、转子基波磁动势之和，气隙磁场、气隙磁通和气隙合成基波磁动势时空矢量方向一致。下面从气隙磁场出发分析不同转速或转差率时的异步电机定、转子电磁关系。

1）转子同步正转（$n = n_1$，$s = 0$）：当转子转速等于气隙磁场同步转速时，转子与气隙磁场保持相对静止，因此转子绕组中的磁场分布和匝链的磁链不发生变化，磁场相对转子的交变频率等于零，感应电动势等于零，不会产生感应电流和电磁转矩，这种运行状态称为理想空载运行状态。定子电流仅仅提供气隙磁场，由于气隙小，因此定子励磁电流相对于额定电流较小。

2）转子亚同步正转（$0 < n < n_1$，$0 < s < 1$）：当转子以亚同步速且正向旋转时，$0 < n < n_1$，$0 < \Delta n = n_1 - n = n_2$，转子感应电动势 E_{2mr} 频率为转差频率 sf_1，相位滞后于气隙磁场 B_δ 90°电角，转子感应电动势在转子回路产生的转子电流 I_{2r} 频率等于 sf_1，相位滞后于转子电动势 E_{2mr} 一个小于90°且与转差率 s 有关的漏阻抗角 ψ_{2s}，转子基波磁动势 F_{2r} 与转子电流 I_{2r} 同相位，产生的磁场相对转子以同步速 n_2 旋转，与气隙磁场保持同步。空间同步的定子基波磁动势 F_1 由气隙基波磁动势 F_δ 与转子基波磁动势 F_2 之差得到，定子电流 I_1 与磁动势 F_1 同相位。定子感应电动势 E_{1ms} 相位滞后于气隙磁场 B_δ 90°电角，定子电压 U_1 相位几乎与电动势 E_{1ms} 相反，定子电压与电流相位差为定子功率因数角 φ_1，如图5-9a 所示。因磁动势与磁场方向一致，转子磁场受到定子磁场逆时针方向的电磁转矩 T_{em}，即转子受到的电磁转矩为气隙磁场相对于转子的旋转方向，因此转子转速与电磁转矩方向一致，电磁转矩起驱动转子输出机械功率的作用，如图5-9b 和 c 所示。另一方面，定子电流 I_1 滞后于定子电压 U_1 且功率因数为正（$\cos\varphi_1 > 0$），或者定子电流 I_1 超前于主电动势 E_{1ms} 且内功率因数为负（$\cos\psi_1 < 0$），异步电机定子从电源吸收有功电功率和滞后的感性无功功率，因此异步电机定子输入电功率且转子输出机械功率，是电动机运行状态。

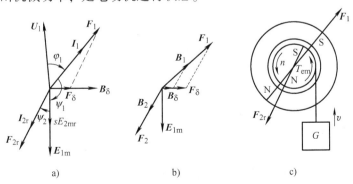

a)   b)   c)

图5-9　异步电动机运行状态（$0 < s < 1$）时空矢量图

3）转子超同步正转（$n > n_1$，$s < 0$）：当转子以超同步速且正方向旋转时，$n > n_1$，$\Delta n = n_1 - n = n_2 < 0$，气隙磁场相对于转子反相序旋转，转子感应电动势频率理论上为 $-sf_1$，或者说感应电动势相序是负序，转子感应电动势 E_{2mr} 滞后于气隙磁场 B_δ 90°电角，在转子回路产生的转子电流 I_{2r} 频率也为 $-sf_1$，相序也为负序，相位滞后于电动势 E_{2mr} 一个小于 90°且与转差率 s 有关的漏阻抗角 ψ_{2s}，转子基波磁动势 F_{2r} 与转子电流 I_{2r} 同相位，与气隙磁场保持同步。空间同步的定子基波磁动势 F_1 由气隙基波磁动势 F_δ 与转子基波磁动势 F_2 之差得到，定子电流 I_1 与磁动势 F_1 同相位。定子感应电动势 E_{1ms} 相位滞后于气隙磁场 B_δ 90°电角，定子电压 U_1 相位几乎与电动势 E_{1ms} 相反，定子电压与电流相位差为定子功率因数角 φ_1，如图 5-10a 所示。转子磁场受到定子磁场顺时针方向的电磁转矩，即转子受到的电磁转矩为气隙磁场相对于转子的旋转方向，转子转速与电磁转矩方向相反，电磁转矩起制动作用，需要外部输入机械转矩以保持异步电机高于同步速运行，如图 5-10b 和 c 所示。另一方面，定子电流 I_1 滞后于定子电压 U_1 且功率因数为负（$\cos\varphi_1 < 0$），或者定子电流 I_1 超前于主电动势 E_{1ms} 且内功率因数为正（$\cos\psi_1 > 0$），发现异步电机定子从电源吸收负的有功电功率，即向电源输出有功电功率，但仍从电网吸收滞后的感性无功功率，因此异步电机定子输出有功电功率且转子输入机械功率，是发电机运行状态。

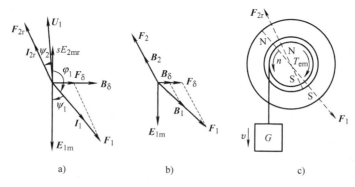

图 5-10 异步发电机运行状态（$s < 0$）时空矢量图

4）转子堵转（$n = 0$，$s = 1$）：当转子静止时，$n = 0$，$\Delta n = n_2 = n_1$，气隙磁场相对于转子以同步速旋转，转子感应电动势频率为 f_1，转子感应电动势在转子回路产生的转子电流频率也为 f_1，相序都为正序，因此转子电流产生的磁场相对于定、转子以同步速 n_1 旋转，仍然与气隙磁场保持同步，如图 5-9a 所示，于是转子磁场受到与气隙磁场同方向的电磁转矩，即转子受到的电磁转矩为气隙磁场相对于转子的旋转方向，转子只受到电磁转矩的作用而不做机械功，但异步电机定子仍然从电源吸收有功电功率和滞后的感性无功功率，称异步电机工作在堵转或短路运行状态。

5）转子反转（$n < 0$，$s > 1$）：当转子反转时，$n < 0$，$\Delta n = n_2 > n_1$，如图 5-11a 所示，转子受到的电磁转矩为气隙磁场相对于转子的旋转方向，转子转速与电磁转矩方向相反，与电磁转矩平衡的机械转矩与转子转向相同，机械功率输入异步电机，如图 5-11b 和 c 所示，同时异步电机定子从电源吸收有功电功率和滞后的感性无功功率，因此异步电机既从定子输入电功率又从转子输入机械功率，是电磁制动运行状态。

综上所述，异步电机转子短路时的运行状态取决于转差率，如图 5-12 所示，图中磁极极性是定子和转子磁动势产生的。

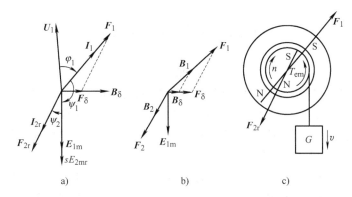

图 5-11 异步电机电磁制动运行状态（$s > 1$）时空矢量图

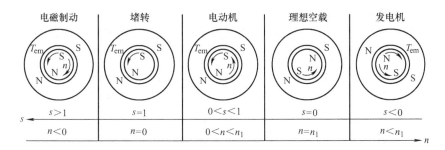

图 5-12 异步电机运行状态与转差率和转速的关系

5.2.4 电磁耦合模型

一般情况下，异步电机只有定子接频率 f_1 的三相对称交流电源，产生三相对称电枢电流并形成相对于定子顺相序同步速 $n_1 = 60f_1/p_1$ 旋转的气隙磁场，转子通过电磁感应（气隙磁场相对转子电枢绕组运动的转速 n_2）产生三相对称感应电动势，频率 $f_2 = p_2 n_2/60$，从而在短路的转子绕组回路中出现与转子感应电动势相同频率的三相对称转子电流，同样形成相对于转子顺相序以转速 n_2 旋转的磁场。考虑到转子本身运动的转速 $n = n_1 - n_2$，因此转子电流产生的旋转磁场与定子电流产生的旋转磁场在气隙空间保持相对静止（相对于定子都是同步速 n_1 或者相对于转子都是 n_2）且极对数相同（笼型转子具有极对数自适应能力），定子与转子两个磁场相互作用产生电磁转矩，转子电流产生的磁场还将影响定子磁场（类似电枢反应），从而保持气隙磁场幅值基本恒定，因为定子感应电动势必须与外接电源电压相平衡（忽略定子电阻和漏电抗压降）

$$E_1 = U_1 = \sqrt{2}\pi f_1 W_1 k_{w1} \Phi_m = \sqrt{2}\pi f_1 W_1 k_{w1} B_m D_a L_{Fe}/p \tag{5-33}$$

式（5-33）表明，异步电机在定子电压和频率确定的状态下，气隙磁场基本上是不变的。

定子电枢圆周上单位长度电流称为线负荷，用 A_m 表示，单位为安/米（A/m），定义为

$$A_m = \frac{2m_1 W_1 I_1}{\pi D_a} \tag{5-34}$$

异步电机线负荷的大小取决于冷却方式，自然通风冷却、强迫通风冷却、水冷这 3 种冷却方式的线负荷依次是增大的。

考虑到频率 f_1 与同步速 n_1 的关系，异步电动机的输出功率

$$P_2 = m_1 U_1 I_1 \eta_N \cos\varphi_N = \left(\frac{\sqrt{2}\pi^2}{120} k_{w1} \eta_N \cos\varphi_N\right) A_m B_m D_a^2 L_{Fe} n_1 \tag{5-35}$$

式（5-35）括号内的系数范围是确定的，异步电机的输出功率与电磁负荷（$A_m B_m$）、轴向长度 L_{Fe} 和同步转速 n_1 以及直径二次方成正比。由于异步电机的转差率小，同步转速可用实际转速取代，因此在相同电磁负荷条件下，转速高的直径小，电机比较细长，转速低的直径比较大，电机比较短粗。

这里有两个约束条件：①气隙合成磁场受到磁路饱和的影响，在异步电机设计时定子电压与定子电枢绕组感应电动势基本相等，并使得磁路处在磁化曲线饱和的拐点处；②转子感应电动势受到气隙磁场相对转子的运动关系影响（大小、频率和相序），即异步电机的运行状态取决于转子转速的高低。

分析多相异步电机时，正方向按照电动机惯例，将漏磁场包括谐波磁场与基波气隙磁场的影响分开考虑，前者磁路是线性的，后者磁路通常是饱和的，分析时需要作线性化假设，基波气隙磁场是定、转子合成气隙磁场，采用双旋转磁场理论获得时空统一的矢量来描述内部电磁关系。分析单相异步电机也采用双旋转磁场理论。当然，也可以采用经典的多相耦合电路分析方法，两者的结果是一致的。

定子三相对称电流将产生顺相序旋转的基波磁动势，转速等于同步速 n_1，异步电机的转差率为 s，定、转子绕组电流频率分别为 f_1 和 f_2，且 $f_2 = s f_1$。于是，转子转速满足

$$n = \frac{60(f_1 - f_2)}{p} = (1-s)n_1 \tag{5-36}$$

式中，转速 n 的单位是转/分钟（r/min）。

1. 电磁耦合模型

异步电机气隙均匀，用时空矢量表示的定、转子电磁耦合模型如图 5-13 所示。

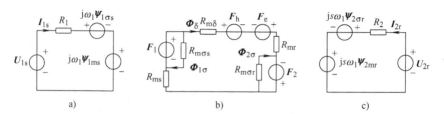

图 5-13　异步电机电磁耦合模型
a）定子电路模型　b）磁路耦合模型　c）转子电路模型

（1）耦合磁路模型

定子电枢基波磁动势时空矢量 F_{1s} 与电流 I_{1s} 成正比，转子电枢基波磁动势时空矢量 F_{2r} 与电流 I_{2r} 成正比。气隙磁场同步空间中，定、转子基波磁动势分别为 F_1 和 F_2，定、转子铁心涡流和磁滞的等效磁动势分别为 F_e 和 F_h，定、转子合成基波磁动势 F_δ 为

$$F_\delta = F_1 + F_2 + F_e = F_\mu + F_h \tag{5-37}$$

基波磁动势 F_δ 在主磁路产生主磁场 H_δ、B_δ 和气隙主磁通 Φ_δ。主磁通 Φ_δ 在铁心中交

变产生涡流 I_e 与涡流磁动势 F_e。同时铁磁材料存在磁滞现象，使得主磁路磁场强度 H_δ 与磁感应强度 B_δ 非同相位，为此将气隙基波磁动势分解为与气隙磁场 B_δ 同相位的磁化磁动势 F_μ 和超前气隙磁场 B_δ 90°电角的磁滞等效磁动势 F_h，相应的磁滞电流为 I_h。

耦合磁路是气隙磁场主磁路，如图 5-13b 所示，异步电机气隙均匀，利用叠加原理，气隙磁场每极主磁通经过的主磁路磁阻包括转子铁心齿和磁轭磁阻 R_{mr}、定子铁心齿和磁轭磁阻 R_{ms}、两个气隙磁阻 $R_{m\delta}$。于是

$$F_\mu = \Phi_\delta(R_{ms} + R_{mr} + R_{m\delta}) \tag{5-38}$$

在耦合磁路模型中，还增加了定、转子漏磁路模型，分别为定、转子基波磁动势 F_1 和 F_2、等效漏磁阻 $R_{m\sigma s}$ 和 $R_{m\sigma r}$，以及漏磁通 $\Phi_{1\sigma}$ 和 $\Phi_{2\sigma}$。于是

$$F_1 = \Phi_{1\sigma}R_{m\sigma s}, F_2 = \Phi_{2\sigma}R_{m\sigma r} \tag{5-39}$$

气隙主磁通 Φ_δ 相对于定子以同步角速度 ω_1 旋转，而相对于转子以转差角速度 $s\omega_1$ 旋转，并且分别在定、转子绕组中感应主电动势 $E_{1ms} = -j\omega_1\psi_{1ms}$ 和 $sE_{2mr} = -js\omega_1\psi_{2mr}$，相位滞后于相应的主磁通 Φ_δ、主磁链和主磁场 B_δ 90°电角。

气隙磁场相对定子 A 相参考轴的时空矢量由式（5-24）和式（5-25）得到 $B_{\delta s} = B_m e^{j\omega_1 t}$，气隙磁通 $\Phi_{1ms} = \Phi_m e^{j\omega_1 t}$，气隙磁链 $\psi_{1ms} = \psi_{1m} e^{j\omega_1 t}$。气隙磁场相对转子 a 相参考轴的时空矢量相应地由式（5-29）和式（5-30）得到 $B_{\delta r} = B_m e^{j(s\omega_1 t - \theta_0)}$，磁通 $\Phi_{1mr} = \Phi_m e^{j(s\omega_1 t - \theta_0)}$ 和磁链 $\psi_{1mr} = \psi_{2m} e^{j(s\omega_1 t - \theta_0)}$。

（2）定子电磁模型

1）定子坐标系统模型。

定子电磁模型是定子电路模型，如图 5-13a 所示。定子三相电压方程统一成时空矢量形式如式（5-12）。其中漏电动势 $E_{1\sigma s}$ 与漏磁通 $\Phi_{1\sigma s}$ 耦合，主电动势 E_{1ms} 与主磁通 Φ_{1ms} 耦合。定子电枢基波磁动势时空矢量 F_{1s} 与电流 I_{1s} 成正比，定子电流 I_{1s} 在定子漏磁路产生漏磁通 $\Phi_{1\sigma s}$ 和漏磁链 $\psi_{1\sigma s} = W_1 k_{w1}\Phi_{1\sigma s} = L_{1\sigma}I_{1s}$，漏磁链 $\psi_{1\sigma s}$ 在定子绕组中感应漏电动势为 $E_{1\sigma s} = -j\omega_1\psi_{1\sigma s}$，相位滞后于定子漏磁通 $\Phi_{1\sigma s}$、漏磁链 $\psi_{1\sigma s}$ 和电流 I_{1s} 90°电角。气隙磁场在定子绕组感应主电动势 $E_{1ms} = -j\omega_1 W_1 k_{w1}\Phi_{1ms} = -j\omega_1\psi_{1ms}$，相位滞后于定子主磁通 Φ_{1ms}、主磁链 ψ_{1ms} 和主磁场 B_δ 90°电角。定子电压 U_{1s} 和定子电流 I_{1s} 在定子电枢电阻 R_1 上的压降、定子电枢漏磁通 $\Phi_{1\sigma s}$ 在定子绕组感应漏电动势 $E_{1\sigma s}$、气隙磁通 Φ_δ 在定子电枢绕组感应主电动势 E_{1ms} 相平衡。即

$$U_{1s} = R_1 I_{1s} - E_{1\sigma s} - E_{1ms} = (R_1 + j\omega_1 L_{1\sigma})I_{1s} + j\omega_1\psi_{1ms} \tag{5-40}$$

2）同步坐标系统模型。

定子侧时空矢量以角频率 ω_1 顺相序 ABC 旋转，通过变换后得到同步坐标系统的时空矢量形式，如定子电压时空矢量变换形式为 $U_{1s} = U_1 e^{j\omega_1 t}$，电流、电动势、磁通和磁链做相同变换。于是，式（5-40）变为

$$U_1 = R_1 I_1 - E_{1\sigma} - E_{1m} = (R_1 + jX_{1\sigma})I_1 - E_{1m} \tag{5-41a}$$

时间相量与同步坐标系统时空矢量仅差系数 $\sqrt{2}$，如定子电压时空矢量与时间相量的变换形式为 $U_1 = \sqrt{2}\dot{U}_1$，电流、电动势、磁通和磁链做相同变换。于是，式（5-41a）变为

$$\dot{U}_1 = R_1\dot{I}_1 - \dot{E}_{1\sigma} - \dot{E}_{1m} = (R_1 + jX_{1\sigma})\dot{I}_1 - \dot{E}_{1m} \tag{5-41b}$$

其中，定子漏阻抗 $Z_1 = R_1 + jX_{1\sigma} = R_1 + j\omega_1 L_{1\sigma}$，$\boldsymbol{E}_{1m} = \sqrt{2}\dot{E}_{1m}e^{j\omega_1 t} = -j\omega_1 W_1 k_{w1} \boldsymbol{\Phi}_\delta$。

（3）转子电磁模型

1）转子坐标系统模型。

转子电磁模型是转子电路模型，如图5-13c所示。将转子三相电压方程统一成时空矢量形式如式（5-18），其中漏电动势 $sE_{2\sigma r}$ 与漏磁通 $\boldsymbol{\Phi}_{2\sigma r}$ 耦合，主电动势 sE_{2mr} 与主磁通 $\boldsymbol{\Phi}_{2mr}$ 耦合，这里 $\boldsymbol{E}_{2\sigma r}$ 和 $\boldsymbol{E}_{2mr}$ 是转差率 $s = 1$ 的电动势。转子电枢基波磁动势时空矢量 $\boldsymbol{F}_{2r}$ 与电流 $\boldsymbol{I}_{2r}$ 成正比，转子电流 $\boldsymbol{I}_{2r}$ 在转子漏磁路产生漏磁通 $\boldsymbol{\Phi}_{2\sigma r}$ 和漏磁链 $\boldsymbol{\psi}_{2\sigma r} = W_2 k_{w2}\boldsymbol{\Phi}_{2\sigma r} = L_{2\sigma}\boldsymbol{I}_{2r}$，漏磁链 $\boldsymbol{\psi}_{2\sigma r}$ 在转子绕组中感应漏电动势为 $\boldsymbol{E}_{2\sigma r} = -j\omega_1\boldsymbol{\psi}_{2\sigma r}$，相位滞后于转子漏磁通 $\boldsymbol{\Phi}_{2\sigma r}$、漏磁链 $\boldsymbol{\psi}_{2\sigma r}$ 和电流 $\boldsymbol{I}_{2r}$ 90°电角。气隙磁场在转子绕组感应的主电动势 $sE_{2mr} = -js\omega_1 W_2 k_{w2}\boldsymbol{\Phi}_{2mr} = -js\omega_1\boldsymbol{\psi}_{2mr}$，相位滞后于转子主磁通 $\boldsymbol{\Phi}_{2mr}$、主磁链 $\boldsymbol{\psi}_{2mr}$ 和主磁场 $\boldsymbol{B}_\delta$ 90°电角。转子电压 $\boldsymbol{U}_{2r}$ 和转子电流 $\boldsymbol{I}_{2r}$ 在转子电枢电阻 R_2 上的压降、转子电枢漏磁通 $\boldsymbol{\Phi}_{2\sigma r}$ 在转子绕组感应漏电动势 $sE_{2\sigma r}$、气隙磁通 $\boldsymbol{\Phi}_\delta$ 在转子电枢绕组感应主电动势 sE_{2mr} 相平衡，如图5-14a所示。即

$$\boldsymbol{U}_{2r} = R_2 \boldsymbol{I}_{2r} - s\boldsymbol{E}_{2\sigma r} - s\boldsymbol{E}_{2mr} = R_2 \boldsymbol{I}_{2r} + js\omega_1 L_{2\sigma}\boldsymbol{I}_{2r} + js\omega_1\boldsymbol{\psi}_{2mr} \tag{5-42}$$

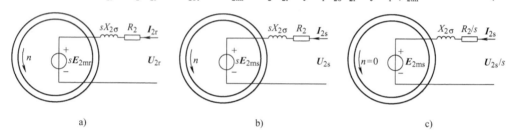

图 5-14　转子等效电路

a）转子坐标系　b）定子坐标系　c）等效静转子

2）定子坐标系统模型。

转子侧时空矢量电压方程（5-42）是以转子a相轴线为空间参考轴且是以转差角频率 $s\omega_1$ 相对转子旋转的，而转子a相轴线相对定子A相轴线的角度是 $\omega t + \theta_0$，角速度是转子旋转电角速度 ω，因此转子侧时空矢量变换定子侧的变换关系为 $\boldsymbol{U}_{2s} = \boldsymbol{U}_{2r}e^{j(\omega t + \theta_0)}$，电流、电动势和磁链的变换关系一样。于是，定子坐标系中的转子电压模型如图5-14b所示，即

$$\boldsymbol{U}_{2s} = R_2 \boldsymbol{I}_{2s} - s\boldsymbol{E}_{2\sigma s} - s\boldsymbol{E}_{2ms} = (R_2 + jsX_{2\sigma})\boldsymbol{I}_{2s} + js\omega_1\boldsymbol{\psi}_{2ms} \tag{5-43}$$

其中，转子漏阻抗 $Z_{2s} = R_2 + jsX_{2\sigma} = R_2 + js\omega_1 L_{2\sigma}$，$X_{2\sigma}$ 为转子堵转时的漏电抗。

式（5-43）表明，从定子上看旋转转子导体内电流、绕组电压、电动势和主磁链的空间变化，尽管频率变为定子频率，但幅值不变，相互之间的相位差不变，主磁链与气隙主磁场空间同相位，转子绕组的有功和无功功率都不变。

3）同步坐标系统模型。

转子侧时空矢量按照转差角频率 $s\omega_1$ 变化，通过变换后得到同步坐标系统的时空矢量形式，并且使变换后转子侧与定子侧主磁链空间重合，即气隙磁场、主磁通和主磁链三者空间重合同步旋转。这样转子电压时空矢量变换形式为 $\boldsymbol{U}_{2r} = \boldsymbol{U}_2 e^{j(s\omega_1 t - \theta_0)} = \boldsymbol{U}_{2s}e^{-j(\omega t + \theta_0)}$，转子电流、电动势、磁通和磁链也做相同变换。于是，由式（5-42）或式（5-43）得到

$$\boldsymbol{U}_2 = R_2 \boldsymbol{I}_2 - s\boldsymbol{E}_{2\sigma} - s\boldsymbol{E}_{2m} = (R_2 + jsX_{2\sigma})\boldsymbol{I}_2 + js\omega_1\boldsymbol{\psi}_{2m} \tag{5-44a}$$

时间相量与同步坐标系统时空矢量仅差系数 $\sqrt{2}$，如转子电压时空矢量与时间相量的变换形式为 $\boldsymbol{U}_2 = \sqrt{2}\dot{U}_2$，电流、电动势、磁通和磁链做相同变换。于是，式（5-44a）变为

$$\dot{U}_2 = R_2 \dot{I}_2 - s\dot{E}_{2\sigma} - s\dot{E}_{2m} = (R_2 + jsX_{2\sigma})\dot{I}_2 - s\dot{E}_{2m} \tag{5-44b}$$

其中，转子主电动势幅值 $E_{2m} = \omega_1 W_2 k_{w2}\Phi_m$，相位滞后于气隙主磁场或主磁通 $90°$ 电角。

式（5-44）表明，从气隙磁场上看旋转转子导体内电流、绕组电压、电动势和主磁链的空间变化，尽管空间分布的交变频率变为零，但幅值不变，相互之间的相位差不变，主磁链与气隙主磁场空间同相位，转子绕组的有功和无功功率也都不变。

2. 磁化电抗

气隙磁场基波磁感应强度半波对应的磁通量为主磁通幅值，三相绕组的磁通量可以根据等效集中绕组计算是按照正弦规律变化，幅值为主磁通幅值。主磁通幅值 Φ_m 与基波气隙磁感应强度幅值 B_m 的关系 $\Phi_m = (2/\pi)B_m\tau L_{Fe} = B_m D_a L_{Fe}/p$，其中电枢铁心直径为 D_a，极对数为 p，轴向有效长度为 L_{Fe}，极距 $\tau = \pi D_a/(2p)$。

气隙磁场与定子一相绕组匝链的磁链是定子主磁链，同样可以根据等效集中绕组计算主磁链幅值 $\psi_{1ms} = W_1 k_{w1}\Phi_m$，其中 W_1 为定子每相串联匝数，k_{w1} 为基波绕组系数。

由于气隙磁场幅值与定子绕组相轴重合时，该相绕组的磁通量和磁链最大，因此定子一相绕组主磁链产生的感应电动势幅值等于主磁链幅值与角频率乘积 $E_{1m} = \omega_1 W_1 k_{w1}\Phi_m$。

类似地，气隙磁场与转子一相绕组匝链的主磁链幅值 $\psi_{2mr} = W_2 k_{w2}\Phi_m$，其中 W_2 为转子每相串联匝数，k_{w2} 为基波绕组系数。

由于气隙磁场幅值与转子绕组相轴重合时，该相绕组的磁通量和磁链最大，因此转子一相绕组主磁链产生的感应电动势幅值 $E_{2m} = \omega_2 W_2 k_{w2}\Phi_m = s\omega_1 W_2 k_{w2}\Phi_m$。

假设异步电机的铁心磁路不饱和且气隙均匀，则气隙磁场磁感应强度幅值与气隙合成基波磁化磁动势幅值或磁化电流成正比

$$B_m = \frac{\mu_0}{g_{ef}}F_\mu = \frac{\mu_0}{g_{ef}}\frac{m_1}{2}\frac{4}{\pi}\frac{W_1 k_{w1}}{2p}\sqrt{2}I_\mu \tag{5-45}$$

式中，g_{ef} 为等效气隙长度；I_μ 是磁化磁动势所需的定子磁化电流有效值。

定义气隙合成基波磁场在定子一相绕组中的感应电动势幅值与产生该磁场的磁化电流幅值之比为定子绕组的磁化电抗

$$X_\mu = \frac{E_{1m}}{\sqrt{2}I_\mu} = \frac{\omega_1 W_1 k_{w1}\Phi_m}{\sqrt{2}I_\mu} = \frac{\omega_1 W_1 k_{w1} D_a L_{Fe} B_m}{\sqrt{2}I_\mu p} = \omega_1 \frac{8m_1}{\pi}\frac{\mu_0 D_a L_{Fe}}{g_{ef}}\left(\frac{W_1 k_{w1}}{2p}\right)^2 \tag{5-46}$$

磁化电抗与磁路的饱和程度有关，因为等效气隙长度随磁路饱和程度增加而增大。

5.2.5 等效电路与相量图

异步电机稳态运行时，电枢绕组的电动势、气隙基波磁动势、机电能量转换中的功率和转矩都必须保持平衡，这些平衡关系构成了异步电机的基本方程组，是获得异步电机时空统一等效电路的基础。

异步电机稳态时空矢量在空间是相对静止的，这是从定子同步坐标系统观测的结果，但是电磁平衡关系中的电动势平衡是定子同步坐标系统中的时空矢量对定子和转子绕组产生的影响，从而获得相对运动频率不同的结果。为此需要将运动的转子变换成静止的转子，或者

将静止的定子变换成与转子一起旋转的定子。无论是将定子电压方程变换到定子与转子转速相同的坐标系统，还是将转子电压方程变换到转子与定子一样静止的坐标系统，都必须保持空间磁场的分布规律不变，因此根据全电流定律，定、转子绕组中的电流分布将保持不变，所有时空矢量的频率将在同一坐标系中都保持一致。这就需要对电压、感应电动势和电流时空矢量因坐标变换而发生的频率及其与频率相关的幅值做相应改变。这里将转子时空矢量变换到静止的定子坐标系统，即等效静转子的频率折算。

通过频率折算后，气隙磁场在定、转子绕组中感应电动势的频率相同，但幅值因绕组每极每相等效串联匝数不同而不同，为此需要将转子多相绕组用定子三相绕组取代，既要相数相同又要每极每相等效串联匝数相同，即绕组折算。

折算的前提条件是保证折算前后定、转子任何时刻的空间磁场分布不变，因此电流密度时空分布函数、材料的特性（磁导率和电导率）、电磁能量和功率都不变，但绕组的电阻、电感和电抗参数因等效匝数和频率的变化而改变。

1. 磁动势平衡关系

异步电机计及铁心损耗时，可以在主磁路串入一个磁动势，电路中相当于匝链主磁通的无感线圈，线圈电阻与频率和磁感应强度幅值有关。铁心损耗磁动势、定子绕组基波磁动势和转子绕组基波磁动势三者合成磁化磁动势 F_μ，定、转子合成基波磁动势 F_m 超前气隙磁感应强度一个铁耗角 α_{Fe}，而气隙磁感应强度与主磁通空间位置一致。这样定、转子合成基波磁动势 F_m 对应的等效定子励磁电流 I_m 存在两个分量：无功磁化电流分量 I_μ 和有功铁耗电流分量 I_{Fe}。定子电流除了这两个分量以外，还有与转子基波磁动势相平衡的负载电流分量 I_{1L}。

由式（5-37）得到

$$F_m = F_1 + F_2 = F_\mu + F_h - F_e = F_\mu + F_{Fe} \tag{5-47a}$$

设转子侧铁心损耗都归算到定子绕组，于是，式（5-47a）可以用相应的电流和绕组有效匝数表示

$$\frac{m_1}{2}\frac{4}{\pi}\frac{W_1 k_{w1}}{2p}I_m = \frac{m_1}{2}\frac{4}{\pi}\frac{W_1 k_{w1}}{2p}I_1 + \frac{m_2}{2}\frac{4}{\pi}\frac{W_2 k_{w2}}{2p}I_2 = \frac{m_1}{2}\frac{4}{\pi}\frac{W_1 k_{w1}}{2p}(I_\mu + I_{Fe}) \tag{5-47b}$$

式（5-47b）化简后得到电流关系

$$I_m = I_1 + I_2/k_i = I_\mu + I_{Fe} \tag{5-48}$$

其中，$I_{Fe} = I_h - I_e$，电流折算系数 $k_i = \dfrac{m_1 W_1 k_{w1}}{m_2 W_2 k_{w2}}$，即定、转子相数与有效串联匝数乘积之比。

将定子电流 I_1 分解为磁化分量 I_μ、铁耗分量 I_{Fe} 和负载分量 I_{1L} 得到

$$I_1 = I_\mu + I_{Fe} + I_{1L} = I_m + I_{1L} \tag{5-49}$$

比较式（5-49）和式（5-48）不难发现，定子电流的负载分量与转子电流的关系为

$$I_{1L} = -I_2/k_i \tag{5-50}$$

需要强调的是，电流关系式（5-48）～式（5-50）都是在同步坐标系中观测的时空矢量，可以很方便地转换成时间相量形式，即时空矢量直接改写成时间相量。

2. 转子侧频率折算

根据折算条件，将运动的转子等效成与定子一样静止的状态，由于气隙磁场保持空间同步旋转，转子感应电动势和电流随时间变化的频率也由转差角频率变为同步角频率，因转子

绕组结构和电流密度幅值没有变化,转子电流的幅值不变,但转子感应电动势幅值在频率折算前后将发生变化,折算前与转差角频率成正比,折算后与定子同步角频率成正比。转子绕组电感不变,但电抗随频率变化。转子由运动变换到静止,根据能量守恒原理,原来的机械功率必须转换成相应的有功功率,也就使转子绕组的电阻将发生频率折算引起的变化。转子侧频率折算是将运动的转子用等效的静止转子取代,而保持转子有功功率不变,即维持通过气隙磁场进入转子的电磁功率不变,转子绕组的电功率不变,但将转子的机械功率转换为有功的电功率。于是,将定子侧观测运动转子的电压方程式(5-43)两边同除以转差率 s 后得到等效静转子的电压方程,如图5-14c所示,即

$$\frac{U_{2s}}{s} = \frac{R_2}{s} I_{2s} - E_{2\sigma s} - E_{2ms} = \left(\frac{R_2}{s} + jX_{2\sigma}\right) I_{2s} - E_{2ms} \qquad (5-51)$$

其中,转子阻抗 $Z_2 = \dfrac{R_2}{s} + jX_{2\sigma} = R_2 + (1-s)\dfrac{R_2}{s} + j\omega_1 L_{2\sigma}$。

式(5-51)表明,等效静转子的电流、电压和电动势的交变频率都是 ω_1,电流幅值不变,电压和电动势的幅值发生变化,相位关系也与转差率的符号有关,但气隙磁场产生的转子主电动势与定子主电动势同相位,而且都滞后于气隙磁场90°电角。转子与转差率有关的漏电抗变为定子频率的漏电抗,转子绕组除了本身的电阻 R_2 以外,还附加了 $(1-s)R_2/s$ 的电阻,相应地转子电压除了本身的电压 U_{2s} 以外,还附加了 $(1-s)U_{2s}/s$ 的电压。转子电流在附加电阻和电压上所消耗的电功率代表运动转子等效为静转子后的机械功率。

频率折算后的结果是转子感应主电动势产生的电功率也相应增加,变成定子到转子的电磁功率,增加部分是将转子机械功率转换成等价的电功率。频率折算同样引起转子电压上的电功率的变化,但转子绕组电阻上的电功率因转子电流幅值不变而不变。尽管转子感应电动势上无功功率发生了变化,但转子主电动势上的无功功率和漏电动势上的无功功率之和与转子电压频率折算后的无功功率仍然是平衡的,变化的原因是转子电动势、电流和电压频率变化,一个周期内无功能量振荡规律没有变化。

3. 转子绕组折算

转子绕组折算是将转子绕组的相数和每相有效串联匝数等效成定子绕组的相数和每相有效串联匝数,而维持电磁场不变。因绕组折算前后转子静止,类似变压器绕组折算,转子基波磁动势和每极磁通不变,等效后静转子绕组的电流和电动势幅值都发生变化,但相位不变,功率不变。变换后的物理量右上角增加一撇"'",于是,利用基波磁动势不变得到转子电流折算关系

$$I'_{2s} = I_{2s}/k_i \qquad (5-52a)$$

根据每极磁通不变得到转子电动势折算关系

$$E'_{2ms} = \omega_1 W_1 k_{w1} \boldsymbol{\Phi}_{ms} = k_e E_{2ms} = E_{1ms}, \quad E'_{2\sigma s} = \omega_1 W_1 k_{w1} \Phi_{2\sigma s} = k_e E_{2\sigma s} \qquad (5-52b)$$

其中,电动势折算系数 $k_e = \dfrac{W_1 k_{w1}}{W_2 k_{w2}} = \dfrac{m_2 k_i}{m_1}$,折算后的转子主电动势等于定子主电动势。

利用功率不变可以得到转子电压折算关系(电流是否共轭不影响结果)

$$m_1 U'_{2s} I'_{2s} = m_2 U_{2s} I_{2s}, \quad U'_{2s} = k_e U_{2s} \qquad (5-52c)$$

利用功率不变或电压与电流折算关系可以得到转子电阻、漏电抗和阻抗的折算关系,比如电阻的折算 $I'_{2s} R'_2 = k_e I_{2s} R_2$,漏电抗的折算 $I'_{2s} X'_{2\sigma} = k_e I_{2s} X_{2\sigma}$。于是

$$R_2' = k_e k_i R_2, \ X_{2\sigma}' = k_e k_i X_{2\sigma}, \ Z_2' = R_2'/s + jX_{2\sigma}' = k_e k_i Z_2 \tag{5-52d}$$

转子绕组折算后保持式 (5-51) 的形式不变

$$\frac{U_{2s}'}{s} = \frac{R_2'}{s} I_{2s}' - E_{2\sigma s}' - E_{2ms}' = \left(\frac{R_2'}{s} + jX_{2\sigma}'\right) I_{2s}' - E_{2ms}' \tag{5-53}$$

由式 (5-52) 可以得到绕组折算规律：电压与电动势乘以电动势折算系数，电流除以电流折算系数，电阻、电抗和阻抗乘以电动势和电流折算系数，功率不变。由于异步电机的定、转子相数不同，因此电动势和电流折算系数不同，两者同时影响电阻、电抗和阻抗折算，这是异步电机与变压器绕组折算的不同之处。当相数相同时，两者折算关系一致。

4. 折算后异步电机的相量方程

定子坐标系中的定子电压时空矢量方程式 (5-40) 和转子电压时空矢量方程式 (5-53) 都可以变换成同步坐标系中的时空矢量方程和时间相量方程，即由式 (5-41) 得到

$$\dot{U}_1 = R_1 \dot{I}_1 - \dot{E}_{1\sigma} - \dot{E}_{1m} = (R_1 + jX_{1\sigma})\dot{I}_1 - \dot{E}_{1m} \tag{5-54a}$$

由式 (5-53) 通过等式两边同乘以 $e^{-j\omega_1 t}\cos45°$ 变换后得到

$$\frac{\dot{U}_2'}{s} = \frac{R_2'}{s} \dot{I}_2' - \dot{E}_{2\sigma}' - \dot{E}_{2m}' = \left(\frac{R_2'}{s} + jX_{2\sigma}'\right)\dot{I}_2' - \dot{E}_{2m}' \tag{5-54b}$$

由式 (5-52b) 通过等式两边同乘以 $e^{-j\omega_1 t}\cos45°$ 变换后得到

$$\dot{E}_{2m}' = -j\omega_1 W_1 k_{w1} \dot{\Phi}_m = \dot{E}_{1m} \tag{5-54c}$$

由式 (5-49) 改写为相量形式

$$\dot{I}_1 = \dot{I}_\mu + \dot{I}_{Fe} + \dot{I}_{1L} = \dot{I}_m + \dot{I}_{1L} = \dot{I}_m - \dot{I}_2' \tag{5-54d}$$

主电动势等于磁化电流在磁化电抗上的压降、铁耗电流在铁耗电阻上的压降

$$\dot{E}_{1m} = -j\dot{I}_\mu X_\mu = -\dot{I}_{Fe} R_{Fe} \tag{5-54e}$$

时间相量方程组 (5-54a、b、c、d、e) 构成异步电机基本方程，只要给定异步电机参数和定、转子端口条件 (电压、电流相量和转差率) 就可以计算其他未知量。异步电机的参数通过空载和短路试验测定。

5. 等效电路和相量图

(1) 等效电路

由式 (5-54a) 和式 (5-54b) 确定定、转子电压平衡关系，即电压、漏阻抗压降和主电动势相平衡，由式 (5-54c) 得到定、转子电气隔离的两个电路因主电动势相同满足 KVL 而联系在一起，由式 (5-54d) 进一步说明定、转子电路之间通过主磁路耦合满足 KCL，并且主磁路的主电动势与励磁电流关系可以用式 (5-54e) 无源的磁化电抗和铁耗电阻描述。为此得到定、转子统一的 "T" 形等效电路，并联励磁支路如图 5-15a 所示。

在电压和频率额定的条件下，励磁支路参数不变，因此可以转换成串联形式，相应阻抗的实部和虚部分别称为励磁电阻 R_m 和励磁电抗 X_m，与铁耗电阻和磁化电抗的关系为

$$Z_m = R_m + jX_m = \frac{jX_\mu R_{Fe}}{R_{Fe} + jX_\mu} = \frac{R_{Fe}(X_\mu/R_{Fe})^2 + jX_\mu}{1 + (X_\mu/R_{Fe})^2} \tag{5-55}$$

励磁支路由并联等效为串联后的 "T" 形等效电路如图 5-15b 所示。

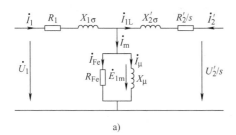 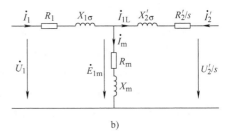

图 5-15　异步电机 "T" 形等效电路

a）并联励磁支路　b）串联励磁支路

关于等效电路的参数需要做补充说明。定子三相绕组对称，A 相绕组漏磁链包括自漏磁链和互漏磁链 $\psi_{A\sigma} = L_{AA\sigma} i_A + M_{AB\sigma} i_B + M_{AC\sigma} i_C$。由绕组对称性得到，三相自漏电感相同 $L_{AA\sigma} = L_{BB\sigma} = L_{CC\sigma} = L_{1\sigma s}$，任意两相互漏电感也相同 $M_{AB\sigma} = M_{BC\sigma} = M_{AC\sigma} = M_{1\sigma s}$。三相电流对称满足 $i_A + i_B + i_C = 0$，因此定子 A 相漏磁链解耦为 $\psi_{A\sigma} = (L_{1\sigma s} - M_{1\sigma s}) i_A = L_{1\sigma} i_A$。同样地，转子三相绕组对称，a 相绕组漏磁链解耦为 $\psi_{a\sigma} = (L_{2\sigma r} - M_{2\sigma r}) i_a = L_{2\sigma} i_a$。由此可见，异步电机与同步电机一样，对称三相绕组在对称稳态时，一相绕组的等效漏电感等于自漏电感与互漏电感之差，漏磁路可以相互解耦，一相等效漏电感和电阻压降可以与耦合磁链主电动势分离。

交流绕组的电阻不仅与温度有关，而且与频率有关。对于笼型转子导条，通常截面尺寸较大，由于趋肤效应转子漏阻抗对转子电流频率比较敏感，因此漏阻抗与转差频率有关。正常运行时，转子频率很低，趋肤效应不明显，转子漏阻抗参数可以认为是恒定的。起动时，转子频率较高，趋肤效应显著，转子导条电流向槽口集中，等效截面积减小，电阻增大，而漏电抗减小。

值得注意的是，当转差率大于零时，异步电机的 "T" 形等效电路与变压器的 "T" 形等效电路类似，变压器的功率流向取决于一次与二次电压的相位差，所以异步电机转子侧电压的相位超前于定子侧电压时，异步电机可以作为发电机运行，即亚同步发电状态。由此可见，转子外接交流电源时，异步电机的运行状态不能由转差率确定。

（2）笼型转子等效电路参数折算

笼型转子由槽内导条和铁心两端短路的端环构成闭合电路，现考虑转子有 Z_2 个槽，定子电枢绕组有 $2p$ 极，因此转子槽间电角 $\alpha = 2p\pi / Z_2$。设转子每根导条电阻为 R_b，定子频率下的漏电抗为 X_b，漏阻抗 $Z_b = R_b + jX_b$，端环每段电阻为 R_e，定子频率下的漏电抗为 X_e，漏阻抗 $Z_e = R_e + jX_e$，在基波气隙磁场下，相邻导条回路感应电动势对称，即幅值相同且相位相差槽间电角。同样地，相邻导条或端环电流对称，即幅值相同且相位相差槽间电角，端环电流幅值比导条大。相邻两个导条电路如图 5-16a 所示，将端环漏阻抗 Z_e 折算到导条 Z_e' 的等效电路如图 5-16b 所示，端环与导条电流时空矢量如图 5-16c 所示。

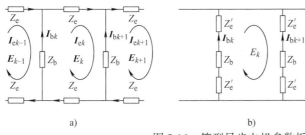 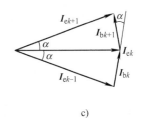

a）　　　　　　　　　　　b）　　　　　　　　c）

图 5-16　笼型异步电机参数折算

由于回路感应电动势等效前后不变，因此等效前后电路的漏阻抗压降不变。于是，对于任意第 k 个回路，得到回路电动势等于漏阻抗压降

$$E_k = 2(Z_b + Z_e)I_{ek} - Z_b(I_{ek-1} + I_{ek+1}) = (Z_b + 2Z'_e)(I_{bk} - I_{bk+1}) \tag{5-56}$$

由图 5-16c 得到端环与导条电流时空矢量关系

$$I_{ek-1} + I_{ek+1} = 2I_{ek}\cos\alpha, \quad I_{bk} = I_{ek}(1 - e^{-j\alpha}) = I_{bk+1}e^{-j\alpha} \tag{5-57}$$

将式（5-57）代入式（5-56）后，消除电流得到端环折算到导条的漏阻抗关系

$$Z'_e = \frac{Z_e}{4\sin^2\dfrac{p\pi}{Z_2}} \tag{5-58}$$

由此得到，笼型转子相当于有 $m_2 = Z_2$ 相绕组，每相一根导条串联匝数 $W_2 = 1/2$，基波绕组系数 $k_{w2} = 1$，将端环漏阻抗 Z_e 折算到导条后的等效导条漏阻抗为笼型转子每相漏阻抗 $Z_r = Z_b + 2Z'_e$，将笼型转子漏阻抗参数折算到定子后的转子漏阻抗为 $Z'_r = k_e k_i Z_r$，即

$$Z'_r = \frac{m_1}{m_2}\frac{(W_1 k_{w1})^2}{(W_2 k_{w2})^2}Z_r = \frac{m_1 (W_1 k_{w1})^2}{Z_2}\left(4Z_b + 2Z_e/\sin^2\frac{p\pi}{Z_2}\right) \tag{5-59}$$

（3）相量图

在定、转子统一的时空矢量图 5-8d 中，定、转子相轴并没有重合在一起，而且可以通过角度 θ_0 满足任何形式的定、转子相对位置，即异步电机任意转子运动时刻的状态，但从气隙磁场角度，所有定、转子相量将因为感应电动势总是滞后于气隙磁场以及电压平衡关系而保持相对静止，形成时空统一的相量图如图 5-17a、b 所示。

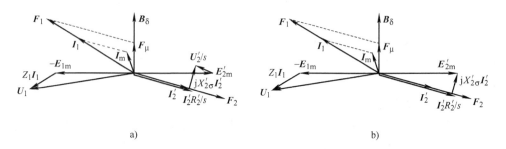

图 5-17 异步电机时空统一矢量图

a) 转子有电压 b) 转子短路

根据定子电压方程和折算后的转子电压方程可以分别画出时空矢量图，以气隙磁场 B_δ 和磁化磁动势 F_μ 为参考时空矢量安放在垂直位置，考虑到转子频率、绕组相数和匝数折算后定、转子感应电动势相同（$E_{1m} = E'_{2m}$）且滞后于气隙磁场 B_δ 90°电角，即水平位置。

当转子有电压时，需要知道转差率和电压幅值与相位，其 U'_2/s 与转子电动势 E'_{2m} 之和确定转子电流 I'_2。由于定、转子电流与其基波磁动势时空矢量重合，由此确定转子电流 I'_2 产生的转子基波磁动势 F_2。励磁电流 I_m 超前气隙磁场 B_δ 一个很小的铁耗角度。根据磁动势平衡的电流形式 $I_m = I_1 + I'_2$，可以得到定子绕组电流 I_1 和基波磁动势 F_1，进一步可以根据定子漏阻抗压降 $Z_1 I_1$ 与主电动势 E_{1m} 之差得到定子电压 U_1，如图 5-17a 所示。

转子短路电压为零时，转子电流滞后于感应电动势一个阻抗角，感应电动势与等效静转子阻抗压降相平衡，如图 5-17b 所示。

5.2.6 功率与转矩平衡方程

1. 功率平衡

异步电机共有 3 个功率端口：定子绕组电气端口功率 P_1、转子绕组电气端口功率 P_r、转子轴机械动力端口功率 P_2。异步电机定子绕组电阻损耗功率为 p_{Cu1}，转子绕组电阻损耗功率为 p_{Cu2}，定、转子铁心损耗功率为 p_{Fe}，转子机械损耗功率为 p_{mec}，气隙磁场谐波及其电介质等引起的附加损耗为 p_{ad}。规定输入电机的功率为正，输出的功率为负，则不论是异步电动机还是异步发电机的功率平衡可统一为基于能量守恒原理的代数和形式

$$P_1 + P_r + P_2 = p_{Cu1} + p_{Cu2} + p_{Fe} + p_{mec} + p_{ad} \tag{5-60}$$

对于异步电动机，定子绕组端口输入电功率为 P_1，绕组电阻损耗功率为 p_{Cu1}，定子铁心磁滞与涡流损耗功率为 p_{Fe1}，定子电磁感应主电动势的电磁功率 P_{em} 是通过定、转子绕组耦合气隙磁场由定子经气隙传递到转子

$$P_1 = p_{Cu1} + p_{Fe} + P_{em} \tag{5-61}$$

假设转子绕组端口输入电功率为 P_r，则总功率为 $P_{em} + P_r$，一部分因气隙磁场相对转子存在转差而消耗在转子绕组电阻上 p_{Cu2}，转子铁心磁滞与涡流损耗功率 p_{Fe2} 已归算到定子侧，定、转子总铁心损耗为 p_{Fe}，剩余部分为转子总的机械功率 P_{mec}

$$P_{em} + P_r = P_{mec} + p_{Cu2} \tag{5-62}$$

总机械功率中又有一部分消耗在转子气隙的风摩损耗和转轴与轴承间的摩擦损耗等机械损耗 p_{mec}，还有一部分形成附加损耗消耗在周围介质中，最终通过转子轴机械动力端口输出机械功率 P_2，驱动机械负载

$$P_{mec} = P_2 + p_{mec} + p_{ad} \tag{5-63}$$

异步电动机功率流图如图 5-18 所示。

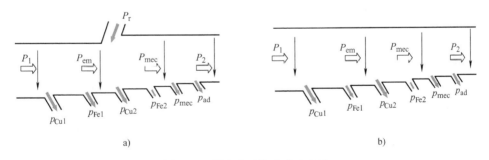

图 5-18 异步电动机有功功率流

a) 转子有电压　b) 转子短路

下面从基本方程组出发分析异步电机功率表达式。根据定子电压方程式（5-54a、d、e）得到定子侧复功率平衡关系

$$m_1 \dot{U}_1 \dot{I}_1^* = m_1 R_1 \dot{I}_1 \dot{I}_1^* + jm_1 X_{1\sigma} \dot{I}_1 \dot{I}_1^* - m_1 \dot{E}_{1m}(\dot{I}_{Fe}^* + \dot{I}_\mu^* + \dot{I}_{1L}^*)$$
$$= m_1 R_1 I_1^2 + m_1 R_{Fe} I_{Fe}^2 + jm_1 X_{1\sigma} I_1^2 + jm_1 X_\mu I_\mu^2 - m_1 \dot{E}_{1m} \dot{I}_{1L}^* \tag{5-64}$$

等式左边是定子输入的复电功率 $m_1 \dot{U}_1 \dot{I}_1^*$，右边带负号项 $-m_1 \dot{E}_{1m} \dot{I}_{1L}^*$ 是由定子经气隙传

递到转子的复电磁功率。将式（5-64）实部与虚部分离后得到定子侧有功和无功平衡关系

$$m_1 U_1 I_1 \cos\varphi_1 = m_1 R_1 I_1^2 + m_1 R_{\mathrm{Fe}} I_{\mathrm{Fe}}^2 - m_1 E_{1\mathrm{m}} I_{1\mathrm{L}} \cos\psi_{1\mathrm{L}} \tag{5-65a}$$

$$m_1 U_1 I_1 \sin\varphi_1 = m_1 X_{1\sigma} I_1^2 + m_1 X_\mu I_\mu^2 + m_1 E_{1\mathrm{m}} I_{1\mathrm{L}} \sin\psi_{1\mathrm{L}} \tag{5-65b}$$

式中，φ_1 为定子电压 $\dot U_1$ 超前电流 $\dot I_1$ 的相位角，即定子输入功率因数角；$\psi_{1\mathrm{L}}$ 为定子主电动势 $\dot E_{1\mathrm{m}}$ 滞后于电流 $\dot I_{1\mathrm{L}}$ 的相位角。

对于异步电动机，定子电枢端口输入有功电功率 $P_1 = m_1 U_1 I_1 \cos\varphi_1$，其中定子绕组电阻损耗 $p_{\mathrm{Cu}1} = m_1 R_1 I_1^2$，定子铁心损耗 $p_{\mathrm{Fe}} = m_1 R_{\mathrm{Fe}} I_{\mathrm{Fe}}^2$，由定子经气隙传递给转子的电磁功率 $P_{\mathrm{em}} = m_1 E_{1\mathrm{m}} I_{1\mathrm{L}} \cos(\pi - \psi_{1\mathrm{L}})$。由等效静转子的电压方程（5-54b）得到转子侧复功率平衡关系

$$\frac{m_1 \dot U_2' \dot I_2'^*}{s} = \frac{m_1 R_2' I_2'^2}{s} + \mathrm{j} m_1 X_{2\sigma}' I_2'^2 - m_1 \dot E_{2\mathrm{m}}' \dot I_2'^* \tag{5-66}$$

异步电机输入转子的复电功率 $m_1 \dot U_2' \dot I_2'^*$，等式右边最后带负号项 $-m_1 \dot E_{2\mathrm{m}}' \dot I_2'^*$ 是由等效静转子经气隙传递到定子的复电磁功率，或者 $m_1 \dot E_{2\mathrm{m}}' \dot I_2'^*$ 是由定子经气隙传递到等效静转子的复电磁功率。将式（5-66）实部与虚部分离分别得到转子侧有功功率和无功功率平衡关系

$$\frac{m_1 U_2' I_2' \cos\varphi_2}{s} = \frac{m_1 R_2' I_2'^2}{s} - m_1 E_{2\mathrm{m}}' I_2' \cos\psi_2 \tag{5-67a}$$

$$\frac{m_1 U_2' I_2' \sin\varphi_2}{s} = m_1 X_{2\sigma}' I_2'^2 - m_1 E_{2\mathrm{m}}' I_2' \sin\psi_2 \tag{5-67b}$$

式中，φ_2 为转子电压 $\dot U_2'$ 超前电流 $\dot I_2'$ 的相位角，即转子输入功率因数角；ψ_2 为转子主电动势 $\dot E_{2\mathrm{m}}'$ 超前于转子电流 $\dot I_2'$ 的相位角。

由于定、转子主电动势满足式（5-54c），定子电流负载分量 $\dot I_{1\mathrm{L}}$ 与转子电流 $\dot I_2'$ 满足式（5-54d），因此，相位角 $\psi_{1\mathrm{L}} + \psi_2 = \pi$。

于是，定子经气隙传递到转子的电磁功率 $P_{\mathrm{em}} = m_1 E_{2\mathrm{m}}' I_2' \cos\psi_2 = -m_1 E_{1\mathrm{m}} I_{1\mathrm{L}} \cos\psi_{1\mathrm{L}}$，转子端口输入的有功电功率 $P_\mathrm{r} = m_1 U_2' I_2' \cos\varphi_2$，这两部分有功电功率的一部分消耗在转子绕组电阻上 $p_{\mathrm{Cu}2} = m_1 R_2' I_2'^2$，其余部分根据功率平衡关系等于转子的总机械功率，即

$$P_{\mathrm{mec}} = \frac{(1-s)}{s}(m_1 R_2' I_2'^2 - m_1 U_2' I_2' \cos\varphi_2) \tag{5-68}$$

特别地，若绕线转子异步电机转子外接对称电阻负载，绕组折算后每相等效电阻为 R_{st}'，这时转子电气端口电压与电流满足关系 $\dot U_2' = -R_{\mathrm{st}}' \dot I_2'$，相当于转子每相绕组增加一个附加电阻 R_{st}'，或者转子电气端口功率因数为 -1。于是，转子总机械功率简化为

$$P_{\mathrm{mec}} = \frac{(1-s)}{s} m_1 (R_2' + R_{\mathrm{st}}') I_2'^2 \tag{5-69}$$

对于笼型异步电机或绕线转子电气端口短路时，转子电压为零，这时由式（5-67a）得到电磁功率 $P_{\mathrm{em}} = p_{\mathrm{Cu}2}/s$，由式（5-68）得到总机械功率 $P_{\mathrm{mec}} = (1-s)p_{\mathrm{Cu}2}/s$，它们与转子绕组电阻损耗满足关系

$$P_{mec} = \frac{(1-s)}{s} p_{Cu2} = (1-s)P_{em}, \quad P_{em} : P_{mec} : p_{Cu2} = 1 : (1-s) : s \tag{5-70}$$

式（5-70）表明，已知转子绕组损耗和转速，可以计算转差率、电磁功率和总机械功率。这一关系对于绕线转子异步电机转子外接电阻或无源阻抗也是成立的。绕线转子异步电机外接有源负载的情况将在双馈异步电机中介绍。

异步电机正常运行时，转子绕组铜耗等于转差率与电磁功率乘积，它是由于气隙磁场相对转子存在转差引起的，因此转子铜耗也称为转差功率。异步电机额定状态的转差率只有 1% ~ 5%，转差率高，损耗大，效率低。另一方面，转子交变磁场频率为转差频率，转差率小，转子铁心损耗可以忽略不计。高效异步电机的转差率应该很小。

2. 效率

异步电机转子短路时的效率等于输出功率 P_2 与输入功率 P_1 之比

$$\eta = \frac{P_2}{P_1} \times 100\% = \left(1 - \frac{\sum p}{P_1}\right) \times 100\% \tag{5-71}$$

对于异步电动机，输入功率是定子电功率 P_1，输出功率是转子机械功率 P_2，总损耗 $\sum p$ 包括定转子电枢绕组铜耗 p_{Cu1}、铁心损耗 p_{Fe}、机械损耗 p_{mec} 和附加损耗 p_{ad}；对于异步发电机，输入是转子机械功率，输出为定子电功率，损耗形式与电动机一样。

3. 转矩平衡

异步电动机定、转子气隙磁场相互作用产生电磁转矩，电磁转矩与气隙磁场运动机械角速度乘积等于电磁功率，或者电磁转矩等于电磁功率与气隙磁场机械角速度 Ω_1 之比

$$T_{em} = \frac{P_{em}}{\Omega_1} = \frac{p}{\omega_1} P_{em} \tag{5-72a}$$

该电磁转矩同时作用在定子和转子上，定子上的电磁转矩与固定机座的静转矩相平衡，保持定子固定不动，转子上的电磁转矩驱动转子旋转，转子总的机械功率等于电磁转矩与转子机械角速度乘积，或者电磁转矩等于总机械功率与转子机械角速度 Ω 之比

$$T_{em} = \frac{P_{mec}}{\Omega} = \frac{p}{(1-s)\omega_1} P_{mec} \tag{5-72b}$$

电磁转矩与转子磁场相对转子机械角速度 Ω_2 乘积等于转子绕组的电磁功率 P_{em2} 或转子铜耗（铁耗不计），或者电磁转矩等于转子电磁功率与气隙磁场相对转子机械角速度之比

$$T_{em} = \frac{P_{em2}}{\Omega_2} = \frac{p}{s\omega_1} p_{Cu2} \tag{5-72c}$$

转子上的电磁转矩等于转子表面总机械转矩 T_{mec}，它主要是与转轴输出的负载机械功率相应的负载转矩 T_L，此外还有机械摩擦、风阻以及附加损耗等消耗在转轴和转子表面的空载转矩 T_0，即转子上的机械转矩平衡关系为

$$T_{em} = T_{mec} = T_L + T_0 \tag{5-73}$$

5.2.7 电磁转矩的参数表达式

1. 异步电机产生电磁转矩的本质

电磁转矩是气隙中定子磁场和转子磁场相互作用的结果。只有极数相同且保持相对静止的定、转子气隙磁场才能产生稳定的电磁转矩。为了简便起见假设：只考虑基波磁场之间的

相互作用产生的电磁转矩，忽略谐波之间产生的异步或同步附加转矩；忽略铁心损耗，磁路是线性的，因此电流、磁动势和磁场三者时空矢量成正比关系，如图 5-19 所示。

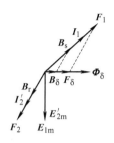

图 5-19 电流、磁动势和磁场时空矢量

（1）气隙磁场相互作用

由第 1 章根据能量法获得的交流电机的电磁转矩定、转子气隙磁场表达式式（1-10c），得

$$T_{em} = k_{tb}B_{sm}B_{rm}\sin\alpha \tag{5-74a}$$

式中，α 表示定子磁场超前转子磁场的空间电角度；B_{sm} 和 B_{rm} 分别为定、转子气隙磁场基波磁感应强度幅值，磁场的转矩系数

$$k_{tb} = \frac{A_{Fe}g_{ef}}{\mu_0}p^2 = \frac{\pi D_a L_{Fe}g_{ef}p}{2\mu_0}。$$

式（5-74a）是以电动机方式电磁转矩为正，考虑到定、转子气隙磁场与气隙合成磁场之间的关系 $B_\delta = B_s + B_r$，电磁转矩可以改写成时空矢量的矢量积表达式

$$\boldsymbol{T}_{em} = k_{tb}\boldsymbol{B}_r \times \boldsymbol{B}_s = k_{tb}\boldsymbol{B}_\delta \times \boldsymbol{B}_s = k_{tb}\boldsymbol{B}_r \times \boldsymbol{B}_\delta \tag{5-74b}$$

（2）气隙基波磁动势相互作用

不考虑铁耗时，定、转子气隙磁场与产生磁场的气隙基波磁动势时空矢量成正比

$$\boldsymbol{B} = \frac{\mu_0}{g_{ef}}\boldsymbol{F} \tag{5-75}$$

于是，电磁转矩又可以表示为气隙中定、转子及其合成基波磁动势时空矢量的矢量积

$$\boldsymbol{T}_{em} = k_{tf}\boldsymbol{F}_2 \times \boldsymbol{F}_1 = k_{tf}\boldsymbol{F}_\delta \times \boldsymbol{F}_1 = k_{tf}\boldsymbol{F}_2 \times \boldsymbol{F}_\delta \tag{5-76}$$

其中，基波磁动势的转矩系数 $k_{tf} = \frac{\mu_0 A_{Fe}}{g_{ef}}p^2$。

（3）气隙磁场与气隙基波磁动势相互作用

为了将电磁转矩表示为合成气隙磁场产生的感应电动势和定、转子电流的形式，将式（5-74b）中定、转子气隙磁场表示为定、转子基波磁动势后得到

$$\boldsymbol{T}_{em} = A_{Fe}p^2 \boldsymbol{B}_\delta \times \boldsymbol{F}_1 = A_{Fe}p^2 \boldsymbol{F}_2 \times \boldsymbol{B}_\delta \tag{5-77}$$

（4）气隙磁通与气隙基波磁动势相互作用

气隙磁场每极主磁通与气隙合成磁感应强度成正比

$$\boldsymbol{\Phi}_\delta = \frac{2}{\pi}A_{Fe}\boldsymbol{B}_\delta \tag{5-78}$$

将式（5-78）代入式（5-77）得到

$$\boldsymbol{T}_{em} = \frac{\pi}{2}p^2 \boldsymbol{\Phi}_\delta \times \boldsymbol{F}_1 = \frac{\pi}{2}p^2 \boldsymbol{F}_2 \times \boldsymbol{\Phi}_\delta \tag{5-79}$$

（5）气隙磁通与电流相互作用

考虑到定、转子基波磁动势与折算后的电流成正比，即

$$\boldsymbol{F}_1 = \frac{m_1 W_1 k_{w1}}{\pi p}\boldsymbol{I}_1, \quad \boldsymbol{F}_2 = \frac{m_1 W_1 k_{w1}}{\pi p}\boldsymbol{I}_2' \tag{5-80}$$

将式（5-80）代入式（5-79）得到

$$\boldsymbol{T}_{em} = \frac{1}{2}pm_1 W_1 k_{w1}\boldsymbol{\Phi}_\delta \times \boldsymbol{I}_1 = \frac{1}{2}pm_1 W_1 k_{w1}\boldsymbol{I}_2' \times \boldsymbol{\Phi}_\delta = \frac{1}{2}pm_2 W_2 k_{w2}\boldsymbol{I}_2 \times \boldsymbol{\Phi}_\delta \tag{5-81}$$

由式（5-81）可知，控制异步电机与气隙磁通相位相差90°电角的电流分量可以有效地控制异步电机的转矩，这是矢量控制中气隙磁场定向控制的理论基础。系数1/2是由于磁通和电流时空矢量的模是每极磁通量和电流幅值。

（6）主电动势与电流相互作用

折算后定、转子感应主电动势与每极主磁通、气隙合成磁感应强度的关系

$$\boldsymbol{E}_{1m} = -j\omega_1 W_1 k_{w1} \boldsymbol{\Phi}_\delta = -j4f_1 W_1 k_{w1} A_{Fe} \boldsymbol{B}_\delta \tag{5-82}$$

考虑到电动势和电流有效值与幅值的关系，将式（5-80）代入式（5-77），得到不考虑铁耗时电磁转矩关于定子侧的主电动势和电流有效值的表达式

$$\boldsymbol{T}_{em} = A_{Fe}p^2 \, \boldsymbol{B}_\delta \times \frac{m_1 W_1 k_{w1}}{\pi p}\boldsymbol{I}_1 = \frac{p}{4f_1}\frac{m_1}{\pi}\boldsymbol{E}_{1m}e^{j\pi/2} \times \boldsymbol{I}_1, T_{em} = \frac{p}{\omega_1}m_1 E_{1m}I_1\cos\psi_1 \tag{5-83a}$$

式中，ψ_1 是定子电动势时空矢量（$-\boldsymbol{E}_1$）超前电流时空矢量 $\boldsymbol{I}_1$ 的电角度。

同样地，可以将电磁转矩表示为折算到定子的转子感应主电动势与电流有效值关系

$$T_{em} = \frac{p}{\omega_1}m_1 E'_{2m}I'_2\cos\psi_2 = \frac{p}{\omega_1}m_2 E_{2m}I_2\cos\psi_2 \tag{5-83b}$$

式中，ψ_2 是转子电动势时空矢量 $\boldsymbol{E}_{2m}$ 超前转子电流时空矢量 $\boldsymbol{I}_2$ 的电角度。

由此可见，电磁转矩可以通过气隙磁场 $\boldsymbol{B}$，基波磁动势 $\boldsymbol{F}$，气隙磁通 $\boldsymbol{\Phi}$，定、转子电流 $\boldsymbol{I}_1$ 和 $\boldsymbol{I}_2$，感应电动势 $\boldsymbol{E}_{1m}$ 和 $\boldsymbol{E}_{2m}$ 等形式来表示，其本质是定、转子磁场的相互作用。

显然，不考虑铁耗时，电磁转矩和电磁功率的关系满足

$$P_{em} = T_{em}\frac{\omega_1}{p} = m_1 E_{1m}I_1\cos\psi_1 = m_2 E_{2m}I_2\cos\psi_2 \tag{5-84}$$

式（5-84）中的转子主电动势和电流是频率折算后的有效值，由于绕组折算不改变功率，因此该式经过绕组折算后仍然成立。

2. 电磁转矩的计算方法

（1）定义表达式

电磁转矩等于电磁功率与同步机械角速度之比，由式（5-72a）～式（5-72c）得到

$$T_{em} = \frac{pP_{em}}{\omega_1} - \frac{pP_{mec}}{(1-s)\omega_1} = \frac{pp_{Cu2}}{s\omega_1} = \frac{P_{mec}}{\Omega} = \frac{30P_{mec}}{\pi n} = T_{mec} \tag{5-85}$$

根据电磁功率与总机械功率的关系以及同步机械角速度与转子机械角速度的关系，得到电磁转矩等于总机械功率与转子机械角速度之比。

（2）参数表达式

异步电机转子短路时，借助于计算机，利用"T"形等效电路可以精确地计算电磁转矩。这里为了突出电磁转矩与定、转子绕组参数的关系，忽略"T"形等效电路的励磁电流，即利用折算到定子侧的简化等效电路获得电磁转矩的参数表达式。这时，定子电枢电流与转子电流折算值大小相同，等于定子电压与阻抗值之比

$$I'_2 = I_1 = \frac{U_1}{\sqrt{(R_1 + R'_2/s)^2 + (X_{1\sigma} + X'_{2\sigma})^2}} \tag{5-86}$$

根据转子侧短路的等效电路，电磁功率等于等效静转子电阻 R'_2/s 上的电功率

$$P_{em} = m_1 I'^2_2 \frac{R'_2}{s} \tag{5-87}$$

将式 (5-86) 代入式 (5-87) 后，再由式 (5-85) 得到异步电机的电磁转矩参数表达式

$$T_{em} = \frac{p}{\omega_1} m_1 I_2'^2 \frac{R_2'}{s} = \frac{m_1 p}{2\pi f_1} \frac{U_1^2 R_2'/s}{(R_1 + R_2'/s)^2 + (X_{1\sigma} + X_{2\sigma}')^2} \tag{5-88a}$$

式 (5-88a) 表明，电磁转矩与电压二次方成正比，与极对数成正比，还与频率、转差率和定、转子漏阻抗参数相关，尤其是转子电阻参数影响最直接。

（3）简化表达式

当转差率接近于零时，电磁转矩参数表达式 (5-88a) 中 R_2'/s 项比定子电阻 R_1 和短路电抗 $X_k = X_{1\sigma} + X_{2\sigma}'$ 大得多，因此电磁转矩可以简化为与转差率成正比的表达式

$$T_{em} \cong \frac{m_1 p U_1^2}{2\pi f_1 R_2'} s \tag{5-88b}$$

由于异步电动机实际运行转差率在 5% 以下，因此在电压与频率之比恒定的条件下，可以采用近似的转差频率 sf_1 控制异步电机的转矩，即转差频率控制。

当转差率 $s \gg 1$ 时，电磁转矩表达式 (5-88a) 中 R_2'/s 项比定子电阻 R_1 和短路电抗 $X_k = X_{1\sigma} + X_{2\sigma}'$ 小得多，因此电磁转矩可以简化为与转差率成反比的表达式

$$T_{em} \cong \frac{m_1 p U_1^2 R_2'}{2\pi f_1 (R_1^2 + X_k^2) s} \tag{5-88c}$$

3. 异步电机的 T_{em}-s 特性曲线

（1）T_{em}-s 特性曲线

异步电机电磁转矩与转差率的关系曲线称为 T_{em}-s 曲线，如图 5-20 所示，是反映异步电机机械特性的重要关系曲线。电磁转矩的方向取决于转差率的正负：理想空载运行 $s = 0$，电磁转矩等于零；发电机运行 $s < 0$，电磁转矩与转向相反，起电磁制动作用，需要外部输入机械转矩；电动机运行 $0 < s < 1$，电磁转矩为正，起驱动转子拖动机械负载作用；电磁制动状态 $s > 1$，尽管电磁转矩仍然为正，但转子反转，因此电磁转矩起电磁制动作用。

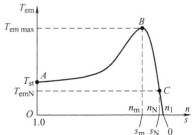

图 5-20　电磁转矩与转差率的关系曲线

（2）特性曲线上的特殊点

1）空载工作点。

异步电机理想空载运行时，转速 $n = n_1$，转差率 $s = 0$，转子电动势、电流及其频率为零，电磁转矩为零，如图 5-20 所示，在理想空载点附近特性曲线近似直线。异步电机实际空载运行时，存在很小的空载转矩，因此空载工作点的转差率很小，接近理想空载运行点。

2）起动点。

异步电机起动时，转速 $n = 0$，转差率 $s = 1$，如图 5-20 所示的 A 点，利用简化等效电路计算稳态起动电流和起动转矩分别为

$$I_{1st} = \frac{U_1}{\sqrt{R_k^2 + X_k^2}}, \quad T_{st} = \frac{m_1 p}{2\pi f_1} \frac{U_1^2 R_2'}{R_k^2 + X_k^2} \tag{5-89}$$

其中，短路电阻 $R_k = R_1 + R_2'$，短路电抗 $X_k = X_{1\sigma} + X_{2\sigma}'$。

异步电机短路阻抗较小，因此短路电流比额定电流大得多，但起动时，转子绕组电抗大，转子功率因数小，气隙磁场也因定子漏电抗压降增大而减小，因此起动转矩较小。

3）临界点。

特性曲线在同步速附近电磁转矩随转差率增加而线性增大，见式（5-88b）。在电磁制动区域特性曲线接近双曲线，电磁转矩随转差率减小而增大，见式（5-88c）。因此电磁转矩存在最大值，异步电机能驱动的机械转矩存在临界点，如图5-20所示的 B 点。负载转矩超过该临界点电磁转矩，异步电机将不能稳定运行。假定异步电机的电阻和电感参数与频率无关，最大电磁转矩发生的条件是

$$\frac{\mathrm{d}T_{\mathrm{em}}}{\mathrm{d}s} = 0 \tag{5-90}$$

将式（5-88a）代入式（5-90）得到发生最大电磁转矩的转差率，或者简单地将式（5-88a）的分母二次项展开，利用 R_2'/s 的二次函数求极值得到临界点的转差率 s_{m} 如下

$$s_{\mathrm{m}} = \pm \frac{R_2'}{\sqrt{R_1^2 + X_k^2}} \tag{5-91}$$

式（5-91）表明，临界点转差率 s_{m} 与转子电阻 R_2' 成正比，因定子电阻 R_1 比短路电抗 X_k 小得多，s_{m} 与短路电抗 X_k 近似成反比，$s_{\mathrm{m}} \approx \pm R_2'/X_k$，而且该值约为 $\pm 20\%$。

将式（5-91）代入式（5-88a）得到最大电磁转矩表达式

$$T_{\mathrm{em\,max}} = \frac{m_1 p}{4\pi f_1} \frac{U_1^2}{R_1 \pm \sqrt{R_1^2 + X_k^2}} \tag{5-92}$$

由此可见，发生最大电磁转矩的转差率与定、转子电阻和电抗都有关，与转子电阻成正比，但最大电磁转矩与转子电阻无关，说明改变转子电阻不会影响异步电机的最大电磁转矩，这是绕线转子异步电动机能利用外接电阻实现最大转矩起动的原因。还可以利用外接电阻实现恒转矩反转，用于正转提升重物和反转下放重物的起重机械。

4）额定工作点。

异步电机额定状态下的工作点，额定转速为 n_N，额定转差率为 s_N，额定电磁转矩为 T_{emN}，如图5-20所示的 C 点，因此异步电机额定电磁转矩为

$$T_{\mathrm{emN}}' = \frac{m_1 p}{2\pi f_1} \frac{U_1^2 R_2'/s_N}{(R_1 + R_2'/s_N)^2 + X_k^2} \tag{5-93}$$

假设异步电动机的定、转子铜耗与铁耗相同，忽略空载损耗，则效率可以近似等于

$$\eta \approx \frac{P_{\mathrm{em}} - p_{\mathrm{Cu2}}}{P_{\mathrm{em}} + p_{\mathrm{Cu1}} + p_{\mathrm{Fe}}} \times 100\% \approx (100 - 300s)\%$$

异步电动机的效率随着转差率的增大而降低，中小型异步电动机的额定转差率一般在3%左右，因此效率约85%，大容量异步电动机额定转差率较小，效率可达95%以上。

（3）过载能力

异步电动机的过载能力定义为定子电压和频率在额定状态下的最大电磁转矩与额定负载转矩之比，因空载转矩很小，所以额定负载转矩近似等于额定电磁转矩。于是，过载能力为

$$k_{\mathrm{M}} = \frac{T_{\mathrm{em\,max}}}{T_{\mathrm{LN}}} \approx \frac{T_{\mathrm{em\,max}}}{T_{\mathrm{emN}}} \tag{5-94}$$

过载能力是异步电动机的重要性能指标，通常在2.0左右。式（5-94）对同步电机仍然适用，因为同步电机的转子转速等于同步速，电磁功率和电磁转矩总是成正比的。

（4）电磁转矩的实用表达式

将式（5-88a）与（5-92）对比，并考虑到式（5-91），利用最大电磁转矩 $T_{\mathrm{em\,max}}$ 及其临界转差率 s_{m} 来近似表示电磁转矩和转差率的关系

$$\frac{T_{\mathrm{em}}}{T_{\mathrm{em\,max}}} = \frac{R_2'/s}{2R_1 R_2'/s + (R_2'/s)^2 + (R_2'/s_{\mathrm{m}})^2}\left(2R_1 + \frac{2R_2'}{s_{\mathrm{m}}}\right) = \frac{2 + \dfrac{2s_{\mathrm{m}}R_1}{R_2'}}{\dfrac{s}{s_{\mathrm{m}}} + \dfrac{s_{\mathrm{m}}}{s} + \dfrac{2s_{\mathrm{m}}R_1}{R_2'}} \tag{5-95}$$

忽略相对小的项 $s_{\mathrm{m}}R_1/R_2' \ll 1$，并考虑到式（5-94）给出的过载能力，将式（5-95）改写为电磁转矩的实用表达式

$$\frac{T_{\mathrm{em}}}{T_{\mathrm{emN}}} = \frac{2ss_{\mathrm{m}}}{s_{\mathrm{m}}^2 + s^2}k_{\mathrm{M}} \tag{5-96}$$

根据异步电动机的铭牌数据（额定功率、额定转速、过载能力）和实用转矩公式，可以估算异步电动机的电磁转矩与转差率特性曲线。因为根据额定转速可以确定异步电动机的额定转差率，再利用过载能力和式（5-96）可以确定临界转差率

$$s_{\mathrm{m}} = s_{\mathrm{N}}\left(k_{\mathrm{M}} + \sqrt{k_{\mathrm{M}}^2 - 1}\right) \tag{5-97}$$

异步电动机的额定转矩 T_{N} 等于额定功率 P_{N} 与额定机械角速度 $2\pi n_{\mathrm{N}}/60$ 之比，作为额定电磁转矩 T_{emN} 的估算值，根据过载能力可以计算出最大电磁转矩 $T_{\mathrm{em\,max}} = k_{\mathrm{M}}T_{\mathrm{N}}$，由此可以得到表示异步电机的电磁转矩与转差率特性曲线的公式

$$T_{\mathrm{em}} = \frac{2ss_{\mathrm{m}}}{s_{\mathrm{m}}^2 + s^2}T_{\mathrm{em\,max}} \tag{5-98}$$

（5）影响电磁转矩的因素

异步电机的电磁转矩与定子电压、频率、定转子参数、极对数和转差率有关，但转子电阻、定子电压、频率和电机极对数对电磁转矩的影响最明显。

1）转子电阻。

在定子电压、频率和极对数不变的条件下，转子电阻对电磁转矩的影响最大，如图 5-21 所示。对绕线转子异步电机，增大转子回路电阻可以增大起动转矩，增大最大电磁转矩的转差率，但最大电磁转矩不变，如图 5-21a 所示。当起动转矩达到最大时，临界转差率为 $s_{\mathrm{m}} = 1.0$，折算到定子侧的转子回路总电阻 R_{tot} 约等于定转子总漏电抗 X_{k}，如图 5-21b 所示。继续增大转子回路电阻，发生最大电磁转矩的转差率将大于 1.0，起动转矩反而减小，但可以实现恒转矩反转稳定运行，比如起重机用绕线转子异步电动机下放重物的运行状态。

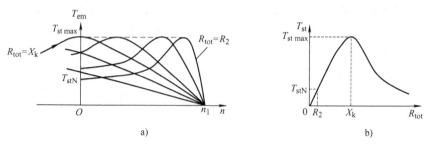

图 5-21　额定电压和频率时起动转矩与转子电阻的关系

绕线转子异步电机的转子可以通过集电环和电刷外接三相对称电阻电路，笼型异步电机则采用转子深槽或双笼结构增大起动转矩并减小起动电流，如图5-22所示，这是因为深槽或双笼异步电动机的转子电阻参数与转差率有关，使得电磁转矩与转差率的关系变得复杂。定性来说，如图5-22c所示，正常运行时，转子电流频率低，转差率很小，漏电抗比电阻小，趋肤效应不明显，槽内导体电流主要按照电阻均匀分布，转子电阻为正常导体电阻。起动时，转差率 $s=1$，转子电流频率大，根据槽漏磁分布，槽底部导体的漏电抗比槽上部导体的漏电抗大，起动时，漏电抗比电阻大，转子导体感应电动势的频率等于定子旋转磁场频率，槽内导体电流分布与漏电抗成反比，使得深槽导体电流都被挤压到槽上部接近槽口的位置，即产生趋肤效应，电流密度分布不均匀，实际导体通过电流的截面积减小，相当于增大了导体电阻而减小了漏电抗，使得异步电动机的起动转矩增大。因此深槽导体相当于起动时上部导体起主导作用，运行时下部导体才起作用。对于双笼转子，只要上笼导体截面积和电导率都小些，下笼导体截面积和电导率都大些，那么电阻大的上笼在起动时起主导作用，称为起动笼，电磁转矩与转差率关系如图5-22d所示曲线1，电阻小的下笼在运行时起主导作用，称为运行笼，电磁转矩与转差率关系如图5-22d所示曲线2。这样可以简单地等价为上、下两个鼠笼独立作用产生电磁转矩的叠加。通过合理设计可以获得不同性能的电磁转矩与转差率的关系曲线，如图5-22d所示曲线3。这样的转矩特性曲线适合重载起动。

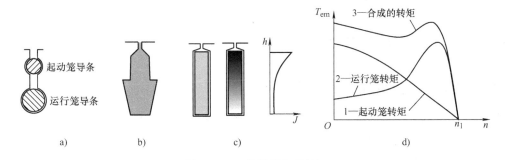

图5-22　双笼转子电磁转矩
a）双笼转子槽　b）铸铝凸形槽　c）深槽与集肤效应　d）转矩特性

绕线转子异步电动机很适合转子外接电阻，可以进行频繁正反转运行，利用电磁铁涡流损耗与频率有关的特性，即频敏变阻器，转子外接频敏变阻器可以实现绕线转子减小起动电流而增大起动转矩。

2）定子电压。

在频率和参数不变的条件下，降低电压将使得电磁转矩按照二次方关系下降，但发生最大电磁转矩的临界转差率不变。如电压降为额定值的70.7%，起动转矩和最大转矩都将变为额定状态的50%，如图5-23a所示。异步电动机改变定子电压不适合带恒转矩负载，而适合带转矩随转速增加而增大的风机或泵类负载。

3）定子频率。

当异步电机的频率变化时，由于磁路饱和原因，电压需要配合频率变化，同时与频率有关的定转子电抗也将发生变化，因此变频时电磁转矩变化比较复杂，也是现代电力电子技术与电机技术结合并得到广泛应用的控制技术之一。当电压与频率之比等于额定状态比值时，同步转速随频率正比变化，可以在很宽广的转速范围内实现恒转矩变功率运行。但频率较低时，因定子电阻压降使得气隙磁场减小，最大电磁转矩有所下降，需要采用电压补偿以维持气隙磁场不变，如图 5-23b 所示。

4）电机极对数。

笼型异步电动机定子绕组极对数发生变化时，笼型转子感应电动势和电流产生的转子磁场极对数与定子相同，绕组空间分布结构不变但线圈之间的联结方式发生变化，这时电源频率不变但同步转速发生突变，4 极和 6 极电磁转矩与转速关系如图 5-23c 所示。最大电磁功率或转矩的变化情况取决于变极前后绕组联结方式。

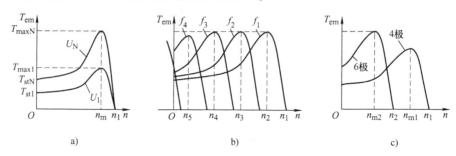

图 5-23　变压、变频和变极对电磁转矩的影响
a）变压　b）变频　c）变极

5.3　三相异步电动机的运行特性

5.3.1　三相异步电动机的工作特性

异步电动机的工作特性是在电枢电压和频率恒定的条件下，利用"T"形等效电路分析转差率、输入功率因数、效率、电枢电流、电磁转矩与输出功率的关系，如图 5-24 所示。

1. 转差率特性

转差率很小时，电磁转矩与转差率成正比，电磁转矩接近输出转矩，因此输出功率与 $s(1-s)$ 的二次函数变化关系接近，转差率特性随着输出功率增大而稍微有些上翘。

转差率是随输出功率增大而增大，用标幺值表示输出功率时，转差率是上翘的曲线。空载时，转差率接近于零。负载增大，转差率增加，额定负载时，转差率约为 3%，最大功率时，转差率约为 20%。

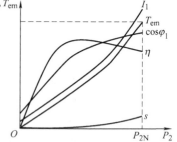

图 5-24　异步电动机工作特性

2. 效率特性

异步电动机空载时，转差率接近零，输入功率主要是铁耗与机械损耗，基本上是固定不变的损耗，附加损耗和铜耗很小，效率很低。随着输出功率增大，转差率增大，负载电流增大，定转子铜耗增加，附加损耗也增加，可变损耗增大，效率增加，当可变损耗等于不变损耗时效率最高，此时输出功率大约为额定功率的 75%。继续增大输出功率，转差率进一步增大，可变损耗将增大，效率反而缓慢减小。

3. 功率因数特性

异步电动机空载时，输入电流主要是励磁电流，功率因数很低，约为 0.2。随着输出功率增大，转子电流有功分量增大，功率因数增加，接近额定功率时，功率因数最大，再增大输出功率，因转子转差率增大，功率因数反而减小，因此输入功率因数将减小。

输入功率因数总是滞后的，并随负载增大而增大，功率因数特性是上翘的曲线。空载时，输入电流主要建立气隙磁场，有功分量很小，功率因数也很小。随着负载增大，转子电流的有功分量增大，功率因数增加。

4. 转矩特性

异步电动机转矩随输出功率增加，开始部分基本上是线性关系，当输出功率增大，转差率增大时，转矩将上翘，额定功率时转矩也额定。转矩特性随负载增大是上翘的曲线。

5. 定子电流特性

空载时，异步电动机定子电流等于励磁电流，随着负载增加，转子电流增大，定子电流也增大，定子电流与主磁场相位差增大，输出功率额定时定子电流额定，继续增大转子输出功率，定子电流将加快增长，定子电流特性随负载增大而增大，形成上翘的曲线。

5.3.2 三相异步电动机的机械特性

1. 自然机械特性

异步电动机的机械特性是在定子电压和频率额定时，转子转速与电磁转矩的关系曲线，如图 5-25a 所示，也称为自然机械特性。它是电磁转矩与转差率特性曲线的另一种表达形式。因为转差率与转子转速相关，而电磁转矩的参数表达式与转差率有关，因此消除转差率就可以获得转速与电磁转矩的关系曲线。

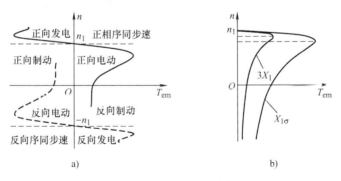

图 5-25　异步电动机机械特性

定子电源正相序时，正向电动机与发电机运行状态如图 5-25a 所示的实线，同步转速为 n_1，高于同步转速为发电机运行状态，转速在零与同步速之间为电动机运行状态，对于恒转矩负载的稳定运行区域为同步速与最大电磁转矩对应转速之间，而转速小于零的部分为电磁制动运行状态。

定子电源反相序时，反向电动机与发电机运行状态如图 5-25a 所示的虚线，反向运行与正向运行的特性曲线正好关于坐标原点对称。

2. 人为机械特性

异步电动机的电压、频率、极对数和参数变化时的机械特性称为人为机械特性。变压、变频和变极人为机械特性如图 5-23 所示。当绕线转子外接电阻时，相当于转子电阻参数变化，异步电动机的人为机械特性如图 5-21a 所示。异步电动机定子串电抗时的人为机械特性如图 5-25b 所示，最大电磁转矩与起动转矩减小，发生最大电磁转矩的转差率减小。

3. 异步电动机稳定运行条件

（1）负载机械特性

负载机械特性通常是恒转矩负载（如重力型负载）、恒功率负载（如卷扬机恒张力恒速卷绕负载）、转矩随转速指数增长的负载（如风机或泵类负载），如图 5-26 所示。

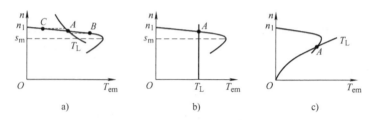

图 5-26　异步电动机运行稳定性
a）恒功率负载　b）恒转矩负载　c）泵类负载

（2）运行稳定性

假设异步电动机机械特性与负载机械特性的交点为 A，即电磁转矩与负载转矩平衡的工作点。如果存在扰动使转子转速增加，那么电磁转矩应小于负载转矩才能起到制动作用使扰动消失后的转子转速恢复原来数值，即当 $dn > 0$ 时，稳定运行要求 $dT_{em} < dT_L$。如果存在扰动使转子转速减小，那么电磁转矩应大于负载转矩才能起到驱动作用使扰动消失后的转子转速恢复原来数值，即当 $dn < 0$ 时，稳定运行要求 $dT_{em} > dT_L$。由于转速与转差率满足 $n = (1-s)n_1$，因此，$dn = -n_1 ds$，根据机械特性或转矩与转差率特性得到异步电动机稳定运行的条件是

$$\frac{dT_{em}}{dn} < \frac{dT_L}{dn}, \frac{dT_{em}}{ds} > \frac{dT_L}{ds} \tag{5-99}$$

由式（5-99）可知，对于恒转矩负载，$dT_L/dn = 0$，异步电动机的机械特性必须具有下垂的特性 $dT_{em}/dn < 0$ 才能稳定运行，如图 5-26b 所示，异步电动机驱动恒转矩负载的稳定运行区域是理想空载到临界转差率 s_m 对应的临界转速 n_m 范围。对于恒功率负载，$dT_L/dn < 0$，异步电动机的机械特性也必须具有下垂的特性 $dT_{em}/dn < 0$ 且比恒功率负载特性平坦才能稳定运行，如图 5-26a 所示，异步电动机驱动恒功率负载的稳定运行区域也是理想空载到临界转差率 s_m 对应的临界转速 n_m 范围。对于负载转矩随转速增加而增加的变转矩负载，即常用的风机或泵类负载，即使机械特性的交点位于临界转速以下的区域仍可能稳定运行，如图 5-26c 所示。

5.3.3　三相异步电动机的参数测定

三相异步电动机"T"形等效电路与变压器类似，因此参数测定方法与变压器相仿，通过定子加额定频率的额定电压，转子不带负载自由旋转的空载运行状态试验获得励磁支路参数，以及定子加额定频率的额定电流且转子堵转状态试验获得短路参数。

1. 空载试验

（1）空载试验的目的

测定励磁阻抗 $Z_m = R_m + jX_m$、铁耗 p_{Fe} 和机械损耗 p_{mec}。

（2）空载试验方法

异步电机作为电动机运行，定子施加额定频率的三相对称可调电压源，转子电路短路且转轴上不带任何机械负载，如图 5-27a 所示，稳定运行时转子转速接近同步速，电压自 $1.1U_N$ 起逐渐降低，直到电枢电流显著回升，测定不同定子电压时的空载定子电流、空载输入电功率。试验完成后尽快断电停机并测定绕组电阻。

图 5-27　空载试验

（3）参数计算方法

空载等效电路是定子漏阻抗与励磁阻抗串联，因此空载阻抗等于定子漏阻抗与励磁阻抗之和，$Z_0 = r_0 + jx_0 = R_1 + jX_{1\sigma} + R_m + jX_m$，利用空载相电压和相电流计算每相空载阻抗的模

$$z_0 = U_0 / I_0 \tag{5-100}$$

空载试验时，异步电动机的空载输入电功率主要用于定子铁心损耗、机械轴上的机械损耗，转子铁心损耗和转子绕组电阻损耗可以忽略不计，定子绕组电阻损耗随空载电流变化。较精确地分离损耗时，可以先将空载损耗扣除定子绕组损耗 p_{Cu1}，然后分离机械损耗和附加损耗 $p_{mec} + p_{ad}$，最终确定铁心损耗 p_{Fe}。转子机械损耗因转子转速基本接近同步速，可以认为不变，而定子铁耗与主磁通密度成非线性关系，而主磁通取决于定子绕组感应电动势，由于感应电动势与定子绕组电压基本相等，因此定子铁心损耗与电压成非线性关系。因铁心损耗主要包含磁滞损耗与涡流损耗两部分，在电源频率不变的条件下，电动势与主磁场磁感应强度幅值关系 $U_1 \cong E_{1m} = \sqrt{2}\pi f_1 W_1 k_{w1} (D_a L_{Fe}/p) B_m$，磁滞损耗与涡流损耗基本上与磁感应强度幅值的二次方成正比，因此铁耗是电压的二次方函数

$$p_{Fe} + p_{mec} + p_{ad} = P_0 - m_1 I_0^2 R_1 = f(U_0) \tag{5-101}$$

附加损耗是定转子齿槽引起的谐波磁场相互作用对转子起制动作用，它也被认为是电压的二次方函数。转子机械损耗与电压无关，仅仅是转速的函数。因此，可以将机械损耗从铁耗和附加损耗中分离出来。由于转子电流很小，转子电流引起的谐波磁场比负载时小，因此附加损耗引起的机械制动损耗较小，可以合并到机械损耗，利用二次方电压关系曲线拟合法得到的特性如图 5-27b 所示。

空载损耗扣除定子绕组铜耗后的损耗与定子电压二次方的关系曲线，再用直线拟合曲线，寻求拟合直线与纵坐标的交点，该交点纵坐标是机械损耗和附加损耗，额定电压时异步电动机的空载损耗扣除机械损耗和附加损耗以及定子绕组铜耗得到铁耗，由此可以计算铁耗

电阻

$$R_m = \frac{p_{Fe}}{m_1 I_0^2} \tag{5-102}$$

最后，计算励磁电抗

$$X_m = x_0 - X_{1\sigma} = \sqrt{z_0^2 - r_0^2} - X_{1\sigma} \tag{5-103}$$

2. 短路试验

（1）短路试验的目的

测定折算到定子侧的转子电阻和定、转子漏电抗。

（2）短路试验方法

短路试验时，转子堵转（静止不动），因此也称为堵转试验，如图 5-28a 所示。试验时定子施加频率额定的三相对称可调电压源，定子电枢电压逐渐升高至电枢电流达到 $1.1I_N$，超过额定电流时，连续通电时间应该较短，以免绕组过热烧坏。一般从 1.1 倍额定电流开始，逐渐降低电枢电流，测量定子绕组的电压、电流、输入电功率。试验结束时测定定子电阻。根据测试数据绘制相电流和输入功率关于相电压的试验曲线，如图 5-28b 所示。

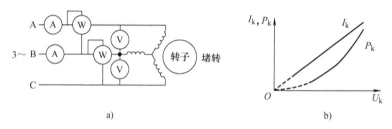

图 5-28　短路试验

（3）参数计算方法

转子堵转状态，电压低，定、转子电流很大，励磁电流可以忽略不计。根据等效电路分析可知，由于电动势相对较小，因此主磁通相对额定负载或空载较弱，铁心损耗可以忽略不计。于是，短路损耗 P_k 主要是定、转子绕组的电阻损耗，短路阻抗大小 z_k 由短路相电流 I_k 和相电压 U_k 计算确定

$$r_k = \frac{P_k}{m_1 I_k^2}, \quad z_k = \frac{U_k}{I_k}, \quad x_k = \sqrt{z_k^2 - r_k^2} \tag{5-104}$$

通过测量数据计算可以发现，短路参数与电压和电流有关。这是因为短路参数与趋肤效应和漏磁路饱和程度有关。而漏磁路饱和程度与绕组电流和磁路槽口形状有关，开口槽或半开口槽的漏磁路不易饱和，闭口槽与半闭口槽容易饱和。

异步电动机的短路参数一般随电流变化而变化，根据需要确定采用哪一组数据：计算异步电动机工作特性时，采用额定电流短路参数；计算最大电磁转矩时采用 2～3 倍额定电流参数；计算短路或起动性能时采用额定电压时的电流参数。

3. 异步电动机定转子漏电抗参数计算

假设异步电动机转子参数不变，利用空载和短路试验得到空载阻抗和短路阻抗

$$Z_0 = r_0 + jx_0, \quad Z_k = r_k + jx_k \tag{5-105}$$

对于大中型异步电动机，假设"T"形等效电路定、转子漏电抗相同，即 $X_{1\sigma} = X'_{2\sigma}$，得

到转子侧折算到定子侧的短路阻抗表达式

$$Z_k = r_k + jx_k = R_1 + jX_{1\sigma} + \frac{(R_m + jX_m)(R_2' + jX_{2\sigma}')}{(R_m + jX_m + R_2' + jX_{2\sigma}')} \tag{5-106}$$

空载时，空载阻抗实部与虚部与铁耗电阻和励磁电抗的关系为

$$R_m = r_0 - R_1, \quad X_m = x_0 - X_{1\sigma} \tag{5-107}$$

短路时，由于励磁电抗比励磁电阻大得多，忽略铁耗电阻，式（5-106）简化为

$$r_k + jx_k = R_1 + jX_{1\sigma} + \frac{jX_m(R_2' + jX_{2\sigma}')}{jX_m + R_2' + jX_{2\sigma}'} \tag{5-108}$$

将式（5-108）两边的实部与虚部分离后分别得到短路电阻和短路电抗表达式

$$r_k = R_1 + R_2' \frac{X_m^2}{x_0^2 + R_2'^2}, \quad x_k = X_{1\sigma} + X_m \frac{R_2'^2 + x_0 X_{1\sigma}}{R_2'^2 + x_0^2} \tag{5-109}$$

将式（5-107）$X_m = x_0 - X_{1\sigma}$代入式（5-109）得到

$$r_k = R_1 + R_2' \frac{(x_0 - X_{1\sigma})^2}{x_0^2 + R_2'^2}, \quad x_k = X_{1\sigma} + (x_0 - X_{1\sigma}) \frac{R_2'^2 + x_0 X_{1\sigma}}{R_2'^2 + x_0^2} \tag{5-110}$$

对于式（5-110）的短路电抗，消除分式并经过整理后得到

$$x_k(R_2'^2 + x_0^2) = x_0(R_2'^2 + x_0^2) - x_0(x_0 - X_{1\sigma})^2 \tag{5-111}$$

即

$$\frac{(x_0 - X_{1\sigma})^2}{R_2'^2 + x_0^2} = \frac{x_0 - x_k}{x_0} \tag{5-112}$$

将式（5-112）代入式（5-110），得到转子电阻与定子电阻、短路电抗和空载电抗的关系

$$R_2' = (r_k - R_1) \frac{x_0}{x_0 - x_k} \tag{5-113}$$

将式（5-113）代入式（5-112）可以获得定、转子漏电抗

$$X_{1\sigma} = X_{2\sigma}' = x_0 - \sqrt{\frac{x_0 - x_k}{x_0}(R_2'^2 + x_0^2)} \tag{5-114}$$

5.4　三相异步电动机的起动、制动和调速

起动、制动和调速是电机控制的基本概念。起动是电机在额定电压和频率下，通过起动装置和适当方法使转子转速从零升到负载所需转速的动态过程。制动是通过制动装置和适当方法使电机从负载转速下降到零的动态过程。调速是通过调速装置和适当方法使电机从某一转速到另一转速的调节过程，并可能伴随负载的变化。起动和制动是调速的特例。

异步电机的起动、调速和制动都是动态过程，正确理解它们需要用动态方程来分析。为了避免复杂的动态方程，考虑到电机的电气时间常数（漏电感与电阻之比）远远小于机械时间常数（转动惯量与阻尼系数之比），电流变化很快而转速变化相对较慢，因此，电机学中常用准静态的方法来分析动态过程，即在短时间内认为转速不变，而电流很快达到稳态，认为任何转速下电机内部的电气量都是处于稳定状态，正如异步电机机械特性中电磁转矩与转速的关系一样，因此起动、制动和调速过程可以利用自然机械特性和人为机械特性来分析动态过程。

5.4.1　三相异步电动机的起动

异步电动机起动是指异步电动机接交流电网后，从静止状态开始到稳定运行的动态升速过程。初始状态的特点是转速等于零，转差率为 1.0，相当于短路运行起始时刻。

异步电动机起动过程中，关注的性能主要包括起动电流、起动转矩、起动时间、起动时消耗的能量和绕组的发热、起动设备的简便性和可靠性等。

1. 起动电流和起动转矩

异步电动机起动时，定转子电流很大，励磁电流可以忽略不计，为此考虑采用异步电动机简化等效电路分析起动性能，定子电压为 U_1，电流为 I_1，起动时转子静止，转差率等于 1.0，转子电流频率等于定子电流频率，可以得到稳态起动电流和稳态起动转矩表达式

$$I_{st} = \frac{U_1}{\sqrt{R_k^2 + X_k^2}}, \quad T_{st} = \frac{m_1 p U_1^2 R_2'}{2\pi f_1 (R_k^2 + X_k^2)} \tag{5-115}$$

在全压起动条件下，因为起动时转差率 $s = 1$，转子电抗比电阻大得多，转子功率因数很低，转子电流有功分量小，异步电动机的输入阻抗小，阻抗角大，功率因数很小，因此起动电流很大，从电网吸收大量无功功率，而起动电流有功分量很小，因此输入有功功率相对较小，起动转矩较小。另一方面，定子电压主要通过定转子漏阻抗形成电流，定子电流大，定子漏电抗压降较大，导致感应电动势和气隙磁场减小，也使得起动转矩小。

起动电流与额定电流之比称为起动电流倍数，起动转矩与额定转矩之比称为起动转矩倍数。普通笼型异步电动机起动电流倍数高达 5~7 倍，起动转矩倍数却只有 1~2 倍。

绕线转子异步电动机通过转子外接电阻能够增大起动转矩，甚至以最大电磁转矩起动。而笼型异步电动机通常需要设计成深槽或双笼转子结构才能满足高起动转矩负载的需要，其工作原理是利用趋肤效应使得转子电阻和电抗与频率有关，而具备起动电流小且起动转矩高的能力。

假设异步电动机简化等效电路中定、转子电阻相同，漏电抗也相同且等于 5 倍电阻，额定转差率为 0.02，那么起动电流是额定电流的 5 倍，起动转矩约为额定转矩的一半（0.52）。起动时的功率因数 0.196 很低，气隙磁通及其对应的电动势只有额定状态的一半。

2. 起动电流对电网和电动机及环境的影响

对于大容量异步电动机，全压起动将从电网吸收很大的起动电流，线路阻抗压降增大，电网电压短时跌落，电网电能品质变差，影响起动异步电动机周围其他用户用电，尤其影响高品质产品加工。起动电流大，电动机绕组端部电磁力极大地增强，可能损坏绝缘和端部机械结构，电动机绕组发热严重，影响电动机绝缘和使用寿命；起动电流大，对电动机周围环境的电磁干扰增强。因此，大中型异步电动机必须限制起动电流，不致对电网造成不利影响。

3. 异步电动机的起动方法

小功率异步电动机通常定子电流小，对环境影响小，因此采用直接起动。大中型异步电动机额定电流大，短路阻抗标幺值小，起动电流倍数大，需要采用传统的减压起动或现代变流器技术的软起动（调压或调压调频）。绕线转子异步电动机可以采用转子外接电阻起动，笼型异步电动机采用特殊转子结构（如深槽转子与双笼结构）增加起动转矩。

（1）减压起动

减压起动包括定子串联起动电抗、自耦变压器减压起动、星-三角转换起动和延边三角

形起动，减压起动方法使起动电流减小，但起动转矩按照起动电流二次方减小，因此只能使用于轻载或风机与泵类负载。

1）定子串联电抗器起动：异步电动机定转子电阻比电抗小得多，因此起动电流与电抗成反比，如图5-29a所示，定子绕组串联足够大的电抗器后经开关 Q_1 接三相电压源使异步电动机起动，起动电流显著减小，或者由于实际异步电动机获得的电压是电源电压经过分压后的大小，由于电压下降，因此定子串联大电抗能显著减小起动电流，同时起动转矩与起动电流二次方成正比减小。起动结束后，合上开关 Q_2，打开开关 Q_1，使异步电动机正常运行。

2）定子接自耦变压器起动：三相异步电动机通过自耦变压器接电网，如图5-29b所示，起动时，先合上开关 Q_2 再合上开关 Q_1，三相电源电压经降压自耦变压器降压加到异步电动机，异步电动机定子电流则通过降压自耦变压器减小后作用到电网，电网电流比采用相同分压效果的定子串联电抗器小。

设降压自耦变压器的电压比为 k_a，那么异步电动机电压与电流都分别等于额定电压与全压起动电流的 $1/k_a$，电网电流等于异步电动机定子电流的 $1/k_a$。所以接自耦变压器后电网侧的起动电流和异步电动机的起动转矩都只有全压起动时的 $1/k_a^2$。

3）星-三角转换起动：这种方法只适用于异步电动机正常运行是三角形联结，并且三角形的6个出线端都在接线盒上，可以根据需要改接，如图5-29c所示。异步电动机起动时，先将开关 Q_2 投向丫起动侧再合上开关 Q_1。起动完毕后，将开关 Q_2 投向△运行侧。采用星形联结时异步电动机的等效电路参数不变，每相绕组的电压只有额定电压的0.577倍，起动线电流等于相电流按电压比例减小；采用三角形联结直接起动，起动线电流等于相电流的1.732倍。因此，采用星-三角转换起动时，起动电流和起动转矩都只有三角形全压起动的 $1/3$，与接电压比 $k_a = 1.732$ 的自耦变压器一样。

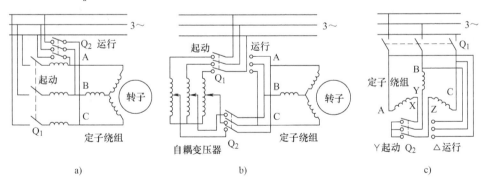

图5-29　异步电动机起动接线图
a）串联电抗器　b）自耦变压器　c）星-三角转换

（2）绕线转子外接电阻起动

绕线转子异步电动机转子外接电阻 R_{st}，如图5-30所示，机械特性的最大电磁转矩与转子电阻无关而保持不变，而发生最大电磁转矩的临界转差率与转子总电阻 R_{tot} 成正比，因此选取合适的外接电阻，可使转子总电阻满足最大电磁转矩发生在转差率等于1.0的状态，即以最大转矩

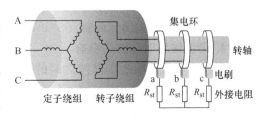

图5-30　绕线转子异步电动机转子外接电阻

起动。

起动转矩随转子回路总电阻的关系由式（5-115）可得

$$T_{st} = \frac{m_1 p U_1^2 (R_2' + R_{st}')}{2\pi f_1 \left[(R_1 + R_2' + R_{st}')^2 + X_k^2 \right]} = \frac{m_1 p U_1^2 R_{tot}}{2\pi f_1 \left[(R_1 + R_{tot})^2 + X_k^2 \right]} \tag{5-116}$$

其中，$R_{tot} = R_2' + R_{st}'$ 为转子回路每相总电阻折算到定子的值。

起动时，转差率 $s = 1$，转子频率 $f_2 = f_1$，定、转子绕组电阻比漏电抗小得多，因此转子串入电阻较小时，式（5-116）分母中的电阻可以忽略不计，起动转矩近似与转子回路总电阻 R_{tot} 成正比，即 $T_{st} \approx \frac{m_1 p U_1^2}{2\pi f_1 X_k^2} R_{tot}$。而转子串入电阻很大时，式（5-116）分母中的电抗和定子电阻可以忽略不计，起动转矩近似与转子回路总电阻成反比，即 $T_{st} \approx \frac{m_1 p U_1^2}{2\pi f_1 R_{tot}}$。当转子回路的总电阻 $R_{tot} = \sqrt{R_1^2 + X_k^2} \approx X_k$ 时，起动转矩达到最大值 $T_{st\,max} = \frac{m_1 p U_1^2}{4\pi f_1 \left(R_1 + \sqrt{R_1^2 + X_k^2} \right)}$，这是异步电动机自然机械特性的最大电磁转矩，如图 5-21b 所示。

例题 5-1 异步电动机转子电阻为 R_2，自然机械特性最大电磁转矩对应的转差率为 s_m，计算外接电阻阻值使得异步电动机以最大转矩起动。

解： 对于自然机械特性，发生最大电磁转矩的转差率 $s_m = R_2'/X_k$，要使起动转矩等于最大电磁转矩，那么 $1 = (R_2' + R_{st}')/X_k$，于是，根据折算前后转子侧内、外电阻值之比相同的条件，得到实际外接电阻与转子电阻之比 $R_{st}/R_2 = R_{st}'/R_2' = (1 - s_m)/s_m$。

如果外接电阻是分级串联的，那么只要分级电阻合适，切换时间得当，就可以使起动过程中保持在期望的转矩范围。如果外接电阻是连续变化或可控的，则可以保持最大转矩起动，直到进入自然机械特性恒转矩稳定运行区域。如果转子外接电阻随转子电流频率变化，如利用涡流效应的频敏变阻器，则可以平滑地起动。但所有这些外接电阻都是耗能元件，起动是不经济的。

（3）设计特殊转子结构

笼型异步电动机转子的笼型导条采用插入转子槽内的铜条或浇铸的铝条。为了使得导条参数与转子频率有关，需要利用转子槽漏磁场的趋肤效应，为此将转子槽形设计成深而窄，或者设计成上下双笼或多段式等特殊转子结构，如图 5-22 所示，以获得高起动转矩。

（4）现代控制技术

软起动包括变压恒频（VVCF）和变压变频（VVVF）起动。软起动是异步电动机结合现代电力电子技术的产物，利用相控调压、变频原理、更高级的矢量控制技术或直接转矩控制技术自适应地控制异步电动机在任意负载条件下平滑起动。这时加到异步电动机上的电源不是简单的正弦波，而是脉冲周期固定而脉冲宽度可调的脉宽调制（PWM）、正弦脉宽调制（SPWM）、空间矢量脉宽调制（SVPWM）等调制波。

4. 谐波磁场对起动的影响

异步电动机气隙磁场谐波之间的相互作用，可以产生对异步电动机起动不利的附加转矩，根据磁场的性质，附加转矩分为异步和同步两种附加转矩。

（1）异步附加转矩

异步附加转矩是指定子电流产生的谐波磁场在转子绕组中感应电动势后产生的同次谐波

磁场,两者空间保持相对静止,但两者是异步状态的。主要是低次谐波,如5、7次谐波产生的电磁转矩。

定子基波同步速为 n_1,电磁转矩与转速特性为 T_{em1}。5次谐波磁场转向与基波相反,其同步速 $n_5 = -n_1/5$,电磁转矩与转速特性为 T_{em5}。定子7次谐波磁场转向与基波相同,其同步速 $n_7 = n_1/7$,电磁转矩与转速特性为 T_{em7}。定子7次谐波磁场在转子中感应电动势频率 $f_{r7} = p(n_1/7 - n)/60$,该电动势产生的电流与电动势同频率。转子7次谐波磁动势相对转子转速为 $n_{r7} = 60f_{r7}/p = n_1/7 - n$,相对于定子空间转速为 $n_1/7$,与定子7次谐波磁场形成同步,因此可以产生异步转矩。定、转子基波和7次谐波合成电磁转矩 T_{em},如图5-31a所示,在转子转速 $n = n_1/7$ 附近产生谷点,负载转矩不能超过 T_V 值,否则在 $n_1/7$ 转速附近转子无法继续加速完成起动。

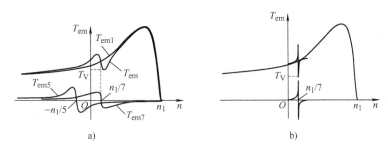

图5-31　异步电动机附加转矩
a) 异步　b) 同步

(2) 同步附加转矩

同步附加转矩是定子和转子的两个极对数相同的谐波磁场在特定转子转速下同步旋转产生的转矩。如三相四极异步电动机,定子24齿,转子28齿,电源频率为50Hz,定、转子齿槽引起的基波磁场中包含齿谐波磁场,谐波次数与齿槽数和极对数有关,下面分析定、转子谐波次数为 $Z/p \pm 1$ 次齿谐波及其空间转速。

定子基波磁场频率为电源频率,相对定子转速为 n_1,定子最低次齿谐波磁场的谐波次数分别为 $n_{zs} = Z_s/p \pm 1 = 12 \pm 1$,其中11次谐波的转向与定子基波相反,而13次谐波与基波相同,转速大小为 n_1/n_{zs}。

转子基波磁场频率为转差频率,相对转子转速为 $n_1 - n$,转子最低次齿谐波磁场的谐波次数分别为 $n_{zr} = Z_r/p \pm 1 = 14 \pm 1$,其中13次谐波的转向与转子基波相反,相对于转子以 $(n_1 - n)/13$ 转速旋转,相对于定子空间转速为 $n - (n_1 - n)/13$。

如果定子齿谐波中的13次谐波和转子齿谐波中的13次谐波空间同步,转子转速满足两个磁场空间同步的条件 $n - (n_1 - n)/13 = n_1/13$,即 $n = n_1/7$,那么这两个磁场相互作用将产生同步附加转矩。

由此说明,定子13次谐波磁场和转子13次谐波磁场在转子转速为定子基波磁场同步转速的1/7时,达到同步运行,产生同步附加转矩,同步附加转矩在两个磁场同步旋转转速下产生的转矩仅仅取决于这两个磁场的大小和空间相位差。当转子转速稍低于 $n_1/7$ 时,相对于定子空间转子13次谐波转速稍低于定子13次谐波磁场空间转速,因此同步附加转矩起驱动作用。当转子转速稍高于 $n_1/7$ 时,相对于定子空间转子13次谐波转速稍高于定子13次谐波磁场空间转速，因此同步附加转矩起制动作用。同步附加转矩的机械特性在转子转速 $n_1/7$ 附近形成正、反两个尖峰脉冲，如图 5-31b 所示。

异步电动机起动总结：直接起动存在起动电流大而起动转矩小的问题，减压起动可以限制起动电流但起动转矩也相应减小，只能满足轻载或空载起动的需要。绕线转子异步电动机转子串电阻或频敏变阻器起动与笼型转子设计成深槽或双笼结构可以实现起动转矩大而起动电流小的起动性能。软起动采用现代科技成果是高效节能的起动方法，是未来发展的方向。定转子绕组产生的谐波附加转矩对异步电动机起动有很大影响，异步电动机设计时需要采取短距、分布绕组，合理选择定转子槽数，以及转子斜槽结构等措施来减小甚至消除附加转矩。

5.4.2 三相异步电动机的制动

异步电机转子短路运行时，根据转差率的变化范围有 3 种工作状态：发电机（$s<0$）、电动机（$0<s<1$）和电磁制动（$s>1$）。它们的分界线是理想空载（$s=0$）和堵转或短路运行状态（$s=1$）。

异步电机依靠负载被动制动是一种常用方法，但制动时间相对较长，机械制动摩擦发热和材料损伤严重，只能在紧急和很低转速时采用。异步电机制动通常需要采用主动电磁制动方法。

1. 电源反接正转制动

异步电机电源正接，正常运行在电动机状态，如图 5-32a 所示的工作点 A。需要制动时，将电源反接，即改变任意两相的连接方式获得反相序电源电压输入。因转子机械惯性保持转速和转向不变，而电源电压施加到定子绕组上后定子电流很快达到对称稳定状态，形成反向旋转的同步磁场，转差率由小于 1 变成大于 1.0，异步电机进入电磁制动状态的工作点 B。电磁转矩改变方向，并与负载转矩一起使转子转速下降。当转速下降到零时的工作点 C 时，如果负载转矩与电磁转矩的合成转矩沿气隙磁场旋转方向，那么异步电机将进入反向起动状态。

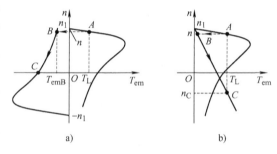

图 5-32 反接制动机械特性

a) 正转反接制动 b) 正接反转制动

态。为了防止出现这种状态，必须切除电源。对于摩擦型负载，制动结束。如果是重力型负载，那么需要采取机械抱闸的制动措施，以避免重力型负载转矩使转子反转。

2. 电源正接反转制动

绕线转子异步电动机常用于起重机械，下放重物制动是必需的。为此电机电源正接而让转子在重力作用下反转，这时转子绕组需要外接串联电阻改变机械特性使电机稳定工作在正接反转状态，如图 5-32b 所示。开始工作在 A 点，转子串入电阻后，因机械特性变化工作点由 A 转移到相同转速的 B 点，电磁转矩小于负载转矩使得转子转速下降，当转速等于零时重力负载转矩仍大于电磁转矩，转子将反向起动，当电磁转矩和重力转矩达到平衡点 C 时，转子稳定反转，电磁转矩起制动作用。

如果要使转子停止，就要适当减小转子串联电阻，使得转速等于零时的电磁转矩等于重力负载转矩。通过改变转子外接电阻大小，绕线转子异步电动机能有效地改变人为机械特性，使得重物能自如地快慢上升或下降，甚至悬空静止不动。

3. 能耗制动

异步电动机正常运行时接三相交流电源，如图 5-33a 所示，能耗制动时，打开开关 Q_1 切除三相对称交流电源，合上开关 Q_2 改接直流电源，使得定子绕组电流为直流，产生空间静止的磁场，这时相当于定子磁极励磁，转子旋转电枢的隐极同步发电机短路运行，电磁转矩起制动作用。在定子静止磁场作用下，转子感应对称电动势，形成对称感应电流和相对转子反转的同步磁场，与定子磁场保持静止，从而产生同步电磁转矩。假设不考虑转子铁耗，定子恒定电流产生基波励磁磁场，转子感应电动势与感应电流满足

$$\dot{E}_r = R_2 \dot{I}_2 + \mathrm{j} X_2 \dot{I}_2 \tag{5-117}$$

式中，E_r 为定子励磁磁场在转子回路产生的感应电动势；I_2 为转子电流；R_2 为转子绕组电阻；X_2 为异步电机转子绕组电抗（转子侧励磁电抗 X_m 与漏电抗 $X_{2\sigma}$ 之和）。

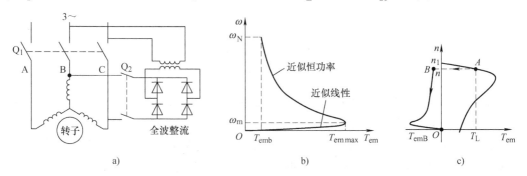

图 5-33　异步电机能耗制动
a）接线图　b）机械特性　c）制动特性

转子电磁功率等于绕组损耗，电磁转矩等于电磁功率与转子机械角速度之比

$$P_{em} = m_2 I_2^2 R_2 = \frac{m_2 R_2 E_r^2}{R_2^2 + X_2^2}, \quad T_{em} = \frac{p P_{em}}{\omega} = \frac{m_2 p R_2 E_r^2}{(R_2^2 + X_2^2)\omega} \tag{5-118}$$

转子感应电动势和电抗与转子角速度成正比 $E_r = k_r \omega$，$X_2 = L_2 \omega$。于是，电磁转矩

$$T_{em} = \frac{m_2 p R_2 k_r^2 \omega}{(R_2^2 + \omega^2 L_2^2)} = \frac{2\omega_m \omega}{(\omega_m^2 + \omega^2)} T_{em\,max} \tag{5-119}$$

其中，$T_{em\,max} = \dfrac{m_2 p k_r^2}{2 L_2}$，$\omega_m = \dfrac{R_2}{L_2}$，$L_2$ 和 X_2 都是折算到转子的绕组电感和额定频率电抗，$k_r = E_r / \omega$ 具有磁链的量纲，是与定子电流和绕组有关的值，称为转子电动势常数。

由式（5-119）可知，转子转速较高时，电抗比电阻大得多，电磁功率恒定，电磁转矩随转速减小而增大。当转速较低时，转子电流频率低，电抗比电阻小，电磁转矩与转速近似成正比。转速为零时，转子感应电动势和电流为零，电磁转矩为零。能耗制动的机械特性是经过原点的曲线，如图 5-33b 和 c 所示。制动开始时工作点由 A 转移到 B，然后转子转速不断下降，达到原点后停止。对于重力型负载同样要采取机械抱闸措施，防止反转。

4. 发电机回馈制动

异步电动机在运行过程中，由于转子受到的负载转矩方向变化，如图 5-34a 所示，车辆由上坡变为下坡，负载转矩与电磁转矩方向一致，同时驱动转子加速，使得异步电机转子转速由工作点 A 升高，超过同步速后，电磁转矩由驱动改变方向后成为制动转矩，达到机械

特性曲线 B 点后与负载转矩相平衡，如图 5-34b 所示。这时，异步电机由电动机状态机械特性的工作点 A 进入发电机状态机械特性的工作点 B，电磁转矩起制动作用，称为发电机制动。由于负载转矩驱动异步电机向电源回馈电能，因此发电机制动也称为回馈制动。电源频率不变时，同步速不变，发电机制动只能运行在高于同步速的状态，是一种限制电机转速的制动，而不是使转子静止的制动。

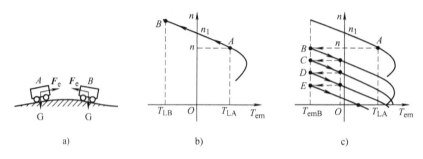

图 5-34　发电机制动机械特性
a）车辆上下坡　b）发电机制动　c）变频发电机制动

要使异步电机进入发电机状态并使转速下降直至停转，必须改变定子电源的频率，这样同步速随频率下降而降低，变频机械特性下降，工作点由电动机状态的 A 点转移到发电机状态的 B 点，负载转矩与电磁转矩共同起制动作用，使转速下降，到接近同步速时，频率再次下降，工作点又转移到变频后机械特性的 C 点，仍然处于发电机状态。这样不断降低频率，机械特性逐渐下降，工作点不断往下移动，异步电机一直处在发电机运行状态，直至转速为零。异步电机逐渐减小电源频率的同时，必须要调节电压使得气隙磁场保持基本不变。

异步电动机制动总结：电源反接正转制动，制动后立即切除电源。电源正接反转制动，适用于绕线转子异步电动机转子串大电阻，使得最大电磁转矩的转差率大于 1.0 的电磁制动方式。发电机回馈制动仅仅限制在高于同步转速的某一转速运行。要实现转速等于零，必须采取措施使得同步转速逐步降低为零。能耗制动是电枢施加一个直流电压建立静止磁场使转子转速降低，适用于摩擦型负载，重力型负载需要采取零速机械抱闸装置。能耗制动和反接制动是耗能型的，发电机回馈制动才是节能的。

5.4.3　三相异步电动机的调速

调速是电机从某一转速到另一转速的调节过程，并伴随负载转矩或功率的变化。起动和制动可以看成是调速的特例。

调速是转速动态转移的过程。由于电机的电气时间常数远远小于机械时间常数，电流变化很快而转速变化相对较慢，因此，利用电机机械特性、等效电路和各种平衡关系的数学公式等手段来理解如何实现调速过程，以及不同调速方法的特点。

1. 异步电机调速的特点

（1）异步电机调速的优势

笼型异步电机结构简单、制造方便、价格低廉、运行可靠、维护量小，适用于恶劣环境，作为电动机应用最广泛。绕线转子异步电机转子串电阻可实现大转矩频繁起动和正反转，也可以从转子输入或输出电能实现四象限运行。异步电机的转速与同步速没有严格的比例关系，不需要安装价格昂贵的转子位置传感器来调速。

（2）异步电机调速的应用场合

异步电动机调速广泛应用于车辆、电梯、机床、造纸和纺织等机械中，以满足运行、生产和工艺的要求；也用于风机、水泵、磨煤机和压缩机等需要节能的耗能设备。

（3）异步电机调速的性能指标

异步电机调速的性能指标包括如下几项：①快速性，以速度阶跃响应的上升时间来衡量；②经济性，调速系统的性价比，如投入成本与节能增效比较；③简易性，操作简单可靠，交互式界面提示；④精确性，异步电机一般用于调速精度要求不高的场合，高精度调速通常采用同步电动机。

2. 异步电机调速的历史进展

传统交流电机调速始于 20 世纪 30 年代，主要采用电阻器、电抗器、调压器、电磁滑差离合器和机组调速等。异步电机定子串饱和电抗器调速属于调压的一种形式。笼型异步电机的笼型转子能自适应定子磁场极对数，变极调速是有级调速。绕线转子异步电机转子串电阻调速，如起重机和卷扬机，可以频繁正反转，电磁能量大部分消耗在转子外接电阻上，效率低。绕线转子异步电机还可以采用高效的串级调速方法，转子绕组通过三相整流桥获得直流电供给直流电动机，再同轴驱动异步电机，或者直流电动机驱动与电网并联的交流发电机实现能量回馈电网。电磁滑差离合器调速，改变耦合磁场的作用。

交流电机调速真正迅猛发展是在 20 世纪 70 年代以后，直流电机调速范围有限，尤其在环境比较恶劣的场合，电力电子技术的发展使异步电机能实现调压和变频调速。

现代交流电机调速包括恒频相控调压（PCV）技术、调压调频（VVVF）技术、脉冲宽度调制（PWM）技术、正弦脉冲宽度调制（SPWM）技术、特定谐波消除（SHE）技术、空间矢量脉冲宽度调制（SVPWM）技术、磁场定向控制（FOC）技术、直接转矩控制（DTC）技术或者直接自控（DSC）技术、变结构控制（VSC）中的滑模控制（SMC）、模型参考自适应控制（MRAC）、智能控制技术中的模糊逻辑控制（FLC）和神经网络控制（NNC），所有这些控制都需要电力电子可控器件，如半可控的晶闸管 SCR、全控型的绝缘栅极双极性晶体管 IGBT、门极可关断器件 GTO、绝缘栅极换向晶闸管 IGCT、金属氧化物场效应晶体管 MOSFET、功率晶体管 GTR，或者专用集成功率模块 IPM 等硬件及软件。

3. 异步电机的调速方法

根据转差率的定义，异步电机转速 $n = (1 - s)n_1 = 60f_1(1 - s)/p$，可以发现异步电机转速主要取决于极对数、电源频率和转差率。调速方法有变极、变频和改变转差率 3 种。

（1）变极调速

1）变极绕组。

最简单的思想是每种极对数设计一套三相对称绕组，但电机绕组的利用率低、体积大且成本高。有时可以设计一套三相对称绕组，每相分为两个半相绕组，通过两个半相绕组的顺（反）串联或并联，使得一种极对数的磁动势基波增强而另一种极对数的磁动势基波抵消，实现不同极对数的三相对称绕组。例如，三相异步电机定子 24 槽，2/4 极变极方式，4 极电枢绕组节距为整距，节距系数等于 1，那么 2 极电枢绕组的节距系数为 0.5，短距系数和分布系数不同。每相绕组设计成两个半相绕组，这两个半相绕组可以顺接串联，如图 5-35a 所示，线圈 A_1X_1 和 A_2X_2 串联，或顺接并联，如图 5-35b 所示，线圈 A_1X_1 和 A_2X_2 并联，构成两极异步电机 A 相绕组，磁动势波形及其基波如图 5-35c 所示。

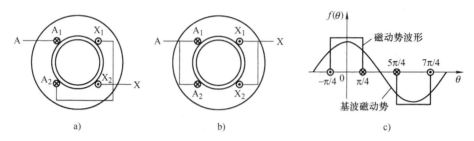

图 5-35　异步电动机一相绕组联结（$2p=2$）
a）串联　b）并联　c）磁动势波形

如果这两个半相绕组反接串联，如图 5-36a 所示，线圈 A_1X_1 和 A_2X_2 反相串联，或反接并联，如图 5-36b 所示，线圈 A_1X_1 和 A_2X_2 反并联，构成四极异步电机 A 相绕组，磁动势波形及其基波如图 5-36c 所示。

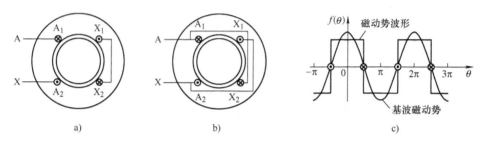

图 5-36　异步电动机一相绕组联结（$2p=4$）
a）反接串联　b）反接并联　c）磁动势波形

由图 5-35a 和图 5-36b 可以发现，将两极一相串联半相绕组的首尾引出线联结，再将中间联结点引出，得到四极一相绕组。同样地，由图 5-36a 和图 5-35b 可以发现，将四极一相串联半相绕组的首尾引出线联结，再将中间联结点引出，得到两极一相绕组。

每相绕组的两个半相绕组串联后可以构成三相星形（Y），或者三相三角形（D）绕组，如图 5-37a 和 c 所示；而每相绕组的两个半相绕组并联后可以构成三相双星形（YY）绕组，如图 5-37b 和 d 所示。这样 2/4 极变极绕组的三相绕组联结方式可以有 Y/YY、D/YY、YY/Y、YY/D 四种，只需要 6 个引出线的变极绕组结构，即由图 5-37a 变换到图 5-37b，或者由图 5-37c 变换到图 5-37d 的形式。

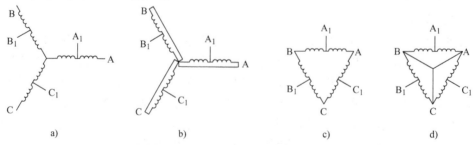

图 5-37　异步电动机变极绕组联结方法
a）串联 Y　b）并联 YY　c）串联 D　d）并联 YY

2）变极调速的机械特性。

由于电机定、转子绕组的极对数必须相同，因此变极调速只适用于笼型异步电动机。变极前后电网电压和频率不变，异步电动机的同步速发生变化，绕组结构变化将影响相绕组的有效串联匝数、电压、电流、电磁功率、气隙磁场和电磁转矩。理论分析表明，2/4 极笼型异步电动机的变极机械特性如图 5-38 所示。变极前后，电机的转矩和功率变化与联结方式有关。在绕组电流额定、外部电压恒定时，丫丫到丫的变换适用于恒转矩负载调速，通常丫丫到 D 的变换适用于恒功率负载调速。

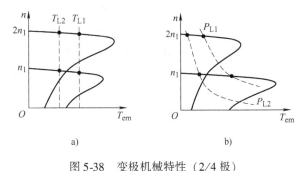

图 5-38　变极机械特性（2/4 极）
a）丫丫/丫　b）丫丫/D

异步电机运行的转差率较小，变极调速改变同步转速实现转速变化，变极操作简单，但分级调速不平滑，2/4 极绕组变极的同时要改变相序。异步电机在两种或三种不同同步速间调速采用双速或三速变极绕组。

（2）变频调速

现代变频调速采用电力电子可控器件构成的变频器，双向背靠背变频器驱动三相异步电机的原理如图 5-39a 所示，要获得三相对称正弦波电压，需要将每相正弦电压调制波与固定频率的三角形载波信号进行比较，获得功率器件的驱动信号，即脉宽调制 PWM 信号。由于同相上、下桥臂功率器件驱动信号互补，某相上桥臂功率器件驱动 PWM 信号如图 5-39b 所示。正弦电压的幅值与调制波幅值成正比，周期等于调制波周期，各相电压的相位等于其调制波信号的相位，因此调压调频相当于改变调制波的幅值与频率，以及各相之间调制波的相位差。下面讨论忽略定子电阻和励磁电流时异步电动机在三相对称正弦波电压下的变频调速特性。

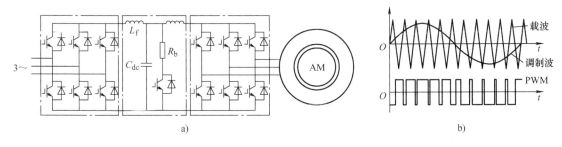

图 5-39　双向背靠背变频器驱动异步电机

1）气隙磁通。

异步电机额定负载运行状态转差率 s 在 0.02 左右，等效电路中转子等效阻抗比定子漏阻抗大很多。忽略相对较小的定子漏阻抗压降，则定子电压与气隙磁场感应电动势相平衡。电动势和电压时空矢量相位相反且幅值相同；磁链时空矢量滞后电压时空矢量 90°且幅值等于电压幅值与电角频率之比；主磁通幅值正比于电压与频率之比。

变频时的气隙主磁场每极磁通幅值

$$\Phi_{\mathrm{m}} = \frac{E_1}{\sqrt{2}\pi f_1 W_1 k_{\mathrm{w1}}} \approx \frac{U_1}{\sqrt{2}\pi f_1 W_1 k_{\mathrm{w1}}} \tag{5-120}$$

由式（5-120）可以看出，气隙磁通幅值大小与频率和电压有关，在电机中总是希望磁通尽可能在额定状态的数值，因此当频率小于额定频率时，必须相应地使电压随频率正比例变化。而当频率高于额定频率时，由于绕组绝缘强度的安全限制，通常电压只能保持额定值，这样气隙磁通将按照频率反比例变化，频率越高，气隙磁场越弱，即所谓的弱磁变频调速。电压与频率的关系 (f_1, U_1) 用标幺值表示时为分段折线，经过原点（0，0）、额定点（1，1）和额定电压高速弱磁点（2，1），如图5-40a所示，当然在分段折线下任意点都可以运行。

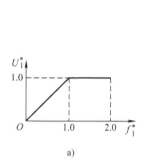 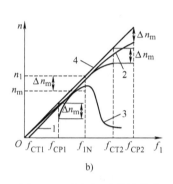 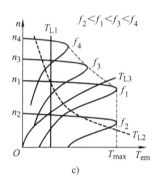

图5-40 变频调速特性曲线

2）最大电磁转矩。

异步电动机的最大电磁转矩由式（5-92）得到

$$T_{\mathrm{em\,max}} = \frac{m_1 p U_1^2}{4\pi f_1 X_{\mathrm{k}}} = \frac{m_1 p}{8\pi^2 L_{\mathrm{k}}} \frac{U_1^2}{f_1^2} \tag{5-121}$$

式（5-121）表明最大电磁转矩正比于电压与频率之比的二次方，因此根据式（5-120）维持异步电动机气隙磁场恒定，每极磁通不变条件下，要求电压与频率之比不变，这样变频调速的最大电磁转矩恒定。

临界转差率与频率的关系由式（5-91）得到

$$s_{\mathrm{m}} = \frac{R_2'}{X_{\mathrm{k}}} = \frac{R_2'}{2\pi f_1 L_{\mathrm{k}}} \tag{5-122}$$

式（5-122）表明，临界转差率与频率成反比。说明同步速 n_1 与临界转速 n_{m} 之差不变，$\Delta n_{\mathrm{m}} = s_{\mathrm{m}} n_1 = 60 s_{\mathrm{m}} f_1 / p = 30 R_2' / (\pi L_{\mathrm{k}} p)$ 为定值，与电压和变频的控制方式无关。

3）电磁转矩。

考虑到异步电动机的漏电抗与频率的关系 $X_{\mathrm{k}} = 2\pi L_{\mathrm{k}} f_1$，电磁转矩由式（5-88a）得到

$$T_{\mathrm{em}} = \frac{m_1 p U_1^2 R_2'/s}{2\pi f_1 (R_2'^2/s^2 + X_{\mathrm{k}}^2)} = \frac{m_1 p}{2\pi} \frac{U_1^2}{f_1^2} \frac{R_2'(sf_1)}{R_2'^2 + (2\pi L_{\mathrm{k}} sf_1)^2} \tag{5-123}$$

4）过载能力。

由式（5-121）和式（5-123）得到异步电动机的过载能力

$$k_{\mathrm{M}} = \frac{T_{\mathrm{em\,max}}}{T_{\mathrm{em}}} = \frac{R_2'^2 + (2\pi L_{\mathrm{k}} sf_1)^2}{2R_2'(2\pi L_{\mathrm{k}} sf_1)} \tag{5-124}$$

5) 变频调速特性。

根据上述分析可知，气隙磁通恒定时，额定频率以下异步电动机的机械特性具有最大电磁转矩、临界转差率与频率乘积和过载能力不变的特点，机械特性曲线是一簇平行曲线，如图 5-40c 所示的频率 f_1 和 f_2 两条曲线。当电压恒定时，最大电磁转矩和过载能力随频率升高而减小，但临界转差率与频率乘积不变，如图 5-40c 所示的频率 f_3 和 f_4 两条曲线。变频调速时，异步电动机的同步转速与频率成正比，$n = n_1 = 60f_1/p$，如图 5-40b 所示的直线 4，而负载转速随频率变化但小于同步速，因此负载转速与频率关系曲线位于该直线以下。

先分析恒转矩负载变频调速特性，异步电动机驱动恒转矩负载时，电磁转矩等于负载转矩 T_{L1} 不变，如图 5-40c 所示。若保持气隙磁通不变，则由式（5-120）要求电压与频率之比恒定，保持额定电压和频率状态的磁通不变时 $U_1/f_1 = U_{1N\varphi}/f_{1N}$，电机的电压不能超过额定值，恒额定磁通条件下只能在额定频率以下实现变频调速，由此根据式（5-123）得到转差率与频率乘积 sf_1 恒定，同步转速与恒转矩负载转速之差不变，即

$$\Delta n = n_1 - n = sn_1 = 60sf_1/p \tag{5-125}$$

于是，恒转矩负载转速变化与频率变化成正比，对于任意 A 和 B 两个频率

$$n_A - n_B = n_{1A} - n_{1B} = 60(f_A - f_B)/p \tag{5-126}$$

恒转矩负载转速与频率关系是直线段，最小频率是异步电动机机械特性的起动转矩等于恒定负载转矩的频率，设 A 点额定，B 点为最小频率，则 $f_{CT1} = s_N f_{1N}$，s_N 为额定转差率。

在额定频率以上，电压额定，由于临界转差率与频率乘积不变，$s_m f_1 = R_2'/(2\pi L_k)$，由式（5-123）得到

$$T_{em} = \frac{m_1 p U_{1N\varphi}^2}{4\pi^2 L_k} \frac{1}{f_1^2} \frac{R_2'(2\pi L_k s f_1)}{R_2'^2 + (2\pi L_k s f_1)^2} = \frac{m_1 p U_{1N\varphi}^2}{4\pi^2 L_k} \frac{1}{f_1^2} \frac{s/s_m}{1 + (s/s_m)^2} \tag{5-127}$$

由式（5-127）可知，当电磁转矩不变但频率 f_1 升高时，s/s_m 增大，即 $sf_1/s_m f_1$ 增大，因为 $s_m f_1$ 不变，所以 sf_1 增大，再由式（5-127）得到转差率 s 增大，转子转速 $n = 60(1-s)f_1/p$ 随频率增大而增大，但因转差率增大，转速对频率的变化率减小，当频率达到最大电磁转矩等于恒定负载转矩的频率 f_{CT2} 时，异步电动机达到高频稳定极限，转速达到最大。该最大转速与同步速的差距为额定频率时同步速 n_1 与临界转速 n_m 之差 $\Delta n_m = n_1 - n_m$，如图 5-40b 所示曲线 1。由式（5-121）得到恒转矩负载的最高频率 $f_{CT2} = \sqrt{\dfrac{m_1 p U_{1N\varphi}^2}{8\pi^2 L_k T_{em}}}$。恒转矩调频范围较宽，由 f_{CT1} 到 f_{CT2}，在异步电动机稳定范围内基本上可在整个额定频率范围调频调速。

下面分析恒功率负载变频调速特性，如图 5-40c 所示，异步电动机驱动恒功率负载 T_{L2}，机械功率不变，电磁转矩与频率乘积可以认为不变。若维持电压二次方与频率之比不变，或者电压与频率二次方根之比不变，则转差频率不变，但气隙磁通将随频率变化。

当频率低于额定频率时，气隙磁场将随频率下降而增强，主磁路将趋于饱和状态，变频范围有限。若采用特殊设计使主磁路不饱和，这样转差频率 sf_1 不变，过载能力也不变。因此频率低于额定频率时，仍维持气隙磁场不变的异步电动机机械特性，即电压与频率之比恒定，$U_1/f_1 = U_{1N\varphi}/f_{1N}$，由式（5-123）得到

$$P_{em} = \frac{m_1 U_1^2}{f_1} \frac{R_2'(sf_1)}{R_2'^2 + (2\pi L_k sf_1)^2} = \frac{m_1 U_{1N\varphi}^2}{2\pi L_k f_{1N}^2} \frac{s/s_m}{1 + (s/s_m)^2} f_1 \tag{5-128}$$

电磁功率不变，频率下降，转差率 s 与临界转差率 s_m 之比 s/s_m 增大，即 $sf_1/(s_m f_1)$ 增大，

于是，转差率与频率乘积 sf_1 增大，因此由式（5-128）得到转差率 s 增大，转子转速随频率下降而下降，$n = 60(1 - s)f_1/p$。因为转差率增大，当频率下降到最大电磁转矩产生的电磁功率等于恒定负载功率的频率 $f_{CP1} = 4\pi L_k P_{em} f_{1N}^2/(m_1 U_{1N\varphi}^2)$ 时，异步电动机达到稳定极限，转速达到最小，该最小转速与同步速之差为确定的值 $\Delta n_m = n_1 - n_m$，如图 5-40b 所示曲线 2。

当频率高于额定频率时，电压额定，气隙磁场将随频率升高而减弱，主磁路将进入不饱和状态，最大电磁转矩随频率增大而减小。带恒功率负载时过载能力与频率乘积不变，即频率升高过载能力下降，由于临界转差率与频率乘积不变，即 $s_m f_1 = R_2'/(2\pi L_k)$，由式（5-123）得到

$$P_{em} = \frac{m_1 U_{1N\varphi}^2}{f_1} \frac{R_2'(sf_1)}{R_2'^2 + (2\pi L_k sf_1)^2} = \frac{m_1 U_{1N\varphi}^2}{2\pi L_k f_1} \frac{s/s_m}{1 + (s/s_m)^2} \tag{5-129}$$

电磁功率不变，频率升高，转差率 s 与临界转差率 s_m 之比 s/s_m 增大，即 $sf_1/(s_m f_1)$ 增大，于是，转差率与频率乘积 sf_1 增大，因此由式（5-129）得到转差率 s 增大，转子转速随频率升高近似正比增大但稍慢一些，$n = 60(1 - s)f_1/p$。当频率升到最大电磁转矩产生的电磁功率等于恒定负载功率的频率 $f_{CP2} = m_1 U_{1N\varphi}^2/(4\pi L_k P_{em})$ 时，异步电动机达到稳定极限，转速达到最高，该最高转速与同步速的差也是定值 $\Delta n_m = n_1 - n_m$，如图 5-40b 所示曲线 2。恒功率负载的调频范围由 f_{CP1} 到 f_{CP2}，且随负载功率增大调频范围变窄。

最后分析转速二次方负载转矩变频调速特性，如图 5-40c 所示，负载转矩 T_{L3} 随转速二次方的关系变化，额定频率以下维持气隙磁场不变，电压与频率之比恒定，过载能力与频率二次方乘积不变，随频率下降，转差频率 sf_1 和转差率 s 都减小，转速随频率近似按比例减小，如图 5-40b 所示曲线 3。但频率高于额定频率时，电压额定，稳定工作点转差率将超过临界转差率，而且转速随频率升高而快速下降，如图 5-40b 所示曲线 3。风机和泵类负载可以在整个频率范围变频调速。

从上述分析可以发现，异步电动机的电磁转矩与转差频率有密切关系，可以利用转差频率控制电磁转矩以适应不同负载的变频调速需要。

由于变频调速忽略了励磁电流和定子电阻，且假定气隙磁通取决于电压与频率之比，而实际异步电动机定子绕组存在电阻，励磁电流不等于零，因此频率降低时，即使保持电压与频率之比恒定，定子漏电抗压降也将使气隙磁通减小，最大电磁转矩下降，异步电动机的机械特性变软，通常需要采取低频电压补偿等措施以维持气隙磁通恒定。

当电压保持额定，频率超过额定频率时，异步电动机高速弱磁运行，设计时需要考虑机械结构受到高速离心力作用。

变频调速相当于改变同步速，调速平滑性取决于频率控制精度，工作在转差率较小的恒转矩负载稳定区，效率高，适应不同负载要求，如恒转矩、恒功率、风机或泵类等。在额定频率同步速以下时，维持每极气隙磁通恒定原则，电压与频率协调控制，适用于恒转矩负载，但在电压频率比恒定的条件下，因定子漏阻抗使得低频机械特性变软且最大电磁转矩降低，过载能力减弱，需要采取电压补偿措施。在额定频率同步速以上时，维持恒额定电压原则，弱磁控制适用于恒功率负载。

变频调速既可以提高转速起动，也可以降低转速制动，变频制动可以实现发电机能量回馈，变频调速可以实现异步电机四象限运行。

（3）调压调速

调压调速是在电源频率和绕组极对数不变的条件下，通过改变电压幅值实现异步电动机调速，因此电机的同步速恒定，最大电磁转矩与电压二次方成正比变化，发生最大电磁转矩的临界转差率及相应的临界转速不变，电源电压因绕组绝缘安全限制只能朝低于额定电压方向调节，异步电机转速低于同步速，如图5-41所示。

对于恒转矩负载，转速只能在同步速 n_1 和临界转速 n_m 范围内调节，恒转矩转速稳定区不变，但最大电磁转矩和过载能力随电压下降而快速下降。恒转矩负载调压调速范围十分有限，如恒转矩负载 T_{L1} 和 T_{L2}。调速平滑性取决于调压精度，因恒转矩负载运行的转差率较小，调压调速效率较高，但不适合重型负载，对于风机和泵类负载，负载机械转矩随转速增大而增大，如负载机械特性 T_{L3}，转速可以在整个同步速范围内调节。由于转差率随电压降低而增大，因此转速下降时效率降低，这类负载采用调压调速的经济性较差。

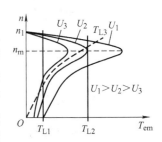

图 5-41 调压机械特性

（4）绕线转子异步电机转子串电阻调速

绕线转子异步电机转子串电阻调速是在电源频率、绕组极对数和电压恒定的条件下保持气隙磁场同步速不变，通过转子电路外接电阻改变转差率大小来实现调速。

转子串电阻的最大电磁转矩不变，发生最大电磁转矩的临界转差率

$$s_m = \frac{R_2' + R_{st}'}{X_k} \tag{5-130}$$

因定子频率不变，异步电动机短路电抗不变，发生最大电磁转矩的临界转差率与转子回路总电阻成正比，而与短路电抗成反比。最大电磁转矩与转子电阻无关，因此绕线转子异步电动机转子外接电阻调速的最大电磁转矩不变，可以实现恒转矩调速，机械特性如图5-42所示。如果转子没有外接电阻时的转差率为 s_N，外接电阻 R_{st} 后的转差率为 s，因为转子串压与电流满足 $\dot{U} = -R_{st}\dot{I}_2$，相当于等效电路转了每相增加外接电阻，因此要使等效电路中的电磁关系不变，只要满足如下条件

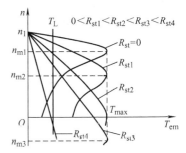

图 5-42 串电阻机械特性

$$\frac{R_2'}{s_N} = \frac{R_2' + R_{st}'}{s}, \quad \frac{R_2' + R_{st}'}{R_2'} = \frac{R_2 + R_{st}}{R_2} = \frac{s}{s_N} \tag{5-131}$$

满足式（5-131）意味着定子电压 U_1 和频率 f_1 恒定时，等效电路参数不变，即定、转子漏电抗和磁化电抗不变，定子电阻和铁耗电阻不变，转子电阻与转差率之比不变，因此定、转子电流与励磁电流不变，定子输入功率因数和转子电路功率因数不变，定子输入功率、铜耗和铁耗不变，气隙磁通和主电动势、电磁功率和电磁转矩不变，异步电动机能驱动恒转矩负载。由于转子回路总电阻增加使得转差率增大，因此转差功率或转子回路损耗增大，机械功率与输出功率减小，异步电机效率降低。

因最大电磁转矩恒定，过载能力不变，发生最大电磁转矩的转差率随转子串联电阻增加而增大，但起动转矩先增大后减小。绕线转子串电阻调速结构简单，可以实现恒转矩重载起动，同步速以下正转和反转调速，可用于起重机械等需要频繁正反转的场合。

绕线转子异步电机转子串电阻调速效率低，提高效率的解决方案是串级调速，即转子绕组不可控整流后接直流电源，还可以采用转子调压调频调速，即绕线转子外接功率变换器，如背靠背可控整流（AC-DC）与有源逆变（DC-AC）双向脉宽调制（PWM）变换器，实现电功率在绕线异步电动机与外部电源之间的双向传输，而且转子变频器容量只要异步电动机额定功率的25%左右，即部分功率变换器。现代大型集装箱装卸大多采用自动化变频驱动。

5.5　三相异步发电机

5.5.1　笼型异步发电机

1. 异步电机并网发电运行

笼型异步发电机需要定子提供励磁电流，定子接电网励磁状态下，异步电机定子绕组的电压和频率等于电网电压和频率，转子在原动机拖动下沿定子磁场运动方向或顺着定子绕组相序方向旋转，只要转子转速超过定子磁场同步速，转差率小于零，转子输入机械能，因此从异步电动机的角度，机械功率为负，电磁功率为负，说明电磁功率由转子向定子传递，定子绕组向电网输送有功电功率而成为异步发电机。

由于异步发电机空载时定子绕组几乎没有感应电动势，因此异步发电机并网比同步发电机简单，同步发电机必须保证满足电压、频率、相序和相位相同的并网条件。

尽管异步发电机输出电能的频率与转子转速无关，但当转子转速与电网频率确定的同步速相差较大时，较大的转差率引起转差功率增大，发电效率降低，因此异步电机定子需要采用全功率变换器，如笼型异步电机风力发电系统，这时异步发电机的电压和频率与电网电压和频率可以不同，通过全功率变换器实现调压和变频满足电网的需要，也可以通过全功率变换器实现单位功率因数供电。

2. 自励异步发电机

异步发电机单独运行或电网末端供电可靠性较弱时，需要采用自励发电。由于异步电机需要从电网吸收滞后的感性无功功率提供励磁电流，相当于向电网输送超前的容性无功功率，因此如果笼型异步电机没有外部电网励磁，可以采用自励方式，即利用转子铁磁材料的剩余磁场和定子绕组外接电容器组，通过定子绕组感应剩磁电动势向电容器组提供超前的容性无功电流，类似同步发电机超前的容性无功电流对气隙磁场起助磁作用，形成正反馈磁场激励机制，建立起定子电压，实现异步发电，如图 5-43a 所示。

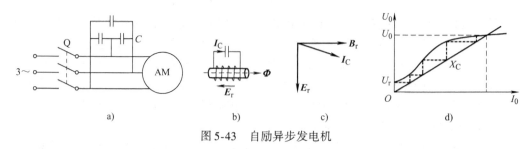

图 5-43　自励异步发电机

假设电容器组三相对称，等效每相电容 C，初始状态异步电机转子存在剩余磁感应强度 B_r，转子旋转在定子电枢绕组感应剩磁电动势 E_r，剩磁电动势通过电容产生超前的电流 I_C，对剩磁磁场起助磁作用，如图 5-43b 和 c 所示，磁场增强使得感应电动势增加，这样形成自励正反馈机制，如图 5-43d 所示。要顺利实现发电电压达到额定值，对电容器组的电容有一定要求，即能建立自励电压的基本条件：①异步电机转子必须具有剩磁；②电容器组的容抗必须小于空载磁化特性的临界阻抗，或者在给定电容条件下，转子转速要超过临界转速，不论是电容数值还是转子转速要使空载磁化特性曲线在额定电压前必须高于电容阻抗特性，即斜率为容抗的直线。因为容抗与电容成反比，近似与转子角速度成反比，因此电容要大于临界值，或者转速要超过临界值。

电压建立以后，异步发电机可以合闸向负载供电，发电过程中，电容器组始终提供异步电机所需要的励磁电流。电容器组采用三角形联结而不是星形联结的好处是增大等效电容或减小等效容抗。自励异步发电机在负载变化时，尤其是负载感性无功功率变化时，需要调节异步发电机的电容器组，以满足负载功率的需要，否则可能使输出电压和频率不稳定，因此自励异步发电机的供电质量不高，通常是独立孤岛运行或在偏远地区电网末端给用户供电，如山村或海岛风力发电。

5.5.2　绕线转子双馈异步发电机

绕线转子异步电机的气隙磁场可以由定子提供，也可以由转子提供。当转子提供励磁电流时，采用双向可控三相整流与逆变电路，通过电刷和集电环从转子绕组输入或输出，如图 5-44 所示。只要改变转子电压的幅值、频率和相位就可实现定、转子电能的双向流动。转子电压的频率 f_2 必须与转速 n 和电网频率 f_1 保持严格的同步关系 $n = 60(f_1 - f_2)/p$。转速恒定时，通过调节转子电压的幅值和相位改善定子的功率因数，转子转速在同步速附近都能实现异步发电和电动运行。下面根据基本方程和相量图说明双馈异步电机的运行状态。

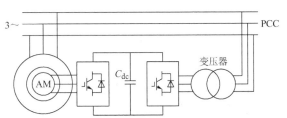

图 5-44　绕线转子双馈异步发电机并网运行
注：PCC 表示电网公共节点。

1. 基本方程

按照电动机惯例，由式（5-54a、b、c、d、e）获得双馈异步电机折算到定子侧串联励磁支路的相量电压方程

$$\dot{U}_1 = (R_1 + jX_{1\sigma})\dot{I}_1 - \dot{E}_{1m} \tag{5-132a}$$

$$\dot{U}_2'/s = (R_2'/s + jX_{2\sigma}')\dot{I}_2' - \dot{E}_{2m}' \tag{5-132b}$$

$$\dot{E}_{1m} = \dot{E}_{2m}' = -(R_m + jX_m)\dot{I}_m \tag{5-132c}$$

$$\dot{I}_1 + \dot{I}_2' = \dot{I}_m \tag{5-132d}$$

因为折算到定子侧的转子电压幅值和相位可控，所以转子电流的相位和幅值也可控，使得双馈异步电机的工作方式十分灵活，可以通过相量图简单分析电功率传递方式。

2. 双馈异步电机的功率流

定子绕组电功率既可以输入也可以输出，同样地转子绕组功率既能输入也能输出，转子机械功率在任何转差率下都可以输入或输出，如图 5-45a 所示。因转子绕组电功率通常只有定子容量的一小部分，且转子转差率通常限制在 ±35% 以内，因此根据能量守恒原理，双馈异步电机重要的功率流模式是：①定、转子电功率输入、机械功率输出；②定子电功率输入、转子电功率和机械功率输出；③定、转子电功率输出、机械功率输入；④定子电功率输出、转子电功率和机械功率输入。其中每一种转子转速既可以运行在电动机状态，也可以运行在发电机状态，即低于定子同步速的亚同步发电或电动状态，或者高于定子同步速的超同步发电或电动状态，等于同步速时转子直流励磁运行在同步发电或电动状态。按照电动机惯例可以画出电磁转矩和转差率平面内的定、转子电功率正负和机械功率正负，如图 5-45b 所示，并可以使得定子电网侧功率因数等于 1.0，即实现单位功率因数发电或电动控制。

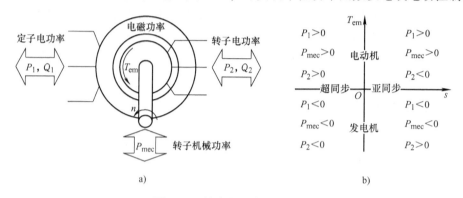

图 5-45　异步电机端口功率流

3. 双馈异步电机的相量图

为了简化相量图，用时空矢量表示相量，忽略电机铁心损耗，励磁电流时空矢量 I_m 相位与合成主磁场时空矢量 B_m 相同。

（1）亚同步速运行

定子磁场逆时针同步速旋转，转子逆时针旋转且转速低于同步速，这时转差率为正，不同转子电压幅值和相位运行状态的时空矢量图如图 5-46 所示。因转差率为正，电压方程式（5-132b）中转子侧阻抗 Z_2' 的实部 R_2'/s 和虚部 $X_{2\sigma}'$ 都为正，使得折算到定子侧的转子电流时空矢量 I_2' 相位滞后于转子阻抗压降 $Z_2'I_2'$ 一个锐角。图 5-46a 表示异步电机运行在定子电功率输入而转子电功率输出的电动状态且定子功率因数滞后，因为定子电流超前转子电流，转子受到的电磁转矩是逆时针方向，与转子转向一致。图 5-46b 表示异步电机运行在定子电功率输入且定子功率因数超前的电动状态，转子侧主要提供无功功率励磁。图 5-46c 和 d 表示转子电压幅值较大且与转子主电动势相位超过 90° 时，异步电机运行在定子电功率输出且转子侧电功率输入的发电状态，因为转子电流超前定子电流，转子受到的电磁转矩顺时针方向与转子转向相反，而且图 5-46c 定子吸收感性的无功功率，图 5-46d 定子发出感性无功功率。

当定子电压和频率恒定时，气隙磁场 B_m 和励磁电流 I_m 基本不变，定、转子主电动势保持不变，在给定转子转速的条件下，转差率确定，因此改变转子电压的幅值和相位，相当于改变转子阻抗压降和转子电流 I_2' 的幅值和相位，从而可以有效地调节定子电流 I_1 的幅值和相位，而定子电压 U_1 基本上在定子主电动势 $-E_{1m}$ 附近，由此可以调节定子功率因数，并根据转子机械功率流向确定定子电功率的流向。由时空矢量图可以发现，转子电压时空矢量超前气隙磁场可使转子电流减小，因此需要获得气隙磁场位置信息来控制转子电压的相位，设转子电压超前气隙磁场相位为 α，根据时空矢量图经过理论推导得到转子侧输出电功率的条件是 $U_2/E_{2m} < s\sin\alpha + s^2(X_{2\sigma}/R_2)\cos\alpha$，这里转差率大于零。

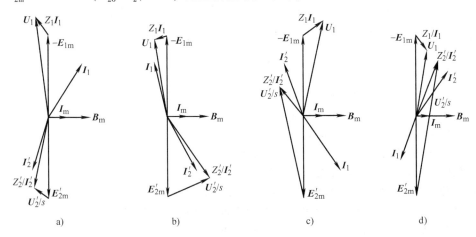

图 5-46　双馈异步电机亚同步速运行时空矢量图

（2）超同步速运行

定子磁场逆时针同步速旋转，转子逆时针旋转且转速高于同步速，这时转差率为负，不同转子电压幅值和相位运行状态的时空矢量图如图 5-47 所示。

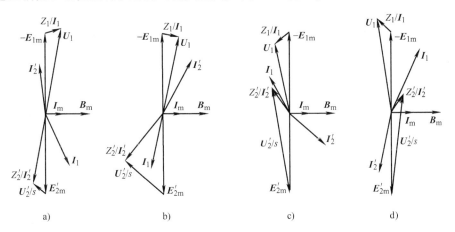

图 5-47　双馈异步电机超同步速运行时空矢量图

因转差率为负，电压方程式（5-132b）中转子侧阻抗 Z_2' 的实部 R_2'/s 为负，但虚部 $X_{2\sigma}'$ 为正，使得折算到定子侧的转子电流时空矢量 I_2' 相位滞后于转子阻抗压降 $Z_2'I_2'$ 一个大于 90° 的相位角。图 5-47a 表示异步电机运行在定、转子电功率输出的发电状态且定子发出超前的无功功率。图 5-47b 表示异步电机运行在定子电功率输出且定子功率因数接近单位功率因数的发电状态，转子侧主要提供无功功率励磁。图 5-47c 表示转子电压幅值较大时定、转子电功率输入，定子功率因数超前的电动状态，而图 5-47d 则表示定、转子电功率输入且定子侧功率因数滞后的电动状态。同样地，可以推导出超同步速运行时异步电机转子输出电功率的条件是 $U_2/E_{2m} > s\sin\alpha + s^2(X_{2\sigma}/R_2)\cos\alpha$，这里转差率小于零。

可以发现，不论是亚同步速还是超同步速，转子电源电压小于内部主磁场感应电动势时，通过改变电源电压相位实现转子电能输入与输出。转子电源电压大于内部主磁场感应电动势时，改变电源电压相位对运行状态没有影响。

绕线转子异步电机用于风力或水力等发电系统时，转子转速低于或高于同步转速都能够发电的原理就在于亚同步和超同步实现不同电压和相位的控制。

思考题与习题

5-1 异步电动机转子结构有哪些类型？

5-2 为什么异步电动机转子转速不可能达到同步速？

5-3 如何改变异步电机定子磁场转向？

5-4 转子电流频率与定子电流频率和转差率有何关系？

5-5 给出额定电磁转矩、起动转矩和最大电磁转矩的定义。

5-6 为什么异步电动机起动与轻载运行时的功率因数很低？

5-7 绕线转子异步电动机转子串联电阻对起动电流和起动转矩有何影响？

5-8 三相异步电机，额定状态电压380V，功率55kW，功率因数0.89，效率91.5%，试求：

(1) 定子绕组为Y或△联结时电动机的额定电流；

(2) 发电机运行时的额定电流。

5-9 绕线转子异步电动机，定子绕组短路，转子绕组通入频率为f_1的三相对称交流电流，转子旋转磁场相对于转子以$n_1 = 60f_1/p$沿顺时针方向旋转，问此时转子转向如何？转差率如何计算？

5-10 三相异步电动机，空载转速1485r/min，满载转速1350r/min，电源频率50Hz，问：

(1) 电机的极数；

(2) 空载或满载的转差率、转子感应电动势的频率和转子磁场分别相对于转子导体、定子导体和定子磁场的转速。

5-11 一台20极同步发电机，转速300r/min，供电给六极异步电动机，转差率5%运行，计算异步电动机转速和转子电流频率。

5-12 三相六极笼型异步电动机，转子42槽，每根导条包括端环部分的电阻为41.2μΩ。定子电枢36槽，每相144匝串联，基波绕组系数0.933，计算折算到定子侧的等效转子电阻。

5-13 三相四极绕线转子异步电动机，电源电压380V，频率50Hz，进行空载和堵转试验。空载试验：电压380V，功率340W，电流3.2A；堵转试验：电压100V，功率430W，电流15.2A。定子绕组星形联结，两相间的直流电阻测量：直流电压4V，电流15.2A，计算380V、50Hz且转差率0.04时的异步电动机效率。

5-14 三相六极异步电动机，电源电压380V，频率50Hz，定子三角形联结，转子星形联结，转子每相有效匝数是定子的50%，计算定子额定电压时，下列情况下转子集电环输出的电压和频率：

(1) 转子堵转；

(2) 转差率0.04；

(3) 转子由另一台电机拖动，以800r/min与定子磁场相反方向旋转；

(4) 电源频率为60Hz，转速1152r/min。

5-15 三相四极异步电动机，50Hz，转速1470r/min时的铁耗和机械损耗分别为1.7kW和2.7kW，定子铜耗3kW，电磁功率120kW，计算转子铜耗、效率和输出转矩。

5-16 三相四极异步电动机，定子电枢星形联结，额定电压380V，频率50Hz，忽略定子漏阻抗，转子电阻0.4Ω，漏电抗3.6Ω，转子与定子有效匝比0.67，计算转差率4%时的输出转矩和机械功率、最大电磁转矩及转速、最大输出机械功率。

5-17　三相八极异步电动机，50Hz，转速710r/min，输入功率35kW，定子铜耗和铁耗1200W，机械损耗600W，计算转子铜耗、电磁转矩、总机械功率、输出功率和转矩。

5-18　三相八极异步电动机，额定功率260kW，额定电压380V，频率50Hz，额定转速722r/min，过载能力2.13。利用转矩实用公式计算：

（1）临界转差率；

（2）转差率为0.02时的电磁转矩。

5-19　绕线转子异步电动机，定子电压3300V，频率50Hz，星形联结，忽略定子漏阻抗，折算到定子侧的转子参数：转子电阻0.025Ω，转子静止状态漏电抗0.28Ω，额定转速294r/min。计算：

（1）电机极数；

（2）额定转差率；

（3）临界转差率和过载能力；

（4）转子电阻每相增加一倍时额定转矩对应的转速。

5-20　起重用三相六极绕线转子异步电机，50Hz，7.5kW，960r/min，过载能力2.6，转子绕组每相电阻0.8Ω，轴上直接带一直径400mm的绞盘。请用转矩实用公式计算：

（1）转子绕组直接短路时的临界转速，直接起动时的起动转矩及其倍数；

（2）额定转矩负载，起吊和下放货物，要求电机转速均为100r/min，分别计算起吊和下放状态下，转子每相应串入的电阻值；

（3）设整个起吊系统包括电机的总摩擦阻转矩为7.52N·m，电机在50r/min时有最大转矩，计算此时起重机最大能吊起货物的质量、转速以及转子每相外接串联电阻值。

5-21　笼型异步电动机，定子绕组丫联结，额定数据如下：电压10kV，频率50Hz，功率500kW，转速1493r/min。折算到定子侧的参数：$R_1 = 1.1\Omega$，$X_{1\sigma} = 17.5\Omega$，$R_2' = 0.866\Omega$，$X_{2\sigma}' = 12.0\Omega$，并联励磁支路的$R_{Fe} = 16\ k\Omega$，$X_\mu = 340\Omega$。计算：

（1）额定状态的转差率、定子电流、功率因数、效率和空载转矩，画出额定电压和频率下的电磁转矩与转差率特性曲线；

（2）若起动时折算到定子侧的$R_2' = 2.72\Omega$，$X_{2\sigma}' = 5.77\Omega$，计算起动电流及其倍数、起动转矩及其倍数；

（3）过载能力。

5-22　一台四极2.0MW绕线转子双馈异步发电机，定、转子绕组星形联结，定子额定电压690V，频率50Hz，转子开路电压1100V。标幺值参数如下：定子绕组电阻0.09841，漏电感0.1248；转子绕组电阻0.0549，漏电感0.09955；励磁电感3.9527，忽略铁耗电阻。以额定功率为容量基值，计算定、转子有效匝比、参数基值和实际值。

5-23　一台四极3.6MW绕线转子双馈异步发电机，定、转子绕组星形联结，有效匝比为0.643，定子额定电压690V，频率50Hz。标幺值参数如下：定子绕组电阻0.00779，漏电感0.07937；转子绕组电阻0.025，漏电感0.40；励磁电感4.1039，忽略铁耗电阻。计算：

（1）转差率$s = 0.1$，定子输出单位功率因数额定功率、转子电流和电压；

（2）转差率$s = -0.1$，定子输出单位功率因数额定功率、转子电流和电压；

（3）转差率$s = 0.05$，定子输出额定电流且功率因数0.9滞后时的转子电流和电压；

（4）画出上述3种情形的相量图。

5-24　三相四极笼型异步电动机，定子电枢绕组对称三角形联结，额定数据如下：功率10kW，电压380V，频率50Hz，功率因数0.866，效率88%，转速1450r/min。当转差率$s_m = 0.164$时，电动机的电磁转矩最大。电动机损耗只考虑转子绕组损耗，不考虑参数随转速变化，计算：

（1）额定运行时，电动机的输入电流、电磁功率与电磁转矩；

（2）转差率$s_m = 0.164$时的电磁转矩与额定转矩之比、电磁功率；

（3）写出转子以同步速反气隙磁场旋转、定子电流额定时的电磁功率、机械功率与转子绕组损耗。

5-25 三相感应电机定子绕组三角形联结，额定电压380V，频率50Hz，额定转速1426r/min，定子电阻 $R_1 = 2.865\Omega$，漏电抗 $X_1 = 7.71\Omega$，转子折算到定子的电阻 $R_2' = 2.82\Omega$，漏电抗 $X_2' = 11.75\Omega$，忽略铁耗电阻，励磁电抗 $X_m = 202\Omega$。计算：

（1）极数；

（2）同步转速；

（3）额定负载时的转差率和转子频率；

（4）画出"T"形等效电路，并计算额定负载时的定子电流、输入功率、功率因数和折算到定子的转子电流。

5-26 三相感应电动机的输入功率10.7kW，定子铜耗450W，铁耗200W，转差率0.029，计算电动机的电磁功率、转子铜耗和总机械功率。

5-27 三相感应电机，定子绕组三角形联结，额定数据如下：功率7.5kW，电压380V，频率50Hz，转速960r/min，功率因数0.824，定子铜耗474W，铁耗231W，机械损耗45W，附加损耗37.5W。计算额定负载时的转差率、转子电流频率、转子铜耗、效率和定子电流。

5-28 三相八极感应电动机，额定数据为功率260kW，电压380V，频率50Hz，转速722r/min，过载能力2.13。计算产生最大电磁转矩的转差率、转差率为0.02时的电磁转矩。

5-29 一台绕线转子异步电机，参数标幺值如下：定子电阻0.012，转子电阻0.02，定子漏电抗0.12，转子漏电抗0.2，励磁电阻0.1，励磁电抗5，定子电压额定，利用"T"形等效电路计算：

（1）转子通过集电环三相短路，转速标幺值分别为0、0.98、1.0和1.02时定子侧的有功功率和无功功率标幺值；

（2）计算定子侧电流额定，输出功率因数分别为0滞后、0.8滞后、1.0、0.8超前和0超前5种情况，且转子输出总机械功率标幺值为0.8时，转子侧外接电源的电流和电压的标幺值，以及它们的功率因数；

（3）计算定子侧电压和电流额定，输出功率因数分别为0滞后、0.8滞后、1.0、0.8超前和0超前5种情况，且转子输入总机械功率标幺值为0.8时，转子侧外接电源的电流和电压的标幺值，以及它们的功率因数。

5-30 三相六极绕线转子异步电机，假设定子电阻、励磁电流和空载损耗都忽略不计，定子加额定电压，转子直接短路，额定运行条件下的异步电动机过载能力2.6，转速970r/min，输出额定功率250kW。计算：

（1）额定运行时的电磁转矩、转子绕组损耗、最大电磁转矩及其对应的转差率；

（2）负载变化后的转速950r/min，计算电磁转矩和输出功率；

（3）输出转矩额定，转速等于100r/min，计算转子每相串联电阻与转子每相电阻之比；

（4）转子每相外接电阻等于转子绕组电阻，要求输出功率额定，计算异步电动机的转速、电磁转矩和转子绕组损耗。

5-31 三相六极绕线转子异步电动机，定子三角形联结，转子星形联结，额定数据如下：电压380V，频率50Hz，功率250kW，功率因数0.91，效率96.1%。定子电枢双层绕组，铁心均匀分布72槽，每槽导体数16，每相并联支路数6，线圈有效边跨距10槽；转子电枢单层绕组，铁心均匀分布90槽，每槽导体数2，每相一条并联支路。测得实际参数如下：定子电阻0.015Ω，转子电阻0.03Ω，定子漏电感0.32mH，转子漏电感0.64mH，励磁支路串联，电阻0.2Ω，电感20mH。计算：

（1）同步速；

（2）定、转子绕组每相有效串联匝数；

（3）转子参数折算到定子侧的实际值；

（4）折算到定子侧参数的标幺值；

（5）估计转速800r/min时的转子开路线电压。

5-32　三相六极绕线转子异步电动机，额定频率50Hz，参数标幺值如下：定子电阻 $R_s = 0$，短路漏电抗 $X_k = 0.28$，转子电阻 $R_r = 0.0192$。假设定子三相电压对称额定，忽略励磁电流，不计铁耗、机械损耗和附加损耗。计算：

（1）转子短路时的额定转差率 s_N，额定转矩和最大电磁转矩标幺值，最大电磁转矩时的转差率 s_m，过载能力 k_M；

（2）保持转子输出额定功率不变，转速为900r/min，计算转子每相绕组外接串联电阻标幺值和转子绕组损耗标幺值。

5-33　三相六极绕线转子异步电动机，电源电压380V，频率50Hz，额定功率7.5kW，折算到定子电枢的每相参数：$R_1 = 0.344\Omega$，$R_2' = 0.147\Omega$，$X_{1\sigma} = 0.498\Omega$，$X_{2\sigma}' = 0.224\Omega$，$X_m = 12.6\Omega$，旋转损耗和铁耗总共262W。定子绕组星形联结计算：

（1）当转差率为0.88%时，定子线电流和功率因数，转子机械转矩和输出功率，电动机的效率；

（2）最大电磁转矩时的临界转差率，临界转速和定子电流；

（3）起动转矩和起动电流。

5-34　三相笼型异步电动机，电源电压380V，额定功率100kW，额定转矩83N·m，起动转矩112N·m，起动电流128A。计算：

（1）线电压降为300V时的起动电流和起动转矩；

（2）起动转矩等于额定转矩时的线电压；

（3）起动电流不超过32A时的最高线电压。

5-35　三相四极绕线转子异步电动机，定子电压690V（三角形联结），50Hz，折算到定子侧的定、转子漏阻抗分别为 $(0.75 + j2)\Omega$ 和 $(0.8 + j2)\Omega$，并联励磁支路的电阻15kΩ和电抗50Ω。计算：

（1）起动转矩，最大电磁转矩及其转差率，说明恒转矩负载稳定运行的转速范围；

（2）转差率为5%时的过载能力。

5-36　三相六极绕线转子异步电动机，50Hz，转子电阻0.8Ω，带恒转矩负载，转速975r/min，不计转子漏电抗，计算转子每相串联电阻值使转速下降到750r/min。

5-37　双笼转子异步电动机，转子外层鼠笼等效漏阻抗 $(1 + j1)\Omega$，内层鼠笼等效漏阻抗 $(0.1 + j2)\Omega$，利用转子等效电路分别确定起动和转差率2%时两个鼠笼提供的转矩之比。确定两个鼠笼产生相同转矩时的转差率。

5-38　三相异步电动机，电压380V，额定功率25kW，额定转差率3.5%，起动电流倍数为6，采用自耦变压器起动，要求起动转矩是额定转矩的75%，不计电机和自耦变压器的励磁阻抗，计算自耦变压器的电压比。

5-39　三相四极异步电动机，7.5kW，380V，50Hz，三角形联结，定子电阻2.1Ω。空载试验电压380V，电流5.5A，功率410W；堵转试验电压140V，电流20A，功率1550W。额定转差率5%运行时，将定子两相突然交换，计算制动转矩。

5-40　三相异步电动机，10极，额定电压3300V，频率50Hz，定子星形联结，漏阻抗 $Z_1 = (0.2 + j1.8)\Omega$，$Z_2' = (0.45 + j1.8)\Omega$，空载励磁电流45A，铁耗35kW。用简化等效电路计算额定电压且转差率3%时的定子电流、功率因数和输出转矩。异步电动机通过电抗为0.5Ω的线路连接到额定电压电源，计算起动电流和起动转矩。

5-41　三相四极异步电动机，定子三角形联结，额定电压380V，功率15kW，频率50Hz，折算后的定、转子漏阻抗相同，空载试验数据：380V，10.5A，1510W；转子堵转试验数据：105V，28A，2040W。计算：

（1）额定功率时的定子电流和功率因数，机械特性上的最大电磁转矩；

（2）采用星形联结的起动转矩和起动电流；

（3）机械损耗与附加损耗共800W，转子转速1440r/min时的输入电流、功率因数、电磁功率、负载转矩和效率。

第6章 直流电机

第4章和第5章介绍了交流电能与机械能相互转换的机电能量转换装置，即交流电机。本章分析直流电机。直流电机是直流电能与机械能相互转换的装置，将机械能转换为直流电能的装置称为直流发电机，而将直流电能转换为机械能的装置则称为直流电动机。由于机电能量转换是通过交流绕组实现的，直流电机也必须有交流电枢绕组，但直流电机的外部电气端口都是直流电接口，因此可以采用电力电子变换装置实现交直流变换，或者采用机械换向装置实现交直流转换，本章主要分析以机械换向实现的直流电能与机械能转换装置。

首先介绍直流电机的用途、基本结构、分类方法和额定值；然后重点阐述直流电机的基本原理，包括参考正方向的规定，电磁关系，磁极磁场和电枢反应，换向机制，感应电动势和电磁转矩，基本方程式和等效电路；接着主要分析直流电机的运行特性和稳定运行条件，包括直流发电机的空载特性、外特性和调节特性，以及直流电动机的工作特性和机械特性，最后介绍直流电动机的起动、制动与调速等动态过程。

6.1 概述

6.1.1 直流电机的用途

直流电机是最早发明的电机类型，如法拉第电磁感应圆盘是盘式直流电机的雏形。直流电机主要用作提供直流电源的发电机，如驱动直流电动机、金属电冶炼、工业电解铝、电镀、同步电机电励磁等的直流电源。同时由于直流电机能承载较高的负载转矩，不仅稳定性好，而且可以通过简单的电压调节获得很宽的调速范围，因此广泛用于轧钢机、卷扬机、物料输送机、矿产挖掘机和提升机等重型机械驱动电动机，以及需要调速的纺织机械等的驱动。低成本小功率直流电源驱动的电动机多采用直流电动机，比如配合齿轮箱的变速驱动装置、车辆摇窗电动机、风窗玻璃刮水电动机、电动玩具电动机等。

随着大功率电力电子技术和交流调速技术的发展，直流电源可以采用交流电整流滤波获得，避免使用价格昂贵的直流发电机，减少因换向器引起的电磁噪声和无线电干扰。大功率直流电动机的应用场合逐渐被具有变频调速功能的交流电机所取代，尤其是环境恶劣、需要防爆的石油化工行业中的机械驱动，这是因为直流电机结构复杂，价格昂贵，需要维护电刷和防止换向器产生火花的危害。

直流电机因自身受到换向器片间电压和换向火花限制，电压、转速和容量都受到限制，因此在中高压、高转速和大容量应用场合直流电机无法胜任，只能选用交流电机。

6.1.2 直流电机的基本结构

1. 直流电机基本结构

直流电机的基本结构如图 6-1a 所示，主要包括定子、转子和两者之间磁场耦合的气隙与机械耦合的轴承。结构示意图和电气原理图分别如图6-1b和c所示。

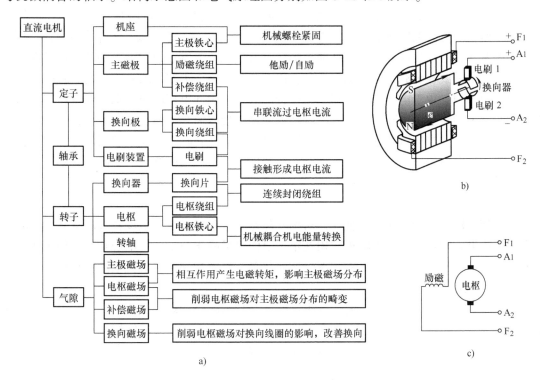

图6-1 大中型直流电机的基本结构与功能

a) 部件功能 b) 结构示意图 c) 电气原理图

（1）定子

定子包括机座、主磁极、电刷装置等。主磁极包含主极铁心和励磁绕组，主极铁心通常采用1~1.5mm厚钢板叠压而成，上面套装励磁绕组。对于小功率直流电机，磁极采用永磁体，不需要励磁绕组，称为永磁直流电机。对于大中型直流电机，为了消除电枢反应对主极磁场的不对称影响，在主极铁心表面开槽，槽内安放补偿绕组；为了消除电枢反应对换向线圈换向的影响，在相邻主磁极之间安装换向极铁心和换向绕组，换向极可以安装一半或者全部。直流电机的主磁极励磁绕组、补偿绕组和换向极绕组都流过直流电流，因此这些绕组产生的磁场都是空间静止的。机座既是固定主极铁心、换向极铁心和电刷装置的机械结构，又是连通磁极磁场的磁轭。直流电机主极N、S交替均匀分布，中心位置称为直轴，超前直轴90°电角的极间中心位置是交轴，交轴所在位置也称为几何中性线位置。

（2）转子

转子主要包括电枢、换向器、转轴和冷却风扇等，是实现机电能量转换的核心部件。

电枢是直流电机的关键部件，包括硅钢片冲剪开槽和通风孔后叠压而成的铁心和嵌放在铁心槽内的电枢绕组。电枢绕组每个线圈的两个引出端分别与换向器上对应的不同换向片连接，相邻磁极中间位置称为几何中性线，当一个线圈的两个边位于几何中性线上时，其首末引出端所连接的换向片正好与电刷接触，即电刷必须放在几何中性线上，使得相邻电刷之间电枢圆周上的导体电流方向相同，因此电枢绕组产生的磁场也是静止的。换向片的数目K等于线圈的个数S，所有电枢线圈通过换向器上的换向片相连接自然形成闭合回路。每个电枢槽内通常有多个线圈边，电枢铁心有 Z 个实槽，每个实槽包含 u 个虚槽（$2u$ 个线圈边），实际线圈数和换向片数都等于总虚槽数 uZ。相邻换向片之间用云母隔离绝缘，防止电气短路。电枢绕组与外界的联系必须依靠电刷和换向器才能实现。电刷安装在刷架上的刷握内，通过弹簧片压紧与安装在转轴上的换向器形成良好接触。电刷在换向器上的位置通常在几何中性线上，但需要在负载试验中加以调整，以避免产生换向火花，或者将换向火花限制在允许的等级范围内。由于电刷和换向器是机械接触导电，因此电枢电流根据外界电压与电枢内部电动势之差的正负可以双向流通，电刷和换向器实现双向自控整流和逆变，这一点是与电力电子器件的单向导通可控整流与逆变有所不同。安装在转轴上的风扇起通风冷却作用，将直流电机内部电枢绕组产生的铜耗、铁心产生的铁耗和磁极励磁绕组产生的铜耗形成的热量带走，防止温升过高。

（3）气隙

轴承连接定、转子且保证同轴度，对称气隙是主极磁场与电枢磁场耦合的空间，两者相互作用产生电磁转矩，该电磁转矩作用在定子上因磁场静止而不产生电磁功率，作用在转子上因磁场相对转子运动而产生电磁功率，从而与转子机械能交换实现机电能量转换。

2. 电枢绕组结构

电枢绕组要求在通过规定电流、产生足够电动势和电磁转矩的前提下，结构简单，有效材料消耗少，运转可靠，机械、电气和热性能好。通常有叠绕组、波绕组和蛙绕组 3 种基本结构，相应的线圈形式为叠线圈、波线圈和蛙线圈，分别如图 6-2a～d 所示。

（1）基本术语

1）元件。元件是构成绕组的线圈，分单匝和多匝两种。如图 6-2e 所示，每一个元件均引出两根线与换向片相连，其中一根称为首端，另一根称为末端。元件位于电枢槽内的部分称为元件边，一个元件有两个元件边。通常位于槽口的称为上层边，位于槽底的称为下层边。位于电枢端部，连接一个元件的两个元件边的部分称为元件端部。电枢铁心实际槽数称为实槽数，一个实槽内每层包含 u 个元件边，每个实槽看作包含 u 个虚槽，每个虚槽的上、下层各有一个元件边，如图 6-2f 所示。因此，电枢绕组的元件数 S 等于总虚槽数 $Z_i = uZ$。

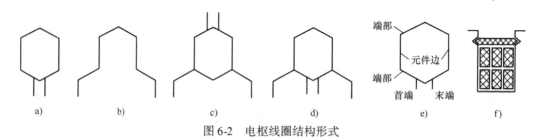

图 6-2　电枢线圈结构形式

a）叠线圈　b）波线圈　c）蛙线圈　d）蛙线圈　e）元件　f）虚槽 $u=3$

2）节距。各种节距如图 6-3 所示。第一节距 y_1 是一个元件的两条元件边在电枢表面跨过的距离，用虚槽数表示。第二节距 y_2 是连至同一换向片上的两个元件中第一个元件的下层边与第二个元件的上层边间的距离，用虚槽数表示。叠绕组的第二节距为负，波绕组的第二节距为正。合成节距 y 是连接同一换向片上的两个元件对应边之间的距离，用虚槽数表示。因此，合成节距等于第一节距与第二节距之和，即 $y = y_1 + y_2$。换向器节距 y_c 是同一元件首端和末端连接的换向片之间的距离，用换向片数表示。合成节距总是等于换向器节距，

即 $y_c = y$。

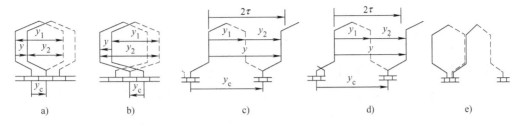

图 6-3　直流电机电枢绕组形式

a) 右行单叠绕组　b) 左行单叠绕组　c) 左行单波绕组　d) 右行单波绕组　e) 单蛙绕组

3) 极距。极距是相邻两个主磁极轴线沿电枢表面之间的距离，计算时可以采用长度单位，也可以采用槽数或换向片数表示。

电枢绕组的特性常用总虚槽数 Z_i、元件数 S、换向片数 K 和各种节距来表示。总虚槽数、元件数和换向片数三者相等，即 $Z_i = S = K$。

（2）叠绕组

叠绕组的每个线圈形同六边形，如图 6-2a 所示，单叠绕组的合成节距 $y = y_c = \pm 1$，取正号为右行单叠绕组，否则为左行单叠绕组，如图 6-3a 和 b 所示。由于左行叠绕组线圈端部交叉用铜量较大，因此常用右行叠绕组。单叠绕组的连接规律是所有的相邻元件依次串联，即后一元件的首端与前一元件的尾端相连，同时每个元件的出线端依次连接到相邻的换向片上，最后形成一个闭合回路。

例题 6-1　画出四极 16 槽（$Z_i = S = K = 16$）直流电机右行单叠电枢绕组。

解：绕组参数计算 $Z_i = S = K = 16$，极距 $\tau = Z_i/2p = 4$，整距线圈，第一节距 $y_1 = \tau = 4$，换向节距 $y = y_c = 1$，第二节距 $y_2 = y - y_1 = -3$。

电枢绕组槽内线圈边放置原则是元件 1 的上层边在 1 号槽，下层边放在相距 $y_1 = 4$ 即 5 号槽。元件 2 的上层边在 2 号槽，下层边放在相距 $y_1 = 4$ 即 6 号槽，依次类推，上层边槽号与下层边槽号元件边用实线连接构成线圈，上层边槽号与换向片编号一致，连到同一换向片的下层边与上层边用虚线连接，如图 6-4 所示，依次连成封闭单叠右行电枢绕组。单叠绕组展开图如图 6-5a 所示，电路图如图 6-5b 所示，箭头表示线圈感应电动势方向。

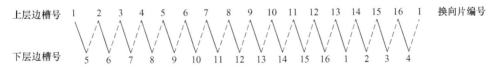

图 6-4　右行单叠绕组元件边连接顺序

电刷位置在换向器上依次相隔一个极距，分别安放在几何中性线上，即图 6-5 中上层边 1、5、9 和 13 的线圈被短路的位置。相同极性磁极位置的电刷具有相同的电位，每个极下的元件组成一条支路。因此单叠绕组有 $2p$ 条并联支路，即 $2a = 2p$。

同一主极下所有元件边的电动势具有相同的方向，位于几何中性线上的元件边的电动势为零。电刷连接内、外电路。为了在正、负电刷间获得最大直流电动势，产生最大电磁转矩，电刷放在被电刷短路的元件电动势为零的换向片位置，处在几何中性线的线圈边的电动势等于零，因此电刷放在对称元件首端和末端位于主磁极中心线所在换向片位置。

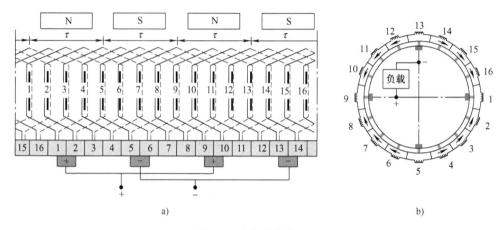

图 6-5　右行单叠绕组
a）展开图　b）电路图

单叠绕组的特点：①元件的两个出线端连接于相邻两个换向片上；②并联支路数等于磁极数，$2a=2p$；③整个电枢绕组的闭合回路中，感应电动势的总和为零，绕组内部无环流；④每条支路由不相同的电刷引出，电刷数等于磁极数；⑤正、负电刷引出的电动势即为每一支路的电动势，电枢电压等于支路电压；⑥由正、负电刷引出的电枢电流 I_a 为各支路电流之和；⑦总虚槽数 $Z_i=uZ$、元件数 S 和换向片数 K 三者相同。

复叠绕组相当于由 m 个依次相差一个换向片位置的单叠绕组构成，紧邻相串联的两个元件是叠在一起的，对应边相差 m 个虚槽，合成节距 $y=y_c=m$ 称为右行叠绕组，$y=y_c=-m$ 称为左行叠绕组。复叠绕组的并联支路数为 $2mp$，电刷的宽度至少要覆盖 m 个换向片。

叠绕组每个线圈可以有多匝串联，因此可以产生比较高的电压。多极直流电机并联支路数多，可以产生较大的电枢电流，适用于低压大电流直流电机。因气隙磁场不均匀，或电刷位置偏差，叠绕组多条支路电压可能出现不均匀，因此叠绕组需要采用甲种均压线，将相同电位的换向片用铜线短接起来，但均压线对绕组电动势没有贡献。

（3）波绕组

波绕组的每个线圈形同波浪，其中产生感应电动势的两个线圈边一端闭合，另一端开口作为引出线，如图 6-2b 所示。

单波绕组的连接规律是把相隔大约两个极距，即在磁场中位置差不多相对应的元件连接起来。为了使串联的元件所产生的感应电动势同向相加，元件边应处于相同磁极极性下，即合成节距 $y=(Z_i\pm1)/p$；为了使绕组从某一换向片出发，沿电枢铁心一周后回到原来出发点相邻的一个换向片上，这样才能继续绕下去形成封闭绕组。单波绕组的换向节距 y_c 必须符合 $y_c=(K\mp1)/p$，取减号为左行，加号为右行，如图 6-3c 和 d 所示。由于右行端部交叉用铜量较多，因此波绕组常采用左行绕组。

例题 6-2　画出四极 15 槽（$Z_i=S=K=15$）左行单波电枢绕组展开图。

解：极距 $\tau=3.75$ 槽，短距线圈，第一节距 $y_1=3$，合成节距 $y=(15-1)/2=7$，第二节距 $y_2=4$。

单波绕组元件连接顺序如图 6-6 所示，1 号元件上层边放在 1 号槽，下层边放在 4 号槽；

首末端所连换向片相距 $y_c = 7$；为了端部对称，首末端所连换向片之间的中心线与1号元件的轴线重合。1号元件上层边所连的换向片编号定为1号，下层边所连换向片为8号。磁极放置的原则是 N、S 极交替均匀排列。电刷放在与主极轴线对准的换向片上，即几何中性线上。单波绕组展开图如图6-7a所示，电路图如图6-7b所示，箭头表示电动势方向。

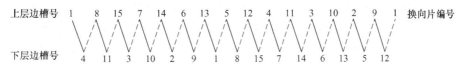

图6-6　单波绕组元件连接顺序

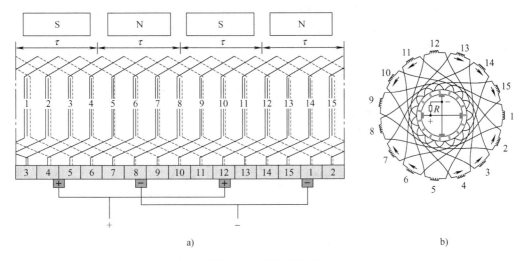

图6-7　左行单波绕组

a）展开图　b）电路图

单波绕组的特点：①同极性下各元件串联起来组成一条支路，支路数 $2a = 2$，与磁极对数 p 无关；②当元件的几何尺寸对称时，电刷在换向器表面上的位置对准主磁极中心线，支路电动势最大；③电刷组数应等于极数（采用全额电刷）；④电枢电流等于两条支路电流之和。

复波绕组相当于由依次相差一个换向片位置的 m 个封闭的单波电枢绕组构成，紧邻相串联的两个元件在换向器上跨过接近一对极，沿电枢一周将 p 个元件串联后，所接的换向片与出发时的换向片相差 m 个换向片，合成节距 $y = y_c = (K \mp m)/p$，根据引出线的跨距小于还是大于一对极距，波绕组又分为左行和右行两种。复波绕组的并联支路数为 $2m$，与极对数无关，电刷的宽度至少覆盖 m 个换向片。波绕组串联匝数多，常用于高压直流电机。单波绕组对称，电压均匀，不需要采用均压线，复波绕组需要采用乙种均压线。

（4）蛙绕组

蛙绕组是叠绕组和波绕组的组合，每个线圈包含一个六边形叠线圈和一个波浪形波线圈，形状如同青蛙而得名，如图6-2c和d所示。4个引出线可以在同侧，也可以在两侧。叠绕组每个线圈可以多匝，容易形成高压感应电动势，波绕组具有均压功能。一般地，蛙绕组有 m 个封闭的叠绕组和 mp 个封闭的波绕组，电枢绕组形成 $2p \times m + 2 \times mp = 4mp$ 条并联支路数，$m = 1$ 称为单蛙，$m > 1$ 称为复蛙绕组。

综上所述，直流电机的电枢绕组总是通过换向器上的换向片连接形成闭合回路，电枢绕组的支路数（2a）永远是成对出现，这是由于磁极数（2p）是一个偶数。为了得到最大的直流电动势，电刷总是与位于几何中性线上的线圈边所连换向片相接触。

3. 直流电机绕组的连接方式

直流电机有电枢和励磁绕组两个电气端口，大中型直流电机定子上还安装补偿绕组和换向极绕组。补偿绕组和换向极绕组产生的磁场要根据电枢绕组电流变化而变化，因此在设计过程中，补偿绕组和换向极绕组的电流等于电枢绕组的电流，它们是串联的。励磁绕组则根据需要又分为多匝并励和少匝串励两部分，电枢和励磁绕组的连接方式如图 6-8 所示。

1）他励，直流电机独立励磁，电枢和励磁绕组电气上相互隔离，如图 6-8a 所示。

2）并励，直流电机励磁绕组与电枢绕组并联，两者的电压相同，如图 6-8b 所示。

3）串励，直流电机励磁绕组与电枢绕组串联，两者的电流相同，如图 6-8c 所示。

4）短复励，直流电机励磁绕组分成多匝数并励和少匝数串励两部分，并励绕组先与电枢绕组并联再与串励绕组串联，如图 6-8d 所示。

5）长复励，直流电机励磁绕组分成多匝数并励和少匝数串励两部分，但串励绕组先与电枢绕组串联再与并励绕组并联，如图 6-8e 所示。

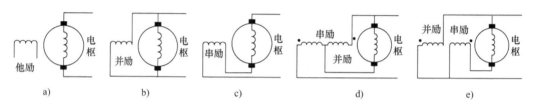

图 6-8 励磁绕组及其与电枢绕组连接线方式

a）他励 b）并励 c）串励 d）短复励 e）长复励

对于复励直流电机，通常串励绕组与并励绕组产生的磁场可以累加获得更强的磁场，称为积复励直流电机；两者产生的磁场也可以削减获得较弱的磁场，称为差复励直流电机。复励直流电机一般以积复励为主。需要注意的是，电动机状态与发电机状态串励绕组的励磁磁场是相反的。

对于积复励直流电机，在额定电压和额定电流状态运行时，如果串励绕组助磁超过电枢反应去磁的状态，则称为过复励；若串励绕组助磁正好抵消电枢反应去磁的状态，则称为平复励；否则串励绕组助磁弱于电枢反应去磁的状态称为欠复励。

6.1.3 直流电机的分类方法

直流电机根据能量传递方式可以分为直流电动机和直流发电机两种。

直流电机根据励磁磁极形式可以分为电励磁直流电机（简称直流电机）、永磁体磁极励磁的永磁直流电机和混合励磁的直流电机。

直流电机根据励磁方式分为独立励磁或他励直流电机、自励直流电机。自励直流电机根据励磁绕组与电枢绕组的不同连接分为并励直流电机、串励直流电机和复励直流电机。

6.1.4 直流电机的额定值

直流电机的额定值是制造商给出的直流电机正常运行数据，在电机产品的铭牌上标明。

铭牌上除了制造商、产品序列号和出厂日期外，还有电机型号、励磁方式、工作方式或工作制、绝缘等级、防护等级、冷却方式、温升和额定值。额定值包括以下数据：

1）额定功率。直流电机在额定工作条件下能提供的输出功率，单位是瓦（W）或千瓦（kW）。对于发电机是指输出的电功率，即外部输出接线端的负载电功率。对于电动机则是指输出的机械功率，即输出轴端的负载机械功率。

2）额定电压。直流电机在额定工作状态下电枢外部接线端的电压。对于他励直流电机单独给出励磁绕组的额定励磁电压。电压的单位是伏（V）。

3）额定电流。直流电机在额定工况下电枢外部接线端的电流。对于他励直流电机单独给出励磁绕组的额定励磁电流。电流的单位是安（A）。

4）额定转速。直流电机在额定电压、额定电流、输出额定功率条件下的运行转速，单位是转/分钟（r/min）。

5）额定效率。直流电机在额定工作条件下的额定功率与输入功率之比的百分数。对于直流电动机来说，额定效率等于额定功率（输出机械功率）除以额定电压和额定电流乘积的百分数。对于直流发电机来说，额定效率等于额定功率（输出电功率）除以主动轴端输入机械功率的百分数。

输入功率 P_1、输出功率 P_2 和总损耗 $\sum p$ 与效率 η 之间的关系为

$$\eta = \frac{P_2}{P_1} \times 100\% = \left(1 - \frac{\sum p}{P_1}\right) \times 100\% = \frac{P_2}{P_2 + \sum p} \times 100\% \tag{6-1}$$

在实际计算中，通常按照输入或输出功率和损耗功率计算效率，由于直流电机总是存在各种电气的、介质的和机械的损耗，因此效率总是小于 100%。

6.2 直流电机的基本原理

6.2.1 规定参考方向

为了统一分析直流电机基本原理，直流电机的规定参考方向如图 6-9a 所示。励磁绕组采用电动机惯例，正电压产生正电流；电枢绕组采用发电机惯例，电流从电枢绕组电位高的一端流出，从电位低的一端流入。转子机械运动以逆时针旋转为正，主动轴端的输入机械转矩与转速方向相同。励磁电流、转子转速和电枢感应电动势的方向如图 6-9b 所示。

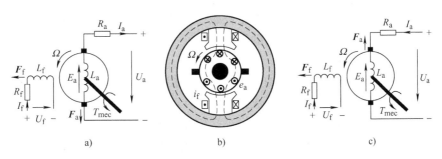

图 6-9 直流电机规定正方向

a）发电机 b）励磁电流、电动势和转向 c）电动机

后续章节针对直流电动机运行分析时，电枢绕组采用电动机惯例，电流从电枢绕组电位高的一端流入，从电位低的一端流出，主动轴端的输出机械转矩或电磁转矩方向与转速相同。其他规定参考方向与直流发电机相同，如图6-9c所示。

6.2.2 电磁关系

直流电机要实现机电能量转换，既要有磁极磁场，还要有电枢电流和转子转速。与同步电机类似，直流电机也要考虑直轴和交轴电枢反应及其磁场，这里简化分析电磁关系。

对于直流发电机，主极磁场由励磁电压 U_f 在励磁回路形成的励磁电流 I_f 和相应的励磁磁动势 F_f 产生，再由外部机械能输入使转子逆时针旋转，由图6-9b可知，电枢绕组切割磁极磁场形成感应电动势 E_a，当电枢绕组接负载时，形成电枢电流 I_a 和电枢磁动势 F_a，因电枢电流与感应电动势方向相同，电枢磁动势 F_a 沿转子转向超前主极磁动势 F_f 90°电角，如图6-9a所示，转子受到逆转向的电磁转矩用来平衡外部机械转矩，将机械能转换为电能。

对于直流电动机，如图6-9b和c所示，主极磁场、转子转向和感应电动势方向不变，电枢电压极性不变，但电枢电流和电磁转矩都与发电机相反，电磁转矩顺转向。转速增加，感应电动势增大，电枢电流和电磁转矩减小，最终电磁转矩与负载转矩平衡，实现将电能转换为机械能。

假设不考虑补偿绕组、换向极绕组以及铁心磁滞与涡流，电刷位于几何中性线上，直流电机的电磁关系如图6-10所示。励磁电流 I_f 产生的漏磁通 $\Phi_{f\sigma}$ 及其在动态过程中产生的漏电动势 $e_{f\sigma}$，电枢电流 I_a 产生的漏磁通 $\Phi_{a\sigma}$ 及其在动态过程中产生的漏电动势 $e_{a\sigma}$，合成气隙磁场 B_δ 在励磁绕组中产生的主电动势 $e_{f\delta}$，这3个感应电动势只有在动态过程中才出现，一般稳定运行状态下，

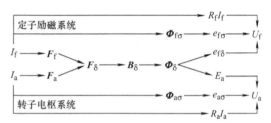

图6-10 直流电机内部的电磁关系

直流电机不考虑这些感应电动势，也不考虑被电刷短路的换向线圈的影响，因此，励磁回路中励磁电压 U_f 与励磁电流 I_f 的电阻压降 $R_f I_f$ 平衡，电枢回路中电枢电压 U_a 与电枢电流 I_a 在电枢回路总电阻 R_a 上的压降 $R_a I_a$ 和感应电动势 E_a 平衡。被电刷短路线圈的动态过程在换向过程中进行分析。

6.2.3 电枢反应

电枢反应是电枢磁动势或电枢磁场对主极磁场的影响，因此先分析主极磁场，然后分析电枢磁动势及其产生的磁场对主极磁场的影响。

1. 励磁磁场

励磁磁极或主磁极的轴线称为直轴，主极磁场包括主磁场和漏磁场。若磁路结构对称，励磁绕组加直流电压产生直流电流，形成空间静止且对称的磁场，主磁场与转子电枢绕组匝链，漏磁场只与励磁绕组匝链，主极漏磁场包括相邻磁极的极间漏磁场和磁极与磁轭间的极身漏磁场，四极直流电机的主极磁通 Φ_1、极间漏磁通 Φ_2 和极身漏磁通 Φ_3 如图6-11a所示。

主极中心位置气隙小而两边极尖气隙较大，没有换向极时相邻极间中心的气隙最大。主极磁场主要从极靴经气隙进入转子，与转子电枢绕组匝链，再经气隙进入相邻主极，最后通

过定子磁轭形成闭合磁路，如图 6-11b 所示。由于励磁电流是直流，稳态条件下漏磁场对励磁电流没有影响，但对主极饱和有影响，设计时要尽可能减少漏磁通。

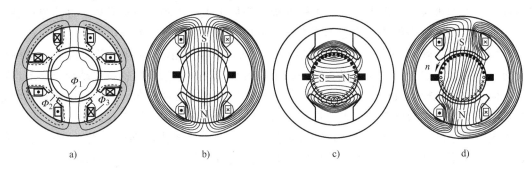

图 6-11　直流电机的磁场

a）四极空载　b）主极磁场　c）电枢磁场　d）合成磁场

空载气隙磁场分布基本上接近平顶波，由于转子电枢铁心齿槽、磁极补偿绕组齿槽引起气隙磁场出现均匀分布的凹陷。当转子高速旋转时，气隙主磁场在主极表面会产生脉振磁场损耗，在电枢铁心内磁场以同步频率交变，因此也要产生电枢铁心损耗。同时电枢绕组中产生感应电动势，主极直轴位置磁场最强，线圈边产生的感应电动势最大，磁极两边气隙磁场逐渐减弱，磁极极间感应电动势较小，磁极极间中心交轴位置是几何中性线，该处空载气隙磁场等于零，线圈边产生的感应电动势为零。气隙磁场等于零的位置称为物理中性线，物理中性线随电枢电流发生小角度移动。空载时几何中性线与物理中性线重合。

2. 电枢反应磁场

假设直流电机定子 N 极下电枢电流进入纸面，用"×"表示，而 S 极下电枢电流离开纸面，用"·"表示，如图 6-11c 所示，这样电枢导体电流受到的电磁转矩是逆时针的，发电机运行时转子顺时针旋转，电动机运行时转子逆时针旋转。

（1）交轴电枢反应

当电刷在几何中性线上时，被电刷短路的线圈边位于交轴，电枢绕组电流产生的磁动势峰值正好位于交轴，因此电枢反应属于交轴电枢反应，交轴电枢磁场如图 6-11c 所示。

无论是发电机还是电动机，电枢绕组电流都要产生磁场，并对主极磁场产生影响，直流电机的交轴电枢反应使得主极磁场扭曲，如图 6-11d 所示。由图 6-11d 所示的磁极励磁电流与电枢电流方向，以磁感应线由转子到定子为磁场正方向，沿电枢圆周展开，主极磁场、电枢反应磁动势、电枢磁场和合成磁场如图 6-12a 所示。主极磁场是平顶波，设电枢电流 I_a 沿电枢表面均匀分布，电枢直径为 D_a，总导体数为 N，并联支路数为 $2a$，极数为 $2p$，电枢圆周单位长度电流密度称为线负荷，用符号 A 表示，交轴电枢反应每极磁动势幅值 F_{aq} 等于线负荷 A 与极距 τ 乘积的一半，或者电枢电流与每极串联匝数乘积的一半，即

$$F_{aq} = A \frac{\tau}{2} = \frac{I_a N}{2a\pi D_a} \frac{\pi D_a}{4p} = \frac{I_a N}{8ap} \tag{6-2}$$

电枢反应磁动势是对称的三角波 $F_{aq}(x)$，其产生的气隙磁场 $B_{aq}(x)$ 与气隙长度 $\delta(x)$ 有关

$$B_{aq}(x) = \frac{\mu_0 F_{aq}(x)}{k_\delta \delta(x)} \tag{6-3}$$

式中，μ_0 为空气磁导率；k_δ 为齿槽引起气隙长度变化的卡特系数。

尽管交轴位置磁动势最大，但气隙也最大，因此交轴电枢磁场幅值在主极极尖附近。设电枢进入主极的极尖为前极尖，离开主极的极尖为后极尖。由图 6-11d 可知，直流电机转子逆时针旋转时，电枢绕组的感应电动势方向与电枢电流方向相反，电枢电流产生的电磁转矩为逆时针方向，与转向一致，因此电动机运行状态的交轴电枢反应对主极前极尖起助磁作用，对后极尖起去磁作用。发电机状态的转子顺时针旋转，电枢绕组感应电动势方向与电枢电流方向一致，电枢电流产生的电磁转矩与转向相反，为逆时针方向，因此发电机运行状态的交轴电枢反应对主极前极尖起去磁作用，对后极尖起助磁作用，见表 6-1。

主极磁场扭曲的结果使一半极靴助磁增强，而另一半极靴去磁削弱。当磁路不饱和时，助磁与去磁作用相互抵消，交轴电枢反应不影响主极每极磁通量。当磁路饱和时，由于磁极极靴磁场本身饱和，如图 6-12b 所示，空载主极磁动势为 F_0，每极磁通为 Φ_0，交轴电枢反应磁动势等效主极磁动势变化 ΔF，助磁增加的磁通量 $\Delta\Phi_2$ 比去磁减少的磁通量 $\Delta\Phi_1$ 要少，因此在主极饱和情况下交轴电枢反应总体上对主极起去磁作用。主极磁场扭曲造成的另一个结果是气隙磁场等于零的物理中性线偏离几何中性线，换向器最高片间电压增大。若电刷原来安放在几何中性线位置线圈边对应的换向片位置，那么物理中性线移动，使得被电刷短路的线圈内感应电动势增加，造成换向困难，会产生火花和电磁波干扰，严重时会使换向器产生环火，损坏整个换向器。

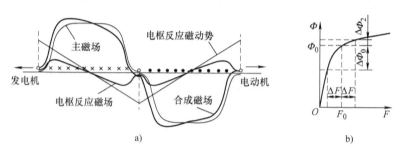

图 6-12　直流电机电枢反应对主极磁场的影响

a）磁场波形　b）增磁与去磁

（2）直轴电枢反应

当电刷在几何中性线上时，如图 6-13a 所示，只有交轴电枢反应。若电刷偏离几何中性线电角度为 β，每对磁极下电枢绕组分为 4 个区域，如图 6-13b 和 c 所示，其中每个主极下的区域占 $\pi - 2\beta$ 电角度，形成电枢磁动势是梯形波，幅值中心位于交轴，属于交轴电枢反应；位于极间的区域占 2β 电角度，形成电枢磁动势也是梯形波，幅值中心位于直轴，属于直轴电枢反应。交轴和直轴电枢反应的电流相同，磁动势梯形波幅值与线负荷的关系分别为

$$F_{aq} = \frac{\pi - 2\beta}{2\pi} A\tau, \quad F_{ad} = \frac{\beta}{\pi} A\tau \tag{6-4}$$

显然，电动机运行状态下，转子逆时针旋转，电刷顺时针移动产生的直轴电枢反应起去磁作用，电刷逆时针移动产生的直轴电枢反应起助磁作用；发电机运行状态下，转子顺时针旋转，电刷顺电枢旋转方向移动时直轴电枢反应起去磁作用，而电刷逆电枢旋转方向移动时直轴电枢反应起助磁作用。移动电刷时直轴电枢反应性质见表 6-1。

表 6-1 直流电机电枢反应性质

运 行 状 态	交轴电枢反应		直轴电枢反应	
	前 极 尖	后 极 尖	逆转向移电刷	顺转向移电刷
发电机	去磁	助磁	助磁	去磁
电动机	助磁	去磁	去磁	助磁

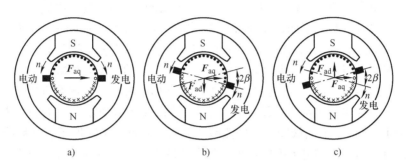

图 6-13 电枢反应磁动势

a）电刷在几何中性线上 b）电刷顺时针移动 c）电刷逆时针移动

3. 补偿绕组磁场

由于电枢绕组交轴磁动势使主极磁场扭曲并在磁路饱和时起去磁作用，需要在主极极靴表面开槽安放补偿绕组，以抵消电枢磁场对主极磁场扭曲的影响，因此补偿绕组必须与电枢绕组串联以适应不同负载时的电枢磁场变化。补偿绕组的匝数根据补偿要求在直流电机设计时确定。在完全补偿的情况下，主极磁场将恢复对称分布。主极极面处补偿绕组的电流与电枢电流方向相反，如图 6-14a 所示。由图 6-14a 可知，每极补偿绕组的槽数为偶数，相邻主极补偿线圈边串联构成同心式补偿绕组。

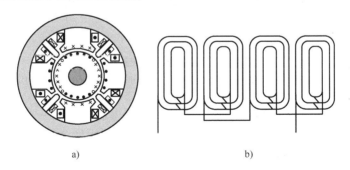

图 6-14 补偿绕组和换向极绕组

a）电流方向 b）换向极绕组与补偿绕组的连接

4. 换向极绕组磁场

电枢绕组产生交轴磁场，正好位于几何中性线换向线圈边所在位置，因此交轴磁场在换向线圈内会感应电动势，造成换向困难。为了消除电枢反应磁场产生的感应电动势对换向造成的影响，必须设法消除电枢绕组在交轴位置及其附近的电枢磁场，为此增设换向极，安装换向极绕组，并且换向极绕组与电枢绕组串联，使得任何电枢电流都能抵消交轴磁场。换向极绕组产生的磁动势等于电枢绕组产生的交轴磁动势，由此确定换向极绕组匝数。换向极绕组中的电流方向如图 6-14a 所示,换向极线圈与补偿绕组线圈正好构成同心式绕组结构,将 $2p$ 个同心式线圈组依次串联,最后与电枢绕组串联,如图 6-14b 所示。

6.2.4 电枢线圈的换向

直流电机电枢线圈内部的电流是交流电,但必须在被电刷短路期间强制完成改变电流方向,这与交流电机自然改变电流方向不同。叠绕组线圈换向时被同一电刷短路,波绕组线圈换向时被同极性电刷短路。下面以单叠绕组为例分析换向过程,如图 6-15a 所示,线圈在进入换向前,电刷总电流 $2i_a$ 完全进入换向片 1,并且一半电流进入左行支路,一半电流进入右行支路。电刷同时与换向片 1 和 2 接触时,换向片 1 上的电流开始减小,但左行支路电流仍然维持一半从换向片 1 进入,换向片 2 上的电流开始增大,右行支路电流部分是通过电刷和换向片 2 进入,这样被短路的线圈电流将减小,如图 6-15b 所示。由电刷进入换向片 1 和 2 的电流都达到一半时,换向线圈上的电流减小到零,如图 6-15c 所示。之后换向片 1 的电流继续减小,而换向片 2 的电流不断增大,换向线圈上的电流反向增大,以维持左行支路电流不变,如图 6-15d 所示。如电刷离开换向片 1 之前,换向线圈电流达到电刷电流的一半,那么从电刷进入换向片 1 的电流为零,电刷电流完全由换向片 2 进入,换向顺利结束,如图 6-15e 所示。如电刷离开换向片 1 之前,换向线圈电流没有达到电刷电流的一半,那么电刷与换向片之间将因为电流突变而产生火花。

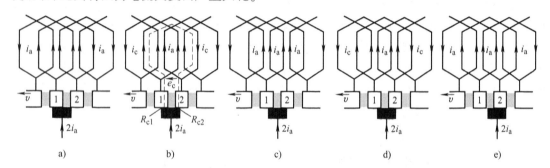

图 6-15　直流电机换向过程

a)换向开始　b)换向 $i_c > 0$　c)换向 $i_c = 0$　d)换向 $i_c < 0$　e)换向结束

换向周期为电刷移动一个换向片间距,换向时间是电刷进入下一个换向片开始到离开前一个换向片时刻。如电刷宽度为 w_b,换向片宽度为 w_c,片间绝缘宽度为 w_i,换向片数目为 K,电机极数为 $2p$,转子旋转一周线圈电流交变 p 次,换向 p 次,转速为 n,交变频率 $f_1 = pn/60$,换向周期 $T_k = 60/(Kn)$,换向时间 $T_c = T_k(w_b - w_i)/(w_c + w_i)$,电刷覆盖换向片数目多有利于换向,但电枢电动势贡献减小,电磁功率减少。

线圈能否顺利换向取决于电刷电流大小 $2i_a$,换向线圈电感和其他换向线圈的互感形成的等效换向电感 L_c,交轴电枢磁场在换向线圈产生方向与电流相同的感应电动势 e_c,以及换向线圈电阻 R、电刷接触电阻 R_{c1} 和 R_{c2} 等电气因素,还与换向片数量、宽度和转速等机械因素有关,如图 6-15b 所示虚线回路,换向电流满足方程

$$L_c \frac{di_c}{dt} + Ri_c + R_{c1}(i_c + i_a) + R_{c2}(i_c - i_a) - e_c = 0 \tag{6-5}$$

利用叠加原理将换向电流 i_c 分为两部分:一是没有换向电动势 e_c 产生的换向电流 i_{k1},二

是由换向电动势 e_c 引起的换向电流 i_{k2}。因为电阻 R_{c1} 和 R_{c2} 是电刷与换向片 1 和 2 的接触电阻，该电阻的倒数（电导）与换向时间呈线性函数关系，设电刷与换向片完全接触的电阻为 R_b，则当 $w_b = w_c + w_i$ 时，$R_{c1} = R_b T_k/(T_k - t)$，$R_{c2} = R_b T_k/t$。于是，换向电流 i_{k1} 满足

$$L_c \frac{\mathrm{d}i_{k1}}{\mathrm{d}t} + Ri_{k1} + R_{c1}(i_{k1} + i_a) + R_{c2}(i_{k1} - i_a) = 0 \tag{6-6}$$

换向电流 i_{k2} 满足

$$L_c \frac{\mathrm{d}i_{k2}}{\mathrm{d}t} + Ri_{k2} + R_{c1}i_{k2} + R_{c2}i_{k2} - e_c = 0 \tag{6-7}$$

因 L_c 和 R_c 很小，换向线圈电抗和电阻压降可忽略不计，换向电流 i_{k1} 随时间近似线性变化，即 $i_{k1} \approx (1 - 2t/T_k)i_a$，而 i_{k2} 随时间近似抛物线变化 $i_{k2} \approx t(T_k - t)e_c/(R_b T_k^2)$。换向电流

$$i_c = i_{k1} + i_{k2} \approx (1 - 2t/T_k)i_a + t(T_k - t)e_c/(R_b T_k^2) \tag{6-8}$$

当电枢反应交轴磁场与换向极磁场正好抵消时，换向电动势 $e_c = 0$，$i_{k2} = 0$，电流近似线性变化，称为线性换向，如图 6-16a 所示。

当电枢反应交轴磁场起主导作用时，换向电动势 $e_c > 0$，$i_{k2} > 0$ 使换向线圈电流 i_c 减小变得缓慢，电流过零点位于换向周期 T_k 一半之后，称为延迟换向，如图 6-16b 所示。

当换向极磁场起主导作用时，换向电动势 $e_c < 0$，$i_{k2} < 0$ 使换向线圈电流 i_c 减小加快，电流过零点位于换向周期 T_k 一半之前，称为超前换向，如图 6-16c 所示。换向极磁场过补偿也会造成换向火花。

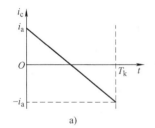 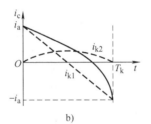 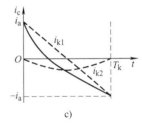

图 6-16 换向电流变化

a）线性换向 b）延迟换向 c）超前换向

6.2.5 感应电动势与电磁转矩

1. 感应电动势

直流电机的气隙磁场空间分布是平顶波，如图 6-17a 所示，每极磁通量可以用平均磁感应强度 $B_{\delta av}$ 表示，设电枢直径为 D_a，铁心有效长度为 L_{ef}，极数为 $2p$，则每极磁通 Φ 为

$$\Phi = \int_0^\pi \left[D_a L_{ef}/(2p) \right] B_\delta(\theta) \mathrm{d}\theta = B_{\delta av} \pi D_a L_{ef}/(2p) \tag{6-9}$$

电枢绕组空间分布，电枢圆周上相距一个极距或 π 电角度的两个线圈边构成的整距线圈运动时产生的电动势由电磁感应定律获得

$$e(\theta) = -\omega \frac{\partial}{\partial \theta} \int_\theta^{\theta+\pi} \frac{L_{ef} D_a}{2p} B_\delta(\theta) \mathrm{d}\theta = \frac{D_a L_{ef}}{p} \omega B_\delta(\theta) \tag{6-10}$$

其中，导体运动电角频率 $\omega = 2\pi f = 2\pi pn/60$，第二个等式利用了气隙磁场的半周期反对

称性。

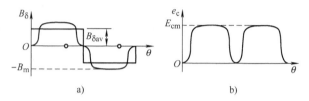

图 6-17　磁场空间分布与线圈感应电动势
a) 气隙磁场　b) 电动势

整距线圈的电动势与气隙磁场波形一致，但线圈空间轴线滞后于气隙磁场空间 90° 电角，通过换向器和电刷整流后得到的电动势波形如图 6-17b 所示，它是脉动的波形，是直流发电机电压存在纹波的原因，脉动幅值是线圈电动势幅值 $E_{cm} = \omega D_a L_{ef} B_m / p$，其中 B_m 为磁感应强度幅值。直流电机电动势脉动幅值近似等于线圈电动势脉动幅值，减小直流电机电动势脉动的方法是减少线圈匝数，增加线圈数。若直流电机所有槽包含的总导体数为 N，并联支路数为 $2a$，那么每对极下共有 $N/(2p)$ 个均匀分布的线圈，产生的支路总电动势

$$E_a = \frac{p}{2a} \sum_{k=1}^{N/(2p)} | e(\theta_k) | = \frac{D_a L_{ef}}{2a} \omega \sum_{k=1}^{N/(2p)} | B_\delta(\theta_k) | = \frac{\pi D_a L_{ef}}{2a} n N B_{\delta av} \quad (6\text{-}11a)$$

因转子同步机械角速度 $\Omega = 2\pi n/60$，于是，用每极磁通表示的直流电机感应电动势

$$E_a = (pN/60a) \Phi n = C_e \Phi n = C_t \Phi \Omega \quad (6\text{-}11b)$$

其中，电动势常数 $C_e = pN/(60a)$，转矩常数 $C_t = 30 C_e/\pi = pN/(2\pi a)$。

电动势常数与转矩常数仅仅取决于电机设计数据：极数、总导体数和并联支路数。感应电动势等于电动势常数、每极磁通和同步转速的乘积，也可以描述为转矩常数、每极磁通和同步机械角速度的乘积。直流电机负载运行时，电动势仍与每极磁通成正比。直流电机电枢绕组导体处在交变磁场中，为了减少导体内部涡流引起的电流密度分布不均匀，通常采用多股并绕减小截面积和厚度。如一个线圈采用 6 根导线并绕 4 次，那么计算线圈导体数时结果是 4，而不是 24，导体截面积等于每根导线截面积的 6 倍。

2. 电磁转矩

电枢载流导体在气隙磁场中受到电磁力形成转子侧电枢的电磁转矩，电磁转矩本质上是定、转子磁场相互作用，因此定子也受到大小相同而方向相反的电磁转矩。设电枢电流为 I_a，并联支路数为 $2a$，气隙磁场如图 6-17a 所示，根据电磁力定律计算直流电机的电磁转矩

$$T_{em} = \sum_{k=1}^{N} B_\delta(\theta_k) i_a L_{ef} \frac{D_a}{2} = \frac{D_a L_{ef}}{2} \frac{I_a}{2a} \sum_{k=1}^{N} | B_\delta(\theta_k) | = \frac{D_a L_{ef} I_a}{4a} N B_{\delta av} \quad (6\text{-}12a)$$

由式（6-9）得到用每极磁通、电枢电流和转矩常数表示的电磁转矩

$$T_{em} = \frac{pN}{2\pi a} \Phi I_a = C_t \Phi I_a \quad (6\text{-}12b)$$

需要注意的是，式（6-12a）是在导体电流与磁场作用产生的电磁力方向都相同这个条件下得到的，当电刷移动使得主极磁场在电枢导体中产生的电磁力方向不同时，每极磁通必须是被电刷短路线圈范围内进入转子电枢的磁通量，而不是主极磁通量。极端例子是电刷自几何中性线移动 90° 电角，电枢磁动势只有直轴分量，电枢电流产生的电磁转矩为零。

6.2.6　稳态电磁耦合模型

直流电机稳态运行时，磁路是直流磁路，电磁能量与机械能在转子电枢中相互转换。本节只分析电路模型且不考虑励磁绕组电感和定、转子耦合互感的影响。

1. 励磁绕组电路

根据直流电路理论，励磁绕组回路的电压 U_f 与电阻 R_f 上的压降 $R_f I_f$ 平衡，即

$$U_f = R_f I_f \tag{6-13}$$

2. 电枢绕组电路

电枢绕组电路包括电源、电枢绕组、补偿绕组、换向极绕组，以及电刷和换向器。因为电枢绕组与补偿绕组和换向极绕组串联，具有相同的电流，所以电枢回路绕组的电阻等于各部分电阻直接相加的结果。电刷与换向器接触滑动，存在接触压降，有时也用等效电阻替代，这时也可与电枢绕组回路电阻合并。

与交流电机不同，电动势采用幅值且恒定，数值上取决于每极磁通和同步转速，极性符号由励磁磁场方向和转子转向确定，与电枢电流方向无关。以发电机惯例为正方向，电枢绕组回路的电压平衡关系为

$$E_a = U_a + R_a I_a \tag{6-14}$$

式中，U_a 为电枢端电压；I_a 为电流；R_a 为电枢回路总等效电阻，包括电枢回路各串联绕组的电阻、电刷与换向器的接触电阻。

需要强调的是，当感应电动势 E_a 小于端电压 U_a 时，电枢电流 I_a 小于零，说明直流电机作为电动机运行。即直流电机的运行状态取决于电枢电动势和电压的大小。

6.2.7　稳态功率和转矩平衡

电机分析中通常将输入功率 P_1、输出功率 P_2、内部电磁功率 P_{em}、转子轴上总的机械功率 P_{mec} 等采用大写字母 P 表示并用相应的下标加以区分，而将各种损耗功率用小写字母 p 表示并用相应的下标来区分。

1. 电功率

直流电机的电功率包括电磁功率 P_{em}，它是电枢电动势 E_a 与电流 I_a 作用的电功率，也是定、转子磁场相互作用形成电磁转矩 T_{em} 在转子侧产生的机械功率

$$P_{em} = E_a I_a = T_{em} \Omega \tag{6-15}$$

电枢绕组损耗电功率 p_a，它是电枢电流在电枢绕组电阻 r_a 中的欧姆损耗功率

$$p_a = r_a I_a^2 \tag{6-16a}$$

电刷接触损耗电功率 p_b，它是电刷与换向器接触电阻压降 ΔU_b 引起的电损耗

$$p_b = I_a \Delta U_b \tag{6-16b}$$

励磁绕组损耗电功率 p_f，它是励磁绕组回路电阻 R_f 上的欧姆损耗功率，稳态时等于励磁绕组回路输入的电功率 P_f，但励磁绕组输入电功率在动态时存在磁场能量的存储和释放功率

$$p_f = R_f I_f^2, \quad P_f = U_f I_f \tag{6-16c}$$

外部电源或负载电功率 P_e，对应直流电动机输入功率 P_1 或者直流发电机输出功率 P_2

$$P_e = U_e I_e \tag{6-17}$$

式中，U_e 为外部电源或负载的电压；I_e 为电流。

按照图 6-8，直流发电机的电压、电流、励磁磁动势在不同励磁方式下的约束关系见表 6-2。表 6-2 中，励磁绕组的电压、电流、电阻和匝数对应的下标分别为：他励 f，并励 fp，串励 fs，复励磁动势表达式中的"+"号表示积复励，"−"号表示差复励。直流电动机状态下可以类似地获得相应的关系。

表 6-2　直流发电机不同励磁方式下电压、电流和磁动势的约束关系

励 磁 方 式	电 压 关 系	电 流 关 系	励磁电压和电流	励磁磁动势和电流
他励（f）	$U_a = U_e$	$I_e = I_a$	$U_f = R_f I_f$	$F_f = N_f I_f$
并励（fp）	$U_a = U_e = U_{fp}$	$I_a = I_e + I_{fp}$	$U_{fp} = R_{fp} I_{fp}$	$F_f = N_{fp} I_{fp}$
串励（fs）	$U_a = U_e + U_{fs}$	$I_a = I_e = I_{fs}$	$U_{fs} = R_{fs} I_{fs}$	$F_f = N_{fs} I_{fs}$
短复励	$U_a = U_{fp}$，$U_a = U_e + U_{fs}$	$I_a = I_e + I_{fp}$，$I_e = I_{fs}$	$U_{fp} = R_{fp} I_{fp}$，$U_{fs} = R_{fs} I_{fs}$	$F_f = N_{fp} I_{fp} \pm N_{fs} I_{fs}$
长复励	$U_e = U_{fp}$，$U_a = U_e + U_{fs}$	$I_a = I_e + I_{fp}$，$I_a = I_{fs}$	$U_{fp} = R_{fp} I_{fp}$，$U_{fs} = R_{fs} I_{fs}$	$F_f = N_{fp} I_{fp} \pm N_{fs} I_{fs}$

2. 机械功率

直流电机的机械功率包括转子外部机械功率 P_{mec} 和风摩损耗功率 p_{mec}，即包括轴承摩擦、电刷与换向器摩擦、通风冷却风扇损耗和冷却空气流动引起的转子摩擦损耗等。

3. 电磁媒质损耗功率

直流电机中的磁性媒质存在铁耗 p_{Fe}，它是由于转子铁心在静止的磁场中旋转造成的，相当于电枢铁心在反复交变磁场作用下产生的磁滞与涡流损耗等。

直流电机中的附加损耗 p_{ad}，它是由于旋转转子铁心齿槽在主磁极表面齿谐波磁场作用下产生的磁滞与涡流损耗、换流线圈的电阻损耗，以及其他电磁损耗。

4. 稳态功率平衡

根据发电机惯例，机械功率输入为正，电功率输出为正，功率平衡关系如图 6-18 所示。转子上的功率平衡

$$P_{mec} = p_0 + P_{em} \tag{6-18}$$

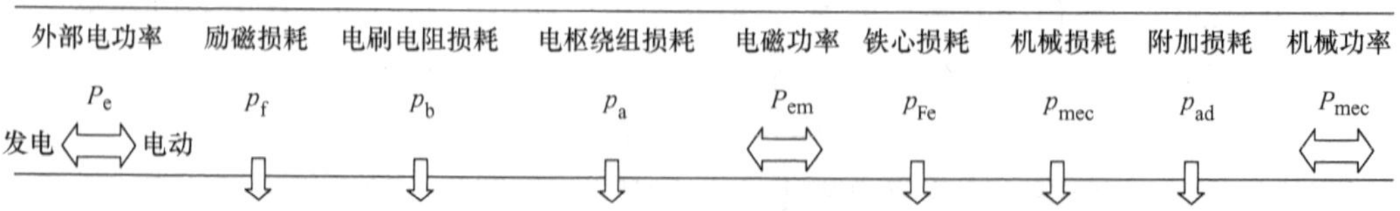

图 6-18　功率流与平衡关系

空载损耗功率

$$p_0 = p_{mec} + p_{ad} + p_{Fe} \tag{6-19}$$

电气部分电磁功率与电功率平衡

$$P_{em} = p_{Cu} + P_e \tag{6-20}$$

电路总损耗或铜耗

$$p_{Cu} = p_a + p_b + c_p p_{fp} + c_s p_{fs} \tag{6-21}$$

其中，c_p和c_s分别是并励和串励绕组的损耗符号系数，电路中损耗存在时为1，不存在时为0。他励直流电机的励磁系统独立，电功率平衡是独立的，稳态时输入励磁绕组的电功率用于提供励磁绕组损耗并维持励磁磁场。

需要指出的是，电动机运行时，式（6-18）和式（6-20）中只有电磁功率P_{em}、外部机械功率P_{mec}和外部电功率P_e符号发生变化，其他所有损耗功率的符号均不变。

5. 电磁转矩和转矩平衡

直流电机的转矩平衡与转子机械部分相关，包括电磁转矩T_{em}、外部机械转矩T_{mec}和空载转矩T_0。电磁转矩对任何电机都是十分重要的物理量，直流电机中磁场静止，电磁转矩在定子侧没有功率转换，只在转子侧存在功率转换，电磁转矩等于电磁功率与转子同步机械角速度之比

$$T_{em} = \frac{E_a I_a}{\Omega} = C_t \Phi I_a \tag{6-22}$$

根据发电机惯例，电磁转矩T_{em}、转子外部机械转矩T_{mec}、转子上空载总损耗等价的空载转矩T_0三者满足平衡关系，由式（6-18）两边分别除以转子同步机械角速度得到

$$T_{mec} = T_{em} + T_0 \tag{6-23}$$

再次强调，直流电动机转子向外部输出机械功率，电磁转矩和机械转矩都改变方向，空载转矩始终与转子转向相反。

6.2.8 直流电机的等效电路

他励直流电机在动态条件下，励磁磁通由独立电源提供，不考虑定、转子磁场耦合影响，按照发电机惯例，励磁端口、电枢端口和机械端口的动态方程分别满足

$$U_f = R_f I_f + L_f \frac{dI_f}{dt} \tag{6-24a}$$

$$E_a = U_a + R_a I_a + L_a \frac{dI_a}{dt} = C_t \Phi \Omega \tag{6-24b}$$

$$T_{em} = T_{mec} - R_0 \Omega - J \frac{d\Omega}{dt} = C_t \Phi I_a \tag{6-24c}$$

式中，L_f为励磁绕组电感；L_a为电枢回路电感；J为转子惯量；R_0为黏滞系数。

由于方程组（6-24）都是一阶微分方程形式，类似控制系统的惯性环节，由电动势与电磁转矩的表达式可以获得基于受控源的他励直流电机动态等效电路，如图6-19所示。对于其他励磁方式，等效电路也适用，但对外电路来说需要增加不同的约束条件，如磁通与电流的关系等。

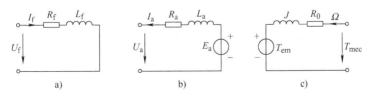

图6-19 直流电机动态等效电路

a）励磁电路 b）电枢电路 c）机械转子

直流电机稳态运行时，各个电气端口中的电感对于直流电流是不起作用的，相当于短路，机械端口中的转动惯量对机械角速度也不起作用，因此简化后的稳态等效电路满足稳态电路电压平衡和转子转矩平衡方程，即式（6-13）、式（6-14）和式（6-23）。此外，根据实际励磁绕组和电枢绕组的连接关系，来确定外部端电压与电枢电压、励磁电压，或者外部电流与电枢电流、励磁电流的关系，直流发电机根据各绕组不同联结关系，给出了电压、电流等物理量的关系表达式，见表6-2。

等效电路中电枢感应电动势和电磁转矩都通过气隙磁场耦合，而电动势受机械角速度控制，电磁转矩受电枢电流控制。将机械运动方程模拟成电气元件动态过程是机电类比基本方法，机械角速度模拟电流，转动惯量模拟电感，黏滞系数模拟电阻，电磁转矩模拟感应电动势，而机械转矩模拟端口电压，有利于动态仿真计算。

6.3 直流电机的运行特性

6.3.1 直流发电机的运行特性

直流发电机的运行特性是指在转速恒定的条件下，保持输出电压 U、输出电流 I 和励磁电流 I_f 三者之一恒定时，其他两个量之间的关系曲线。利用发电机的磁化特性、电压平衡方程和电枢反应去磁来分析他励、并励和复励发电机的运行特性。直流发电机运行特性重点讨论空载特性、外特性和调节特性。

1. 空载特性

直流发电机的负载特性是转速 n 恒定，外部输出电流 I 恒定，输出端电压 U 与励磁电流 I_f 的关系 $U = f(I_f)$。通常输出电流等于零的负载特性称为空载特性 $U_0 = f(I_f)$，直流发电机励磁绕组通常是单向电流，因此励磁电流为零时主极磁场存在剩磁，空载电压随励磁电流增加从剩磁电压开始上升，随着磁路饱和而进入饱和状态。励磁电流减小时会出现磁滞现象。

（1）他励直流发电机的空载特性

他励直流发电机因转速恒定且电枢电流为零，因此电动势等于电枢输出端电压，空载特性就是电枢电动势 E_a 与励磁电流 I_f 的关系，如图 6-20 中 $I_a = 0$ 的曲线。空载特性也可以理解为负载时电动势与等效励磁电流的关系。所谓等效励磁电流是指负载时发电机励磁磁动势和电枢反应去磁磁动势的合成磁动势用励磁电流表示。图 6-20b 中 $I_a > 0$ 的负载特性上的 B 点，电枢回路电阻压降对应 BC 段长，因此 C 点或 A 点对应电枢电动势，而 A 点对应空载电动势和励磁电流，因此负载时电枢电动势 A 点对应的励磁电流是等效励磁电流 I_{f0}，它与实际励磁电流 I_{f1} 的差别是线段 AC 长度，对应负载时的电枢反应去磁等效励磁电流，若 D 点表示励磁电流 I_{f1} 产生的空载电动势，则 CD 段是电枢反应去磁引起的感应电动势下降。

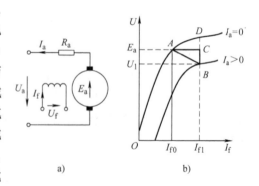

图 6-20 他励直流发电机空载与负载特性
a）电路图 b）特性曲线

（2）并励直流发电机的空载特性

并励直流发电机没有外部电源提供励磁电流，因此要能自励发电建立正常工作电压，必须具备如下条件：

1）并励直流发电机主极必须具有剩磁，原动机拖动转子旋转后能在剩磁磁场作用下产生一定大小的剩磁感应电动势 U_r，如图 6-21 所示。

2）并励直流发电机的感应电动势作用在电枢和励磁绕组回路中产生励磁电流，励磁电流形成的主极磁场必须与剩磁方向相同，起助磁作用，以便主极磁场能随电流增加而增强，形成正反馈机制。

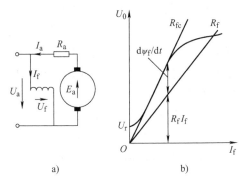

图 6-21　并励直流发电机空载特性
a）电路图　b）特性曲线

3）并励直流发电机的励磁回路电阻 R_f 必须小于他励状态下空载特性的临界电阻 R_{fc}，即过原点与空载特性曲线相切的直线，以便具有一定的电动势 U_0 与励磁绕组电阻压降 $R_f I_f$ 之差，使励磁绕组磁链增加形成持续增长的励磁电流 I_f，直至感应电动势与励磁绕组电阻压降接近，即场阻线 $U_f = R_f I_f$ 与他励空载特性 $U_0 = f(I_f)$ 的交点，交点处的电动势 $E_0 = (R_f + R_a) I_f$。由于电枢电阻相对励磁绕组电阻小很多，因此并励直流发电机的空载特性与他励空载特性基本一致。

尽管转速恒定且输出电流等于零，电枢电流等于励磁电流，但励磁电流与端电压的关系是动态变化的，最终稳定点取决于励磁回路电阻，即场阻线，如图 6-21 所示直线 R_f。空载励磁电压 U_0 与励磁电流 I_f 的关系取决于励磁电阻 R_f 和励磁磁链时间变化率

$$I_a = I_f , \ U_0 = R_f I_f + \frac{\mathrm{d}\psi_f}{\mathrm{d}t} , \ E_0 = U_0 + R_a I_f \tag{6-25}$$

要正常建立自励过程，磁链时间变化率必须为正才能形成励磁电流和电压的正反馈机制。励磁电流通常不足额定电枢电流的 5%，电枢电阻压降可以忽略不计，认为励磁电压等于电枢电动势，最后稳态空载运行点为场阻线和空载特性曲线的交点。由于空载特性的电动势与励磁电流和转速有关，因此临界电阻 R_{fc} 与转速有关，随转速升高而增大。

（3）复励直流发电机的空载特性

短复励直流发电机空载时串励绕组不起作用，相当于并励直流发电机。长复励直流发电机空载时转速恒定，但励磁磁动势包括并励、串励和电枢反应磁动势，这 3 个绕组的电流相同，输出电压等于并励绕组电压，或者电枢电动势与电枢和串励绕组电阻压降之差。同样，复励直流发电机也必须具有并励直流发电机的自励功能，空载特性类似。

2. 外特性

直流发电机外特性是指转速恒定，励磁电流恒定，输出电压与电枢电流的关系 $U = f(I)$。对于并励直流发电机，因为电枢电压与励磁电流相关，要求励磁回路电阻恒定，而励磁电流随端电压变化而变化。外特性从空载到额定负载的电压变化用电压调整率来表征，它是直流发电机的重要性能指标。类似同步发电机，直流发电机的电压调整率表示为空载电压与额定负载电压之差占额定电压的百分数

$$\Delta U = \frac{U_0 - U_N}{U_N} \times 100\% \tag{6-26}$$

（1）他励直流发电机的外特性

他励直流发电机的外特性是指励磁电流和转速恒定，电枢电压与电流的关系 $U=f(I)$。因电枢电阻压降 R_aI_a 与电枢电流 I_a 成正比，电枢反应去磁随负载电流 I_a 增大而增强，气隙磁通随负载电流增大而略有下降，即电枢电动势随负载电流增大略有下降，因此他励直流发电机的外特性通常是稍下垂的曲线，如图 6-22b 曲线 1 所示。

（2）并励直流发电机的外特性

并励直流发电机的外特性是指励磁回路电阻和转速恒定，电枢电压与输出电流的关系 $U=f(I)$。负载电流增大，如果励磁电流不变，那么电枢电流增大，电枢反应去磁和电枢电阻压降增大，输出电压下降，进一步削弱励磁电流，因此电动势也将下降，但下降的程度取决于磁路的饱和程度。开始时，磁路比较饱和，电动势下降不明显，因此并励比他励外特性稍低一些，随着负载电流增大，电压不断降低，直到负载电流达到临界值 I_{cr}。如果继续减小负载电压，那么负载电流将不断减小，如图 6-22b 曲线 2 所示。这是因为电枢回路电阻压降与电枢电流成正比，等于电动势与电枢电压之差，而电枢电压等于励磁电压或励磁电流与励磁回路电阻乘积，为此将并励发电机他励空载特性和场阻线横坐标用电枢电压表示，如图 6-23a 所示，他励状态的空载电动势 E_0 等于电枢电压，即 P 点。并励时，空载特性曲线上的 A 点电动势是不考虑电枢反应时励磁电流磁通产生的，对应场阻线电压 B 点，线段 AB 的长度表示电枢电阻压降（BC 段长度）和电枢反应去磁引起的电动势下降（AC 段长度）。当磁路饱和时，如 DP 段对应电枢电压，电枢反应去磁引起的电动势变化可以忽略不计，因此空载特性与场阻线的纵坐标之差等于电枢电阻压降，由图 6-23a 可知，随着电枢电压由 P 点下降到 D 点，电枢电阻压降是增大的，即电枢电流增大。当磁路不饱和时，如 OB 段对应电枢电压，电枢电阻压降与电枢电流成正比，电枢反应去磁电动势变化（E_A-E_C）也与电枢电流成正比，即 AC 段、BC 段和 AB 段长度都与电枢电流成正比，而随着电枢电压由 B 点下降到 O 点，AB 段长度呈现减小的趋势，即电枢电流呈现减小的趋势。电枢电压为零时，短路电枢电流 I_{ak} 由剩磁电压 U_r 引起的电枢电阻压降产生。当电枢电压由 D 点下降到 B 点时，磁路由饱和转变为不饱和，电枢电流增大到最大值 I_{cr} 后变为减小，由此说明并励直流发电机外特性呈现拐弯的现象。这一现象也可以通过并励直流发电机在他励状态下不同负载电流时的负载特性曲线与场阻线的交点变化来解释，如图 6-23b 所示，有些负载特性曲线与场阻线有两个交点，说明同一电枢电流对应两个电枢电压满足并励运行条件，而当电枢电流增大时，这两个交点逐渐逼近，场阻线与负载特性相切时的电枢电流最大，说明并励运行时存在最大电枢电流。

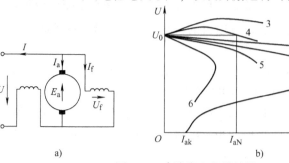

图 6-22 直流发电机外特性
a）复励电路图 b）特性曲线
1—他励 2—并励 3—过复励 4—平复励 5—欠复励 6—差复励

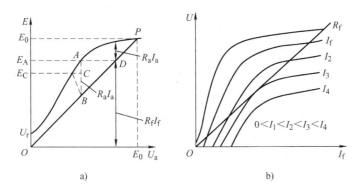

图 6-23　并励直流发电机他励电动势与电压关系及负载特性

（3）复励直流发电机的外特性

复励直流发电机的串励绕组对主磁极并励绕组起助磁作用称为积复励直流电机，起去磁作用则称为差复励直流发电机。空载时发电机产生额定电压。额定负载电流时，过复励电枢电压超过额定电压，平复励电枢电压等于额定电压，欠复励电枢电压小于额定电压，由此形成不同的外特性，分别如图 6-22b 曲线 3、4 和 5 所示。差复励直流发电机串励绕组起去磁作用，外特性如图 6-22b 曲线 6 所示，可以作为恒流发电机，如直流电焊发电机。

3. 调节特性

直流发电机的调节特性是指转速恒定，电压恒定，励磁电流与电枢电流的关系 $I_f = f(I)$。为了补偿电枢反应去磁和电枢回路电阻压降引起的电动势变化，励磁电流因磁路饱和随负载电流增加而上翘的调整特性，如图 6-24 所示。为了增大励磁，他励直流发电机要增加励磁电压，并励发电机需要减小励磁回路外接串联电阻。复励可以改变与串励绕组并联的分流电阻或者并励绕组的串联电阻。

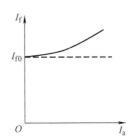

图 6-24　直流发电机调节特性

6.3.2　直流电动机的运行特性

1. 直流电动机的工作特性

直流电动机的工作特性是在电压额定，电枢电阻恒定，并励绕组电流不变的条件下，转速 n、电磁转矩 T_{em}、效率 η 与输出功率 P_2 的关系，如图 6-25a 所示。分析方法是电压、转矩和功率的平衡关系并考虑电枢反应的影响。

（1）速率特性

他励和并励直流电动机的输出功率增大，电磁功率和电枢电流增加，电枢反应去磁增加，电阻压降增加，转速略有下降，速率特性曲线 n 是下垂的，如图 6-25a 所示。

转速调整率是直流电动机的重要性能指标，它是指空载转速与额定负载转速之差占额定转速的百分数。由图 6-25a 得到他励或并励直流电动机的转速调整率为

$$\Delta n = \frac{n_0 - n_N}{n_N} \times 100\% \tag{6-27}$$

串励直流电动机的特点是电枢电流等于励磁电流，因此磁路不饱和时，磁通与电枢电流

成正比，即 $\varPhi = K_{\mathrm{f}}I_{\mathrm{a}}$，忽略电阻压降，电压恒定，转速与输出功率乘积近似为常数，即

$$U_{\mathrm{a}}^2 = U_{\mathrm{a}}\left(R_{\mathrm{a}}I_{\mathrm{a}} + C_{\mathrm{e}}\varPhi n\right) \approx U_{\mathrm{a}}C_{\mathrm{e}}\varPhi n = U_{\mathrm{a}}C_{\mathrm{e}}K_{\mathrm{f}}I_{\mathrm{a}}n \approx C_{\mathrm{e}}K_{\mathrm{f}}P_2 n \qquad (6\text{-}28)$$

串励直流电动机不能轻载运行，否则会出现飞车现象。式（6-27）转速调整率中的空载转速对串励直流电动机来说要用25%额定负载功率转速 $n_{1/4}$，如图 6-25b 所示曲线 2，即转速调整率为 $\Delta n = \left(n_{1/4} - n_{\mathrm{N}}\right)/n_{\mathrm{N}}$。

他励或并励直流电动机速率特性如图 6-25b 所示曲线 1，复励兼有并励和串励的特点，并励为主、串励为主的积复励和差复励直流电动机的速率特性分别如图 6-25b 所示曲线 3、4 和 5，图中这些特性曲线的额定功率和转速与他励直流电动机相同。

（2）转矩特性

功率增大，转速下降，电磁转矩增大，转矩特性曲线 T_{em} 是上翘的，如图 6-25a 所示。

（3）效率特性

绝大部分直流电动机的效率特性是随着负载增大效率迅速增大，在半载与满载之间效率比较平坦，未满载时效率达到最大，效率特性曲线 η 是上凸的，如图 6-25a 所示。

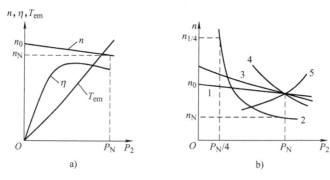

图 6-25　直流电动机工作特性

a）工作特性　b）速率特性

2. 直流电动机的机械特性

直流电动机的机械特性是在额定电压、电枢电阻和励磁电阻恒定条件下的转速与电磁转矩的关系，对于并励直流电动机要求励磁电流恒定，这种机械特性称为自然机械特性。通过改变电压、电枢回路电阻、励磁回路电阻等参数的机械特性称为人为机械特性。

（1）他励和并励直流电动机的机械特性

1）自然机械特性。

他励和并励直流电动机在额定电压时的励磁电流恒定，忽略电枢反应对每极主磁通的影响时可以认为气隙磁通恒定，自然机械特性满足直线方程

$$n = \frac{U_{\mathrm{a}} - R_{\mathrm{a}}I_{\mathrm{a}}}{C_{\mathrm{e}}\varPhi} = n_0 - KT_{\mathrm{em}} \qquad (6\text{-}29)$$

其中，空载转速 n_0 和斜率系数 K 分别为 $n_0 = U_{\mathrm{a}}/(C_{\mathrm{e}}\varPhi)$，$K = R_{\mathrm{a}}/(C_{\mathrm{e}}C_{\mathrm{t}}\varPhi^2)$。

电枢回路电阻通常很小，机械特性下垂的倾斜度 K 很小，他励和并励直流电动机的自然机械特性较硬，即转速调整率较小，如图 6-26 所示曲线 1。异步电动机的机械特性在同步速附近也是下垂的，但在临界转速和最大电磁转矩点机械特性屈服拐弯；同步电动机的转速恒定，但也存在最大电磁转矩，机械特性是一恒速线段。交流电动机用相对转矩或过载能力

表示承担负载转矩的能力，即机械特性的极限点，因此交流电动机能驱动的负载有限制，而直流电动机的过载能力很强，这是直流电动机的优势。

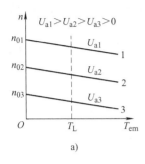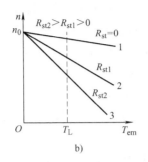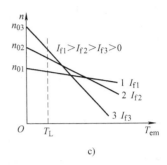

图 6-26　直流电动机机械特性

a）调压　b）电枢串电阻　c）调励磁

2）人为机械特性。

由式（6-29）可知，影响他励或并励直流电动机机械特性的因素有电枢电压 U_a、励磁磁通 Φ、电枢回路电阻 R_a、电枢反应去磁和电机结构参数。改变其中任意一个或几个因素都将改变机械特性曲线，这样的机械特性称为人为机械特性，如图 6-26 的曲线 2 和 3。

先分析调压人为机械特性，在电机结构和励磁电流不变且忽略电枢反应的情况下，气隙磁通不变，改变电枢电压 U_a 直接影响空载转速 n_0，但不影响机械特性的硬度或斜率 K，因此改变电枢电压可以改变直流电动机负载转速，利用功率控制器件和斩波电路实现直流调压调速。直流电动机电压通常不超过额定电压的 1.25 倍，因此调压以降压为主，调压人为机械特性如图 6-26a 的曲线 2 和 3，随电压下降人为机械特性平行下移。对于恒转矩负载，空载转速与负载转速之差保持不变，由于转速与转子电枢导体电流频率成正比，因此可以近似认为电枢电压与转子电枢导体电流频率之比恒定，类似异步电机恒磁通变频机械特性在恒转矩负载区域是平行曲线，且恒转矩负载转差率与同步速乘积不变，即空载同步转速与负载转速之差不变。

接着分析电枢回路串电阻的人为机械特性，与调压人为机械特性不同，电枢回路总电阻直接影响机械特性的斜率，但不会改变机械特性的空载转速。类似绕线转子异步电动机转子串电阻机械特性。电枢回路串联电阻越大，斜率 K 越大，机械特性越软，相同负载转矩的转速也越小，如图 6-26b 的曲线 2 和 3，随着电枢回路串联电阻的增大，零转速转矩或起动转矩减小，相应的电枢电流也减小，不仅可以调速，最重要的是用来限制电枢电流起动直流电动机。由于电能大量消耗在串联电阻上，所以效率很低。

最后分析改变磁通的人为机械特性，电压和电枢回路电阻不变，因磁路饱和因素，气隙磁通只能比额定状态磁通小，即弱磁人为机械特性。他励直流电动机的励磁磁通主要通过改变励磁电压或励磁回路串联电阻来改变励磁电流和磁动势。改变气隙磁通，不仅可以改变空载转速，而且还显著改变特性曲线的斜率，如图 6-26c 的曲线 2 和 3。励磁电流越小，磁通越小，空载转速和斜率越大，特性曲线变得越软，恒转矩负载转速大小取决于负载的轻重。轻载则转速上升，而重载则转速下降。并励直流电动机励磁磁通可以由励磁回路的串联电阻调节。直流电动机励磁电流减小，在轻载且转矩不变的情况下，电枢电流增大，输入电功率增大，而负载转速上升，输出机械功率也增加，因此效率基本不变。

（2）串励直流电动机的机械特性

串励直流电动机的电枢电流等于励磁电流，设磁路不饱和，励磁磁通与电枢电流成正比，即 $\Phi = K_f I_a$，所以电磁转矩与电流二次方成正比，即 $T_{em} = C_t K_f I_a^2$，电枢电流与电磁转矩的二次方根成正比，串励直流电动机的电压方程变为

$$U_a = R_a I_a + C_e K_f I_a n = (R_a + C_e K_f n) T_{em}^{1/2}/(C_t K_f)^{1/2} \tag{6-30}$$

于是，串励直流电动机的自然机械特性

$$n = K/T_{em}^{1/2} - n_\infty \tag{6-31}$$

其中，极端负载转速 n_∞ 和系数 K 分别为 $n_\infty = R_a/(C_e K_f)$，$K = U_a/\sqrt{\pi C_e K_f/30}$。

串励直流电动机的自然机械特性很软，如图 6-27 所示，不能轻载运行，否则励磁电流很小，转速很高，有飞车的危险。当电枢回路串联电阻时，人为机械特性曲线下移。

（3）长复励直流电动机的机械特性

并励绕组电压恒定，励磁磁通 Φ_f 基本恒定，串励绕组电流等于电枢电流，假设串励绕组的励磁磁通与电枢电流成正比，即 $\Phi_s = K_f I_a$，电磁转矩表达式 $T_{em} = C_t(\Phi_f + K_f I_a)I_a$，解得电枢电流 $I_a = \dfrac{2T_{em}}{\sqrt{C_t^2 \Phi_f^2 + 4K_f C_t T_{em}} + C_t \Phi_f}$，代

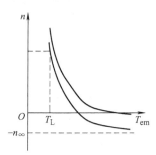

图 6-27　串励直流电动机机械特性

入电动机电压 $U = R_a I_a + C_e(\Phi_f + K_f I_a)n$ 后得到长复励直流电动机的机械特性

$$n = \frac{2U}{C_e \Phi_f \left[\sqrt{1 + 4K_f T_{em}/(C_t \Phi_f^2)} + 1\right]} - \frac{4R_a T_{em}}{C_e C_t \Phi_f^2 \left[\sqrt{1 + 4K_f T_{em}/(C_t \Phi_f^2)} + 1\right]^2} \tag{6-32}$$

其中，R_a 包含串励绕组电阻。当串励绕组起助磁作用时，系数 K_f 为正；起去磁作用时，系数 K_f 为负；不存在时，系数 K_f 为零，这时式（6-32）可以简化为式（6-29）。

6.3.3　直流电动机的起动、制动和调速

直流电动机的起动、制动和调速是动态过程，尽管可以采用动态等效电路，但是电气时间常数小，而机械时间常数大，使得动态过程可以简化成准静态过程，即转速不能突变，而认为电流几乎瞬间稳定。值得注意的是，在电力电子功率驱动脉宽调制控制过程中，直流电动机动态过程不能利用准静态分析法，因为脉冲宽度与电气时间常数相比可能更小，但利用平均电压概念则仍然可以按照准静态法分析。起动和制动是调速的两个特殊过程。直流电动机运行过程中不允许励磁绕组开路，直流电动机失磁状态下气隙磁通由剩磁提供的数值很小，会出现电枢电流超过额定电流很多，甚至出现飞车现象，最终会损坏换向器和电机。利用直流电机机械特性分析起动、制动和调速等准静态工作点转移将是十分简便的。

1. 直流电机的四象限运行

在介绍直流电动机的起动、制动和调速之前，先介绍直流电机四象限运行和稳定性。直流电机作为电动机和发电机是两种基本运行状态，尽管直流电动机与直流发电机的设计要求有所不同，但两种运行状态之间是可以相互转换的，从原理上说，直流电机作为电动机或发电机运行是可逆的，仅仅是电压和电动势大小不同引起电枢电流流向不同。

从机械特性角度可知，直流电动机运行在第一和第三象限，直流发电机工作在第二和第四象限，如图 6-28 所示，在转矩轴上转速为零称为堵转，而在转速轴上电磁转矩为零称为空载。直流电机外接直流电源时，空载转速不等于零。但当直流电机输出电功率消耗在外接电阻上时，电机运行在发电机能耗制动状态。发电机能耗制动状态相当于电动机电枢回路串电阻且电压调节到零，其机械特性是经过坐标原点的直线。

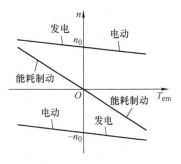

图 6-28　直流电机四象限运行

2. 直流电机运行的稳定性

（1）直流电动机的稳定性

直流电机运行稳定性是指直流电机在外部扰动消失后仍然能恢复正常运行的能力。利用电机机械特性四象限运行状态分析直流电机运行的稳定性，如图 6-29 所示。

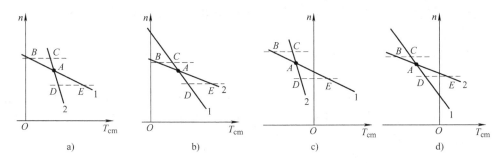

图 6-29　直流电机稳定性

对于直流电动机运行状态，设直流电动机的机械特性 $n = f(T_{em})$ 为曲线 1，负载机械特性 $n = f(T_L)$ 为曲线 2，平衡工作点为 A 点，这时电磁转矩大小等于负载转矩 $T_{L,A} = T_{em,A}$，电磁转矩方向与负载转矩相反。

因外部扰动使得电动机转速上升，$\Delta n = n_B - n_A > 0$，分别对应电动机机械特性的 B 点和负载机械特性的 C 点，如图 6-29a 所示，在相同转速 $n_B = n_C$ 下，直流电机的电磁转矩比负载转矩小，$T_{em,B} < T_{L,C}$，即 $\Delta T_L = T_{L,C} - T_{L,A} > T_{em,B} - T_{em,A} = \Delta T_{em}$，待扰动消失后，在负载转矩与电磁转矩之差的制动转矩作用下转子转速下降，能够重新恢复到工作点 A。

如果因外部扰动使得电动机转速下降，$\Delta n = n_E - n_A < 0$，分别对应电动机机械特性的 E 点和负载机械特性的 D 点，那么在相同转速 $n_D = n_E$ 下，直流电机的电磁转矩比负载转矩大，$T_{em,E} > T_{L,D}$，即 $\Delta T_L = T_{L,C} - T_{L,A} < T_{em,B} - T_{em,A} = \Delta T_{em}$，待扰动消失后，在驱动转矩作用下转子转速上升，也可重新恢复到工作点 A。

根据电动机机械特性和负载机械特性可以得到直流电动机稳定运行的条件：在平衡点满足电磁转矩对转速的变化率小于负载转矩对转速的变化率

$$\frac{dT_{em}}{dn} < \frac{dT_L}{dn} \tag{6-33}$$

如果上述条件不成立，那么根据图 6-29b 可以发现，直流电动机不能稳定运行。

（2）直流发电机的稳定性

对于直流发电机，工作在第二象限的 A 点，如果因外部扰动使转速上升，如图 6-29c 所示，分别对应机械特性的 B 点和负载机械特性的 C 点，那么在相同转速下直流电机的电磁转矩小于负载转矩，即 $T_{\mathrm{em,B}} < T_{\mathrm{L,C}}$，待扰动消失后，在制动转矩作用下转子转速下降，重新恢复到 A 点。如果因外部扰动使得电机转速下降，分别对应电动机机械特性的 D 点和负载机械特性的 E 点，那么在相同转速下直流电机的电磁转矩大于负载转矩，即 $T_{\mathrm{em,D}} > T_{\mathrm{L,E}}$，待扰动消失后，在负载转矩驱动下转子转速上升，也可重新恢复到 A 点。

由此可见，式（6-33）的稳定性条件对于发电机也满足。如果条件不成立，那么如图 6-29d 所示，发电机将不能稳定运行。

3. 直流电动机的起动

直流电动机加励磁电压建立励磁磁场后，再加电枢电压，使转子转速从零开始加速，上升到稳定转速运行状态的过程称为起动。直流电动机的起动性能比交流电机要好。直流电动机起动性能要求主要是：①起动转矩大，使得起动过程响应时间短；②起动冲击电流限制在允许范围内，以免对换向器和电网产生不利影响；③起动过程节能环保；④起动装置简单可靠。直流电动机的起动方法主要有直接起动、电枢串电阻起动和减压起动 3 种。

（1）直接起动

直接起动是指直流电动机电枢直接加额定电压起动。起动瞬间电枢电流倍数

$$k_{\mathrm{ist}} = U_{\mathrm{aN}} / (R_{\mathrm{a}} I_{\mathrm{aN}}) \tag{6-34}$$

这种方法主要用于电枢电阻较大而转子惯量小的小功率直流电动机。对于大中型直流电动机，由于电枢电阻小且机械惯量大，采用直接起动产生的冲击电流可达额定电枢电流的几十倍，这对换向器和电网来说是无法承受的。

（2）电枢回路串电阻起动

电枢回路串电阻起动是指直流电动机外加电压经过电阻分压后加到电枢两端的起动方法。分压电阻大小和分级数根据起动电流和时间的要求设计，如最大电枢电流为额定电流的 K_{a1} 倍，相应的最大起动电磁转矩为 $T_{\max}$，最小电枢电流为额定电流的 K_{a2} 倍，相应的最小起动电磁转矩为 $T_{\min}$，根据串电阻人为机械特性可计算出分级数和分级电阻，如图 6-30 所示。

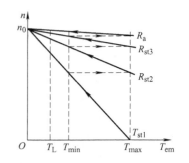

图 6-30　直流电动机电枢串电阻起动

起动瞬间转速等于零，忽略电感影响，电枢回路总电阻为 R_1，电流为限定最大值

$$U_{\mathrm{a}} = R_1 K_{\mathrm{a1}} I_{\mathrm{aN}} \tag{6-35}$$

起动一段时间后，转速上升到 n_1 使电枢电流减小为限定最小值

$$U_{\mathrm{a}} = R_1 K_{\mathrm{a2}} I_{\mathrm{aN}} + C_{\mathrm{e}} \varPhi n_1 \tag{6-36}$$

第一级电阻 R_{st1} 切除，电枢回路总电阻为 R_2，因转子机械惯量使转速不变而电枢电流突变为限定最大值

$$U_{\mathrm{a}} = R_2 K_{\mathrm{a1}} I_{\mathrm{aN}} + C_{\mathrm{e}} \varPhi n_1 \tag{6-37}$$

继续起动，转速上升到 n_2 又使电枢电流减小为限定最小值，即

$$U_{\mathrm{a}} = R_2 K_{\mathrm{a2}} I_{\mathrm{aN}} + C_{\mathrm{e}} \varPhi n_2 \tag{6-38}$$

再切除电阻 R_{st2}，电枢回路总电阻变为 R_3，这样不断实施，直到不需要限流电阻为止。

由式（6-35）得到 $R_1 = U_{\mathrm{a}} / (K_{\mathrm{a1}} I_{\mathrm{aN}})$，代入式（6-36）得到 $C_{\mathrm{E}} \varPhi n_1 = U_{\mathrm{a}} (1 - K_{\mathrm{a2}} / K_{\mathrm{a1}})$，

再代入式（6-37）得到 $R_2 = K_{a2}U_a/(K_{a1}^2 I_{aN})$。于是，得到第一级电阻大小

$$R_{st1} = R_1 - R_2 = \frac{U_a}{K_{a1}I_{aN}}\left(1 - \frac{K_{a2}}{K_{a1}}\right) \tag{6-39}$$

一般地，相邻两次切换过程中电枢回路总电阻 R_{n+1} 与 R_n 之间满足等比关系

$$\frac{R_{n+1}}{R_n} = \frac{K_{a2}}{K_{a1}}, \quad R_{n+1} = \left(\frac{K_{a2}}{K_{a1}}\right)^n \frac{U_a}{K_{a1}I_{aN}} \tag{6-40}$$

于是，每次电枢回路切换电阻大小为指数函数

$$R_{st,n} = R_n - R_{n+1} = \left(1 - \frac{K_{a2}}{K_{a1}}\right)\left(\frac{K_{a2}}{K_{a1}}\right)^{n-1}\frac{U_a}{K_{a1}I_{aN}} \tag{6-41}$$

确定级数的条件是起动结束后按照式（6-41）计算的电枢回路总电阻不超过电枢绕组电阻（包括电刷压降等效电阻）R_a，即 $R_{st,n} \leqslant R_a$，于是利用式（6-34）得到级数 n 满足

$$n > \frac{\ln\left[k_{ist}(K_{a1}/K_{a2} - 1)/K_{a1}\right]}{\ln(K_{a1}/K_{a2})} \tag{6-42}$$

电枢回路串电阻起动简单可靠，但大量电能消耗在串联电阻上，经济性较差，利用电力电子脉宽调制技术或调压控制技术是现代大中型电机节能起动的主要手段。

（3）减压起动

减压起动是指在直流电动机励磁电流额定的条件下，通过降低外部电源电压的起动方法。如直流电源斩波控制或交流电源调压整流，再通过电抗器平滑滤波，使得输入直流电动机的电枢电压低于额定电压，而起动电流限制通过电流反馈控制实现的起动方法，起动过程中逐渐增大电枢电压，直到起动完毕。在多台直流电动机驱动中，类似电路串并联转换，起动时将直流电动机串联，而运行时将它们并联，比如传统电力机车的牵引直流电机就可采用这种起动方法。

4. 直流电动机的制动

直流电动机的制动是在保持励磁额定的条件下，将转速下降到零或者为了防止转速过高进入发电机电磁限速状态。

（1）能量回馈制动

直流电动机制动过程中要解决机械能和电能转换，因此要改变电动机的运行状态，如电动状态转为发电状态或能耗制动状态。从节能的角度，最好将能量回收利用，采用回馈制动或发电机制动。

1）降压能量回馈制动。

直流电动机输入电压下降到小于电枢电动势时将转入能量回馈制动运行状态，如图6-31所示。开始时电动机带动负载转矩 T_L 稳定运行在机械特性的 A_0 点，现在将电压降低，机械特性平移下降，因机械惯量转速不变，电机工作点由 A_0 点转移到发电机状态的 G_1 点，这时电枢电流和电磁转矩改变方向，电磁转矩与负载转矩方向相同，对电机起制动作用，转速沿机械特性 G_1A_1 直线下降。如果不再调节电压，那么电磁转矩由负经零到正 T_L 时，又可重新达到平衡的电动机运行状态。如果达到 A_1 点之前，电压又下降，那么工作点又转移到新的机械特性上的 G_2 点，并继续沿 G_2A_2 直线下降。这样不断降压，可以使直流电机处在发电机能量回馈制动状态，机械能转换成电能馈入电网。当转速下降到零时，采用机械抱闸制动，以免重物在重力型转矩作用下转子反向转动，如提升机装卸货物过程。

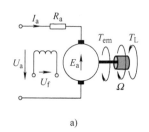 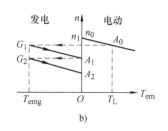 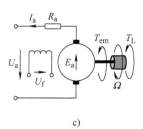

a) b) c)

图 6-31 正转降压发电机制动

a) $U_a > E_a$ b) 机械特性   c) $U_a < E_a$

2) 恒压能量回馈制动。

恒压能量回馈制动是指直流电动机电压恒定，负载转矩由制动性质 T_{L0} 改变方向成为 T_{L1}，与转速方向相同而成为驱动转矩，如图 6-32 所示，这样电机离开原来稳定的工作点 A 使电机转速升高，超过机械特性空载转速 n_0 后进入发电机运行状态，电动势超过电压，电枢电流和电磁转矩改变方向，外部输入机械能一部分转换为转子动能使转速升高，另一部分转换为电能。当电磁转矩与负载转矩平衡时，转速稳定在工作点 G。如电力机车由上坡变为下坡过程可以采用恒压能量回馈制动。

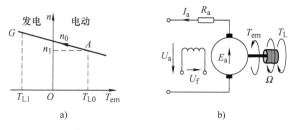

图 6-32 正转负载驱动回馈制动

a) 机械特性   b) $U_a < E_a$

从 A 点到空载转速 n_0 段，转子输入机械能和电能主要转化为转子转速升高的动能；从空载转速到 G 点，转子输入机械能一部分转化为转子转速进一步升高的动能，另一部分因为感应电动势大于外部电压使得电枢电流改变方向而输出电能，还有一部分消耗在转子电枢电阻损耗、铁心损耗、机械损耗和附加损耗。因转速上升转子铁心磁场交变频率增加，损耗增加。尽管能量回馈制动也是进入发电机运行状态，电磁转矩起制动作用，但这里主要是限制电机转速，而不是让转速下降到零。

在外部电源电压一定的条件下，如果要使转速不断降低，因感应电动势不断减小，一般需要采用电力电子变流技术，才能将能量回收并实现减速制动。

（2）能耗制动

能耗制动是将电枢绕组两端的外部电源断开后，接入能耗电阻 R_L，如图 6-33 所示，这时机械特性变为过原点的直线，因转子机械惯性转速不能突变，电机工作点由 A 点转移到 G 点，电枢电流和电磁转矩改变方向，直流电机由电动机状态转入发电机状态，输出电功率，但发电机发出的电能都消耗在外接电阻 R_L 和电枢电阻 R_a 上，没有将能量回收利用。同时输出一部分机械能，但

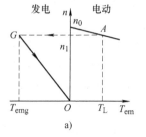 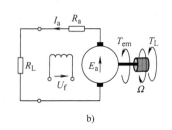

a) b)

图 6-33 能耗制动

转子转动惯量引起的动能消耗在转子上。

当转速下降到零时，感应电动势、电枢电流和电磁转矩都为零。对于摩擦型负载，制动结束，而对于重力型负载，需要采用机械抱闸制动，否则转子将反转。

（3）反接制动

1）正转电源反接制动。

直流电动机正转，负载转矩方向不变，将电源反接（并励电动机保持励磁绕组电压极性不变），如图 6-34 所示，磁极磁场和转速方向不变，感应电动势方向不变，电枢电压反向使得电枢电流改变方向，电磁转矩反向而起制动作用，可以实现快速制动。转速降到零时，必须切除电源，否则电机将反向起动。另一方面，电源反接时，电压和电动势同方向叠加，电枢电流很大，需要采用限制电流措施，如在电枢回路串入限流电阻等。

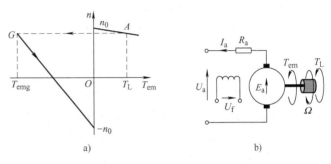

图 6-34　正转电源反接制动

电源反接，电枢电流反向，电功率仍然输入转子电枢，机械负载起制动作用，转子输出机械能，因此输入电功率一部分输出机械功率，主要消耗在转子电枢回路电阻上。

2）反转电源正接制动。

直流电动机正转，电枢回路接入较大电阻 R_{st}，使得机械特性变软，如图 6-35 所示，因机械惯量转速不变，工作点由 A 点变为 B 点，电枢电流和电磁转矩都减小，负载转矩大于电磁转矩而起制动作用。如果转速为零时的电磁转矩小于负载转矩，摩擦型负载转速为零时制动结束，重力型负载转速达到零后转子将在重力负载作用下反转，进入反转电源正接制动状态，电机将反转进入机械特性第四象限，转子反转感应电动势反向，电枢电流继续增大，与负载转矩平衡时，达到新的稳定工作点 C。

反转电源正接时，负载转矩与转速同方向，外部机械功率输入电机转子，电源电压不变，感应电动势变负，电枢电流方向不变，电功率也输入转子电枢，两部分功率都消耗在转子电枢回路电阻上。

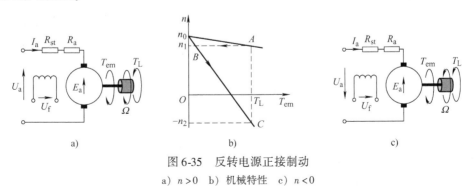

图 6-35　反转电源正接制动
a）$n>0$　b）机械特性　c）$n<0$

5. 直流电动机的调速

由直流电动机的机械特性可以发现，调节转速的方法主要是调节电枢电压、调节励磁磁通和电枢回路串电阻 3 种方法。

（1）调压调速

在励磁电流不变的条件下，调节电枢电压直接改变机械特性的空载转速，而直流电动机机械特性的硬度基本不变，电压降低转速减小，而电压与转速之比近似不变。

（2）弱磁调速

由于直流电动机额定励磁电流磁路处于饱和状态，因此调节励磁通常是减小励磁电流，使主磁通减弱，机械特性空载转速升高且变软，通常轻载时弱磁调速使转速升高。调节励磁电压、调节励磁回路电阻、调节励磁绕组的分流电阻，甚至移动电刷都可以调节励磁磁通。弱磁调速要防止直流电动机失磁，导致转速上升过高而出现飞车现象。

（3）电枢回路串电阻调速

直流电动机电源电压不变，励磁电流不变，电枢回路串电阻后，施加到电动机电枢上的电压随电枢电流增大而下降，机械特性的空载转速不变但特性变软。在负载转矩不变的情况下，电枢回路串入电阻越大，稳定转速越低，甚至可能出现反转。当电枢回路串入电阻一定时，负载转矩增大则转速下降，负载转矩超过人为机械特性起动转矩时转子将反转。

（4）改变直流电动机的转向

直流电动机用于频繁正、反转的场合，必须了解改变转向的正确方法。直流电动机稳定运行时，电动势 $E_a = C_e \Phi n$ 的极性取决于转向和主磁场极性，电磁转矩 $T_{em} = C_t \Phi I_a$ 的方向取决于电流流向和主磁场极性。电动机状态下电流流向与电压极性一致。在主磁场极性不变的条件下，必须改变电动势极性，而在主磁场极性改变的条件下，电动势极性保持不变。

1）重力型负载。

负载转矩方向与转向无关，稳定电磁转矩方向不随转向改变，电枢电流方向和磁场方向要么不变，要么同时改变，因此，机械特性在第一和四象限变化。串励直流电动机机械特性只能位于第一和三象限，不适合重力型负载变转向。他励或并励直流电动机改变转向的一种方法是在电枢回路串联大电阻，另一种方法是改变直流电动机电枢两端的连接而保持励磁绕组和外部电源电压极性不变。这是因为电枢电压极性改变，从而改变与电枢电压相平衡的电枢电动势极性，主磁场极性不变，稳定转速转向改变，处在反向发电机状态。

2）摩擦型负载。

负载转矩方向与转向有关，稳定电磁转矩方向随转向改变，因此机械特性在第一和三象限变化。改变直流电动机电枢两端的连接而保持励磁绕组和外部电源电压极性不变。这是因为电枢电压极性改变，从而改变与电枢电压相平衡的电枢电动势极性，主磁场极性不变，稳定转速转向改变，处在反向电动机状态。

思考题与习题

6-1 串励与并励绕组在结构上有什么差别？

6-2 换向极绕组与补偿绕组安装在什么位置？各有什么作用？

6-3 描述直流电动机转矩产生的过程。

6-4 换向线圈中的电动势有哪些？

6-5 并励直流发电机建立自励过程需要哪些条件？

6-6 为什么直流发电机外特性通常是非线性下垂的？怎样保持直流发电机负载电压的稳定？

6-7 什么是转速调整率？怎样改变直流电动机的转速？

6-8 四极直流电机，单叠电枢绕组。试问：

（1）如果取出相邻的两组电刷，只用剩下的另外两组电刷是否可以？对电机的性能有何影响？端电压有何变化？此时发电机能供给多大的负载（用额定功率的百分数表示）？

（2）若有一元件断线，电刷间的电压有何变化？电流有何变化？

（3）若只用相对的两组电刷能否运行？

（4）若有一极失磁，将会产生什么后果？

6-9 六极直流电机，电枢有456根导体，每根导体的电动势是1V，电流是40A，试确定电枢采用叠绕组与波绕组时的感应电动势、总电流和电磁功率。

6-10 四极60kW直流发电机，电枢48槽，采用叠绕组，每槽导体数6，每极磁通0.08Wb，转速1040r/min，计算发电机的电压和满载时的电枢电流。

6-11 直流电机的电枢绕组有320根导体，只有70%处在磁通密度为1.1T的磁极极面下，设电枢的直径26cm，轴向长度18cm，导体电流12A，计算电枢绕组的电磁转矩。

6-12 直流电动机的电枢绕组电阻为1.5Ω，满载120V，电枢电流4A，计算电枢感应电动势和电磁功率。如果电枢采用波绕组，总导体数360，每极磁通0.01Wb，计算四极电机的转速。

6-13 他励直流发电机，空载电动势400V，电枢电阻0.2Ω，转速1000r/min，忽略电枢反应的影响，计算满载电流60A且转速1200r/min时的电枢电压和电压调整率。

6-14 他励直流发电机，励磁电流1.8A，转速850r/min时的空载电压148V，磁路线性，计算励磁电流为2.4A时的电动势，转速升至950r/min而励磁电流为2.2A的空载电压。

6-15 并励直流发电机的励磁绕组电阻为60Ω，输出功率60kW时的端电压为240V，感应电动势260V，计算电枢电阻，输出20kW且端电压为245V时的感应电动势。

6-16 长复励直流发电机，额定功率10kW，电压240V，铁心和机械损耗共600W，并励绕组电阻120Ω，串励绕组电阻0.02Ω，电枢绕组电阻0.1Ω，计算满载效率。

6-17 短复励直流发电机的电枢绕组，串励绕组和并励绕组电阻分别为0.2Ω、0.08Ω、200Ω，铁心和机械损耗共560W，负载电流50A，电压500V，计算感应电动势和效率。

6-18 复励直流发电机，每极并励绕组1000匝，串励绕组4.5匝，产生的磁动势分别为1400At和180At，端电压240V，分别计算长、短复励时的输出功率。

6-19 一台100kW短复励发电机，空载和满载每极磁动势分别为5800At和7200At，端电压都是240V，计算每极串绕组匝数。

6-20 并励直流电动机，电枢绕组和励磁绕组电阻分别为0.4Ω和120Ω，铁心和机械损耗共300W，满载电流20A，电压240V，转速1200r/min，计算电磁功率、输出功率、输出转矩和效率。

6-21 直流电动机驱动500kW效率91.5%的发电机，计算电动机的满载功率。如电动－发电机组的效率是80%，求电动机的效率和每台电机的损耗。

6-22 并励直流电动机，电压220V，电枢绕组电阻0.25Ω，励磁绕组电阻400Ω，驱动直径为36cm的定滑轮并以2.2m/s的速度提升800kg重物，忽略铁耗与机械损耗，磁路线性，计算电动机的最小功率，以及电压降为160V时提升重物的速度。

6-23 并励直流电动机，额定功率7.2kW，额定电压110V，效率85%，额定转速900r/min，电枢回路总电阻0.08Ω（包括电刷接触电阻），励磁电流2A，若总制动转矩不变，在电枢回路串电阻使转速降低到450r/min。试求串入电阻的阻值、输出功率和效率（假设空载功率与转速成正比）。

6-24 并励直流电动机，额定功率10kW，额定电压220V，额定励磁电流1.2A，额定转速1500r/min，电枢回路总电阻0.32Ω，额定效率85.6%，试求额定电枢电流和励磁电流时，电枢回路需要串入的电阻值、电枢回路损耗和电磁制动转矩，采用如下制动方式：

（1）反接制动，转速200r/min；

（2）恒压回馈制动，转速 2000r/min；

（3）能耗制动，转速 200r/min。

6-25　并励直流电动机，额定数据：功率 750kW，电压 $U_N = 660V$，效率 $\eta_N = 93\%$，转速 $n_N = 500r/min$，电枢回路总电阻 $R_a = 0.01\Omega$，励磁回路电阻 55Ω，机械与附加损耗共 15.75kW。求：

（1）额定状态的输入功率、输入电流、励磁电流、电枢电流、电枢感应电动势、电磁功率、电磁转矩、空载转矩、铁心损耗、励磁损耗、电枢回路电阻损耗和总损耗；

（2）保持电磁转矩和励磁电流为额定值，转速降为 100r/min 时的电枢电压；

（3）电磁转矩和励磁电流为额定值，反向转速 100r/min 时的电枢电压，如何改变接线；

（4）电磁转矩和励磁电流为额定值，电压 50V 且反转转速为 100r/min 时电枢回路的串联电阻。

6-26　一台额定功率 750kW 的并励直流电动机，额定电压 $U_N = 460V$，额定电流 $I_N = 1720A$，额定转速 $n_N = 300r/min$，电枢回路总电阻 $R_a = 0.002\Omega$，励磁回路电阻 23Ω，机械损耗 16kW，附加损耗 3.75kW。并励直流电动机额定运行时，试解下列各题：

（1）画出并励直流电动机接线图；

（2）计算电枢感应电动势、励磁电流和电枢电流；

（3）计算电磁转矩、输出转矩和空载转矩；

（4）计算铁心损耗、励磁损耗、电枢绕组损耗和效率。

6-27　一台并励直流电动机额定功率 750kW，额定电压 $U_N = 600V$，额定效率 $\eta_N = 94.6\%$，额定转速 $n_N = 600r/min$，电枢回路总电阻 $R_a = 0.002\Omega$，励磁回路电阻 30Ω，机械损耗 12kW，附加损耗 3.5kW。不考虑电枢反应，并励直流电动机额定运行时，求：电枢感应电动势、励磁电流和电枢电流；电磁转矩、输出转矩和空载转矩；输入功率、铁心损耗、励磁损耗、电枢绕组损耗；直流电动机转速调整率。

6-28　并励直流发电机额定数据：额定电压 $U_N = 600V$，额定电流 $I_N = 100A$，电枢回路总电阻 $R_a = 0.05\Omega$，$I_{fN} = 2.4A$，额定转速 1350r/min，空载损耗 1.5kW 恒定。假设发电机磁路线性，励磁回路电阻可调，试计算：

（1）额定运行时，发电机的电磁转矩、输入功率和效率；

（2）维持额定状态的输入功率和电压不变，励磁电阻减少 10% 时，并励直流发电机稳定运行的转速、电枢电流和输出功率。

6-29　利用直流电动机和绕线转子异步电机设计不同频率电网互联的变频变压器系统，并解释系统的工作原理。

6-30　利用直流电机和同步电机设计交流电网与直流电网的互联，并解释系统的工作原理。

第7章　特种电机

7.1　概述

特种电机是指具有特殊材料、结构、原理和用途的电机。电机中采用的普通导磁材料是硅钢片，导电材料是铜和铝，特种电机中采用的特殊材料有稀土钕铁硼（NdFeB）和钐钴（SmCo）等永磁材料，非晶合金软磁材料，低温铌基与铁基、高温钇钡铜氧（YBaCuO）和铋锶钙铜氧（BiSrCaCuO）等超导材料，超声波驱动压电材料，形状记忆合金材料，磁滞材料和纳米材料等。这些特种电机分别称为永磁电机、非晶合金电机、超导电机、超声波电机、形状记忆合金电机、磁滞电机和纳米电机。

常用旋转电机的气隙磁场是径向的，特种电机的气隙磁场方向还有轴向、横向、周向与径向混合磁场等，相应的特种电机分别称为盘式电机、横向磁场电机和混合励磁电机或 Halbach 结构永磁电机。

除了旋转电机，还有特殊运动方式的电机，如直线运动、平面运动和球面运动等，这些类型的特种电机分别称为直线电机、平面电机和球面电机。直线电机还分单边、双边直线型和圆管型直线电机。

此外，特殊结构形式如无齿槽结构、无刷结构、磁阻结构、实心转子结构、爪极结构、外转子结构、双定子结构、双转子结构、模块组装结构等，相应的特种电机分别称为无齿槽电机、无刷电机、磁阻电机、实心转子电机、爪极电机、外转子电机（轮毂电机）、双定子电机、双转子电机、模块化电机。

特种电机实际命名不是单一性质的，而是多角度综合的，即存在特殊材料、磁场方向、运动方式和结构形式的复合。例如，外转子永磁直驱同步发电机、无刷双馈异步发电机、盘式永磁无刷直流电机、高温超导直线电机、平面开关磁阻电机、管状永磁直线同步发电机等。

本章主要介绍具有广泛应用前景，并且在材料、结构和工作原理上有别于传统电机的特种电机，如永磁同步电机、无刷直流电机、开关磁阻电机、超导电机、静电电机和超声波电机。

7.2　永磁同步电机

7.2.1　概述

永磁电机是对含有永磁材料电机的统称，通常是指传统电机中直流励磁磁极改为永磁体的电机。例如，永磁直流电机、永磁同步电机；含有笼型转子和永磁磁极的异步起动永磁同步电动机，笼型转子和永磁转子独立的永磁感应发电机；需要电力电子功率驱动的永磁步进电机、永磁无刷直流电机和永磁开关磁阻电机等。永磁电机结构复杂而多样，根据永磁磁极位置通常分为两类：一类定子安放多相对称绕组，转子安装永磁磁极（包括笼型或磁阻结构）；另一类定子同时安放绕组和永磁磁极，转子采用简单的磁阻结构。本节先介绍正弦波永磁同步电机的基本结构，再重点分析永磁同步电动机的调速特性。

7.2.2　永磁同步电机的基本结构

永磁同步电机定子采用多相对称绕组，转子为永磁磁极，四极永磁转子不同磁极排列结构如图 7-1 所示，主要有面装式（见图 a 和 b）、插入式（见图 c）和内置式（见图 d，e 和 f）3 种。

图 7-1 中的灰色区域表示永磁体，箭头表示永磁体磁化方向，白色区域为高导磁性材料，阴影区域表示非磁性材料，转子 N 极中心为直轴（d 轴）且逆时针超前直轴 90°电角度为交轴（q 轴）。面装式与插入式高速永磁电机为了防止离心力导致永磁粘合力不足而脱落，需要采用钛合金转子护套，或者高强度碳纤维绑扎。内置式永磁磁极为了减少极间漏磁场需要采用隔磁桥或非磁性材料，同时要保证铁心具有足够的机械强度。为了减小永磁磁极的涡流损耗，通常采用小尺寸多块永磁磁极拼成一个转子磁极，有时为了增强内置式转子磁场，扩大转子调速范围，可以采用多层永磁磁极串联。

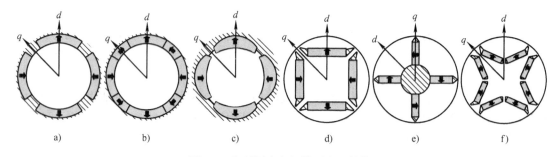

图 7-1　永磁同步电机转子永磁结构

a）面装式径向　b）面装 Halbach 式　c）插入式　d）内置式径向　e）内置式切向　f）内置式 V 形

7.2.3　永磁同步电动机的调速特性

永磁同步电动机定子为三相对称电枢绕组，转子永磁磁极对称励磁，工作原理与普通电励磁同步电机相同，但定子通常由功率变换器驱动，产生与转子同步频率的对称电枢电流。

永磁同步电动机的控制是在转子 dq 坐标系中实现的，因此需要确定转子位置的传感器。位置传感器有高精度的旋转变压器、绝对式或增量式光电编码器，精度较低的如电磁式、光电式和磁敏式位置传感器。利用霍尔效应的磁敏式位置传感器具有价格低、体积小、功耗低、寿命长、频响宽等优点，广泛用于永磁无刷直流电机的转子位置检测。线性型霍尔传感器可以用于检测电压、电流和磁感应强度等，而开关型霍尔传感器则用于测定永磁无刷直流电机转子永磁磁极磁场极性，从而获得转子磁极相对于定子绕组的位置信号。

为了简单起见，这里只分析稳态调速特性，并假设磁路线性，直轴和交轴同步电感是与电枢电流无关的常数，转子永磁磁极在定子电枢绕组中的等效磁链恒定，在允许的电压和电流范围内电机永磁磁极不发生不可逆去磁，不考虑转子阻尼绕组和铁心损耗。

1. 永磁同步电动机的数学模型

同步电机通常在转子 dq 坐标系统中分析数学模型，由第 4 章的同步电机原理可知，三相永磁同步电动机定子电枢绕组的电压、磁链和电磁转矩方程在 dq 坐标系中分别为

$$u_d = R_s i_d + L_d \frac{\mathrm{d}i_d}{\mathrm{d}t} - \omega L_q i_q, \; u_q = R_s i_q + L_q \frac{\mathrm{d}i_q}{\mathrm{d}t} + \omega L_d i_d + \omega \psi_f \tag{7-1}$$

$$\psi_d = L_d i_d + \psi_f, \; \psi_q = L_q i_q \tag{7-2}$$

$$T_{em} = 1.5 p \left[\psi_f + (L_d - L_q) i_d \right] i_q \tag{7-3}$$

式中，R_s 为定子电枢绕组每相电阻；u_d 和 u_q 分别为直轴和交轴电压瞬时值；i_d 和 i_q 分别为直轴和交轴电流瞬时值；L_d 和 L_q 分别为直轴和交轴同步电感；ω 为电枢电流角频率；p 为电机极对数；ψ_f 为永磁磁极产生的电枢绕组磁链幅值；T_{em} 为电磁转矩。

电动机对称稳态运行时，直轴和交轴电流均为恒定直流，因此电流对时间导数项均为零。

2. 永磁同步电动机磁路特性

由于永磁磁极材料的相对磁导率稍大于 1.0，因此无论何种转子磁极结构，除了定转子铁心磁路以外，直轴磁路磁场必须经过两个机械气隙，即转子 N 极和 S 极之间的永磁磁极厚度，因此等效气隙增加了。交轴磁路与永磁磁极结构有关，只有面装式结构交轴气隙与直轴气隙长度近似相同，其他结构交轴等效气隙比直轴要短，因此直轴磁路的磁阻通常比交轴磁路磁阻要大，即直轴同步电感 L_d 比交轴同步电感 L_q 小。与电励磁凸极相反但永磁转子同样具有凸性，用凸极率表示为 $\lambda = L_q / L_d$，它是影响电动机性能的重要无量纲参数。

实际上，永磁同步电机磁路存在饱和，而且不仅直轴电流对直轴磁路饱和有影响，而且交轴电流对直轴也存在饱和影响，后者称为交叉饱和效应。因此，永磁同步电机同步电感参数同时受到直轴和交轴电流的影响，这为永磁同步电机控制带来一大难题，通常采用试验测量电感参数与电流关系，然后在控制过程中查表插值计算参数进行校正。

3. 永磁同步电动机转矩特性

永磁同步电动机的转矩特性是指稳态运行时电磁转矩 T_{em} 与转子同步电角速度 ω 的关系。为了简化推导过程，忽略电枢绕组电阻的影响，这样式（7-1）的电压方程简化为

$$u_d = -\omega L_q i_q, \; u_q = \omega L_d i_d + \omega \psi_f \tag{7-4}$$

显然，电枢电压与角速度成正比，压频比恒定的调速控制等价于磁链恒定的调速控制。永磁同步电动机的调速特性由电力电子变换器控制，不仅受散热温升限制的定子电流极限影响，而且受电压源变换器直流母线电压或电机能获得的极限电压影响。

（1）电流极限环

永磁同步电动机存在额定电流 I_N，同时存在最大转矩对应的电流极限 i_{lim}，通常电流极限大于额定电流幅值。在直轴和交轴电流平面内，电枢电流限制在电流极限环内任意一点，电流极限环满足

$$i_d^2 + i_q^2 = i_{lim}^2 \tag{7-5}$$

电流极限环是一个以原点为圆心、半径为电流极限的圆，如图 7-2 所示。

（2）电压极限环

永磁同步电动机存在额定电压 U_N，同时存在最大直流母线电压对应的电压极限 u_{lim}，通常电压极限大于额定电压幅值。在直轴和交轴电流平面内，由式（7-4）得到电压极限环

满足

$$\frac{(i_\mathrm{d}+i_\mathrm{f})^2}{\lambda^2}+i_\mathrm{q}^2=\frac{u_\mathrm{lim}^2}{(\omega L_\mathrm{q})^2} \tag{7-6}$$

其中，$i_\mathrm{f}=\psi_\mathrm{f}/L_\mathrm{d}$ 为定子永磁磁链的等效励磁电流。

为了防止永磁磁极被不可逆去磁，对于面装式磁极结构，$L_\mathrm{q}\approx L_\mathrm{d}$，必须满足 $i_\mathrm{d}+i_\mathrm{f}\geq 0$；但对于内置式磁极结构，$L_\mathrm{q}>L_\mathrm{d}$，可以合理设计使得直轴去磁电流远超过 i_f。

电压极限环是一个中心位于 $(-i_\mathrm{f},0)$ 且长轴位于直轴电流分量坐标轴的椭圆，如图 7-2 所示，但椭圆不仅受到电压极限 u_lim 的影响，而且与同步电感 L_q、L_d 和电角速度 ω 有关，因此电压极限环通常是指给定电压和电角速度所对应的电压极限环，特别是电压达到极限且转速达到最大恒转矩对应的最高转速时的电压极限环是电机由恒转矩进入弱磁控制的转折点。

（3）单位电流最大转矩特性

单位电流最大转矩（MTPA）是指电枢电流直轴和交轴分量满足的关系使得给定电枢电流的电磁转矩最大。令 $i_\mathrm{d}=i_\mathrm{s}\cos\beta$，$i_\mathrm{q}=i_\mathrm{s}\sin\beta$，代入式（7-3）得到单位电流电磁转矩

$$f(\beta)=T_\mathrm{em}/i_\mathrm{s}=1.5pL_\mathrm{d}[i_\mathrm{f}\sin\beta+0.5(1-\lambda)i_\mathrm{s}\sin2\beta] \tag{7-7}$$

要使单位电流电磁转矩最大，必须满足的条件是函数 $f(\beta)$ 对 β 的导数为零，即

$$f'(\beta)=1.5pL_\mathrm{d}[i_\mathrm{f}\cos\beta+(1-\lambda)i_\mathrm{s}\cos2\beta]=0$$

解得

$$i_\mathrm{d}=i_\mathrm{s}\cos\beta=\frac{2(1-\lambda)i_\mathrm{s}^2}{i_\mathrm{f}+\sqrt{i_\mathrm{f}^2+8(1-\lambda)^2i_\mathrm{s}^2}},\ i_\mathrm{q}=\sqrt{i_\mathrm{s}^2-i_\mathrm{d}^2} \tag{7-8}$$

单位电流最大电磁转矩电流关系特性如图 7-2 所示，因 $\lambda=L_\mathrm{q}/L_\mathrm{d}>1$，直轴电流起去磁作用。显然，当 $L_\mathrm{q}=L_\mathrm{d}$ 时，$\lambda=1$，特性简化为直轴电流为零，即 $i_\mathrm{d}=0$，交轴电流等于电枢电流，$i_\mathrm{q}=i_\mathrm{s}$，即 MTPA 特性位于交轴电流轴线上。

（4）永磁同步电动机恒转矩特性

由式（7-3）可知，电磁转矩仅仅与电流和磁链有关，与电压和转速没有直接关系，因此在永磁同步电动机电压没有达到极限之前的低速范围，可以实现恒转矩运行，给定定子电流 i_s 时的最大电磁转矩根据单位电流最大确定，即将式（7-8）确定的直轴和交轴电流代入式（7-3）计算得到。对于电磁转矩恒定的电流特性，由式（7-3）得到，它是以 $i_\mathrm{q}=0$ 和 $i_\mathrm{d}=i_\mathrm{f}/(\lambda-1)$ 为渐近线的双曲线的一个分支，即

$$T_\mathrm{em}=1.5pL_\mathrm{d}(1-\lambda)[i_\mathrm{d}-i_\mathrm{f}/(\lambda-1)]i_\mathrm{q} \tag{7-9}$$

式（7-9）表明，随着转子转速升高，只要电压没有达到极限值，电流极限环与单位电流最大转矩特性的交点 A 对应电磁转矩最大 T_1，如图 7-2 所示，该点对应电压和转速比等于常数。过 A 点的恒转矩电流特性与电流极限环相切且垂直于 MTPA 特性曲线。当电压达到极限值时的转速为最大恒转矩负载所能达到的电角速度 ω_c1，由过 A 点的电压极限环确定。

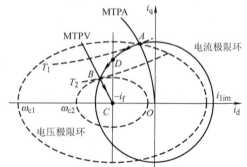

图 7-2 永磁同步电动机弱磁控制

$$\omega_{c1} = \frac{u_{\lim}}{L_d \sqrt{i_f^2 + \lambda^2 i_{\lim}^2 + 2C(1-\lambda)i_f i_{\lim} + C^2(1+\lambda)(1-\lambda)^3 i_{\lim}^2}} \tag{7-10}$$

其中，系数 $C = 2i_{\lim}/[\,i_f + \sqrt{i_f^2 + 8(1-\lambda)^2 i_{\lim}^2}\,]$。

因此，转子电角速度在 $0 \sim \omega_{c1}$ 之间可以实现恒转矩，如图 7-3 所示。若要进一步提高转子转速，电压已经达到极限不能再增加，这时转矩要下降，且需要进一步弱磁控制，以达到增大转速的目的。

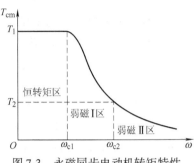

图 7-3　永磁同步电动机转矩特性

（5）永磁同步电动机弱磁转矩特性

根据单位电流电磁转矩最大控制原理，电流达到极限时，存在一个电压也达到极限的转速，使得电压极限环经过单位电流转矩最大曲线与电流极限环的交点 A，如图 7-2 所示。该点直轴电流尚未达到去磁电流，这时的转子电角速度由式（7-10）确定。继续增大转子转速，将保持电压和电流极限不变，电流轨迹沿电流极限环移动，电压极限环则随转速增大而向中心点 $C(-i_f, 0)$ 缩小，直到恒转矩轨迹 T_2 与电压极限环相切的状态，如图 7-2 的 B 点，由 A 点沿电流极限环到 B 点属于第一弱磁区域。B 点既在恒转矩特性曲线 T_2 上，又在电流极限环上，还在电压极限环上，且电压极限环与恒转矩特性相切，因此 B 点由上述 3 条特性共同确定，如式（7-11）表达的直轴电流 i_d、交轴电流 i_q 和转子电角速度 ω_{c2}

$$i_d = -\frac{2[\,i_f^2 - (1-\lambda)\lambda^2 i_{\lim}^2\,]}{(2-\lambda)i_f + \sqrt{(2-\lambda)^2 i_f^2 - 4(1-\lambda)(1+\lambda^2)[\,i_f^2 - (1-\lambda)\lambda^2 i_{\lim}^2\,]}}, \quad i_q = \sqrt{i_{\lim}^2 - i_d^2} \tag{7-11a}$$

$$\omega_{c2} = \frac{u_{\lim}}{L_d \sqrt{(i_f + i_d)^2 + \lambda^2 i_q^2}} \tag{7-11b}$$

显然，当 $L_q = L_d$，$\lambda = 1$ 时，单位电流最大转矩对应 $i_d = 0$，恒转矩对应 $i_q = $ 常数，在电流极限环上恒转矩曲线与电压极限环的切点为 $(-i_f, \sqrt{i_{\lim}^2 - i_f^2})$，即电流平面内的 D 点坐标，对应转子电角速度为 $\omega_{c2} = u_{\lim}/(L_q \sqrt{i_{\lim}^2 - i_f^2})$，弱磁 I 区的转矩角速度特性如图 7-3 所示。

再进一步增大转速，就需要采用单位电压转矩最大（MTPV）调速控制，在电流平面内沿式（7-6）和式（7-9）相同的梯度方向，即相同的单位法矢量方向趋向电压极限环的中心点 C。令

$$i_u = u_{\lim}/(\omega L_q), \quad i_d = \lambda i_u \cos\beta - i_f, \quad i_q = i_u \sin\beta \tag{7-12}$$

$$g(\beta) = T_{em}/u_{\lim} = 1.5p\omega^{-1}[\,i_f \sin\beta + 0.5(1-\lambda)i_u \sin2\beta\,] \tag{7-13}$$

于是，可以得到单位电压转矩最大的条件和电流轨迹

$$\cos\beta = \frac{2(1-\lambda)i_u}{i_f + \sqrt{i_f^2 + 8(1-\lambda)^2 i_u^2}} \tag{7-14a}$$

$$i_d = \frac{2(1-\lambda)\lambda i_u^2}{i_f + \sqrt{i_f^2 + 8(1-\lambda)^2 i_u^2}} - i_f, \quad i_q = \sqrt{i_u^2 - \lambda^{-2}(i_d + i_f)^2} \tag{7-14b}$$

对于给定的电压极限和转子电角速度 ω，可以确定电流 i_u，从而根据式（7-14b）计算

直轴和交轴电流，再由式（7-3）计算电磁转矩，这样第二弱磁区域的单位电压电磁转矩最大调速控制的转矩电流特性如图7-2所示，转矩角速度特性如图7-3所示。

需要指出的是，上述推导过程中的等效励磁电流 i_f 小于电流极限 i_{lim}，可以使得调速范围扩展到很宽。如果等效励磁电流 i_f 大于电流极限 i_{lim}，那么电压极限环的中心位于电流极限环外部，两者极限状态是相切，即切点为 $(-i_{lim}, 0)$，输出转矩为零但具有一定转速，显然是不现实的，因此实际转速无法达到这个状态。另一方面，在沿电流极限环趋近切点 $(-i_{lim}, 0)$ 的过程中，直轴电流很小的变化，可以引起交轴电流很大的变化，如果采用电流控制将产生振荡，因此永磁同步电动机不仅在设计中需要考虑电枢反应去磁的能力，又要采用合理的控制策略，才能实现弱磁扩速增大电动机调速范围。

采用电枢反应去磁的弱磁控制方法存在永磁体被永久去磁的可能，而且随着转速上升，效率降低。也可以利用转子机械结构在高速离心力作用下，移动永磁磁极或改变永磁体漏磁路结构，使得永磁体实际产生的气隙磁场减小。

7.2.4 永磁同步电动机的特点

永磁同步电动机采用正弦波气隙磁场，电枢电流对称正弦，转子转过一对磁极的角度定子电流改变一个周期以保持同步，因此转子每分钟转速 n 与电流频率 f（单位：Hz）和电机极对数 p 的关系为 $n = 60f/p$，永磁同步电动机在同步速下可以采用正弦波电压源供电，实现电动机同步驱动。永磁同步电动机采用永磁磁极取代电励磁绕组，因此结构简化，没有转子绕组损耗，也不需要电刷和集电环以及相应的维护成本。永磁磁极的磁能积高，因此相同容量的同步电机，永磁同步电机的功率密度和效率都比电励磁同步电机高。

永磁同步电动机存在电枢电流和转子永磁励磁两个独立磁场，因此存在3种转矩：电枢与转子永磁磁场相互作用的转矩，因直轴和交轴磁导不同引起电枢反应转矩，以及由于定子齿槽和转子永磁磁场引起的齿槽转矩。齿槽转矩分析比较复杂，如果磁路存在饱和，那么齿槽转矩还与电枢电流有关。从结构上分析，不考虑电枢电流，定子齿均匀分布，转子转过一个定子齿距角，气隙磁场变化一个周期，齿槽转矩也变化一个周期。如果定子槽数 Z_s 是转子磁极数 $2p$ 的整数倍，那么每个磁极产生的齿槽转矩大小和方向一致，叠加后幅值显著增强。因此，槽极数配合是永磁电机设计的关键。通常引入 $2p$ 和 Z_s 的最大公约数函数 $GCD(2p, Z_s)$ 与最小公倍数函数 $LCM(2p, Z_s)$。理论分析表明，最小公倍数越大（最大为分数槽 pZ_s），齿槽转矩基波次数越大且幅值越小。此外，可以采用斜槽、斜极、不等宽齿距，以及齿顶开小槽等措施来削弱齿槽转矩，无槽绕组永磁同步电机可以彻底消除齿槽转矩。

永磁电机除了要削弱齿槽转矩，不平衡径向磁拉力也需要特别注意，如定子采用奇数槽，则存在固有不平衡径向磁拉力，因此永磁电机采用偶数槽。

尽管永磁同步电动机的调速性能优良，但调速系统也必须有转子位置传感器，而位置传感器不仅会增大电机体积，而且在恶劣环境会影响电机的可靠性，因此无位置传感器系统研究越来越受到关注。此外，永磁材料的特性受温度影响很大，高温超过居里温度会发生不可逆退磁。逆变器供电产生的电流谐波形成气隙磁场谐波，一系列谐波在转子内部引起磁场变化，导致铁心损耗和永磁体内部涡流损耗，除了设计合理的散热措施，逆变器输出采用高频滤波，采用合理的转子铁心结构，用小尺寸分块永磁体构成一个大尺寸磁极可以减小永磁体内部的涡流损耗。

7.3 无刷直流电机

7.3.1 概述

传统直流电机具有机械换向器和电刷装置，使得制造工艺复杂且价格昂贵，但其作为电动机运行的调速性能好且过载能力强。那么，是否存在既具有直流电动机良好的调速性能和过载能力，又避免采用机械换向器和电刷结构的电机类型呢？既没有电刷又用直流电源供电的无刷直流电机（Brushless DC Motor，BLDCM）就是这种类型的特种电机。

无刷直流电机没有电刷，转子没有电能的输入输出，转子磁场只能由稀土永磁体提供，这是无刷直流电机的第一个显著特点。

由于转子永磁磁场是随转子同步旋转的，根据电机运行普遍原理，定、转子磁场必须保持相对静止，这样无刷直流电机的定子必须采用两相或多相交流绕组，利用交流电以产生与转子磁极磁场一致的旋转磁场，然而外部只能提供直流电源，所以无刷直流电机的定子绕组必须通过一种特殊的装置将直流电源的电能逆变成与转子频率同步的交流电能供定子绕组或者将定子交流电能整流成直流电能回馈给直流电源。实现这种功能的装置称为电子换向器、变流器或功率控制器，这是无刷直流电机的第二个显著特点。

无刷直流电机相当于将传统永磁直流电机的定子与转子结构交换位置，再将机械换向器改为电子换向器。直流电机机械换向器的换向片数与线圈数相同，为了减少电子换向功率控制器件，交流绕组每相各线圈按照一定规律连接后的电流相同，因此无刷直流电机按照绕组相数而不是线圈数进行控制。

多相电机与电子换向器组成的系统是否能工作？外部输入电机绕组电流的频率必须与感应电动势频率相一致，这样电机才能安全可靠地同步运行，为此需要一种能使定、转子磁场保持相对静止的信号检测装置，这种装置称为转子位置传感器，即定子绕组磁场的控制是通过转子磁场的具体位置来实现的，这是无刷直流电机的第三个显著特点。

随着电机本体结构设计、控制系统硬件和软件技术的发展，这种将电力电子技术、计算机技术和电机技术紧密结合的新颖机电一体化电机已广泛应用于电动车辆、冷却风扇、计算机硬盘驱动、家用电器和办公自动化设备等领域。本节重点分析梯形波无刷直流电机的结构和工作原理。

7.3.2 无刷直流电机的基本结构

1. 系统结构

无刷直流电机的基本结构如图 7-4 所示，主要分为如下 3 部分：

1）机电能量转换部分，包括集成一体的电机本体与转子位置检测电路，定子绕组与电力电子功率变换器输出端强电接口连接，位置信号检测和电路电源线分别与转子位置信号处理电路弱电接口连接。

2）主体控制部分，包括电力电子功率变换器、控制电路硬件和软件、转子位置信号处理电路以及电源变换电路。其中，转子位置信号处理电路通常集成在控制电路硬件芯片内，通过接口直接连接；电源变换电路是将外部直流电源供给电力电子变换器用作电源，此外，其他电路的各种芯片需要的低压电源也由该电路给出。功率变换器的驱动由转子位置信号和外部转向指令实现换相控制，而电压或电流调节则需要转速指令和电机绕组电流反馈信息确定，电流传感方法多样，如霍尔电流传感器、直流母线电阻，但没有在图7-4中标明。

3）人机交互部分，包括外部信号设置和显示电路。在一些空间受限和高功率密度应用场合，如电动车辆中，无刷直流电机系统有集成一体化的趋势，包括冷却系统，对外只有供电电源结构与冷却介质接口。

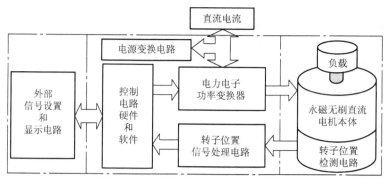

图 7-4　永磁无刷直流电机系统结构

2. 定子结构

无刷直流电机本体定子有单相、两相、三相或多相对称绕组。单相结构不能带负载起动，通常采用不均匀气隙磁阻实现单向起动，多用于小功率冷却风扇驱动。

无刷直流电机绕组通常采用结构简单的集中绕组，为了削弱甚至消除转子永磁磁场与定子电枢齿槽引起的齿槽转矩脉动，采用多极数少槽数的分数槽绕组，比如三相10极12槽，有的采用无槽结构绕组。绕组联结方式有每相绕组单独引出线结构、辐射状星形结构、封闭状多边形结构等，通电方式也比较灵活多样，下面重点分析三相无刷直流电机。

3. 转子结构

无刷直流电机的转子结构与永磁同步电动机转子永磁体结构类似，所不同的是永磁同步电动机空载气隙磁场尽可能正弦分布，而无刷直流电机空载气隙磁场与有刷直流电机类似为平顶波。

4. 霍尔位置传感器

每相绕组需要根据转子位置信号来控制，因此霍尔传感器数量通常与相数相同。对于 m 相无刷直流电机，由于每相绕组导通 $360°/m$ 电角度，与绕组空间排列位置的相位差一致，直流电机中线圈换向位置是线圈轴线与磁极轴线重合状态，同样地，无刷直流电机的安装位置也具有类似的原理。

霍尔传感器可以安装在定子槽内，也可以安装在定子齿顶设计的凹槽内，具体根据齿槽数和极数配合确定。每相霍尔传感器的安装位置空间相差 $360°/m$ 电角度（包括 $360°$ 电角度周期）。转子位置传感器比较简单，采用霍尔效应检测磁极极性，三相电机采用3个霍尔传感器，其空间按照 $120°$ 电角分布，或者将其中一个反极性形成 $60°$ 电角分布，如图 7-5 所示。

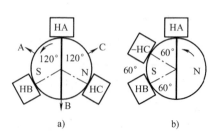

图 7-5　霍尔传感器布置空间 $\theta = 0°$ 状态
a）$120°$ 传感器布置　b）$60°$ 传感器布置

5. 变换器结构

由于直流电源电压通常较低，即使220V交流整流获得的直流电压也只有310V，目前大功率电力电子功率器件，如绝缘栅极双极性晶体管（IGBT）、金属氧化物场效应晶体管（MOSFET）都能作为驱动功率器件，尤其是MOSFET只要电压信号驱动，控制十分方便。

如图7-6所示，电力电子变换器拓扑结构主要有单管结构（见图7-6a）、中性点接地单桥臂结构（见图7-6b）、独立H桥结构（见图7-6c）和多桥臂结构（见图7-6d）等形式。

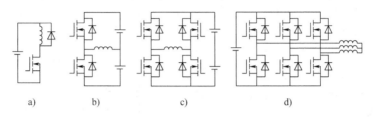

图7-6　功率控制器拓扑结构

1）单管结构。由于管子的单向导通性，绕组电流方向不能变化，因此改变相绕组电流方向必须将相绕组一分为二，分别采用单管控制，这样 m 相电机需要 $2m$ 个功率管和 $2m$ 个续流二极管，主要优点是功率器件对地驱动，不存在悬浮电压驱动，因此驱动电路简单。

2）中性点接地单桥臂结构。利用上桥臂与下桥臂轮流导通，可以有效地控制绕组电流方向，但绕组电压只有电源电压的一半。这种结构同样需要 $2m$ 个功率管和 $2m$ 个续流二极管，主要优点是每相可以独立驱动，故障容错能力强，但上桥臂需要悬浮电压驱动。

3）独立H桥结构。利用一个上桥臂与另一个下桥臂导通，可以有效地控制绕组电流的双向流通，而且绕组电压等于电源电压。这种结构每台电机最多需要 $4m$ 个功率管和 $4m$ 个续流二极管，主要优点是每相可以独立驱动且电源利用率高，故障容错能力强，但上桥臂需要悬浮电压驱动。

4）多桥臂驱动结构。利用若干个上桥臂与另外若干个下桥臂导通，可以有效地控制绕组电流的双向流通，而且辐射式星形绕组线电压等于电源电压，或者封闭式多边形绕组相电压等于电源电压。这种结构每台电机需要 $2m$ 个功率管和 $2m$ 个续流二极管，主要优点是多相驱动且电源利用率较高，故障容错能力强，上桥臂需要悬浮电压驱动。

7.3.3　无刷直流电机的基本原理

1. 霍尔电压信号

理想状态下霍尔元件安放在定子相绕组轴线槽口位置，也有的采用独立的转子磁极和固定霍尔元件结构，霍尔元件检测到磁极极性电压信号，经过整形和逻辑运算得到各相绕组导通与关断的可控功率器件的驱动信号。以图7-5中转子逆时针旋转电角度为横轴，平顶波磁场在3个霍尔元件上形成的信号整形后为180°高低电平方波，N极产生高电平，S极产生低电平，如图7-7所示，三相霍尔电压信号随转子位置电角变化，而且互差120°电角。

2. 三相绕组感应电动势

由图7-5可知，三相绕组轴线与3个霍尔传感器位置一致，永磁磁极产生接近方波的平顶波磁场，磁场平顶宽度接近120°电角，定子集中绕组感应近似梯形波电动势，定子绕组齿截面跨越不超过120°电角，因此感应电动势梯形波的平顶为120°电角，如图7-7所示，相

电动势幅值与转速成正比

$$E = k_e n \qquad (7\text{-}15)$$

式中，k_e 为电动势常数，单位为 V/(r/min)，与直流电机电动势常数类似，它与每相绕组匝数、气隙磁感应强度和电机结构尺寸有关。

如果一相绕组电流恒定，那么产生的电磁转矩与转子位置关系是周期波动的，说明在某些位置绕组电流对电磁转矩的贡献很小，因此没有必要导通。另一方面，由于电磁转矩是电磁功率产生的，在感应电动势很小的位置绕组导通对电磁功率的影响也较小，因此可以根据磁场或感应电动势波形确定绕组导通的范围。

如果定子三相绕组星形联结且采用两相导通方式，不考虑电感因素，那么导通的两相电流相同，且感应电动势大小相同符号相反，电流为方波，每相方波电流在最大电动势阶段导通120°电角，如图7-7所示。以 A 和 B 两相导通为例，忽略管压降，A 相电流为

$$I_A = \frac{U_{dc} - E_A + E_B}{2R_s} \qquad (7\text{-}16)$$

式中，U_{dc} 为直流电压；E_A 和 E_B 为导通相绕组电动势；R_s 为每相绕组电阻。

由于感应电动势与转速有关，直流电压通常是确定的，因此要保持电流不变必须对下桥臂导通的功率管采用斩波控制，式（7-16）中的 U_{dc} 为平均直流电压。

3. 定子磁动势

在导通相电流恒定的条件下，每相绕组磁动势大小和空间位置不变，因此合成磁动势大小和空间位置不变，直到改变导通相状态。随着转子旋转，不同转子位置的定子绕组磁动势利用空间合成原理得到，如图7-8所示。由图7-8可知，定子绕组磁动势按照60°电角跳跃式逆时针前进，且超前转子直轴60°～120°电角之间，形成驱动转矩，这一点与多线圈直流电机电枢磁动势总是位于交轴是不同的。

4. 电磁转矩

以三相为例说明理想状态的电磁转矩，对于正弦波磁场，电磁转矩与两个磁场幅值空间矢量的夹角正弦有关。但如果转子磁场是方波，定子绕组电流波形是方波产生的磁场，因此也是方波，那么电磁转矩可以接近平

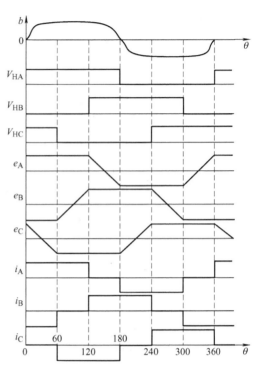

图7-7　磁场、霍尔电压、感应电动势和电流图

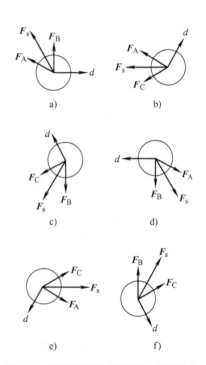

图7-8　不同转子位置定子电枢磁动势

a) $\theta = 0°$　b) $\theta = 60°$　c) $\theta = 120°$

d) $\theta = 180°$　e) $\theta = 240°$　f) $\theta = 300°$

滑的恒值，类似于直流电机电磁功率恒定，转速恒定，电枢电流与转子磁场产生的电磁转矩是与电流成正比的

$$T_{em} = k_T I_a \tag{7-17}$$

式中，k_T 为转矩常数，单位为 Wb 或 V·s，与每相绕组匝数、气隙磁感应强度和结构尺寸有关。

实际上，电磁转矩脉动是永磁无刷直流电机的又一特点。转矩脉动主要有如下几个原因：转子永磁磁场在定子齿槽周期性磁导作用下的齿槽转矩，气隙磁场不对称扭曲，直轴和交轴气隙磁导不同，以及电源电压 PWM 引起的电流脉动，相绕组换向过程电流引起的转矩脉动等。为了减小转矩脉动对转速波动的影响，除了设计分数槽绕组和选取合理的槽极比，改变齿顶宽度和气隙磁导波形外，还可以增加转子的转动惯量，如硬盘驱动附加飞轮。

5. 无刷直流电机控制

无刷直流电机根据内部绕组感应电动势波形不同采用不同的控制策略，最简单的控制策略是采用电流方波控制。由式（7-17）可知控制电流达到不同负载转矩的驱动，由式（7-15）和式（7-16）得到控制电压实现不同转速的调节。在给定转向的条件下，要实现合理的相绕组导通与关断，必须要根据转子位置传感器信号，即霍尔电压信号通过一定的逻辑运算来实现控制，无刷直流电机绕组导通与关断必须用转向信号与霍尔电压信号进行逻辑运算，获得正确相序的导通控制信号。无刷直流电机需要外部给定转向控制信号以实现正反转控制。

设三相桥逆变器的上桥臂功率开关分别为 VT_1、VT_3 和 VT_5，下桥臂功率开关分别为 VT_4、VT_6 和 VT_2，分别对应 A、B 和 C 相电压驱动，设转向逻辑信号为 D_{ir}，霍尔电压逻辑信号分别为 V_{HA}、V_{HB} 和 V_{HC}，根据图 7-7 高电平导通的功率管 VT_k 的驱动逻辑信号 S_k 分别为

$$S_1 = V_{HA} \wedge \overline{V_{HB}} \wedge D_{ir} \vee \overline{V_{HA}} \wedge V_{HB} \wedge \overline{D_{ir}}, S_4 = \overline{V_{HA}} \wedge V_{HB} \wedge D_{ir} \vee V_{HA} \wedge \overline{V_{HB}} \wedge \overline{D_{ir}} \tag{7-18a}$$

$$S_3 = V_{HB} \wedge \overline{V_{HC}} \wedge D_{ir} \vee \overline{V_{HB}} \wedge V_{HC} \wedge \overline{D_{ir}}, S_6 = \overline{V_{HB}} \wedge V_{HC} \wedge D_{ir} \vee V_{HB} \wedge \overline{V_{HC}} \wedge \overline{D_{ir}} \tag{7-18b}$$

$$S_5 = V_{HC} \wedge \overline{V_{HA}} \wedge D_{ir} \vee \overline{V_{HC}} \wedge V_{HA} \wedge \overline{D_{ir}}, S_2 = \overline{V_{HC}} \wedge V_{HA} \wedge D_{ir} \vee V_{HC} \wedge \overline{V_{HA}} \wedge \overline{D_{ir}} \tag{7-18c}$$

其中，"与"和"或"的逻辑运算符号分别为"$\wedge$"和"$\vee$"，"非"的逻辑运算符是在物理量符号上面加横线。实际电路实现时，常采用"与非"和"或"逻辑门电路。

严格来说，式（7-18）只是换相驱动信号，实际驱动信号还要考虑绕组电流与给定电流的差别，或者电压斩波信号，即在公式确定的导通周期内实行脉宽调制（PWM）驱动。

为了获得最大驱动转矩，考虑到定子绕组存在电阻和电感，电流不可能是理想的方波，存在绕组导通起始阶段电流上升过程和关断阶段电流衰减过程，因此通常需要采用超前导通和关断策略，为此需要调整霍尔元件安放的位置，这一点类似于移动电刷防止电刷换向火花，改善换向性能。

6. 无刷直流电机机械特性

两相导通稳定运行时，电机线电压 U_a、相电流 I_a 和转速 n 满足电压方程

$$U_a = 2R_s I_a + 2k_e n \tag{7-19}$$

根据式（7-17）给出的电磁转矩与电流关系得到无刷直流电机的机械特性

$$n = n_0 - K T_{em} \tag{7-20}$$

其中，空载转速 $n_0 = U_a/(2k_e)$，机械特性斜率 $K = R_s/(k_e k_T)$。

直流无刷电机的机械特性与线电压或输入平均直流电压 U_a、绕组电阻 R_s、电动势常数

k_e 或转矩常数 k_T 有关。通过调节输入平均直流电压可以实现调速，由于电阻影响，负载转矩变化引起转速变化的下垂机械特性。无刷直流电机每相绕组电流对称，电流变化频率 f（单位：Hz）、电机极对数 p 和转子每分钟转速 n 仍然满足关系 $n = 60f/p$。有时逆变器供电的小功率正弦波永磁同步电动机因其没有电刷和集电环也被称作无刷直流电机。

7.4 开关磁阻电机

7.4.1 概述

开关磁阻电机（Switched Reluctance Machine，SRM）是利用功率开关器件控制绕组电流，并利用磁阻转矩实现机电能量转换的装置，而磁阻转矩总是力图使气隙磁感应线沿磁阻最小的路径闭合，即电磁转矩总是使磁路的磁导增大或线圈电感增大的趋势运动。

开关磁阻电机的系统结构与无刷直流电机相似，需要高精度转子位置传感器、软硬件驱动和外围接口电路等，所不同的是开关磁阻电机本体和功率变换器驱动结构。

由于开关磁阻电机结构坚固，可靠性好，适用于高速驱动。开关磁阻电机已应用于家用电器、工业控制、电动车辆、航空与航天器械等领域。本节主要介绍开关磁阻电机的基本结构和工作原理。

7.4.2 开关磁阻电机的基本结构

1. 开关磁阻电机的本体结构

开关磁阻电机的定、转子铁心采用高导磁性能的薄硅钢片叠压而成，以减小铁心损耗。定、转子铁心都是凸极结构，机械气隙很小。定子多相集中线圈绕在均匀分布的 Z_s 个齿极上，转子既没有绕组也没有永磁磁极，只有均匀分布的 Z_r 个齿极，但定子和转子的齿极数不同，开关磁阻电机也被称作双凸极电机。为了消除定子线圈通电后产生不平衡单边磁拉力，通常定子和转子采用偶数个齿极，如图 7-9 所示。

图 7-9a 为定子 6 极转子 4 极的 6/4 结构，图 7-9b 为 6/8 极结构，而图 7-9c 为 8/6 极结构。定子一相绕组的联结与对称多相交流电机一样，保证齿极线圈依次产生 N 极和 S 极。

开关磁阻电机是利用磁阻转矩驱动，即变磁阻电机普遍遵循的"磁阻最小原理"，在定、转子齿极数确定的条件下，气隙长度，定、转子齿极的极弧长度和齿形设计是决定电机性能十分关键的因素，也就是通过优化设计使得气隙磁阻变化引起的线圈最大电感与最小电感之比尽可能大。

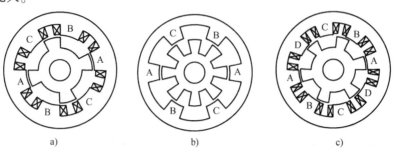

a)   b)   c)

图 7-9　开关磁阻电机结构

2. 开关磁阻电机的功率变换器

根据开关磁阻电机的工作原理，绕组电流方向不影响定、转子齿极磁场相互吸引产生的电磁转矩方向，这样仅仅需要单向导通控制，功率变换器比较简单。三相开关磁阻电机的功率变换器结构如图 7-10 所示，每相结构一致，都有两个功率开关管 SW 和二极管 VD。两个功率开关管开通可以实现电功率输入绕组，两个功率开关管关断可以使绕组续流并将电能回馈给电源，一个导通而另一个斩波可以控制绕组电流大小。

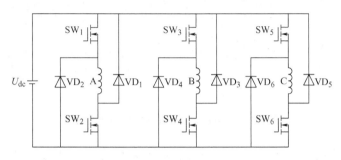

图 7-10   三相开关磁阻电机功率变换器电路

7.4.3   开关磁阻电机的基本原理

1. 开关磁阻电机的相数、极数

相数 m 表示定子绕组相对转子重复周期内的线圈个数，由定、转子凸极数 Z_s 和 Z_r 确定

$$m = \frac{Z_s}{GCD(Z_s, Z_r)} \tag{7-21}$$

最大公约数 $GCD(Z_s, Z_r)$ 表示定子线圈重复排列次数，即每相线圈个数，或者定子一相绕组通电时产生的定子磁极数，因此也等于转子实际产生的磁极数，相邻磁极空间的机械角度为 $360°/GCD(Z_s, Z_r)$，因此 $GCD(Z_s, Z_r) = 2$ 称为长磁路，而 $GCD(Z_s, Z_r) > 2$ 称为短磁路。

由式（7-21）可知，图 7-9a 和 b 为三相，图 7-9c 为四相，定子相数表示定子绕组各相依次导通一次转子转过一个极距或者 $360°/Z_r$ 机械角度。开关磁阻电机的极数等于转子凸极数，对于偶数个凸极的情况 $2p = Z_r$，它与定子一相绕组通电时转子实际磁场的磁极数是不同的概念。由相数和转子极数可以知道转子旋转一周定子绕组通电频率为 Z_r（单位：Hz）。

2. 开关磁阻电机相绕组的工作原理

下面以四相 8/6 极开关磁阻电机为例说明电动机运行的工作原理，如图 7-11 所示，假设初始状态 A 相通电后定子齿极与转子齿极对齐，不论多大的线圈电流因磁场对称转子受到的转矩为零。同样地，定子齿极与转子两齿极之间的槽中心对齐，线圈电流磁场对称转子的转矩也为零。定子齿中心与转子齿中心或槽中心对齐，这两个状态称为转矩"死点"。

如图 7-11a 所示，这时将 A 相关断并开通 B 相，转子将受到 B 相电流产生的磁场作用而顺时针转过一个角度；当转子齿极又与定子 B 相齿极对齐时，如图 7-11b 所示，将 B 相关断并开通 C 相，转子受到 C 相电流产生的磁场作用继续沿顺时针转过一个角度；当转子齿极再次与定子 C 相齿极对齐时，如图 7-11c 所示，将 C 相关断并开通 D 相，转子受到 D 相电流产生的磁场作用仍沿顺时针转过一个角度；当转子齿极再次与定子 D 相齿极对齐时，如

图 7-11d 所示，将 D 相关断并开通 A 相，转子受到 A 相电流产生的磁场作用沿顺时针转过一个角度；当转子齿极又与定子 A 相齿极对齐时，如图 7-11a 所示，定子各相绕组依次导通一次，转子顺时针转过一个极距 60°恢复到初始状态。这样循环开通与关断控制各相绕组，可以驱动转子不断顺时针旋转，实现将电能转换为机械能的电动机运行。

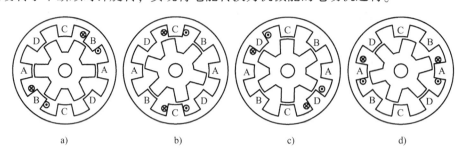

图 7-11　四相 8/6 极开关磁阻电机工作原理

　　显然，从定、转子齿极对齐相绕组开始，改变各相绕组的开通和关断顺序，由顺相序 ABCDA 改为逆相序 ADCBA，那么转子转向将由顺时针变为逆时针旋转。

　　一般情况下，若定子绕组顺相序逆时针排列，顺相序通电时的转子转向取决于定、转子极距角度的大小或齿极数的商。当商 Z_r/Z_s 的余数大于零且小于 0.5 时，转子逆时针旋转；而商的余数大于 0.5 时则为顺时针旋转，若商的余数等于零或 0.5 则开关磁阻电机不能自起动。

　　仍以四相 8/6 极开关磁阻电机为例说明发电机运行工作原理。发电机模式同样需要磁场，因此定子需要励磁，但电磁转矩与外部原动机机械转矩方向相反，因此转子齿极中心与 A 相齿极中心对齐时开通，因外部机械能和电能同时输入电机，因此绕组电流和磁场很快建立，这时 A 相关断，但在外部机械转矩输入机械能的条件下，电流续流向电源提供电能。其他各相依次执行对齐开通、建立电流和磁场后关断和续流发电这一过程。各相续流时间长短取决于电流大小、外部电源电压、转速和电感曲线斜率特性。

　　综上所述，电动机运行时电磁转矩与转向一致，绕组电流在电感增大的转子位置角范围流通，发电机运行时电磁转矩与转向相反，绕组电流在电感减小的转子位置角范围流通。

3. 开关磁阻电机相绕组的电感曲线

　　开关磁阻电机的转子机械位置角是指转子齿极中心线相对定子齿极中心线转过的机械位置角，而电气位置角等于机械位置角乘以极数。

　　因为定、转子都是凸极，气隙磁导随转子位置变化，因此线圈电感是转子位置角的函数，这是磁阻电机的共同特点。另外，开关磁阻电机的气隙相对同容量交流电机要小很多，定子集中线圈励磁可使磁路局部严重饱和，因此线圈电感还与电流引起的磁路饱和程度有关，这是开关磁阻电机的显著特点。在电流相同的条件下，当定子齿极与转子槽中心对齐时，磁阻最大，磁导最小，电感最小，该位置称为不对齐位置；当定子齿极与转子齿极中心对齐时，磁阻最小，磁导最大，电感最大，该位置称为对齐位置。

　　开关磁阻电机各相绕组除了主电感还存在漏电感，但是两相之间的互感一般只有数值很小的极间互漏感，因此分析时往往忽略任意两相之间的互感，而只考虑一相自感。一相自感随转子位置变化的关系称为电感曲线。四相 8/6 极开关磁阻电机的电感曲线如图 7-12 所示。

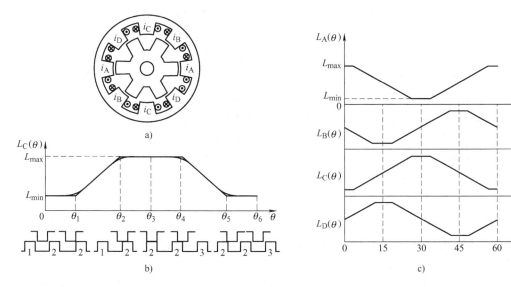

图 7-12　四相 8/6 极开关磁阻电机绕组电感

每相电感是以 $360°/Z_r = 60°$ 机械角度为周期的函数，设 A 相电感函数为 $L_A(\theta)$，则由图 7-12a 可知，其他各相绕组电感函数依次延迟一个定子极距角度 α，于是

$$L_B(\theta) = L_A(\theta - \alpha)，L_C(\theta) = L_A(\theta - 2\alpha)，L_D(\theta) = L_A(\theta - 3\alpha) \qquad (7-22)$$

其中，$\alpha = 360°/Z_s$，θ 为转子齿极中心相对于定子 A 相齿极中心转过的机械角度。

因为 A 相和 C 相的磁路对称，因此电感是转子位置角的偶函数。对于图 7-12b 所示 C 相电感，转子位置角 $\theta = 0°$ 对应定子齿极中心与转子极间槽中心对齐，电感最小，直到转折位置角 $\theta = \theta_1$，对应定子齿极边缘与转子齿极边缘对齐，电感增加很小；此后电感不断增大到另一个转折位置 $\theta = \theta_2$，对应定子齿极中心与转子齿极边缘对齐，然后电感增加很小直到定子齿极中心与转子齿极中心对齐，$\theta_3 = 180°/Z_r = 30°$，电感达到最大。之后，随转子位置角增大电感对称地减小，其中 $\theta_4 = 360°/Z_r - \theta_2$，$\theta_5 = 360°/Z_r - \theta_1$，$\theta_6 = 360°/Z_r$，电感变化一个周期结束。各相绕组电感曲线近似如图 7-12c 所示，横坐标单位是机械角度。

如果将转子齿极中心看成直轴，极间槽中心看成交轴，那么定子绕组对齐位置的电感相当于直轴电感，而不对齐位置的电感相当于交轴电感，绕组电感随转子位置角变化，但直轴电感最大，交轴电感最小，这是变磁阻电机的基本规律。

4. 开关磁阻电机的控制

开关磁阻电机控制通常是低于额定转速时，采用恒定电流控制（Constant Current Control，CCC）的运行方式；高于额定转速情况下，采用角度位置控制（Angular Position Control，APC）的运行方式。

开关磁阻电机作为电动机运行的控制可以根据图 7-12b 描述，当某相绕组的转子位置角 θ_{on} 处在 $\theta_0 = 0$ 和 $\theta = \theta_1$ 之间时，控制绕组电流的功率开关器件开通，θ_{on} 称为开通角。开通后绕组电流上升，转子转速较低时因感应电动势小于电源电压，实现 CCC 控制，当绕组磁链达到最大时，转子位置角 θ 处在 θ_1 和 θ_2 之间的 θ_{off}，关断绕组的功率开关管，θ_{off} 称为关断角。开通角到关断角之间的角度差 $\theta_c = \theta_{off} - \theta_{on}$ 称为导通角。因绕组关断后电流不能突变，通过续流二极管续流，并向电源回馈电能，反向电压使绕组伏秒值减小，磁链减小，在 $\theta =$

$\theta_z < \theta_3$ 时续流结束。类似地，可以根据转子位置传感器控制其他各相绕组的开通和关断。通常一相开通后，下一相转子要转过 $360°/(mZ_r)$ 机械角度开通。

在给定转速、开通角 θ_{on} 和关断角 θ_{off} 的条件下，一相绕组导通控制包含以下 4 个过程：在开通角 θ_{on} 与 θ_1 之间，相绕组电感最小，电源对绕组施加正向电压，很快建立起相电流，电磁转矩也很快达到最大。在 θ_1 和关断角 θ_{off} 之间，随着电感的增加，低速时相电流和电磁转矩基本不变，可以实现恒转矩运行，高速时电流和转矩都会减小。在关断角 θ_{off} 与 θ_2 之间，相绕组施加反向电源电压，绕组电流开始续流并快速下降，由于绕组电感仍在增加，所以电磁转矩存在但随电流很快减小。在 θ_2 和零电流位置角 θ_z 范围内，绕组电感达到最大，电流迅速衰减为零，电磁转矩几乎等于零，该相绕组在 θ_3 与 θ_6 之间停止工作，等待下一次开通，重复上述控制过程。

开关磁阻电机利用高精度转子位置传感器控制开通角 θ_{on} 和关断角 θ_{off}，以及绕组的换相。通过改变开通角 θ_{on} 和关断角 θ_{off} 可实现电磁转矩性质、大小和相电流波形的最优控制，从而最佳地调节电机的效率、转速和转向。

改变开通角 θ_{on} 和关断角 θ_{off} 对电流和转矩波形有很大影响，而这两个角度参数又与转子转速高低和负载轻重有关。因为在外施电压一定的情况下，最小电感位置绕组电流随转子位置变化上升斜率不变，但经历的时间长短取决于转速高低，所以要使得绕组电流达到最大允许值驱动负载，需要选择合适的开通角 θ_{on}。开通角太大，即滞后开通，建立电流时间太短就达不到允许值；反之，超前开通建立电流时间过长就会出现过电流；在最大电感位置，电感上磁场储能释放需要时间，如果关断角太大，即滞后关断，电流衰减到零时转子位置可能进入电感曲线下降区域，电流起制动作用，因此要尽可能缩短电流衰减时间，使得定转子齿极对齐前电流能衰减为零，所以关断角 θ_{off} 要小于 θ_2。

若为发电机运行方式，则开通角 θ_{on} 在 θ_2 与 θ_4 之间，电感最大需要足够的时间建立电流和励磁磁场，关断角 θ_{off} 在 θ_4 与 θ_5 之间，使得在电感下降段续流发电，并在 θ_z 在 θ_5 与 θ_6 之间迅速下降到零。

无论是电动机还是发电机运行方式，开关磁阻电机相绕组的依次开通与关断由转子位置传感器确定，可以只有一相工作，也可以两相甚至多相同时工作。相邻两相换相之间转子转过的角度 θ_b 称为步距角，设商 Z_r/Z_s 的余数为 R，则步距角为

$$\theta_b = \frac{360°}{Z_r} \min\{R, 1-R\} \tag{7-23}$$

对于四相 8/6 极开关磁阻电机，步距角为 15°，三相 6/4 极的步距角为 30°。

5. 开关磁阻电机相绕组的磁链与电流关系

开关磁阻电机第 k 相绕组的磁链 ψ_k 为该相绕组电流 i_k 和转子位置角 θ 的函数，电机每相绕组的磁链可用电感和电流的乘积表示

$$\psi_k = \psi(i_k, \theta) = L_k(i_k, \theta)i_k \tag{7-24}$$

每相绕组的电感是相电流和转子位置角的函数，因为不仅磁路具有非线性饱和特性，而且气隙磁导随转子位置角变化。

不考虑磁路饱和时，绕组电感在对齐位置 θ_3 和不对齐位置 θ_0 分别存在最大和最小值，如图 7-13 所示为任意位置角的静态

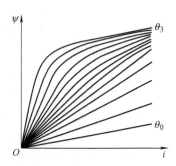

图 7-13 静态磁链与电流关系

磁链与电流关系，由于磁路不仅存在局部饱和还会出现对齐时定、转子磁路的饱和现象，即使转子位置固定，若绕组中流过的电流变化，磁路的饱和程度也会发生变化，因此在电流增大时，绕组电流产生的磁链不再与电流成正比，而是出现非线性饱和现象。当开关磁阻电机运行时，不仅绕组电流而且转子位置角都在发生变化，因此动态磁链和电流关系与转速和绕组开通和关断的控制角有关。

6. 开关磁阻电机的电磁转矩

开关磁阻电机的磁路高度饱和、铁心涡流和磁滞效应等非线性因素，使得精确分析和计算性能十分困难。为此忽略涡流和磁滞效应，不考虑任意两相绕组间的互感，用分段线性化电感曲线模型来分析开关磁阻电机任意一相的电磁关系。

（1）电压方程

开关磁阻电机任意第 k 相绕组的电压方程

$$u_k = R_s i_k + \frac{\mathrm{d}\psi_k}{\mathrm{d}t} \tag{7-25}$$

式中，u_k 为外加于第 k 相绕组的电压；R_s、i_k 和 ψ_k 分别为第 k 相绕组电阻、电流和磁链。

（2）电磁功率

式（7-25）两边同乘以电流，并考虑到式（7-24）磁链表达式，得到瞬时功率平衡关系

$$u_k i_k = R_s i_k^2 + L_k i_k \frac{\mathrm{d}i_k}{\mathrm{d}t} + i_k^2 \frac{\partial L_k}{\partial i_k}\frac{\mathrm{d}i_k}{\mathrm{d}t} + \omega i_k^2 \frac{\partial L_k}{\partial \theta} \tag{7-26}$$

式中，ω 为转子机械角速度。

式（7-26）左边是电源电功率，右边第一项为绕组电阻损耗功率，第二项和第三项分别是变压器电动势引起的电功率、磁场储能变化功率，第四项为运动电动势引起的转换为机械能的功率，等式右边后三项为电磁能量转换功率

$$P_{\mathrm{em},k} = L_k i_k \frac{\mathrm{d}i_k}{\mathrm{d}t} + i_k^2 \frac{\partial L_k}{\partial i_k}\frac{\mathrm{d}i_k}{\mathrm{d}t} + \omega i_k^2 \frac{\partial L_k}{\partial \theta} \tag{7-27}$$

（3）电磁转矩

电磁功率中包含磁场储能变化功率和机械功率，电磁转矩是电磁功率中实现机电能量转换的机械功率与转子机械角速度之比。磁路线性时，电感与电流无关，磁场储能功率

$$\frac{\mathrm{d}W_{\mathrm{m},k}}{\mathrm{d}t} = L_k i_k \frac{\mathrm{d}i_k}{\mathrm{d}t} + \frac{1}{2}\omega i_k^2 \frac{\partial L_k}{\partial \theta} \tag{7-28}$$

电磁功率表达式（7-27）右边第二项为零，减去式（7-28）得到线性磁路的电磁转矩

$$T_{\mathrm{em},k} = \frac{1}{2} i_k^2 \frac{\partial L_k}{\partial \theta} \tag{7-29}$$

当磁路非线性且不考虑铁心损耗时，如图 7-14 所示，转子旋转时电机绕组实际磁链随电流增长的曲线为 $OPAC$，该曲线与磁链纵坐标所围面积表示这一过程中电源提供的电磁能量 W_{em}。在转子位置角 θ 时，静态磁链电流关系曲线为阴影下边界曲线 OA，该曲线与磁链纵坐标所围面积表示绕组中存储的磁场能量 $W_{\mathrm{m}}(\theta)$，曲线 OPA 与磁链纵坐标所围面积表示电磁能量 $W_{\mathrm{em}}(\theta)$，两者之差 $W_{\mathrm{em}}(\theta) - W_{\mathrm{m}}(\theta)$ 表示 OPA 过程输出的

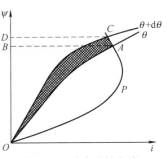

图 7-14 动态磁链电流
电磁能量变化关系

机械能。

类似地，在转子位置角 $\theta + d\theta$ 时，静态磁链电流关系曲线为阴影上边界曲线 OC，该曲线与磁链纵坐标所围面积表示绕组中存储的磁场能量 $W_m(\theta + d\theta)$，曲线 $OPAC$ 与磁链纵坐标所围面积表示电磁能量 $W_{em}(\theta + d\theta)$，两者之差 $W_{em}(\theta + d\theta) - W_m(\theta + d\theta)$ 表示 $OPAC$ 过程输出的机械能。由此得到，在转子位置角由 θ 到 $\theta + d\theta$ 过程中输出的机械能为阴影部分面积，电磁转矩为阴影部分面积 dW_{mc} 与转子角度变化 $d\theta$ 之比，相当于磁共能变化与转子位置角变化之比。

7. 开关磁阻电动机的调速特性

开关磁阻电机作为电动机运行时，在给定电压和电流范围内，电磁转矩与机械角速度关系曲线称为调速特性。调速特性曲线共分为 3 个调速区：低于额定角速度 ω_1 为恒转矩调速区，高于额定角速度 ω_1 且小于 ω_2 为恒功率调速区，高于 ω_2 为自然串励特性调速区，其中转子角速度 ω_1 与 ω_2 分别称为第一和第二临界转子角速度，如图 7-15 所示。

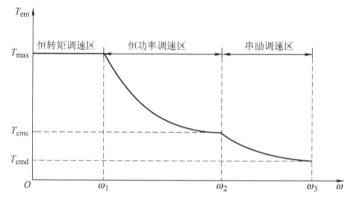

图 7-15 开关磁阻电机机械特性曲线

当转子角速度低于额定角速度 ω_1 时，电源电压高于绕组感应电动势，绕组电流和磁链会很快增长，忽略绕组电阻时，磁链等于绕组电压的时间积分，称为伏秒值。考虑到磁路饱和，磁链不允许超过最大值，通常以绕组最大允许的恒定电流控制，在控制过程中一个转子位置周期内动态磁链电流曲线包围的电磁能量变化恒定，如图 7-16a 所示的阴影部分，电机平均转矩等于相数与阴影部分面积乘积再除以转子转过相邻齿极的位置角。每相绕组产生的阴影部分电磁能量转换成输出的机械能，因此平均电磁转矩恒定最大，即恒转矩调速区。

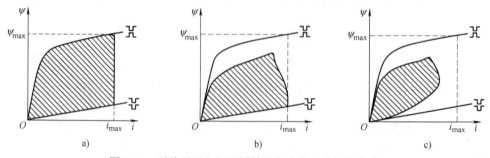

图 7-16 开关磁阻电机不同转子角速度电磁能量变化

当转子角速度高于额定角速度 ω_1 且小于第二临界角速度 ω_2 时，电源电压已经达到最大，如果绕组电流仍然要达到最大允许值，那么绕组感应电动势升高到接近甚至超过电源电压，因此转速超过额定速以后，因时间短伏秒值减小，最大磁链比恒转矩调速区要小，导通角也会减小，实际绕组电流将随转速升高反而下降，一个转子位置周期内动态磁链电流曲线包围的电磁能量变化也随之下降，如图 7-16b 所示的阴影部分，电机最大磁链随转速上升而下降，电磁转矩相应减小，但电磁功率可以保持恒定，也就是恒功率调速区。

当转子角速度高于额定角速度 ω_2 时，开通角和关断角控制达到极限位置而固定不变，绕组电流将达不到最大允许电流，伏秒值$\ominus$明显减小，一个转子位置周期内动态磁链电流曲线包围的电磁能量变化也迅速下降，如图 7-16c 所示的阴影部分，因此电磁转矩下降得更快。分析表明这时机械特性电磁转矩按照转子角速度二次方成反比地快速下降，或者电磁功率随转速成反比下降，类似串励直流电动机的机械特性。

图 7-15 所示开关磁阻电机机械特性是最大包络线，特性曲线下面的任何点都能实现，因此，这类电机驱动系统调速灵活，弱磁调速范围很宽。

7.5 超导电机

7.5.1 概述

1908 年昂内斯利用减压降温法将氦气液化，1911 年发现汞在液氦 4.15K 温度下电阻率突然消失的超导电性，由此开启了超导研究的帷幕。首先研制成功一系列金属单质低温超导材料，在较弱的外磁场下就会失去超导电性，称为第一类超导体，但铌系（Nb）等少数超导材料除外。直到 1986 年发现钙钛矿镧系（LaBaCaCuO）高温超导材料才获得突破性进展，此后铋系（BiSrCaCuO）和钇系（YBaCuO）高温超导材料相继面世，能承受较强的外磁场，超导态与正常态之间存在混合态，称为第二类超导体。两类超导材料的分界点由金兹堡-朗道参数 $\kappa = \sin 45°$ 确定。近年来又发现和研制成功结构简单的金属化合物二硼化镁（MgB_2）和铁基超导材料等，极大地促进了超导材料的研究和应用。

超导材料根据不同的制备工艺形成线材、块材和带材，可以适用于不同的应用场合。超导材料在超导态具有零电阻特性、完全抗磁性（麦斯纳效应）和约瑟夫森效应。超导材料的超导态与临界温度、临界电流密度和临界磁场强度有关。

超导电机是利用超导材料的超导电性和完全抗磁性并根据电磁感应原理实现机电能量转换的装置。从电磁能量转换的角度，超导电机与普通电机的原理没有本质区别。本节主要介绍超导电机的基本结构、特点和关键技术。

7.5.2 超导电机的基本结构

超导电机是集机械、电气和低温技术于一体的复杂电气设备。部分用超导材料的电机称为半超导电机，如超导线圈励磁的同步发电机；全部用超导材料的电机称为全超导电机。超导电机的基本结构包括定子、转子和冷却系统 3 部分。对于超导转子结构，超导励磁线圈需

$\ominus$ 磁链的单位是韦伯，但还有一个单位叫伏秒，它更形象地描述电压作用时间产生的磁链变化，电机磁链控制中常用伏秒平衡。

要在低温环境冷却，气隙磁场超过铁心饱和磁感应强度，因此定子电枢通常不需要铁心，以增加空间绕组的利用率，电机外部铁磁材料构成磁路和磁屏蔽，如图7-17所示。

图7-17是半超导同步电机结构示意图，没有画出外部低温冷却系统，但冷却液氮由内转子轴心输入，用液氮冷却转子高温超导励磁绕组和外转子铜套后产生的氮气返回到外部冷却系统循环冷却，内转子铁心固定超导绕组，外转子与主轴联结传递电磁转矩。铜套起阻尼屏作用，外部涂防辐射材料，外转子和主轴与铜套之间填充绝热材料。

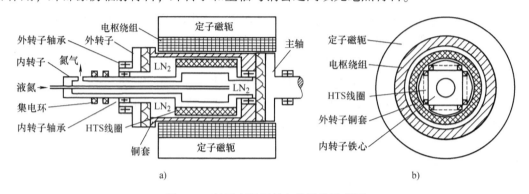

图7-17　转子高温超导电机结构示意图

注：HTS是高温超导（High Temperature Super Conducting）的英文缩写。

超导励磁线圈通电流产生交替的N和S极磁场，还可以利用超导块材的完全抗磁性阻碍外磁场通过，形成与永磁磁极完全不同的磁障，如图7-18a所示，两个超导线圈电流相反，产生磁感应强度相反的轴向磁场，两超导线圈之间均匀放置4个超导块材磁障，从而获得径向八极结构的励磁磁场。没有超导块材磁障时，可以作为同极直流电机的励磁磁场，直流电机的电枢为金属圆筒，电刷放置在圆筒两端，高速旋转的圆筒轴向产生低压大电流。

磁阻同步电机转子直轴与交轴磁导之比越大，相同气隙磁场产生的磁阻转矩越大，如图7-18b和c所示，轴向叠片铁磁和超导块材磁障结合，直轴磁场通过铁磁性轴向叠片的磁阻小，交轴磁场由于超导磁块的抗磁性磁阻很大，有效地增大了直轴与交轴的磁导之比，提高了超导磁阻同步电机的性能。

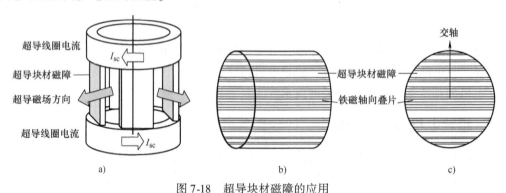

图7-18　超导块材磁障的应用

7.5.3　超导电机的特点

超导电机与传统电机一样可以作为电动机、发电机或同步补偿器运行，但比普通电机具有明显的优势和特点。

1. 功率密度高

由于普通电机采用软磁性铁磁材料构成磁路，气隙磁密受到铁心饱和程度的限制，如电工硅钢片的饱和磁感应强度约为 2.0T，超导电机可以无铁心，气隙磁密高（如 10T），常规铜导线的电流密度仅 $10^7 A/m^2$，超导线电流密度高达 $10^9 A/m^2$，单位电枢圆周长度导体电流密度（线负荷）很高，因此电磁负荷（气隙磁密与线负荷乘积）数值比普通电机大，相同容量和转速的超导电机单位体积的功率密度更高。无铁心超导电机的电枢线圈空间占有率高，因此相应容量和转速的超导电机重量轻，单位质量的功率密度高。超导电机适用于空间受限但要求功率密度高的场合。

2. 效率高

普通电机导线存在电阻，欧姆功率损耗与电流二次方成正比，超导材料没有直流损耗，因此采用超导线圈替代直流励磁线圈的超导电机损耗小。即使感应电机转子采用超导线圈也可以使转子正常运行时工作在接近同步速状态，极大地减小了感应电机转子转差功率损耗。超导电机存在超导引线欧姆功率损耗、制冷机功率损耗以及交流损耗（包括超导磁滞损耗、耦合涡流和垂直金属效应等），但与普通电机绕组和铁心损耗相比是较小的。即使半超导电机由于电枢工作温度较低，绕组损耗也随温度降低而减小，因此超导电机的效率更高。超导发电机比普通发电机效率高意味着更加节能，减少单位能量污染物排放。

3. 超导电机稳定性好

普通同步电机的气隙受定、转子铁心限制，而强磁场超导线圈周围是相对磁导率为 1.0 的介质空间，超导同步电机气隙大，因此超导同步电机的同步电抗较小，过载能力强。普通同步电机励磁受温度限制，过励能力有限，超导同步电机励磁线圈过励能力强，因此无功补偿能力强，不需要电抗器和电容器，可以直接作为同步调相机使用。因此无论有功功率稳定还是无功功率平衡，超导电机的系统稳定性更好。

4. 超导电机适用于低频系统

随着可再生能源风力发电系统的发展，采用直接驱动的兆瓦级超导风力发电机受到越来越多的关注和研究，人型直接驱动风力发电机转速低，体积大而重，但发电机交流频率低。超导电机的交流损耗与频率有关，频率低可以降低交流损耗，采用直接驱动超导发电机可以缩小体积，降低损耗，这样可以减小风机轮毂尺寸，减轻机头重量，降低塔基、运输和安装成本，因此兆瓦级超导风力发电机技术是未来大容量海上风力发电机的主要发展方向。

7.5.4　超导电机的关键技术

1. 低温冷却技术

高温超导材料在强磁场下的工作温度只有临界温度的一半，需要低温容器和制冷技术。传统 Gifford-McMahon 制冷机采用再生循环制冷技术，效率不高，不适合冲击振动和倾侧摇摆等环境恶劣的场合。Stirling 制冷机通常适用于小容量制冷，但超导发电机需要大容量。脉冲管制冷机存在制冷机与发电机转子的连接问题，即固定制冷与旋转冷却部件的衔接。随着制冷压缩机驱动直线电机的应用，轴承冷却和密封问题可以得到有效解决。

低温与室温环境隔离，降低高低温环境间材料的热导，如真空绝热，可降低热辐射，又如防辐射涂层，要考虑冷、热环境材料的热膨胀系数的一致性。

2. 超导材料技术

第一类超导材料如铌钛合金需要液氦环境，第二类超导材料如第一代高温超导材料铋锶钙铜氧（BSCCO）的工作温度一般在 20～30K，需要液氖制冷，而第二代高温超导材料钇钡铜氧（YBCO）可以工作在温度较高的液氮（77K）环境。相对铋锶钙铜氧高温超导材料而言，钇钡铜氧涂层高温超导材料具有更高的临界电流密度、临界磁场强度，更大的允许应力，更低的交流损耗。第二代高温超导材料包括线材、块材和带材，适用于不同的场合，但都需要克服外磁场或自身磁场的垂直磁场分量引起的临界电流密度降低而导致的失超。

3. 超导电机技术

超导电机设计技术不同于传统电机，磁路的概念在无铁心超导电机中已经不适用，超导交流损耗计算困难，采用电流密度与电场强度的 *J-E* 指数定律难以确定指数值。

超导线圈的制造工艺，包括绝缘、固定和削弱漏磁场引起的垂直超导材料的磁场分量。超导线材和带材与普通铜或铝导体不同，成型相对困难，能承受的应力小，弯折半径大，通常做成跑道形或圆筒形线圈的结构强度比较好，超导线圈之间的连接也是技术难题。

利用超导材料绕制转子励磁绕组，由于超导态的电阻为零，转子没有励磁损耗，电流密度可以比普通导体高，而且转子不需要铁磁材料就能提供 4～10T 的磁场强度（铁磁材料的饱和磁场最高约为 2T）。超导材料存在临界磁场强度、临界电流密度和临界温度，超过任何一个临界点，超导态将转变为混合态甚至常导态。局部磁场过大，或者过热都可能导致超导态向常导态扩散。

采用空心式无铁心绕组，消除铁心涡流及磁滞损耗，提高效率，增大绕组空间，提高线负荷和电机功率密度，加强电机绕组绝缘，提高电压等级制成高压电机。空心绕组使得同步电抗减小，提高了发电机的稳定性和过载能力。

超导电机的各种屏蔽技术，一是超导电机外部的磁屏蔽，防止超导电机的磁场对外部环境产生电磁干扰；二是超导材料冷环境与周围空间热环境之间的热屏蔽，如真空绝热；三是直流超导材料与谐波磁场的隔离需要阻尼屏，如超导同步电机的铜质阻尼圆筒。阻尼屏蔽层是超导电机特有的结构，使电机运行在不同负载状态下以避免超导材料失超。超导励磁绕组失超的主要原因是电枢交变磁场和异步磁场对超导绕组的侵扰。稳态时，主要是电枢绕组的空间谐波磁场和不对称运行时的负序磁场基波。瞬态时，除了电枢绕组周期性和非周期性瞬变电流产生的基波和空间谐波，还有转子低频振荡引起的异步磁场。转子屏蔽有三层：内层使超导保持低温状态，外层常温态屏蔽磁场，中间绝热层屏蔽热辐射。这些层中的导电材料内部的涡流需要精确计算，同时需要考虑电流的趋肤效应。

7.6　静电电机

7.6.1　概述

静电电机是利用电场力驱动的微型机械装置，即异极性电荷相吸而同极性电荷相斥原理实现机电能量转换的装置。基于电磁感应原理的电机是利用两个磁场相互作用，静电电机则是利用两个电场相互作用，理论上静电电机用电极取代了电磁感应电机的磁极。由于磁极可以用传导电流或磁化电流产生，电极则可以用导体电压或静电感应产生。传导电流流过的线圈存在电感，导体电极之间则存在电容。机电能量转换方式有两种：一种是利用线圈系统电感储能随空间位置变化实现，另一种是利用导体系统电容储能随空间位置变化实现。磁极磁场可以使磁介质磁化并利用磁化滞后效应构成磁滞或磁阻电机，电极电场则可以使电介质极化并利用极化滞后效应构成静电感应电机。静电电机通常需要高电压，采用相对介电常数大的电介质材料，具有电极多而电极间距小的结构特点，功率小但功率密度高，需要减小摩擦力以提高效率。本节主要介绍静电电机的基本结构和工作原理。

7.6.2 静电电机的基本结构和工作原理

电磁感应电机需要交流电流与电感空间变化实现机电能量转换，交流电机分为同步和异步两类。静电电机需要交流电压与电容空间变化实现机电能量转换，静电电机主要有可变电容型和电介质极化电荷驰豫型，即极化电荷从一种稳定态到另一种稳定态需经历一段时间的特性，静电电机也有同步型和异步型。

1. 直线静电电机

图 7-19 是采用平板电容器结构的直线静电电机，利用导体极板之间的电介质极化产生电场力，即只施加电压 U_1 时，电介质滑块向左移动；只施加电压 U_2 时，电介质滑块向右移动。设极板间距为 d，宽度为 w，电介质滑块的相对介电常数为 ε_{r}，根据电磁场理论，在电压给定的条件下，电介质滑块受到向左移动的电场力为

$$\boldsymbol{F} = \boldsymbol{a}_{\mathrm{x}} \frac{1}{2} U_1^2 \frac{\mathrm{d}C_1}{\mathrm{d}x} + \boldsymbol{a}_{\mathrm{x}} \frac{1}{2} U_2^2 \frac{\mathrm{d}C_2}{\mathrm{d}x} = \boldsymbol{a}_{\mathrm{x}} \frac{\varepsilon_0 (\varepsilon_{\mathrm{r}} - 1) w}{2d} (U_1^2 - U_2^2) \tag{7-30}$$

由式（7-30）可知，电场驱动力与电介质的相对介电常数之差 $\varepsilon_{\mathrm{r}} - 1$、极板宽度 w 和两边施加的电压平方差 $U_1^2 - U_2^2$ 成正比，而与极板间距 d 成反比。最小极板间距在给定电压下受电容器中电介质被击穿的电场强度限制。

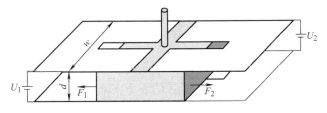

图 7-19 平板电容静电电机

图 7-20 是采用梳状电容器结构的直线静电电机，图 7-20a 两边是固定电极，中间是可移动电极，固定电极与移动电极之间分别施加电压 U_0 和 $U_0 + u_{\mathrm{ac}}$。图 7-20b 表示梳状齿之间的几何尺寸关系，利用固定电极和移动电极之间的电容变化产生电场驱动力，由于电极数量增多，并联电容增大，静电驱动力将显著增强。一个可移动电极与相邻固定电极之间的电容主要取决于极板重叠部分，非重叠部分存在边缘效应，若不考虑边缘效应，则重叠部分电容为

$$C = Lh\varepsilon (d_1 + d_2) / (d_1 d_2) \tag{7-31}$$

图 7-21 是采用平行板三相电容结构的直线静电电机，图 7-21a 定子三相导体极板周期性排列，图 7-21b 动子三相导体极板周期性排列，图 7-21c 定子与动子重叠部分极板之间的电容变化产生电场驱动力，图 7-21d 为等效电容网络。为了产生持续恒定的电场驱动力，定子对称电压的角频率 ω_1、动子对称电压的角频率 ω_2 与动子机械运动的电角频率 ω 必须满足同步关系

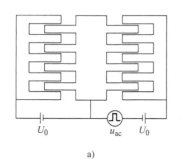

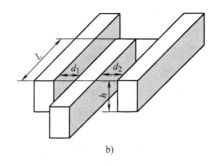

a)   b)

图 7-20　梳状静电电机

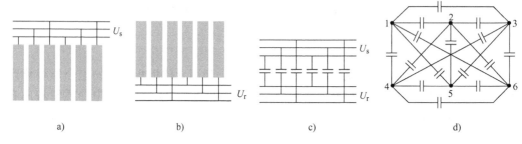

a)   b)   c)   d)

图 7-21　三相直线静电电机

$$\omega_1 - \omega_2 = \omega \tag{7-32}$$

式（7-32）表明定子空间电位行波与动子空间电位行波的波速之差等于动子机械运动速度，三相直线静电电机处在异步运行状态。直线静电电机在三相对称交流电压驱动下的电场力可以利用极板电压向量和电容矩阵计算，设定子三相电压分别为 U_1、U_2 和 U_3，动子三相电压分别为 U_4、U_5 和 U_6，根据电容网络得到电容器上的电荷量与电压的关系为

$$q_{kl} = C_{kl}(U_k - U_l), k,l = 1,\cdots,6 \tag{7-33a}$$

各相极板电荷量

$$q_k = \sum_{l=1}^{6} q_{kl} = \sum_{l=1}^{6} C_{kl}(U_k - U_l), k = 1,\cdots,6 \tag{7-33b}$$

各相极板电荷量列向量 $[q] = [q_1, q_2, q_3, q_4, q_5, q_6]^{\mathrm{T}}$ 与电压列向量 $[U] = [U_1, U_2, U_3, U_4, U_5, U_6]^{\mathrm{T}}$ 的关系为电容矩阵 $[C]$，即 $[q] = [C][U]$，电场驱动力根据电场能量和虚位移原理计算

$$\boldsymbol{F} = \frac{1}{2}[U]^{\mathrm{T}}\frac{\partial[C]}{\partial x}[U] + [U]^{\mathrm{T}}[C]\frac{\partial[U]}{\partial x} \tag{7-33c}$$

其中，定、动子相间的电容与空间位置有关，动子电压由外接负载产生时与空间位置有关。

2. 旋转静电电机

电磁感应电机气隙磁场有径向和轴向，静电电机的电场也有径向和轴向。磁阻电机利用磁阻最小或线圈电感最大原理工作，可变电容旋转静电电机利用电容最大原理工作，图 7-22 是 12/8 变电容旋转静电电机，依次单相施加电压 U，定、转子电极之间的电容随转子位置变化，变化关系类似磁阻电机线圈电感随转子位置变化，定子各相轮流导通一个周期，转子旋转一个齿距角，图 7-22 中对应角度为 45°。旋转驱动转矩与电压、电容及位置角的关系为

$$T = \frac{1}{2}\boldsymbol{U}^{\mathrm{T}}\frac{\partial \boldsymbol{C}}{\partial \theta}\boldsymbol{U} + \boldsymbol{U}^{\mathrm{T}}\boldsymbol{C}\frac{\partial \boldsymbol{U}}{\partial \theta} \tag{7-34}$$

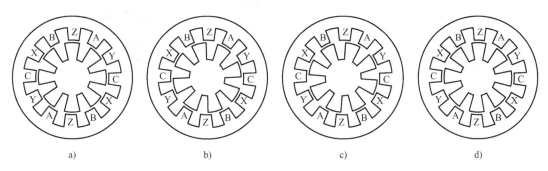

图 7-22　旋转可变电容静电电机

a) AX 加电压　b) BY 加电压　c) CZ 加电压　d) AX 加电压

图 7-23 是利用可变电容的转子静摩擦滚动静电电机，利用针尖轴承减小轴承滑动接触面积和摩擦力，定子一相与转子之间施加电压，转子可以稳定地与定子该相电极对齐，定子依次换相施加电压时，转子相对定子滚动而旋转，定子各相依次轮换一次或电场旋转一周，转子相对于定子滚动而转过一个角度，转子静摩擦滚动条件下定子与转子的转速比为

$$\frac{n_{\mathrm{s}}}{n_{\mathrm{r}}} = -\frac{D_{\mathrm{r}}}{D_{\mathrm{s}} - D_{\mathrm{r}}} \tag{7-35}$$

式中，负号表示转向相反，当转子直径与定子直径接近时，转速比很大。

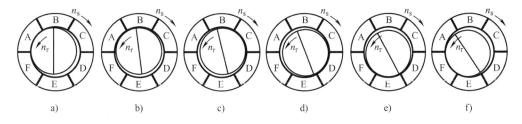

图 7-23　转子静摩擦滚动静电电机

图 7-24 是抓爬式驱动静电电机，图 7-24a 是具有多个悬臂板和抓爬板的静电驱动机构。图 7-24b 是单个驱动机构（SDA），悬臂板和抓爬板是一个电极，衬底是另一个电极，两者用绝缘层隔离，简易动作原理图如图 7-24c 所示。没有施加电压时，悬臂板悬空，如图 7-24c 顶图状态所示。施加电压时，悬臂板受电场力作用而弯曲，并与固定电极绝缘层接触，随着电压升高，接触面增大，弯矩增大使得抓爬板向前延伸，抓爬板与固定电极绝缘层的摩擦力增大，如图 7-24c 中间状态所示。当电压降低时，接触面减小，在悬臂板与抓爬板弯矩作用下，抓爬板与固定电极绝缘层保持接触而使悬臂板向前移动。电压为零时变为图 7-24c 所示的底图状态，与顶图相比，机构前进了一步。施加一定频率和幅值的交变电压或脉冲电压，可以不断驱动机构前进。增加驱动机构数量可以有效地增大抓爬的摩擦力或整个静电电机的驱动力。

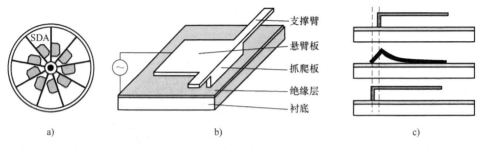

图 7-24　抓爬式静电电机

a）抓爬式电机结构　b）抓爬驱动结构　c）抓爬驱动原理

7.7　超声波电机

7.7.1　概述

传统电磁感应电机随着功率和尺寸减小，效率降低，制造困难。超声波电动机是利用高于音频的电信号激励定子侧被极化的压电材料，产生电致伸缩效应或逆压电效应，把电能转换为机械能，并使定子弹性体产生机械振动波，再通过机械摩擦力驱动转子或动子的旋转或直线运动。由于超声波电机的工作频率超过 20kHz，因此人耳无法察觉，是没有噪声的静音电机或振动电机。尽管超声波电机的尺寸很小，但仍然具有很高的效率。

超声波电机是机电一体化耦合控制系统，内容涉及电气、电子、材料、机械与振动等众多学科。本节主要介绍超声波电机的基本结构，重点介绍行波超声波电机的基本原理以及超声波电机的应用。

7.7.2　超声波电机的基本结构

超声波电动机的基本结构如图 7-25 所示，包括高频电源、定子（压电材料、弹性振动体和摩擦层）、转子或动子（表面摩擦层和弹性体）、轴承和机壳等部分。但超声波电机既没有线圈也没有永磁体，定、转子之间不但没有气隙而且通过预压力压紧而紧密接触，是一种依靠摩擦力驱动的新型电机。

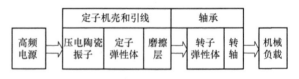

图 7-25　超声波电动机的基本结构

1. 压电材料

1880 年居里兄弟（Pierre Curie and Jacques Curie）发现单晶石英具有压电性，即在外加压力下，单晶石英产生电荷或电压，称为正压电效应。后来，人们发现在电场作用下，单晶石英能产生应力和应变，即电致伸缩效应或逆压电效应，如图 7-26 所示。

重要的无机压电材料具有 ABO_3 化学形式，基于钙钛矿结构的钛酸钡（$BaTiO_3$）及其同构氧化物钛酸铅（$PbTiO_3$）、锆酸铅（$PbZrO_3$），特别是两者的固溶体铅锆钛（PZT）多晶系统；随着生态环境保护越来越得到重视，无铅压电材料得到迅速发展，如基于钛铁矿结构的铌酸锂（$LiNbO_3$）和钽酸锂（$LiTaO_3$）、有机聚偏氟乙烯（PVDF）、铋多层复合材料、钛酸铋钠复合材料等。压电材料是电介质，相对介电常数很大，具有各向异性和电滞特性。

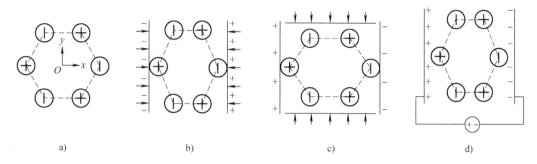

图 7-26 α 单晶硅压电陶瓷的压电效应

a) α 单晶硅单元　b) x 轴方向压力　c) y 轴方向压力　d) x 轴方向电场

2. 压电效应

图 7-26 中，α 单晶硅单元中的硅原子和氧原子的电中心重合，整体电偶极矩为零。当受到 x 轴方向压应力时，则发生沿 x 轴方向的电极化，两极产生电压；如果应力方向相反，那么电极化方向也相反，电压极性也相反。因极化方向与应力方向一致，称为纵向压电效应。当 α 单晶硅受到 y 轴方向压应力时，则发生沿 x 轴方向的电极化；同样地，应力方向相反，极化方向也相反，因极化方向与应力方向垂直，称为垂直压电效应。如果机械应力是交变的，那么产生的电压也是交变的。

反过来，如果沿 x 轴方向施加外电场，那么 x 轴方向受到压应力而产生压缩位移，而 y 轴方向受到拉应力而产生拉伸位移，即所谓的电致伸缩效应或逆压电效应。

压电材料是电介质，基本电量是电场强度 E 和电位移矢量 D；基本机械量是单位面积应力 T 和单位长度应变 S。在直角坐标系中，电场强度 E 和电位移矢量 D 各有 3 个分量，两者通过介电常数二维张量 ε 相关联，即 $D = \varepsilon E$，相对介电常数在 1000 以上。而应力 T 和应变 S 为二维张量，有 9 个分量，但在静态平衡条件下只有 6 个独立分量，单元体应力分量如图 7-27 所示，两者通过弹性体刚度矩阵相关联，$T = cS$，其中 c 为 6×6 矩阵。这 4 个物理量（E、D、T 和 S）因为受到压电材料机电耦合影响而不是独立的，机电耦合关系为 $D = dT$，$S = d^{\mathrm{T}}E$，其中 d 为 3×6 压电应变常数矩阵，单位为库［仑］/牛［顿］（C/N），上标 T 为矩阵的转置。因此，4 个物理量中只有两个是独立变量，确定压电材料的压电方程有 4 种不同的表达形式。压电材料永久极化后形成垂直极化轴平面内各向同性特性且可以极大地简化压电常数矩阵，如 PZT 非零元素为 $d_{31} = d_{32}$、d_{33} 和 $d_{15} = d_{24}$ 3 个独立分量。这样，在外加交变电场作用下，压电材料的振动模态也有 4 种：平行电场方向的纵向振动、垂直电场方向的横向振动、环绕电场方向的扭振和环绕垂直电场方向的扭振，如图 7-28 所示。

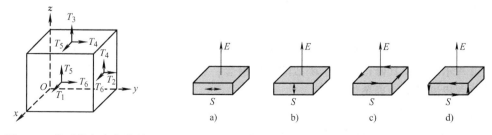

图 7-27　单元体各应力分量　　　　　图 7-28　压电材料振动模态

3. 压电材料主要参数

压电材料的主要参数包括描述应变与电场强度关系的压电应变常数矩阵 d、电场强度与应力关系的压电电压常数矩阵 g、存储能量与输入能量关系的机电耦合系数 k、机电谐振频谱特性的机械品质因数 Q（机电谐振时，振子存储的机械能量与一个周期内振子消耗的机械能量之比）、压力与体积速度关系或者密度与弹性刚度关系的声阻抗 Z、输出能量与输入能量之比的效率。

7.7.3 超声波电机的基本原理

极化压电材料在外电场作用下的电场振荡转换为机械振动，但不同结构产生的振动波方程是不同的。这里介绍环形结构超声波电机，如图 7-29 所示。环形超声波电机定子含 9 个周波数且分为 4 个区域：A 区和 B 区各由 4 个周波数或 8 个极化压电材料组成，同一区域内相邻压电材料的极化方向相反；两个区域之间分别有 1/4 波长和 3/4 波长的隔离区。两个区域空间相差 1/4 波长，时间也相差 1/4 周期，那么将分别产生两个驻波，合成为一个行波。为了分析方便，考虑环形结构超声波电机弹性体的弯曲振动情况，在圆柱坐标系中，极化方向平行于 z 轴，电场强度方向平行于 z 轴，所讨论的结构相当于两相超声波电机，沿 z 轴的位移满足自由振动波方程

$$\left[a^2\left(\frac{\partial^2}{\partial r^2}+\frac{1}{r}\frac{\partial}{\partial r}+\frac{1}{r^2}\frac{\partial^2}{\partial\theta^2}\right)^2+\frac{\partial^2}{\partial t^2}\right]w(r,\theta,t)=0 \tag{7-36}$$

其中，$a^2=Eh^2/\left[12\rho\left(1-\varepsilon^2\right)\right]$，各物理量分别为弹性模量 E、弹性体厚度 h、质量密度 ρ 和泊松比 ε。

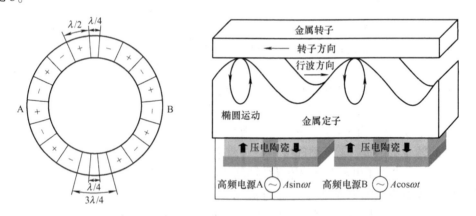

图 7-29　环形结构行波超声波电机

由于环形结构的周期性，可以利用分离变量法求解自由振动波方程，得到

$$w(r,\theta,t)=R(r)\left(S_n\sin n\theta+C_n\cos n\theta\right)\cos(\omega t+\varphi), n\text{ 为整数} \tag{7-37}$$

其中，$R(r)=A_n J_n(kr)+B_n Y_n(kr)+C_n I_n(kr)+D_n K_n(kr)$，$k^2=\omega/a$，函数 $R(r)$ 是第一类和第二类贝塞尔函数及其修正贝塞尔函数的线性组合，各项系数取决于环形结构材料特性和弯曲振动波方程满足的边界条件。

1. 单相高频激励驻波

设 A 和 B 区电极施加的高频电压信号分别为

$$u_A(t) = U_{mA}\cos(\omega t + \varphi_A), \quad u_B(t) = U_{mB}\cos(\omega t + \varphi_B) \tag{7-38}$$

式中，U_{mA} 和 U_{mB} 分别为幅值；ω 为角频率，φ_A 和 φ_B 分别为初相位。

由于同一区域内相邻压电材料的极化方向相反，同一电压产生的电场强度相同，因此产生的应变不同，利用环形结构的周期性得到 A 区电压单独作用时弹性体沿极化方向弯曲振动的空间基波为

$$w_A(r,\theta,t) = R(r)\cos n\theta u_A(t) = U_{mA}R(r)\cos n\theta\cos(\omega t + \varphi_A) \tag{7-39}$$

其中，$n = 9$ 为圆环结构的空间周波数。

式（7-39）表明在 A 区高频交变电场单独作用下，弹性体产生幅值位置不变而大小随时间周期变化的驻波。

类似地，利用环形结构的周期性得到 B 区电压单独作用时弹性体沿极化方向弯曲振动的空间基波也为驻波，但空间相差 17/4 周波且极化方向相反，因此

$$w_B(r,\theta,t) = R(r)\sin n\theta u_B(t) = U_{mB}R(r)\sin n\theta\cos(\omega t + \varphi_B) \tag{7-40}$$

2. 两相高频激励行波

当 A 和 B 区电极同时施加相同频率的高频电压信号时，产生两个驻波，合成波为

$$w(r,\theta,t) = w_A(r,\theta,t) + w_B(r,\theta,t) \tag{7-41}$$

将两相高频激励驻波代入后得到

$$w(r,\theta,t) = U_{mA}R(r)\cos n\theta\cos(\omega t + \varphi_A) + U_{mB}R(r)\sin n\theta\cos(\omega t + \varphi_B) \tag{7-42}$$

人们感兴趣的是两相高频电压幅值相同且相位相差 90° 时的两个驻波合成结果，即 $U_{mA} = U_{mB} = U_m$，且 $\varphi_B = \varphi_A \pm 90°$。于是，得到

$$w(r,\theta,t) = U_m R(r)\cos(\omega t + \varphi_A \pm n\theta) \tag{7-43}$$

当 B 相电压超前于 A 相 90° 时，两相高频电压反相序，合成行波取正号且转向为顺时针方向；而当 B 相电压滞后于 A 相 90° 时，两相高频电压正相序，合成行波取负号且转向为逆时针方向。这一机理与两相电磁感应交流电机相似，即时间和空间互差 90° 的两相交流电流产生旋转磁动势。环形结构超声波电机弯曲振动的幅值不仅与高频电压幅值 U_m 有关，而且与材料结构特性 $R(r)$ 有关。

3. 弹性体表面质点椭圆运动轨迹

如图 7-30 所示，设定子弹性体厚度为 $2h$，考虑两相激励行波时某一半径位置弹性体表面的质点运动轨迹，这时行波波长为 λ，表达式简化为

$$w(x,t) = W_m\cos(\omega t - kx) \tag{7-44}$$

其中，$x = r\theta$，$W_m = U_m R(r)$，$\lambda = 2\pi r/n$，$k = 2\pi/\lambda$。

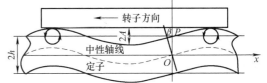

图 7-30　弹性体表面质点椭圆运动轨迹

对于定子表面任意一个质点，随着两相激励行波的运动使得弹性体表面弯曲，质点具有两个方向的运动合成，即水平行波方向位移 ζ 和垂直行波方向位移 ξ。但在弹性体内部总是存在既不伸长也不缩短的中性轴线，以该轴线为基础考虑弹性体表面质点，由于弯曲引起质点旋转角度 β 很小，因此质点的垂直与水平位移分别为

$$\xi = W_m\cos(\omega t - kx) - h(1 - \cos\beta) \approx W_m\cos(\omega t - kx), \quad \zeta = -h\sin\beta \approx -h\beta \tag{7-45}$$

由于弹性体很薄且弯曲变形引起的旋转角度 β 很小，因此可以近似地认为

$$\beta \approx \frac{\partial w(x,t)}{\partial x} = kW_{\mathrm{m}}\sin(\omega t - kx), \quad \zeta \approx -hkW_{\mathrm{m}}\sin(\omega t - kx) \tag{7-46}$$

于是，质点运动轨迹方程可以表示为如下标准椭圆方程：

$$\frac{\xi^2}{W_{\mathrm{m}}^2} + \frac{\zeta^2}{(hkW_{\mathrm{m}})^2} = 1 \tag{7-47}$$

4. 转子运动速度

定子弹性体表面质点水平运动速度等于位移的时间变化率

$$V_{\mathrm{sr}} = \frac{\partial \zeta}{\partial t} = -\omega hkW_{\mathrm{m}}\cos(\omega t - kx) \tag{7-48}$$

表面行波峰值位置 $\cos(\omega t - kx) = 1$ 的质点只有水平方向的速度，可以表示为

$$V_{\mathrm{r}} = -\omega hkW_{\mathrm{m}} \tag{7-49}$$

式中，负号表示质点速度方向与行波方向相反。

行波峰值位置与转子接触，如果不考虑定、转子之间的滑动，则这个峰值位置质点的运动速度等于转子的运动速度。由此可见，转子的运动速度方向与行波的运动速度方向相反，改变两相高频电压的相序可以改变行波的运动方向，从而改变转子的转向。转子运动速度的大小随电场交变频率增大而增大，随弹性体高度增加而增大，因此在定子弹性体表面设齿槽可以放大转子运动的速度，质点的运动速度与波长成反比，因此增加振动模态的频率可以减小波长，同时增大转子转速。

5. 转速与转矩特性

由于超声波电机定、转子之间依靠摩擦力驱动，因此转矩大小与定、转子之间接触面压力和摩擦系数有关。定、转子之间存在静态预压紧力，因此转速为零时具有静态转矩。对于给定频率的电压，随着电压幅值增大，电场增强，转速提高，接触力因弹性变形而减小，转矩也相应地减小。达到一定电压幅值时，转矩下降为零，转速达到最大。因此，超声波电机的转速与转矩特性是下垂的特性，如图 7-31 所示。

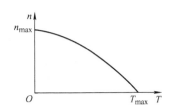

图 7-31　行波超声波电机机械特性

7.7.4　超声波电机的特点与应用

超声波电机利用的摩擦驱动机理，不同于传统电磁感应电机的磁场驱动机理。其特点：超声波电机是一种弹性体微观振动和摩擦驱动传递能量的新颖低速电机，但能量密度比传统电磁感应电机高，因此不需要减速机构或齿轮箱就能获得低速高转矩，可直接驱动执行机构，且静态保持转矩高可以精确定位；超声波电机体积小，重量轻，响应速度快；超声波电机没有线圈和永磁构件，本身不产生磁场，也不受周围磁场的影响，适用于恶劣磁场环境运行；超声波电机断电时，定、转子之间的静摩擦转矩可以实现自锁，避免了齿轮传动的间隙影响；超声波电机输入高频电压信号，弹性体振动频率高于人耳可听噪声频率，因而运行非常安静。

超声波电机主要应用于微观领域且无电磁干扰的精密仪器。如原子力 AFM、STM；用于精确定位系统微执行机构，如照相机、摄像机、显微镜等光学聚焦系统；适用于机器人关节

驱动、计算机读写头驱动和航空航天执行器等领域；适用于核磁共振成像、超导磁体等高磁场环境附近测量仪器控制。

思考题与习题

7-1　为什么永磁电机存在齿槽转矩？怎样削弱齿槽转矩？

7-2　解释电压极限环随转速的变化规律。

7-3　永磁去磁工作点在电流极限环内部与外部对电机转速和转矩控制有何影响？

7-4　永磁同步电机的直轴和交轴同步电抗大小与哪些因素有关？

7-5　永磁同步发电机额定电流时的电枢电压与功率因数有何关系？

7-6　为什么面装式永磁同步电动机单位电流最大转矩控制与零直轴电流控制一致？

7-7　为什么无刷直流电机需要转子位置传感器？

7-8　为什么开关磁阻电机的电磁转矩总是趋向于磁路的磁阻最小？

7-9　超导电机有何特点？

7-10　为什么变电容电机的转矩总是趋向于电路的电容最大？

7-11　比较变电容电机与开关磁阻电机的结构和工作原理。

7-12　为什么超声波电机的定子与动子之间需要预压紧力？

附录 名词术语中英文对照

Active power	有功功率	Commutating poles	换向极
Air gap	气隙	Commutator	换向器
Alternative current	交流	Compensating winding	补偿绕组
Amorphous alloy	非晶合金	Concentric winding	同心绕组
Ampere turns	安匝数	Cooling	冷却
Ampere's law	安培定律	Copper loss	铜耗
Amplitude	幅值	Core loss	铁心损耗
Angular frequency	角频率	Cumulative compound	积复励
Angular velocity	角速度	Current	电流
Apparent power	视在功率，容量	Current transformer	电流互感器
Armature	电枢	Cylindrical rotor	隐极转子
Armature reactance	电枢电抗	Damper bar	阻尼导条
Armature reaction	电枢反应	Damper winding	阻尼绕组
Armature winding	电枢绕组	DC generator	直流发电机
Asynchronous generator	异步发电机	DC motor	直流电动机
Asynchronous motor	异步电动机	Delta connection	三角形联结
Autotransformer	自耦变压器	Differential compound	差复励
Auxiliary winding	辅助绕组	Direct axis	直轴
Back EMF	反电动势	Direct current	直流
Base value	基值	Distribution factor	分布系数
Blocked-rotor test	堵转试验	Double layer winding	双层绕组
Braking	制动	Double-cage rotor	双笼转子
Brush	电刷	Doubly-fed machine	双馈电机
Brushless DC motor	无刷直流电动机	Eddy current	涡流
Brushless exciter	无刷励磁机	Efficiency	效率
Capacitance	电容	Electric machine	电机
Capacitor-run motor	电容运行电动机	Electrical angle	电气角
Capacitor-start motor	电容起动电动机	Electromagnetic force	电磁力
Centrifugal switch	离心开关	Electromagnetic power	电磁功率
Characteristic curve	特性曲线	Electromagnetic torque	电磁转矩
Coercive force	矫顽力	Electro-motive force	电动势
Cogging torque	齿槽转矩	Electrostatic motor	静电电动机
Coil	线圈	End ring	端环

End winding	端部绕组	Loss	损耗
Equalizer	均压线	Magnetic circuit	磁路
Equivalent circuit	等效电路	Magnetic co-energy	磁共能
Faraday's law	法拉第定律	Magnetic domain	磁畴
Ferromagnet	铁磁	Magnetic energy	磁能
Field winding	励磁绕组	Magnetic field intensity	磁场强度
Fill factor	槽满率	Magnetic flux	磁通
Flat compound	平复励	Magnetic flux density	磁通密度
Flux linkage	磁链	Magnetic induction	磁感应强度
Fractional pitch	短距	Magnetic levitation	磁悬浮
Frequency	频率	Magnetic pole	磁极
Fringing effect	边缘效应	Magnetic potential	磁位，磁动势
Frog-leg winding	蛙绕组	Magnetization current	励磁电流
Full pitch	整距	Magnetization curve	磁化曲线
Full-load	满负载	Magnetizing impedance	励磁阻抗
Fundamental	基波	Magnetizing reactance	励磁电抗
Generator	发电机	Magneto-motive force	磁动势
Harmonics	谐波	Mechanical angle	机械角
Hydro generator	水轮发电机	Mechanical characteristics	机械特性
Hysteresis	磁滞	Mechanical loss	机械损耗
Hysteresis motor	磁滞电动机	Motor	电动机
Impedance	阻抗	Mutual inductance	互感
Induced EMF	感应电动势	Nano-crystalline	纳米晶体材料
Inductance	电感	Neutral axis	中性线
Induction generator	感应发电机	Neutral point	中性点
Induction motor	感应电动机	No-load	空载
Infinite bus	无穷大电网	No-load test	空载试验
Input	输入	Oil tank	油箱
Instrument transformer	仪用变压器	Open-circuit test	开路试验
Insulation	绝缘	Output	输出
Inter-poles	间极，换向极	Over-compounding	过复励
Isolation transformer	隔离变压器	Over-excitation	过励
Lamination	叠片	Parallel operation	并联运行
Lap winding	叠绕组	Per unit	标幺值
Leakage flux	漏磁通	Permanent magnet	永磁
Leakage reactance	漏电抗	Permeability	磁导率
Line current	线电流	Permeance	磁导
Line voltage	线电压	Phase	相位

Phase axis	相轴	Self inductance	自感
Phase current	相电流	Self-excited	自励
Phase sequence	相序	Separately excited	他励
Phase voltage	相电压	Series winding	串励绕组
Phasor diagram	相量图	Shaded-pole motor	罩极式电动机
Pitch factor	短距系数	Shaft	转轴
Polarity marking	同名端	Short-circuit impedance	短路阻抗
Pole pitch	极距	Short-circuit test	短路试验
Pole-changing motor	变极电动机	Shunt	并励
Pole-pair number	极对数	Single layer winding	单层绕组
Poly-phase	多相	Single phase	单相
Potier reactance	保梯电抗	Sinusoidal winding	正弦绕组
Power	功率	Skewing slot	斜槽
Power angle	功率角	Slip	转差率
Power factor	功率因数	Slip frequency	转差频率
Power flow	功率流	Slip ring	集电环
Power loss	功率损耗	Slot	槽
Power system	电力系统	Slot leakage	槽漏抗
Power transformer	电力变压器	Slot wedge	槽楔
Primary side	一次侧	Soft starter	软起动器
Pullout torque	最大转矩	Solid-state transformer	固态变压器
Quadrature axis	交轴	Speed control	速度控制
Rated value	额定值	Speed regulation	转速调整率
Reactance	电抗	Split-phase motor	裂相电动机
Reactive power	无功功率	Squirrel cage rotor	笼型转子
Reference frame	参考坐标系	Stacking factor	叠压系数
Regenerative braking	再生制动	Star connection	星形联结
Reluctance	磁阻	Starting current	起动电流
Reluctance torque	磁阻转矩	Starting torque	起动转矩
Remanence	剩磁	Stator	定子
Resistance	电阻	Steady state	稳态
Resultant magnetic field	合成磁场	Step-down transformer	降压变压器
Revolving field	旋转磁场	Step-up transformer	升压变压器
Rotational loss	旋转损耗	Stepping motor	步进电动机
Rotor	转子	Stray loss	杂散损耗
Salient rotor	凸极转子	Subtransient reactance	超瞬变电抗
Saturation	饱和	Superconductor	超导
Secondary side	二次侧	Switched reluctance machine	开关磁阻电机

Symmetrical components	对称分量	Under-compounding	欠复励
Synchronization	同步化	Under-excitation	欠励
Synchronizing coefficient	同步系数	Universal motor	通用电动机
Synchronous generator	同步发电机	Unsaturated reactance	不饱和电抗
Synchronous motor	同步电动机	Variable reluctance motor	变磁阻电动机
Synchronous reactance	同步电抗	Voltage	电压
Synchronous speed	同步速	Voltage control	电压控制
Temperature rise	温升	Voltage drop	电压降
Three phase	三相	Voltage regulation	电压调整率
Time constant	时间常数	Voltage transformer	电压互感器
Tooth	齿	Wave winding	波绕组
Torque	转矩	Windage and friction loss	风摩损耗
Transformation ratio	电压比	Winding	绕组
Transformer	变压器	Winding factor	绕组系数
Transient reactance	瞬变电抗	Wound rotor	绕线转子
Turbo generator	汽轮发电机	Wye connection	星形联结
Turns ratio	匝比	Yoke	磁轭
Ultrasonic motor	超声波电动机	Zero sequence	零序

参 考 文 献

［1］ A E Fitzgerald, Charles Kingsley, Jr Stephen D Umans. Electric Machinery ［M］. 6th ed. New York：McGraw Hill, 2003.

［2］ Christopher Rey. Superconductors in the power grid：materials and applications ［M］. Cambridge：Woodhead Publishing, 2015.

［3］ Jacker F Gieras. Permanent magnet motor technology -design and applications ［M］. 3rd ed. Boca Raton：CRC Press, 2010.

［4］ Kenji Uchino. Advanced piezoelectric materials -science and technology ［M］. Oxford：Woodhead Publishing Ltd. 2010.

［5］ Ki Bang Lee. Principles of Microelectromechanical Systems ［M］. Singapore：IEEE Press, Wiley, 2011.

［6］ Rainer Hilzinger, Werner Rodewald. Magnetic Materials (Fundamentals, Products, Properties, Applications) ［M］. Erlangen：Publics Publishing, 2013.

［7］ Stephen J Chapman. Electric Machinery Fundamentals ［M］. 5th ed. New York：McGraw-Hill, 2012.

［8］ Zhao C S. Ultrasonic motors – technologies and applications ［M］. Beijing：Science Press, 2011.

［9］ 机械工程手册 电机工程手册编辑委员会. 电机工程手册 电机卷 ［M］. 2 版. 北京：机械工业出版社, 1996.

［10］ 戈宝军, 梁艳萍, 温嘉斌. 电机学 ［M］. 2 版. 北京：中国电力出版社, 2013.

［11］ 辜承林, 陈乔夫, 熊永前. 电机学 ［M］. 武汉：华中科技大学出版社, 2001.

［12］ 胡敏强, 金龙, 顾菊平. 超声波电机 (原理与设计) ［M］. 北京：科学出版社, 2005.

［13］ 胡敏强. 电机学 ［M］. 3 版. 北京：中国电力出版社, 2014.

［14］ 金建勋. 高温超导直线电机 ［M］. 北京：科学出版社, 2011.

［15］ Coey J M D. 磁学与磁性材料 (Magnetism and Magnetic Materials) ［M］. 北京：北京大学出版社, 2014.

［16］ 李发海, 朱东起. 电机学 ［M］. 5 版. 北京：科学出版社, 2013.

［17］ 刘昶. 微机电系统基础 ［M］. 2 版. 黄庆安, 译. 北京：机械工业出版社, 2013.

［18］ 马宏忠, 方瑞明, 王建辉. 电机学 ［M］. 北京：高等教育出版社, 2009.

［19］ 潘再平, 章玮, 陈敏祥. 电机学 ［M］. 浙江：浙江大学出版社, 2008.

［20］ 孙旭东, 王善铭. 电机学 ［M］. 北京：清华大学出版社, 2006.

［21］ 汤蕴璆, 史乃. 电机学 ［M］. 北京：机械工业出版社, 2001.

［22］ 唐任远. 现代永磁电机 (理论与设计) ［M］. 北京：机械工业出版社, 1997.

［23］ 王秀和. 电机学 ［M］. 2 版. 北京：机械工业出版社, 2013.

［24］ 谢宝昌. 电磁能量 ［M］. 北京：机械工业出版社, 2016.

［25］ 谢宝昌. 电机拖动与控制基础 ［M］. 上海：上海交通大学出版社, 2002.

［26］ 谢宝昌. 电机的 DSP 控制技术及其应用 ［M］. 北京：北京航空航天大学出版社, 2005.

［27］ 谢宝昌. 复阻抗法验证凸极同步电机双反应理论研究 ［J］. 电气电子教学学报, 2016, 38 (1)：60 ~ 63.

［28］ 谢宝昌. 同步电机结构的数学变换研究 ［J］. 电气电子教学学报, 2015, 37 (6)：14 ~ 16.

［29］ 谢宝昌. 电机标幺值系统研究 ［J］. 电气电子教学学报, 2015, 37 (5)：77 ~ 80.

[30] 谢宝昌. 统一电机电磁耦合模型研究 [J]. 电气电子教学学报, 2014, 36 (5): 34~37.

[31] 谢宝昌. 几何法分析凸极同步发电机功率调节 [J]. 电气电子教学学报, 2014, 36 (4): 52~55.

[32] 谢宝昌. 交流电机绕组的气隙磁势与电势计算 [J]. 电气电子教学学报, 2014, 36 (2): 39~42.

[33] 谢宝昌, 陈明镜. 问题求解法在直流电机结构教学中的应用 [J]. 电气电子教学学报, 2014, 36 (1): 42~45.

[34] 谢宝昌. 变压器等效电路获取的教学方法 [J]. 电气电子教学学报, 2013, 35 (2): 60~62.

[35] 谢宝昌, 刘长红, 王君艳, 等. "电机学" 课程体系的优化 [J]. 电气电子教学学报, 2011, 33 (4): 18~20.

[36] 谢宝昌. 交流电机变频调速控制特性曲线的选择 [J]. 电气电子教学学报, 2001, 23 (6): 33~35.

[37] 谢宝昌, 任永德. 利用受控源构建直流电机等效电路的新方法 [J]. 电气电子教学学报, 2001, 23 (5): 108~110.

[38] 许实章. 电机学 (上、下册) [M]. 北京: 机械工业出版社, 1980.

[39] 阎治安, 崔新艺, 苏少平. 电机学 [M]. 2 版. 西安: 西安交通大学出版社, 2006.

[40] 曾令全, 李书权. 电机学 [M]. 北京: 机械工业出版社, 2010.

[41] 周顺荣. 电机学 [M]. 2 版. 北京: 科学出版社, 2007.